IFRS Intermediate ACCOUNTING

上
第5版

中級會計學

張仲岳・蔡彥卿・劉啟群・薛富井

東華書局

國家圖書館出版品預行編目資料

中級會計學 = Intermediate accounting/ 張仲岳, 蔡彥卿, 劉啟群, 薛富井著. -- 5 版. -- 臺北市 : 臺灣東華書局股份有限公司, 2022.04-

上冊 ; 19x26 公分

ISBN 978-626-7130-06-3（上冊：平裝）

1. CST: 中級會計

495.1　　　　　　　　　　111003737

中級會計學　上冊

著　　者	張仲岳・蔡彥卿・劉啟群・薛富井
發 行 人	陳錦煌
出 版 者	臺灣東華書局股份有限公司
地　　址	臺北市重慶南路一段一四七號三樓
電　　話	(02) 2311-4027
傳　　眞	(02) 2311-6615
劃撥帳號	00064813
網　　址	www.tunghua.com.tw
讀者服務	service@tunghua.com.tw
門　　市	臺北市重慶南路一段一四七號一樓
電　　話	(02) 2371-9320

2026 25 24 23 22　JW　5 4 3 2 1

ISBN　978-626-7130-06-3

版權所有・翻印必究　　　　　　　圖片來源：www.shutterstock.com

作者簡介

張仲岳

美國休士頓大學會計博士
現任國立臺北大學會計學系教授

蔡彥卿

美國加州大學（洛杉磯校區）會計博士
現任國立臺灣大學會計學系教授

劉啟群

美國紐約大學會計博士
現任國立臺灣大學會計學系教授

薛富井

美國喬治華盛頓大學會計博士
現任國立臺北大學會計學系教授

第五版序

IASB 於 2018 年修訂通過新的「財務報導之觀念架構 (Conceptual Framework for Financial Reporting)」，並自 2020 年 1 月 1 日起開始適用。該觀念架構係 IASB 在制定「國際財務報導準則 (IFRSs)」時，所依據觀念上的基礎架構。此次修訂對於財務報表 (資產及負債) 之定義作出了較大幅度的修改，也對財務報表及報導個體、認列及除列、衡量作出了更多的闡述及說明。根據新的觀念架構，IASB 同時也連帶修改相關 IFRS 2, IFRS 3, IFRS 6, IFRS 14, IAS 1, IAS 8, IAS 34, IAS 37, IAS 38 等國際財務報導準則。

另依金管會的規定，我國公開發行公司已於 2018 年開始適用逐號認可版之 IFRSs，會計研究發展基金會就 2020 年適用之逐號認可版 IFRSs 與 2013 年版 IFRSs 間之差異，修訂更新了 IFRSs 釋例範本 (第四版)，以提供臺灣會計教育界及實務界之參考。

基於上述的緣由，本書又有改版之需要。本書之上冊，共有 11 章 (第 1 章至第 11 章)，各章之修改內容簡述如下：

第 1 章 「財務報表與觀念架構」：更新章首故事，並依照 2020 年版 IFRS 內容撰寫觀念架構。

第 2 章 「損益表與綜合損益表」：依金管員會之「證券發行人財務報告編製準則」，及會計研究發展基金會之釋例，修改綜合損益表之會計項目用語。

第 3 章 「資產負債表與權益變動表」：更新章首故事，並依金管員會之「證券發行人財務報告編製準則」，及會計研究發展基金會之釋例，修改金融資產之會計項目用語。另，依據 2020 年修改之 IAS 1 修改負債區分為流動與非流動之內容。

第 4 章　「複利和年金」：新增公允價值附錄及更新章首故事。

第 5 章　「現金及應收款項」：修改應收票據之釋例、新增及修改習題與解答。

第 6 章　「存貨」：前一版本內容符合金管會認可之 2020 IFRSs。

第 7 章　「不動產、廠房及設備——購置、折舊、折耗與除列」：修訂測試資產是否正常運作所產出之樣品之會計處理；修訂借款成本文字用法與新增釋例；增訂重大檢查會計處理及釋例；增訂其他必要釋例；依照公報修改文字用法及訂正釋例與題目解答。

第 8 章　「不動產、廠房及設備——減損、重估價模式及特殊衡量法」：全面改寫重估價模式之會計處理及釋例；增修投資性不動產之會計處理；依照公報修改文字用法及訂正釋例與題目解答。

第 9 章　「無形資產和商譽」：增修無形資產重置之會計處理與釋例；依照公報訂正釋例與題目解答。

第 10 章　「金融工具投資」：依金管員會之「證券發行人財務報告編製準則」，及會計研究發展基金會之釋例，修改採用透過其他綜合損益按公允價值衡量投資相關之會計項目及表達；課本習題及解答也比照修改。

第 11 章　「流動負債、負債準備及或有事項」：更新章首故事、新增及修改習題與解答。

　　本書能順利付梓，首先要感謝東華書局董事卓劉慶弟女士，她對於後學的照顧與提攜，讓我們深深感受幸福；董事長陳錦煌先生鼎力支持、編輯部鄧秀琴小姐及周曉慧小姐之努力配合，都讓我們

銘感於心。也要特別感謝葉淑玲博士、陳玲玲、林千惠、張家華、沈維良、鄭馨屏、鄭淞元、李宗曜、杜昇霖及韓愷時等人之協助。

學生可透過東華書局網站：http://www.tunghua.com.tw 獲取本書課後之習題解答，包括問答題、選擇題、練習題及應用問題等所有解答。

張仲岳　蔡彥卿　謹識
劉啟群　薛富井

2022 年 3 月

第一版序

中級會計學一書經過多年的構思,以及努力不懈的耕耘,終於有機會能夠與讀者作專業的互動與學習。在寫作的過程中,我們所秉持的一個信念就是,希望能夠為國內財務會計環境在面臨採用國際財務報導準則(IFRS)的重大挑戰時,提供IFRS見解與知識建構的重要平台。透過理性及誠懇的討論過程,我們希望能精準地獲致IFRS各種特定議題,在準則制定精神與見解上之掌握。藉由許多清晰的釋例,以及專業的剖析與整理,我們亦謙卑的期待,讀者在學習以原則性規範為基礎的IFRS時,不僅能夠知其然,且能知其所以然的學習效益。

我國金管會規定,上市、上櫃和興櫃公司從2013年開始均應採用IFRS作為編製財務報表之依據;考試院亦已宣布國家考試之IFRS版本為前一年度年底之最新版「經金管會認可之IFRS」。雖然我國過去十餘年來係以跟IFRS接軌作為制定與修訂準則的方式,然而一旦宣布採用IFRS後,企業必須追溯調整財報,使開帳日的餘額像是企業一開始就採用IFRS一般,這對企業將是一項大的工程。另外一項挑戰則是心態的調整,IFRS較為強調原則,較不採用「界線測試」的方式決定會計處理方式,因此,了解IFRS的原則與精神比背誦條文與規定更為重要。為此,本書避免將公報規定整段直接引述,並儘量嘗試解釋IFRS規定之背景與原因,使讀者能活用IFRS原則,作為最高的學習目標。

在我國,金管會所頒布的財務報告編製準則,以及金管會及相關單位公告之IFRS問答集,其所規範之IFRS實務處理準則等,於國內IFRS之實施,除了可能有更詳盡的規定外,亦有可能將IFRS原則的選項限縮(例如:我國公司之投資性不動產不得適用公允價值法)。此外,亦有屬於國內特殊的會計處理,但在IFRS中並未強

調的議題（例如：公司現金增資時，保留給員工認購之部分、我國員工分紅制度及限制員工權利新股等交易）。上述這些國內在實施 IFRS 過程之特別規定，均會使得 IFRS 的學習更具挑戰性。因此本書特別設計四個小單元，幫助讀者對於 IFRS 在國內實施的全貌，有充足的了解：

1. IFRS 一點通

介紹較複雜 IFRS 之規定及背景原因。

2. IFRS 實務案例

透過真實公司的財務報導案例，增廣讀者對於 IFRS 原則與實務的知識。

3. 中華民國金融監督暨管理委員會認可之 IFRS

介紹國內對於 IFRS 實施之特別規定。

4. 研究發現

全球的會計學術界對於 IFRS 之研究正在迅速增加，本書亦特別介紹過去及現在相關會計議題研究之發現，這些基礎研究亦將對 IFRS 之長遠發展產生重大影響。

本書之出版共分上、下二冊，分別為 11 章及 9 章之篇幅，每章後面均有實務和理論相關的習題，並附有解答可供讀者檢驗學習成果。針對教師部分，我們亦另行提供教學投影片及題庫，以作為教學的輔助工具。

　　本書能順利付梓，首先要感謝東華書局董事長卓劉慶弟女士，她對於後學的照顧與提攜，讓我們深深感受幸福；陳森煌與謝松沅兩位先生殷切安排作者定期的專業討論，以及鄧秀琴小姐所帶領編輯部同仁之敬業表現與配合，特別是周曉慧和沈瓊英，在在都讓我們銘感於心。我們也要藉這個機會，感謝長久以來一直是我們精神最大支柱的父母及家人；在寫作的過程中，我們也得到許多同仁的關心與協助，特別要感謝陳玲玲、林千惠、葉淑玲、呂昕睿、林君彬、周沛誼、許心燕及韓愷時。真誠的期盼讀者能隨時給予支持與指正，讓我們一起在 IFRS 財務報導工程變革的時代，能夠攜手邁進最有效率的學習。

張仲岳　蔡彥卿　謹識
劉啟群　薛富井

2012 年 6 月

目 次

Chapter 1

財務報表與觀念架構 … 2

1.1 財務會計、財務報表與財務報告 … 4
1.2 財務會計準則與制定機構 … 8
1.3 觀念架構之地位及目的 … 11
1.4 觀念架構之內容 … 12
   1.4.1 一般用途財務報導之目的 … 12
   1.4.2 有用財務資訊之品質特性 … 14
   1.4.3 財務報表要素之定義 … 21
本章習題 … 34

Chapter 2

損益表與綜合損益表 … 42

2.1 財務資本維持、財務績效與會計損益 … 44
   2.1.1 資本維持的基本觀念 … 44
   2.1.2 IASB 採取之資本維持觀念與會計損益之定義 … 45
2.2 盈餘品質 … 46
2.3 損益表 … 47
2.4 損益及其他綜合損益表（綜合損益表） … 55
附錄 A 其他綜合損益之結轉 … 66
本章習題 … 73

Chapter 3

資產負債表與權益變動表 — 84

- 3.1 資產負債表之功能與限制 — 86
- 3.2 資產與負債之流動與非流動分類 — 87
- 3.3 資產負債表 — 95
- 3.4 權益變動表 — 103
- 3.5 財務報表之附註揭露 — 109
- 本章習題 — 111

Chapter 4

複利和年金 — 126

- 4.1 貨幣的時間價值 — 128
  - 4.1.1 單利與複利 — 129
- 4.2 終值及現值概述 — 130
- 4.3 年 金 — 133
  - 4.3.1 普通年金終值 — 134
  - 4.3.2 到期年金終值 — 135
  - 4.3.3 普通年金現值 — 138
  - 4.3.4 到期年金現值 — 138
- 4.4 較為複雜的情況 — 142
  - 4.4.1 遞延年金 — 142
  - 4.4.2 公司債的發行 — 144
- 附錄 A 公允價值 — 146
- 本章習題 — 149

Chapter 5

現金及應收款項　156

- 5.1 現金之意義　158
  - 5.1.1 現金管理及內部控制　159
  - 5.1.2 零用金制度　160
- 5.2 應收款項　161
- 5.3 應收帳款之衡量　162
  - 5.3.1 銷貨折扣及銷貨折讓　163
  - 5.3.2 客戶有退貨權之銷售收入及相關應收帳款之處理　164
  - 5.3.3 備抵損失（備抵呆帳）之認列　164
  - 5.3.4 應收帳款之沖銷及再收回　167
- 5.4 應收帳款融資及除列　167
  - 5.4.1 擔保借款　167
  - 5.4.2 移轉應收帳款　169
  - 5.4.3 金融資產除列判斷原則　170
  - 5.4.4 金融資產移轉之會計處理　175
- 5.5 應收票據及貼現　180
- 附錄 A　銀行存款調節表　182
- 附錄 B　服務資產或服務負債　185
- 本章習題　189

Chapter 6

存　貨　206

- 6.1 存貨的性質和分類　208
- 6.2 存貨的歸屬問題　209
- 6.3 存貨制度的會計處理　211

	6.3.1 定期盤存制	212
	6.3.2 永續盤存制	213
6.4	存貨之評價與表達	215
	6.4.1 存貨取得成本的決定	215
	6.4.2 以成本為基礎之存貨評價方法	216
	6.4.3 成本與淨變現價值孰低法	219
6.5	以毛利率法估計存貨	223
6.6	以零售價法估計存貨	225
	6.6.1 成本流程假設與成本比率的關係	226
	6.6.2 零售價法之進一步探討	227
	6.6.3 進銷貨特殊項目之處理	230
6.7	生物資產與農業產品	232
	6.7.1 生產性植物以外之生物資產及農業產品	236
	6.7.2 生產性植物	240
本章習題		241

Chapter 7

不動產、廠房及設備──購置、折舊、折耗與除列　258

7.1	不動產、廠房及設備	260
	7.1.1 不動產、廠房及設備之定義與特性	261
	7.1.2 不動產、廠房及設備之成本要素	262
	7.1.3 不動產、廠房及設備原始認列之衡量	266
7.2	自建資產	272
	7.2.1 資本化之借款成本	274
	7.2.2 資本化之借款成本之期間	278
	7.2.3 累積支出平均數的計算與資本化之借款成本的限額	280
	7.2.4 資本化土地之借款成本問題	281
	7.2.5 計入借款成本之兌換差額	292

7.3	折　舊	294
	7.3.1　折舊基本觀念	294
	7.3.2　折舊方法之選擇	296
	7.3.3　折舊其他議題	306
7.4	遞耗資產與折耗	308
	7.4.1　遞耗資產	308
	7.4.2　探勘及評估資產	309
	7.4.3　折耗方法	311
	7.4.4　探勘成本會計處理	314
7.5	後續支出之會計處理	316
7.6	除　列	321
附錄A　政府補助		324
附錄B　遞耗資產百分比折耗法		333
本章習題		334

Chapter 8

不動產、廠房及設備 ── 減損、重估價模式及特殊衡量法　354

8.1	資產減損	356
	8.1.1　辨認可能減損之資產	356
	8.1.2　資產減損衡量與可回收金額	358
	8.1.3　資產減損評估之單位（個別資產及現金產生單位）	360
	8.1.4　個別資產減損損失之認列	362
	8.1.5　個別資產減損損失之迴轉	364
	8.1.6　現金產生單位減損損失認列	365
	8.1.7　現金產生單位之減損損失迴轉	368
	8.1.8　探勘及評估資產之減損	370
8.2	重估價模式	371
	8.2.1　相同類別資產之重估價	371

		8.2.2	重估價之頻率	372
		8.2.3	重估價之會計處理	372
	8.3	投資性不動產		391
		8.3.1	投資性不動產之定義	391
		8.3.2	自有之投資性不動產之認列與衡量	394
		8.3.3	投資性不動產之轉列	402
		8.3.4	投資性不動產之除列	406
	8.4	待出售非流動資產		407
		8.4.1	處分群組	407
		8.4.2	分類為「待出售」之條件	408
		8.4.3	待出售非流動資產及處分群組之會計處理	412
附錄 A	以使用權所持有之投資性不動產			423
本章習題				425

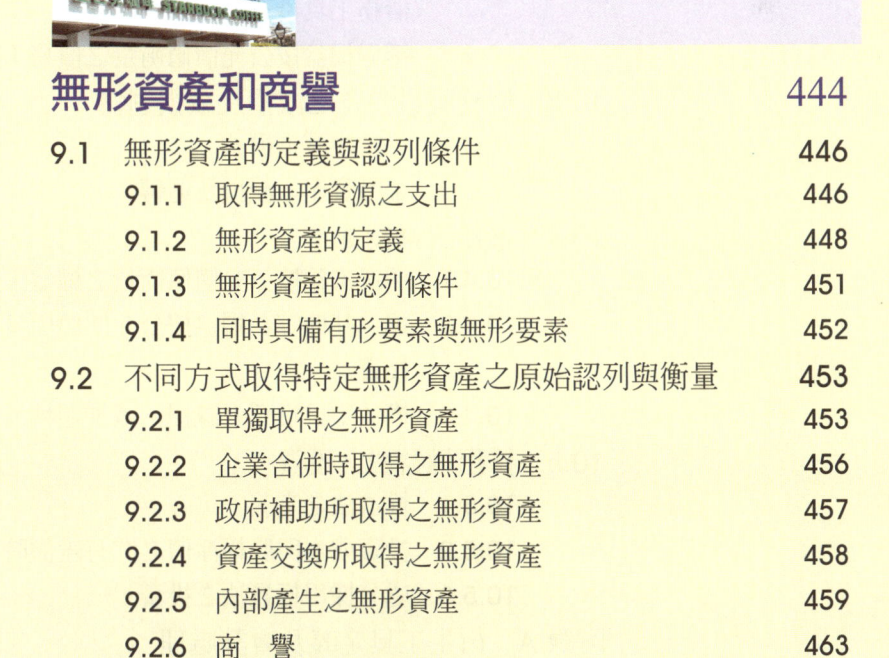

Chapter 9

無形資產和商譽　　　　　　　　　　　444

9.1	無形資產的定義與認列條件		446
	9.1.1	取得無形資源之支出	446
	9.1.2	無形資產的定義	448
	9.1.3	無形資產的認列條件	451
	9.1.4	同時具備有形要素與無形要素	452
9.2	不同方式取得特定無形資產之原始認列與衡量		453
	9.2.1	單獨取得之無形資產	453
	9.2.2	企業合併時取得之無形資產	456
	9.2.3	政府補助所取得之無形資產	457
	9.2.4	資產交換所取得之無形資產	458
	9.2.5	內部產生之無形資產	459
	9.2.6	商　譽	463
9.3	無形資產之後續衡量		466
	9.3.1	成本模式或重估價模式	466

	9.3.2　無形資產之攤銷	470
9.4	增添或重置	473
9.5	無形資產之減損	475
9.6	無形資產之除列	482
附錄 A	解釋公告第 32 號：網站成本	483
本章習題		484

Chapter 10

金融工具投資　　496

10.1	金融資產之定義	498
10.2	債務工具投資	499
	10.2.1　按攤銷後成本衡量之債務工具投資	502
	10.2.2　透過其他綜合損益按公允價值衡量之債務工具投資	506
	10.2.3　透過損益按公允價值衡量之債務工具投資	510
10.3	債務工具投資之減損及減損迴轉	512
	10.3.1　三階段減損模式	512
	10.3.2　金融資產之減損及迴轉	518
10.4	權益工具投資	524
	10.4.1　透過損益按公允價值衡量之權益工具投資	527
	10.4.2　透過其他綜合損益按公允價值衡量之權益工具投資	529
	10.4.3　權益工具投資之減損、減損迴轉及重分類	533
10.5	採用權益法之投資	534
	10.5.1　權益法之定義	534
	10.5.2　投資成本與股權淨值之間有差額時	537
	10.5.3　處分採用權益法之投資	539
附錄 A	衍生工具定義及會計處理	543
附錄 B	混合工具定義及會計處理	545
附錄 C	採權益法投資之補充議題	551

附錄 D　債務工具投資之重分類　558
本章習題　566

Chapter 11

流動負債、負債準備及或有事項　586

11.1　流動負債　588
11.2　金額確定的流動負債　589
　11.2.1　應付帳款及應付票據　589
　11.2.2　一年內到期之長期負債　590
　11.2.3　短期負債預期再融資　590
　11.2.4　預收款項／合約負債／遞延收入　592
　11.2.5　應付股利　592
11.3　金額依營運結果決定的流動負債　593
　11.3.1　應付營業稅　593
　11.3.2　應付所得稅　594
　11.3.3　代扣款項　594
　11.3.4　應付獎金及紅利　595
11.4　負債準備　597
　11.4.1　訴訟損失準備　601
　11.4.2　保　固　602
　11.4.3　退　款　603
　11.4.4　環境負債及除役負債　604
　11.4.5　虧損合約　606
　11.4.6　重　組　608
11.5　或有事項　610
本章習題　612

附　表　626
索　引　630

Chapter 1 財務報表與觀念架構

學習目標

研讀本章後，讀者可以了解：
1. 財務會計、財務報表與財務報告的定義與關聯
2. 財務會計準則之施行與準則制定機構
3. 觀念架構之目的
4. 觀念架構之內容

本章架構

財務報表與觀念架構

財務會計、財務報表與財務報告
- 財務會計之定義
- 財務會計與財務報表之關聯
- 財務報表與財務報告之定義

財務會計準則與制定機構
- 準則制定機構
- 準則適用現況

財務會計準則與觀念架構
- 準則與觀念架構之關聯
- 觀念架構目的

觀念架構
- 財務報導之目的
- 財務資訊之品質特性
- 財務報表要素之定義
- 財務報表要素之認列及除列
- 財務報表要素之衡量
- 財務報告之表達與揭露

國際會計準則委員會於 2018 年終於完成觀念架構之訂定，我國則於 2020 年認可此觀念架構。希望研讀本章後，讀者能輕易回答以下幾個問題：

1. 資產之定義需要機率門檻嗎？例如，產生經濟效益的機率必須要很有可能才能符合資產之認列條件。如果資產產生經濟效益的機率很低，是否在財務報表上認列此項資產是無法忠實表達公司之財務狀況？法律訴訟中之原告，若勝訴之機率甚低，在財務報告中認列求償可能產生之經濟效益，似乎並不恰當；但是，深度價外之股票選擇權，對持有公司而言，未來產生效益之機率也是非常低，但似乎大多數報表使用者認為這類衍生工具應於報表上認列。觀念架構中資產定義應該要能清楚討論此一議題。

2. 以未來現金流量折現後之現值就是在計算資產或負債之公允價值，此一敘述是正確的嗎？本書第 17 章討論退休金負債，精算師以估計之未來給付金額作折現，得到退休給付義務之現值，這個現值就是退休給付的公允價值嗎？公司擁有的公司債或發行的公司債，其預期未來現金流量之現值即為公允價值嗎？

3. 特定國際財務報導準則與「觀念架構」是否不能有衝突？觀念架構中必須對資產及收益作嚴謹之定義；而，本書第 7 章附錄介紹之「政府補助」會計處理，即規定獲得與資產有關之補助時該收益應予遞延，並於資產耐用年限內認列於本期損益；但依「觀念架構」之認列條件，企業於獲得補助時即應認列資產與收益，不應將收益遞延。特定國際財務報導準則與「觀念架構」有衝突時，應以何項規定為準？

4. 上市公司台船曾因客戶取消訂單，獲得客戶依約支付之賠償金並立即認列收益；但因為造船期程相當久，客戶取消訂單，使公司乾船塢排程在未來一兩年將出現空檔，此種未來營業損失應否立即認列以配合賠償金收益之認列？

5. 觀念架構之目的為何？

章首故事引發之問題
- 「觀念架構」之目的為何？
- 處理特定交易會計問題時，「觀念架構」與國際財務報導準則之相對位階為何？
- 「觀念架構」之功能與內容為何？

1.1 財務會計、財務報表與財務報告

學習目標 1
了解財務會計、財務報表與財務報告的定義與關聯

美國會計學會 (American Accounting Association) 對會計之定義如下：

「會計乃是對經濟資料的辨認、衡量與溝通之過程，以協助資訊使用者作審慎的判斷與決策」。

由此定義可清楚了解，會計為何有「**商業語言**」(business language) 之稱。語言的功能在傳遞資訊，會計將商業活動中之經濟資料依據特定的規則 (文法) 與詞語 (字彙) 整理彙總成特定格式，即為會計資訊，可供作判斷與決策之用。對於不同的決策，會計所依據特定的規則、詞語與格式亦有所不同。如依資訊係供企業內部或外部人士使用，會計可分為**管理會計**與**財務會計**兩大系統。

管理會計提供企業內部管理所需之會計資訊，其所依據的規則因企業不同性質與需求而有所差異，且因資訊使用人為能直接接觸企業活動的內部人士，故管理會計所使用的詞語與資訊格式亦無須標準化。**財務會計**則提供企業外部人士所需之會計資訊，包括企業的投資人與債權人等，均希望對企業的活動有所了解。針對企業外部人士投資與授信的需求，財務會計提供**一般用途財務報導** (general purpose financial reporting) 下之會計資訊，以利其進行持有或處分權益及債務工具，提供或結清貸款及其他形式之授信等決策。而因企業外部人士未直接接觸企業活動，加以其進行判斷與決策時往往需同時比較多家企業之會計資訊，故**財務會計**所依據的規則及使用的

詞語格式均有嚴謹規範。所謂會計學 (或稱初級會計學)、中級會計學 (本書涵蓋範圍) 及高級會計學均屬財務會計範圍，成本會計及管理會計則屬管理會計範圍。

財務會計產出之財務資訊稱為**財務報告** (financial reports) 或**財務報表** (financial statements)，實務上通常認為這二個名稱可交互使用。IASB「財務報導之觀念架構」(The Conceptual Framework for Financial Reporting) 之條文中亦混用財務報告與財務報表。至於**財務報導** (Financial Reporting)，則係指編製產生財務報告或財務報表之過程。財務報表包括**資產負債表** (Balance sheet, 又稱**財務狀況表**, Financial Position Statement)、**綜合損益表** (Comprehensive Income Statement)、**權益變動表** (Statement of Changes in Equity) 及**現金流量表** (Statement of Cash Flows) 及**附註**，實務上往往以「四大表 (及附註)」統稱之。

我國財務報告編製準則第 4 條規定：「財務報告指財務報表、重要會計項目明細表及其他有助於使用人決策之揭露事項及說明。財務報表應包括資產負債表、綜合損益表、權益變動表、現金流量表及其附註或附表。」而 IAS 1 定義之財務報表則包括：資產負債表、綜合損益表、權益變動表、現金流量表、附註 (包含重大會計政策及其他解釋性資訊) 及當企業追溯適用會計政策或追溯重編財務報表之項目，或重分類其財務報表之項目時，最早比較期間之期初資產負債表。本書各章不詳細區分財務報告與財務報表，而僅以財務報表通稱此二者。

八項財務報表的**一般特性** (general feature)，**包括公允表達及遵循國際財務報導準則、繼續經營假設、應計基礎會計、重大性及彙總** (aggregation)、**互抵** (offsetting)、**報導頻率、比較資訊與表達之一致性** (consistency of presentation)。以下逐項說明之：

1. 公允表達及遵循國際財務報導準則：本項係假定凡採用國際財務報導準則所產生之財務報表 (必要時輔以額外揭露)，即能達成公允表達。而所謂遵循國際財務報導準則編製之財務報表，須遵循所有國際財務報導準則之規定，並於附註中明確聲明係遵循國際財

財務報告與財務報表
實務上財務報告與財務報表常被交互使用，但我國財務報告編製準則規定：「財務報告指財務報表、重要會計項目明細表及其他有助於使用人決策之揭露事項及說明。」

財務報表之一般特性
財務報表之一般特性包括下列八項：
公允表達及遵循國際財務報導準則、繼續經營假設、應計基礎會計、重大性及彙總、互抵、報導頻率、比較資訊，與表達之一致性。

務報導準則。

2. **繼續經營假設**：公司應按繼續經營個體基礎編製財務報表。編製財務報表時，公司應評估是否至少在報導期間結束日後十二個月內繼續經營假設是適當的。公司對繼續經營個體之能力產生重大疑慮時，應揭露該等不確定性。公司財務報表未按繼續經營個體基礎編製時，應揭露此一事實，並揭露其財務報表所用之基礎及其不被視為繼續經營個體之理由。

3. **應計基礎會計**：本項指除現金流量表外，企業應按應計基礎編製其財務報表。

4. **重大性及彙總**：本項指財務報表對不同性質或功能之重大項目，與類似項目之各重大類別，均應分別單獨表達。個別的不重大項目，則可與其他項目彙總表達於財務報表或附註。

5. **互抵**：本項指財務報表中應分別報導資產與負債，或收益與費損，不得以互抵後之淨額報導，因互抵將降低使用者對已發生交易或其他事項及情況之了解，與評估企業未來現金流量之能力。但須互抵方可反映交易或事項實質，而於國際財務報導準則另有規定者不在此限。

6. **報導頻率**：本項規定企業至少應每年編製一次財務報表，上市櫃公司則依法令規定須每季編製財務報告；而年度財務報導之期間亦得基於實務理由以 52 或 53 週等其他期間為報導期間。當企業之報導期間長於或短於一年時，除應揭露財務報表所涵蓋之期間外，尚應揭露採用該期間之理由，及若以前期間為 52 (53) 週，而當期期間為 53 (52) 週時，財務報表中金額不完全可比較之事實。

7. **比較資訊**：本項規定除國際財務報導準則另有規定外，企業應揭露當期財務報表所有金額之以前期間比較資訊。而如與當期財務報表之了解攸關，企業亦應提供說明性及敘述性之比較資訊。企業於揭露比較資訊時，至少應列報兩期之資產負債表、兩期之其他報表及相關附註。而當企業追溯適用會計政策、追溯重編財務報表，或重分類其財務報表項目時，至少應列報三期之資產負債表、兩期之其他報表及相關附註。三期之資產負債表之時點為當

Chapter 1 財務報表與觀念架構

綜合損益表	
營業收入	$×××
⋮	
本期淨利	$×××
本期其他綜合損益	
不重分類至損益之項目：	
透過其他綜合損益按公允價值衡量之權益工具投資評價損益	×××
確定福利計畫之再衡量數	×××
不動產重估增值	×××
後續可能重分類至損益之項目：	×××
國外營運機構財務報表換算之兌換差額	×××
透過其他綜合損益按公允價值衡量之債務工具投資評價損益	×××
現金流量避險	×××
綜合損益總額	$×××

權益變動表					
	股本	資本公積	保留盈餘	其他權益	合計
期初餘額	$×××	$×××	$×××	$×××	$×××
⋮					
股利			(×××)		(×××)
本期淨利			×××		×××
本期其他綜合損益			×××	×××	×××
⋮					
期末餘額	$×××	$×××	$×××	$×××	$×××

資產負債表			
資產	$×××	負債	$×××
⋮		權益	×××
	$×××		$×××

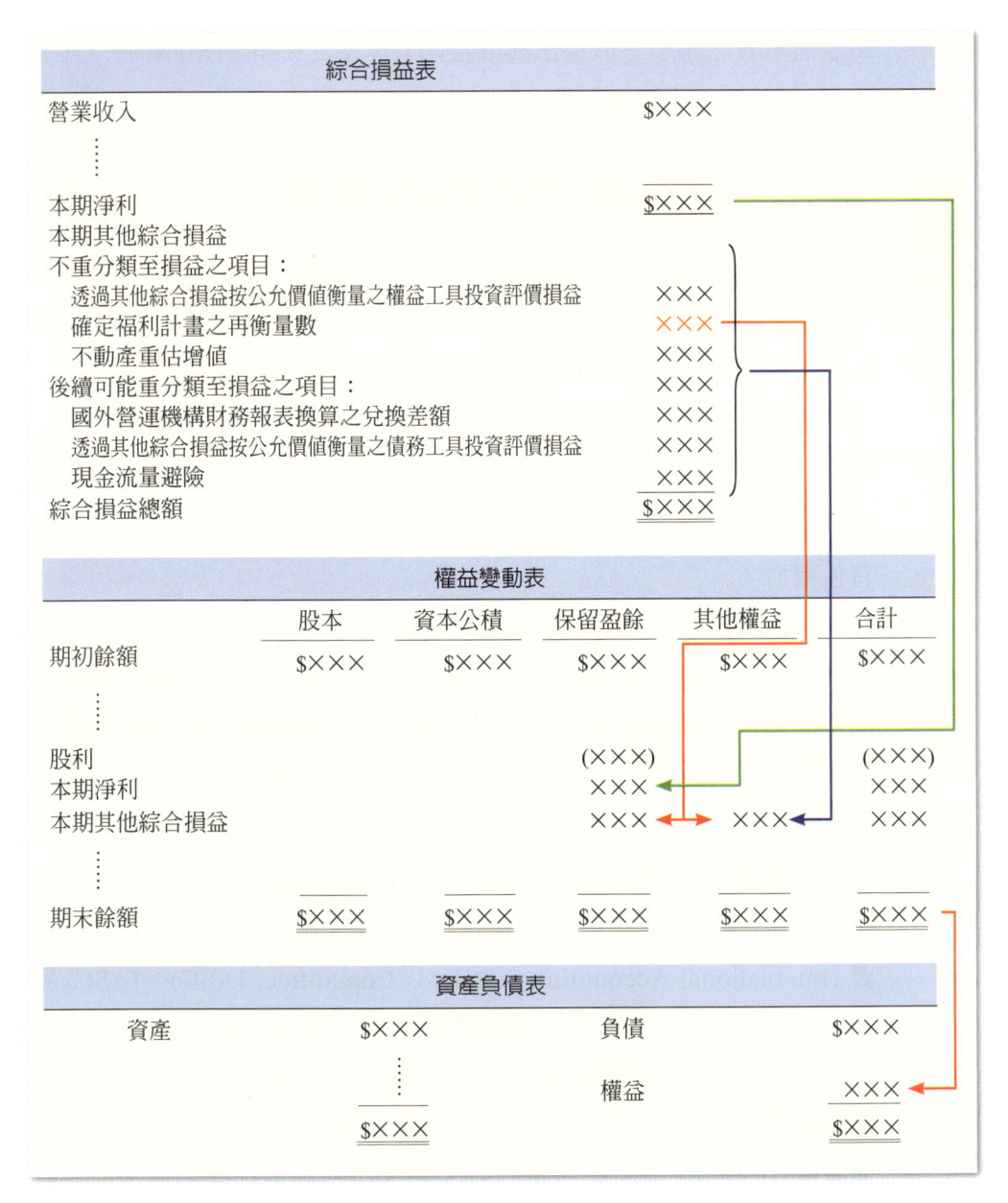

圖 1-1　資產負債表、綜合損益表與權益變動表間之關聯

期期末、前期期末(即當期期初)，及最早比較期間之期初。

8. **表達之一致性**：本項指財務報表中各項目之表達與分類應前後期間一致，除非採用另一表達或分類明顯更為適當，或有國際財務報導準則規定應變更表達。

　　資產負債表、綜合損益表與權益變動表為應計基礎下的報表，本書將於第 2、3 章詳細說明個別之內容，其間之關聯則列示如圖 1-1。

現金流量表之編製有直接法與間接法(含改良式間接法)兩種方式，本書將於第 19 章詳細說明。

1.2 財務會計準則與制定機構

學習目標 2
了解財務會計準則之施行與準則制定機構

財務會計提供主要讓企業投資人與債權人使用之財務報表，其遵循之準則通稱為「**一般公認會計原則**」(Generally Accepted Accounting Principles, GAAPs)。由此名稱亦凸顯財務會計係提供企業外部人士資訊，故其遵循之準則係由大眾共同認定而採用，如此有利於比較使用，達成溝通資訊之目的。一般公認會計原則係由權威團體訂定發布，且多經由法律或法律授權的行政命令之支持而具有公權力。

但在財務會計的發展階段中，所謂的「一般公認會計原則」，有很長的時間係處於「各國各自一般公認」的狀態，即各國財務報表編製所遵循之準則並不一致。此種情況在全球商業活動日益國際化後，對企業與財務報表使用人都增添許多困擾與成本。因此，發展「全世界一般公認會計原則」即成為會計界共同的認知方向。

國際會計準則委員會 (International Accounting Standards Board, IASB) 成立於 2001 年，前身為成立於 1973 年的**國際會計準則理事會** (International Accounting Standards Committee, IASC)。IASC 發布的財務會計準則稱為「**國際會計準則**」(International Accounting Standards, IAS) 與**解釋公告** (SIC)，其後 IASB 成立發布一系列「**國際財務報導準則**」(International Financial Reporting Standards, IFRS) 與**解釋** (IFRIC)，但原已發布的 IAS 與 SIC 在被取代前仍然適用。針對 IASC 與 IASB 發布之所有財務會計準則與解釋，會計界習以「國際財務報導準則」或「IFRS」統稱之。目前世界主要之經濟體除美國與日本外，皆以「**全面採用**」(fully adoption) 或「**接軌**」(converge) 方式遵循國際財務報導準則。

我國金融監督管理委員會歷來共認可之國際財務報導準則共計有 16 號 IFRS 與 27 號 IAS，2022 年適用者計有 16 號 IFRS 與 25 號 IAS，依其規範議題可分類為 9 大類：

1. 緒論類準則：本類準則係規範主要財務報表與會計政策。

IAS 1	財務報表之表達
IAS 7	現金流量表
IAS 8	會計政策、會計估計變動及錯誤
IAS 34	期中財務報導

2. **基礎類準則**：本類準則係規範與部分基礎項目相關之處理與表達揭露。

IFRS 15	收入
IAS 2	存貨
IAS 12	所得稅
IAS 33	每股盈餘
IAS 37	負債準備、或有負債及或有資產

3. **不動產、廠房及設備類準則**：本類準則係規範與不動產、廠房及設備項目相關之處理與表達揭露。

IFRS 16	租賃
IAS 16	不動產、廠房及設備
IAS 20	政府補助之會計及政府輔助之揭露
IAS 23	借款成本
IAS 36	資產減損
IAS 38	無形資產
IAS 40	投資性不動產

4. **專題類準則**：本類準則係規範與特定議題相關之處理與表達揭露。

IFRS 1	首次採用國際財務報導準則
IFRS 5	待出售非流動資產及停業單位
IFRS 13	公允價值衡量
IAS 21	匯率變動之影響
IAS 29	高度通貨膨脹經濟下之財務報導

5. **酬勞類準則**：本類準則係規範與酬勞項目相關之處理與表達揭露。

IFRS 2	股份基礎給付
IAS 19	員工福利
IAS 26	退休福利計畫之會計與報導

6. **揭露類準則**：本類準則係規範特定項目相關之處理與揭露。

    IFRS 8　　營運部門
    IAS 10　　報導期間後事項
    IAS 24　　關係人揭露

7. **金融類準則**：本類準則係規範與金融項目相關之處理與表達揭露。

    IFRS 7　　金融工具：揭露
    IFRS 9　　金融工具
    IAS 32　　金融工具：表達

8. **特定產業類準則**：本類準則係規範與特定產業相關之處理與表達揭露。

    IFRS 4　　保險合約 (2026 年後通用 IFRS 17 保險合約)
    IFRS 6　　礦產資源探勘及評估
    IFRS 14　 管制遞延帳戶
    IAS 41　　農業

9. **集團企業類準則**：本類準則係規範與集團企業相關之處理與表達揭露。

    IFRS 3　　企業合併
    IFRS 10　 合併財務報表
    IFRS 11　 聯合協議
    IFRS 12　 對其他個體之權益之揭露
    IAS 27　　單獨財務報表
    IAS 28　　投資關聯企業及合資

　　IASB 對國際財務報導準則制定之程序相當嚴謹。首先在考量投資人之資訊需求與現有準則狀況等因素後，排定其欲發展準則之議題，並決定係由 IASB 單獨執行或與其他準則制定機構合作。其後就排定之議題設立專案工作小組，經過發布**討論稿** (discussion paper) 與徵求**意見草案** (exposure draft) 等彙集與統整大眾意見的程序後，才發布國際財務報導準則。準則發布後，IASB 除舉辦相關之宣導教育活動外，亦與相關團體定期會議，就準則施行時可能之問題與影

響進行討論。

我國的財務會計準則，係由中華民國會計研究發展基金會下之財務會計準則委員發布。早年之財務會計準則多依據美國之一般公認會計原則訂立，後期始納入國際財務報導準則。而鑑於國際發展趨勢，我國於 2009 年宣布上市、上櫃及興櫃公司須自 2013 年開始依 IFRS 編製財務報表，並開始相關的「IFRS 正體中文版」計畫：即取得 IASB 授權後，由中華民國會計研究發展基金會下之臺灣國際財務報導準則委員會將國際財務報導準則翻譯覆審為中文，再由行政院金融監督管理委員會 (簡稱金管會) 認可及同意採用之 IFRS 正體中文版。我國財務報告編製準則亦配合修訂，明定「一般公認會計原則為經行政院金融監督管理委員會認可之國際財務報導準則、國際會計準則、解釋及解釋公告」。金管會並於 2015 年將適用 IFRS 正體中文版擴及所有公開發行公司。

臺灣國際財務報導準則委員會持續修訂 IFRS 正體中文版，且各年度金管會將認可當年度採用之「IFRS 正體中文版」，此亦即為我國公開發行公司各年財務報表所需遵循之財務會計準則。此外，我國考選部亦於如高普考、會計師等國家考試之財務會計相關類科的命題大綱中明載：「自民國 101 年起，試題如涉及財務會計準則規定，其作答以當次考試上一年度經行政院金融監督管理委員會認可之國際財務報導準則正體中文版為準」。亦即會計學子攸關之國家考試中的財務會計相關類科，均以「當年度應適用之 IFRS 正體中文版」為試題與答案之依據。本書介紹之財務會計準則，即以「IFRS 正體中文版」為主體，並另增加我國財務報告編製準則等相關法令之規定，以符合學子應考與實務應用的多重需求。「IFRS 正體中文版」準則內容則得自金管會證期局網站 http://163.29.17.154/ifrs/index.cfm 免費下載。

1.3 觀念架構之地位及目的

「觀念架構」並非國際財務報導準則，故此架構未對任何特定衡量或揭露議題界定準則。IASB 將依「觀念架構」之指引，進行未

學習目標 3
了解財務報表觀念架構之目的

來準則之制定與現有準則之檢討,但當「觀念架構」與現有國際財務報導準則發生衝突時,應以國際財務報導準則為準。此外,「觀念架構」之目的如下:

1. 協助 IASB 制定以一致之觀念為基礎之準則;
2. 當特定交易或事項無準則可適用或準則允許作會計政策選擇時,協助編製者訂定一致之會計政策;及
3. 協助各方了解及解讀「準則」。

國際財務報導準則基金會及理事會之使命係制定使全球各金融市場具透明度、課責性及效率之「準則」,「觀念架構」有助於達成該使命。「觀念架構」為「準則」提供基礎:

(1)「準則」藉由強化財務資訊之品質及國際間可比性而有助於透明度,使投資者能依據財務資訊作經濟決策。

(2)「準則」藉由減少資金提供者與管理階層間之資訊落差以強化**課責性** (accountability)。以「觀念架構」為基礎之「準則」提供對管理階層課責之所需資訊。作為全球可比資訊之來源,「準則」亦對全球之主管機關極為重要。

(3)「準則」藉由協助投資者辨認全球之機會及風險促進經濟效率,因而改善資金配置。就企業而言,使用單一且受信任之會計語言,可降低資金成本並減少國際報導成本。

課責性
董事會須達成股東所要求之經營成果,即股東對經營階層課責,或稱管理階層之課責性。

1.4 觀念架構之內容

觀念架構之內容包括一般用途財務報導之目的、有用財務資訊之品質特性、財務報表及報導個體、財務報表之要素、認列及除列、衡量、表達與揭露,以及資本觀念及資本維持觀念等八章。其中財務報表及報導個體於本章第 1 節中介紹,資本觀念及資本維持觀念將在第 2 章中介紹,其餘六個部分在本節中詳細說明。

學習目標 4
了解財務報表觀念架構之內容

1.4.1 一般用途財務報導之目的

一般用途財務報導之目的係提供現在及潛在投資人與債權人(財務報告之主要使用者)作其決策時所需之有用財務資訊,該等決策

一般用途財務報導之目的
提供作成投資與授信決策時,評估企業未來淨現金流入之金額、時點及不確定性所需之資訊。

包括：

 (1) 買賣或持有權益及債務工具；

 (2) 提供或結清貸款之授信；或

 (3) 對公司之管理階層行使表決或影響之權利。

  作成前述 (1) 及 (2) 決策時，重要考量因素為投資可獲得的報酬。而企業未來淨現金流入之金額、時點及不確定性，又影響投資人與債權人預期可獲得之報酬 (利息、股利及漲跌價)。故為評估企業之未來淨現金流入，投資人與債權人需了解企業之經濟資源、請求權與其變動；並區分經濟資源與請求權的變動，係源於企業管理階層經營之財務績效，或發行權益及債務工具等其他事項或交易所致。

有關經濟現象之資訊
有關經濟現象之資訊係指與企業之 (1) 經濟資源、(2) 請求權，及 (3) 經濟資源與請求權變動等三項有關之資訊。

  不同類型之經濟資源，對企業未來現金流量之評估會有不同影響。請求權之優先順序及付款需求亦有助於財務報表使用者預測未來現金流量將如何分配。一般用途財務報表中以應計會計為基礎之資產負債表即提供企業經濟資源與請求權及其變動之資訊。

  而由一般用途財務報表中之權益變動表，即可分辨企業經濟資源與請求權的變動，係源於企業管理階層經營之財務績效，或發行權益及債務工具等其他事項或交易所致。同樣以應計會計為基礎之綜合損益表則說明財務績效之組成要素，藉由提供企業過去應用經濟資源所產生報酬之資訊，協助預測未來其經濟資源之報酬。現金流量表則提供企業如何取得及支用現金，包括其債務之舉借及償還、對投資者支付之現金股利或其他現金分配，以及可能影響個體流動性或償債能力之其他因素等資訊。有關現金流量之資訊則有助於了解企業之營運，評估其籌資及投資活動、評量其流動性或償債能力及解釋有關財務績效之其他資訊。

  一般用途財務報導協助股東作成前述 (3) 決策，此有助於強化管理階層之課責性。前述經濟資源與請求權及其變動之資訊，不僅與 (1) 及 (2) 之決策有關，亦有助於使用者評估管理階層之個體經濟資源**託管責任** (stewardship)，並透過投票權或影響力強化管理階層之課責性。一般用途財務報導另要求提供經濟資源之使用之資訊，

以強化課責性。管理階層對使用個體經濟資源之託管責任包括保障個體之資源不受經濟因素（如價格與科技之變動）之不利影響及確保個體遵循適用之法令、規章及合約條款。例如，金融機構受法令規範的最低資本及公司違反合約所涉及之訴訟等皆為應揭露事項。

然而，「觀念架構」亦提醒我們，一般用途財務報表僅為企業投資人與債權人所需資訊之一，並無法提供所需之全部資訊，投資人與債權人仍須考量來自其他來源之適當資訊。而除投資者及債權人以外之大眾如主管機關等，雖亦可能發現一般用途財務報表有助決策，但一般用途財務報導之目的主要並非滿足其資訊需求。

1.4.2　有用財務資訊之品質特性

> **有用之財務資訊**
> 同時具備兩項基本品質特性「攸關性」與「忠實表述」之財務資訊即有用。

一般用途財務報導之目的在提供有關經濟現象之財務資訊，以滿足投資及授信決策所需；故所謂財務資訊的**有用** (useful) 與否，即以其對作成投資及授信決策有用與否而定。IASB 提出有用的財務資訊需同時具備**攸關性** (relevance) 與**忠實表述** (faithful representation) 兩項**基本品質特性** (fundamental qualitative characteristics)。而**可比性** (comparability)、**可驗證性** (verifiability)、**時效性** (timeliness) 及**可了解性** (understandability)，則為可進一步強化財務資訊有用性的四項**強化性品質特性** (enhancing qualitative characteristics)。

1.4.2.1　基本品質特性

> **具備攸關性**
> 具有預測價值或確認價值

基本品質特性係指有用的財務資訊應同時具備的品質特性，包括**攸關性**與**忠實表述**兩項。所謂**攸關性**，係指若某項財務資訊之有無，會使投資人與債權人作成之決策有所差異，則此項財務資訊具備攸關性。而具有**預測價值** (predictive value) 或**確認價值** (confirmatory value)，為財務資訊具備攸關性之必要條件。因財務資訊若具有預測價值與確認價值其中之一或兩者兼具，則將能使資訊使用人作成之決策不同，故其為攸關財務資訊。預測價值係指財務資訊能讓使用者用以預測未來結果，確認價值則指財務資訊能讓使用者確認或改變先前評估。值得注意的是，具有預測價值的財務資訊，其本身不一定須為預測型態，而係其可用於預測未來。例如去年與今年

Chapter 1 財務報表與觀念架構

收入為實際已發生資訊(非預測型態)，但能用以預測未來收入。而預測價值與確認價值亦非互斥而係相互關聯，具有預測價值之財務資訊通常亦具有確認價值。例如，本年度收入資訊能用以預測未來年度收入(預測價值)，亦能與以前年度對本年度之收入預測比較(確認價值)。

若資訊之遺漏、誤述或模糊可被合理預期將影響一般用途財務報表之主要使用者以該等財務報表(其提供特定報導個體之財務資訊)為基礎所作之決策，則該財務資訊具**重大性**。重大性為是否具攸關性之門檻，不重大的財務資訊，因其不會使資訊使用人作成之決策不同，故其不是攸關的財務資訊。重大性非為統一的絕對數字，亦即同樣金額之財務資訊，可能對甲企業為重大，但對乙公司為不重大。故重大性是一**企業特定層面** (entity-specific) 之攸關性，因為個別企業可能有不同的攸關性門檻。重大性除受財務資訊之金額大小影響外，亦須考慮其性質。部分資訊因性質特殊而可能影響投資決策，則不論其金額大小，此類資訊亦為具重大性之資訊，例如，公司新網路行銷事業部門今年才開始營業，其營收及淨利之金額均不重大，但此新事業部門成長迅速且極具未來潛力，因此其部門資訊可能因性質特殊，而成為具重大性之資訊。

忠實表述為有用之財務資訊需同時具備之兩項基本品質特性之二。所謂忠實表述，係指財務資訊能**完整** (complete)、**中立** (neutral) 及**免於錯誤** (free from error) 的描述經濟現象。為能忠實表述財務資訊，經濟實質應重於法律形式。

完整指包括讓財務資訊使用者了解描述現象所需之所有資訊，包括所有必要之敘述及解釋。例如，一資產群組之完整描述至少應包括對群組內資產性質之敘述、群組內所有資產之數值描述，及該數值描述所代表意義(例如成本、淨變現價值或公允價值)之敘述。

中立指在財務資訊之選擇或表達上無偏誤，不以任何方式操縱財務資訊使其對使用者更有利或更不利。中立並非指財務資訊應對使用者之行為不造成影響，而係不蓄意操縱財務資訊以達成特定之影響。企業另須以**審慎性** (prudence) 支持中立性；審慎性係指在具不確定性之情況下作判斷時謹慎之運用。審慎性之運用意指不高估

重大性
重大性為是否具攸關性之門檻，是一企業特定層面之攸關性。

忠實表述
財務資訊能完整、中立，及免於錯誤的描述經濟現象。

忠實表述財務資訊
經濟實質應重於法律形式

審慎性
在具不確定性之情況下作判斷時謹慎之運用；而非對資產或收益的認列標準應高於負債或損失；企業須以審慎性支持中立性。

15

IFRS 一點通

新觀念架構重新引入審慎性並重新強調實質重於形式

傳統上財務會計強調之財務資訊需保守穩健，此即 1989 年「財務報表編製及表達之架構」中之品質特性「審慎性」，意指在不確定情況下作出估計時，需納入一定程度之謹慎使資產或收益不被高估及負債或費損不被低估，此不對稱觀念與中立性相牴觸，而在 2010 年被捨棄。另一 1989 年「財務報表編製及表達之架構」中之品質特性「實質重於形式」，即會計處理與表達須依其實質而非依其法律形式，亦因與忠實表述意義相同而被「觀念架構」捨棄。但在 2018 年重新修訂財務報導之觀念架構時重新引入審慎性，強調對不確定情狀的判斷須審慎，而非對資產（或收益）與負債（或費損）認列標準不中立的審慎；另外亦在忠實表述定義下重新強調經濟實質重於法律形式的觀念。

資產及收益，亦不低估負債及費損，該等誤述會導致未來期間收益或費損之高估或低估。過去會計文獻常將審慎性作不對稱解釋，即認列資產或收益的標準應高於認列負債或費損，但新的觀念架構強調對不確定情況的判斷須謹慎，而非對資產（或收益）及負債（或費損）的不對稱標準。

免於錯誤意指財務資訊在描述經濟現象時沒有錯誤或遺漏，且其選擇與應用產生該財務資訊之程序並無錯誤。免於錯誤**並非指所有方面皆完全正確** (accurate)。例如，不可觀察價格或價值之估計，無法決定其為正確或不正確。惟若該金額已清楚且明確地說明為一估計數，對估計程序之性質與限制亦已加以解釋，且選擇與應用產生估計之程序並無錯誤，則該估計即已忠實表述。

如何實際應用攸關性與忠實表述兩項基本品質特性，決定何者為有用之財務資訊？IASB 提供一通常最有效率且最有效果之程序如下：

1. 辨認對企業財務資訊使用者可能有用之經濟現象，即可能有用之企業之經濟資源及請求權，以及這些經濟資源，及請求權之變動。
2. 辨認有關該現象之最攸關資訊。
3. 確認該資訊是否存在且忠實表述。如是，則滿足基本品質特性之程序到此結束；如否，將持續尋找次佳攸關資訊，直至該次佳資訊存

在且可被忠實表述為止。

上述應用程序之主要重點在於先辨認攸關之財務資訊,再考慮其忠實表述的程度;無法獲得最佳且忠實表述資訊時,繼續尋找次佳且忠實表述者。為明確易於了解起見,該程序另以流程圖方式說明如圖 1-2。

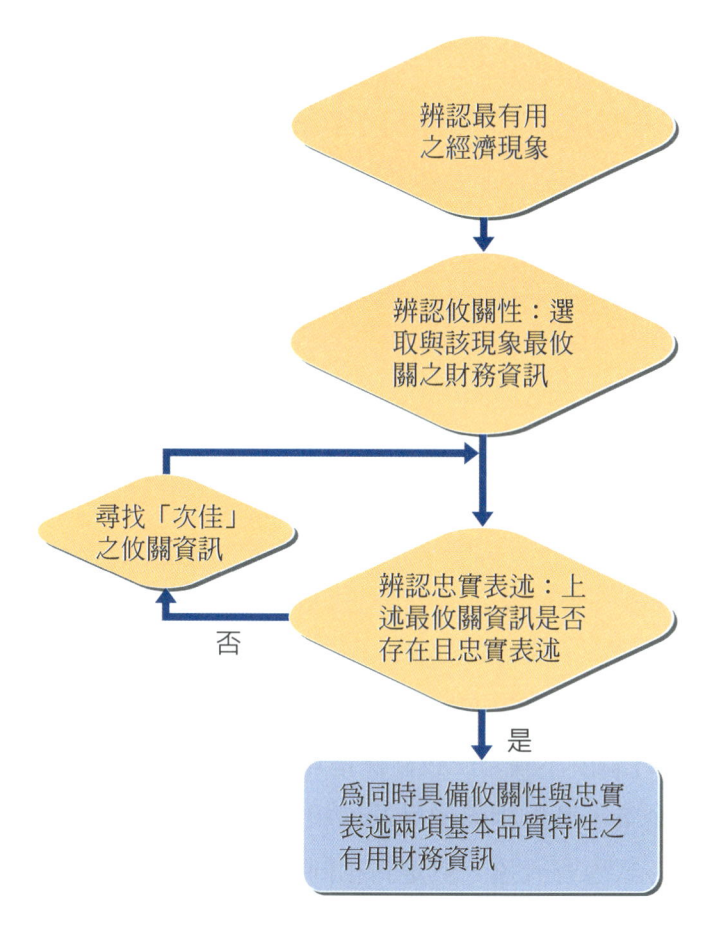

圖 1-2　基本品質特性應用程序流程圖

1.4.2.2　強化性品質特性

財務資訊同時具備攸關性與忠實表述兩項基本品質特性後,即為有用的財務資訊。而**可比性**、**可驗證性**、**時效性**與**可了解性**,則為可進一步強化財務資訊有用性的四項**強化性品質特性**。此四項強化性品質特性亦可幫助決定在兩種同等具攸關性且忠實表述的方法中,應採用何者來描述某一經濟現象。財務資訊具有之強化性品質

強化性品質特性

強化性品質特性包括:
1. 可比性
2. 可驗證性
3. 時效性
4. 可了解性

IFRS 實務案例

IFRS 4 捨棄保守穩健、觀念架構強調以審慎性支持中立性

我國公開發行公司應於 2013 年起全面適用 2010 版 IFRS 之規範，原我國編製準則中部分依照穩健保守觀念認列之準備(負債)不符合負債之定義，而須停止認列。例如，保險公司之特別準備(巨災準備及損益平穩準備)以及券商之營業損失準備等。且 IFRS4 (保險合約)亦強調，保險公司不應採取不中立之會計原則。相對影響較大的產業為產險公司，因為這些公司的特別準備金與業主權益相當，其金額非常重大如媒體報導台產、新光產險及第一產險等產險公司，將依據金管會之規定逐年沖回金額龐大之特別準備，亦即產險公司未來將減少逐年特別準備負債(借記負債)，並逐年認列利益(貸記利益)。但觀念架構強調以審慎性支持中立性，以避免管理當局可能的過度樂觀估計。

特性愈多愈高愈好，但若財務資訊不具備攸關性與忠實表述兩項基本品質特性，則無論具有再多或再高之強化性品質特性，均無法使資訊有用。

財務資訊需具**可比性**，因投資授信決策多涉及於不同選項作選擇，如投資於某企業或另一企業，賣出或繼續持有一項投資。因此，有關企業之資訊，若能與其他相關企業之類似資訊，或與企業本身以前期間或日期之類似資訊相比較，則較為有用。**可比性**與**一致性** (consistency) 有所不同。一致性係指無論是單一企業之各期間或同一期間之各企業，應對相同項目採用相同方法描述。單一經濟現象可以用多種方式忠實表述，但是對相同經濟現象允許採用多種會計方法會削弱可比性，故一致性有助達成可比性此項目標。**可比性**與**一致性**不完全相同，所謂資訊具可比性，應為該資訊對相似事物之描述使其看來確實相像，而不同事物看來確實不同。若使資訊對事物之描述使所有事物看來完全相同，則資訊不具可比性。已滿足基本品質特性之資訊較可能具可比性，例如某企業有關某經濟現象之攸關且忠實表述資訊，與另一企業相似經濟現象之攸關且忠實表述資訊，應自然具備某種程度之可比性。

可驗證性指財務資訊對經濟現象的描述，能讓各獨立且具充分認知的經濟現象觀察者，達成上述經濟現象的描述為忠實表述的共

Chapter 1 財務報表與觀念架構

IFRS 實務案例

2013 年及 2015 年我國全面採用 IFRS 應適用之版本

根據 IFRS 1「首次採用國際財務報導準則」之規定，我國企業於 2013 年首次採用 IFRS 時，當年度與前一年度之比較報表均須採用 2013 年 12 月 31 日之前生效之最新版 IFRS。此規定要求兩年間採用一致性之會計原則，增加了各企業在全面採用 IFRS 前後年間報表之可比性。我國政府顧及準則翻譯時效與公司系統更新所需作業時間，特別規定我國企業於 2013 年首次採用 IFRS 編製之 2013 年財報與 2012 年之比較報表均須依據 2010 正體中文版 IFRS 之規定。

由於 IFRS 每年均有新版本推出，我國公開發行公司之財務報告須遵守之 IFRS 版本在 2015 年升級為 2013 正體中文版 IFRS。自 2017 年起，我國未來採用之 IFRS 版本將以逐號 IFRS 升級方式進行，亦即只要 IASB 通過採用的任何單一公報，我國將同步實施，唯一的例外是 IFRS 17「保險合約」，該公報對我國保險公司衝擊非常大，IFRS 17 規定 2023 開始適用，我國則自 2026 年開始適用。

識，且此共識程度不需至全面同意。驗證包括直接驗證與間接驗證。直接驗證指透過直接觀察以驗證金額或其他描述，如盤點現金。間接驗證指核對某一模式、公式或其他技術之輸入值，並採用相同方法重新計算其產出。如核對數量及成本等輸入值，再以相同的成本流動假設重新計算期末存貨，以驗證存貨之帳面金額。量化資訊無論係單一點估計型態，或係可能金額範圍與相關機率之描述均能被驗證。可驗證性讓使用者能更確信財務資訊係忠實表述其意圖表述之經濟現象。

時效性指讓決策者得及時取得資訊，以供其作成決策所需。一般而言，資訊愈舊其有用性愈低。惟某些資訊可能於報導期間結束後甚久仍持續具時效性，例如當使用者需要辨認並評估某種趨勢時。**可了解性**指財務資訊應清楚簡潔的分類、凸顯特性及表達，能使其可了解。而可了解與否之認定，係以對商業與經濟活動之具有合理認知且用心檢視分析資訊之使用者是否可了解為準。值得注意的是，對部分複雜不易了解的經濟現象而言，將其資訊排除在財務報表之外確可能使該財務報表資訊較易於了解，但如此報表將不完整，損及忠實表述的基本品質特性，因而有可能誤導使用者。

IFRS 一點通

舊資訊一定不具有時效性？

公司股票或公司債初次上市或上櫃時，需編製公開說明書，其中收入、銷貨成本等等重要財務資訊須編列五年之比較資訊，是否前五年之資訊即不具有時效性？但投資人可能需要做趨勢分析，因此這些財務數字雖然距離報導期間結束後多年仍具有協助投資人分析之功能，所以仍為具時效性之資訊。公司上市時，若其營收在上市前數年持續成長，通常在掛牌的第一天，會有相對較高之收盤股價。

如何實際應用可比性、可驗證性、時效性與可了解性四項強化性品質特性，以使已經具有攸關性與忠實表述之財務資訊，其有用性更為增加？IASB認為，可不依照特定的順序反覆代入試驗以極大化財務資訊有用性。因為欲提高某一項品質特性往往須削弱某一項強化性品質特性。例如，若推延適用某一新財務報導準則可改善長期之攸關性或忠實表述，此時附帶造成之可比性暫時降低可能是值得的。適當之揭露亦可能彌補部分可比性之不足。

1.4.2.3　財務資訊有用性之成本限制

企業財務資訊之提供與使用均需耗費成本。企業財務資訊之提供者為管理階層，其成本來自蒐集、處理、驗證及散布財務資訊，且此資訊之提供成本最終將轉嫁給財務資訊使用者，即由企業的投資人與債權人承擔。財務資訊使用者之使用成本，則在分析解釋企業所提供之財務資訊，及當所需資訊未提供，由他處取得該資訊或估計該資訊之額外成本。這些成本與財務資訊之效益，亦即財務資訊有用性，需有所衡量。在追求極大化財務資訊有用性時，財務資訊之成本為一影響甚鉅之限制。IASB於制定擬議之財務報導準則時，亦須就該準則之預期效益及成本之相關量化及質性資訊進行考量。

IASB承認，雖然攸關且忠實表述之財務資訊能協助使用者作成更明智之決策而得到效益，並能增加資本市場之效率與降低整體資金成本，但要讓一般用途財務報表包含所有使用者認為攸關之所有

資訊，在成本效益考量下勢必不可能。IASB 亦同意，不同個體對特定項目之財務資訊其效益與成本評估不同。而 IASB 係以一般而非個別企業角度評估財務資訊之效益與成本，這並不意味在效益與成本的考量後，所有企業應適用相同的財務會計準則。由於企業之規模、籌資方式（公開或私募）、資訊使用者之需求與其他因素等之不同，適用差異的財務會計準則亦可能是適當的。

財務資訊之目的、品質特性與限制彙示如圖 1-3。

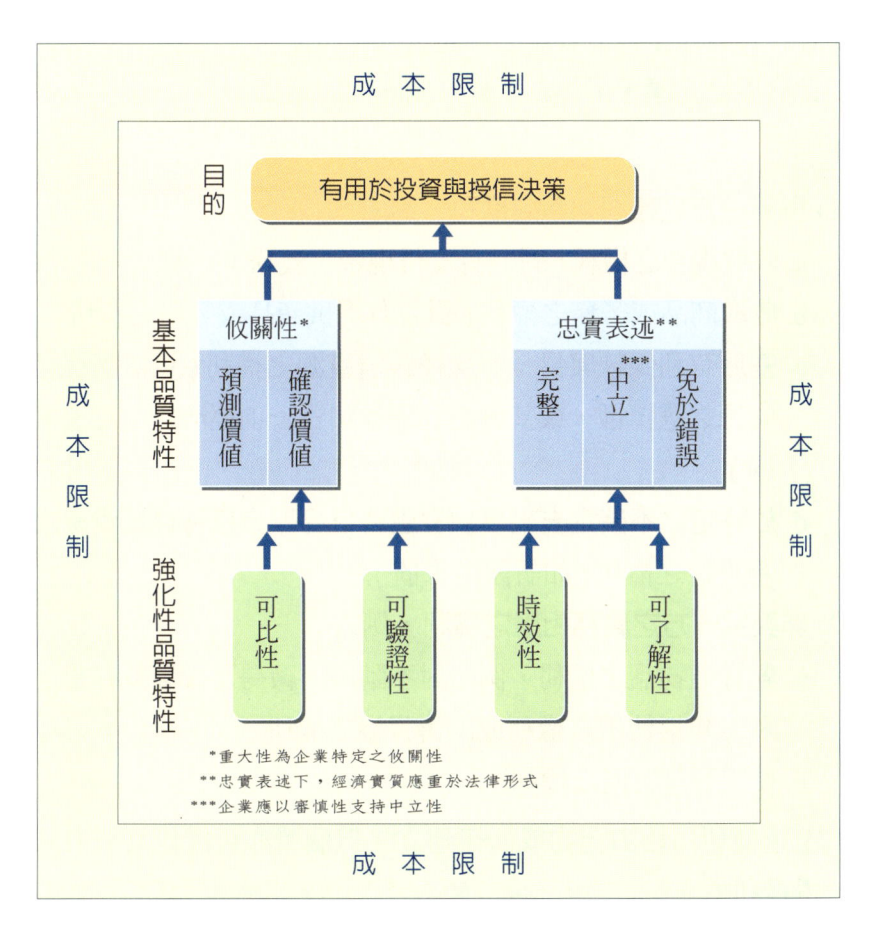

```
                         成  本  限  制

    目的            ┌─────有用於投資與授信決策─────┐
                    │                              │
                ┌───┴───┐                      ┌───┴───┐
  基本品質     │攸關性*│                      │忠實表述***│
    特性       ├───┬───┤                      ├───┬───┬───┤
成              │預 │確 │                      │完 │中 │免 │              成
本              │測 │認 │                      │整 │立** │於 │              本
限              │價 │價 │                      │   │   │錯 │              限
制              │值 │值 │                      │   │   │誤 │              制
                └─▲─┴─▲─┘                      └─▲─┴─▲─┴─▲─┘
                  │   │                          │   │   │
                ┌─┴─┐┌─┴─┐                    ┌─┴─┐┌─┴─┐┌─┴─┐
  強化性品質   │可 ││可 │                    │時 ││可 │
    特性       │比 ││驗 │                    │效 ││了 │
                │性 ││證 │                    │性 ││解 │
                │   ││性 │                    │   ││性 │
                └───┘└───┘                    └───┘└───┘

    *重大性為企業特定之攸關性
   **忠實表述下，經濟實質應重於法律形式
  ***企業應以審慎性支持中立性

                         成  本  限  制
```

📘 圖 1-3 「觀念架構」中財務資訊之目的與品質特性之關聯

1.4.3　財務報表要素之定義

財務報表編製時，係將交易及其他事項按其經濟特性彙集成主要類別，以描述交易及其他事項之財務影響。這些主要類別即稱為財務報表之要素。資產負債表中與企業財務狀況衡量有關

之要素為資產、負債及權益。綜合損益表與損益表中與企業財務績效衡量有關之要素為收益及費損。權益變動表則係反映資產負債表要素變動及損益表要素之連結，並無專屬要素。亦即財務報表要素計有五類：**資產** (asset)、**負債** (liability)、**權益** (equity)、**收益** (income) 及**費損** (expense)。

1.4.3.1　資產之定義

資產係指因過去事項而由個體所控制之現時經濟資源。而經濟資源係指具有產生經濟效益之可能性之一項權利。

此資產之定義，可分為下列三個層面討論之：

1. 權利

(1) **與另一方之義務相應之權利**，例如：

　　a. 收取現金之權利 (對方有支付現金之義務)。

　　b. 收取商品或勞務之權利 (對方有提供商品或勞務之義務)。

　　c. 基於有利條款與另一方交換經濟資源之權利 (包括購買經濟資源之選擇權，或基於有利條款購買一項經濟資源之遠期合約)。

　　d. 於特定之不確定未來事項發生時自另一方移轉經濟資源之義務獲益之權利 (如訴訟之求償)。

(2) **非與另一方之義務相應之權利**，例如：

　　a. 對實體物品之權利，例如對不動產、廠房及設備或存貨之權利，包括使用之權利或出售獲益之權利。

　　b. 使用智慧財產之權利。

上述權利係藉由合約或法律建立。但個體亦可能以其他方式取得權利：

　　a. 取得或創造非屬公共領域之訣竅之權利 (如可口可樂之秘密配方、台積電製造晶圓之商業秘密)；或

　　b. 透過另一方之推定義務（參見負債之定義）產生之權利。

2. 經濟資源

經濟資源係指具有產生經濟效益之可能性之一項權利。前述可能性無須確定，僅須該權利已存在且於至少一個情況下將為個體產生經濟效益；但此經濟效益須為所有其他方不可得之經濟效益

(排他性)。為何需要排他性呢？以公有道路說明如下：使用道路的權利對公司產生經濟效益，則此道路使用權是否為公司之資產？此使用權係公有權利，非公司特有權利，因此在資產定義中須予以排除。

3. 控制

控制將經濟資源連結至個體。若個體具有主導經濟資源之使用並取得可能自其流入之經濟效益之現時能力，則個體控制該經濟資源。控制包括防止其他方主導經濟資源之使用並防止其他方取得可能自其流入之經濟效益之現時能力。因此，若一方控制某一經濟資源，且沒有其他方控制該資源(與經濟資源須排他性之原因相同)。

公司可能控制某一土地10%，則公司之資產係土地之份額；公司若有維持商業祕密不被外人得知的現時能力，則公司可控制該商業祕密；公司可能透過代理人(代理商)安排產品之銷售，則公司為主理人，對銷售之產品具有控制力。

1.4.3.2 負債之定義

負債係指個體因過去事項而須移轉經濟資源之現時義務。負債之存在，必須滿足下列三項條件：

1. 個體具有義務(義務係指個體不具有實際能力避免之職責或責任)

義務之另一方可能為個人、個體或社會整體(如政府)；許多義務是因合約或法律而產生，而造成公司無實際能力避免責任。但公司亦可能有過去之實務慣例及主動發布之政策或聲明，若公司(因顧慮公司聲譽、客戶關係等因素)使公司不具有違反該等實務慣例、政策或聲明之實際能力，則公司負有之「推定義務」亦屬公司之義務。例如，對公司賣出之設備，雖然買賣合約上並無規定，但公司一向的保固政策是5年內設備有任何故障，皆提供免費維修服務，且潛在客戶對此項免費服務皆形成有效預期，在此狀況下公司亦無實際能力避免責任。該維修服務即為公司之推定義務。

2. 該義務係移轉經濟資源

移轉經濟資源之義務無須確定，即使可能性低，仍可能符合

負債之定義
個體因過去事項而須移轉經濟資源之現時義務。

負債存在的三條件：
1. 個體具有義務
2. 該義務係移轉經濟資源
3. 該義務因過去事項而存在之現時義務

負債之定義。但是負債發生之可能性較低將影響公司是否應予認列或應提供何種資訊與如何提供資訊(參見認列及衡量部分)。移轉經濟資源之義務有：

(1) 支付現金之義務，如應付帳款之清償義務。
(2) 交付商品或提供勞務之義務，如銷貨合約中之義務。
(3) 以不利條款與另一方交換經濟資源之義務。包括以目前為不利之條件交易之遠期合約義務，或使另一方有權自公司購買經濟資源之選擇權義務(發行選擇權之義務)。
(4) 於特定之不確定未來事項發生時移轉經濟資源，如被求償之訴訟中未來可能之支付。
(5) 發行金融工具之義務，如發行公司債之義務。

履行義務除了移轉經濟資源外，亦可能以下列方式清償義務：藉由協商義務之解除而清償該義務(如透過債務協商而免除)、移轉該義務予第三方(如透過三方協議)或以另一義務取代該移轉經濟資源之義務(如以新債取代舊債)。

3. 該義務係因過去事項而存在之現時義務

則公司因過去事項而存在現時之義務，同時符合下列兩條件時：
(1) 公司已取得經濟效益或已採取行動；且
(2) 個體將或可能須移轉經濟資源。

現時義務與未來承諾間需清楚劃分。企業管理階層決定於未來取得某資產，此決定本身並不產生現時義務。另需注意，前項(1)中已取得經濟效益(如現金或商品)，此為有對價交易下產生之義務；而(1)中已採取行動則用以強調非對價交易亦可能產生義務，例如捐贈、稅賦等。強調活動或行動已發生，而(2)則強調因為已發生活動或行動之後果(無須為確定後果，可能之經濟資源移轉亦為義務)。

1.4.3.3 同時涉及資產及負債之觀念

科目單位

> **科目單位**
> 認列條件及衡量觀念所適用之權利(或權利群組)或義務(或義務群組)。

科目單位(Unit Account) 係指**認列條件**及**衡量觀念**所適用之權利或權利群組、義務或義務群組，或權利與義務之群組，在認列

上或衡量上的科目單位可能不一致。觀念架構僅定義科目單位，而於各財務報導準則決議與制定所有財務報告中之科目單位，例如 IFRS 9 規定投資之股票的認列與衡量科目單位為 1 股。可能之科目單位包括：

1. 個別權利或個別義務——如 1 股股票 (1 張債券) 投資或 1 筆應付帳款。
2. 源自單一來源 (如一個合約、一棟廠房) 之所有權利、所有義務或所有權利與所有義務——例如，持有之轉換公司債合約有收本息及轉換之權利，IFRS 9 規定所有權利為單一之科目單位；IFRS 9 規定發行之交換公司債，其所有支付本息及交換之義務，區分為兩個科目單位，即應付公司債及發行之選擇權金融負債 (除非公司選擇將兩個科目單位合併為單一之交易目的金融負債)；IAS 16 規定沒有重大組成部分之一棟建築物為單一之科目單位。
3. 源自單一來源之權利及/或義務之子群組——例如，IAS 16 規定一項設備，若耐用年限及耗用型態不同，一棟建物須區分為不同之重大組成部分作各自衡量，如建物及升降設備在衡量上為兩個科目單位。
4. 源自類似項目之組合之權利及/或義務群組——例如 IFRS 9 規定應收款之減損可以組合方式衡量。
5. 源自非類似項目之組合之權利及/或義務群組——例如，IFRS 5 規定待出售群組 (將於單一交易中出售之資產及負債組合)，在認列上待出售之資產及負債分別為單一科目單位，而其衡量係以資產及負債組合為單一科目單位，但若有減損時，減損金額應分攤至非流動資產，而流動資產及負債仍維持原衡量。及
6. 項目之組合中之一風險暴險——例如，若一組持有之債券投資被指定為利率公允價值組合避險之被避險項目，該組債券的無風險利率變動造成的公允價值變動部分，避險會計規定此部分之認列及衡量為單一之科目單位。

須注意的是，前述各項中的例子顯示**認列及衡量之科目單位可能不一致**；另以保險合約例釋不一致之狀況：IFRS 17 規範之保險合

約以單一合約認列，但衡量係以合約群組作衡量。而前述 2. 項目更詳細說明如下：有些合約同時產生權利及義務，若這些權利及義務係相互依存且無法分離，則其構成單一不可分離之資產或負債並因此形成單一科目單位，如以現金買入股票之遠期合約 (以股票總額交割)，支付義務及收取股票權利相互依存且無法分離，因此整個遠期合約是一個科目單位。科目單位可能變動，例如除列部分應收帳款可能使科目單位由單一應收款改變為該應收款中之部分金額。

待履行合約

待履行合約係簽約雙方皆尚未履行任何義務之合約，或雙方均已部分履行義務至同等程度的合約。待履行合約產生一項合併之權利及義務時，該等權利及義務係相互依存且無法分離。因此，該合併權利及義務構成單一資產或負債。若合約條款目前為有利，則公司具有資產；若條款目前為不利，則公司具有負債。此一資產或負債是否納入財務報表中取決於該資產或負債之認列條件及所選擇之衡量基礎，包括該合約是否屬虧損性之測試（請參考認列與衡量部分）。

1.4.3.4　權益、收益及費損之定義

權益
企業之資產扣除負債後之剩餘權利。

權益則係指企業之資產扣除其所有負債後之剩餘權利。資產負債表上所列示之權益金額取決於資產及負債之衡量。一般情形下，權益之總帳面金額與企業流通在外股份之總市值或企業淨資產之公允價值合計數並不相同。

收益指於會計期間內之經濟效益增加，其表現形式為資產流入或增加或負債減少等使權益增加之型式，但權益持有者造成之權益增加不予計入 (如股東對公司之捐贈，不列為收益)。收益包含收入及利益：收入係因企業之正常營業活動所產生，如銷貨、利息、股利、權利金及租金等。利益則為符合收益定義之其他項目，可能由個體之正常營業活動所產生，或可能非由個體正常營業活動所產生。利益通常以減除相關費用後之淨額報導。

費損指於會計期間內之經濟效益減少，其表現形式為資產之流出或消耗或負債增加等權益之減少，但分配予權益持有者造成之權

益減少不予計入。費損包括費用及損失：費用係因企業之正常營業活動所產生，如銷貨成本、薪資及折舊等。損失則為符合費損定義之其他項目，可能由個體之正常營業活動所產生，可能非由個體正常營業活動所產生。損失通常以淨額報導。

1.4.3.5　認列及除列

　　認列將財務報表要素納入資產負債表(財務狀況表)或綜合損益表(財務績效表)中之程序，其中資產負債表要素(資產、負債或權益)所認列之金額為帳面金額。複式簿記系統下，一項目之認列須有其他項目之認列或除列，此同時發生之兩項記錄使資產負債表、綜合損益表及權益變動表產生連結。圖 1-4 顯示此認列產生之連結，該圖事實上即為會計恆等式自期初記錄至期末的過程，認列連結各要素、資產負債表及綜合損益表如下：

1. 期初及期末之資產負債表中，資產減負債等於權益；及
2. 報導期間內之權益變動包含：

報導期間開始日資產負債表(財務狀況表)
期初資產 ＝ 期初負債 ＋ 期初權益

＋

綜合損益表(財務績效表)
本期資產變動 － 本期負債變動 ＝ 收益 － 費損

＋

本期股東投入 － 本期對股東之分配
本期資產變動 － 本期負債變動 ＝ 本期權益變動

＝

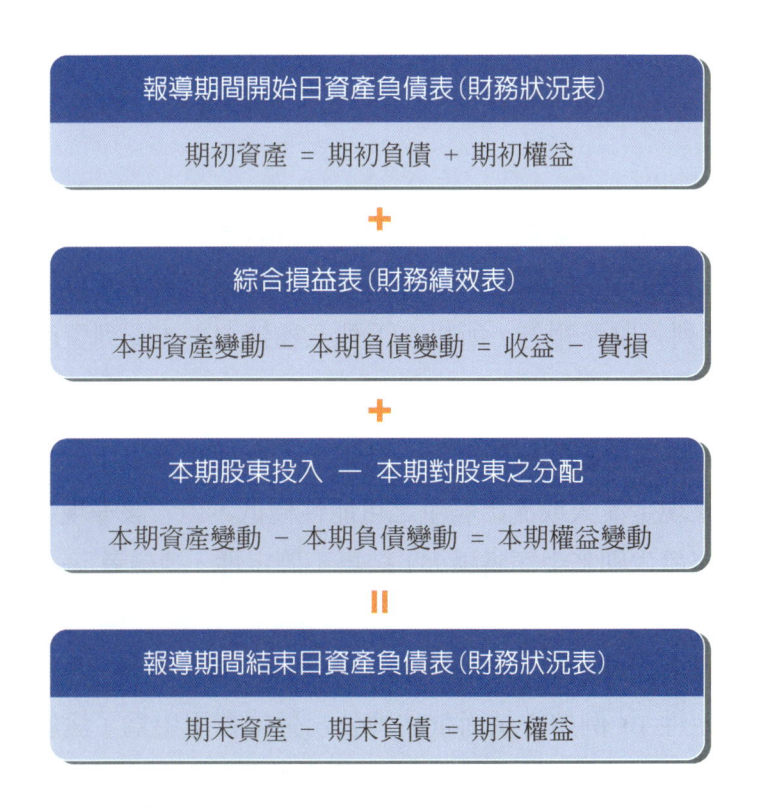

報導期間結束日資產負債表(財務狀況表)
期末資產 － 期末負債 ＝ 期末權益

圖 1-4　認列如何連結財務報表要素

(1) 認列於綜合損益表之收益減除費損；加上
(2) 股東之投入，減對股東之分配。

交易產生之資產或負債之原始認列可能導致同時認列收益及費損。例如，以現金銷售商品導致認列收益(現金之認列)及費損(存貨之除列)二者。收益及相關費損之同時認列有時稱為成本與收益配合。當配合係源自認列資產及負債之變動時，「觀念架構」中之觀念之應用導致此配合。惟成本與收益配合並非「觀念架構」之目的。觀念架構不允許於資產負債表中認列不符合資產、負債或權益定義之項目，例如將員工教育訓練支出認列為資產是不符合資產要素定義的，因為公司無法控制(資產定義之第三項)員工。

> 觀念架構不允許於資產負債表認列不符合資產、負債或權益定義之項目。

財務報表要素之認列條件

> 財務報表要素認列條件：
> 1. 認列提供攸關資訊
> 2. 認列提供忠實表述之資訊

資產或負債之認列及任何所導致之收益、費損或權益變動提供有用資訊時，始認列該資產或負債，亦即於財務報表中認列可提供：

1. 該資產或負債及任何所導致之收益、費損或權益變動之攸關資訊；及

2. 該資產或負債及任何所導致之收益、費損或權益變動之忠實表述資訊。

上述兩個財務報表要素之認列條件係要求有用財務資訊應具有之兩項主要品質特性：攸關性與忠實表述。因為認列資產或負債必須以單一金額列入財務報告，所以在下列三種情況下，認列資產或負債可能無法提供有用資訊：

(1) 可能結果之範圍極廣且每一結果之可能性極難估計。
(2) 未來現金流入或流出發生之可能性極低，但若該等現金流入或流出發生則其金額將極大(結果不確定性，請參考下一頁IFRS一點通)。
(3) 衡量資產或負債須作極困難或極主觀之現金流量分配(衡量不確定性)，例如嘗試衡量品牌公司營業費用中為了發展各品牌花費多少成本，而所有的營業費用很難區分多少是日常營運所須，而多少是為了增加公司或品牌形象的花費。

Chapter 1 財務報表與觀念架構

IFRS 一點通

觀念架構提及的三種資產或負債之不確定性

觀念架構提及的三種資產或負債之不確定性：

1. **存在不確定性**：資產或負債是否存在有時並不確定。
2. 當資產或負債將產生之任何經濟效益流入或流出之金額或時點有不確定性時，產生**結果不確定性**。
3. **衡量不確定性**：當財務報告中之貨幣金額無法直接觀察而必須估計時，即產生**衡量不確定性**。

IASB 對此三項不確定性間之關係討論如下：

1. 存在不確定性可能導致結果不確定性及衡量不確定性。例如，涉訟被告公司之負債的存在性並不確定，此不確定性會導致結果不確定性及衡量不確定性。
2. 結果不確定性或存在不確定性之存在有時可能導致衡量不確定性：在財務報表中以單一數字衡量可能受結果不確定性或存在不確定性兩者之影響。
3. 結果不確定性或存在不確定性不必然導致衡量不確定性：若有市場交易之價格作衡量基礎，則結果之不確定性或存在之不確定性都不影響公允價值衡量，例如在公開市場交易之選擇權，沒有衡量之不確定性，因為可觀察之交易價格就可以用來衡量選擇權資產或負債的金額。
4. 衡量不確定性太高將影響忠實表述：當衡量不確定性過高，財務報表數字自然無法忠實表述資產或負債，但衡量不確定性的門檻應該由各準則分別考量，在觀念架構中無法制定統一標準。所以衡量不確定性很高時，各準則可能採取下列兩種處理方式：(1) 不確定太高而不認列，但須以附註揭露補充資訊；(2) 仍需認列，但另以附註揭露補充資訊。

其中 (1) 及 (2) 情形下以單一金額認列 (如期望值) 可能誤導財務報告使用者，最具攸關性及最能忠實表述的資訊可能是在附註中揭露：可能流入或流出之金額、其可能時點及影響其發生可能性之因素資訊。例如，原告勝訴機率低的訴訟或原告勝訴後被告應賠償金額很難估計等狀況下，以單一金額認列原告與被告經濟效益的流入 (流出) 皆可能誤導。其中的 (3) 是衡量的困難度太高，將造成無法忠實表述。此外，IASB 特別強調，機率多小或可能範圍多大才會造成認列要素不能提供有用資訊，此門檻數字應於各準則中明訂，並非於觀念架構中制定。

另須注意的是，上述 (1) 及 (2) 情況下，是否屬交換交易 (他人交換之交易) 可能影響應否於財務報表上認列：

　　a. 因交換交易而得或發生之資產或負債：交換交易中成本金額通常能反映經濟效益之流出或流入；再者，不認列該資產或負債將導致於該交換時認列費損或收益，可能無法忠實表述該交易。例如買入之顧客名單，即使經濟效益流入的機率低亦可能認列資產。

　　b. 非屬交換交易取得或發生者：公司提供免費的商品體驗時認列了營業費用，同時亦可能取得良好的顧客關係及商譽，但每一體驗之顧客產生未來經濟效益流入之可能性低，或產生未來經濟效益可能結果之範圍極廣且每一結果之可能性極難估計；此狀況不宜認列客戶關係資產及相對的收益。

認列財務報表要素之成本可能超過其效益，但在觀念架構中，精確地定義何時或何種情況下提供資訊的成本超過其效益是不可能的，這個成本限制的考量是制定個別準則時 IASB 應予考量者。在財務報表中認列要素，同時在附註揭露中描述了解經濟現象所需之所有資訊，此為忠實表述之一部分；即使財務報表中不作認列，在附註中增加解釋性之說明亦為忠實表述之一部分。

資產及負債之除列

除列係將一項已認列資產或負債之全部或部分自個體之資產負債表中移除。除列通常於項目不再符合資產或負債之定義時發生：

1. **就資產而言**：除列通常於公司喪失對該已認列資產之全部或部分之控制時發生；
2. **就負債而言**：除列通常於公司對該已認列負債之全部或部分不再具有現時義務時發生。

值得注意的是，公司出售存貨，並約定將於未來特定日期以固定價格買回，則外觀上公司已移轉一資產，但仍保留對該資產可能產生之經濟效益金額變動之風險，此顯示該公司可能持續控制該資產。此外，公司可能出售存貨給代理商，公司亦可能仍然維持對該存貨之控制。這些情況都可能使公司不能作資產 (存貨) 之除列。

1.4.3.6 衡 量

前節介紹的財務報表要素之認列需要衡量基礎之選擇。衡量基礎係指被衡量項目之某一已辨認特性(例如歷史成本、公允價值或履約價值)。財務報表使用之衡量基礎包括下列各項：

衡量基礎包括：
1. 歷史成本
2. 現時價值

1. **歷史成本** (historical cost)：資產於取得(或創造)時之歷史成本係所發生成本(包含支付之對價加上交易成本)之價值。負債於發生或承擔時之歷史成本係收取之對價減除交易成本後之價值。若資產係政府或他人無償給予或在急售交易中取得，應以現時價值作為成本(稱為認定成本)；由法規課予之負債(如碳稅)亦應以現時價值作為認定成本。資產之歷史成本可能隨時間經過而更新，例如通過攤銷、折舊、部分收回、加計利息或減損；負債之歷史成本亦可能隨時間經過而更新，例如公司全部或部分履約、加計利息或負債變為虧損性(例如保險合約之負債)時。歷史成本為基礎之衡量，其資訊成本較低且容易驗證；但缺點是同樣的資產或負債因取得或承擔的時間不同，將有不同的帳面金額。

2. **現時價值** (current value)：現時價值反映衡量日情況所更新之資訊，以提供資產、負債及相關收益與費損之貨幣性資訊。現時價值於每一衡量日皆反映自先前衡量日後之變動。現時價值包括公允價值、資產之使用價值及負債之履約價值以及現時成本三類，分別詳述如下：

    現時價值包括：
    1. 公允價值
    2. 使用價值及履約價值
    3. 現時成本

    (1) **公允價值** (fair value)：係指於衡量日，市場參與者間在有秩序之交易中出售某一資產所能收取或移轉某一負債所需支付之價格。公允價值不包括買入或賣出之交易成本(公允價值估計源自資產或負債之價值；如買入股票時公允價值不因交易成本而增加)。公允價值可藉由觀察活絡市場中之價格直接決定。於沒有活絡市場價格資訊時，公允價值係使用衡量技術間接決定，例如現金流量基礎衡量技術，現金流量基礎衡量技術反映所有下列因素：

    本書第4章附錄A詳細介紹公允價值之定義及觀念

    a. 未來現金流量之估計值。
    b. 未來現金流量之估計金額或時點之可能變異(現金流量固有

之不確定性所導致)。

　　c. 貨幣之時間價值(無風險利率為決定因素)。

　　d. 承擔現金流量固有之不確定性之價格(即風險溢酬或風險折價)。衡量資產時,不確定性將使買方出價較低而產生溢酬(買方要求較高報酬率),此不確定性包括對方不履約之信用風險;衡量負債時,不確定使投資者對承擔負債要求收取較多,而產生風險折價,此不確定性包括公司本身不履約的信用風險(本身信用風險)。

　　e. 其他因素市場參與者會考慮之因素:例如買入債券時,買方對流動性較低的債券出價較低而產生流動性溢酬。

(2) **使用價值** (value in use) 及 **履約價值** (fulfillment value):使用價值係指個體預期源自使用資產及最終處分之現金流量(或其他經濟效益)之現值。履約價值係指個體預期隨其履行負債有義務移轉之現金(或其他經濟資源)之現值。此兩項價值,非市場參與者觀點之價值,無法直接自市場觀察,而須以現金流量折現之技術衡量。與公允價值類似之原因,此兩項價值不包含交易成本。

(3) **現時成本**:資產之現時成本係約當之資產於衡量日之成本,包含於衡量日將支付之對價加上於該日將發生之交易成本。負債之現時成本係就約當之負債於衡量日將收取之對價減除於該日將發生之交易成本。現時成本與歷史成本均係進入價值,反映公司取得資產或發生負債之市場中之價格(另亦包含交易成本);而公允價值、使用價值及履約價值均為退出價值,退出方式包含賣出資產、使用資產及對負債履約。現時成本可能有活絡市場交易價格直接決定(例如有活絡交易的二手車市場價格),亦可能須以評價技術估計,例如以新資產價格,並依資產年齡及狀態作調整。

　　公允價值、使用價值及履約價值以及現時成本等現時價值,通常比歷史成本更具預測價值,但觀念架構特別強調以歷史成本紀錄的銷貨成本及收取之對價計算而得之利潤,有助於評估未來現金流量之展望,並可用來確認過去之預測。因此,歷史成本或各種現時

價值都可能具攸關性。衡量基礎提供之資訊應為有用資訊，即該資訊須具攸關性且忠實表述，並應儘可能考量可比性、可驗證性、時效性及可了解性。衡量基礎應考慮之因素如下：

1. 與攸關性相關之衡量基礎應考慮因素
   (1) 資產或負債特性：資產或負債之價值對市場因素較敏感，例如利率變動對利率交換價值影響很大，則公允價值比歷史成本更具攸關性。
   (2) 該資產或負債如何對未來現金流量作貢獻：當公司之經營活動涉及以收取利息及本金之目的管理金融資產及金融負債，攤銷後成本可能為攸關性資訊；但如果管理金融資產之目的係為賺取短期價差，則公允價值資訊較為具攸關性。存貨、不動產、廠房及設備等資產須結合使用以創造現金流量，則歷史成本與現時成本可能提供攸關性資訊。

2. 與忠實表述相關之衡量基礎應考慮因素：若資產與負債相關，則該等資產負債應以相同基礎衡量以免產生衡量不一致(會計配比不當)。例如，公司以利率交換對債券投資或所發行之債券作避險操作，則相關之資產負債皆以公允價值為基礎可以避免會計配比不當。

3. 與強化品質特性相關之衡量基礎應考慮因素：
   (1) 可比性：不同公司對相同項目採相同基礎衡量有助於可比性；同一公司之不同會計期間對相同項目採相同基礎衡量亦有助於可比性。
   (2) 可了解性：衡量基礎之變動會使財務報表較不具可了解性。惟若衡量基礎變動產生更攸關之資訊，則可對該變動之正當性提供依據。例如，債券投資組合的經營模式已經改變，則應改變衡量基礎，但此狀況應以附註增加解釋，以增加可了解性。
   (3) 可驗證性：現時價值相較於歷史成本之衡量與驗證通常較為困難，但以歷史成本記錄之資產在攤銷或折舊或進行減損時皆須要主觀判斷，將可能使歷史成本的可驗證性產生困難。公允價值若可於活絡市場直接觀察，則其衡量及驗證均相對容易；

但若須採用評價技術時，成本通常較高，且因主觀選擇之輸入值使可比性、可驗證性相對較低，此請況亦須以附註增加解釋，以增加可了解性資訊。

一項資產或一項負債有時需要同時使用兩種衡量基礎，例如投資性不動產若以成本衡量，則附註揭露其公允價值可增加有用性；又如，透過其他綜合損益按公允價值衡量之債務工具投資以公允價值為資產負債表 (財務狀況表) 之衡量，但在綜合損益表之本期損益中係以攤銷後成本為衡量基礎。

1.4.3.7 表達及揭露

觀念架構聚焦於表達與揭露之原則，使 IASB 在制定各準則之表達與揭露規定時，能有所依循。財務報表資訊之有效溝通使資訊更具攸關性且有助於忠實表述，同時亦強化資訊之可了解性及可比性。財務報表表達與揭露須注意下列三項才能達到有效溝通之目的：

1. 聚焦於表達與揭露之目的及原則，而非聚焦於規則 (規則式規範在複雜多變之交易中，將無法使資訊具攸關性且又能忠實表述)；
2. 以歸集類似項目及區分非類似項目之方式分類資訊；及
3. 以省略不必要細節彙總資訊，且應避免因過度彙總而模糊資訊。

本章於 1.1 節介紹財務報表的一般特性，以及上述原則制定於 IAS 1 中之內容，此外本書第 2 章及第 3 章的資產負債表、綜合損益表及權益變動表，其資產負債之分類或彙總、綜合損益表項目之分類或彙總或表達、其他綜合損益之分類或彙總及權益變動表的分類或彙總，皆係 IASB 依據觀念架構制定於 IAS 1 中之內容。其他各準則之表達及揭露規定亦皆以觀念架構為依據，例如 IAS 32 與 IFRS 7 分別規定金融工具之表達及揭露。認列與衡量之準則須考慮成本限制，而制定表達及揭露規範時，亦須考量成本限制。

本章習題

問答題

1. 何謂會計？又何謂管理會計、財務會計？
2. 財務報表的一般特性包括哪些項目？試簡要敘述各項目。

3. 觀念架構有何功能？
4. IASB 之財務報表觀念架構之計畫範圍包括哪些項目？目前已完成之部分為何？
5. 一般用途財務報導之目的為何？
6. 基本品質特性係指有用的財務資訊同時具備的品質特性，包括攸關性與忠實表述兩項。實際應用攸關與忠實表述兩項基本品質特性時，以何種程序協助決定何者為有用之財務資訊較為有效率且最有效果？
7. 傳統財務會計中之「財務資訊保守穩健」與「實質重於形式」觀念，為何被 IASB 捨棄？
8. 財務報表要素之認列條件為何？
9. 傳統財務會計之「收益認列原則」與「配合原則」是否符合國際財務報導準則「資產負債表法」之精神？
10. 財務報表使用之衡量基礎包括哪些？

選擇題

1. 財務報表包括哪些項目？
    (A) 資產負債表 (又稱財務狀況表)、綜合損益表
    (B) 資產負債表 (又稱財務狀況表)、綜合損益表、權益變動表
    (C) 資產負債表 (又稱財務狀況表)、綜合損益表、權益變動表、現金流量表
    (D) 資產負債表 (又稱財務狀況表)、綜合損益表、權益變動表、現金流量表及附註

2. 下列對國際財務報導準則之敘述何者正確？
    (A) 國際財務報導準則是世界各國企業編製財務報表時均須遵守之會計原則
    (B) 世界各國企業適用相同會計準則之目標，在各國公約下已無法律障礙
    (C) 國際財務報導準則委員會成立的目的之一為減少世界各國會計準則間之差異
    (D) 世界各國採用國際財務報導準則之原因是國際財務報導準則委員會能禁止不採用國際財務報導準則的企業跨國募集資金

3. 「繼續經營假設」要求管理階層於評估企業繼續經營能力時，至少考量有關未來多長時間之所有可得資訊？
    (A) 於報導期間結束日後六個月
    (B) 於報導期間結束日後十二個月
    (C) 至少但不限於報導期間結束日後十二個月
    (D) 非常非常地久遠

4. 根據 IFRS，企業至少應多久編製一次財務報表？
    (A) 至少應每年編製一次
    (B) 以 52 週為報導期間
    (C) 以 53 週為報導期間
    (D) 以上皆可，惟當企業之報導期間長於或短於一年時，除應揭露所涵蓋之期間外，尚應揭露採用該期間之理由及財務報表中金額不完全可比之事實

5. 哪一張財務報表非按應計基礎編製？
   (A) 資產負債表 (又稱財務狀況表)　　(B) 現金流量表
   (C) 綜合損益表　　(D) 權益變動表

6. 我國上市、上櫃及興櫃公司應自何時起開始依 IFRS 編製財務報表？
   (A) 2012 年　　(B) 2013 年
   (C) 2014 年　　(D) 2015 年

7. 我國何時將適用 IFRS 之範圍擴及全體公開發行公司？
   (A) 2010 年　　(B) 2011 年
   (C) 2012 年　　(D) 2015 年

8. 哪些情況下，企業應列報三期之資產負債表、兩期之其他報表及相關附註？
   (A) 當企業追溯適用會計政策
   (B) 當企業追溯適用會計政策、追溯重編財務報表
   (C) 當企業追溯適用會計政策、追溯重編財務報表，或重分類其財務報表項目
   (D) 當企業追溯適用會計政策、追溯重編財務報表、重分類其財務報表項目，或會計估計變動

9. 追溯重編財務報表時，列報比較資訊之資產負債表時點為何？
   (A) 本期期末、前一期期末、及前一期期初
   (B) 本期期末、前一期期末、及再前一期期末
   (C) 本期期末、前一期期末
   (D) 本期期末，及最早比較期間之期初

10. 當「觀念架構」與現有國際財務報導準則發生衝突時，應如何處理較為妥適？
    (A) 以觀念架構為準　　(B) 以國際財務報導準則為準
    (C) 尋求 IASB 協助認定以何者為準　　(D) 由各國準則制定機構自行認定

11. 下列何項並非觀念架構對國際財務報導準則制定工作之助益？
    (A) 企業財務報表會更具一致性與可比性
    (B) 各準則之目標及觀念會更一致性
    (C) 報表使用者將更容易了解財務報表
    (D) 企業管理當局對適用之會計原則得自由判斷選擇

12. 基本品質特性包括：
    (A) 攸關性與忠實表述　　(B) 預測價值與重大性
    (C) 完整、中立及免於錯誤　　(D) 預測價值、重大性、完整及免於錯誤

13. 忠實表述包括：
    (A) 預測價值與重大性　　(B) 攸關性
    (C) 完整、中立及免於錯誤　　(D) 預測價值、重大性、完整、中立及免於錯誤

14. 下列哪一觀念具企業特定層面之特性，為個別企業可能各有不同的攸關性門檻：
    (A) 預測價值
    (B) 重大性
    (C) 攸關性
    (D) 中立

15. 單一企業之各期間或同一期間之各企業，對相同項目採用相同方法描述為：
    (A) 可比性
    (B) 一致性
    (C) 統一性
    (D) 以上皆非

16. 下列關於重大性的敘述何者錯誤？
    (A) 重大性是企業特定層面之攸關性
    (B) 金額不重大之交易即不具重大性
    (C) 重大性並非強化性品質特性
    (D) 某財務資訊之遺漏可能影響投資決策，則該資訊即具重大性

17. 下列關於基本品質特性的敘述何者正確？
    (A) 中立指財務資訊應對使用者之行為不造成影響
    (B) 免於錯誤指財務資訊在所有方面皆完全正確
    (C) 財務資訊若具有預測價值與確認價值其中之一，財務資訊即具攸關性。
    (D) 今年實際已發生收入非為預測型態之資訊，故僅具確認價值而無預測價值

18. 下列關於強化品質特性的敘述何者正確？
    (A) 不具備強化品質特性之財務資訊仍可具有用性
    (B) 可比性係指財務資訊具一致性
    (C) 報導期間結束甚久後之財務資訊即不具時效性
    (D) 將複雜不易了解之經濟現象之資訊排除能提高於財務報表之可了解性，故能提高財務報表之有用性

19. 下列關於個體繼續經營假設的敘述何者正確？
    (A) 企業並非須清算或停業而係僅須大幅縮減營運規模，此時並不違反個體繼續經營假設
    (B) 管理階層不得於按繼續經營假設基礎編製之財務報表揭露企業繼續經營有重大疑慮
    (C) 管理階層於評估企業繼續經營能力時，至少應考量有關報導期間結束日後十二個月之所有可得資訊。
    (D) 當企業僅係有清算或停業意圖而非定須清算或停業時，其財務報表仍得按繼續經營假設基礎編製

20. 下列有幾項為財務報表之衡量基礎？
    ①歷史成本、②現時成本、③變現價值、④履約現值
    (A) 僅①②
    (B) 僅①③
    (C) 僅①②③
    (D) ①②③④

37

21. 下列敘述有幾項是正確的？
    ①經濟效益流入可能性極低之資產可能認列於財務報表、②一項資產在財務報告中可以有兩個衡量基礎、③交換交易中之資產在原始衡量時不可認列損益及④觀念架構中提及之收益為損益表項目而非其他綜合損益項目。
    (A) 僅 1 項   (B) 僅 2 項
    (C) 僅 3 項   (D) 4 項

22. 下列有關科目單位之敘述有幾項正確？
    ①一個資產的認列及衡量之科目單位須一致、②一項負債之表達之不能區為兩個科目單位、③一個科目單位不能同時包含資產與負債、④兩個合約可能須合併為一個科目單位及⑤資產認列後科目單位不能改變。
    (A) 僅 1 項   (B) 僅 2 項
    (C) 僅 3 項   (D) 僅 4 項

23. 下列有關衡量基礎之敘述有幾項正確？
    ①歷史成本沒有預測價值、②相對於使用價值，帳上以歷史成本衡量之資產之可驗證性較高、③履約價值屬於現時價值、④使用價值屬於現時價值及⑤現時成本不應包含交易成本。
    (A) 僅 1 項   (B) 僅 2 項
    (C) 僅 3 項   (D) 僅 4 項

24. 下列有關不確定性之敘述有幾項正確？
    ①衡量不確定性可能影響存在不確定性、②結果不確定性影響可能影響衡量不確定性、③存在不確定性可能影響結果不確定性、④衡量不確定性太高可能使認列之要素無法提供有用資訊及⑤結果不確定性變大必然造成衡量不確定性之增加。
    (A) 僅 2 項   (B) 僅 3 項
    (C) 僅 4 項   (D) 5 項

練習題

1. **【支出發生與資產之關聯】** 分析下列情況中，企業是否擁有資產：

    情況一　企業投入現金 $1,000,000 以研究發現抗癌藥物。

    情況二　企業簽訂影印機之租賃合約。租期 3 年，租金支付方式為每個月固定支付 $2,000，租約期滿企業可保有該台影印機。

    情況三　企業對新招募 50 名員工並進行為期三個月之新進人員訓練。估計每人花費 $100,000 之訓練成本，共計 $5,000,000。

2. **【資產之定義】** 臺灣頂尖設計公司擁有許多具有創意之員工，並在國際間負有盛名，該公司設計出來之產品每每造成市場上的轟動。試問臺灣頂尖設計公司是否得將其所擁有之具高度開發及設計能力員工表達於資產負債表上？為什麼？

Chapter 1 財務報表與觀念架構

3. 【財務報表要素之認列與衡量】好厲害公司主張郝厲害公司涉及不當使用其專利權,雙方於 ×2 年底時達成和解,惟對於郝厲害公司侵害專利權尚未決議確切之賠償金。對於該筆賠償金款項,好厲害公司 ×2 年度之財務報表應該如何表示?

4. 【財務報表要素認列條件之例外】國內外有許多名聞遐邇的大企業,但這些公司之財務報表都沒有將自行所發展之品牌入帳。試問其理由為何?又在何種情況下,企業方有可能將品牌入帳呢?

應用問題

1. 【財務報表與財務會計準則】分析下列財務報表與財務會計準則之相關敘述是否正確。正確者標示「○」,錯誤者標示「×」並說明原因。
    - ( ) (1) 附註揭露有助於財務報表使用者評估企業之財務狀況以及經營績效,其原因之一為使用者需要附註資訊以評估盈餘品質。
    - ( ) (2) 因為會計師必須維持其獨立性,所以會計師事務所在財務會計準則制定的過程中,不宜對擬議之準則提出意見。
    - ( ) (3) 重大項目明細表為整體財務報表之一部分。
    - ( ) (4) 國際財務報導準則是世界各國企業編製財務報表時均須遵守之會計原則。
    - ( ) (5) 若國際財務報導準則與我國金融監督與管理委員會制定之財務報告編製準則有牴觸時,我國公開發行公司應依照國際財務報導準則編製財務報表。
    - ( ) (6) 財務報表需報導報表編製主體之公允價值。
    - ( ) (7) 國際財務報導準則委員會 (IASB) 能禁止不採用國際財務報導準則的企業跨國募集資金。
    - ( ) (8) 國際財務報導準則中之特定行業準則只適用特定行業,例如 IFRS4 保險合約只適用於保險業。
    - ( ) (9) 遵循國際財務報導準則編製之財務報表,須於附註中明確聲明係遵循國際財務報導準則。
    - ( ) (10) 國際財務報導準則規定應分別報導資產與負債,或收益與費損,絕對不可以互抵後之淨額報導。

2. 【財務報表目的與品質特性】分析下列財務報表目的與品質特性之相關敘述是否正確。正確者標示「○」,錯誤者標示「×」並說明原因。
    - ( ) (1) 有用之財務資訊需同時具備基本品質特性與強化性品質特性。
    - ( ) (2) 具有預測價值的財務資訊,其本身不一定須為預測型態。
    - ( ) (3) 攸關性的財務資訊需具時效性,與預測價值與確認價值其中之一或兩者兼具。
    - ( ) (4) 中立指財務資訊應對使用者之行為不造成影響。
    - ( ) (5) 免於錯誤是指財務資訊所有方面皆完全正確。
    - ( ) (6) 為使財務資訊具可比性,不同企業所發生之類似交易適用之會計原則必定

39

要相同。

(　) (7) 會計準則之效益無須超過實施準則的成本。

(　) (8) 若財務資訊不具備基本品質特性，則需加強具備更多更高之強化性品質特性，以使財務資訊有用。

(　) (9) 不重大之財務資訊必為不攸關的資訊。

(　) (10) 將複雜不易了解經濟現象的資訊排除在財務報表，可提高財務報表之可了解性，雖如此將不完整，但仍有助增加財務報表之有用性。

3.【財務報表品質特性】 填入財務報表品質特性之代碼 a～f，說明下列敘述與哪項財務報表品質特性相關。

代碼	財務報表品質特性	代碼	財務報表品質特性
a	攸關性	d	可比性
b	忠實表述	e	時效性
c	可驗證性	f	可了解性

(　) (1) 財務資訊能與其他相關企業之類似資訊，或與企業本身以前期間或日期之類似資訊相比較。

(　) (2) 重大性為企業特定層面的門檻。

(　) (3) 財務資訊對相似事物之描述使其看來確實相像，而不同事物看來確實不同。

(　) (4) 某項財務資訊之有無，會使投資人與債權人作成之決策有所差異。

(　) (5) 財務資訊應清楚簡潔的分類、凸顯特性及表達。

(　) (6) 財務資訊包括了讓使用者了解所描述現象所需之所有資訊。

(　) (7) 讓決策者得及時取得資訊，以供其作成決策所需。

(　) (8) 讓使用者能更確信財務資訊係忠實表述其意圖表述之經濟現象。

(　) (9) 財務資訊具有預測價值與確認價值其中之一或兩者兼具。

(　) (10) 不蓄意操縱財務資訊以達成特定的影響。

(　) (11) 財務資訊在描述經濟現象時沒有錯誤或遺漏，且其選擇與應用產生該財務資訊之程序並無錯誤。

(　) (12) 財務資訊對經濟現象的描述，能讓各獨立且具充分認知的經濟現象觀察者對驗證後此描述為忠實表述達成共識。

4.【財務報表要素之定義與認列】 填入財務報表要素之代碼 a～e，說明下列敘述與哪項財務報表要素相關。

代碼	財務報表要素	代碼	財務報表要素
a	資產	d	收益
b	負債	e	費損
c	權益		

(　　) (1) 造成企業之資產減少或負債增加，但與權益持有人之交易不予計入。

(　　) (2) 與資產增加或負債減少之認列同時發生。

(　　) (3) 企業因正常商業慣例、習慣及維持良好商業關係或公平行事之意願所產生之義務。

(　　) (4) 企業之剩餘權利，其金額取決於資產及負債之衡量。

(　　) (5) 支出已發生，但當期會計期間以後之未來經濟效益流入並非很有可能時應認列者。

(　　) (6) 企業因過去事項而由企業所控制之資源，且由此資源預期將有未來經濟效益流入。

(　　) (7) 企業因過去事項所產生之現時義務，且該義務之清償預期將導致具經濟效益之資源流出。

(　　) (8) 企業因具約束力之合約或法令規範而具法律執行力，如所收到商品及勞務之義務。

5. 【財務報表要素之定義與認列】試說明下列各會計處理中如何違反財務報表要素之定義，並說明正確之處理方式為何？

(1) 甲公司耗資 $800 萬元在其自有停車場鋪設排水系統，並將此筆支出認列為費用。

(2) 甲公司以公允價值 $8,000 萬元購入 A 大樓之 8 樓作為總部辦公室，A 大樓設有 5 部電梯可供人員與貨物往來各樓層，每部電梯之公允價值 $100 萬元。甲公司就電梯認列為資產與收益 $500 萬元。

(3) 甲公司宣告股票股利，並按將發放股數之公允價值認列負債與費用。

(4) 甲公司收到大股東捐贈之土地一筆，並按該土地之公允價值認列資產與收益。

Chapter 2 損益表與綜合損益表

學習目標

研讀本章後，讀者可以了解：
1. 會計損益的定義與衡量
2. 盈餘品質與盈餘操控的關聯
3. 損益表的格式與內容
4. 綜合損益表的格式與內容

本章架構

損益表與綜合損益表

會計損益
- 定義與衡量
- 資本維持觀念

盈餘品質
- 定義
- 盈餘操控

損益表
- 營業利益
- 營業外收入與支出
- 繼續營業單位損益
- 停業單位損益
- 本期損益

綜合損益表
- 本期損益
- 本期其他綜合損益
- 綜合損益總額

經過歷時良久的研擬修訂後，IFRS 9「金融工具」的完整版本終於在 2014 年發布，並取代 IAS 39「金融工具：認列與衡量」自 2018 年起開始適用。而自 2017 年開始，我國對 IFRS 便採逐號認可方式，與國際同步採用新發布與新修訂之 IFRS，故主管機關亦宣布我國自 2018 年起開始適用 IFRS 9「金融工具」。

在台灣積體電路製造股份有限公司 (簡稱台積電，股票代號 2330) 2017 年年度財務報告附註中，即就 IFRS 9 適用後對 2018 年期初財務報表之影響有所揭露。主要差異之一，在「備供出售金融資產」此 IAS 39 下之金融資產分類不再存在，但增加「透過其他綜合損益按公允價值衡量之金融資產」此類別。「透過其他綜合損益按公允價值衡量之金融資產」雖如「備供出售金融資產」一般，將公允價值變動之未實現評價損益認列於其他綜合損益，但會計處理則有重大不同：「透過其他綜合損益按公允價值衡量之金融資產」中，僅債務工具之未實現評價損益應於處分時重分類至損益，權益工具之未實現評價損益則不得重分類；亦即綜合損益表中「透過其他綜合損益按公允價值衡量之金融資產」之未實現評價損益須分列於「可能重分類至損益者」與「後續不得重分類至損益者」。

此外，依 IFRS 9 規定，「透過其他綜合損益按公允價值衡量之金融資產」中之債務工具須按 12 個月預期信用損失認列減損，且備抵損失認列為其他綜合損益而非資產減項；故台積電揭露 2018 年期初將有 90,046,610 仟元之債券投資自「備供出售金融資產」重分類至「透過其他綜合損益按公允價值衡量之金融資產」，並為此調整「其他權益—透過其他綜合損益按公允價值衡量之金融資產未實現損益」增加 30,658 仟元，並減少保留盈餘 30,658 仟元。至於「透過其他綜合損益按公允價值衡量之金融資產」中之權益工具，依 IFRS 9 規定不再提列減損；故台積電揭露 2018 年期初將有 7,422,311 仟元之權益工具投資自「備供出售金融資產」重分類至「透過其他綜合損益按公允價值衡量之金融資產」，並為此調整「其他權益—透過其他綜合損益按公允價值衡量之金融資產未實現損益」減少 1,294,528 仟元，並增加保留盈餘 1,294,528 仟元。

章首故事引發之問題

- 收益與費損如何區分係屬營業內或營業外？
- 本期損益、當期其他綜合損益與綜合損益總額之意義為何？
- 損益表與綜合損益表之內容為何？

2.1　財務資本維持、財務績效與會計損益

2.1.1　資本維持的基本觀念

學習目標 1
了解會計損益的衡量與定義

要了解會計損益的定義，必須先了解資本維持的觀念。在**資本維持** (capital maintenance) 的觀念下，所謂的會計損益，係於考慮維持企業期初原有資本之所需後，亦即將維持期初原有資本所需之調整列入費損後，所得與費損的差異數。而資本之定義包括**財務資本** (financial capital) 與**實體資本** (physical capital)，故資本維持觀念亦可分為以下二種：

1. 財務資本維持——名目金額或購買力之維持

企業之財務資本為投資人投資之名目金額或購買力，即權益或淨資產。在財務資本維持觀念下，會計損益係於排除投資人新投入與分配之名目金額或調整購買力之金額後，期末淨資產名目金額或調整購買力之金額與期初數的差異數。

2. 實體資本維持——經營產能之維持

企業之實體資本為其經營產能。在實體資本維持觀念下，會計損益係於排除投資人新投入與分配之經營產能後，期末經營產能與期初產能的差異數。

資產負債之價格變動是否列入會計損益，在不同資本維持觀念下有所差異，而此差異即清楚反映二種資本維持觀念的不同：在以名目金額衡量之財務資本維持觀念下，資產負債價格變動造成之持有損益，會於評價或處分時被列入會計損益；在以調整購買力衡量之財務資本維持觀念下，只有資產負債價格變動超過物價變動的部

分，才會列入會計損益。在實體資本維持觀念下，資產負債價格變動將被視為維持原有經營產能所需之調整，故資產負債價格變動造成之持有損益需由會計損益中扣除。

舉例來說，甲公司業務為買賣中古屋，×1 年初，其唯一之資產為成本與公允價值均為 $5,000,000 之一中古屋，當期內以 $8,000,000 將其賣出，年底唯一資產為現金 $8,000,000；該公司並無其他負債。若當年物價水準上漲率為 10%，且期末與已出售中古屋相當房屋之公允價值為 $8,800,000。則於不同資本維持觀念下，甲公司 ×1 年之相關會計損益如下：

	財務資本維持		實體資本維持
	名目金額	調整購買力	
營業收入	$8,000,000	$8,000,000	$8,000,000
營業成本	(5,000,000)	(5,000,000)	(5,000,000)
維持期初資本所需之調整	—	(500,000)*	(3,800,000)**
會計損益	$3,000,000	$2,500,000	$ (800,000)

* $500,000 = $5,000,000 ×（1 + 物價水準上漲率 10%）– 期初帳面金額 $5,000,000
**$3,800,000 = 期末相當房屋之公允價值 $8,800,000 – 期初帳面金額 $5,000,000

2.1.2　IASB 採取之資本維持觀念與會計損益之定義

會計損益又稱盈餘、損益，是最常用以衡量企業財務績效之數據。會計損益決定於**所得**與**費損**的認列與衡量。所得包括**收入**及**利益**，代表企業在特定會計期間內，扣除權益投資人新投入後所增加之經濟效益，其具體的表現形式為因資產增加或負債減少導致之權益增加。費損則包括**費用**及**損失**，代表企業在特定會計期間內，扣除分配予權益投資人之影響後所減少之經濟效益，其具體的表現形式為因資產消耗或負債發生導致之權益減少。

所得與費損之差異數即為會計損益，也就是扣除權益投資人之新投入與分配之影響後，企業在特定會計期間的權益淨增減數。因此，要衡量會計損益，就必須衡量期初及期末之權益。而權益為資產與負債之差異數，又稱淨資產，所以要適切地衡量權益，就須適切地衡量資產與負債，即能得到期初至期末之權益淨增減數，從而

會計損益之定義

會計損益又稱損益、盈餘，為排除權益投資人之新投入與分配後，企業在特定會計期間的權益淨增減數。

決定會計損益。此為 IASB 趨向「資產負債法」的根本核心理念。

財務報表之主要目的為提供投資及授信決策所需資訊。在此考量下，以「權益淨增減數」作為會計損益定義，並用以衡量企業財務績效之妥適性相當明顯。對投資人而言，所謂企業經營成果最直接的反應，便是企業在一定期間的經營後，在不損及其原有投資之名目金額或購買力 (期初權益) 的情況下，可以返還給投資人的報酬 (期末權益與期初權益之差異數)，此即 IASB 與 FASB 共同採用的**財務資本維持** (financial capital maintenance) 的概念；亦即在物價平穩之環境下，採用名目金額的財務資本維持；在物價變動較大環境下，採用調整購買力的財務資本維持。

> FASB 與 IASB 均採財務資本維持觀念。

FASB 與 IASB 除於物價特殊波動時考慮購買力變動外，主要均採以名目金額衡量之財務資本維持觀念，故其會計損益的衡量均包含資產負債價格變動造成之持有損益在內：如存貨之跌價損失以及透過損益按公允價值衡量之金融資產之評價損益均列入會計損益。IASB 發布之相關國際財務報導準則與國際會計準則，更全面地將資產負債之未實現持有損益，計入包括本期損益與本期其他綜合損益二部分，稱為綜合損益總額的會計損益 (詳細說明於 2.3 節與 2.4 節)：如透過其他綜合損益按公允價值衡量之債務 (或權益) 工具投資之評價損益以及不動產、廠房及設備與無形資產的重估增值之變動等所謂其他綜合損益，均列為會計損益 (綜合損益總額) 的一部分。

> **IASB 之會計損益**
> IASB 定義之會計損益稱為綜合損益總額，包括本期損益與本期其他綜合損益二部分。

2.2 盈餘品質

> **學習目標 2**
> 了解盈餘品質與盈餘操控

作為企業財務績效之衡量，會計損益是一個非常重要的指標。它有助於財務報表使用者了解企業運用其經濟資源之產出，並藉此評估管理當局的經營效率，此即會計的「家管」功能。此外，會計損益的組成內容與波動性，亦有助於財務報表使用者評估企業未來現金流量的金額、時間與不確定性，從而影響其投資與貸款等決策，因此能協助各類資源於市場達成最適配置，此即為會計的「評價」功能。所謂**盈餘品質** (earnings quality)，即是會計損益發揮「家管」與「評價」功能的程度，盈餘品質愈高，即代表會計損益愈能適切評估管理當局的經營效率與企業未來現金流量。

研究發現

損益操控之相關研究 (方向、工具)

會計文獻對損益操控之探討十分豐富，包括操控方向、操控動機、與操控工具等。研究結論可歸納損益操控的方向包括向上操控、向下操控、與平穩化。向上操控包括避免報導赤字或避免盈餘低於預期的門檻操控；而向下操控包括俗稱洗大澡的操控，即公司在當期虧損時特意將盈餘向下操控，使未來損益能更輕易的成長，損益操控的工具則包括會計方法選擇、應計項目、營業外損益與實質交易等。

然而，負責編製財務報表的企業管理階層，基於其薪資報酬與財務數字有關等因素而產生之自利考量，自然存有動機影響會計損益數字，即所謂**盈餘操控** (earnings manipulation)，或稱**盈餘管理** (earnings management)。國內外許多會計弊案如 2001 年美國的安隆 (Enron) 案、2004 年我國的博達案、與 2011 年日本的奧林巴斯 (Olympus) 案均為著名之例證。此類操控將使盈餘品質受損，導致會計損益對企業財務績效之衡量功能下降。IASB 體認到傳統**規則基礎** (rule-based) 之會計規範，極易被有意操弄或規避，故採**原則基礎** (principle-based) 制定相關國際財務報導準則與國際會計準則，要求財務報表編製者更深入思考判斷相關交易之經濟實質，並依實質決定其報導方式，期能提高盈餘品質。

2.3 損益表

如 2.1 節所述，在 IASB 採用的財務資本維持觀念下，「權益名目金額淨增減數」即為會計損益。會計損益之表達區分為本期損益及本期其他綜合損益二部分，本期損益與本期其他綜合損益加總後之綜合損益總額，才是包含完整「權益淨增減數」之會計損益。本節先就傳統損益表中之損益，即本期損益部分加以說明，2.4 節再討論本期其他綜合損益之表達。

損益表中包括的收益與費損項目最後將結轉入保留盈餘，而收益總數與費損總數差異即為本期損益，或如我國證券發行人財務報

學習目標 3

了解損益表的組成與內容

綜合損益總額＝本期損益＋本期其他綜合損益

本期損益＝本期收益－本期費損

告編製準則(以下簡稱財務報告編製準則)之附表格式所稱「本期淨利」。財務報告編製準則要求之損益表格式(參見表2-1)具有三項要點：

1. 採多站式損益表

所謂多站式損益表，即將特定類別之收益與費損合計，以呈現數個不同層次的績效衡量如毛利、營業利益、營業外收入及支出、及停業單位損益等。國際財務報導準則規定，由於企業各種活動、交易及其他事項於發生頻率、產生利益與損失之可能性及可預測性之影響不同，揭露財務績效之組成項目有助於使用者了解企業已達成之財務績效，與預測未來之財務績效。而將本期損益區分為來自繼續營業單位與停業單位者，則符合國際財務報導準則之規定。

2. 以「功能別」為分類基礎區分營業費用

以功能別區分費用又稱「銷貨成本法」，係將費用以銷貨成本、運送或管理成本等功能分類。此為我國之特殊規定，國際財務報導準則規定係可於「功能別」與「性質別」中選擇。

3. 將繼續營業單位淨利區分為營業利益與營業外收入與支出

此為我國之特殊規定，國際財務報導準則規定並無強制營業內外之區分。

表2-1中，本期淨利包括繼續營業單位本期淨利與停業單位利益。繼續營業單位本期淨利為未來可能持續發生之獲利，其中又區分為營業內的營業利益，以及營業外收入及支出，最後再扣除所得稅費用以稅後淨額表達。營業利益是以營業收入，減去營業成本與營業費用，再加計營業內之其他收益及費損淨額而得。營業收入為企業主要業務之銷售商品與提供勞務所得之收入，營業成本與營業費用則為因商品銷售與勞務提供而發生之支出。在買賣業與製造業中，其主要之營業成本為銷貨成本；在服務業中，其主要之營業成本為勞務成本。

根據國際財務報導準則，費用得進一步細分以凸顯財務績效之組成項目。細分方式之一為「費用性質法」，即將費用以性質如折舊、原料進貨、運輸成本等彙總，不再將其分攤於企業之各功能。

本期淨利
(本期損益) = 繼續營業單位本期淨利 + 停業單位利益

繼續營業單位本期淨利 = 營業利益 + 營業外收入及支出 − 所得稅費用

營業利益 = 營業收入 − 營業成本 − 營業費用 + 營業內之其他收益及費損淨額

表 2-1　功能別之損益表

甲公司
損益表(功能別)
×1 年 1 月 1 日至 12 月 31 日

單位：新臺幣千元，惟每股盈餘為元

營業收入		$314,991
營業成本		
銷貨成本(包含存貨跌價損失)	$156,905	
其他營業成本	2,458	(159,363)
營業毛利		$155,628
營業費用		
推銷費用	$ 4,025	
管理費用	9,595	
研發費用	22,279	
其他費用	600	
預期信用減損損失	26	(36,525)
其他收益及費損淨額		(517)
營業利益		$118,586
營業外收入及支出		
和解賠償收入	$ 5,204	
其他收入	1,288	
其他利益及損失	700	
除列按攤銷後成本衡量之金融資產淨損益	54	
財務成本	(300)	
預期信用減損損失	(19)	
採用權益法之關聯企業損益之份額	1,600	
金融資產重分類淨損益	89	
兌換淨損	(74)	8,542
稅前淨利		$127,128
所得稅費用		(4,248)
繼續營業單位本期淨利		$122,880
停業單位損失		0
本期淨利		$122,880

> 我國財務報告編製準則要求功能別之損益表，並以附註揭露性質別資訊。IFRS 則允許選擇以功能別或性質別編製損益表。

IFRS 實務案例

財務報告語言 XBRL

在我國供企業電子申報其財務報表及附註之財務報告語言 (eXtensible Business Reporting Language, XBRL) 的分類標準中，營業成本包括銷貨成本、投資支出 (投資業)、租賃成本、營建工程成本、旅遊服務成本 (觀光業)、服務業之勞務成本等。

細分方式之二則為「費用功能法」，將費用以銷貨成本、運送或管理成本等功能分類。例如商品生產機器之折舊，即歸屬於存貨成本中待出售時轉為營業成本；銷售人員配發平板電腦之折舊即分類為營業費用中之推銷費用；會計部門電腦設備之折舊則分類為營業費用中之管理費用。需特別注意的是，因賒銷而產生的呆帳乃因銷售而產生，按費用功能法原本應分類為營業費用中之推銷費用，但國際財務報導準則要求須單獨列報金融資產之預期信用損失，故仍須以單行項目列示因賒銷而產生之預期信用減損損失。表 2-1 為功能別區分下之損益表，性質別區分下之損益表則參見表 2-2。

財務報告編製準則要求採功能別作為費用之區分基礎，但對於折舊與攤銷費用、員工福利費用及重大之收益或費損項目，亦要求需單獨揭露其性質及金額之額外資訊。根據國際財務報導準則規定，下列收益或費損項目需單獨揭露：

1. 存貨降至淨變現價值或不動產、廠房及設備降至可回收金額之沖減；及該等沖減之迴轉。
2. 企業活動之重組，及重組成本負債準備之迴轉。
3. 不動產、廠房及設備之處分。
4. 投資之處分。
5. 停業單位。
6. 訴訟了結。
7. 其他之負債準備迴轉。

表 2-2　性質別之損益表

甲公司
損益表(性質別)
×1 年 1 月 1 日至 12 月 31 日

單位：新臺幣千元，惟每股盈餘為元

營業收入		$314,991
營業支出		
原物料費用	$36,025	
員工福利費用	51,033	
研究發展支出	22,279	
折舊與攤銷	65,858	
不動產、廠房及設備處分損失	475	
不動產、廠房及設備減損損失	30	
不動產、廠房及設備災害損失	143	
預期信用減損損失	26	
其他費用	20,536	(196,405)
營業利益		$118,586
營業外收入及支出		
和解賠償收入	$ 5,204	
其他收入	1,288	
其他利益及損失	700	
除列按攤銷後成本衡量之金融資產淨損益	54	
財務成本	(300)	
預期信用減損損失	(19)	
採用權益法之關聯企業損益之份額	1,600	
金融資產重分類淨損益	89	
兌換淨損	(74)	8,542
稅前淨利		$127,128
所得稅費用		(4,248)
繼續營業單位本期淨利		$122,880
停業單位損失		0
本期淨利		$122,880

IFRS 實務案例

損益表未強制以功能別區分費用之國外實務

在法令未強制以功能別區分費用之地區，航空業多以性質別區分其費用。如聯合航空 (United Airlines)、達美航空 (Delta Air Lines)、國泰航空 (Cathay Pacific Airways Limited) 等均採性質別。例如，採 IFRS 且股票在香港上市的國泰航空年報之綜合損益表中，即按費用性質區分為人事 (staff)、客艙服務與乘客費用 (inflight service and passenger expenses)，油料 (fuel) 等類別，與一般功能別之營業成本、銷售費用、管理費用等分類不同。

營業利益中之其他收益及費損淨額則為一需特別解釋之項目。此項為我國財務報告編製準則於民國 100 年 7 月修正時，新加入之營業利益細項，包含某些傳統上原需歸屬於營業外收入及支出，但基於個別企業營業交易之性質，現宜歸屬於營業內之收益與費損項目。依會計理論而言，這些收益與費損亦應分別歸入營業收入、營業成本、或營業費用項下，但或因此為與傳統處理相異之變革，目前財務報告編製準則附表乃以另列一單行項目之方式表達。請參閱第 53 頁中 IFRS 實務案例之說明。

> 損益項目區分營業內及營業外部分是財務報告編製準則之規定，IFRS 並未規定如何區分營業內外項目。

營業外收入及支出則包括發生於企業繼續營業單位，但非與主要業務之商品銷售與勞務提供相關之收益與費損。區分營業內外之規定為我國財務報告編製準則之要求，國際財務報導準則規定並未強制。根據財務報告編製準則之附表，營業外收入及支出項下包括七個單行項目。各項目之名稱與定義如下：

1. **其他收入**：包括租金收入、利息收入、權利金收入及股利收入中宜歸屬於營業外者。
2. **其他利益及損失**：包括不動產、廠房及設備處分損益、投資處分損益、淨外幣兌換損益、金融資產 (負債) 評價損益中宜歸屬於營業外者。
3. **除列按攤銷後成本衡量之金融資產淨損益**：除列按攤銷後成本衡

IFRS 實務案例

台積電之民國 99 年擬制性 IFRS 轉換財務報告

在臺灣證券交易所與中華民國證券櫃檯買賣中心之研究計畫「全面採用國際財務報導準則個案研究計畫」中，個案公司台積電之民國 99 年擬制性 IFRS 轉換財務報告中，即將租金收入，出租資產折舊，不動產、廠房及設備與無形資產處分淨損，災害損失，及不動產、廠房及設備減損損失等傳統上屬營業外收入及支出之項目，重分類至其他營業收益及費損項下。其擬制性財務報告中說明如次：

二七、其他營業收益及費損

出租資產收益	
租金收入	$ 156,939
出租資產折舊	(22,004)
	$ 134,935
處分不動產、廠房及設備與	
無形資產淨損	(633,230)
災害損失	(190,992)
不動產、廠房及設備減損損失	(319)
	$ (689,606)

台積公司原依我國修正前證券發行人財務報告編製準則編製之合併損益表，其營業利益僅包含營業收入、營業成本及營業費用。轉換至國際財務導準則後，台積公司依營業交易之性質將技術服務收入重分類至營業收入項下；租金收入、出租資產折舊、處分不動產、廠房及設備與無形資產之淨損、災害損失及不動產、廠房及設備減損損失重分類至其他營業收益及費損項下，並包含於營業利益內。技術服務收入係提供台積公司所獨有之晶圓製造技術予其他同業使用，所收取之權利金收入，由於晶圓製造係台積公司之主要營業項目，提供相關技術與他人使用以產生之收益，宜視為具有營業性質；租金收入與出租資產折舊，台積公司租金收入來源有二：

1. 為提供場地與供應商安置設備及人員，以提供台積公司所需之產品及服務。
2. 為提供宿舍給員工住宿所收取之租金收入。

前述二者均與台積公司之營業活動有關；另外，處分不動產、廠房及設備與無形資產淨損及不動產、廠房及設備減損，由於所處分之不動產、廠房及設備及發生減損之設備，均係供晶圓製造所使用之設備，因此，宜將相關交易視為與營業活動有關；災害損失係 99 年度因地震所造成之存貨損毀損失，由於臺灣係處於地震發生頻繁之地區，故宜將相關損失視為與營業活動有關。

量之金融資產所產生之淨損益。

4. 財務成本：扣除符合資本化部分後，各類負債之利息費用、公允價值避險工具與調整被避險項目之損益、現金流量避險工具公允價值變動自權益分類至損益等項目。

5. **預期信用減損損失**：金融資產之預期信用損失中宜歸屬於營業外者。
6. **採用權益法認列之關聯企業損益之份額**：以權益法認列之關聯企業及合資權益損益。
7. **金融資產重分類淨損益**：自按攤銷後成本衡量重分類至透過損益按公允價值衡量所產生之淨利益(損失)，以及自透過其他綜合損益按公允價值衡量重分類至透過損益按公允價值衡量所產生之累計淨利益(損失)。

> 停業單位損益＝停業單位之營業損益＋停業單位資產或處分群組之處分損益＋按公允價值減出售成本之衡量損益

停業單位損益為本期淨利中未來確定不再發生部分，以稅後淨額表達。依國際財務報導準則規定，停業單位為已處分或分類為待出售之企業組成項目，且符合下列三個條件之一：

1. 該部分為一單獨主要業務線或營運地區。
2. 為處分單獨主要業務線或營運地區統籌計畫中之一部分。
3. 專為再出售取得之子公司。

停業單位損益中，包含停業單位之營業損益、停業單位資產或處分群組之處分損益，及停業單位資產或處分群組按公允價值減出售成本之衡量損益。目前我國財務報告編製準則規定，損益表中得僅表達停業單位損益單行項目，其相關營業損益、處分損益、衡量損益之金額與組成則另於附註揭露(參見表2-3)，舉例說明停業單位損益之相關計算如釋例2-1。

釋例 2-1　停業單位損益之計算

甲公司董事會於×1年10月中，核准並宣布開始執行處分其符合停業單位定義之化學部門。該部門於×1年底前並未售出，當年營業損益為$70,000，×1年底淨資產之帳面金額為$370,000，×1年底淨資產之公允價值減出售成本金額為$340,000。×2年1月該部門發生營業損益為$(30,000)，2月初該部門以$300,000處分，當時淨資產之帳面金額為$310,000。假設所得稅稅率為20%，試求甲公司×1年、×2年損益表中列示之停業單位損益金額。

解析

×1年之停業單位損益包括以下二項項目：

營業損益 (稅後) = $70,000 × (1 – 20%) = $56,000。
按公允價值減出售成本衡量損益 (稅後) = ($340,000 – $370,000) × (1 – 20%)
$$= \$(24,000)。$$

故 ×1 年之停業單位損益 = $56,000 + $(24,000) = $32,000。

×2 年之停業單位損益包括以下二項項目：

營業損益 (稅後) = $(30,000) × (1 – 20%) = $(24,000)。
處分損益 (稅後) = ($300,000 – $310,000) × (1 – 20%) = $(8,000)。

故 ×2 年之停業單位損益 = $(24,000) + $(8,000) = $(32,000)。

此例中董事會於 ×1 年 10 月核准並宣布處分計畫，因此 ×1 年報表中此化學部門應列為停業單位。若董事會於 ×2 年 1 月 (×1 年期後期間) 核准並宣布處分計畫，則 ×1 年仍不應列為停業單位，×2 年才符合停業單位定義。

表 2-3　停業單位損益之表達與揭露

××公司
損益表
×2 年及 ×1 年 1 月 1 日至 12 月 31 日

⋮
繼續營業單位本期淨利
停業單位損失 (十四)
本期淨利

附註：
十四、停業單位損益及現金流量之揭露：
　　××公司為一食品公司，於 ××年初已核准並開始執行出售臺南地區之所有分店，並符合國際財務報導準則第 5 號「待出售非流動資產及停業單位」之規定分類為待出售處分群組，且該待出售處分群組符合停業單位之定義而表達為停業單位，有關該停業單位之損益揭露如下：

停業單位營業損益
⋮
停業單位資產或處分群組處分損益 (稅後)
⋮
停業單位資產或處分群組按公允價值減出售成本衡量損益 (稅後)
⋮

2.4　損益及其他綜合損益表 (綜合損益表)

學習目標 4
了解綜合損益表的組成與內容

根據國際財務報導準則，綜合損益總額係某一期間內，來自與業主 (以其業主之身分) 交易以外之交易及其他事項所產生之權益變

IFRS 一點通

綜合損益表表達格式之兩項選擇

根據國際財務報導準則 IAS1，綜合損益總額表達格式有兩項選擇：單一綜合損益表，或兩張報表。單一綜合損益表係將包括本期淨利內容之損益節與包括本期其他綜合損益內容之綜合損益節，以損益節在前、綜合損益節在後之順序列示於單一報表。組成項目的綜合損益表。兩張報表方式則係將損益節列示於單獨損益表，再於另張報表列示本期其他綜合損益節。即列示本期淨利內容之損益節的單獨損益表，與自本期淨利開始並列示本期其他綜合損益內容項目的綜合損益表。我國「證券發行人財務報告編製準則」係要求採單一綜合損益表。

動，故綜合損益總額即為財務資本維持觀念下之完整會計損益。而報導綜合損益之報表稱為「**損益及其他綜合損益表**」(Statement of profit or loss and other comprehensive income)，惟國際財務報導準則下亦明載企業得使用其他名稱如先前曾使用之「綜合損益表」代替。而自我國全面採用國際財務報導準則以來，財務報告編製準則即一直以「綜合損益表」為報導綜合損益報表之名稱，故以下亦均稱為「綜合損益表」。綜合損益表包括損益節及其他綜合損益節，損益節列示本期淨利，其他綜合損益節列示本期其他綜合損益，而本期淨利與本期其他綜合損益相加即為本期綜合損益。損益節之內容已於 2.3 節損益表說明；其他綜合損益節之內容則於以下說明。

其他綜合損益節中之其他綜合損益項目得以稅後淨額表達，亦得如財務報告編製準則中之附表，以稅前淨額表達再另行列示單一彙總金額以顯示相關所得稅之影響。此外，其他綜合損益之各項目中，部分後續可能進行**重分類調整** (reclassification adjustment)，部分後續不得重分類調整，須區分為「後續可能重分類至損益者」與「不重分類至損益者」之「重

中華民國金融監督暨管理委員會認可之 IFRS

財務報告編製準則之綜合損益表列示之「不動產重估增值之變動」之其他綜合損益項目

依我國財務報告編製準則規定，不動產、廠房及設備與無形資產之續後衡量須採成本模式，不得採重估價模式，故我國之公開發行與上市櫃公司之綜合損益表原應無「不動產重估增值」之其他綜合損益項目。

至於目前財務報告編製準則附表之綜合損益表中列示「不動產重估增值」之其他綜合損益項目，則係因公司將自用不動產轉列為採公允價值模式衡量之投資性不動產時，按轉換日公允價值與帳面金額之差額認列之其他綜合損益項目（相關處理詳見本書第 8 章）。

分類」組與「不重分類」組加以列示。而關於其他綜合損益項目之所得稅影響若係以列示相關所得稅之單一彙總金額方式表達，亦須將所得稅分攤於「重分類」組與「不重分類」組。

所謂重分類調整，係指將本期或以前期間認列之其他綜合損益，於本期重分類至本期淨利。國際財務報導準則原稱重分類調整為**再循環** (recycling)，後為與美國財務會計準則公報 FASB130 趨同而改稱為重分類調整或重分類。本節後續將以釋例詳細說明進行重分類調整與不進行重分類調整之會計處理。

> **重分類調整之定義**
> 重分類調整係指將曾於本期或以前期間認列之其他綜合損益，於本期重分類至本期淨利。

其他綜合損益之各項目後續是否得重分類調整，係由各項目之相關準則自行規定。根據財務報告編製準則之附表，「重分類」組之其他綜合損益項目有四個單行項目。各項目之名稱與說明其會計處理之後續章節如下：

1. **透過其他綜合損益按公允價值衡量之債務工具投資評價損益**：債務工具類金融資產之公允價值變動損益，詳細說明見本節後續釋例與本書第 10 章。
2. **國外營運機構財務報表換算之兌換差額**：屬高等會計學範圍，本書不予說明。
3. **避險工具之損益**：屬高等會計學範圍，本書不予說明。
4. **採用權益法之關聯企業及合資其他綜合損益之份額**：以權益法認列之關聯企業及合資權益其他綜合損益中屬「重分類」組者。

> 重分類組之其他綜合損益項目有四項：透過其他綜合損益按公允價值衡量之債務工具投資評價損益、國外營運機構財務報表換算之兌換差額、避險工具之損益、採用權益法之關聯企業及合資其他綜合損益之份額。利益及損失。

「不重分類」組之其他綜合損益項目有五個單行項目。各項目之名稱與說明其會計處理之後續章節如下：

1. **透過其他綜合損益按公允價值衡量之權益工具投資評價損益**：權益工具類金融資產之公允價值變動損益，詳細說明見本節後續釋例與本書第 10 章。
2. **不動產重估增值**：採重估價模式衡量之不動產之公允價值增加利益，詳細說明見本書第 8 章。
3. **確定福利計畫之再衡量數**：淨確定福利負債之影響數，詳細說明見本書第 17 章。
4. **避險工具之損益**：屬高等會計學範圍，本書不予說明。
5. **採用權益法之關聯企業及合資其他綜合損益之份額**：以權益法認

列之關聯企業及合資權益其他綜合損益中屬「不重分類」組者。

在列示本期其他綜合損益之稅後淨額後，綜合損益表的底線數字即為本期淨利與本期其他綜合損益之加總數——本期綜合損益總額，即國際財務報導準則定義之完整會計損益。而於綜合損益表之下方，尚須揭露兩項分攤數——即本期淨利與本期綜合損益總額歸屬於母公司業主與非控制權益之分攤數與每股盈餘。

所謂非控制權益，係指當合併報表中包含非由母公司 100% 持有之子公司時，擁有子公司股權之其他股東。此時合併綜合損益表報表中之損益，是由母公司業主與非控制權益共同擁有的，故須揭露本期淨利與本期綜合損益總額分別歸屬之分攤數。需特別說明的是，在母公司之採權益法處理的個體綜合損益表中，因係按母公司之持股比例認列子公司損益為投資收益，故無此類分攤數之存在。

至於每股盈餘之揭露，在顯示對母公司普通股權益持有人而言，每股普通股得分享之當期損益數。基本每股盈餘之計算為將歸屬於母公司業主之本期淨利扣除特別股之股利、清償特別股之差額等特別股影響數後，除以當期流通在外普通股加權平均股數。稀釋每股盈餘則為考慮稀釋性潛在普通股影響後之每股盈餘，即將可轉換金融工具、選擇權、認股證等若轉換成普通股後，將造成之每股盈餘減少計入後之每股盈餘 (相關處理詳見本書第 14 章)。惟需提醒讀者的是，目前每股盈餘僅表達母公司權益持有人每股普通股得分享之本期淨利數，但如前所述，完整的會計損益為包含本期淨利與本期其他綜合損益之本期綜合損益總額，且是由母公司業主與非控制權益共同擁有。是以，目前每股盈餘衡量與表達方式適切與否，明顯存在討論空間。

綜合上述規定，國際財務報導準則下單一之綜合損益表列示如表 2-4。

IFRS 一點通

兩張報表式之綜合損益表中，損益分攤數及每股盈餘之揭露

企業若採兩張報表式之綜合損益表時，則單獨損益表中僅揭露本期淨利歸屬於母公司業主與非控制權益之分攤數，本期綜合損益總額之分攤數則揭露於列示其他綜合損益節之另張報表；每股盈餘則僅於單獨損益表中揭露。

表 2-4　單一綜合損益表

甲公司
綜合損益表
×1 年 1 月 1 日至 12 月 31 日
單位：新臺幣千元，惟每股盈餘為元

營業收入		$314,991
營業成本		
銷貨成本	$156,905	
其他營業成本	2,458	(159,363)
營業毛利		$155,628
營業費用		
推銷費用	$ 4,025	
管理費用	9,595	
研發費用	22,279	
其他費用	626	(36,525)
其他收益及費損淨額		(517)
營業利益		$118,586
營業外收入及支出		
和解賠償收入	$5,204	
其他收入	1,288	
其他利益及損失	754	
財務成本	(319)	
採用權益法之關聯企業及合資損益之份額	1,689	
兌換淨損	(74)	8,542
稅前淨利		$127,128
所得稅費用		(4,248)
繼續營業單位本期淨利		$122,880
停業單位損失		0
本期淨利		$122,880
其他綜合損益		
不重分類至損益之項目：		
透過其他綜合損益按公允價值衡量之權益工具投資評價損益	1,000	
確定福利計畫之再衡量數	(1,880)	
不動產重估增值	26	
採用權益法之關聯企業及合資其他綜合損益之份額	(125)	
與不重分類之項目相關之所得稅	172	
後續可能重分類至損益之項目：		
國外營運機構財務報表換算之兌換差額	(4,999)	
透過其他綜合損益按公允價值衡量之債務工具投資評價利益(損失)	546	
避險工具之損益-現金流量避險	(611)	
採用權益法之關聯企業及合資其他綜合損益之份額	(144)	
與可能重分類之項目相關之所得稅	141	
本期其他綜合損益(稅後淨額)		(5,874)
本期綜合損益總額		$117,006
淨利歸屬於：		
母公司業主		$122,353
非控制權益		527
		$122,880
綜合損益總額歸屬於：		
母公司業主		$116,477
非控制權益		529
		$117,006
每股盈餘		
基本每股盈餘		$2.45
稀釋每股盈餘		2.38

> **中華民國金融監督暨管理委員會認可之 IFRS**
>
> **財務報告編製準則對得重分類之其他綜合損益項目採淨額表達**
>
> 我國財務報告編製準則之附表,對綜合損益表中後續可能重分類之其他綜合損益項目,採減除重分類調整金額後之淨額表達,重分類調整之金額則另於附註中揭露。

以下釋例 2-2 與釋例 2-3 分別說明重分類及不重分類二種會計處理。釋例 2-2 以透過其他綜合損益按公允價值衡量之債務工具投資評價損益為例,說明將以前期間及本期認列於其他綜合損益之金額,重分類調整至本期淨利時之相關報表表達。相關完整分錄則另列於本章附錄 A 之釋例 2A-1。

釋例 2-2 中有二個重分類調整之相關觀念需特別注意:

1. 其他綜合損益進行重分類調整,認列於本期淨利時,重分類調整金額需由其他綜合損益中減除,以免重複計入綜合損益總額中。
2. 國際財務報導準則亦要求,重分類調整金額需連同其相關之其他綜合損益項目,列報於重分類當期之綜合損益表或其附註。

釋例 2-2 係採列報於重分類當期之綜合損益表方式,列示透過其他綜合損益按公允價值衡量之債務工具投資評價損益總額,需減除之重分類調整金額,與減除後之透過其他綜合損益按公允價值衡量之債務工具投資評價損益淨額。

此外,由釋例 2-2 中可以發現,×2 年綜合損益表中與透過其他綜合損益按公允價值衡量之債務工具相關的綜合損益總額項目,可直接連結當期資產負債表中,與透過其他綜合損益按公允價值衡量之債務工具相關權益項目之本期淨增減數:「其他綜合損益—透過其他綜合損益按公允價值衡量之債務工具投資評價損益」淨額 $20,000,即連結「其他權益—透過其他綜合損益按公允價值衡量之債務工具投資評價損益」本期之淨增加數 $20,000,完全符合 2.1 節所述,損益之衡量即為本期權益淨增減數之財務資本維持觀念。

釋例 2-2　其他綜合損益—透過其他綜合損益按公允價值衡量之債務工具投資評價損益

甲公司於 ×1 年初成立，×1 年 1 月 1 日以平價購入 A、B 二筆債券並分類為透過其他綜合損益按公允價值衡量之債務工具投資，其相關資料如下：

	攤銷後成本	×1 年底公允價值	×2 年底公允價值
債券 A	$1,000,000	$1,020,000	已賣出
債券 B	$1,000,000	$1,050,000	$1,090,000

該公司於 ×2 年 10 月 15 日以 $1,030,000 出售債券 A。該公司無其他透過其他綜合損益按公允價值衡量之債務工具投資交易，且無與其他綜合損益相關之其他交易。試作其 ×1 年與 ×2 年透過其他綜合損益按公允價值衡量之債務工具相關之報表表達。

解析

×1 年解析	債券 A	債券 B	總計
×1/1/1 帳面金額 (a)	$1,000,000	$1,000,000	$2,000,000
×1/12/31 公允價值 (b)	1,020,000	1,050,000	2,070,000
透過其他綜合損益按公允價值衡量之債務工具投資評價損益 (b) – (a)	$ 20,000	$ 50,000	$ 70,000

故 ×1 年之綜合損益表中「其他綜合損益—透過其他綜合損益按公允價值衡量之債務工具投資損益」為 $70,000，資產負債表中透過其他綜合損益按公允價值衡量之債務工具以公允價值 $2,070,000 表達，「其他權益—透過其他綜合損益按公允價值衡量之債務工具投資損益」為 $70,000。相關報表部分列示如下：

甲公司
綜合損益表 (部分)
×1 年 1 月 1 日至 12 月 31 日

本期淨利	⋮
其他綜合損益	
透過其他綜合損益按公允價值衡量之債務工具投資評價損益	$70,000
與其他綜合損益項目相關之所得稅	⋮
本期其他綜合損益 (稅後淨額)	⋮
本期綜合損益總額	⋮

	甲公司		
	資產負債表(部分)		
	×1年12月31日		
資產		**負債**	⋮
⋮		⋮	
		權益	
透過其他綜合損益按公允價值衡量之債務工具投資	$2,000,000	保留盈餘	
透過其他綜合損益按公允價值衡量之債務工具投資評價調整	70,000	其他權益	$70,000
	$2,070,000		⋮

×2年解析	債券 A	
成本 (c)	$1,000,000	
×2/1/1 帳面金額 (a)	$1,020,000	
×2/10/15 公允價值 (b)	1,030,000	
評價損益 (b) – (a)	$10,000	本期其他綜合損益
重分類至處分損益 (b) – (c)	$30,000	本期淨利 (重分類調整)

×2/12/31	債券 B	
×2/1/1 帳面金額 (a)	$1,050,000	
×2/12/31 公允價值 (b)	1,090,000	
評價損益 (b) – (a)	$ 40,000	本期其他綜合損益

故 ×2 年之綜合損益表中本期淨利部分有「透過其他綜合損益按公允價值衡量之債務工具投資處分損益」$30,000，而「其他綜合損益—透過其他綜合損益按公允價值衡量之債務工具投資評價損益」總額為 $50,000 (= $40,000 + $10,000)，但減除重分類至處分損益 $30,000 後，淨額為 $20,000。資產負債表中透過其他綜合損益按公允價值衡量之債務工具投資以公允價值 $1,090,000 表達，「其他權益—透過其他綜合損益按公允價值衡量之債務工具投資評價損益」為 $90,000。「其他權益—透過其他綜合損益按公允價值衡量之債務工具投資評價損益」本期之變動，與相關報表部分分別列示如下：

	其他權益—透過其他綜合損益按公允價值衡量之債務工具評價損益
期初金額	$70,000
債券 A 自期初至處分時之本期投資評價損益	10,000
債券 B 本期投資損益	40,000
減：處分債券 A，將其相關之評價損益轉入處分損益 (重分類調整)	(30,000)
其他權益—透過其他綜合損益按公允價值衡量之債務工具投資評價損益 (期末)	$90,000

甲公司
綜合損益表（部分）
×2年1月1日至12月31日

⋮	⋮	
透過其他綜合損益按公允價值衡量之債務工具投資處分損益	$30,000	
⋮	⋮	
本期淨利	⋮	
其他綜合損益		
透過其他綜合損益按公允價值衡量之債務工具投資評價損益	$ 50,000	
減：重分類調整	(30,000)	20,000
與其他綜合損益項目相關之所得稅		⋮
本期其他綜合損益（稅後淨額）		
本期綜合損益總額		⋮

甲公司
資產負債表（部分）
×2年12月31日

資產		負債	
⋮		⋮	
		權益	
透過其他綜合損益按公允價值衡量之債務工具投資	$1,000,000		⋮
透過其他綜合損益按公允價值衡量之債務工具投資評價調整	90,000	保留盈餘	×××(註)
	$1,090,000	其他權益	$90,000
⋮		⋮	

註：含處分債券A時，於本期淨利認列之處分損益$30,000結帳轉入。

　　釋例2-3則以透過其他綜合損益按公允價值衡量之權益工具投資評價損益之變動為例，說明其他綜合損益不重分類調整至本期淨利情況下之相關報表表達。完整相關分錄則參見附錄A之釋例2A-2。

　　釋例2-3中，透過其他綜合損益按公允價值衡量之權益工具投資評價損益不得於處分時重分類，而係直接轉入保留盈餘。

釋例 2-3 不重分類之其他綜合損益─透過其他綜合損益按公允價值衡量之權益工具投資評價損益

甲公司於×1年初成立，×1年1月1日購入A、B二檔股票並分類為透過其他綜合損益按公允價值衡量之權益工具投資，其相關資料如下：

	成本	×1年底公允價值	×2年底公允價值
股票 A	$1,000,000	$1,020,000	已賣出
股票 B	$1,000,000	$1,050,000	$1,090,000

該公司於×2年10月15日以$1,030,000出售股票A，該公司無其他股票交易，且無其他與其他綜合損益相關之交易。試作其×1年與×2年股票投資相關之報表表達。

解析

×1/12/31

	股票 A	股票 B	總計
×1/1/1 帳面金額 (a)	$1,000,000	$1,000,000	$2,000,000
×1/12/31 公允價值 (b)	1,020,000	1,050,000	2,070,000
透過其他綜合損益按公允價值衡量之權益工具投資評價損益 (b)−(a)	$ 20,000	$ 50,000	$ 70,000

故×1年之綜合損益表中「其他綜合損益─透過其他綜合損益按公允價值衡量之權益工具投資評價損益」為$70,000，資產負債表中股票投資以公允價值$2,070,000表達，「其他權益─透過其他綜合損益按公允價值衡量之權益工具評價損益」為$70,000。相關報表部分列示如下：

甲公司 綜合損益表 (部分) ×1年1月1日至12月31日	
本期淨利	⋮
其他綜合損益	
透過其他綜合損益按公允價值衡量之權益工具投資評價損益	$70,000
與其他綜合損益項目相關之所得稅	⋮
本期其他綜合損益 (稅後淨額)	⋮
本期綜合損益總額	⋮

損益表與綜合損益表

<table>
<tr><td colspan="4" align="center">甲公司
資產負債表 (部分)
×1 年 12 月 31 日</td></tr>
<tr><td>**資產**</td><td></td><td>**負債**</td><td>⋮</td></tr>
<tr><td>⋮</td><td></td><td>**權益**</td><td></td></tr>
<tr><td>⋮</td><td></td><td>⋮</td><td></td></tr>
<tr><td>透過其他綜合損益按公允價值衡量之權益工具投資評價損益</td><td>$2,000,000</td><td>保留盈餘</td><td>×××</td></tr>
<tr><td>透過其他綜合損益按公允價值衡量之權益工具投資評價調整</td><td>70,000</td><td>其他權益</td><td>$70,000</td></tr>
<tr><td></td><td>$2,070,000</td><td>⋮</td><td>⋮</td></tr>
</table>

	股票 A	
成本 (c)	$1,000,000	
×2/1/1 帳面金額 (a)	$1,020,000	
×2/10/15 公允價值 (b)	1,030,000	
透過其他綜合損益按公允價值衡量之權益工具投資評價損益 (b) − (a)	$ 10,000	本期其他綜合損益
處分時轉入保留盈餘 (b) − (c)	$ 30,000	(不得重分類至本期淨利)
×2/12/31		
	股票 B	
×2/1/1 帳面金額 (a)	$1,050,000	
×2/12/31 公允價值 (b)	1,090,000	
透過其他綜合損益按公允價值衡量之權益工具投資評價損益 (b) − (a)	$ 40,000	本期其他綜合損益

故 ×2 年之綜合損益表中「其他綜合損益—透過其他綜合損益按公允價值衡量之權益工具投資評價損益」為 $50,000 (= $40,000 + $10,000)，資產負債表中股票以公允價值 $1,090,000 表達，「其他權益—過其他綜合損益按公允價值衡量之權益工具投資評價損益」為 $900,000。「其他權益—過其他綜合損益按公允價值衡量之權益工具投資評價損益」本期之變動，與相關報表部分分別列示如下：

	其他權益—透過其他綜合損益按公允價值衡量之權益工具投資評價損益
期初金額	$70,000
股票 A 自期初至處分時之增值	10,000
股票 B 本期之增值	40,000
減：處分股票 A，將其相關之其他權益轉入保留盈餘 (不重分類調整至損益)	(30,000)
期末金額	$90,000

甲公司
綜合損益表 (部分)
×2 年 1 月 1 日至 12 月 31 日

本期淨利		⋮
其他綜合損益		
透過其他綜合損益按公允價值衡量之權益 　工具投資評價損益	$50,000	⋮
與其他綜合損益項目相關之所得稅	⋮	⋮
本期其他綜合損益 (稅後淨額)		
本期綜合損益總額		⋮

甲公司
資產負債表 (部分)
×2 年 12 月 31 日

資產		負債	
⋮		⋮	
⋮		權益	
⋮		⋮	
透過其他綜合損益按公允價衡量 　之權益工具投資	$1,000,000	保留盈餘	×××(註)
透過其他綜合損益按公允價值衡 　量之權益工具投資評價調整	90,000	其他權益	$90,000
	$1,090,000	⋮	⋮

註：含處分股票 A 時，其累計於其他權益之未實現損益 $30,000 直接轉入保留盈餘。

附錄 A　其他綜合損益之結轉

學習目標 5
了解其他綜合損益如何結轉

釋例 2A-1 以透過其他綜合損益按公允價值衡量之債務工具為例，說明將以前期間及本期認列於其他綜合損益之金額，重分類調整至本期淨利時之完整相關分錄與報表表達。釋例 2A-2 則以透過其他綜合損益按公允價值衡量之權益工具，說明其他綜合損益不重分類至本期淨利，而於除列時直接轉入保留盈餘時之完整相關分錄與報表表達。

釋例 2A-1　其他綜合損益─透過其他綜合損益按公允價值衡量之債務工具投資評價損益

甲公司於 ×1 年初成立，×1 年 1 月 1 日以現金平價購入 A、B 二筆債券並分類為透過其他綜合損益按公允價值衡量之債務工具投資，其相關資料如下：

	成本	×1年底公允價值	×2年底公允價值
債券 A	$1,000,000	$1,020,000	已賣出
債券 B	$1,000,000	$1,050,000	$1,090,000

該公司於 ×2 年 10 月 15 日以 $1,030,000 出售債券 A。該公司無其他與其他綜合損益相關之交易。試作：其 ×1 年與 ×2 年透過其他綜合損益按公允價值衡量之債務工具投資評價損益相關之會計分錄與報表表達 (省略利息收入部分)。

解析

×1/1/1	透過其他綜合損益按公允價值衡量之債務工具		
	投資	2,000,000	
	現金		2,000,000
×1/12/31	透過其他綜合損益按公允價值衡量之債務工具		
	投資評價調整	70,000	
	其他綜合損益—透過其他綜合損益		
	按公允價值衡量之債務工具投資評價損益		70,000

(期末評價債券 A、B 至公允價值，差額列入其他綜合損益)

	其他綜合損益—透過其他綜合損益按公允價值		
	衡量之債務工具投資評價損益	70,000	
	其他權益—透過其他綜合損益按公允價值		
	衡量之債務工具投資損益		70,000

(期末結帳分錄，將 ×1 年股票 A、B 之「其他綜合損益—透過其他綜合損益按公允價值衡量之債務工具投資評價損益」結轉「其他權益—透過其他綜合損益按公允價值衡量之債務工具投資評價損益」)

甲公司
綜合損益表 (部分)
×1 年 1 月 1 日至 12 月 31 日

本期淨利		：
其他綜合損益		
透過其他綜合損益按公允價值衡量之債務 　　工具投資評價損益	$70,000	
與其他綜合損益項目相關之所得稅	：	：
本期其他綜合損益 (稅後淨額)		
本期綜合損益總額		：

<table>
<tr><td colspan="3" align="center">甲公司
資產負債表(部分)
×1年12月31日</td></tr>
<tr><td>**資產**</td><td colspan="2">**負債**</td></tr>
<tr><td>⋮</td><td colspan="2">⋮</td></tr>
<tr><td>⋮</td><td colspan="2">**權益**
⋮</td></tr>
<tr><td>透過其他綜合損益按公允價值衡量
　之債務工具投資　　　　　$2,000,000</td><td colspan="2"></td></tr>
<tr><td>透過其他綜合損益按公允價值衡量
　之債務工具投資評價調整　　 70,000</td><td>保留盈餘</td><td></td></tr>
<tr><td>　　　　　　　　　　　　　$2,070,000</td><td>其他權益
⋮</td><td>$70,000</td></tr>
</table>

×2/10/15	透過其他綜合損益按公允價值衡量之債務工具投資評價調整	10,000	
認列債券A ×2年之評價 損益	其他綜合損益—透過其他綜合損益按公允價 　　值衡量之債務工具投資評價損益		10,000
	現金	1,030,000	
收取現金並除 列債券A及其 評價調整項目	透過其他綜合損益按公允價值衡量之債務工具投資		1,000,000
	透過其他綜合損益按公允價值衡量之債務工具投資 　　評價調整		30,000
	其他綜合損益—重分類調整—透過其他綜合損益按公允 　價值衡量之債務工具投資評價損益	30,000	
將債券A持 有期間之所有 公允價值變動 (等於其投資 損益項目之金 額)重分類調 整至處分損益	透過其他綜合損益按公允價值衡量之債務工具處分 　　損益		30,000
	(「其他綜合損益—重分類調整—透過其他綜合損益按公允價值衡量之債務工具 投資評價損益」為綜合損益表中「其他綜合損益—透過其他綜合損益按公允價值 衡量之債務工具投資評價損益」之減項，即將債券A認列於以前期間(×1年) 及本期(×2年)其他綜合損益之投資評價損益，重分類至本期淨利)		
將債券A×2 年之評價損益 結轉其他權益	其他綜合損益—透過其他綜合損益按公允價值衡量 　之債務工具投資評價損益	10,000	
	其他權益—透過其他綜合損益按公允價值衡量 　　之債務工具投資評價損益		10,000
	(結帳分錄，將×2年債券A之「其他綜合損益—透過其他綜合損益按公允價 值衡量之債務工具投資評價損益」結轉「其他權益—透過其他綜合損益按公 允價值衡量之債務工具投資評價損益」)[註]		

	其他權益—透過其他綜合損益按公允價值衡量之債務工具投資評價損益	30,000	
	其他綜合損益—重分類調整—透過其他綜合損益 　　　按公允價值衡量之債務工具投資評價損益		30,000

(結帳分錄，將債券A之其他綜合損益—「重分類調整—透過其他綜合損益按公允價值衡量之債務工具投資評價損益」結轉「其他權益—透過其他綜合損益按公允價值衡量之債務工具投資評價損益」)^(註)

×2/12/31	透過其他綜合損益按公允價值衡量之債務工具投資評價調整	40,000	
	其他綜合損益—透過其他綜合損益按公允價值衡量之債務工具投資評價損益		40,000

> 認列債券 B ×2 年之評價損益

	其他綜合損益—透過其他綜合損益按公允價值衡量之債務工具評價損益	40,000	
	其他權益—透過其他綜合損益按公允價值衡量之債務工具損益投資評價損益		40,000

> 將債券 B ×2 年之評價損益結轉其他權益

(期末結帳分錄，將 ×2 年債券 B 之「其他綜合損益—備透過其他綜合損益按公允價值衡量之債務工具評價損益」結轉「其他權益—透過其他綜合損益按公允價值衡量之債務工具投資評價損益」)

註：結帳分錄原係於期末編製報表後進行，此處為使讀者易於與報表表達之金額比對，故先行列出結帳分錄。

甲公司
綜合損益表 (部分)
×2 年 1 月 1 日至 12 月 31 日

⋮	⋮	
透過其他綜合損益按公允價值衡量之債務工具 　投資處分損益		$30,000
⋮	⋮	
本期淨利		⋮
其他綜合損益		
透過其他綜合損益按公允價值衡量之債務工具 　投資評價損益	$50,000	
減：重分類調整	(30,000)	20,000
⋮	⋮	
與其他綜合損益項目相關之所得稅		⋮
本期其他綜合損益 (稅後淨額)		⋮
本期綜合損益總額		⋮

<table>
<tr><td colspan="4" align="center">甲公司
資產負債表 (部分)
×2 年 12 月 31 日</td></tr>
<tr><td>資產</td><td></td><td>負債</td><td></td></tr>
<tr><td colspan="4">⋮　　　　　　　　　　　　　　　　⋮</td></tr>
<tr><td colspan="4">⋮　　　　　　　　　　　　權益</td></tr>
<tr><td colspan="4">⋮　　　　　　　　　　　　　　　⋮</td></tr>
<tr><td>透過其他綜合損益按公允價值衡量
　之債務工具投資</td><td>$1,000,000</td><td>保留盈餘</td><td>×××(註)</td></tr>
<tr><td>透過其他綜合損益按公允價值衡量
　之債務工具投資評價調整</td><td>　90,000
$1,090,000</td><td>其他權益
⋮</td><td>$90,000
⋮</td></tr>
</table>

註：含處分債券 A 時，於本期淨利認列之處分損益 $30,000 結帳轉入。

釋例 2A-2　其他綜合損益―透過其他綜合損益按公允價值衡量之權益工具投資

甲公司於 ×1 年初成立，× 年 1 月 1 日以現金購入 A、B 二筆股票並分類為透過其他綜合損益按公允價值衡量之權益工具投資，其相關資料如下：

	成本	×1 年底公允價值	×2 年底公允價值
股票 A	$1,000,000	$1,020,000	已賣出
股票 B	$1,000,000	$1,050,000	$1,090,000

該公司於 ×2 年 10 月 15 日以 $1,030,000 出售股票 A，該公司無其他股票交易，且無其他與其他綜合損益相關之交易。試作其 ×1 年與 ×2 年股票投資相關之會計分錄與報表表達。

解析

×1/1/1	透過其他綜合損益按公允價值衡量之權益工具 　投資	2,000,000	
	現金		2,000,000
×1/12/31	透過其他綜合損益按公允價值衡量之權益工具 　投資評價調整	70,000	
	其他綜合損益―透過其他綜合損益按公允 　　價值衡量之權益工具投資評價損益		70,000
	(期末評價股票 A、B 至公允價值，差額列入其他綜合損益)		

其他綜合損益—透過其他綜合損益按公允價值衡量 　之權益工具投資評價損益	70,000	
其他權益—透過其他綜合損益按公允價值衡量 　　　之權益工具投資評價損益		70,000

(期末結帳分錄，將 ×1 年股票 A、B 之「其他綜合損益—透過其他綜合損益按公允價值衡量之權益工具投資評價損益」結轉「其他權益—透過其他綜合損益按公允價值衡量之權益工具投資評價損益」)

甲公司
綜合損益表 (部分)
×1 年 1 月 1 日至 12 月 31 日

本期淨利		⋮
其他綜合損益		
透過其他綜合損益按公允價值衡量之權益 　　工具投資評價損益	$70,000	
與其他綜合損益項目相關之所得稅	⋮	⋮
本期其他綜合損益 (稅後淨額)		
本期綜合損益總額		⋮

甲公司
資產負債表 (部分)
×1 年 12 月 31 日

資產		負債	
		⋮	
⋮		權益	
⋮		⋮	
透過其他綜合損益按公允價值衡 　量之權益工具投資	$2,000,000	保留盈餘	
透過其他綜合損益按公允價值衡 　量之權益工具投資評價調整	70,000	其他權益	$70,000
⋮	$2,070,000	⋮	

×2/10/15	透過其他綜合損益按公允價值衡量之權益工具投資		
認列股票 A ×2 年之評價 損益	評價調整	10,000	
	其他綜合損益—透過其他綜合損益按公允價值 　　　衡量之權益工具投資評價損益		10,000

(處分前，股票 A 先評價至出售金額，差額列入其他綜合損益)

收取現金並除列股票A及其投資損益項目	現金	1,030,000	
	透過其他綜合損益按公允價值衡量之權益工具投資		1,000,000
	透過其他綜合損益按公允價值衡量之權益工具投資評價調整		30,000
	其他綜合損益—透過其他綜合損益按公允價值衡量		
	之權益工具投資評價損益	10,000	
	其他權益—透過其他綜合損益按公允價值衡量		
	之權益工具投資評價損益		10,000
	(結帳分錄，將×2年股票A之「其他綜合損益—透過其他綜合損益按公允價值衡量之權益工具投資評價損益」結轉「其他權益—透過其他綜合損益按公允價值衡量之權益工具投資評價損益」)(註)		
將股票A持有期間之所有公允價值變動(等於其投資損益項目之金額)直接轉入保留盈餘	其他權益—透過其他綜合損益按公允價值衡量之權益工具		
	投資評價損益	30,000	
	保留盈餘		30,000
	(將股票A累計之全部「其他權益—透過其他綜合損益按公允價值衡量之權益工具投資損益」轉入保留盈餘，不重分類至本期淨利)		
×2/12/31 認列股票B×2年未實現評價損益	透過其他綜合損益按公允價值衡量之權益工具投資評價調整	40,000	
	其他綜合損益—透過其他綜合損益按公允價值		
	衡量之權益工具投資評價損益		40,000
	(期末評價股票B至公允價值，差額列入其他綜合損益)		
	其他綜合損益—透過其他綜合損益按公允價值衡量之		
	權益工具投資評價損益	40,000	
	其他權益—透過其他綜合損益按公允價值衡量之		
	權益工具投資評價損益		40,000
	(期末結帳分錄，將×2年股票B之「其他綜合損益—透過其他綜合損益按公允價值衡量之權益工具投資評價損益」結轉「其他權益—透過其他綜合損益按公允價值衡量之權益工具投資評價損益」)		

註：結帳分錄原係於期末編製報表後進行，此處為使讀者易於與報表表達之金額比對，故先行列出結帳分錄。

甲公司
綜合損益表(部分)
×2年1月1日至12月31日

本期淨利		：
其他綜合損益		
透過其他綜合損益按公允價值衡量之權益		
工具投資評價損益	$50,000	
與其他綜合損益項目相關之所得稅	：	：
本期其他綜合損益(稅後淨額)		
本期綜合損益總額		：

甲公司
資產負債表 (部分)
×2 年 12 月 31 日

資產		負債	
⋮		⋮	
⋮		權益	
		⋮	
透過其他綜合損益按公允價值衡量之權益工具投資	$1,000,000	保留盈餘	×××(註)
透過其他綜合損益按公允價值衡量之權益工具投資評價調整	90,000	其他權益	$90,000
	$1,090,000		

註：含處分股票 A 時，其累計於其他權益之未實現損益 $30,000 直接轉入保留盈餘。

本章習題

問答題

1. 何謂財務資本維持？何謂實體資本維持？
2. 什麼是多站式損益表？
3. 什麼是費用性質法？什麼是費用功能法？
4. 何謂停業單位？
5. 停業單位損益包含哪些項目？
6. 何謂綜合損益總額？
7. 本期其他綜合損益項目計有哪些項目？
8. 什麼是其他綜合損益的重分類調整？其他綜合損益中哪些項目作重分類調整？哪些項目不重分類調整？

選擇題

1. 在何種資本維持觀念下，當年度出售之土地之價格超過物價變動的部分，會列入會計損益計算？

    (A) 財務資本維持

    (B) 實體資本維持

    (C) 財務資本維持及實體資本維持皆予列入

(D) 財務資本維持及實體資本維持皆不予列入

2. 在何種資本維持觀念下，資產負債之價格變動造成之持有損益不列入會計損益？
   (A) 財務資本維持
   (B) 實體資本維持
   (C) 財務資本維持及實體資本維持皆予考慮
   (D) 財務資本維持及實體資本維持皆不予考慮

3. 下列何者係列於本期其他綜合損益項下？
   (A) 管理費用
   (B) 銷售成本
   (C) 利息收入
   (D) 國外營運機構財務報表換算之兌換差額

4. 禮人公司 ×3 年度中決議處分位於中壢一個主要生產模組的業務線，該業務線符合停業單位之定義。已知 ×3 年模組業務線的營業損失 $100,000，截至 ×3 年底已處分部分模組的生產設備獲得處分利益 $50,000，年底時按公允價值減出售成本衡量剩餘尚待處分設備計有損失 $30,000。於 ×4 年 2 月時禮人公司始將所有設備處分完畢，處分時額外產生損失 $5,000。試計算禮人公司 ×3 年停業單位損益 (不考慮所得稅影響)？
   (A) ($50,000)
   (B) ($100,000)
   (C) ($85,000)
   (D) ($80,000)

5. 下列何者不屬於應作重分類調整之其他綜合損益項目？
   (A) 現金流量避險中屬有效避險部分之避險工具利益及損失
   (B) 確定福利計畫之再衡量數
   (C) 透過其他綜合損益按公允價值衡量之債務工具投資評價損益
   (D) 國外營運機構財務報表換算之兌換差額

6. 已知麥杯杯公司於 ×3 年時帳上僅持有以平價購入 A 公司的債券，並將其帳列於透過其他綜合損益按公允價值衡量之債務工具項下。該公司於 ×3 年底時「其他綜合損益—透過其他綜合損益按公允價值衡量之債務工具投資評價損益」之餘額為 $30,000 (貸方)，×3 年底「其他權益—透過其他綜合損益按公允價值衡量之債務工具投資評價損益」之餘額為 $50,000 (貸方)。若 ×4 年時麥杯杯公司將 A 公司債券全數處分時，且認列處分利益 $40,000，試問下列何項與該公司 ×4 年財務報表相關之資訊係屬正確 (不考慮所得稅影響)？
   (A) 綜合損益表之「其他綜合損益—透過其他綜合損益按公允價值衡量之債務工具投資評價損益」淨額為 $40,000 (貸方)
   (B) 綜合損益表之「透過其他綜合損益按公允價值衡量之債務工具處分利益」為 $40,000
   (C) 資產負債表之資產項下應有「透過其他綜合損益按公允價值衡量之債務工具投資損益」$40,000 (借方)
   (D) 資產負債表之權益項下應有「透過其他綜合損益按公允價值衡量之債務工具投資評價損益」$40,000 (貸方)

7. 威力公司 ×6 年時帳上與其他綜合損益項目相關資訊如下：

　　不動產、廠房及設備的重估增值　　　　　　　　$50,000（貸方）
　　無形資產的重估增值　　　　　　　　　　　　　$20,000（貸方）
　　國外營運機構財務報表換算之兌換差額　　　　　$40,000（貸方）
　　透過其他綜合損益按公允價值衡量之債務工具投資評價損失　$30,000
　　透過其他綜合損益按公允價值衡量之權益工具投資評價利益　$20,000
　　現金流量避險中屬有效避險部分之避險工具利益　$10,000
　　確定福利計畫之再衡量數　　　　　　　　　　　$80,000（借方）

　試計算威力公司帳上應作重分類調整之其他綜合損益組成項目，其加總之金額（不考慮所得稅影響）？

　(A) $20,000（貸方）　　　　　　(B) $10,000（借方）
　(C) $10,000（貸方）　　　　　　(D) $100,000（借方）

8. 對財務報表使用者而言，損益表可以提供：
　(A) 企業過去某個時點的財務狀況　　(B) 企業過去某段期間的財務績效
　(C) 企業未來某段期間的現金流量　　(D) 企業未來某個時點的財務狀況

9. 啟思公司 ×6 年與損益相關之資訊如下：

　　推銷費用　　　　　$20,000
　　兌換淨利　　　　　$40,000
　　停業單位損失　　　$30,000
　　營業收入　　　　　$280,000
　　銷貨成本　　　　　$200,000

　試問啟思公司本期淨利為何（不考慮所得稅影響）？
　(A) $80,000　　　　　　　　　(B) $70,000
　(C) $(10,000)　　　　　　　　(D) $100,000

10. 下表為尼克公司 ×2 年度與損益相關之資訊，試問 ×2 年度之綜合損益總額為何（不考慮所得稅影響）？

　　營業收入　　　　　　　　　　　　　　　　　　$800,000
　　營業成本　　　　　　　　　　　　　　　　　　$650,000
　　營業費用　　　　　　　　　　　　　　　　　　$30,000
　　營業外收入及支出　　　　　　　　　　　　　　$50,000（貸方）
　　透過其他綜合損益按公允價值衡量之債務工具投資損失　$40,000
　　透過其他綜合損益按公允價值衡量之權益工具投資利益　$10,000
　　停業單位損失　　　　　　　　　　　　　　　　$70,000

　(A) $70,000　　　　　　　　　(B) $100,000
　(C) $130,000　　　　　　　　(D) $170,000

11. 下表為熱火公司 ×3 年度與損益相關之資訊，試問 ×3 年度之本期其他綜合損益為何？

營業收入	$500,000
營業成本	$370,000
研發費用	$20,000
兌換利益	$30,000
國外營運機構財務報表換算之兌換損失	$30,000
透過其他綜合損益按公允價值衡量之債務工具投資損失	$40,000
透過其他綜合損益按公允價值衡量之權益工具投資利益	$20,000

(A) $90,000　　(B) ($50,000)
(C) $50,000　　(D) $190,000

12. 騎士公司 ×4 年底時處分一個符合停業單位定義之重大部門，已知該部門當年度營業損失 $80,000，處分部門資產獲得處分利益 $70,000，試問騎士公司於損益表如何表達前述事項 (不考慮所得稅影響)？

(A) 於繼續營業單位本期損益表達損失 $80,000，於停業單位損益表達利益 $70,000
(B) 於繼續營業單位本期損益表達利益 $70,000，於停業單位損益表達損失 $80,000
(C) 於繼續營業單位本期損益表達損失 $10,000
(D) 於停業單位損益表達損失 $10,000

練習題

1. 【不同資本維持觀念下會計損益計算】國王公司業務為土地買賣，×1 年初，其唯一之資產為成本與公允價值均為 $15,000,000 之土地，當期內以 $25,000,000 將其售出，×1 年底唯一資產為現金 $25,000,000；國王公司並無其他負債。若當年物價水準上漲率為 8%，且期末與已出售土地相當土地之公允價值為 $28,000,000。試分別計算財務資本維持—名目金額、財務資本維持—調整購買力、實體資本維持觀念下之會計損益。

2. 【財務資本維持—名目金額概念下會計損益計算】太陽公司 ×1 年度除保留盈餘以外的資產負債權益之變動金額如下：

	增(減)		增(減)
現金及約當現金	$ 43,500	短期借款	$ 51,000
應收帳款(淨額)	(19,500)	應付帳款	(30,000)
存貨	78,000	股本	108,000
不動產、廠房及設備(淨額)	55,500	資本公積	24,000

假設太陽公司 ×1 年保留盈餘除本期淨利 (即會計損益) 及發放現金股利 $18,000 外，並無其他變動。試計算太陽公司 ×1 年度財務資本維持—名目金額概念下之會計損益。

3. 【本期淨利計算】灰熊公司 ×1 年度營運資訊如下：

營業收入	$675,000
營業成本	315,000

推銷費用	50,000
管理費用	70,000
研發費用	68,000
其他收入	5,000
財務成本	23,000
兌換淨損	2,300
所得稅費用	26,000
停業單位損失 (稅後淨額)	31,000

試分別計算灰熊公司 ×1 年度 (1) 營業毛利；(2) 營業利益；(3) 稅前淨利；(4) 繼續營業單位本期淨利；(5) 本期淨利。

4.【其他綜合損益計算】小牛公司 ×1 年度之財務資訊如下：

繼續營業單位本期淨利	$ 300,000
本期綜合損益總額	210,000
本期淨利	157,500
營業利益	390,000
營業費用	900,000
營業毛利	1,200,000
稅前淨利	360,000

試分別計算小牛公司 ×1 年度 (1) 營業內之其他收益及費損淨額；(2) 營業外收入及支出；(3) 所得稅費用；(4) 停業單位損失 (稅後淨額)；(5) 其他綜合損益 (稅後淨額)。

5.【功能別損益表】雷霆公司 ×1 年度之財務資訊如下：

營業收入	$3,200,000
銷貨成本	1,800,000
其他營業成本	240,000
推銷費用	120,000
管理費用	230,000
研發費用	100,000
其他費用	20,000
其他收益及費損淨額	(55,000)
和解賠償收入	15,000
其他收入	8,000
其他利益及損失	(6,000)
財務成本	22,000
採用權益法之關聯企業及合資損益之份額	9,500 (貸方)
兌換淨損	12,000
所得稅費用	125,000
停業單位損失 (稅後淨額)	160,000
全年流通在外普通股加權平均股數	500,000 股

試依據 IFRS 規定，並依照我國財務報告編製準則規定區分為營業利益與營業外收入與支出，編製雷霆公司 ×1 年度按功能別分類之多站式損益表。每股盈餘四捨五入計算至小數點後 1 位。

6. 【性質別損益表】承第 5 題，營業支出依費用性質別之資訊如下：

原物料成本	$1,080,000
員工福利費用	670,000
研究發展支出	165,000
折舊與攤銷	210,000
不動產、廠房及設備處分損失	40,000
不動產、廠房及設備減損損失	175,000
不動產、廠房及設備災害損失	200,000
其他費用	25,000

試依據 IFRS 規定，並依照我國財務報告編製準則規定區分為營業利益與營業外收入與支出，編製雷霆公司 ×1 年度按性質別分類之多站式損益表。每股盈餘四捨五入計算至小數點後 1 位。

7. 【停業單位損益計算】火箭公司於 ×1 年 11 月中，核准並開始執行處分其符合停業單位定義之成衣製造部門。該部門於 ×1 年底前並未售出，當年營業損益為 $168,000，×1 年底淨資產之帳面金額為 $888,000，×1 年底淨資產之公允價值減出售成本金額為 $816,000。×2 年 1 月該部門發生營業損益為 $(80,000)，1 月底該部門以 $720,000 處分，當時淨資產之帳面金額為 $744,000。假設所得稅稅率為 20%，試計算火箭公司 ×1、×2 年度綜合損益表中列示之停業單位損益金額。

8. 【停業單位損益於綜合損益表之表達及附註揭露】承第 7 題，若火箭公司選擇於綜合損益表中以單一金額表達停業單位損益，試編製火箭公司 ×1 年度及 ×2 年度部分綜合損益表表達停業單位損益，並於財務報表附註揭露停業單位損益之相關組成及金額。

9. 【透過其他綜合損益按公允價值衡量之債務工具投資之會計分錄】湖人公司於 ×1 年初成立，×1 年 2 月 29 日以現金購入 A、B 二筆債券並分類為透過其他綜合損益按公允價值衡量之債務工具投資，其相關資料如下：

	成本	×1 年底公允價值
債券 A	$ 800,000	$1,100,000
債券 B	$1,000,000	$ 900,000

該公司於 ×2 年 3 月 1 日以 $1,300,000 出售債券 A，債券 B 於 ×2 年底公允價值為 $1,300,000。該公司無其他與其他綜合損益相關之交易。試作其 ×1、×2 年透過其他綜合損益按公允價值衡量之債務工具投資相關之會計分錄 (省略利息收入相關分錄)。

10. 【透過其他綜合損益按公允價值衡量之債務工具投資評價損益報表表達】承第 9 題，試編製湖人公司 ×1、×2 年透過其他綜合損益按公允價值衡量之債務工具投資相關之資產負債

表與綜合損益表表達。該公司選擇於重分類當期之綜合損益表將重分類調整金額單行表達。

11. 【透過其他綜合損益按公允價值衡量之權益工具投資之會計分錄】拓荒者公司於 ×1 年初成立，×1 年 2 月 1 日以現金購入 A、B 兩筆透過其他綜合損益按公允價值衡量之權益工具投資，其相關資料如下：

	成本	×1 年底公允價值
股票 A	$1,500,000	$1,800,000
股票 B	1,200,000	1,700,000

該公司於 ×2 年 9 月 5 日以 $2,000,000 出售股票 A，股票 B 於 ×2 年底公允價值為 $2,100,000。該公司無其他與其他綜合損益相關之交易。試作其 ×1、×2 年透過其他綜合損益按公允價值衡量之權益工具投資相關之會計分錄。

12. 【土地重估增值之變動報表表達】承第 11 題，試編製拓荒者公司 ×1、×2 年股票投資相關之資產負債表與綜合損益表表達。

應用問題

1. 【綜合損益表】公牛公司 ×1 年度財務資訊如下：

保留盈餘，×1 年 1 月 1 日	$390,000
營業收入	840,000
推銷及管理費用	144,000
停業單位資產處分損失 (稅前)	174,000
發放普通股股利	20,160
營業成本	468,000
前期損益調整—以前年度折舊費用計算錯誤之利益 (稅前)	312,000
租金收入 (營業外)	72,000
不動產、廠房及設備減損損失 (營業內)	54,000
財務成本	6,000

假設公牛公司 ×1 年度所得稅率為 20%，流通在外的普通股加權平均股數為 48,000 股，試編製公牛公司 ×1 年度綜合損益表。

2. 【綜合損益表】爵士公司 ×1 年度未考量下列資訊前之繼續營業單位本期淨利為 $480,000 (稅後)：

(1) ×1 年間，以現金 $84,000 出售一台機器設備，該機器設備出售時之帳面金額 $66,000 (相關折舊已正確入帳)。

(2) ×1 年 1 月中，核准並開始執行處分其符合停業單位定義之玩具製造部門，×1 年度該部門發生營業損益為 $(50,000)，12 月初該部門以 $320,000 處分，當時該部門淨資產之帳面金額為 $360,000。

(3) ×1 年度，國外營運機構財務報表之兌換差額 $20,000。

(4) ×1 年度，透過其他綜合損益按公允價值衡量之債務工具投資評價損失 $5,000。

假設爵士公司 ×1 年度所得稅率為 20%，流通在外的普通股加權平均股數為 120,000 股，試編製爵士公司 ×1 年度自繼續營業單位本期淨利開始之綜合損益表，其他綜合損益係採稅前金額表達，另列示所得稅費用。每股盈餘四捨五入計算至小數點後 1 位。

3. 【綜合損益表】公鹿公司 ×1 年度綜合損益表由一位經驗不足之新進會計人員編製如下：

公鹿公司
綜合損益表
×1 年 12 月 31 日   單位：新臺幣元

營業收入	$567,000
投資收入	11,700
營業成本	(245,100)
推銷費用	(87,000)
管理費用	(129,000)
財務成本	(7,800)
特殊項目前淨利	$109,800
特殊項目	
停業單位資產處分損失	(18,000)
所得稅負債	(15,606)
本期淨利	$76,194

試依據 IFRS 規定，並依照我國財務報告編製準則規定區分為營業利益與營業外收入與支出，重新編製公鹿公司 ×1 年度功能別之多站式綜合損益表。公鹿公司 ×1 年度所得稅率為 17%，流通在外的普通股加權平均股數為 30,000 股，每股盈餘四捨五入計算至小數點後 1 位。

4. 【其他綜合損益】灰狼公司於 ×1 年初成立，×1 年 3 月以現金 $5,000,000 購入土地一筆，該筆土地帳列不動產、廠房及設備項下，後續衡量採重估價模式；另於 ×1 年 5 月以現金 $2,800,000 購入債券一批，該批債券分類為透過其他綜合損益按公允價值衡量之債務工具投資，截至 ×2 年底土地及債券均未出售，×1 年及 ×2 年底土地及債券相關資料如下：

	成本	×1 年底公允價值	×2 年底公允價值
土地	$5,000,000	$8,000,000	$7,500,000
債券	$2,800,000	$2,100,000	$2,700,000

試編製其 ×2 年土地及債券相關之評價分錄及資產負債表與綜合損益表表達。

5. 【其他綜合損益】承第 4 題，×3 年灰狼公司處分全部土地及部分債券，相關處分資訊及年底未出售債券之資訊如下：

已出售項目	成本	×3 年 5 月 1 日出售售價
土地	$5,000,000	$8,800,000
債券	$1,400,000	$1,500,000

未出售項目	成本	×3 年底公允價值
債券	$1,400,000	$1,700,000

試編製其 ×3 年土地及債券相關之會計分錄，及年底土地及債券相關之資產負債表與綜合損益表表達。採期末一次作得重分類分錄或不得重分類之分錄與結帳分錄。該公司相關會計選擇如下：(1) 於重分類當期之綜合損益表將重分類調整金額單行表達。(2) 土地出售前先重評價。(3) 土地出售時將相關「其他權益－重估增值之變動」轉列保留盈餘。

6. 【綜合損益表】黃蜂公司 ×2 年度綜合損益表由一位經驗不足之新進會計人員編製如下：

黃蜂公司
綜合損益表
×2 年 1 月 1 日至 12 月 31 日　　　　　單位：新臺幣元

營業收入		$1,370,000
營業成本		(845,000)
營業毛利		$ 525,000
營業費用		
推銷費用	$120,000	
管理費用	110,000	
研發費用	70,000	
停業單位營業損失	68,000	
財務成本	36,000	(404,000)
營業淨利		$ 121,000
營業外收入及支出		
停業單位資產處分利益	$150,000	
國外營運機構財務報表換算之兌換差額	(23,000)	
存貨跌價損失	(31,000)	96,000
稅前淨利		$ 217,000
所得稅費用		(43,400)
本期淨利		$ 173,600
其他綜合損益		
重估增值之變動	$ 48,000	
前期損益調整—×1年多列之淨利	(35,000)	
採用權益法之關聯企業及合資損益之份額	26,000	
與其他綜合損益項目相關之所得稅	(7,800)	31,200
本期綜合損益總額		$204,800

經分析後，發現下列事項：

(1) 營業收入係銷貨收入總額 $1,600,000，扣除銷貨退回 $75,000 及銷售佣金 $155,000 後之餘額。

(2) 推銷費用包括銷售人員薪資 $70,000、銷貨運費 $12,000、銷貨折讓 $20,000 及廣告費 $18,000。×2 年底漏列應付年終獎金 $9,000。

(3) 管理費用包括管理人員薪資 $55,000、租金費用 $25,000、保險費 $20,000（包含預付 ×3 年度保險費 $5,000）及依其商業模式應歸屬為管理費用之預期信用減損損失 $10,000。

(4) 研發費用包括研發人員薪資 $40,000、研發材料研發材料耗用 $20,000（包含 ×3 年度耗用之研發材料 $8,000）及研究實驗費 $10,000。

(5) 除所得稅費用外，所列項目均為稅前金額。

(6) 所有項目（包括前期損益調整）之所得稅稅率均為 20%。

(7) ×1 年淨利多列 $35,000，係因計算錯誤而使該年度銷售佣金少計。

(8) ×2 年之普通股流通在外加權平均股數為 50,000 股，每股盈餘四捨五入計算至小數點後 1 位。

試根據上述資料，依據 IFRS 規定，並依照我國財務報告編製準則規定區分為營業利益與營業外收入與支出，重新編製編製黃蜂公司 ×2 年度功能別之多站式綜合損益表。

7.【其他綜合損益—重分類調整】雷霆公司於 ×1 年初成立，其持有之透過其他綜合損益按公允價值衡量之債務工具投資相關資料如下：

	成本	×1 年底公允價值	×2 年底公允價值	處分所得現金
債券 A	$1,000,000（×1 年 3 月購入）	$1,200,000	已處分	$1,300,000（×2 年 9 月處分）
債券 B	$1,000,000（×1 年 3 月購入）	$1,500,000	$1,900,000	×2 年底繼續持有
債券 C	$1,100,000（×2 年 5 月購入）	尚未持有	已處分	$1,300,000（×2 年 9 月處分）
債券 D	$1,400,000（×2 年 5 月購入）	尚未持有	$1,700,000	×2 年底繼續持有

試計算 ×2 年綜合損益表中下列項目之金額：

(1)「其他綜合損益—透過其他綜合損益按公允價值衡量之債務工具投資評價損益」之總額

(2)「其他綜合損益—重分類調整—透過其他綜合損按公允價值益衡量之債務工具投資評價損益」

8. **【綜合損益表】**宜蘭公司新進的會計人員剛編製完成之 ×2 年度綜合損益表如下所示：

宜蘭公司
綜合損益表
×1 年 12 月 31 日　　　　　　　　　　單位：新臺幣元

收入：		
銷貨淨額	$2,656,000	
其他收入	112,600	$2,768,600
銷貨成本：		
進貨淨額	$1,846,800	
存貨增加數	46,400	(1,893,200)
銷貨毛利		$975,400
營業費用		
銷售費用	$ 548,400	
管理費用	235,100	(783,500)
稅前淨利		$ 91,900

該損益表經其會計主管覆核後發現下列事項：

(1) 銷貨淨額係銷貨總額 $2,830,000 扣除銷貨運費 $100,000 及銷貨退回與折讓 $74,000 之餘額。

(2) 其他收入包括進貨折扣 $75,000 及租金收入 $37,600。

(3) 進貨淨額包括進貨總額 $1,762,400 以及進貨運費 $84,400。

(4) 存貨增加數占期初存貨之 20%。

(5) 銷售費用包括：銷售人員薪資 $264,000、運輸設備折舊 $34,000、廣告費 $176,400、銷售佣金 $74,000，其中銷售佣金為本期付現部分，×2 年期初無應付佣金，但 ×2 年期末有應付佣金 $16,000 尚未入帳。

(6) 管理費用包括：管理人員薪資 $115,200、雜項費用 $13,900、利息費用 $6,000、租金費用 $100,000。租金費用中有 $9,600 係為預付 ×3 年度之費用，×2 年期初無預付租金。

試作：編製宜蘭公司正確詳細的多站式綜合損益表。　　　　　　　　［101 年普考會計］

Chapter 3 資產負債表與權益變動表

學習目標

研讀本章後,讀者可以了解:
1. 資產負債表之功能與限制
2. 資產與負債之流動與非流動分類
3. 資產負債表之組成與內容
4. 權益變動表之組成與內容
5. 財務報表之附註揭露

本章架構

資產負債表與權益變動表

- **資產負債表**
  - 功能
  - 限制
- **資產負債分類**
  - 流動
  - 非流動
- **資產負債表格式及衡量**
  - 組成部分
  - 衡量基礎
- **權益變動表**
  - 組成部分
  - 損益及其他綜合損益之結轉
- **財報附註**
  - 項目

2021 年 3 月 31 日，美國波音公司 (The Boeing Company) 之淨值為負數，每股淨值為 –$3.15 美元，而當日股價每股 $254.72 美元。資產負債表看起來已發生財務危機的公司，為何股價仍然如此之高？資產負債表的衡量有何問題呢？

波音公司與歐洲空中巴士公司 (Airbus SE) 是世界僅有的兩家大型民航機製造商。波音公司所生產的 737 MAX 系列客機自 2018 年 10 月起半年內連續發生兩起重大空難，致使該款機型因安全顧慮於 2019 年遭全球停飛，影響所及讓波音公司 2019 年之飛機交貨量較去年大減超過 50%，自 2011 年來首次被空中巴士公司超越，波音公司亦於 2020 年 1 月起暫停 737 MAX 系列客機之生產。其後，737 MAX 系列客機雖於 2020 年開始獲准復飛，但新冠肺炎 (Covid-19) 疫情之全球蔓延又重創航空業，再度使波音公司面臨重大挑戰。波音公司 2019 年與 2020 年資產負債表之表現看來與前述困境與十分貼合：2019 年總資產約 1,336 億美元，總負債約 1,419 億美元；2020 年總資產約 1,521 億美元，總負債約 1,702 億美元。簡言之，波音公司於 2019 年底與 2020 年底之總負債均大於總資產，淨值已均呈負數。

然而，我們既未聽聞波音公司行將清算破產的訊息，亦未看到波音公司所上市之紐約證券交易所 (NYSE) 將其股票打入全額交割股。更有甚者，我們看到波音公司 2019 年與 2020 年之股價，以 2015 年股價為基期相較仍尚分別有 250% 與 165% 之成長!! 為何在如此的財務狀況表現下，波音公司之股價表現卻背道而馳？

投資人決策之攸關資訊存在於資產負債表中之單行項目金額，以及未符資產負債認列條件故僅得於表外揭露之項目：例如 2019 年與 2020 年資產負債表中之合約負債金額分別為 505 億美元與 516 億美元，於總負債之占比分別達 36% 與 30%，而合約負債並非須以現金清償之負債，而係未來將認列之收入，若亦包括表外揭露中說明 2019 年與 2020 年待交付訂單 (backlog) 金額分別為 4,634 億美元與 3,634 億美元，以及 2019 年與 2020 年分別為 32 億美元與 25 億美元之研究發展支出。這些資訊影響投資人之決策，使投資人對波音公司之未來獲利能力給予正面評價從而反映於其股價表現。

第一章觀念架構中曾說明，財務報表資訊無法提供投資者所有有用資訊。透過本個案更容易理解資產負債表有其限制，該等限制主要有表外項目，例如本例中之待交付訂單；也包括類似研發及廣告的支出，可能加強了公司的長期競爭力，但須列為本期費用；歷史成本為基礎的項目，亦可能無法完全顯示公司價值；另外，相關的產業知識，才為成功投資必備的資訊。

章首故事引發之問題

- 資產及負債分別之認列條件為何？
- 資產及負債之組成部分為何？
- 資產負債表的格式為何？
- 權益之組成部分為何？
- 權益變動表的格式及編製方法為何？

3.1 資產負債表之功能與限制

學習目標 1
了解資產負債表之功能與限制

資產負債表功能
- 列示資產之性質及金額，利於評估企業未來現金流量。
- 列示負債之償付順序與金額，利於預測未來現金流量將如何支付給企業之各順位債權人。
- 評估企業之流動性與償債能力、額外融資之需求及取得該資金之可能程度。

資產為企業因過去事項所控制之資源，且預期未來將有經濟效益之流入；負債為企業因過去事項所產生之現時義務，且此義務之清償預期將造成具經濟效益資源之流出；權益則為資產與負債之差異數。此三者包含於資產負債表中，為直接衡量企業財務狀況的財務報表要素。

不同類型之資產(經濟資源)對企業未來現金流量有不同之影響。例如：應收帳款可使企業於短期內獲得現金流量；存貨則需要透過銷貨交易及收款程序方能產生現金流量；不動產、廠房及設備則需要更久的時間，透過生產、銷售及收款程序才能變現。因此，資產負債表的一個功能為提供企業經濟資源之性質及金額，使閱表者能更輕易地評估企業未來現金流量。有關負債(現有請求權)之優先順序及付款需求之資訊，則有助於資產負債表使用者預測未來現金流量將如何支付給企業之各順位債權人。而資產與負債資訊搭配使用，則使資產負債表使用者得以評估企業之流動性與償債能力、額外融資之需求及取得該資金之可能程度。簡言之，報表使用者可利用資產負債表資訊辨認企業之財務優勢及劣勢。

在國際財務報導準則中，更強調「資產負債表法」的根本核心理念。國際財務報導準則下定義的會計損益，就是扣除權益投資人之新投入與分配之影響後，企業在特定會計期間的權益淨增減數。而權益為資產與負債之差異數，所以要適切地衡量權益，就須適切地衡量資產與負債，則自然能得到本期之權益淨增減數，從而決定

Chapter 3 資產負債表與權益變動表

會計損益。是以國際財務報導準則特別重視資產負債表，並更廣泛使用「公允價值衡量」之基礎，期能更確切衡量企業擁有之經濟資源與義務，以提供更攸關的資訊。

本章亦將介紹權益變動表，報表使用者藉由此報表上之資訊，得以了解特定期間之權益變動，何者是導因於企業之財務績效；何者源自業主投入與分配，例如：發行權益工具或發放股利所造成的。此二種變動之區分，讓報表使用者能更適當評估企業未來現金流量。

> **權益變動表功能**
> 了解權益變動何者是導因於該個體之財務績效；或者是因業主投入與分配造成的。

然而目前之國際財務報導準則下，資產負債表與權益變動表的有用性仍存在限制。包括傳統之歷史成本衡量仍被廣泛使用，而**會計估計值** (accounting estimate) 與會計方法選擇等企業之主觀選擇亦仍存在。會計估計值在公允價值導向之資產負債表上尤其重要，如企業認列負債準備即需進行估計，此亦使資產負債表之功能更受限於估計之準確度。資產負債表之另一項重要限制為表外項目之存在。凡是與企業財務狀況攸關，但根據國際財務報導準則無法或不需在資產負債表上認列的表外項目，即所謂表外資產與表外負債（表外融資）。如管理階層的才能顯然是企業的重要資產，但為無法認列的表外資產，又如許多在會計上分類為營業租賃之租賃合約，其實質上仍使企業在未來有確定之支付義務，但並未在報表中認列負債，即為表外融資項目。此外，國際財務報導準則雖然藉由「**原則基礎**」(principle-based) 之規定，期望讓財務報表之編製依照交易的經濟實質適切表達，而非如「**規則基礎**」(rule-based) 下，藉由操弄交易形式使其符合規則後，即得以達成特定表達。但基於操作之可行性，任何會計準則規範的財務報表中均無法包括所有攸關項目；再加上既有準則之存在，便有閃避權衡之空間，此為所有財務報表無法避免的先天限制。表 3-1 彙示資產負債表與權益變動表之功能與限制。

3.2 資產與負債之流動與非流動分類

原則上資產負債表中之資產負債，需按流動與非流動的分類分別表達。但某些產業(如金融業)或其他無法明確辨認營業週期之產業，其資產及負債按**遞增**或**遞減**之流動性順序表達時能提供可靠

> **學習目標 2**
> 了解資產與負債之流動與非流動分類

87

表 3-1　資產負債表與權益變動表之功能與限制

	資產負債表	權益變動表
功能	1. 列示資產之性質及金額，利於評估企業未來現金流量。 2. 列示負債之償付順序與金額，有助於預測未來現金流量將如何支付給企業之各順位債權人。 3. 資產與負債資訊搭配使用有助於評估企業之流動性與償債能力、額外融資之需求及取得該資金之可能程度。	了解權益變動是導因於該個體之財務績效；或是因業主之投入造成的。
限制	1. 以歷史成本衡量資產負債仍在報表中廣泛使用。 2. 會計估計值與會計方法選擇與政策等企業之主觀選擇。 3. 不在資產負債表上認列的表外項目：表外資產與表外負債(表外融資)。	

> 資產負債表中之資產與負債，需 (1) 按流動與非流動的分類表達，或 (2) 按遞增或遞減之流動性順序表達。

而更攸關之資訊，因此應按流動性順序表達。另部分資產及負債按流動與非流動分類表達，而其他資產及負債按流動性順序表達的混合基礎表達方式，若能提供可靠而更攸關之資訊，亦得使用。惟企業不論採用何種表達方法，若各資產或負債項目其預期回收或清償之金額中，含有報導期間後十二個月內與超過報導期間後十二個月後者，應揭露超過十二個月之預期回收或清償之金額。

當企業之營業週期無法明確辨認時，其資產與負債應依遞增或遞減之流動性順序表達；而當企業於一明確可辨認之營業週期內提供商品或勞務時，應採流動與非流動之分類表達。所謂**營業週期** (operating cycle)，係指企業自取得原物料或商品存貨至其賣出商品並收取現金或約當現金之時間。當企業之正常營業週期小於十二個月時，IAS1 之原則係假定其為十二個月。IAS 1 規定具有以下條件之一的資產分類為流動資產，其他則為非流動資產：

1. 企業預期於其正常營業週期中實現該資產，或意圖將其出售或消耗。
2. 企業主要為交易目的而持有該資產。
3. 企業預期於報導期間後十二個月內實現該資產。
4. 現金與約當現金，但不包括於報導期間後逾十二個月用以交換、清償負債或受有其他限制者。

就企業主要營業用之資產如製造業的原物料、製成品或機器設

備等而言，在區分其屬流動或非流動資產時，係以條件 1 或 3 兩項之一作為流動資產的符合條件。故存貨及應收帳款等為企業正常營業週期中出售、消耗或實現之資產，即使將於超過報導期間後十二個月後才實現，亦應分類為流動資產。亦即就企業主要營業用之資產而言，若將於「營業週期及報導期間後十二個月內」二者之中較長者實現者即屬流動資產。此亦所謂若企業之正常營業週期小於十二個月者，即假定其為十二個月。但就其他非主要營業用之資產，如製造業持有之金融資產而言，若為現金與約當現金，或主要為交易目的而持有者則因符合條件 2 或 4 應分類為流動資產；其他非營業資產則以條件 3 之「報導期間後十二個月內實現」為區分標準，如透過其他綜合損益按公允價值衡量之債務工具分類為流動或非流動即以是否於十二個月內處分為區分標準。

IAS1 規定具有以下條件之一的負債分類為流動負債，其他則為非流動負債：

1. 企業預期於其正常營業週期中清償該負債。
2. 企業主要為交易目的而持有該負債。

IFRS 實務案例

企業主要營業用之資產

就企業主要營業用之資產而言，合乎 1 或 3 項之一條件者，亦即將於「營業週期及報導期間後十二個月內」二者之中較長者期間內實現者，即屬流動資產。而國內大多企業之營業週期均短於十二個月，故國內實務狀況常直接稱係以「報導期間後十二個月內實現與否」，區分主要營業用資產屬流動或非流動。而非主要營業用之資產（非現金且非持有供交易者），因其無法使用第 1 項條件（營業週期之觀念無法適用這些金融資產），僅能透過第 3 項條件，而以十二個月內實現與否為區分流動與非流動。所以國內許多行業的所有資產都可以說是以十二個月之期間劃分流動與非流動。

但如營建業與造船業等行業，其承造之工程很可能需超過十二個月始得完工，即其正常營業週期長於十二個月。故為其主要營業用資產之在建工程淨額（在建工程超過預收工程款數），雖不符流動資產分類標準條件 3 之「預期於報導期間後十二個月內實現該資產」，但應依照條件 1 之「企業預期於其正常營業週期中實現該資產，或意圖將其出售或消耗」將其分類為流動資產。應注意的是，營建業與造船業的非主要營業用資產（例如透過其他綜合損益按公允價值衡量之債務工具）仍須以十二個月之期間劃分流動與非流動。

3. 企業預期於報導期間後十二個月內到期清償該負債。
4. 企業於報導期間結束日不具有將該負債之清償遞延至報導期間後至少十二個月之權利。

同樣就企業因主要營業而發生之負債而言，在區分其屬流動或非流動負債時，係以條件 1 或 3 兩項之一作為流動負債的符合條件。故應付帳款、應付員工款及應付其他營業成本等，其為企業正常營業週期中使用營運資金之一部分，即使將於超過報導期間後十二個月後才清償，亦應分類為流動負債。亦即就企業因主要營業而發生之負債而言，若將於「營業週期及報導期間後十二個月內」兩者之中較長者清償者即屬流動負債。但就其他非因主要營業而發生之負債，若其為交易目的而持有者，因符合條件 2 故應分類為流動負債。其他負債則以條件 3 之「報導期間後十二個月內清償」為區分標準，包括銀行透支、非流動金融負債之流動部分、應付股利、應付所得稅及其他應付款項均依此分類為流動負債。

流動負債之條件 4 則係配合條件 3 之「報導期間後十二個月內清償」再加以補充的規定，其觀念較為複雜。先以釋例 3-1 與釋例 3-2 說明流動負債之條件 4 基本意義。

釋例 3-1　流動負債分類標準條件 4

流動負債分類標準條件 4：「企業於報導期間結束日不具有將該負債之清償遞延至報導期間後至少十二個月之權利」

×1 年 2 月 1 日甲公司發行面額 $1,000,000、5 年期、可賣回公司債，到期日為 ×6 年 1 月 31 日，**持有人**可於 ×4 年 1 月 31 日及 ×5 年 1 月 31 日以面額賣回。甲公司在各報導期間結束日對此可賣回公司債尚流通在外部分之流動與非流動分類應為何？

解析

×1 年 12 月 31 日與 ×2 年 12 月 31 日應分類為非流動負債。
　公司具有將該負債之清償遞延至報導期間後至少十二個月之權利。

×3 年 12 月 31 日與 ×4 年 12 月 31 日應分類為流動負債。
　因持有人在十二個月內可以賣回，公司不具有將該負債之清償遞延至報導期間後至少十二個月之權利。

×5 年 12 月 31 日應分類為流動負債。
　因該負債將在報導期間結束後十二個月內到期。

Chapter 3 資產負債表與權益變動表

IFRS 一點通

流動負債分類標準條件 4 之改變

IASB 於 2020 年 7 月發布 IAS 1 之修正，將流動負債分類標準條件 4 由「企業不能無條件將清償期限遞延至報導期間後至少十二個月之負債」改變為「企業於報導期間結束日不具有將該負債之清償遞延至報導期間後至少十二個月之權利」，並明確規定僅考量是否具有將清償遞延至報導期間後至少十二個月之權利而不考量行使權利之可能性，亦即不再考量企業是否預期將債務展期至報導期間後至少十二個月。IASB 公布此修正時原定自 2022 年起適用，後又延至 2023 年起適用。

釋例 3-2　流動負債分類標準條件 4

流動負債分類標準條件 4：「企業於報導期間結束日不具有將該負債之清償遞延至報導期間後至少十二個月之權利」

×1 年 2 月 1 日甲公司發行面額 $1,000,000、5 年期、可買回公司債，到期日為 ×6 年 1 月 31 日，**發行人**(甲公司)可於 ×4 年 1 月 31 日及 ×5 年 1 月 31 日以面額買回。甲公司於 ×3 年底決定，並於 ×4 年 3 月 15 日(×4 年財務報表通過發布前)買回半數該公司債。甲公司在各報導期間結束日對此可買回公司債尚流通在外部分之流動與非流動分類應為何？

解析

公司在年底前之預期之行動與在報導期間後買回公司債等兩種狀況均不影響流動與非流動之分類。

×1 年至 ×4 年每年之 12 月 31 日應分類為非流動負債。

因公司具有將該負債之清償遞延至報導期間後至少十二個月之權利。

×5 年 12 月 31 日應分類為流動負債。

因該負債將在報導期間結束後十二個月內到期。

釋例 3-1 與釋例 3-2 係以報導期間後十二個月後到期之負債，在附有買(賣)回權之情況下，導致企業是否具有將該負債之清償遞延至報導期間後至少十二個月之權利，從而影響應將該負債分類為流動負債或非流動負債。以下以釋例 3-3 與釋例 3-4，說明若企業具有將負債之清償遞延至報導期間後至少十二個月之權利，此時即不應考量企業行使該權利之可能性而應將其分類為非流動負債[1]。反

---

[1] 此係國際財務報導準則規定之修正。詳見第本頁「IFRS 一點通」。

之，若企業不具有此種權利，則不應考量該債務再融資之可能性而應將債務分類為流動。

釋例 3-3　流動負債分類標準條件 4

流動負債分類標準條件 4：「企業於報導期間結束日不具有將該負債之清償遞延至報導期間後至少十二個月之權利」

　　×1 年 2 月 1 日甲公司向乙銀行借款 $1,000,000，到期日為 ×6 年 1 月 31 日。若甲公司於 ×5 年 10 月 1 日與乙銀行達成協議，該筆借款到期後，得由甲公司選擇是否延後還款期限至 ×8 年 1 月 31 日。以下各獨立情況中，甲公司於 ×5 年 12 月 31 日對此借款之分類應為何？
(1) ×5 年 12 月 31 日時，甲公司預期將會選擇延後該借款還款期限至 ×8 年 1 月 31 日。
(2) ×5 年 12 月 31 日時，甲公司預期將不會選擇延後該借款還款期限至 ×8 年 1 月 31 日。

解析

在 (1)、(2) 兩情況中，×5 年 12 月 31 日均應將該借款分類為非流動負債。
　　因甲公司於 ×5 年 12 月 31 日已與乙銀行達成協議得由甲公司選擇是否延後還款期限至 ×8 年 1 月 31 日，故甲公司於 ×5 年 12 月 31 日具有將負債之清償遞延至報導期間後至少十二個月之權利，此時即不應考量企業行使該權利之可能性 (與釋例 3-2 相同概念：公司預期之行動方案無須考慮) 而應將其分類為非流動負債。

釋例 3-4　流動負債分類標準條件 4

流動負債分類標準條件 4：「企業不能無條件將清償期限遞延至報導期間後至少十二個月之負債應分類為流動負債」

　　×1 年 2 月 1 日甲公司向乙銀行借款 $1,000,000，到期日為 ×6 年 1 月 31 日。若甲公司於 ×5 年 10 月 1 日向乙銀行提出，希望該筆借款到期後，得由甲公司選擇是否延後還款期限至 ×8 年 1 月 31 日，並於 ×6 年 2 月 1 日與乙銀行達成協議。若甲公司於 ×5 年 12 月 31 日評估達成協議之可能性甚高，且 ×5 年度之財務報告係於 ×6 年 3 月 15 日發布，則甲公司於 ×5 年 12 月 31 日之資產負債表對此借款之分類為何？

解析

×5 年 12 月 31 日應將該借款分類為流動負債。
　　因甲公司於 ×5 年 12 月 31 日尚未與乙銀行達成協議 (無須考慮達成協議之可能性)，故甲公司於 ×5 年 12 月 31 日不具有將負債之清償遞延至報導期間後至少十二個月之權利，此時即不應考量再融資之可能性而應將其分類為流動負債。

Chapter 3 資產負債表與權益變動表

IFRS 實務案例

應付公司債揭露之資料

臺灣高速鐵路股份有限公司 (簡稱臺灣高鐵) 於其民國 97 年度財務報告之附註 (四)「 8. 應付公司債」中,揭露 97 年底其應付公司債一年內到期部分金額為 $10,777,181。而由詳細揭露之資料可知,此一年內到期部分之金額包括該公司 92 年 4 月發行之 6 年期一次還本公司債餘額 $4,000,000,與 97 年 10 月發行之 3 年期一次還本可賣回公司債餘額 $6,777,181。該可賣回公司債之到期日雖在 97 年 12 月 31 日之 12 個月後,但其賣回權執行日 (98 年 9 月 30 日) 係在 97 年 12 月 31 日之 12 個月內,故全數分類為流動負債。臺灣高鐵對這項具賣回權公司債之分類,完全符合 IAS 1 之規定。

此外,流動負債分類標準的四項條件中,1、2 與 4 均有關負債之清償。國際財務報導準則規定,就將負債分類為流動或非流動之目的而言,負債之清償包括以現金或其他經濟資源 (例如:商品或勞務) 清償,也包括以企業本身之權益工具清償。然而需特別說明的是,對轉換公司債此類依持有人選擇可能以企業本身之權益工具清償之負債,若該負債為**複合金融工具**而應將該選擇權作為權益組成部分與負債組成部分分別認列,則該負債分類為流動或非流動住不受該選擇權之存在所影響。以下以釋例 3-5 說明此規定。

釋例 3-5　流動負債分類標準條件 4

流動負債分類標準條件 4:「企業於報導期間結束日不具有將該負債之清償遞延至報導期間後至少十二個月之權利」

×1 年 2 月 1 日甲公司平價發行面額 $1,000,000、5 年期、可賣回轉換公司債,到期日為 ×6 年 1 月 31 日,持有人可自發行日起滿 6 個月後至到期日前 10 日止,隨時要求甲公司將債券轉換為甲公司普通股,並得於 ×4 年 1 月 31 日及 ×5 年 1 月 31 日以面額賣回。以下各獨立情況中,甲公司在各報導期間結束日對此可賣回轉換公司債尚流通在外部分之流動與非流動分類應為何?

(1) 持有人要求將債券轉換為甲公司普通股時,甲公司將支付固定數量之普通股,亦即支付之股數為:擬轉換之公司債面額 / $40。
(2) 持有人選擇支付甲公司普通股時,甲公司將支付變動數量之普通股,亦即支付之股數為:擬轉換之公司債面額 / 當時普通股每股市價。

解析

(1) 此情況下，該轉換選擇權係將債券轉換成固定數量之普通股，故該公司債為**複合金融工具**而該轉換選擇權係權益組成部分。因此，該債券之分類不受該轉換選擇權所影響，僅考慮持有人之賣回權是否使甲公司於報導期間結束日具有將清償遞延至報導期間後至少十二個月之權利，故其分類與釋例 3-1 完全相同。亦即 ×1 年 12 月 31 日與 ×2 年 12 月 31 日應分類為非流動負債；×3 年 12 月 31 日與 ×4 年 12 月 31 日應分類為流動負債；×5 年 12 月 31 日應分類為流動負債。

(2) 此情況下，該轉換選擇權係將債券轉換成變動數量之普通股，故該公司債為**混合金融工具**而該轉換選擇權係負債組成部分。由於該轉換選擇權自發行日起滿 6 個月後即可行使，亦即甲公司自發行日起滿 6 個月後即可能須以普通股清償該債券，故自 ×1 年起至 ×5 年每年之 12 月 31 日，該負債均應分類為流動負債。

此外，由企業融資活動產生 (並非由營業活動產生者) 之長期借款金融負債，若其非於報導期間後十二個月內到期清償，則因不符流動負債分類條件 3 而應屬非流動負債。但企業如於報導期間結束日 (或結束前) 違反長期借款合約之條款，將使債權人得隨時要求清償該負債，則該負債應分類為流動負債。即使於報導期間後至通過發布財務報表前，債權人同意不因違反條款而隨時要求清償，企業仍須將該負債分類為流動負債，因其於報導期間結束日時，企業並未具有無條件將清償期限遞延至報導期間結束日結束日後至少十二個月之權利。但若於報導期間結束日前，債權人已同意提供至報導期間後至少十二個月之寬限期，即企業有權利遞延清償至報導期間後至少十二個月，則該負債應分類為非流動負債。相關釋例參見釋例 3-6。

釋例 3-6　原屬非流動負債違反合約條款時之分類

×1 年 2 月 1 日甲公司向乙銀行借款 $1,000,000，到期日為 ×6 年 1 月 31 日。以下各獨立情況下，甲公司於 ×3 年 12 月 31 日對此借款之分類應為何？

(1) 甲公司於 ×3 年 12 月 20 日違反該借款合約條款，按合約需立即清償。
(2) 甲公司於 ×3 年 12 月 20 日違反該借款合約條款，按合約需立即清償。甲公司於 ×3 年 12 月 29 日取得乙銀行同意，提供清償寬限期至 ×5 年 6 月 20 日。在寬限期內乙銀行不得要求甲公司立即清償該借款，且甲公司預期可於寬限期內改正違約情況。
(3) 甲公司於 ×3 年 12 月 20 日違反該借款合約條款，按合約需立即清償。甲公司於 ×4 年 2 月 10 日取得乙銀行同意，提供清償寬限期至 ×5 年 6 月 20 日。在寬限期內乙銀行不得要求甲公司立即清償該借款，且甲公司預期可於寬限期內改正違約情況。甲公司 ×3 年度之財務報告係於 ×4 年 3 月 15 日發布。

解析

(1) 流動負債，因該公司需於當日後 12 個月內償付此借款。
(2) 非流動負債，因該公司於當日已能將清償期限遞延至 12 個月後。
(3) 流動負債，因該公司於當日尚未能將清償期限遞延至 12 個月後。

在流動與非流動之分類表達下，財務報表使用者可利用較充分之會計資訊，區分作為營運資金而連續循環之淨資產與用於企業長期營運之淨資產，並凸顯預期於當期營業週期內可實現之資產及應清償之負債，此一簡單之二分類法，提供評估企業流動性與償債能力所需之攸關資訊。

3.3 資產負債表

財務報表編製及表達之架構 (Framework for the Preparation and Presentation of Financial Statements) 與**財務報導之觀念架構** (The Conceptual Framework for Financial Reporting) 均提及，為提供報表使用人更具決策有用性之資訊，資產與負債得以性質或功能進行次分類。IAS 1 亦提及，若因金額大小、性質或功能，使某一項目 (或類似項目之彙總) 之單獨表達有助於企業財務狀況之了解，則其應列為財務報表中之單行項目。IAS 1 則亦規定，資產負債表至少應包括下列單行項目之金額，其中計有資產 12 項，負債 6 項，及權益 2 項：

> **學習目標 3**
> 了解資產負債表的組成與內容

- 不動產、廠房及設備
- 投資性不動產
- 無形資產
- 金融資產 (不包括採用權益法之投資、應收帳款及其他應收款、現金及約當現金)
- 採用權益法之投資
- 生物資產
- 存貨
- 應收帳款及其他應收款
- 現金及約當現金
- 分類為待出售資產及包括於分類為待出售處分群組中之資產 (依 IFRS 5「待出售非流動資產及停業單位」定義)
- 應付帳款及其他應付款
- 負債準備
- 金融負債 (不包括應付帳款及其他應付款、負債準備)
- 當期所得稅負債及資產 (依 IAS 12「所得稅」定義)
- 遞延所得稅負債及遞延所得稅資產 (依 IAS 12「所得稅」定義)
- 包括於分類為待出售處分群組中之負債 (依 IFRS 5「待出售非流動資產及停業單位」定義)
- 表達於權益項下之非控制權益
- 歸屬於母公司業主之已發行股本及準備

我國財務報告編製準則對資產負債表格式之規定，除資產與負債區分流動與非流動外，並要求如下之排列順序：資產在報表左方，先表達流動資產再表達非流動資產，且流動資產係以流動性遞減方式排列；負債在報表右上方，先表達流動負債再表達非流動負債；權益在報表右下方(參見表3-2)。

　　財務報告編製準則提供之附表中，「現金及約當現金」、「應收帳款」、「應收票據」、「其他應收款」、「當期所得稅資產」、「存貨」、「預付款項」、「待出售非流動資產」、與「其他流動資產」為流動資產下之項目。「現金及約當現金」包括庫存現金、活期存款及可隨時轉換成定額現金且價值變動風險甚小之短期並具高度流動性之投資(如三個月內到期之定存單)。「應收帳款」係因出售商品或勞務而發生之債權，「應收票據」係應收之各種票據，「其他應收款」則係不屬於應收票據、應收帳款之其他應收款項。應收項目均應以攤銷後成本衡量，但因營業活動產生之未附息之短期應付票據與未付息之短期應收帳款若折現之影響不大，得以原始發票金額衡量。此外，應收項目均應評估無法收回的金額後提列備抵損失，以表達其減損。要特別說明的是，應收帳款、應收票據與其他應收款，依其到期日應有流動與非流動之區分。但以國內企業而言，此類項目大多數為主要營業產生之應收款，所以財務報告編製準則之附表中僅於流動資產內列示。若因企業營運性質使應收款不符合流動資產之定義，則其仍應分類為非流動資產，可能列入非流動資產下之其他非流動資產中，亦可能因金額重大而需單行列示於非流動資產下。

　　「當期所得稅資產」即應收所得稅(應收之退稅)，為與本期及前期有關之已支付所得稅金額超過該等期間應付金額之部分，以未折現之未來可收取金額衡量。「存貨」包括原物料、在製品與完成品，以成本與淨變現價值孰低衡量。「預付款項」係包括預付費用及預付購料款等，以成本衡量。「合約資產」係企業因已移轉商品或勞務予客戶而對所換得之對價之權利，該權利係取決於隨時間經過以外之事項(例如：完成剩餘服務或工程後，才能請款，而轉列為應收帳款)；而應收帳款係在合約規定下已經可以收取之款項，只要寄出帳單，只要隨時間經過，對方

表 3-2　合併資產負債表

甲公司
合併資產負債表
××年××月××日　　　　　　　　　　　　　　　　　　　　　　單位：新臺幣千元

流動資產		流動負債	
現金及約當現金	$110,915,216	短期借款	$ 23,410,458
透過損益按公允價值衡量之金融資產—流動	5,165	應付短期票券	7,232
透過其他綜合損益按公允價值衡量之權益工具投資—流動	21,662,796	透過損益按公允價值衡量之金融負債—流動	14,251
		避險之金融負債—流動	686
透過其他綜合損益按公允價值衡量之債務工具投資—流動	3,597,442	應付票據	—
		應付帳款	9,078,130
避險之金融資產—流動	7,638	其他應付款	54,320,307
按攤銷後成本衡量之金融資產—流動	2,492	當期所得稅負債	6,423,228
應收票據	37,894,392	合約負債—流動	
應收帳款	22,736,635	負債準備—流動	5,659,698
其他應收款	226,738	與待出售非流動資產直接相關之負債	778
當期所得稅資產	—	××××(視企業實際狀況增加)	
存貨	21,304,488	其他流動負債	181,055
生物資產—流動	—	流動負債合計	$99,095,823
預付款項	1,206,737	非流動負債	
合約資產—流動	798	透過損益按公允價值衡量之金融負債—非流動	—
待出售非流動資產	54,698	避險之金融負債—非流動	
××××(視企業實際狀況增加)		應付公司債	$ 3,375,000
其他流動資產	506,466	長期借款	226,170
流動資產合計	$220,121,701	合約負債—非流動	—
非流動資產		負債準備—非流動	4,902,255
透過損益按公允價值衡量之金融資產—非流動	$ 54,042	遞延所得稅負債	—
透過其他綜合損益按公允價值衡量之權益工具投資—非流動	774,786	××××(視企業實際狀況增加)	
		其他非流動負債	2,939,605
透過其他綜合損益按公允價值衡量之債務工具投資—非流動	6,377,166	非流動負債合計	$ 11,443,030
		負債總計	$110,538,853
避險之金融資產—非流動	9,234	歸屬於母公司業主之權益	
按攤銷後成本衡量之金融資產—非流動	298,354	股本	
採用權益法之投資	21,662,796	普通股	$194,325,591
合約資產—非流動	298,354	特別股	—
不動產、廠房及設備	291,366,309	資本公積	41,776,271
投資性不動產	—		
使用權資產	—	保留盈餘	
無形資產	8,798,987	法定盈餘公積　$64,679,621	
生物資產—非流動	—	特別盈餘公積　984,785	
遞延所得稅資產	9,866,027	未分配盈餘(或待彌補虧損)　131,722,746	
××××(視企業實際狀況增加)		保留盈餘合計	197,387,152
其他非流動資產	6,354,047	其他權益	21,554,647
		庫藏股票	—
非流動資產合計	$348,879,903	母公司業主之權益合計	$455,043,661
		非控制權益	3,419,090
		權益總計	$458,462,751
資產總計	$569,001,604	負債及權益總計	$569,001,604

一定要付款(合約資產與應收帳款之區分請參考第15章)。合約資產應以未來金額折現入帳,但財務組成部分不重大者,得以不折現之金額列帳。「待出售非流動資產」係指依出售處分群組之一般條件及商業慣例,於目前狀態下可供立即出售,且其出售必須為高度很有可能之非流動資產或待出售處分群組內之資產,以重分類至待出售之日之帳面金額或公允價值減出售成本二者孰低者衡量。「其他流動資產」係不能歸屬於以上各類之流動資產。

> 「待出售非流動資產」以重分類日帳面金額與公允價值減出售成本二者孰低者衡量。

財務報告編製準則提供之附表中,「採用權益法之投資」、「不動產、廠房及設備」、「投資性不動產」、「使用權資產」、「無形資產」、「遞延所得稅資產」、與「其他非流動資產」為非流動資產下之項目。「採用權益法之投資」係指投資關聯企業或合資之權益,以第10章中介紹的權益法衡量。「不動產、廠房及設備」係指用於商品或勞務之生產或提供、出租予他人或供管理目的而持有,且預期使用期間超過一個會計年度之有形資產項目,其衡量得選擇成本模式或重估價模式(我國則規定僅得採成本模式)。「投資性不動產」係指為賺取租金或資本增值或兩者兼具,而由所有者或融資租賃之承租人所持有之不動產,其衡量得選擇成本模式或公允價值模式(我國則規定僅得採成本模式)。「無形資產」係指無實體形式之可辨認非貨幣性資產,並同時符合具有可辨認性、可被企業控制及具有未來經濟效益,其衡量得選擇成本模式或重估價模式(我國則規定僅得採成本模式)。

> 我國財務報告編製準則規定:「不動產、廠房及設備」,「投資性不動產」與「無形資產」僅得採成本模式衡量。

「遞延所得稅資產」係指與可減除暫時性差異、未使用課稅損失遞轉後期及未使用所得稅抵減遞轉後期有關之未來期間可回收之所得稅金額,以未折現之未來可回收金額衡量。特別注意的是,遞延所得稅資產(負債)不得分類為流動資產(負債),故遞延所得稅資產只見於非流動資產項下。「其他非流動資產」則係不能歸類於以上各類之非流動資產。

> 遞延所得稅資產(負債)僅能分類為非流動資產(負債),不得分類為流動資產(負債)。

財務報告編製準則提供之附表中,需區分為流動資產與非流動資產表達者,則為「生物資產」與「透過損益按公允價值衡量之金融資產投資」、「透過其他綜合損益按公允價值衡量之權益工具投資」、「透過其他綜合損益按公允價值衡量之債務工具投資」、「按攤

銷後成本衡量之金融資產」、「避險之金融資產」、「合約資產」6項金融資產。「生物資產」為與農業活動有關具生命之動物或植物，區分為消耗性生物資產及生產性生物資產。消耗性生物資產應分類為流動資產，包括用以生產肉品之牛、豬等、持有供出售之雞、鴨、魚等或稻米及有機蔬菜等農作物以及成長後將作為原木之樹木。消耗性生物資產及生產性動物(如乳牛)除公允價值無法可靠衡量外，應按公允價值減出售成本衡量；無法可靠衡量公允價值者，應按折舊後成本衡量。生產性植物則通常分類為非流動資產且按折舊後成本衡量，如葡萄樹、芒果樹及採集天然橡膠的橡膠樹。而6項金融資產預期於12個月內實現者，應分類為流動資產，否則應分類為非流動資產。

「透過損益按公允價值衡量之金融資產」、「透過其他綜合損益按公允價值衡量之權益工具投資」、「透過其他綜合損益按公允價值衡量之債務工具投資」及「避險之金融資產」均以公允價值衡量。但「透過損益按公允價值衡量之金融資產」之所有公允價值變動應計入本期損益。「透過其他綜合損益按公允價值衡量之權益工具投資」持有期間之公允價值變動則計入本期其他綜合損益，處分時累積之其他綜合損益(即其他權益)直接轉列保留盈餘；亦即，這類股票投資在處分時，亦不認列損益(參見第2章釋例2-1)，只有在被投資公司分發股利時，才會認列股利收入。「透過其他綜合損益按公允價值衡量之債務工具投資」持有期間之公允價值變動則計入本期其他綜合損益，待處分時始將所有累積之公允價值變動重分類轉入本期損益(參見第2章釋例2-2)。「按攤銷後成本衡量之金融資產」係指以攤銷後成本衡量。「避險之金融資產」其屬有效避險部分之公允價值變動，若為公允價值避險即計入本期損益(唯一例外是，若被避險項目為「透過其他綜合損益按公允價值衡量之權益工具投資」，則避險之金融資產所有損益均列入其他綜合損益。)；若為現金流量避險則計入本期其他綜合損益，並於被避險交易影響損益期間重分類至本期損益。

金融資產之細分為6項，其中「透過損益按公允價值衡量之金融資產」、「透過其他綜合損益按公允價值衡量之權益工具投資」、

「透過其他綜合損益按公允價值衡量之債務工具投資」之區分,即符合 IAS 1 所要求:該等資產之性質或功能不同,因此企業應以個別單行項目表達。「避險之金融資產」之表達,亦因其具特定功能,而單行列式。IAS 1 除要求最低列示項目外,企業應就資產之性質及流動性、資產於企業內之功能及負債之金額、性質及時點加以評估,以判斷是否須表達額外之單行項目。各項資產之衡量基礎彙總如表 3-3。

表 3-3　各項資產之衡量基礎彙總

資產項目	衡量基礎
現金及約當現金	--
透過損益按公允價值衡量之金融資產	公允價值
透過其他綜合損益按公允價值衡量之權益工具投資	公允價值
透過其他綜合損益按公允價值衡量之債務工具投資	公允價值
避險之金融資產	公允價值
按攤銷後成本衡量之金融資產	攤銷後成本
應收帳款、應收票據及其他應收款	攤銷後成本
當期所得稅資產	未折現之未來可收取金額
存貨	成本與淨變現價值孰低
預付款項	成本
合約資產	未來金額折現
待出售非流動資產	分類為此項資產時帳面金額與公允價值減出售成本孰低
採用權益法之投資	權益法決定之金額
不動產、廠房及設備	折舊後成本/重估價
投資性不動產	折舊後成本/公允價值
無形資產	攤銷後成本/重估價
生物資產 (生產性植物除外)	公允價值減出售成本 (無法可靠衡量者:折舊後成本)
生產性植物	折舊後成本
遞延所得稅資產	未折現之未來可回收金額

財務報告編製準則提供之附表中,「短期借款」、「應付短期票券」、「應付帳款」、「應付票據」、「其他應付款」、「當期所得稅負債」、「與待出售非流動資產直接相關之負債」與「其他流動負債」為流動負債下之項目。「短期借款」係包括向銀行短期借入之款項、

透支及其他短期借款;「應付短期票券」係為自貨幣市場獲取資金,而委託金融機構發行之短期票券,包括應付商業本票及銀行承兌匯票等;「應付帳款」係因賒購原物料、商品或勞務所發生之債務;「應付票據」係應付之各種票據,「其他應付款」則係不屬於應付票據;應付帳款之其他應付款項,如應付稅捐、薪工及股利等。此五類均為應付項目,均應以攤銷後成本衡量,但營業活動產生之未付息之短期應付票券若折現之影響不大,得以原始票面金額衡量,而未附息之短期應付票據與未付息之短期應收帳款若折現之影響不大,得以原始發票金額衡量。同樣需說明的是,應付帳款、應付票據與其他應付款,依其到期日應有流動與非流動之區分。但以國內企業而言,此類項目大多數均為主要營業產生之應付款,所以財務報告編製準則之附表中僅於流動負債內列示。

「當期所得稅負債」即應付所得稅,係指尚未支付之本期及前期所得稅,以未折現之未來需支付金額衡量。「與待出售非流動資產直接相關之負債」係指依出售處分群組之一般條件及商業慣例,於目前狀態下可供立即出售,且其出售必須為高度很有可能之待出售處分群組內之負債,而其以原適用公報之規定衡量(處分群組則依IFRS 5須以公允價值減出售成本衡量,請參見第7章)。「其他流動負債」則為不能歸屬於以上各類之流動負債。

> 「待出售非流動資產直接相關之負債」以其原適用公報之規定衡量

「應付公司債」、「長期借款」、「遞延所得稅負債」、與「其他非流動資產」為非流動負債下之項目。「應付公司債」係發行人發行之債券,以攤銷後成本衡量。「長期借款」係長期銀行借款及其他長期借款或分期償付之借款等,以攤銷後成本衡量。「遞延所得稅負債」係指與應課稅暫時性差異有關之未來期間應付所得稅金額,以未折現之未來需支付金額衡量。「其他非流動資產」則為不能歸屬於以上各類之非流動負債。

財務報告編製準則提供之附表中,需區分為流動負債與非流動負債表達者,則為「負債準備」、「透過損益按公允價值衡量之金融負債」及「避險之金融負債」3項金融負債。「負債準備」為係指不確定時點或金額之負債,以最佳估計之未來金額折現後衡量(與攤銷後成本衡量類似)。合約負債係企業因已自客戶收取(或已可自客戶收取)對價而須移轉商品或勞務予客戶之義務(即預收收入),此負

債應以未來金額折現入帳(財務組成部分不重大者以未折現金額入帳)。

「透過損益按公允價值衡量之金融負債」及「避險之金融負債」均以公允價值衡量，但「透過損益按公允價值衡量之金融負債」之所有公允價值變動計入本期損益，「避險之金融負債」其屬有效避險部分之公允價值變動，若為公允價值避險，則計入本期損益(唯一例外與避險之金融資產相同)；若為現金流量避險，則計入本期其他綜合損益，並於被避險交易影響損益期間重分類至本期損益。各項負債之衡量基礎彙總如表3-4。

表3-4　各項負債之衡量基礎彙總

負債項目	衡量基礎
短期借款、應付短期票券	攤銷後成本
透過損益按公允價值衡量之金融負債	公允價值
避險之金融負債	公允價值
應付帳款、應付票據及其他應付款	攤銷後成本
當期所得稅負債	未折現之未來需支付金額
合約負債	未來金額折現
負債準備	最佳估計之未來金額折現
與待出售非流動資產直接相關之負債	依原適用之公報衡量
應付公司債	攤銷後成本
長期借款	攤銷後成本
遞延所得稅負債	未折現之未來需支付金額

我國財務報告編製準則要求至少表達之權益項目，與IAS 1規定之差異僅在明文列示歸屬於母公司業主之權益需細分為5類，即「股本」、「資本公積」、「保留盈餘」、「其他權益」及「庫藏股票」。此細分符合財務報表編製及表達之架構與財務報導之觀念架構所載，權益雖為資產與負債相減之剩餘數，但亦得進行次分類，以提供財務報表使用者與決策攸關之資訊。如公司組織之權益得分類列示由股東(如股本與資本公積)、保留盈餘、代表保留盈餘指撥之準備(如法定盈餘公積)、及代表維持期初原有資本所需之調整(如不動產、廠房及設備之重估價增值)等不同來源所投入的資金。因其能顯示企業分配權益或將權益做其他運用之能力所受的法定及

其他限制，亦反映持有各類權益持有者對股利收取與返還投入權益(減資)具有不同權利之事實。

歸屬於母公司業主之權益的分類中，「股本」係股東對發行人所投入之資本，並向公司登記主管機關申請登記者。「資本公積」係指發行人發行金融工具之權益組成部分及發行人與業主間之股本交易所產生之溢價，通常包括超過票面金額發行股票溢價、受領贈與之所得等所產生者等。「保留盈餘」係由營業結果所產生之權益，包括法定盈餘公積、特別盈餘公積及未分配盈餘等。「其他權益」則包括不動產、廠房及設備與無形資產之重估增值、國外營運機構財務報表換算之兌換差額、透過其他綜合損益按公允價值衡量之金融資產評價損益、現金流量避險中屬有效避險部分之避險工具利益及損失之累計餘額。「庫藏股票」為企業買回之其已發行股份。

「非控制權益」則係指子公司之權益中，非直接或間接歸屬於母公司之部分。此為合併資產負債表中才會出現的權益項目，母公司之個體資產負債表則無。

需特別提醒的是，前述IAS 1與我國財務報告編製準則附表中之單行項目，為「至少需列示」之最低標準。IAS 1中亦明確指出，某一項目(或類似項目之彙總)如因其大小、性質或功能以致單獨表達時，能對企業之財務狀況之了解提供更攸關之資訊，則應列為單行項目。故企業之資產負債表所含項目，將因營運特性等因素而有所差異。

3.4 權益變動表

權益變動表係表達某一期間內各項權益組成部分暨權益總額之變動，具連結綜合損益表與資產負債表之功能。根據國際財務報導準則，完整的會計損益即綜合損益總額，係某一期間內，來自與業主(以其業主之身分)交易以外之交易及其他事項所產生之權益變動。故期初之權益總額，加計當期綜合損益總額，與各項業主交易產生之權益影響後，即得當期資產負債表中之期末權益總額。

國際財務報導準則與我國財務報告編製準則均要求，權益變動表至少需列示下列項目：

> **學習目標 4**
> 了解權益變動表的組成部分與內容

- 本期綜合損益總額，並分別列示歸屬於母公司業主之總額及非控制權益之總額。
- 各權益組成部分依 IAS 8 所認列追溯適用或追溯重編之影響。
- 各權益組成部分期初與期末帳面金額間之調節，並單獨揭露來自下列項目之變動：
    ✓ 本期淨利(或淨損)。
    ✓ 其他綜合損益。
    ✓ 與業主(以其業主之身分)之交易，並分別列示業主之投入及分配予業主，以及未導致喪失控制之對子公司所有權權益之變動。

我國財務報告編製準則提供之權益變動表附表格式參見表 3-5。

此外，IAS 1 與我國財務報告編製準則均要求，企業應於權益變動表或附註中，表達當期認列為分配予業主之股利金額及其相關之每股金額。

由表 3-5 可見，各類權益組成部分之期初餘額加計「追溯適用及追溯重編之影響數」後，得到各類權益組成部分之期初重編後餘額。根據 IAS 8 規定，在實務可行範圍內，會計政策變動應予以追溯調整(其他國際財務報導準則之過渡條款中規定新適用者無須追溯者除外)，會計錯誤之更正應追溯重編。追溯調整及追溯重編並非權益之變動，而係保留盈餘(或依國際財務報導準則規定應追溯調整之其他權益組成部分)之初始餘額之調整。此部分會計變動之處理將於本書後續專章說明。

表 3-5 導致權益變動之各項交易項目中，與綜合損益表中損益結轉相關以外之交易，將於本書後續專章說明。而於損益結轉至相關變動中，除傳統之本期損益結轉至保留盈餘外，與各項本期其他綜合損益相關之結轉需特別注意。

得重分類調整之本期其他綜合損益項目如「透過其他綜合損益按公允價值衡量之債務工具投資評價損益」，其進行重分類調整將曾於當期或以前期間認列之其他綜合損益結轉至本期損益時，需由其他綜合損益中減除以避免重複計算之重分類調整金額，將結轉至相關其他權益項目造成該項目減少(參見第 2 章釋例 2-2)。另二項得重分類調整之本期其他綜合損益項目「國外營運機構財務報表換算之兌換差額」與「現金流量避險中屬有效避險部分之避險工具利益

表 3-5　我國財務報告編製準則提供之權益變動表附表格式

甲公司
合併權益變動表
X年1月1日至12月31日

項目	股本	資本公積	法定盈餘公積	特別盈餘公積	未分配盈餘	國外營運機構財務報表換算之兌換差額	透過其他綜合損益按公允價值衡量之金融資產評價損益	現金流量避險	確定福利計畫之再衡量數	重估增值	庫藏股票	總計	非控制權益	權益總額
X年1月1日餘額	$194,325,591	$41,776,271	$64,672,863	$983,800	$131,703,988	$21,441,834	$0	$116,928	$0	$0	$0	$454,985,430	$3,418,561	$458,403,991
追溯適用及追溯重編之影響數					(35,845)									
X年1月1日重編後餘額	$194,325,591	$41,776,271	$64,672,863	$983,800	$131,668,143	$21,441,834	$0	$116,928	$0	$0	$0	$454,985,430	$3,418,561	$458,403,991
X年度盈餘指撥及分配														
法定盈餘公積			6,758		(6,758)									
特別盈餘公積				985	(985)									
股東現金股利					(58,246)							(58,246)		(58,246)
其他資本公積變動														
因合併而產生者														
因受領贈與產生者														
×××× (稅企業實際狀況增加)														
X年度淨利 (淨損)					122,353							122,353	527	122,880
X年度其他綜合損益					(1,761)	(3,535)	0	(580)	0	0		(5,876)	2	(5,874)
本期綜合損益總額					120,592	(3,535)	0	(580)	0	0		116,477	529	117,006
現金增資														
×××× (稅企業實際狀況增加)														
購入及處分庫藏股票														
X年12月31日餘額	$194,325,591	$41,776,271	$64,679,621	$984,785	$131,722,746	$21,438,299	$0	$116,348	$0	$0	$0	$455,043,661	$3,419,090	$458,462,751

IFRS 一點通

IFRS 正體中文版——採用權益法認列之關聯企業及合資之其他綜合損益份額於綜合損益表按性質分項列示

IFRS 正體中文版中，IAS 1.82A 要求「採用權益法認列之關聯企業及合資之其他綜合損益份額」，需於綜合損益表中按 5 類其他綜合損益項目分項列示，且須區分為得重分類調整至損益／不得重分類調整至損益兩組。

由此準則的改變，即顯示 IASB 認為其他綜合損益是否得重分類調整至損益為一攸關資訊，故需充分揭露。重分類調整之相關完整說明請見本書第 2 章。

及損失」亦同。

至於不得重分類調整之本期其他綜合損益項目中，「確定福利計畫之再衡量數」，係於認列當期即結轉至保留盈餘或其他權益中，故權益變動表中之各類其他權益中可能含「確定福利計畫之再衡量數」一項。「不動產、廠房及設備與無形資產重估增值之變動」則累積於其他權益中，得選擇於後續期間相關資產之使用或除列時，將累積之重估增值結轉至保留盈餘。本書第 2 章已就累計於其他權益中之透過其他綜合損益按公允價值衡量之權益工具投資評價損益，列示於處分時結轉至保留盈餘之狀況舉例說明（參見第 2 章釋例 2-3）土地重估增值應作相同處理。

要特別說明的是「採用權益法認列之關聯企業及合資之其他綜合損益份額」之結轉。此項目即權益法下按比例認列被投資公司之各種本期其他綜合損益，其於綜合損益表時係彙總以單行項目列示（區分重分類者與不重分類者），但其結轉至權益變動表時，則按其性質各自結轉至相關之權益項目。例如：若「採用權益法認列之關聯企業及合資之其他綜合損益份額」中，係包括按投資比例認列之被投資公司的「不動產、廠房及設備重估增值之變動」與「確定福利計畫之再衡量數」，則前者結轉至其他權益，後者可選擇結轉至其他權益或保留盈餘。

另需注意的是，綜合損益表中，本期其他綜合損益之項目得選擇以稅後淨額表達，或以稅前金額表達並列示相關之所得稅彙總金額。目前我國財務報告編製準則提供之附表格式中，係以後者方式

表達。在此方式下，綜合損益表中顯示之本期其他綜合損益項目金額(稅前數)，與權益變動表中結轉之稅後淨額不相等，此差額為所得稅之差異數。

釋例 3-7　其他綜合損益項目於權益變動表之表達

甲公司於 ×1 年初成立。相關交易資料如下：

1. 該公司於 ×1 年 1 月 7 日以現金 $1,000,000 購入土地一筆，採重估價模式後續衡量。該土地 ×1 年底公允價值 $1,200,000，×2 年 10 月 15 日進行重估價後，隨即以當時公允價值 $1,300,000 出售。此土地為甲公司唯一採重估價模式之資產，該公司選擇於處分時將其累計之重估增值轉入保留盈餘。
2. 該公司於 ×1 年 1 月 7 日以現金 $1,000,000 購入債券一筆，並分類為透過其他綜合損益按公允價值衡量之債務工具投資。該債券 ×1 年底公允價值 $1,200,000，×2 年 10 月 15 日進行評價後隨即以當時公允價值 $1,300,000 出售。此債券為該公司唯一之透過其他綜合損益按公允價值衡量之債務工具投資。
3. 該公司 ×2 年認列確定福利計畫之再衡量數為利益 $500,000，其會計政策為將此項結轉至保留盈餘。
4. 該公司 ×2 年認列本期淨利為 $7,450,800。

試作上述交易於公司 ×2 年之綜合損益表與權益變動表之表達(不考慮所得稅影響)。

解析

甲公司
綜合損益表(部分)
×2 年 1 月 1 日至 12 月 31 日

⋮		⋮
透過其他綜合損益按公允價值衡量之債務工具處分損益		300,000
⋮		⋮
本期淨利		$7,450,800
其他綜合損益		
透過其他綜合損益按公允價值衡量之債務工具投資損益	$100,000	
減：重分類調整	(300,000)	$ (200,000)
重估增值之變動		100,000
確定福利計畫之再衡量數		500,000
本期其他綜合損益		$ 400,000
本期綜合損益總額		$7,850,800

甲公司
權益變動表（部分）
×2年1月1日至12月31日

	保留盈餘	其他權益 透過其他綜合損益按公允價值衡量之金融資產損益	土地重估增值
×2年1月1日餘額	$ ×××	$200,000	$200,000
⋮			
結轉本期淨利	7,450,800		
透過其他綜合損益按公允價值衡量之債務工具投資損益		100,000	
結轉重分類調整		(300,000)	
結轉重估增值之變動			100,000
結轉確定福利計畫之再衡量數	500,000		
重估增值轉保留盈餘	300,000		(300,000)
⋮			

若依前述表 3-5 之權益變動表格式，將本期其他綜合損益之結轉以單行列示，並顯示本期淨利與本期其他綜合損益加總後之本期綜合損益總額，則甲公司權益變動表之相關部分如下：

甲公司
權益變動表（部分）
×2年1月1日至12月31日

	保留盈餘	其他權益 透過其他綜合損益按公允價值衡量之金融資產損益	土地重估增值
×2年1月1日餘額	$ ×××	$ 200,000	$200,000
⋮	⋮		
本期淨利	7,450,800	0	—
本期其他綜合損益	500,000 註	(200,000)	100,000
本期綜合損益總額	$7,950,800	$(200,000)	$100,000
⋮			
重估增值轉保留盈餘	300,000		(300,000)
⋮			

註：本期再衡量數 $500,000 選擇結轉至保留盈餘，此項其他綜合利益使保留盈餘增加 $500,000。

3.5 財務報表之附註揭露

國際財務報導準則對財務報表之附註十分重視,將其視為完整財務報導之必要部分。IAS 1 對財務報表之附註有下列概念式的規定:

學習目標 5
了解財務報表附註揭露之重要性

- 附註應表達有關財務報表編製基礎,及揭露所採用之特定會計政策之資訊
- 附註應揭露國際財務報導準則規定,但未於財務報表其他地方表達之資訊
- 附註應提供未於財務報表其他地方表達,但對了解任一財務報表攸關之資訊

IAS 1 則於提及企業通常按下列順序表達附註時,具體列出財務報表附註之內容:

1. 遵循國際財務報導準則之聲明。
2. 所採用重大會計政策之彙總。
3. 資產負債表、綜合損益表、單獨損益表(如有列報時)、權益變動表及現金流量表各項目之補充資訊,並按每一報表及每一單行項目之順序表達。
4. 其他揭露,包括:
   (1) 或有負債及未認列之合約承諾。
   (2) 非財務性之揭露,例如:企業之財務風險管理目標及政策。

上述順序並非強制不可變更,在某些情況下,變更附註中特定項目之順序可提供更攸關之資訊。例如:將金融工具之公允價值變動列入損益之資訊與其到期日之資訊合併揭露,即使前者係與綜合損益表或單獨損益表(如有列報時)相關,而後者係與資產負債表相關。IASB 對附註表達格式之要求為「盡實務上最大可能以有系統之方式表達」,且應將資產負債表、綜合損益表、單獨損益表(如有列報時)、權益變動表及現金流量表之每一項目與附註之相關資訊交互索引。

我國財務報告編製準則對財務報表附註需揭露的項目，則更為詳盡如下所示：

1. 公司沿革及業務範圍說明。
2. 聲明財務報告依照本準則、有關法令（法令名稱）及國際財務報導準則、國際會計準則、解釋及解釋公告編製。
3. 通過財務報告之日期及通過之程序。
4. 已採用或尚未採用本會認可之新發布、修訂後國際財務報導準則、國際會計準則、解釋及解釋公告之影響情形。
5. 對了解財務報告攸關之重大會計政策彙總說明及編製財務報告所採用之衡量基礎。
6. 重大會計判斷、估計及假設，以及與所作假設及估計不確定性其他主要來源有關之資訊。
7. 管理資本之目標、政策及程序，及資本結構之變動，包括資金、負債及權益等。
8. 會計處理因特殊原因變更而影響前後各期財務資料之比較者，應註明變更之理由與對財務報告之影響。
9. 財務報告所列金額，金融工具或其他有註明評價基礎之必要者，應予註明。
10. 財務報告所列各項目，如受有法令、契約或其他約束之限制者，應註明其情形與時效及有關事項。
11. 資產與負債區分流動與非流動之分類標準。
12. 重大或有負債及未認列之合約承諾。
13. 對財務風險之管理目標及政策。
14. 長短期債款之舉借。
15. 主要資產之添置、擴充、營建、租賃、廢棄、閒置、出售、轉讓或長期出租。
16. 對其他事業之主要投資。
17. 與關係人之重大交易事項。
18. 重大災害損失。
19. 接受他人資助之研究發展計畫及其金額。
20. 重要訴訟案件之進行或終結。
21. 重要契約之簽訂、完成、撤銷或失效。
22. 員工福利相關資訊。
23. 部門財務資訊。
24. 大陸投資資訊。
25. 投資衍生工具相關資訊。
26. 子公司持有母公司股份者，應分別列明子公司名稱、持有股數、金額及原因。
27. 私募有價證券者，應揭露其種類、發行時間及金額。
28. 重要組織之調整及管理制度之重大改革。
29. 因政府法令變更而發生之重大影響。
30. 資產負債表、綜合損益表、權益變動表及現金流量表各項目之補充資訊，或其他為避免使用者之誤解，或有助於財務報告之公允表達所必須說明之事項。

Chapter 3 資產負債表與權益變動表

IFRS 實務案例

「重要契約之簽訂、完成、撤銷或失效」之揭露

臺灣國際造船股份有限公司(簡稱台船)是我國歷史悠久的造船公司，業務包括商用船隻與軍艦之承造。航運業者與造船業屬關係密切之上下游關係，航運業者若對長期景氣判斷錯誤，委託造船業者造船，待其後船隻完工可下水時，可能因景氣不若預期而使船隻閒置，造成重大損失。故經濟狀況反轉急下時，常見航運業者與造船業雙方重談合約，將交船期間延後，甚至取消造船合約。此時航運業者通常需支付相當大的賠償金給造船業者，以彌補其實際與預期之損失，如已經備料部分以及未來船塢可能之閒置成本。

因此，在經濟狀況反轉急下之當年度，造船業者反而可能因為認列這些賠償金收益，而使每股盈餘增加，但未來年度可能就面臨盈餘減少的困境。這些賠償合約通常金額重大，且性質特殊，因此造船業需依我國財務報告編製準則對財務報表附註需揭露項目之第 21 項要求，就「重要契約之簽訂、完成、撤銷或失效」加以說明。

事實上，此項重要資訊在我國全面採用 IFRS 前後之財務報告編製準則與公報中均要求應揭露。故民國 97 年下半年起，全球因金融海嘯景氣開始反轉急下，台船民國 98 年第 1 季季報即有如下揭露：

本公司於民國 98 年 3 月 31 日終止與以色列 Zim Intergrated Shipping Services Ltd. 建造 1,700 TEU 貨櫃輪 6 艘之合約，截至核閱報告日止，本公司尚未與該公司議定後續違約賠償事宜，故本公司並未就此終止合約案件估列相關損益入帳。

該公司民國 98 年半年報亦揭露：

本公司於 98 年 3 月 31 日終止與以色列 Zim Integrated Shipping Service Ltd. 建造 1,700 TEU 貨櫃輪 6 艘之合約，本公司已與該公司議定違約補償事宜，本公司尚未取得之補償款(帳列「長期其他應收款」)請參閱附註四(九)之說明。…

附註四(九) 長期應收款
此係本公司依已簽訂之補償款合約規定，預計一年後才開始收款之補償款。截至 98 年 6 月 30 日止，帳上餘額為 $290,084 (千元)。

本章習題

問答題

1. 流動資產與非流動資產如何劃分？
2. 依 IAS1 要求應於資產負債表中列示之資產、負債與權益之各單行項目為何？
3. 什麼是現金及約當現金？
4. 試說明資產負債表與權益變動表之功能與限制。
5. 試列出下列資產項目之衡量基礎：

資產項目	衡量基礎
透過損益按公允價值衡量之金融資產	
透過其他綜合損益按公允價值衡量之權益工具投資	
透過其他綜合損益按公允價值衡量之債務工具投資	
按攤銷後成本衡量之金融資產	
應收帳款、應收票據及其他應收款	
存貨	
待出售非流動資產	
不動產、廠房及設備	
投資性不動產	
無形資產	
生物資產	
生產性植物	

6. 試列出下列負債項目之衡量基礎：

負債項目	衡量基礎
短期借款、應付短期票券	
透過損益按公允價值衡量之金融負債	
應付帳款、應付票據及其他應付款	
負債準備	
應付公司債	
長期借款	

7. 試列舉數項其他權益之組成。

8. 什麼是非控制權益？帳列於資產負債表何項目之下？

9. 權益變動表需列示哪些項目？

選擇題

1. 國際財務報導準則企望讓財務報表之編製依照交易的經濟實質適切表達，而非藉由操弄交易形式，促使符合特定規則後，即得以達成特定表達，是以國際財務報導準則較傾向何種規定？

(A)「原則基礎」之規定　　　　　(B)「規則基礎」之規定
(C) 兼具「原則基礎」與「規則基礎」　(D) 不具「原則基礎」與「規則基礎」

2. 不得重分類調整之本期其他綜合損益項目包括「確定福利計畫之再衡量數」，於認列為其他綜合損益之期間，即結轉至保留盈餘中，請問此時權益變動表應如何表達？

(A) 列示於權益變動表之各類其他權益項下之「確定福利計畫之再衡量數」

(B) 權益變動表中之各類其他權益中可能含「確定福利計畫之再衡量數」

(C) 列示於權益變動表之「追溯適用及追溯重編之影響數」項下

(D) 列示於權益變動表之「其他資本公積變動」項下

3. 資產負債表不具備下列何項功能？

(A) 藉由資產之性質及金額評估企業未來之現金流量

(B) 藉由負債之償付順序與金額以預測未來現金流量將如何支付予企業之各順位債權人

(C) 了解權益變動是導因於該個體之財務績效；或是因業主之投入造成的

(D) 資產與負債資訊搭配使用以評估企業之流動性與償債能力、額外融資之需求及取得該資金之可能程度

4. ×6 年 1 月 1 日尼克公司發行面額 $3,000,000、5 年期、可賣回公司債，到期日為 ×10 年 12 月 31 日。持有人於 ×8 年 2 月 1 日及 ×9 年 2 月 1 日有權利以面額賣回公司債。尼克公司在 ×7 年 12 月 31 日時對此流通在外可賣回公司債應分類為：

(A) 非流動負債　　　　　　　　　(B) 流動負債
(C) 權益　　　　　　　　　　　　(D) 非控制權益

5. ×3 年 1 月 1 日湖人公司發行面額 $2,500,000、10 年期、可賣回公司債，到期日為 ×12 年 12 月 31 日。持有人於 ×5 年 4 月 1 日及 ×6 年 4 月 1 日有權利以面額賣回公司債。湖人公司在 ×3 年 12 月 31 日時對此流通在外可賣回公司債應分類為：

(A) 非流動負債　　　　　　　　　(B) 流動負債
(C) 權益　　　　　　　　　　　　(D) 非控制權益

6. 萬能公司 ×2 年 12 月 31 日之試算表出現下列資訊，試問該公司 ×2 年流動資產金額為何？

不動產、廠房及設備	$200,000	現金	$80,000
無形資產	$120,000	投資性不動產	$150,000
應收帳款	$300,000	採用權益法之投資	$250,000
存貨	$100,000	遞延所得稅資產	$10,000

(A) $480,000　　　　　　　　　　(B) $490,000
(C) $600,000　　　　　　　　　　(D) $730,000

7. 寰宇公司 ×5 年 12 月 31 日之試算表出現下列資訊，試問該公司 ×5 年非流動負債金額為何？

長期借款	$600,000	應付帳款	$200,000
應付公司債	$500,000	遞延所得稅負債	$100,000
應付短期票券	$300,000	與待出售非流動資產直接相關之負債	$400,000

(A) $1,600,000　　　　　　　　　(B) $1,200,000
(C) $1,500,000　　　　　　　　　(D) $1,100,000

8. 下表為青天公司 ×3 年度之財務資訊，試求算於 ×3 年 1 月 1 日權益之餘額為何？

	×3 年
1 月 1 日資產	$5,000,000
1 月 1 日負債	$3,000,000
1 月 1 日權益	?
×3 年度淨利	$1,000,000
×3 年度發放股利	$800,000
×3 年度其他綜合利益	$200,000

(A) $2,200,000　　　　　　　　　(B) $3,000,000
(C) $2,000,000　　　　　　　　　(D) $2,400,000

9. 承上題，試求算青天公司 ×3 年 12 月 31 日權益之餘額為何？

(A) $2,000,000　　　　　　　　　(B) $3,000,000
(C) $2,200,000　　　　　　　　　(D) $2,400,000

10. 海藍公司 ×6 年與其他綜合損益及其他權益項目相關資訊如下，且該公司決定將確定福利計畫之再衡量數結轉至保留盈餘，而非認列於其他權益，試計算該公司 ×6 年底其他權益項目之餘額為何？

項目	金額
×6 年度綜合損益表上列示其他綜合損益，明細如下：	
國外營運機構財務報表換算之兌換差額	$300,000
透過其他綜合損益按公允價值衡量之債務工具投資評價損益	$200,000
確定福利計畫之再衡量數	$100,000
×6 年 1 月 1 日其他權益項目總計	$1,000,000（貸餘）

(A) $1,000,000　　　　　　　　　(B) $1,300,000
(C) $1,500,000　　　　　　　　　(D) $1,600,000

11. 大發公司於 ×1 年 6 月 1 日向臺灣銀行借款 $100,000，簽發一張票面利率 8%，票面額 $100,000，3 年到期之應付票據，利息每年 6 月 1 日支付，本金則於到期時償付。大發公司會計年度為曆年制。試問：大發公司有關該借款產生之應付利息及應付票據項目在 ×3 年 12 月 31 日資產負債表上應該如何報導？

(A) 同時列為非流動負債
(B) 同時列為流動負債
(C) 應付利息列為流動負債，應付票據列為非流動負債

(D) 應付利息不用認列，應付票據列為非流動負債

練習題

1.【資產負債表中會計項目分類】依我國財務報告編製準則對資產負債表中會計項目之主要分類如下：

資產	負債及權益
a. 流動資產	e. 流動負債
b. 不動產、廠房及設備	f. 非流動負債
c. 無形資產	g. 股本
d. 其他非流動資產	h. 資本公積
	i. 保留盈餘
	j. 其他權益

試以上述 a. 至 j. 分類代碼，標示下列各會計項目之類別。非屬於資產負債表者標示 k.。

_____ (1) 質押之九個月期定期存款 (作為長期借款之擔保)
_____ (2) 預付保險費
_____ (3) 特別盈餘公積
_____ (4) 一年內到期之長期負債
_____ (5) 應付公司債 (5 年後到期)
_____ (6) 存貨
_____ (7) 專利權
_____ (8) 出租資產
_____ (9) 確定福利計畫之再衡量數
_____ (10) 按攤銷後成本衡量之金融資產 (1 年內到期)
_____ (11) 合約負債 (營業週期內交貨)
_____ (12) 遞延所得稅資產

2.【資產負債表中會計項目分類】暴龍公司 ×1 年 12 月 31 日資產負債表中會計項目之主要分類如下：

資產	負債及權益
a. 流動資產	e. 流動負債
b. 不動產、廠房及設備	f. 非流動負債
c. 無形資產	g. 股本
d. 其他非流動資產	h. 資本公積
	i. 保留盈餘
	j. 其他權益

試以上述 a. 至 j. 分類代碼，標示下列暴龍公司 ×1 年 12 月 31 日資產負債表中會計項目之類別，非屬於資產負債表者標示 k.。若屬於某類項目之評價項目或抵減項目，請以該類代碼加括號註明，如尚有五年到期公司債之折價標示為 (f.)。

_____ (1) 累計折舊
_____ (2) 預付貨款
_____ (3) 3 年期定期存款
_____ (4) 應計退休金負債
_____ (5) 償債基金 (作為長期借款之償債準備)
_____ (6) 待售房地
_____ (7) 商標權
_____ (8) 當期所得稅負債
_____ (9) 備抵損失
_____ (10) 處分不動產、廠房及設備損失
_____ (11) 應付薪資
_____ (12) 銀行長期借款

3. **【資產負債表中權益部分之編製】** 馬刺公司 ×1 年 12 月 31 日的部分財務資料如下：

項目	金額
普通股股本	$5,600,000
普通股股本溢價	800,000
特別股負債	2,000,000
負債準備—非流動	1,200,000
特別盈餘公積	420,000
法定盈餘公積	980,000
未分配盈餘	2,350,000
其他權益	(1,160,000)
非控制權益	230,000

試編製馬刺公司 ×1 年 12 月 31 日資產負債表之權益部分。

4. **【流動資產及非流動資產之區分及金額之決定】** 籃網公司 ×2 年底編製資產負債表前發現下列事項：

(1) ×1 年 12 月 31 日用品盤存餘額為 $38,000，×2 年度購入用品金額為 $25,000，×2 年度領用用品金額為 $35,000。

(2) ×2 年 12 月 31 日應收帳款金額為 $168,000、備抵損失金額為 $12,000、備抵銷貨退回及折讓金額為 $6,800。

(3) ×2 年 12 月 31 日現金金額為 $10,000、活期存款金額為 $185,000、3 個月內到期之

定期存款金額為 $1,200,000。

(4) ×2 年 12 月 31 日不動產、廠房及設備 (成本) 金額為 $10,200,000、累計減損金額為 $1,380,000、累計折舊金額為 $5,830,000。

試為上列事項分別決定應列為 ×2 年底流動資產或非流動資產之金額 (如須計算，請列明算式)。

5.【資產負債表中流動資產部分之編製】快艇公司 ×1 年 12 月 31 日的部分財務資料如下：

項目	金額
現金及約當現金	$ 50,000
透過損益按公允價值衡量之金融資產—流動	200,000
透過其他綜合損益按公允價值衡量之債務工具投資	190,000
按攤銷後成本衡量之金融資產	1,050,000
庫藏股票	600,000
特許權	200,000
應收票據	360,000
應收帳款 (總額)	930,000
備抵損失	(15,000)
備抵銷貨退回及折讓	(22,000)
其他應收款	70,000
當期所得稅資產	15,000
遞延所得稅資產	28,000
存貨	350,000
生物資產—流動	80,000
銷貨成本	5,605,000
待出售非流動資產	275,000
其他流動資產	95,000

試編製快艇公司 ×1 年 12 月 31 日資產負債表之流動資產部分。

6.【資產負債表中非流動資產部分之編製】溜馬公司 ×1 年 12 月 31 日的部分財務資料如下：

項目	金額
透過其他綜合損益按公允價值衡量之債務工具投資—非流動	$ 750,000
按攤銷後成本衡量之金融資產—非流動	2,500,000
避險之衍生金融資產—非流動	200,000
按攤銷後成本衡量之金融資產	2,000,000
採用權益法之投資	860,000
採用權益法認列之關聯企業及合資損失之份額	93,000

項目	金額
庫藏股票	70,000
不動產、廠房及設備(淨額)	1,515,000
投資性不動產	3,350,000
專利權	80,000
商譽	65,000
生物資產—非流動	135,000
遞延所得稅資產	36,000
其他非流動資產	38,000
待出售非流動資產	395,000

試編製溜馬公司 ×1 年 12 月 31 日資產負債表之非流動資產部分。

7. **【資產負債表中負債部分之編製】** 超音速公司 ×1 年 12 月 31 日的部分財務資料如下：

項目	金額
短期借款	$1,500,000
應付短期票券	900,000
透過損益按公允價值衡量之金融負債—流動	550,000
避險之衍生金融負債—流動	600,000
應付票據	200,000
應付帳款	560,000
其他應付款	180,000
當期所得稅負債	88,000
遞延所得稅負債	123,000
負債準備—流動	22,000
與待出售非流動資產直接相關之負債	50,000
其他流動負債	37,000
透過損益按公允價值衡量之金融負債—非流動	385,000
應付公司債	1,350,000
一年內到期之長期借款	180,000
長期借款	540,000
負債準備—非流動	33,000
其他非流動負債	125,000
特別股負債	1,200,000
資本公積	250,000
其他權益	320,000

試編製超音速公司 ×1 年 12 月 31 日資產負債表之負債部分。

8. **【資產負債表中未知金額的求算】** 巫師公司 ×2 年底及 ×1 年底之資產負債表資料如下：

資產負債表與權益變動表

項目	×1 年底	×2 年底
流動資產合計	(1)	$310,000
不動產、廠房及設備	$ 600,000	710,000
無形資產	120,000	68,000
其他非流動資產	(2)	288,000
非流動資產合計	980,000	(6)
資產總計	1,230,000	(7)
流動負債合計	350,000	180,000
非流動負債合計	(3)	450,000
負債總計	590,000	(8)
股本	600,000	(9)
資本公積	90,000	100,000
保留盈餘	30,000	(10)
其他權益	(4)	120,000
權益總計	(5)	746,000

巫師公司 ×2 年度未發行新股，試計算上表中之未知金額。

9. 【由權益變動中計算本期損益】老鷹公司 ×2 年底及 ×1 年底之部分財務資料如下：

項目	×1 年底	×2 年底
資產總計	$360,000	$345,000
負債總計	225,000	未提供
股本	未提供	120,000
保留盈餘	未提供	46,500

×2 年底及 ×1 年底其他權益金額均為 $0
×2 年度發行新股 1,500 股，每股面額 $10
×2 年度發放放現金股利 $12,000

試計算老鷹公司 ×2 年度本期損益金額。

10. 【由權益變動中計算本期損益】勇士公司 ×2 年度財務資料變動如下：

項目	增（減）	項目	增（減）
現金及約當現金	$435,000	短期借款	$ 510,000
應收帳款 (淨額)	(195,000)	應付帳款	150,000
存貨	780,000	非流動負債	(450,000)
不動產、廠房及設備 (淨額)	525,000	股本	1,080,000
其他非流動資產	450,000	資本公積	240,000

×2 年度其他權益之變動金額為貸方增加 $125,000
×2 年度保留盈餘之變動為本期損益及發放現金股利 $180,000

試計算勇士公司 ×2 年度本期損益金額。

11. 【由其他權益變動項中計算本期其他綜合損益】塞爾提克公司 ×2 年度財務資料變動如下：

項目	增(減)
其他權益 (貸餘)	$750,000

×2 年度認列為其他綜合損益之「確定福利計畫之再衡量數」貸方金額為 $100,000，該公司之會計政策係將確定福利計畫之再衡量數結轉保留盈餘
×2 年度不動產、廠房及設備重估增值變動轉入保留盈餘 $200,000

試計算塞爾提克公司 ×2 年度本期其他綜合損益金額 (不考慮所得稅影響)。

12. 【土地重估增值之變動報表表達】承第 11 題，試編製塞爾提克公司 ×2 年相關之其他綜合損益表表達。

應用問題

1. 【資產負債表中資產部分的編製】成立多年之巨人公司 ×1 年 12 月 31 日與資產項目有關的部分財務資料如下：

資產項目	金額
現金及約當現金	$ 10,000
應收票據	160,000
應收帳款 (淨額)	330,000
其他應收款	25,000
當期所得稅資產	10,000
遞延所得稅資產	18,000
其他流動資產	37,000
不動產、廠房及設備 (淨額)	1,080,000
無形資產	120,000
其他非流動資產	102,000

巨人公司 ×1 年 12 月 31 日除上述資產項目外，尚有下列資產項目，相關資料說明如下：

1. 透過損益按公允價值衡量之金融資產—流動，取得成本為 $300,000，公允價值為 $250,000。
2. 透過其他綜合損益按公允價值衡量之債務工具投資—流動，取得成本為 $179,000，公允價值為 $200,000，攤銷後成本為 $180,000。
3. 存貨成本為 $630,000，淨變現價值為 $550,000。
4. 待出售非流動資產，帳面金額為 $450,000，公允價值為 $490,000，出售成本為 $30,000。
5. 按攤銷後成本衡量之金融資產—流動，取得成本 $200,000，公允價值 $250,000，攤

銷後成本 $238,000。
6. 避險之衍生金融資產—流動，取得成本為 $50,000，公允價值為 $60,000。
7. 按攤銷後成本衡量之金融資產—非流動，取得成本 $100,000，攤銷後成本 $105,000。
8. 生物資產—流動，取得成本 $230,000，公允價值 $500,000，出售成本為 $50,000，運輸成本為 $10,000。
9. 採用權益法之投資，取得成本 $100,000，權益法決定之金額 $200,000。
10. 投資性不動產，取得成本 $350,000，公允價值 $700,000。(假設巨人公司對投資性不動產之會計政策係選用公允價值模式)

試編製巨人公司 ×1 年 12 月 31 日資產負債表之資產部分。

2.【資產負債表中負債及權益部分的編製】沿上題，巨人公司 ×1 年 12 月 31 日與負債及權益項目有關的部分財務資料如下：

負債及權益項目	金額
短期借款	$ 350,000
透過損益按公允價值衡量之金融負債—非流動	100,000
應付票據	50,000
應付帳款	170,000
其他應付款	25,000
當期所得稅負債	30,000
與待出售非流動資產直接相關之負債	180,000
遞延所得稅負債	50,000
其他流動負債	82,000
其他非流動負債	53,000
股本	1,000,000
資本公積	200,000
保留盈餘—法定盈餘公積	35,000
其他流動資產	37,000
其他非流動資產	102,000

巨人公司 ×1 年 12 月 31 日除上述負債及權益項目外，尚有下列負債及權益項目，相關資料說明如下：

1. 應付短期票券，原始票面金額為 $300,000，攤銷後成本為 $250,000。
2. 透過損益按公允價值衡量之金融負債—流動，成本金額為 $200,000，公允價值為 $180,000。
3. 避險之衍生金融負債—流動，成本金額為 $150,000，公允價值為 $160,000。
4. 負債準備—非流動，清償現時義務最高之未來所需支出金額為 $150,000，清償現時義務最佳估計之未來所需支出金額折現 $100,000。

5. 應付公司債，發行面額為 $500,000，攤銷後成本為 $480,000。
6. 長期借款，原始借款金額為 $750,000，攤銷後成本為 $720,000。
7. ×1 年 1 月 1 日其他權益金額為 $170,000（貸方），×1 年度其他權益之變動金額為貸方增加 $15,000。
8. 除上述負債及權益項目及未分配盈餘外，無其他負債與權益項目。

試編製巨人公司 ×1 年 12 月 31 日資產負債表之負債及權益部分。

3. 【其他綜合損益造成之權益變動】成立於 ×1 年初之湖人公司其所有其他權益組成部分資料如下：

項目	×2 年初金額
不動產、廠房及設備重估增值[a.]	$400,000（貸餘）
透過其他綜合損益按公允價值衡量之債務工具投資評價損益[b.]	$200,000（貸餘）

a. 係於 ×1 年以 $2,000,000 購入，採重估價模式衡量之土地一筆，其後於 ×2 年中以 $2,500,000 出售。該土地僅於 ×1 年底進行一次重評價，且該公司選擇於處分該土地時不先重估價，並將累計之重估增值轉入保留盈餘。
b. 係於 ×1 年以 $1,000,000 購入，分類為透過其他綜合損益按公允價值衡量之債務工具投資一筆，其後於 ×2 年中以 $1,300,000 出售。

該公司 ×2 年另將因精算利益而致之確定福利計畫之再衡量數 $500,000 認列於其他綜合損益，並決定將確定福利計畫之再衡量數結轉至保留盈餘。若該公司 ×2 年並無他項與其他綜合損益相關之交易，試求（不考慮所得稅之影響）：

(1) 該公司 ×2 年本期其他綜合損益金額。
(2) 該公司 ×2 年底其他權益總金額。
(3) 該公司 ×2 年上述土地、債券與認列確定福利計畫之再衡量數等交易，對本期淨利影響數總額。
(4) 該公司 ×2 年上述土地、債券與認列確定福利計畫之再衡量數等交易，對保留盈餘影響數總額。

4. 【流動與非流動負債的分類】騎士公司負債資料如下：

(1) 該公司 ×1 年 2 月 1 日平價發行 $1,000,000，利率 8%，每年 1 月 31 日與 7 月 31 日付息，×6 年 1 月 31 日到期之一次還本可賣回公司債，持有人可於 ×4 年 1 月 31 日及 ×5 年 1 月 31 日以面額賣回。×4 年 12 月 31 日時已有 $400,000 賣回，預期 ×5 年將再有 $200,000 賣回。

(2) 該公司 ×1 年 2 月 1 日平價發行 $1,000,000，利率 9%，每年 1 月 31 日與 7 月 31 日付息，×6 年 1 月 31 日到期之一次還本可買回公司債，該公司可於 ×4 年 1 月 31 日及 ×5 年 1 月 31 日以面額買回。×4 年 12 月 31 日時已買回 $600,000，預期 ×5 年將再買回餘數之一半。

(3) ×2 年 4 月 1 日向乙銀行借款 $1,000,000，利率 9%，每年 3 月 31 日付息，×5 年 3

月 31 日到期一次還本。騎士公司於 ×4 年 10 月 15 日與乙銀行達成協議，決定該筆借款到期後，得由騎士公司選擇是否延後還款期限至 ×7 年 1 月 31 日。×4 年 12 月 31 日時熱火公司預期將按原期限還款。

(4) ×4 年 4 月 1 日向丙銀行借款 $1,000,000，利率 8%，每年 3 月 31 付息，×10 年 3 月 31 日到期一次還本。騎士公司於 ×4 年 10 月 12 日違反該借款合約條款，按合約需立即清償所有本息。騎士公司於 ×5 年 2 月 10 日取得丙銀行同意，提供寬限期至 ×5 年 10 月 20 日。在寬限期內丙銀行不得要求甲公司立即清償該借款，且若騎士公司於寬限期內改正違約情況，則所有本息均按原期限支付。騎士公司預期可於寬限期內改正違約情況，且其 ×4 年度之財務報表係於 ×5 年 3 月 15 日發布。

試作：騎士公司 ×4 年底資產負債表中，上述負債各於流動負債與非流動負債應有之表達。

5.【其他綜合損益項目於綜合損益表與權益變動表之表達】紅海公司於 ×6 年初成立。相關交易資料如下：

(1) 該公司於 ×6 年 7 月 24 日以現金 $3,000,000 購入債券一筆，並分類於透過其他綜合損益按公允價值衡量之債務工具投資項下。該債券 ×6 年底公允價值 $3,300,000，×7 年 9 月 28 日進行評價後隨即以當時公允價值 $3,500,000 出售。此債券為該公司唯一之透過其他綜合損益按公允價值衡量之債務工具投資。

(2) 該公司 ×7 年因精算損失認列確定福利計畫之再衡量數 $700,000，其會計政策為將確定福利計畫之再衡量數於當期結轉至保留盈餘。

(3) 該公司 ×6 年底國外營運機構財務報表因換算產生之兌換差額為貸餘 $800,000，於 ×7 年度再增加貸方金額 $500,000。

(4) 該公司 ×7 年度認列本期淨利為 $4,800,000。

試根據上述資訊編製紅海公司 ×7 年度部分之綜合損益表與權益變動表 (不考慮所得稅影響)。

6.【權益變動表之編製】安琪公司 ×8 年底與權益相關之資料如下：

a. 股本 $5,000,000
b. 資本公積 $3,500,000
c. 保留盈餘 $2,110,000
d. 國外營運機構財務報表因換算產生之兌換差額為借餘 $114,000
e. 透過其他綜合損益按公允價值衡量之債務工具投資評價損益為貸餘 $276,000
f. 現金流量避險為貸餘 $307,000
g. 非控制權益為貸餘 $699,580
h. 其他權益項目尚有其他項目金額為 $349,000

已知 ×9 年度發生下列與權益相關之交易，試編製安琪公司 ×9 年度之權益變動表。

(1) ×9 年度淨利歸屬於母公司業主之權益為 $4,300,000；歸屬於非控制權益為 $823,000。

(2) 該公司於 ×9 年底時再對帳上透過其他綜合損益按公允價值衡量之債務工具投資進行評價，本期產生透過其他綜合損益按公允價值衡量之債務工具投資評價損失金額 $100,000。

(3) ×9 年因精算損失認列確定福利計畫之再衡量數 $499,000，其會計政策為將確定福利計畫之再衡量數於當期結轉至保留盈餘。

(4) 本期產生國外營運機構財務報表因換算產生之兌換差額為貸方金額 $50,000。

(5) 現金流量避險之被避險交易於 ×9 年初影響損益，故對去年底之餘額予以重分類。

(6) ×9 年度其他綜合損益致非控制權益產生貸方金額 $71,000。

(7) 本期股本、資本公積與其他權益項目之「其他」項目金額皆未變動。

7.【權益變動表之編製】臺北公司 ×1 年 12 月 31 日的部分財務資料如下：

負債及權益項目	金額
透過其他綜合損益按公允價值衡量之債務工具投資—非流動	$250,000
按攤銷後成本衡量之金融資產—非流動	500,000
避險之衍生金融資產—非流動	150,000
電腦軟體	145,000
採用權益法認列之關聯企業及合資損失之份額	150,000
庫藏股票	100,000
不動產、廠房及設備 (淨額)	2,500,000
投資性不動產	2,700,000
專利權	500,000
商譽	130,000
停業單位資產處分利益	150,000
生物資產—非流動	270,000
遞延所得稅資產	60,000
其他非流動資產	48,000
待出售非流動資產	180,000
非控制權益	2,000,000

試作：編製臺北公司 ×1 年 12 月 31 日資產負債表之非流動資產部分。

［102年司法特考＿三等＿檢察事務官財經實務組＿中級會計學］

8.【流動與非流動負債的分類】仁愛公司希望儘可能將「流動負債」分類為「非流動負債」。目前仁愛公司遭遇到以下可能會提高其流動負債的經濟事件：

A. 有一筆於資產負債表日 12 個月內到期的金融負債。

B. 另一筆借款合約，原本應屬於長期負債，惟因違反借款合約的特定條件，導致該金融負債須即期予以清償，而轉為流動負債。

試作：在那些要件成立時，仁愛公司可分別將 A. 與 B. 之負債列為非流動負債，而非報導為流動負債。
　　　　　　　　　　　　　　　　　　　　　　　　　[103 年高考＿會計師＿中級會計學]

9. 【綜合損益表、權益變動表】宏達公司於 ×1 年初成立。相關交易資料如下：
    A. 該公司於 ×1 年 6 月 30 日以現金 $1,000,000 平價購入債券一筆，並分類為透過其他綜合損益按公允價值衡量之債務工具投資。該債券 ×1 年底公允價值 $1,300,000，×2 年 10 月 28 日進行評價後隨即以當時公允價值 $1,400,000 另加計應計利息出售。此債券為該公司唯一之透過其他綜合損益按公允價值衡量之債務工具投資。
    B. 該公司 ×2 年因計畫資產之利息收入 $400,000，而計畫資產之實際報酬則僅為 $200,000，故認列確定福利計畫之再衡量數 $200,000（損失），且該公司選擇將確定福利計畫之再衡量數於期末時結帳到保留盈餘。
    C. 該公司 ×1 年底國外營運機構財務報表因換算產生之兌換差額為貸餘 $400,000，於 ×2 年度增加借方金額 $207,500。
    D. 該公司於 ×1 年初以 $2,000,000 購入一筆土地，×1 年底該土地之公允價值為 $3,000,000，×2 年 9 月進行重估價後，以當時之公允價值 $3,800,000 售出。假設宏達公司該筆土地係採重估價模式作後續衡量，且土地處分時係將累計之重估增值轉入保留盈餘。
    E. 該公司 ×2 年度認列本期淨利為 $3,000,000。

試作：根據上述資訊編製宏達公司 ×2 年度部分之綜合損益表與權益變動表（各年之所得稅率為 17%）。
　　　　　　　　　[改編自 102 年司法人員特考＿三等＿檢察事務官財經實務組＿中級會計學]

Chapter 4 複利和年金

學習目標

研讀本章後，讀者可以了解：
1. 貨幣的時間價值
2. 終值及現值的概念
3. 各種類型的年金
4. 較為複雜的年金問題

本章架構

複利和年金

- **貨幣的時間價值**
  - 單利與複利

- **終值及現值概述**
  - 終值
  - 現值

- **年金**
  - 普通年金終值
  - 到期年金終值
  - 普通年金現值
  - 到期年金現值

- **較為複雜的情況**
  - 遞延年金
  - 公司債的發行

- **公允價值**
  - 定義
  - 市場參與者
  - 評價技術

美國紐約曼哈頓 (Manhattan) 位於美國東部哈德遜河的下游，是全球地價最高的精華區域，也是全球的金融中心。著名的紐約證券交易所和華爾街 (章首照片)、百老匯劇院區、第五大道時尚聖地、時代廣場、著名電影「金剛」為背景的帝國大廈、聯合國大廈，乃至於九一一恐怖攻擊中被摧毀的雙子星世貿大樓，均位於此區。如果您有機會到紐約一遊，很多人會建議您絕對不能錯過被列為世界三大博物館之一的紐約大都會博物館 (New York Metropolitan Museum)，其中的埃及館被一致推崇為必定要參觀的主題館，其他尚包括希臘羅馬館及中國館等。博物館旁邊則是世界聞名的中央公園，亦是著名的遊客景點。

曼哈頓的名字，原意為「多丘之島」或「陶醉之地」。1624 年荷蘭人在這裡定居，當時取名為新阿姆斯特丹 (New Amsterdam)，後來英國人驅走了荷蘭人，新阿姆斯特丹也因此改名為紐約。據傳此塊小島是 1626 年印地安原住民僅用 60 荷蘭盾 (折合 24 美元) 賣出，許多人會認為印地安土著被欺騙了，因為以今天紐約曼哈頓的繁榮景象來看，是不是當時的成交價格被嚴重低估了？

愛因斯坦 (Albert Einstein) 曾說：「宇宙中最強大的力量就是複利。」(The most powerful force in the universe is compound interest.) 我們將藉由複利的觀念來探討以上的問題。

假設當年的印地安土著將 24 美元以複利 7.2% 作為年報酬率，根據「72 法則」，每 10 年本金約可倍增一倍，我們現在來看這宗交易，以今年 2021 年推估，這 24 美元可以成長為 20,283,899,851,805 美元 (約 20 兆美元)，此價值似乎可以輕鬆的再買回紐約曼哈頓島。

本章即在探討貨幣的時間價值，包括終值及現值的概念，對於個人或公司的許多經濟決策，都有很大的幫助。藉由一些日常生活的釋例，你會發現複利和年金的相關問題，事實上是相當有趣的。

中級會計學 上

章首故事引發之問題
- 何謂貨幣的時間價值？
- 如何運用終值及現值的概念，作適當的經濟決策？
- 什麼叫做年金？如何運用年金現值與終值表，作最佳方案的選擇？

4.1 貨幣的時間價值

學習目標 1
如何以貨幣的時間價值，了解現值與終值

利息是使用貨幣的代價，當收得或償還的現金超過先前借出或借入金額(即本金)時，超出的部分即屬利息，因此利息常被定義為使用貨幣的時間成本。**貨幣的時間價值**(Time Value of Money) 即用以表示時間和貨幣的關係，例如今天收到 $100 會比未來 1 年後收到的 $100 更有價值，因為今天收到的 $100 可以作適當投資獲取利息，假使放在銀行，年利率 5%，則 1 年後此 $100 將會累積至 $105，這就是貨幣的時間價值。

貨幣的時間價值會產生現值和終值的概念，會計上常會應用現值和終值作為許多經濟決策的基礎。依上述的例子，本金 $100 投資一年的利率 5%，1 年後的終值為 $105 (本金 $100 加利息 $5)；另一方面，1 年後的 $105 之現值則是為了在 1 年後獲得 $105，今天所必須投資的本金 $100，所以 1 年後的 $105，在今天之現值為 $100。

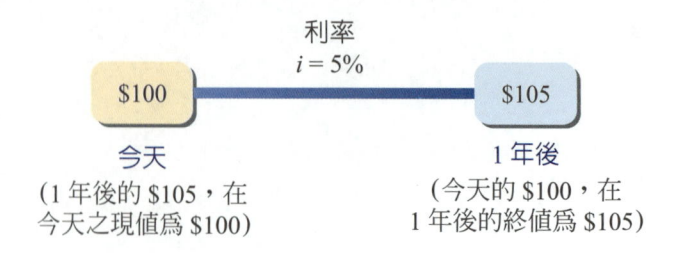

利率 $i = 5\%$

$100 今天
(1 年後的 $105，在今天之現值為 $100)

$105 1 年後
(今天的 $100，在 1 年後的終值為 $105)

圖 4-1 現值和終值的概念

4.1.1 單利與複利

計算利息的方法有單利和複利兩種。單利的計算基礎僅為每期的原始本金金額，計算公式通常如下：

$$\text{利息} = P \times i \times n$$

（其中 P 為本金，i 為每期利率，n 為利息期間之期數）

複利計算的基礎則為期初的本金金額加上先前各期累積的利息，若期間在兩期以上，則本金所產生的利息會加入本金繼續再衍生新的利息，亦即利上加利。因此，在利率條件相同的情況下，複利計算的結果，金額會較單利計算結果為大。此外，當複利計息的期間若短於 1 年，則必須注意每次計息之利率與期數的配合。例如，每季複利一次即代表 1 年複利四次，且複利期間的利率應為年利率的四分之一，而複利期數則為年數的四倍。茲以年利率 12%，4 年為期，說明不同複利情況下，每複利期間的利率及複利期數之計算方法。

> 複利計算的觀念為本金所產生的利息會加入本金繼續再衍生新的利息，亦即利上加利。

複利期間	複利期間之利率	複利期數
每年一次	12% ÷ 1 = 12%	4 × 1 = 4 期
每半年一次	12% ÷ 2 = 6%	4 × 2 = 8 期
每季一次	12% ÷ 4 = 3%	4 × 4 = 16 期
每月一次	12% ÷ 12 = 1%	4 × 12 = 48 期

釋例 4-1　單利與複利

1. 假設您每年以 6% 之單利借入 $10,000，期間 3 年，則 3 年間所需支付之利息總額為多少？

解析

利息總額 = (本金 × 利率) × 期數 = ($10,000 × 6%) × 3 = $600 × 3 = $1,800

2. 同上例，假設利息係以複利計算，則 3 年間累積支付之利息為多少？

解析

	複利計算	利息金額	年底本金與利息累積
第 1 年	$10,000 × 6%	$600	$10,600
第 2 年	$10,600 × 6%	$636	$11,236
第 3 年	$11,236 × 6%	$674	$11,910
		$1,910	

註： 由以上分析得知，按單利計算之 3 年利息為 $1,800，而按複利計算之利息為 $1,910，多了 $110，係因第 1 年及第 2 年之未付利息 $600，持續加入本金一併再計息。

4.2　終值及現值概述

學習目標 2
了解終值與現值的概念

終值在金融、財務工程等相關專業領域，亦常以未來值一詞使用。

　　終值 (future value, FV) 及 **現值** (present value, PV) 均是屬於複利計算的方式。終值為某筆或多筆投資金額，經由複利計算後，在未來特定日所累積變成的金額；現值則是未來某筆或多筆金額，經由複利計算後，在今日折現後的金額。當分析相關的決策問題時，必先判斷要推算的是終值或是現值。若我們所要的是終值（即投資在終點時的金額），只要知道開始的投資金額、利率及複利期間之期數，就能推算投資終止時之終值。同樣地，如果知道投資終止時所能獲得或所需的金額（終值）、利率和複利期間的期數，我們亦能推算投資剛開始時所需的金額（現值）。現值和終值可以下面的時間圖表示。

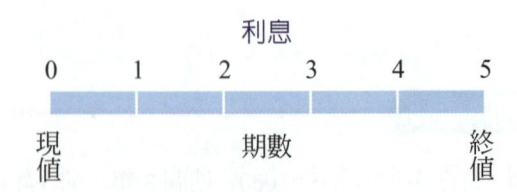

```
           利息
  0   1   2   3   4   5
  現值      期數       終值
```

釋例 4-2　單一金額的終值

1. 隋唐企業投資 $100,000，單筆購買某一拉美基金，保證年報酬率為 5%，每年複利一次，則 3 年後總投資金額將為多少？

解析

做法一：單一金額的本金，每期按複利計息，且每期期末利息亦加入本金，一併計息。所以
3 年後投資的終值 = $\$100,000 \times (1+5\%)^3 = \$115,763$

做法二：查閱複利終值表，$1 在 (利率 = 5%，期數 = 3) 之終值因子為 1.15763，因此這筆投資 3 年後的終值 = $100,000 × 1.15763 = $115,763

2. 經紀公司年初依承諾為卡卡存入 $1,000,000 至信託帳戶。若年利率為 6%，每半年複利一次，則在第 4 年底信託帳戶的金額累積為多少？

解析

因為半年複利一次，等於利率減半 (3%)，複利期數增加一倍 (期數為 8)。查閱複利終值表，$1 在 (利率 = 3%，期數 = 8) 之終值因子為 1.26677，所以

4 年後之終值 = $1,000,000 × 1.26677 = $1,266,770

釋例 4-3　單一金額的現值

1. 妍希想再接再勵至紐約影藝學院進修表演課程，預計 2 年後成行，所需經費為 $50,000。假設她要求片酬作為投資的市場報酬率每年為 7%，則現在應該投入的金額為多少？

解析

做法一：運用現值的觀念，現在應投入的金額為 $43,672，如以下圖示：

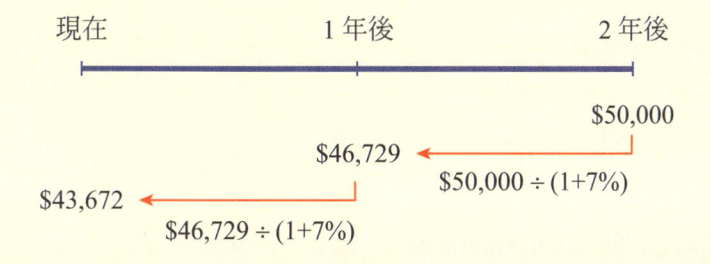

| 現在 | 1 年後 | 2 年後 |

$50,000

$46,729 ← $50,000 ÷ (1+7%)

$43,672 ← $46,729 ÷ (1+7%)

做法二：查閱複利現值表，在利率 = 7%，2 年後的 $1 (即 $i = 7\%$，$n = 2$)，其現值為 0.87344，因此妍希現在必須投入的金額 = $50,000 × 0.87344 = $43,672

2. 震東想在 3 年後成立經紀公司，所需資金為 $1,000,000，他向理財顧問要求基金的年報酬率為 8%，且每季複利計息，則今日應該投資基金的額度為多少？

解析

由於每季複利計息,所以利率應為 8% ÷ 4 = 2%,複利期數則為 3 × 4 = 12。查閱複利現值表 (利率 = 2%,期數 = 12) 之現值因子為 0.78849,因此今日應投資的金額為 $1,000,000 × 0.78849 = $788,490。

以上的例子,不論是計算單一金額的終值或現值,均是在利率和期數已知的情況下進行。但在現實的決策過程中,常有許多情況的現值和終值為已知,而利率或期數未知,我們可以運用終值法或現值法求解未知的利率或期數。

釋例 4-4　求解其他未知數

1. 賽德克公司想以 $200,000 在廣場建立族人紀念碑。如果在本年年初已募到款項 $172,768,並成立紀念基金的專戶,若以年利率 5% 每年複利一次,則需等待多少年才能實現願望?

解析

本釋例之現值 $172,768 和終值 $200,000 為已知,另年利率為 5%,可以圖示如下:

$$PV = \$172,768 \qquad i = 5\% \qquad FV = \$200,000$$
$$n = ?$$

做法一:查閱複利終值表

　　　　$FV = PV ×$ 複利終值因子 $(i = 5\%, n = ?)$

　　　　$\$200,000 = \$172,768 ×$ 複利終值因子

　　　　所以

　　　　複利終值因子 $= \$200,000 ÷ \$172,768 = 1.15762$
　　　　可在本章後所附之附表一 (行 = 5%,**列 = 3**) 之處,找到 1.15762,所以答案為 3 年。

做法二:查閱複利現值表

　　　　$PV = FV ×$ 複利現值因子 $(i = 5\%, n = ?)$

　　　　$\$172,768 = \$200,000 ×$ 複利現值因子

　　　　所以

　　　　複利現值因子 $= \$172,768 ÷ \$200,000 = 0.86384$

可在本章後所附之附表二 (行 = 5%，列 = 3) 之處，找到 0.86384，所以答案為 3 年。

2. 巴萊公司現在有 $100,000，想在 5 年後累積至 $201,135 成立生物科技的種子基金，則目前需求的投資報酬率為多少？

解析

本題之終值因子為 2.01135 (= $201,135 ÷ $100,000)，查閱附表一，在期間為 5 之列可找到 2.011357，所對應之利率為 15%。若運用現值因子 0.49717 (= $100,000 ÷ $201,135)，查閱附表二，可在期間為 5 的那一列找到，所對應的利率亦為 15%。

3. 德聖公司為一素食連鎖業者，其將 $1,000,000 存入中信貴賓理財，希望 4 年後順利籌措到 $1,500,000，以便至海外推廣素食環保概念。假設每年複利計算，則其要求的隱含報酬率為何？

解析

$1,500,000 = $1,000,000 × 複利終值因子 ($i = ?$，$n = 4$)，所需之複利終值為 1.5，但查閱複利終值表，在期數為 4 所對應之行並無 1.5 之終值，因此應用**插補法**求算利率。

本題之 1.5 乃是介於 1.464100 (利率 10%) 及 1.573519 (利率 12%) 之間，故推估方法如下：

	利率	終值因子	
	10%	1.464100	
2% [$i-10\%$ [i	1.500000] 0.0359] 0.10942
	12%	1.573519	

經由等比關係：

$$\frac{i - 10\%}{2\%} = \frac{0.03590}{0.10942}$$

$$i - 10\% = \frac{0.03590 \times 0.02}{0.10942} = 0.00656 = 0.656\% \Rightarrow i = 10.656\%$$

所以要求之隱含報酬率為 10.656%。

4.3 年 金

學習目標 3
了解年金的定義與類型

前文討論的情形僅限於單一金額的支付或收取，但個人或公司在實務上常會遇到連續定期且定額收付的情形，例如貸款之分期償還或壽險合約中，投保人定期支付定額保費等。此種在相等間隔

普通年金
期末收付定期定額者。

到期年金
期初收付定期定額者。

時間連續支付 (或收取) 相等金額，且每期計息之利率也相同，即所謂的 **年金** (annuity)。由於各期金額的收付可於期初或期末為之，因此年金又區分為二類，於期末收付者，稱為 **普通年金** (ordinary annuity)；於期初收付者，稱為 **到期年金** (annuity due)。

年金的問題與前述的複利觀念相同，包括年金終值與年金現值的計算。以下將分別就 1. 普通年金終值；2. 到期年金終值；3. 普通年金現值；4. 到期年金現值，舉例說明。

4.3.1 普通年金終值

計算年金終值的方法之一即為將年金終值視為多個單一金額複利終值的總和。例如，假設在 4 年中每年年底存入 $1 (普通年金)，年利率為 5%，4 年後普通年金終值之計算，可以圖 4-2 示如下：

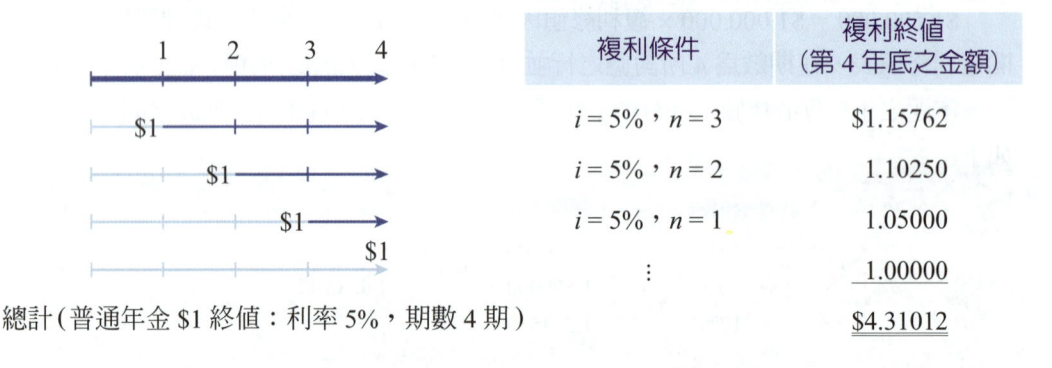

複利條件	複利終值 (第 4 年底之金額)
$i = 5\%$，$n = 3$	$1.15762
$i = 5\%$，$n = 2$	1.10250
$i = 5\%$，$n = 1$	1.05000
⋮	1.00000
總計 (普通年金 $1 終值：利率 5%，期數 4 期)	$4.31012

圖 4-2　普通年金終值的概念

圖 4-2 的普通年金 $1 終值中，共有四次支付，但由於是期末支付，因此觀念上僅有 3 期的利率期間。換言之，第一次支付之複利計算為 3 期，第二次支付之複利計算為 2 期，第三次支付為 1 期，第四次支付則無。運用複利終值計算並加總，雖然可以得出正確的結果，但較有效率的方法即是運用已編成的普通年金終值表。查閱表 4-1，在 $i = 5$，$n = 4$ 的交叉處，可找到所求之年金終值 4.31012。

表 4-1　$1 普通年金終值表 (部分)

期數	3%	4%	5%
1	1.000000	1.000000	1.000000
2	2.030000	2.040000	2.050000
3	3.090900	3.121600	3.152500
4	4.183627	4.246464	4.310125

注意：此項普通年金終值因子與之前複利終值總和相同。較完整的普通年金終值表，請參閱本章後面之附表三。

到期年金終值＝普通年金終值×(1＋複利率)

4.3.2　到期年金終值

　　上述普通年金之討論，係假設普通年金的收付均在每期期末發生，而到期年金之特徵則為每期年金均於期初支付，於支付當期的期末便有利息收入，因此支付期數與計息期數相同，亦即支付年金若為 4 期，則計算期間亦為 4 期。在計算年金終值時，到期年金的複利期數會比普通年金的複利期數多了一期；換言之，到期年金各期的終值因子等於普通年金各期的終值因子乘以 (1＋複利率)，圖 4-3 圖示說明如下：

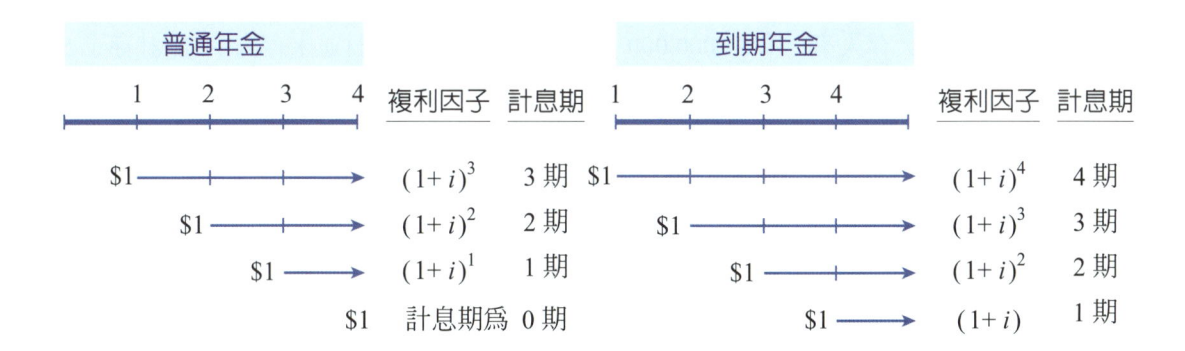

普通年金			到期年金		
期數 1 2 3 4	複利因子	計息期	期數 1 2 3 4	複利因子	計息期
\$1 ──────▶	$(1+i)^3$	3 期	\$1 ──────▶	$(1+i)^4$	4 期
\$1 ─────▶	$(1+i)^2$	2 期	\$1 ─────▶	$(1+i)^3$	3 期
\$1 ───▶	$(1+i)^1$	1 期	\$1 ───▶	$(1+i)^2$	2 期
\$1	計息期為 0 期		\$1 ─▶	$(1+i)$	1 期

圖 4-3　普通年金和到期年金之關係

　　由以上圖示分析可知，從第一筆到第四筆的支出，到期年金複利計息的期數均較普通年金多了一期，若僅能以普通年金終值表推算到期年金終值，則將普通年金終值再複利一期即可，公式如下：

到期年金終值＝普通年金終值×(1＋複利率)

釋例 4-5 年金終值

1. 巨石公司決定在今後 3 年，以 6 個月為期，每期期末存入 $1,000,000，以累積足夠金額籌拍「地心冒險續集」，若與花旗銀行商談資金配置之年報酬率可達 12%，則第 3 年底之總累積金額為多少？

解析

由於每期期末支付定額，故屬於一種普通年金。又每半年支付一次，總期數為 6 次，查表之半年利率應為 6%。

第 3 年底累積金額
= $1,000,000 × 普通年金終值 ($i = 6\%$，$n = 6$)
= $1,000,000 × 6.97531
= $6,975,310

2. 周董想在兒子仔仔滿 20 歲生日的今天開始，每次生日時均定額存入 $1,000,000，希望能在兒子過 25 歲生日時 (假設這天並未存入 $1,000,000)，累積到一筆創業基金。假設周董要求的投資報酬率為 12%，每年複利一次，請問仔仔 25 歲生日時能累積多少創業金額？

解析

20 歲生日當天存入第一筆 $1,000,000，直至 25 歲生日 (當日並未存入)，總計存了 5 次。由於存款皆於期初進行，故本題情況屬於到期年金的概念。存款之終值計算如下：

(1) 參閱普通年金終值表 ($i = 12\%$，$n = 5$)   6.35284
(2) 多乘以一期之複利因子 (1 + 12%)   ×   1.12
(3) 到期年金終值 ($i = 12\%$，$n = 5$)   7.11518
(4) 每期定額存入   ×$1,000,000
(5) 25 歲生日時累積的創業基金 $7,115,180

以上的釋例均是在每期收付金額、利率與期數為已知的情況下，求算年金概念下的終值。在有些情況下，我們可能必須求出未知的每期收付金額、利率或期數，以下將舉例說明兩項未知數值的求算：(1) 每期收付款；(2) 收付期數。

釋例 4-6　求解年金終值之相關數值

1. 大學剛畢業的春美想在 5 年後，能夠擁有 $1,000,000，以作為購買北大特區套房的頭期款，在此 5 年中能找到最好的年利率為 2%，每半年複利 1 次。請問春美若以每 6 個月為一期，則每期期末應存入多少？

解析

由於每半年複利 1 次，總計 10 期 (= 5 × 2)，且複利率為 1% (= 2% ÷ 2)，所需之年金終值為 $1,000,000。所以，每期期末應存入金額 × 普通年金終值 ($i = 1\%$，$n = 10$) = $1,000,000。

　　每期期末應存入金額 × 10.46221 = $1,000,000

⇒ 每期期末 (每 6 個月期) 應存入：$1,000,000 ÷ 10.46221 = $95,582

春美必須在每 6 個月期存入 $95,582，就能美夢成真。

2. 家庭主婦秋香兼職保險業務，她希望從今天開始，每年存款 $100,000，且存款之年利率為 2%，每年複利一次。請問辛苦的秋香媽媽必須存多少年，才能夠累積至 $1,241,208，以實現環球旅遊的心願？

解析

由於秋香是從今天即存入 $100,000，因此為到期年金的觀念。

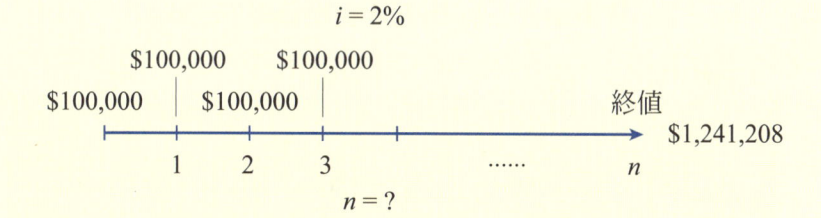

```
                    i = 2%
         $100,000   $100,000
$100,000 |  $100,000 |                      終值
─────────┼──────────┼──────────┼──────────→ $1,241,208
         1          2          3   ......   n
                         n = ?
```

到期年金終值 = 普通年金終值 × (1 + 複利率)

$1,241,208 = 100,000 × 普通年金終值 ($i = 2\%$，$n = ?$) × (1 + 0.02)

⇒ 普通年金終值 ($i = 2\%$，$n = ?$) = 12.16871

經查普通年金終值表，利率為 2%，期數為 11，可找到對應的 12.16871。所以，秋香媽媽可以在第 11 年底 (或於第 12 年初存入第 12 筆 $100,000) 時，成功累積 $1,241,208，作為環球旅遊的經費。

4.3.3　普通年金現值

計算年金現值的方法，其概念如同年金終值的計算一樣，可將年金現值視為每期收付金額之現值總和。以普通年金現值為例，在未來 4 期，每期期末所能收到之 $1 視為單一金額，因此，可運用複利現值表計算每 $1 之現值，予以加總。假設利率為 5%，則 4 年後普通年金現值之計算，可以圖示如下：

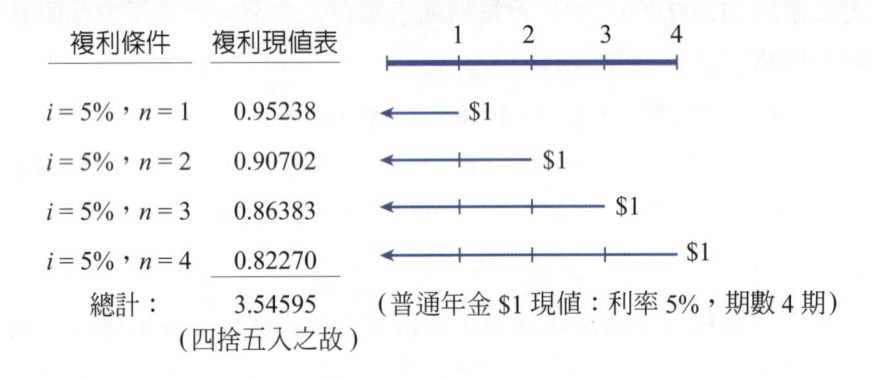

複利條件	複利現值表				
		1	2	3	4
$i=5\%$，$n=1$	0.95238	←── $1			
$i=5\%$，$n=2$	0.90702	←──────── $1			
$i=5\%$，$n=3$	0.86383	←──────────────── $1			
$i=5\%$，$n=4$	0.82270	←──────────────────────── $1			
總計：	3.54595	（普通年金 $1 現值：利率 5%，期數 4 期）			
	（四捨五入之故）				

上圖說明乃運用單一金額複利現值之加總，即可得出普通年金現值之正確數值。通常我們可以運用普通年金現值表 (如表 4-2)，快速查閱適當的數字，以解決相關的決策問題。

表 4-2　$1 普通年金現值表 (部分)

期數	3%	4%	5%
1	0.970874	0.961538	0.952381
2	1.913470	1.886095	1.859410
3	2.828611	2.775091	2.723248
4	3.717098	3.629895	3.545951

注意：此項普通年金現值因子與之前複利現值總和相同。較完整的普通年金終值表，請參閱本章後面之附表三。

4.3.4　到期年金現值

由於到期年金是期初收付，所以在討論到期年金現值時，每一期收付金額的現值，在折現期數上，均較普通年金少了一期。如下圖所示：

Chapter 4 複利和年金

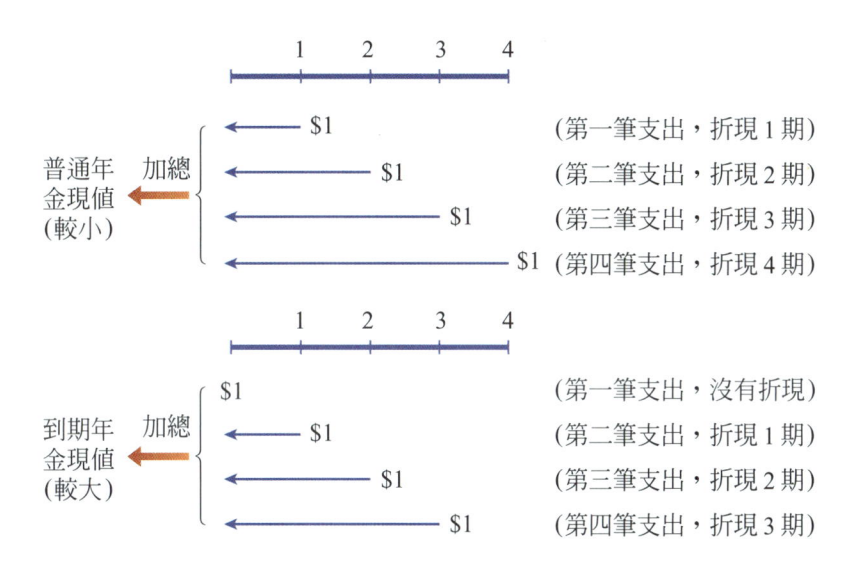

```
         1   2   3   4
        ├───┼───┼───┼───┤
           ←──── $1              （第一筆支出，折現 1 期）
普通年  加總   ←──────── $1        （第二筆支出，折現 2 期）
金現值 ←──   ←──────────── $1    （第三筆支出，折現 3 期）
(較小)      ←──────────────── $1（第四筆支出，折現 4 期）

         1   2   3   4
        ├───┼───┼───┼───┤
        $1                        （第一筆支出，沒有折現）
到期年  加總  ←──── $1              （第二筆支出，折現 1 期）
金現值 ←──   ←──────── $1          （第三筆支出，折現 2 期）
(較大)      ←──────────── $1      （第四筆支出，折現 3 期）
```

到期年金現值 = 普通年金現值 ×(1+ 利率 i)；或 到期年金現值 = 1 + 普通年金現值 (利率 i，期數 $n-1$)

依上圖之分析，到期年金與普通年金之差別在於到期年金支付時間為期初，所以每一筆折現期均會少一期，現值因此會較大。欲運用普通年金現值表求算到期年金現值，僅須將普通年金的現值因子再複利一次，即乘以 (1 + 利率 i)，即可得出較大的到期年金現值，亦即

$$\text{到期年金現值}_{(\text{利率 }i, \text{ 期數 }n)} = \text{普通年金現值}_{(\text{利率 }i, \text{ 期數 }n)} \times (1+\text{利率 }i)$$

另一種分析到期年金現值和普通年金現值關係，可將以上之到期年金現值圖，拆解為二部分：(1) 第一筆期初支付的 $1，現值也是 $1；(2) 第二筆至第四筆的 3 次支出，可視為 3 期的普通年金，因此

$$\text{到期年金現值}_{(\text{利率 }i, \text{ 期數 }n)} = 1 + \text{普通年金現值}_{(\text{利率 }i, \text{ 期數 }n-1)}$$

我們可以進一步證實，若以表 4-3 之普通年金現值表為例，求算到期年金 (利率 5%，期數 = 4) 之現值，做法有二：

做法一：到期年金現值 ($i = 5\%$，$n = 4$)
　　　　= 普通年金現值 ($i = 5\%$，$n = 4$) × (1 + 5%)
　　　　= 3.54595 × 1.05 = 3.72324

做法二：到期年金現值 ($i = 5\%$，$n = 4$)
　　　　= 1 + 普通年金現值 ($i = 5\%$，$n = 3$)
　　　　= 1 + 2.72324 = 3.72324

139

表 4-3　$1 普通年金現值表 (部分)

期數	3%	4%	5%
1	0.970874	0.961538	0.952381
2	1.913470	1.886095	1.859410
3	2.828611	2.775091	2.723248
4	3.717098	3.629895	3.545951

釋例 4-7　年金現值

1. 彬彬為小小彬規劃半年後開始進入雙語實驗小學之學費籌措。他打算將小小彬的部分片酬一筆交由理財顧問，並保證年報酬率為 10%。假設小小彬每學期的學雜費為 $160,000，請問彬彬現在應準備的價款為多少？

解析

小小彬半年後開始繳交學雜費，每學期 $160,000，就學 6 年間，總計需繳 12 次，且複利率應為 5% (= 10% ÷ 2)。

彬彬今日應準備的價款
= $160,000 × 普通年金現值 ($i = 5\%$，$n = 12$)
= $160,000 × 8.86325
= $1,418,120

2. 志工阿姨行善有善報，中了樂透 $8,000,000。彩券公司告訴她可以立即領回中獎金額，或自今日開始領取 $1,000,000，每年領取一次，共可領 10 次。假設適當的利率水準為 6%，請幫志工阿姨作理性的選擇。

解析

若選擇分 10 次領取，且自今日開始，則本題之概念為到期年金。

到期年金現值 ($i = 6\%$，$n = 10$) = 普通年金現值 ($i = 6\%$，$n = 10$) × (1 + 6%)
= 7.36008 × 1.06 = 7.80169

故分次領取的年金在今日之價值為 $1,000,000 × 7.80169 = $7,801,690。看來，志工阿姨應該選擇立即抱回 $8,000,000，較符合理性思考的抉擇。

普通年金現值或到期年金現值的計算過程中，常會出現需要計算利率、期數或每期支付的金額，茲以下面釋例說明。

釋例 4-8　求解年金現值之相關數值

1. 大雄買了一部金龜車，車款連同稅負總計 $1,449,377。假設車商建議大雄可以分 10 年付款，每次付款 $200,000，且第一次付款是在今天。請問此項付款條件的利率水準為何？

解析

本題之分期付款係於期初支付，乃到期年金問題。

到期年金現值 ($i = ?$，$n = 10$) = $200,000×[普通年金現值 ($i = ?$，$n = 9$) +1]
$1,449377 = $200,000×[普通年金現值 ($i = ?$，$n = 9$) +1]
普通年金現值 ($i = ?$，$n = 9$) = ($1,449,377 ÷ $200,000) − 1 = 6.24688

查普通年金現值表 $n = 9$ 之一行中，$i = 8\%$ 時，現值為 6.24688，故此項分期付款之利率為 8%。

2. 胖虎簽發一張票據向銀行借款 $421,236，成立歌唱工作室。票據利率為 6%，約定 1 年後起每年償還 $100,000。請問胖虎需幾年始能將償務還清？

解析

本題借款係於期末償還，乃一普通年金問題。

$421,236 = $100,000×普通年金現值 ($i = 6\%$，$n = ?$)

普通年金現值 $= \dfrac{\$421,236}{\$100,000} = 4.21236$

查普通年金現值表中，利率為 6% 之欄中，$n = 5$ 之現值為 4.21236，亦即胖虎的公司需 5 年始能償清債務。

3. 靜香在大學畢業時的助學貸款總計為 $947,130。她決定自半年後起，所貸款之本息每 6 個月償還一次，每次償還金額相等，5 年還清。假使青年助學貸款的年利率為 2%，則靜香每次應償還的金額為多少？

解析

助學貸款係於半年後償還，故為普通年金問題。本題之期數為 10，利率應減半為 1%。

$947,130 = 每次應償還的金額×普通年金現值 ($i = 1\%$，$n = 10$)
$947,130 = 每次應償還的金額×9.47130

因此靜香每半年應償還之助學貸款金額為 $100,000。

4.4 較為複雜的情況

有些企業或個人的交易行為與決策，常牽涉到須使用多個複利現值或終值表來解決，在此種情況下，若能正確的以時間圖，畫出現金流量與發生的期數，並分析所欲決定的是終值問題或是現值問題，將有助於容易了解問題及求解。以下我們將討論遞延年金和公司債的發行。

4.4.1 遞延年金

遞延年金
若干期後才發生收付的年金。

所謂**遞延年金** (deferred annuities)，係指於若干期後才發生收付的年金。例如，遞延 3 年之 5 年普通年金，意謂前 3 年並無金額收付的發生，而第 1 期的收付是發生於第 4 年底，且連續 5 年。

有關遞延年金終值的計算，由於在開始的前數年並未有任何金額收付的發生，因此遞延年金的終值與沒有遞延的情況完全相同，在計算終值時，可以忽略前面幾期的遞延，亦即可以直接使用普通年金終值的計算。

釋例 4-9 遞延年金終值

1. 六福村預計於 5 年後在關西新購一片土地，作為野生動物園的擴建用途。公司的財務規劃顯示從第 3 年底開始，才有能力連續 3 年固定投入每期金額 $10,000,000，並以利率 5%，每年複利一次。請問六福村在第 5 年底能累積多少金額？

解析

依上所述，我們可以繪製時間圖以幫助了解。

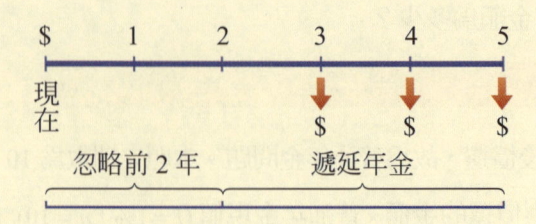

本題在計算遞延年金終值時，可以忽略前 2 期之遞延效果，直接以普通年金終值處理連續三次於年底存入金額。

第 5 年底累積金額 = $10,000,000 × 普通年金終值 ($i = 5\%$，$n = 3$)
　　　　　　　　 = $10,000,000 × 3.15250$
　　　　　　　　 = $31,525,000$

至於遞延年金現值的計算，則必須考慮前面幾期的遞延效果，因為遞延期間愈長，折現回來的年金現值將會愈小。遞延年金現值的計算有兩種方法，以下面的釋例說明。

釋例 4-10　遞延年金現值

西田先生在鄉下有一塊農地，近來有兩位買主積極接洽。一位願意以 $3,000,000 現金立刻購買；另一位則允諾 3 年後，連續 5 年每年支付 $750,000 的方式購買。假設利率為 6%，西田先生應該接受哪一方案？

解析

依上所述，我們可以繪製時間圖以幫助了解。

做法一：

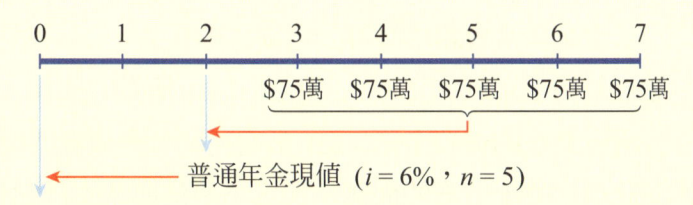

```
0     1     2     3     4     5     6     7
|-----|-----|-----|-----|-----|-----|-----|
                  $75萬 $75萬 $75萬 $75萬 $75萬
```

普通年金現值 ($i = 6\%$，$n = 5$)
複利現值 ($i = 6\%$，$n = 2$)

依上圖分析，本題可分兩個步驟處理，先求算第 3 年底至第 7 年底支付 5 期的普通年金現值 (時間點依以上圖示，乃落在第 2 年底)，再將此年金現值折回 2 期，計算今天的複利現值。

遞延年金現值
= $750,000 × 普通年金現值 ($i = 6\%$，$n = 5$) × 複利現值 ($i = 6\%$，$n = 2$)
= $750,000 × 4.212364 × 0.889996$
= $2,811,740$

所以，西田先生應該選擇今天收取 $3,000,000 現金的方案，較為有利。

做法二：

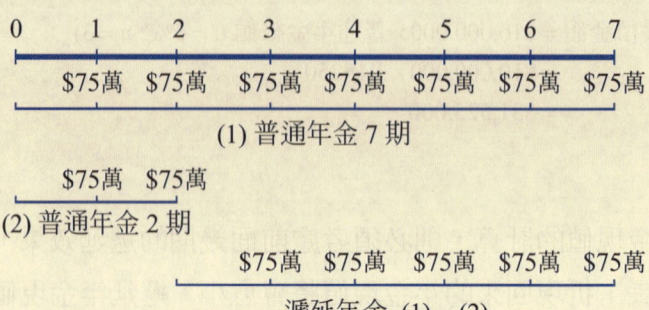

```
0        1      2      3      4      5      6      7
|--------|------|------|------|------|------|------|
       $75萬  $75萬  $75萬  $75萬  $75萬  $75萬  $75萬
              (1) 普通年金 7 期

       $75萬  $75萬
(2) 普通年金 2 期

                     $75萬  $75萬  $75萬  $75萬  $75萬
                          遞延年金 (1) – (2)
```

另一種方法則係以完整 7 期的普通年金現值減去實際並不存在的前 2 期 (即虛擬) 的普通年金現值，計算如下：

遞延年金現值
= $750,000 × 普通年金現值 ($i = 6\%$，$n = 7$) – $750,000 × 普通年金現值 ($i = 6\%$，$n = 2$)
= $750,000 × (5.582381 – 1.833393)
= $2,811,740 (與上述做法一之答案相同)

西田先生應該接受 $3,000,000 之現金購買。

4.4.2 公司債的發行

企業經常會藉由發行公司債籌措資金。公司債是一種債權憑證，發行契約上記載的資料主要包括：(1) 債券的面額，亦即債券到期時公司應清償的債務金額；(2) 票面利率，即債券票面所記載的利率，以此利率乘上債券的面額，即為公司每期應支付的利息；(3) 債券的發行日期、付息日期和到期日。根據上述，公司債的發行通常會產生兩種現金流量：到期前需定期支付的利息，以及公司債到期日需償還的本金。

另一方面，由於購買公司債的投資人也會評估公司債發行的契約條件和相關風險，用以決定所要求的投資報酬率，此即所謂的市場利率或有效利率，而市場利率和債券的票面利率不一定會相等，這就產生了債券發行折價或溢價的問題。

就債券到期的本金或面額言，係屬單筆款項的複利問題，而定期支付利息則屬於年金問題。至於公司債的發行市價，或投資人願意承購的價格，基本上乃以市場利率作為未來現金流量的折現基礎。茲以釋例說明如下。

Chapter 4 複利和年金

釋例 4-11　公司債之發行

晶圓大廠台積電因為預測春燕即將來臨，於 ×4 年 1 月 1 日發行 5 年期的公司債擴充資本支出。假設公司債的面額為 10,000,000 美元，票面利率為 4%，每年 12 月 31 日付息。

試作在以下兩種情況下，台積電公司債之發行價格：(1) 發行時市場利率為 5%；(2) 發行時市場利率為 3%。

解析

(1) 台積電公司債發行後，產生兩種現金流量：(a) 自 ×4 年 12 月 31 日起連續 5 年支付之利息 $10,000,000 × 4% = $400,000；以及 (b) 到期日 ×8 年 12 月 31 日支付之本金 $10,000,000。

(2) 我們若以圖示相關現金流量之時間圖，分析如下：

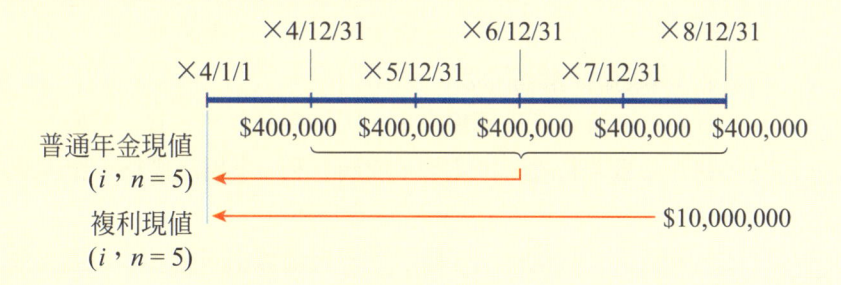

```
              ×4/12/31        ×6/12/31        ×8/12/31
     ×4/1/1  |    ×5/12/31   |    ×7/12/31   |
     ────────┼───────┼───────┼───────┼───────┼
             $400,000 $400,000 $400,000 $400,000 $400,000
普通年金現值
(i, n = 5)  ←─────────────────────────────┘
複利現值
(i, n = 5)  ←──────────────────────────────── $10,000,000
```

(3) 計算結果如下 (假設發行時之市場利率為 5%)：

現金流量	現值表 ($i=5\%$, $n=5$)	現值因子	金額	現值
每期利息 $400,000	$1 年金	4.329477 ×	$400,000	= $1,731,790
到期日面額 $10,000,000	$1 複利	0.783526 ×	$10,000,000	= $7,835,260
				$9,567,050 (美元)

公司債之發行價格為 $9,567,050，低於面額之 $10,000,000，屬於折價發行，折價的金額為 $10,000,000 − $9,567,050 = $432,950。由於公司債之票面利率為 4% 較市場利率 5% 為低，所以折價的部分代表台積電補償給投資人的利率差距。

(4) 另一種計算結果如下 (假設發行時之市場利率為 3%)：

現金流量	現值表 ($i=3\%$, $n=5$)	現值因子	金額	現值
每期利息 $400,000	$1 年金	4.579707 ×	$400,000	= $1,831,882
到期日面額 $10,000,000	$1 複利	0.862609 ×	$10,000,000	= $8,626,090
				$10,457,972 (美元)

公司債之發行價格為 $10,457,972，高於面額之 $10,000,000，屬於溢價發行，溢價的金額為 $10,457,972 − $10,000,000 = $457,972。由於發行時之利率為 3%，而台積電願意給付 4% 的票面利率，投資人因而願意支付較面額為高的價格購買。

附錄 A　公允價值

本章所介紹的複利與年金之計算，目的在說明國際財務報導準則最常用的衡量基礎——公允價值評價技術中收益法的 (即現值法)。以下說明公允價值之定義、市場參與者、評價技術、應用於非金融資產、應用於負債及企業本身權益工具的要點。

公允價值之定義

公允價值 (fair value) 係於衡量日，在現時市場狀況下，**市場參與者** (market participants) 在主要（或最有利）市場之有秩序之交易中出售資產所能最大收取或移轉負債所需最小支付之價格 [即**退出價格** (exit price) 而非**進入價格** (entry price)]，不論該價格係直接可觀察或使用其他輸入值的評價技術估計。該退出價格不得調整交易成本。交易成本應依其他 IFRS 之規定處理。交易成本並非資產或負債之特性。例如動物性生物資產採公允價值減交易成本 (即淨公允價值) 衡量，而攤銷後成本的債務工具投資的交易成本則納入帳面金額。

但公允價值應考量運輸成本，因地點為某些資產 (例如大宗商品可能屬此例) 之重要特性，則主要 (或最有利) 市場之價格，應調整將該資產自其現時地點運輸至該市場所發生之成本。

在衡量公允價值時，考量之主要市場係指對資產或負債具最大交易量及活絡程度之市場，但若無主要市場，則為該資產或負債之最有利市場。所謂最有利市場，係指考量交易成本及運輸成本後，最大化出售資產所能收取之金額或最小化移轉負債所需支付之金額之市場。例如：臺南玉里的芒果全省知名，假如它沒有主要市場，而是只考量最有利市場—臺北果菜市場或高雄果菜市場，相關資料如下：

	臺北果菜市場	高雄果菜市場
價格	$105	100
運輸成本	(5)	(2)
公允價值	100	98
交易成本	(4)	(1)
最有利市場	96	97

若單以這個芒果的公允價值 (即只考量運成本) 而言，臺北果菜市場的 $100 較高雄果菜市場的 $98 為高，但是如果進一步再考量最有利市場 (再扣掉交易成本後)，此時依 IFRS 13 之規定，這個芒果的公允價值應是

由最有利市場高雄果菜市場所決定的 $98，而非台北果菜市場的 $100。企業於衡量日必須能進入該主要市場(或最有利市場)，但無須考量是否有能力於衡量日出售資產或移轉負債。

衡量公允價值時，企業應將資產或負債之特性納入考量，該資產之狀況與地點；及對該資產之出售或使用之限制。特定特性對衡量之影響將視該特性如何被市場參與者所考量而有所不同。按公允價值衡量之資產或負債可能為

- 某一單獨資產或負債；或
- 資產群組、負債群組；或
- 資產及負債群組(例如某一現金產生單位或某一業務)。

市場參與者

市場參與者 (market particpants)，係指於資產或負債之主要(或最有利)市場中，具有下列所有特性之買方及賣方：

- 彼此間相互獨立，亦即他們並非 IAS 24 所定義之關係人。
- 具相當知識且運用所有可得資訊(包括透過一般及慣例上實地查核之努力所能取得之資訊)而對於資產或負債及交易有合理了解。
- 有能力達成交易。
- 有意願達成交易，亦即有成交之動機而非被迫或被強制成交。

這群市場參與者會依他們的最佳經濟利益，決定資產或負債的公允價值。

評價技術

企業應使用適合及可得充分資料之評價技術以衡量公允價值，應最大化使用攸關之**可觀察輸入值** (oberservable inputs)，並最小化使用**不可觀察輸入值** (unobservable inputs)。評價技術通常可分類為三類方法，如下表：

評價技術	內容
1. 市場法 (Market method)	使用涉及相同或類似資產、負債或群組之市場交易所產生之價格，及其他攸關資訊之評價技術。
2. 成本法 (Cost method)	反映重置某一資產服務能量之現時所須金額(常被稱為現時重置成本)之評價技術。
3. 收益法 (Income method)	將未來金額(例如現金流量或收益及費損)轉換為單一現時(即折現)金額之評價技術。公允價值衡量係以有關該等未來金額之現時市場預期所顯示之價值為基礎所決定。

使用現值法應注意事項：

- 只考量與該資產或負債有關現金流量及折現率；
- 應避免重複考量風險因素；
- 假設應具一致性(名目現金流量或實質現金流量，稅前現金流量或稅後現金流量)；
- 折現率應與相關現金流量幣別一致。

最有利市場

公允價值層級

公允價值的層級，依其使用輸入值種類之優先順序(而非評價技術)，可分為三個優先等級。如下：

公允價值層級	判斷依據
第1等級輸入值 (Level 1)	相同資產或負債在活絡市場的報價。
第2等級輸入值 (Level 2)	資產或負債直接或間接之可觀察輸入值，除第1等級之報價者。
第3等級輸入值 (Level 3)	使用不可觀察輸入值。

應用於非金融資產之公允價值時

在衡量非金融資產之公允價值時，係以從市場參與者的角度，能夠以實質可能、合法及財務可行之方式，最佳使用資產所能創造最高的價值。惟企業對非金融資產之現時使用，係推定為其最高及最佳使用，除非市場或其他因素顯示市場參與者所採之不同用途將最大化該資產之價值。例如，企業之工廠用地，已重劃為住宅用。又例如，即使企業為保護其競爭地位，不積極使用所取得之非金融資產，企業仍應假設非金融資產由市場參與者作最高及最佳使用，以衡量其公允價值。例如買入專利權，卻將其故意閒置，只要阻止競爭對手就已達到企業的目的。

應用於負債及企業本身權益工具

公允價值衡量假設(金融或非金融)負債或企業本身權益工具(例如發行作為企業合併對價之權益)於衡量日移轉予市場參與者。其主要移轉假設如下：

Chapter 4 複利和年金

IFRS 一點通

企業特定價值 (entity specific value) vs 公允價值 (fair value) 兩個是對應的觀念

企業特定價值：係指**個別**企業預期從現有的資產(含存貨)之持續使用及於耐用年限屆滿時之處分中所產生之現金流量現值，或預期為清償負債而發生之現金流量現值。例如企業現金產生單位的**使用價值** (value in use) 的估計，或者是企業商勞務的**售價** (sale price)。

而公允價值是從**全部**的市場參與者的角度，對於資產或負債在主要(或最有利)市場之有秩序之交易中出售資產最大所能收取或移轉負債所需最小支付之價格。

兩者評價的出發點，是有極大的不同，因此兩者如果估計有所不同，是必然的結果。

- 負債將仍流通在外且市場參與之受讓人將被要求履行義務，該負債於衡量日將不會被消滅。
- 企業本身權益工具仍將流通在外，且市場參與之受讓人將承擔與該工具相關之權利及責任。該工具於衡量日將不會被消滅。

另外，負債之公允價值應反映**不履約風險** (non-performance) 之影響。不履約風險包括(但不限於)企業本身之信用風險。當衡量負債之公允價值時，企業應考量其信用風險及其他可能影響該義務將不被履行之可能性之影響。在衡量負債公允價值時，係假定不履約風險在負債移轉前後，都不會改變。

本章習題

問答題

1. 試問單利與複利的差別。
2. 何謂現值？何謂終值？
3. 何謂年金？何謂普通年金？何謂到期年金？
4. 何謂遞延年金？
5. 試問發行公司債時，計算折現值需要哪些項目？

選擇題

1. 計算利息時不需要下列何者變數？

(A) 本金　　　　(B) 利率　　　　(C) 資產　　　　(D) 時間

2. 假設投資 $100,000，可以賺得 10% 之利息，請問以下列何種複利方式，可以讓一年後賺得的報酬最多？

   (A) 每年複利　　(B) 每季複利　　(C) 每月複利　　(D) 每日複利

3. 建仔想要知道他每年年底存入 $30,000，總共存 5 年，若可賺得 8% 之複利，最後會累積多少金額。請問建仔該使用哪一張表？

   (A) 複利現值表　　　　　　　　(B) 複利終值表
   (C) 普通年金現值表　　　　　　(D) 普通年金終值表

4. 巴其的銀行定期存款可賺得 8% 之利息，若半年複利一次，總共存 4 年，巴其應使用複利終值表中的哪一項因子？

   (A) 4 期，8%　　(B) 4 期，4%　　(C) 8 期，8%　　(D) 8 期，4%

5. 培培有 $50,000 的額度可以投資，他想賺到 $114,600，若投資可獲得年報酬 5%，試問培培需要多少年可達成目標？

   (A) 16 年　　　(B) 17 年　　　(C) 18 年　　　(D) 19 年

6. 納豆想要在 6 年後存到 $30,000，若他投資可以獲得 8% 的報酬，請問他現在要投入多少資金？

   (A) $15,600　　(B) $18,905　　(C) $9,610　　(D) $26,670

7. 花媽為了女兒橘子 10 年後出國念研究所的學費，現在開始存錢，每年年底存入相同的金額，存至橘子出國那一年年底。花媽估計總共要存到 $2,300,000，若利率為 6%，試問每次存款金額為何？

   (A) $312,496　　(B) $200,151　　(C) $174,497　　(D) $338,151

8. 雷歐力每兩個月月底存入 $6,000，共存 3 年。若存款利率為 15%，試問 3 年後雷歐力擁有多少錢？

   (A) $20,835　　(B) $134,318　　(C) $110,700　　(D) $120,825

9. 尼特羅會長想要於退休後環遊世界一周，現在距離退休還有 20 年，他預計花費 $13,000,000，若他現在開始每年年初存入 $161,093，他要有多少報酬率才夠達成目標？

   (A) 8%　　　　(B) 10%　　　　(C) 12%　　　　(D) 15%

10. 祐寧公司發行公司債，本金 $1,000,000，每年年底支付利息。公司債 6 年後到期，若市場利率為 6%，負債的現值為 $901,653，試求此負債之票面利率為何？

    (A) 3%　　　　(B) 4%　　　　(C) 6%　　　　(D) 8%

11. 現有一投資案顯示，接下來 5 年，每年底可賺得 $30,000，在第 5 年底也可拿到 $240,000。若利率為 12%，你會付多少錢在此投資案上？

(A) $244,327　　　　(B) $153,206　　　　(C) $257,304　　　　(D) $973,291

12. 花爸之退休金每 3 個月領一次 $85,000，第一次領取的日期為 ×1 年 1 月 1 日，共領 9 年，若市場利率為 10%，花爸想要在 ×1 年 1 月 1 日一次領完的話可以拿多少元？

    (A) $904,754　　　　(B) $538,469　　　　(C) $2,052,339　　　(D) $694,462

13. 孝全公司準備購買 $2,000,000 的機器設備，由於資金欠缺，廠商提供孝全公司可分次付款，約定每年年初支付 $331,513，共支付 8 年。試問孝全公司將負擔多少利率之利息？

    (A) 8%　　　　　　(B) 9%　　　　　　(C) 10%　　　　　　(D) 11%

14. 阿基師於 ×1 年 1 月 1 日中獎大樂透彩券，稅後獎金 $7,967,555，他打算先將獎金存入銀行 4 年 (×1 年初至 ×5 年初)。自 ×5 年開始，每年年初領取 $600,000。假設利率為 5%，試問阿基師可領多少次相同金額的錢？

    (A) 28 次　　　　　(B) 29 次　　　　　(C) 30 次　　　　　(D) 31 次

15. 公允價值衡量時，在考量出售資產或移轉負債之交易市場時，何者為最優先考量之市場？

    (A) 主要市場　　　 (B) 最有利市場　　 (C) 都可以　　　　 (D) 以上皆非

16. A 資產在甲活絡市場的售價是 $50、交易成本 $2、運輸成本 $5，在考量該甲活絡市場是否為最有利市場時，應認定 A 資產在甲活絡市場的金額為何？

    (A) $50　　　　　　(B) $48　　　　　　(C) $45　　　　　　(D) $43

17. 沿上題，若甲活絡市場係為最有利市場時，則 A 資產之公允價值為何？

    (A) $50　　　　　　(B) $48　　　　　　(C) $45　　　　　　(D) $43

18. 將未來金額 (例如現金流量或收益及費損) 轉換為單一現時 (即折現) 金額之評價技術，係屬

    (A) 市場法　　　　 (B) 成本法　　　　 (C) 收益法　　　　 (D) 以上皆非

19. 在估計某資產之公允價值時，同時使用到兩種重要的輸入值，其中一個為第 2 等級輸入值，另外一個為第 3 等級輸入值，故該資產之公允價值係屬何種等級？

    (A) 第 1 等級　　　 (B) 第 2 等級　　　 (C) 第 3 等級　　　 (D) 第 4 等級

練習題

1. 【單利與複利】辛巴找到一個可獲得年報酬 4% 的投資，期間為 6 年，現在他投資 $100,000，試問：(1) 利息為每年單利，(2) 利息為每年複利；在 6 年後，辛巴可拿回共多少？

2. 【終值】黑傑克將 $60,000 存入銀行，定期存款共 4 年，年利率 12%。依照以下利息複利之假設，計算第 4 年底之終值。

    試作：(1) 每年複利一次，(2) 每半年複利一次，(3) 每季複利一次。

3. 【現值】索隆先前向娜美借款 $1,300,000，不計息，從現在算起再過 7 年要全部還清。索

隆現在要存入多少元，才可以依 8% 的複利利率，於 7 年後償還借款？

4. 【現值與終值】試回答以下問題：
   (1) 投資 $130,000，報酬 12%，持有 6 年之最終價值為多少？
   (2) 2 年後能獲得的 $45,000，以 10% 折價之現值為多少？
   (3) 存款 $30,000，利率 4%，半年複利一次，存放 3 年後本息共為多少？
   (4) 不附息負債 $250,000，5 年期，市場利率 15%，現值為多少？

5. 【年金終值】靜香為了出國學習小提琴，從 ×1 年起，每半年存 $10,000，第一次存款時間為 ×1 年 6 月 30 日，預計存 3 年，若年利率為 10%，試問 ×3 年底總共累積了多少錢？

6. 【求解其他未知數】彭哥列公司欲提撥退休基金，預計從 ×1 年開始，每年年底提撥一筆錢。若想要在 ×11 年 12 月 31 日累積至 $14,000,000，以 8% 的利率計算，彭哥列公司每年要提撥多少元？

7. 【求解其他未知數】小新想要存到人生第一個 $1,000,000，從現在起每年初要存多少元，才可以在 6 年後，以 4% 的利率存到 $1,000,000？

8. 【求解其他未知數】花花想買價值 $840,000 的東西，從現在起每年年初投資 $108,871，若可以獲得固定利率 10%，請問花花要存幾年？

9. 【公司債發行】布馬公司發行公司債，本金 $500,000，票面利率 4%，每年底支付。公司債 8 年後到期，若市場利率 3%，試求此負債之現值為何？

10. 【年金現值】霍爾找到一基金投資案，每年底可獲得報酬 $125,000，共 5 期，若市場利率 12%，此基金要低於多少元，霍爾才可以投資？

11. 【年金決策題】哲普飲食公司為東海地方有名之餐廳，想要到西海地方增設分店。現找到三間適合的店面，各店面之顧客流動與消費狀況均相同，以下分別為各店面之條件：
    店面甲：現金購買價格 $50,000,000，耐用年限為 20 年。
    店面乙：以租賃方式承租店面，每年年初支付租金 $7,000,000，承租 20 年。
    店面丙：現金購買價格 $55,000,000，耐用年限為 20 年。由於店面丙的空間比哲普公司之需求還大，多餘的部分若另外出租，每年年底可收到租金 $860,000，可出租 20 年。
    試問若哲普公司之資金成本為 15%，應選擇哪一間店面作為分店之地點？請說明原因。

12. 【年金現值】龍太郎之退休金每兩個月 $56,000，從 ×2 年 1 月 1 日開始領第一次，總共領 6 年。若市場利率 12%，龍太郎想要在 ×2 年 1 月 1 日一次領完的話可以拿多少元？

13. 【年金決策題】多惠於拍賣網站購買瘦身器材，現購價 $39,000，可分期付款 6 期，每 3 個月支付 $7,000，購買日支付首次款項。若市場利率 10%，且多惠資金充沛，請問多惠該選擇何種付款方式較划算？請說明原因。

14. 【遞延年金】櫻木花道想要於 ×14 年起每年初領 $340,000，領至 ×20 年。他從 ×1 年起

每年底存一筆錢，共存 8 年，市場及存款利率皆為 8%，試問每年要存多少元？

15. 【遞延年金】海綿寶寶於 ×1 年 1 月 1 日購買一輛車子，付款條件為頭期款 $150,000，2 年後開始每半年支付 $70,000，共支付 5 年。第一次付款為 ×3 年 1 月 1 日，假設利率為 8%，試問車子若有現購價，會是多少元？

應用問題

1. 【現值】喬巴公司於 ×1 年底評估製藥機器設備之可回收金額，利用資產之使用價值作為可回收金額之基礎，以測試資產是否減損。以下為喬巴公司預估之未來現金流量。

年度	現金流量
×2	$579,481
×3	588,232
×4	517,526
×5	522,483
×6	498,724
×7	483,557

    資產之使用價值係指未來現金流量之折現值。喬巴公司使用 12% 作為折現率，請問製藥機器設備於 ×1 年底之使用價值為何？

2. 【年金決策題】大目於 ×1 年初想要在未來累積財富至 $450,000，小董提供兩種儲蓄方式供他參考。方式一，每半年存 $100,000，首次存款為 ×1 年 6 月 30 日；方式二，每 3 個月存 $49,500，首次存款為 ×1 年 3 月 31 日。若年利率為 8%，請問大目應選擇何種儲蓄方式可以較早達成目標？於何時可以達到目標？

3. 【年金終值】大雄公司有 $10,000,000 之負債於 ×10 年 12 月 31 日到期，其於 ×1 年 1 月 1 日存入 $500,000，可獲得 8% 之利息，每半年複利一次。另外，大雄公司欲自 ×6 年 6 月 30 日起，每半年存入一筆金額，以便清償債務。試問大雄公司後續應存入之金額為何？

4. 【年金決策題】書豪想要累積財富，思考了幾種方法準備執行。方法一，投資 $1,400,000，利率 15%，持有 5 年。方法二，每季季初存入銀行 $100,000，利率 12%，共存 5 年。方法三，每年年初存入銀行 $400,000，利率 12%，共存 5 年。試問 5 年後依照各種方法可累積至多少錢？書豪應選擇何種方法？

5. 【公司債發行】銀時公司因資金短缺，於 ×1 年 1 月 1 日發行公司債，面額 $2,000,000，票面利率 4%，每半年支付利息一次，第一次支付利息為 ×1 年 6 月 30 日，公司債於 ×6 年 12 月 31 日到期。若市場有效利率 6%，試問銀時公司發行時可獲得多少現金？

6. 【年金決策題】八戒向悟淨借款 $20,000，現在已到還款日，但八戒身上只有 $6,000。悟淨願意讓他延後付款，並提供兩種還款方法讓八戒選擇。

方法一：現在支付 $6,000，並於兩年後支付 $16,000。

方法二：每一年底支付 $11,000，共支付 2 年。

若八戒的資金成本率為 5%，請問八戒應該選擇何種方法？請說明原因。

7. 【年金決策題】蘋果公司欲增購影印機，廠商提供兩種方案供蘋果公司選擇。

   方案 A：直接購買價 $300,000，影印機之耐用年限為 10 年。

   方案 B：向廠商租用影印機，租金 $40,000，每年年初支付，租期 10 年，租期屆滿退還廠商。

   若市場利率為 8%，試問蘋果公司應選擇何種方案？請說明原因。

8. 【年金決策題】諾貝爾公司現欲尋找廁所清潔之包商，打算與適合之廠商簽訂 10 年之合約。現有三間清潔公司提出其價格：

   A：每年初收款 $50,000，共收 10 年。清潔用具自理。

   B：簽約時收取 $100,000 之保證金，每半年收款 $25,000，簽約時即收取該費用，共收 8 年。合約到期退還全數保證金。清潔用具自理。

   C：簽約時收取 $250,000。清潔用具費用於每年初另外收取 $9,000，共收 10 年。

   假設諾貝爾公司之資金成本為 10%，諾貝爾公司應該選擇哪一間清潔公司？請說明原因。

9. 【遞延年金決策題】小傑公司擁有精華地段之土地與建築物，於 ×1 年 1 月 1 日因地震毀損，若要完全修復並恢復正常營運，須耗費龐大資金，故小傑公司欲將其銷售給他人。現有三位買家向小傑公司提出購買意願：A 買家願意現在以 $23,000,000 之價款購買；B 買家願意現在支付 $15,000,000，於 2 年後再支付 $9,500,000；C 買家願意每年支付 $5,400,000，共支付 15 年，第一次付款為 ×6 年 1 月 1 日。

   假設利率為 12%，小傑公司應將土地與建築物銷售給誰？請說明原因。

10. 【遞延年金】湯瑪士於 ×2 年 1 月 1 日中獎威力彩彩券，稅後獎金 $5,050,425，他打算先將獎金存入銀行 4 年 (×2 年初至 ×6 年初)。自 ×6 年起，每年年初領取 $600,000，領至 ×10 年；再自 ×11 年初開始，每半年領取相同金額，領 15 年。假設利率為 8%，試問湯瑪士於 ×11 年後，每半年領取的金額為多少？

11. 【複利終值】阿拉丁於 ×1 年初參加阿拉伯銀行為期十年之存款計畫，於 ×1 年初存入 $200,000，並另約定須分別於 ×4 年初存入 $250,000，×8 年初存入 $300,000，設每半年複利一次，以下為各年之利率的資料：×1 年至 ×3 年為 2%；×4 年至 ×7 年為 3%；×8 年至 ×10 年則為 5%，試問阿拉丁於到期時，可獲得本利和之金額為何？

12. 【複利終值】某家電連鎖商為了因應通貨緊縮，推出了增進買氣之促銷方案。在該方案下，顧客於交易日可先支付頭期款 $20,000，即可將售價 $300,000 之家電購回使用，其餘款項再分 4 年 8 期每半年付款一次即可 (於交易日後之半年開始分期付款)，而且前

複利和年金

二期每期只需支付 $10,000。如果整個交易規劃下，家電經銷商欲賺得 12% 年利率之利息，請問於第三期後每期顧客須付款若干 (第三期後每期付款金額相同)？此外，該經銷商對一年後才能收現之應收分期帳款，應如何於財務狀況表中表達？

[改編自 92 年會計師]

Chapter 5 現金及應收款項

學習目標

研讀本章後，讀者可以了解：
1. 現金和約當現金應包括哪些項目？
2. 應收款項包含哪些項目？
3. 應收帳款之認列及衡量？
4. 應收帳款備抵損失如何提列？
5. 應收款項融資及除列如何判斷及處理？
6. 應收票據之認列及評價？

本章架構

現金及應收款項

- **現金及約當現金**
  - 現金
  - 約當現金
  - 零用金
  - 銀行存款調節表

- **應收款項**
  - 應收帳款
  - 應收票據
  - 其他應收款項

- **應收帳款之認列及衡量**
  - 銷貨折扣及折讓
  - 退款負債
  - 備抵損失之提列

- **備抵損失**
  - 備抵法
  - 準備矩陣

- **應收款項融資及除列**
  - 擔保借款
  - 真實出售
  - 除列原則
  - 除列會計處理

- **應收票據**
  - 短期應收票據
  - 應收票據貼現

企業一般在正常營運過程中，通常會以賒帳方式銷售商品或勞務，因而產生應收帳款 (account receivable)。應收帳款雖然屬於具高流動性的資產，但它的本質其實企業用自有資金無息融資給客戶，應收帳款餘額愈高、收現期間愈久，表示企業對自有資金需求會愈高，對企業本身不是一件好事。此外，客戶也可能會倒帳，造成企業賠了夫人又折兵。

有鑑於此，國內有許多金融機構均有應有帳款承購及融資業務 (factoring)，讓企業可以將其應收帳款「出售」給金融機構，以儘早取得現金，降低資金需求，更可以規避客戶信用風險，甚至消除匯率風險 (如果該應收帳款為外幣時)。另外，也可提高應收帳款週轉率 (因為應收帳款餘額下降)，達到美化財務報表及比率的效果。

但是此一應收帳款出售業務，有時也會被不肖銀行及企業所利用，造成不當的美化報表，使得投資人被誤導而作出錯誤的投資決策。例如，宏達科技公司曾是一家專門從事於現代航太與高級工業用途扣件設計、製造與行銷之上市公司。但該公司因出售應收帳款 (金額達 1,000 萬美元) 資料與帳載不符，被台灣證券交易所自 2004 年 9 月 22 日起列為全額交割股。宏達科技公司方面提出說明，指出：該項應收帳款為銷售美國、英國客戶帳款，已讓售給新竹商銀，未來收帳風險由新竹商銀承擔，所以除列該應收帳款。

但是這個讓售合約只是法律形式上而已，經濟實質上仍然保有該應收帳款的風險。因為該讓售合約雖以無追索權 (factoring without recourse) 的出售方式簽署，宏達科技似已將應收帳款的風險移轉給新竹商銀。新竹商銀將來如果收不到款項，也不能向宏達科技求償，如此一來，似乎符合一般會計教科書可以除列的規定。但是在該應收帳款讓售合約中，新竹商銀有加入一個重要的但書：

> 新竹商銀必須要等到收到相關應收帳款款項後，才會付給宏達科技出售應收帳款所得之價款。

因為這個但書，使得應收帳款的風險與報酬尚未移轉，只要新竹商銀一天沒有收到現金，就一天不付款給宏達科技。所以應收帳款的收回的風險實際依然由宏達科技承擔，所以不得除列，才算是允當表達。

章首故事引發之問題

- 應收帳款應如何衡量？應如何認列預期信用減損？
- 企業若不想等到客戶付款才取得現款，企業有何方式可提早獲得現金？
- 企業除列應收帳款（金融資產）的判斷依據為何？會計應如何處理？

5.1 現金之意義

學習目標 1
現金及約當現金之定義及項目

　　會計上所謂「現金」，係指企業可隨時作為交易支付的工具，而且沒有任何指定用途，也沒有受到法令或其他約定之限制。它比一般所認知的現金（紙鈔及硬幣）更為廣泛。除了紙鈔及硬幣外，銀行支票存款、銀行活期存款、即期支票、即期本票及匯票、銀行本票及保付支票（可隨時向銀行要求兌現）及郵政匯票等，亦屬於會計上之現金。

　　至於**約當現金** (cash equivalent)，則係指具高度流動性之投資，該投資可隨時轉換成一固定金額之現金且其價值變動的風險很小。持有約當現金之目的必須在於滿足短期現金支付之需求，而不是作為賺取差價或享有高額利息收入之用。因此，通常只有短期內（如自投資日起 3 個月內）到期的投資才可視為約當現金，例如自投資日起，3 個月內到期之短期票券及附賣回條件之票券等。

　　在財務報表上，現金及約當現金通常加總在一起，以「現金及約當現金」項目表達，此乃因為兩者都能迅速滿足企業短期現金支付之需求。現金及約當現金可說是企業所有資產中流動性最高的資產。

　　至於**銀行定期存款** (certificate of deposit) 是否屬於現金或約當現金？根據許多其他國家銀行之實務，定期存款提早解約時，必須支付罰款，因此本金無法全部取回，所以不可視為現金或約當現金。但在我國銀行實務上，定期存款如果提前解約，雖然會喪失部分利息，但是本金仍可全數收回，因此符合約當現金之定義，

所以短期 12 個月內到期的定期存款，也算是符合 IFRS 約當現金之定義。

至於**償債基金** (sinking fund) 內的現金及約當現金，由於有必須清償債務的指定用途，故不是現金或約當現金。企業向銀行借款時，銀行若要求必須作**補償性回存** (compensated balance) 時，由於該回存銀行之存款有受到提領限制，故亦不屬現金。

有時銀行為保護客戶之信用及賺取利息收入，會提供透支額度給企業 (bank overdraft)，此一使用之透支其實為銀行對企業之短期放款，本來應屬於負債，但如果企業整體現金管理有包括該可隨時償還之銀行透支，則該銀行透支應與企業與在同一銀行的存款互抵。例如，企業向甲銀行 A 帳戶透支了 $100，但企業在同一銀行尚有其他存款帳戶餘額 $2,000，且此兩帳戶均屬企業現金管理系統之一部分。此時該企業的現金及約當現金餘額為 $1,900。反之，如企業整體現金管理並未包括該銀行透支，此時銀行透支 $100 應單獨列為負債，而企業的存款餘額則為 $2,000。

至於遠期支票在國內常作為信用工具，到期之前不能向銀行要求兌現，所以並非現金，而應歸類在應收票據科目。員工借款條係借款給員工而取得的收據，無法作為支付工具，故應歸屬於應收款。郵票及印花稅票則應歸屬於預付郵電費。

5.1.1　現金管理及內部控制

現金管理期望能達到下列目標：

1. 所有現金收支均能依照規定進行，並有良好的內部控制系統，以防止現金遭竊或被舞弊。
2. 維持適當現金水準，以因應企業各項例行支出及重大資本支出。
3. 因現金之收益通常很低，應避免過多之閒置現金。
4. 迅速且正確提供現金收支資訊，以利企業現金調度。

良好的現金內部控制程序，應包括下列：

1. 現金保管與會計記錄人員應由不同人員負責。
2. 任何交易應避免由一人或單一部門負責完成，以利相互核對勾稽。

3. 盡可能集中收入及支出的現金作業，並且在收付後立刻入帳。
4. 編製銀行存款調節表(其編製請參見本章附錄A)，以管控及追蹤現金之收付。

5.1.2 零用金制度

企業在建立現金支出的內部控制系統後，所有支出都應依規定程序進行申請、審核，之後再開立支票或以銀行匯款方式進行支付。由於整個程序稍微冗長，因此對於企業一些日常小額支出，如到便利商店購物、購買郵票及搭乘計程車等，相當不方便。為便利小額交易之進行，企業可設置**零用金** (petty cash fund) 制度。

零用金制度可依下列方式進行：

1. 設置零用金

當企業決定設置零用金制度時，首先會決定一適當、固定金額的零用金，並將該金額之現金交付給零用金保管人。

2. 使用零用金

零用金領用人提供相關收據憑證，向零用金保管人申請報銷並領回代墊款。此時保管人只須作備忘錄即可，無須作任何會計分錄。

3. 撥補零用金

零用金保管人搜集相關收據憑證，並加以彙整後，申請核准撥補已支出之零用金，以便將零用金回復到原先設置之零用金額度。由於零用金小額支出頻繁，難免會有找零錯誤，因此造成零用金溢出或短少，因此可以用「現金短溢」項目作為調整。「現金短溢」項目如有借方餘額，應列為其他費用，貸方餘額則列為其他收入。

4. 增減零用金額度

有時企業基於實際小額交易之頻率變動，會增加或減少零用金之設定額度。增加零用金額度時，會借記「零用金」項目；反之，若減少零用金額度時，會貸記該項目。

釋例 5-1　零用金

塔塔公司 ×1 年 1 月 1 日決定設置定額零用金 $10,000，其零用金使用及撥補情形如下：

1 月　5 日　支付快遞費用 $3,000
1 月 10 日　支付計程車車資 $4,000
1 月 18 日　購買文具用品 $1,950
1 月 31 日　該日零用金現金餘額僅剩 $1,000，申請撥補零用金至原先設置額度
2 月　1 日　決定將零用金額度提高至 $15,000

解析

(1) 1 月 1 日設置零用金

×1/1/1	零用金	10,000	
	銀行存款		10,000

(2) 1 月 5 日至 18 日間，零用金領用人提供相關收據憑證，向零用金保管人申請報銷並領回代墊款。保管人只須作備忘錄。

(3) 1 月 31 日撥補零用金。

×1/1/31	郵電費用	3,000	
	交通費用	4,000	
	文具用品	1,950	
	現金短溢	50	
	銀行存款		9,000

(4) 2 月 1 日將零用金額度提高至 $15,000。

×1/2/1	零用金 *	5,000	
	銀行存款		5,000

＊零用金在財務報表上列入「現金及約當現金」。

5.2　應收款項

應收款項 (receivables) 係指企業因直接提供金錢、商品或勞務予債務人，而產生有權利自債務人收取固定或可決定數額之現金。應收款項係**金融資產** (financial asset) 的其中一個類別，有時亦稱為**「放款及應收款」**(loans and receivables)。它可以是流動資產，也可能是非流動資產，端視企業何時將應收款項變現之意圖及能力而定。應收款項如果能夠在 12 個月 (或當企業營運週期超過 12 個月時，

> **學習目標 2**
> 應收款項之定義及種類

則為以營運週期之期間)內收現,或者企業打算在 12 個月內將其處理變現,則該應收款項係屬流動資產。否則,應收款項應分類為非流動資產。

應收款項可分成**因營業交易所產生之應收款** (trade receivables) 及**非因營業交易所產生之應收款** (non-trade receivables)。因營業交易所產生之應收款,通常係由企業提供商品或勞務給客戶而產生,可再細分為**應收帳款** (account receivables) 及**應收票據** (note receivables)。應收帳款係因企業相信客戶之信用,且未要求客戶開立票據,就直接銷售商品或提供勞務給客戶而產生。至於應收票據則是因企業在提供商品或勞務時,同時也要求客戶開立票據而產生。

非因營業交易所產生之應收款則有許多種類。例如,預先借給員工之款項、與子公司之往來款、預繳履約保證金、預付訂金、應收股利或利息、應收保險理賠款等。

5.3　應收帳款之衡量

學習目標 3
應收帳款的認列及續後評價

應收帳款係企業因營業交易移轉商品或勞務之控制予客戶時(依 IFRS 15「客戶合約之收入」,更詳細的討論請參見第 15 章),預期可取得的無條件收款權利,雖然依照合約到期才能收款(時間是唯一的條件),但時間一定會到期的,所以應收帳款亦稱為無條件之收款權利。

應收帳款在原始認列時,學理上應依預期可收取對價之公允價值(現值)入帳,但只要應收帳款不包含**重大財務組成部分** (significant financing component),如可在一年內收現時,則無須採用現值入帳。但是如果應收帳款有包含重大財務組成部分時,則應將未來可收取之對價予以折現入帳。大部分的應收帳款通常在一年內會收現。

企業應於財務報導日,評估期末應收帳款可能因客戶無法如期付款之**預期信用損失** (expected credit loss) 之金額,並提列應有之「備抵損失(或備抵呆帳)」,並認列相關之「預期信用減損損失(或呆帳費用)」。

5.3.1 銷貨折扣及銷貨折讓

由於應收帳款係根據與客戶合約中交易價格為基礎，依商品或勞務之移轉控制程度預期可自客戶收取之對價來認列。前述合約交易價格可包括：固定對價或變動對價(或兩者兼有)。變動對價可能包括因折扣、讓價、退款、抵減、價格減讓、誘因、罰款或其他類似項目而造成交易價格的變動。此外，若企業有權取得之對價係取決於某一未來事項之發生與否，則交易價格也可能因而變動，例如，若銷售附退貨權之產品，或者承諾以某一固定金額作為達成特明定里程碑之履約紅利，亦屬變動對價。

因此，商業折扣(係指按價目表打折的額度，例如打七折出售)，非屬預期可收取之金額，故不應認列為應收帳款。至於現金折扣，如係為了鼓勵客戶提早付款，而給予的折扣。例如銷貨條件為 2/10、n/30 時，客戶若在 10 天內付款，可享有 2% 的現金折扣，其餘款項應在 30 天內完全付清。因此，現金折扣係屬變動對價，原則上現金折扣不應計入應收帳款之金額，以免高估應收帳款及收入之金額，除非企業認定客戶係高度很有可能不會享受這個現金折扣，始能將該現金折扣計入應收帳款中。之後，客戶付款的早晚與企業原先估計有所不同時，則應視為會計估計值變動處理。

釋例 5-2　應收帳款之現金折扣

(1) 7月1日小小兵公司賒帳銷貨 $6,000 給客戶，銷貨條件為 2/10、n/30，小小兵公司無法認定客戶高度很有可能不會享受此一現金折扣

　　應收帳款 ($6,000 × 98%)　　　　　5,880
　　　　銷貨收入　　　　　　　　　　　　　　　5,880

(2a) 若客戶在 7 月 10 日付款
　　現金　　　　　　　　　　　　　　　5,880
　　　　應收帳款　　　　　　　　　　　　　　　5,880

(2b) 若客戶在 7 月 30 日付款，視為會計估計值變動調整
　　現金　　　　　　　　　　　　　　　6,000
　　　　應收帳款　　　　　　　　　　　　　　　5,880
　　　　銷貨收入　　　　　　　　　　　　　　　　120

5.3.2 客戶有退貨權之銷售收入及相關應收帳款之處理

企業在銷售之後，有時會允許客戶在一定的期間擁有**退貨權** (right to return)，得以將產品退回給企業。依據 IFRS 15 之規定，企業對於已經銷售出去，但預期會被退回之產品，不應認列收入[1]，但應將該等已收取 (或應收) 金額認列為退款負債。後續於每一報導期間結束日，企業應對於退款金額之預期變動，更新退款負債之衡量，並將相應之調整認列為收入 (或收入之減少)。

例如，貳週刊於 ×1 年 12 月 31 日於便利商店舖貨 1,000 本，每本售價 $50，若未來沒有賣完，可全數退回給貳週刊。貳週刊可合理估計未來退貨比率 (20%)。於銷貨時，貳週刊作分錄如下：

×1/12/31	應收帳款 ($50 × 1000)	50,000	
	銷貨收入 ($50 × 800)		40,000
	退款負債 ($50 × 200)		10,000

之後，×2 年 1 月 15 日，便利商店售出 850 本，並退回 150 本及支付相關款項。貳週刊應作分錄如下：

×2/1/15	現金 ($50 × 850)	42,500	
	退款負債	10,000	
	應收帳款		50,000
	銷貨收入 ($50 × 50)		2,500

5.3.3 備抵損失 (備抵呆帳) 之認列

學習目標 4
應收帳款信用減損損失提列方法

由於有些客戶未來可能會倒帳，造成應收帳款的總額高估及導致其價值**減損** (impairment)，因此企業必須於認列相關備抵損失 (備抵呆帳)，以反映應收帳款的減損。關於呆帳之認列，通常用**備抵法** (allowance method) 予以處理。備抵法係指企業獨設立一個「備抵損失 (備抵呆帳)」的項目，該備抵損失係估計該應收帳款未來預期信用損失的金額，並作為應收帳款總額的減項。根據 IFRS 9 的規定，

---

[1] 只有企業能夠合理估計未來退貨比率的情況下，企業才能認列收入。反之，企業如果無法估計未來退貨比率，不得認列收入。

應收帳款是否含有重大財務組成部分，會使得估計未來預期信用損失之期間有所不同：

應收帳款是否含有重大財務組成部分	估計預期信用損失(減損)的期間
沒有	• 一定要用整個存續期間
有	• 得選用整個存續期間（減損金額可能較高） • 或選用三階段減損模式（減損金額可能較低）

應收帳款若沒有重大財務組成部分(通常為一年以內的應收帳款)時，此時企業一定要用應收帳款整個存續期間，估計預期未來的預期信用損失。但應收帳款如果含有重大財務組成部分(通常為超過一年以上的應收帳款)，此時企業得選用應收帳款整個存續期間，以估計未來預期信用損失，例如某長期應收帳款的**存續期間** (life time) 長達五年，企業如以整個五年存續期間內，估計該長期應收帳款的備抵損失，此時估計之減損金額可能會較高；企業亦得選用第 10.3 節的三階段減損模式，以估計該長期應收帳款的備抵損失，但依這個模式估計的減損金額可能會較低[2]。

企業在估計應收帳款的備抵損失時，得使用**準備矩陣** (provision matrix) 的方式。例如企業得採用帳齡分析法，亦即根據個別應收帳款付款準時與否及逾期時間長短，分別使用不同比率去評估應有之備抵損失餘額。企業亦得根據個別客戶的信用等級高低，採用不同的百分比率去評估應有之備抵損失餘額。信用等級較高的損失比率較低，而信用等級較低的損失比率較高。

根據前述方式，可計算出備抵損失期末應有之餘額，然後再去認列本期之預期信用減損損失(呆帳費用)。例如×1年12月31日，雪山公司應收帳款之金額為 $125,000，其帳齡分析表如下：

---

[2] 企業如有應收票據及第 15.6 節的合約資產 (contract asset) 時，亦應比照本節應收帳款認列預期信用減損損失。

帳齡	應收帳款金額	損失比率	備抵損失金額
尚未到期	$90,000	1%	$ 900
30 天以下	25,000	6%	1,500
31-90 天	6,000	30%	1,800
90 天以上	4,000	70%	2,800
合計	$125,000		$7,000

雪山公司評估其中有 $7,000 預期會無法回收，此時備抵損失調整之前若有貸方餘額 $1,200，雪山公司本期應提列 $5,800 (= $7,000 − $1,200) 的預期信用減損損失，公司備抵損失期末的餘額才會變成 $7,000。分錄如下：

　　預期信用減損損失 (呆帳費用)　　5,800
　　　　備抵損失 (備抵呆帳)　　　　　　　5,800

應收帳款		備抵損失	
		12/31	1,200
			5,800
12/31　125,000		12/31	7,000

又例如，備抵損失調整之前有借方餘額 $400 應如何處理？有借方餘額的備抵損失不是資產，而是損失提列不足所造成的現象。所以雪山公司本期應提列更多的預期信用減損損失 $7,400 (= $7,000 + $400)，公司備抵損失期末的餘額才會變成貸方餘額 $7,000。分錄如下：

　　預期信用減損損失 (呆帳費用)　　7,400
　　　　備抵損失 (備抵呆帳)　　　　　　　7,400

應收帳款		備抵損失	
		12/31　400	12/31　7,400
12/31　125,000			12/31　7,000

5.3.4 應收帳款之沖銷及再收回

在備抵法下，某特定客戶的應收帳款若確定已經無法收回，則應該打(消)呆(帳)。例如，雪山公司若確定 B 客戶的 $2,000 的應收帳款無法收回，應作下列分錄：

備抵損失 (備抵呆帳)	2,000	
應收帳款— B 客戶		2,000

從上述分錄可以看出：打消呆帳並不會減少應收帳款淨額，也不會增加信用減損損失，但會使備抵損失的貸方餘額減少。

後續，若原先已打消的應收帳款變成可再收回時，沿上例，雪山公司應作下列迴轉之分錄：

應收帳款— B 客戶	2,000	
備抵損失 (備抵呆帳)		2,000

在收到 B 客戶的帳款時，應作下列分錄：

現金	2,000	
應收帳款— B 客戶		2,000

5.4 應收帳款融資及除列

有時企業想要提早取得資金週轉，可是應收帳款的收現期限又還未到期，此時企業有兩種方法可從應收帳款取得資金。第一種方法，係以應收帳款作為擔保品，向金融機構借款。第二種方法，則是以「法律上出售」的方式移轉應收帳款給金融機構，以取得資金。

5.4.1 擔保借款

企業向銀行借款若有提供擔保品，比較容易取得貸款，而且利率會較低。擔保品的種類繁多，例如不動產、廠房及設備，連應收帳款都可以是擔保品。應收帳款作為擔保品時，有兩種方式：(1) **一般擔保借款** (general assignment)；及 (2) **特定擔保借款** (specific assignment)。因為應收帳款只是擔保品而已，所以根本沒有應收帳款是否應該**除列** (derecognition) 的問題，它們仍然都還是企業帳上

學習目標 5

應收帳款融資

的資產。

1. 一般擔保借款

　　企業將應收帳款作為借款的一般擔保品時，通常會直接開立應付票據給金融機構，並取得相關資金的額度。現有的應收帳款若已收到現金，企業不必馬上去償還貸款；而且未來新發生的應收帳款繼續作為該貸款的擔保品。企業只需**借記：現金；貸記：應付票據**。應收帳款不得除列，只須在財務報表附註揭露應收帳款作為一般擔保即可。

2. 特定擔保借款

　　企業可將某些應收帳款作為貸款的特定擔保，通常也會直接開立應付票據給金融機構，並取得相關資金的額度。但由於未來新發生的應收帳款不會作為該貸款的擔保，因此企業現有的應收帳款若已收到現金，金融機構會要求企業必須儘快去償還該貸款，以免該貸款的擔保消失，未來債權可能會受損。其會計處理釋例如下：

釋例 5-3　應收帳款特定擔保借款

(1) 賽德克公司於 ×1 年 7 月 1 日提供對巴萊公司的應收帳款 $30,000 作為向奇萊山銀行貸款的特定擔保，貸款之年利率為 12%，賽德克公司發行面額 $20,000 的票據給奇萊山銀行，取得現金 $19,800，手續費 $200。賽德克公司依據預期未來還款期間，決定 7、8 月份分別攤銷手續費 $130 及 $70。亦即在融資情況下，手續費 (交易成本) 必須在未來期間攤銷。
(2) 於 7 月中，賽德克向巴萊收取帳款 $8,000。
(3) 8 月 1 日，賽德克將收取款項連同 7 月份利息，交付奇萊山銀行。
(4) 於 8 月中，賽德克向巴萊收取帳款 $12,000。
(5) 9 月 1 日，賽德克將收取款項連同 8 月份利息，交付奇萊山銀行，並將剩餘的應收帳款轉回。

解析

(1) ×1 年 7 月 1 日提供特定應收帳款 $30,000 作為擔保，特定應收帳款因為必須專款專還，所以必須重分類。發行面額 $20,000 的票據給銀行，取得現金 $19,800，手續費 $200。

×1/7/1	應收帳款—特定	30,000	
	應收帳款		30,000

	×1/7/1	現金	19,800	
		應付票據折價	200	
		應付票據		20,000

(2) 於 ×1 年 7 月中，賽德克向巴萊收取帳款 $8,000。

	×1/7	現金	8,000	
		應收帳款—特定		8,000

(3) ×1 年 8 月 1 日，賽德克將收取款項 ($8,000) 連同 7 月份利息，交付銀行。7 月份利息費用 = ($20,000 × 12%/12) + $130 = $330，所以應支付給銀行共 $8,200。

	×1/8/1	應付票據	8,000	
		利息費用	330	
		現金		8,200
		應付票據折價		130

(4) 於 8 月中，賽德克向巴萊收取帳款 $12,000。

	×1/8	現金	12,000	
		應收帳款—特定		12,000

(5) ×1 年 9 月 1 日，賽德克將收取款項 ($12,000) 連同 8 月份利息，交付銀行。8 月份利息費用 = ($12,000 × 12%/12) + $70 = $190，所以應支付給銀行共 $12,120，並將剩餘的應收帳款 $10,000 (= $30,000 − $8,000 − $12,000) 轉回。

	×1/9/1	應付票據	12,000	
		利息費用	190	
		現金		12,120
		應付票據折價		70
		應收帳款	10,000	
		應收帳款—特定		10,000

5.4.2 移轉應收帳款

　　企業得與金融機構簽署讓售合約，將應收帳款「出售」給金融機構。以提早取得資金。如果未來金融機構收不到款項時，金融機構只能自認倒楣，這個交易不論從法律形式或經濟實質面來看，這個交易都算是**真實出售** (true sale)。但是如果雙方約定：未來金融機構若收不到款項，企業必須負責賠償損失時，雖然這個交易在法律上是出售合約，但在經濟實質上，它真的是出售嗎？如果應收帳款真的已經出售了，為何金融機構 (受讓人) 收不到款項，企業 (讓與

IFRS 實務案例

聲名狼藉的博達案

　　如果安隆 (Enron) 案是美國近年來最大的會計醜聞，博達案就是臺灣近年來最大的會計醜聞。博達公司在 1999 年上市後，股價一度高達 368 元，並在資本市場多次現金增加及發行可轉換公司債，又募得了超過 100 億元的資金。公司突然在 2004 年 6 月 14 日向法院聲請重整，因為沒有足夠現金支應即將在 6 月 17 日到期近 30 億元的公司債，可是根據公司 2004 年第 1 季財報，公司的現金及約當現金高達 63 億元。傑克，這也實在太神奇了吧！

　　原來博達公司一直在進行虛假不實的交易，以美化財務報表。但是假交易做久了，應收帳款餘額不斷膨脹。公司為避免東窗事發，找了不肖的外商銀行配合。將這些應收帳款以「假出售、真除列」的方式，將應收帳款轉換成現金及約當現金項目。這些外商銀行雖然不肖但並不笨，他們沒有傻到真的付現金給博達公司，他們提供了信用連結 (credit linked) 的存款證明，以供會計師函證之用。只要這些銀行沒有收到應收帳款的價款 (事實上永遠也不會收到，因為是假交易)，根本不會讓博達公司提領任何現金。這就是為何帳上有 63 億元現金，卻無法支付 30 億元公司債的真相。

人) 未來可能還必須負責？還是這個交易根本只是**擔保借款** (secured borrowing) 而已？

5.4.3　金融資產除列判斷原則

學習目標 6
除列判斷原則

除列
將已認列的資產或負債從資產負債表上移除。

　　由於金融資產 (含應收帳款) 必須在經濟實質上已達真正出售的情況下，才能從資產負債表上移除 (簡稱**除列**，derecognition)，所以 IFRS9 在制定除列判斷原則時，將法律上買賣交易稱之為「**移轉**」(transfer)，也將法律上的賣方 (或讓與人)，稱之為「**移轉人**」(transferor)。因為該移轉在經由除列原則判斷之後，在會計上可能視為真正銷售，也可能視為擔保借款。

　　金融資產的除列原則[3]，簡略來說須依下列 5 個步驟：A. 首先必須確認該金融資產的適用範圍；其次 B. 確認該資產收取現金流量的合約權利尚未失效；然後 C. 移轉人將該資產移轉給受讓人；然後再經由兩個重要的評估程序；D. 風險及報酬的移轉程度；與 E. 移轉

---

[3] 本除列原則，適用所有 IFRS9 適用範圍內的金融資產，例如應收帳款、放款及應收款、股票投資、債券投資及衍生性金融資產等。

Chapter 5 現金及應收款項

A. 確認該金融資產除列原則的適用範圍（以下簡稱該金融資產）

↓

B. 確認該金融資產收取現金流量的合約權利尚未失效

↓

C. 企業已經移轉該金融資產

↓

風險及報酬評估

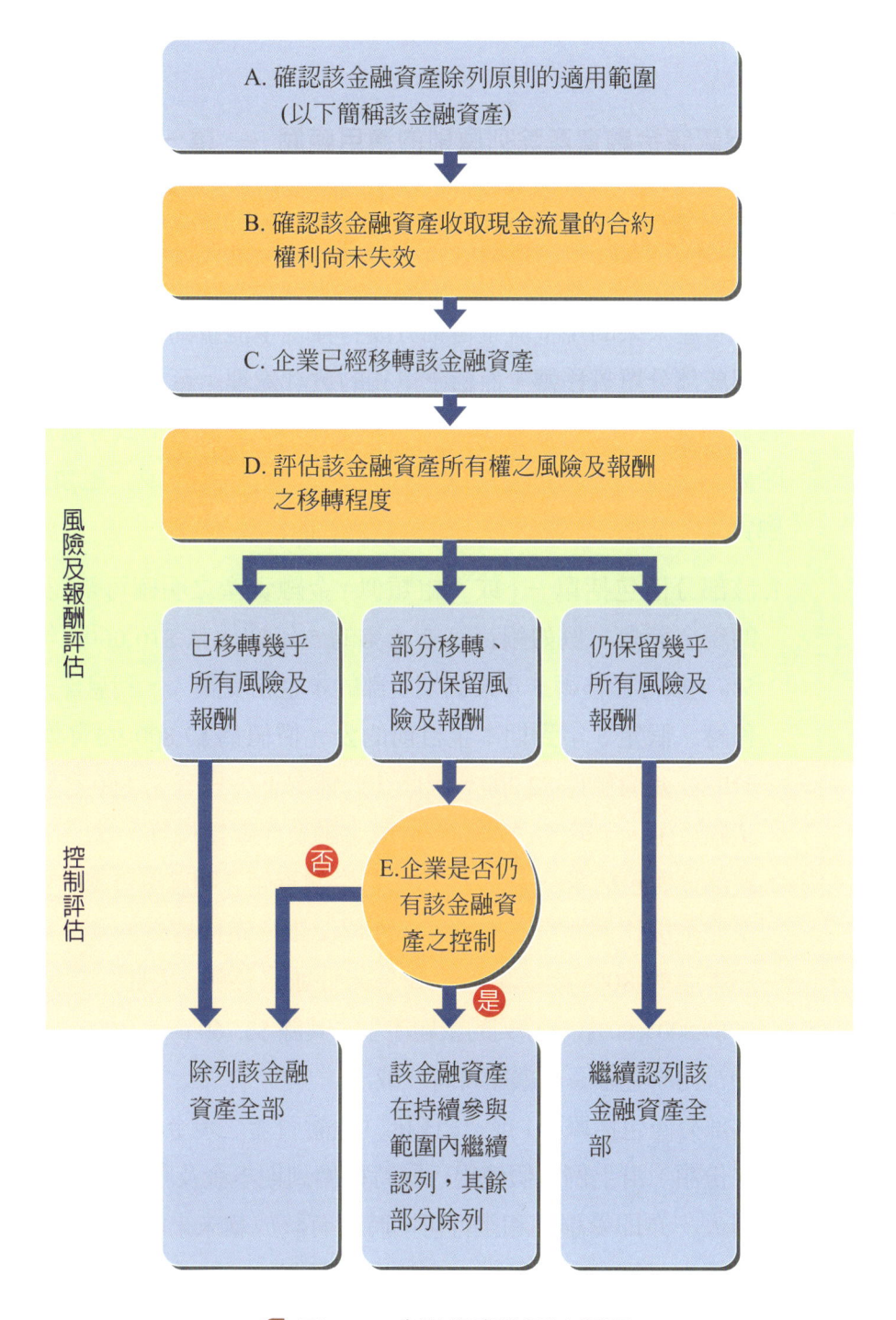

D. 評估該金融資產所有權之風險及報酬之移轉程度

- 已移轉幾乎所有風險及報酬
- 部分移轉、部分保留風險及報酬
- 仍保留幾乎所有風險及報酬

控制評估

E. 企業是否仍有該金融資產之控制

- 否 → 除列該金融資產全部
- 是 → 該金融資產在持續參與範圍內繼續認列，其餘部分除列

繼續認列該金融資產全部

圖 5-1　金融資產除列流程圖

人是否保留控制之後，即可判定該金融資產是否可全部除列、全部保留，或部分保留及部分除列(見圖 5-1)。茲將上述 5 個步驟，分述如下：

A. 確認該金融資產除列原則的適用範圍 ── 單一(或一組類似)金融資產的整體或一部分(以下簡稱該金融資產)

由於 IFRS 9 對金融資產之移轉，並未強制要求金融資產必須整體一起移轉，而是採取**財務組成部分** (financial component) 方式，將金融資產未來的現金流量再細分成各種現金流量部分，得以一個財務組成部分單獨移轉，而給予單獨的會計處理；至於沒有移轉的金融資產部分，則視為原金融資產仍繼續持有，完全不去考量是否有除列的問題。根據 IFRS 9 除列規定，所謂「單一(或一組類似)金融資產的整體或一部」係僅包括下列三個情況：

1. 該部分僅包括單一(或一組類似)金融資產之明確可辨認 100% 的現金流量。例如銀行有奇美電的 5 年期放款 $10,000，年利率 5%。銀行僅移轉 5 年後到期全部的本金給受讓人，利息部分並未移轉。假定 5 年到期本金目前的公允價值為 $7,800，5 年利息部分的公允價值為 $2,200，因此在此情況下，只有 $7,800 有除列的議題產生，至於 $2,200 仍視為原金融資產繼續持有。

2. 該部分僅包括單一(或一組類似)金融資產之明確可辨認的現金流量完全按比例的份額。沿上例，假使銀行僅移轉奇美電 5 年後到期本金的 80% 給受讓人，利息部分並未移轉，因此只有 $6,240 (= $7,800 × 80%) 有除列的議題產生，其餘 $3,760 (= $10,000 − $6,240) 仍視為原金融資產繼續持有。或

3. 該部分僅包括單一(或一組類似)金融資產之現金流量完全按比例之份額。沿上例，假使銀行同時移轉到期本金及利息的 80% 給受讓人。亦即受讓人和銀行可同時享有該放款未來的利息及本金，受讓人可享有的份額為 80%。因此只有 $8,000 (= $10,000 × 80%) 有除列的議題產生，其餘 $2,000 (= $10,000 − $8,000) 仍視為原金融資產繼續持有。

除了上述三個情況以外，金融資產之除列原則，則應適用於單

一 (或一組類似) 金融資產之整體。例如，前述銀行移轉對奇美電的放款，若允許受讓人優先享有未來利息及本金前面 80% 的現金流量，亦即若整體最後收現金額只有 81%，則受讓人仍可享有足額 80% 的現金流量，而可憐的銀行只能享有剩下的 1% 的現金流量。在此情況下，銀行應將除列原則適用於該筆奇美電之整體放款 $10,000 (本金及利息)。

B. 確認該金融資產收取現金流量的合約權利尚未失效

如果收取該金融資產現金流量合約權利 (不論是利息、股利、本金或價金等) 已經喪失，此時該金融資產當然必須除列，因為已經不再符合資產的定義。只有當收取該金融資產現金流量的合約權利仍然還有效的時候，才有繼續討論是否應該除列的必要。

C. 企業已經移轉該金融資產

IFRS9 規定，金融資產符合除列規定之移轉方式僅限下列兩種：

1. 企業已經移轉收取該金融資產現金流量之合約權利給受讓人。例如，在應收帳款的讓售後，若受讓人已經可直接向債務人收取款項，即符合此一情況。
2. 企業雖仍保留收取該金融資產現金流量之合約權利，但承諾將以**即收轉付** (pass through) 的方式，在收到相關現金流量後，很快地將收到之現金轉付給受讓人。在應收帳款的讓售交易中，若債務人很多時，由於通知每一債務人直接付款給受讓人並不方便，企業通常會以這種方式移轉金融資產收取現金流量之權利。

D. 評估該金融資產所有權之風險及報酬之移轉程度

在決定風險及報酬之移轉程度，應比較企業於移轉前後對已移轉資產淨現金流量之金額 (amount) 及時點 (timing) 變異程度是否有明顯不同。最明顯的例子是企業在股票市場將手上股票出售，由於出售後該股票未來不論上漲或下跌，均與該企業無關，所以風險及報酬已經移轉。又例如，以上述宏達科技公司為例，雖以無追索權等方式出售應收帳款，但由於新竹商銀在尚未收到款項時，不會支付宏達科技公司任何現金，因此該移轉資產現金流量的金額及時點完全沒有改變，所以宏達科技公司的風險及報酬並未移轉。又例

如，企業出售某金融資產，並協議未來必須按一固定價格或售價加計利息的方式買回時，則企業仍保留該金融資產的風險的報酬，此乃因即使該金融資產價格大跌，企業仍須應約定價格買回，所以幾乎所有的風險都尚未移轉。反之，企業若協議未來將按當時的公允價值買回時，因為若該金融資產價格大跌，企業只須用較低的價格買回即可，所以風險及報酬均已移轉。

在評估該金融資產在移轉前後風險及報酬的改變程度時，會得到下列三種可能情況：

1. 已經移轉該金融資產幾乎所有的風險與報酬。此時，應全部除列該金融資產，並將該移轉所產生或保留的任何權利或義務，另外單獨認列為資產或負債。

IFRS 一點通

買回權及賣回權與風險及報酬移轉之關係

有時候，當移轉人移轉金融資產給受讓人，由於想保有該金融資產未來大漲時候可能的報酬，會要求將來有權利依約定價格[行使價格 (exercise price)]向受讓人買回該金融資產。同樣地，受讓人有時也會擔心該金融資產未來可能會大跌，不想承擔跌價的風險，也會要求未來有權利依約定價格賣回給移轉人。金融資產的買回權 (call option) 及賣回權 (put option) 可能會同時存在。

因此金融資產在移轉時，若同時也伴隨著買回權或賣回權時，試問：該金融資產的風險及報酬已經移轉了嗎？IFRS 9 規定有下列三種可能情況：

1. 在移轉時，買回權或賣回權係以深價外 (deep out of money) 之行使價格發行，此時幾乎所有風險及報酬已經移轉。所謂「深價外」，係指該選擇權的行使價格與目前市價還有一段很大的差距，因此未來行使該選擇權的機率很渺茫。例如，企業若將手上的臺北 101 公司的持股以 $10 出售給他人，並且約定將以 $70 買回原持股，即為風險及報酬已經移轉的情況。

2. 在移轉時，買回權或賣回權係以深價內 (deep in the money) 之行使價格發行，此時幾乎所有風險及報酬仍然保留。所謂「深價內」係指該選擇權若現在馬上行使權利，可立即獲得很高的內含價值 (intrinsic value)，因此幾乎確定將來會行使該買回或賣回之權利，所以企業仍保留該金融資產的風險及報酬。

3. 在移轉時，買回權或賣回權既非以深價外，也非以深價內之行使價格發行，此時幾乎所有風險及報酬並非已經移轉，也並非完全保留。因此，需要再進一步去考量企業是否依然保有控制，以決定其除列之會計處理。

2. 仍保留該金融資產幾乎所有的風險與報酬。此時，應持續認列該金融資產，不得除列。
3. 企業雖未移轉幾乎所有的風險與報酬，同時也未保留幾乎所有的風險與報酬 (亦即已移轉部分風險與報酬，也同時保留部分風險與報酬，介於 1. 及 2. 之間)。此時，應依下一個步驟 E，去評估企業是否仍然保留該金融資產之**控制** (control)。

E. 企業是否仍有該金融資產之控制

企業如果同時滿足下列兩個條件，則企業並未保留該移轉金融資產的控制，可全部除列該金融資產：

1. 受讓人有出售該金融資產給第三方之實際能力；及
2. 受讓人單方移轉時，無須對第三方加以額外限制。

此外，若該金融資產有在活絡市場中交易，即使受讓人將該金融資產出售給他人，但因受讓人在需要時，隨時可在市場買回相同的金融資產，亦可視為該企業已喪失對該金融資產的控制。

除上述情況外，企業被視為仍保有該金融資產之控制，必須在該金融資產**持續參與** (continuing involvement) 的範圍內繼續認列，其餘部分才可以予以除列。

5.4.4 金融資產移轉之會計處理

根據前述風險及報酬與控制兩個評估程序後，有下列三種可能的情況及相關會計處理：

1. 除列該金融資產全部；
2. 繼續認列該金融資產全部；
3. 在持續參與範圍內繼續認列該金融資產，其餘部分除列。

1. 除列該金融資產全部

因為已經判斷除列該金融資產之全部，故應於損益表認列除列 (出售) 損益，損益計算方式如下：

$$\text{出售利益（或損失）} = \text{所收取之對價} - \text{除列日衡量之帳面金額}$$

(現金 + 取得之新金融資產公允價值 − 承擔之新金融負債公允價值)

學習目標 7

除列會計處理

釋例 5-4　無追索權方式出售

(1) ×1 年 9 月 1 日 SOGOOD 百貨將與客戶的應收帳款 $100,000，以**無追索權方式出售** (factor without recourse) 給 Visa 銀行，Visa 銀行負責向客戶收款，故未產生**服務資產或服務負債** *(servicing asset or servicing liability)。Visa 銀行保留 10% 應收帳款作為銷貨退回及折讓緩衝之用，並收取應收帳款總額 3% 作為手續費，SOGOOD 百貨獲得現金 $87,000。
(2) ×1 年 9 月中，Visa 銀行收現 $96,000，並有 SOGOOD 百貨銷貨退回及折讓 $4,000。
(3) ×1 年 9 月 30 日，雙方結算差額。

試作：SOGOOD 百貨相關之分錄。

解析

(1) 因為以無追索權方式出售、已收到價金，又無附加其他條件，所以該應收帳款的風險及報酬已經全部移轉，因此應予以全部除列，並認列出售損益。

除列產生的損失 = $87,000 － [$100,000 － $10,000]
　　　　　　　　(收取之對價)　(該金融資產之帳面金額)　(對 Visa 銀行應收款項)
　　　　　　　＝ －$3,000

分錄如下：

×1/9/1	現金	87,000	
	對銀行應收款項	10,000	
	出售金融資產損失	3,000	
	應收帳款		100,000

(2) SOGOOD 百貨有銷貨退回及折讓 $4,000，應沖減對銀行應收款項。分錄如下：

| ×1/9 | 銷貨退回及折讓 | 4,000 | |
| | 　對銀行應收款項 | | 4,000 |

(3) ×1 年 9 月 30 日，雙方結算差額。Visa 銀行尚應支付 SOGOOD 百貨 $6,000 (= $10,000 － $4,000)，分錄如下：

| ×1/9/30 | 現金 | 6,000 | |
| | 　對銀行應收款項 | | 6,000 |

*服務資產或服務負債的詳細討論，請參考本章附錄 B。

2. 繼續認列該金融資產全部

由於未能通過風險及報酬評估而保留幾乎所有風險，只能繼續認列該金融資產全部，而所收到之價金，必須視為金融負債。此外，

因為該金融資產雖已移轉但完全未除列，所以不得與因移轉產生的負債**互抵** (offset)，必須分別列示，而且該金融資產的利息收入也不得與移轉產生金融負債的利息費用於損益表中互抵。

釋例 5-5　有完全追索權方式出售

(1) ×1 年 9 月 1 日 SOGOOD 百貨將與客戶的應收帳款 $100,000，以**有完全追索權方式出售** (factor with full recourse) 給 Visa 銀行，此乃因 Visa 銀行對 SOGOOD 百貨的客戶徵信狀況信心不足。Visa 銀行負責向客戶收款，故未產生服務資產或服務負債。Visa 銀行保留 10% 應收帳款應作為銷貨退回及折讓緩衝之用，並收取應收帳款總額 3% 作為手續費，SOGOOD 百貨獲得現金 $87,000。

(2) ×1 年 9 月中，Visa 銀行收現 $96,000，並有 SOGOOD 百貨銷貨退回及折讓 $4,000。

(3) ×1 年 9 月 30 日，Visa 銀行通知已完全收現，雙方結算差額。

試作，SOGOOD 百貨相關之分錄。

解析

因為係以有追索權方式出售，雖已收到價金，但該應收帳款的風險及報酬仍然全部保留，故不得除列。所收到之價金，必須視為負債。「金融資產移轉負債折價」係金融資產移轉負債之減項，應隨著時間經過認列為利息費用。

(1)　×1/9/1　　現金　　　　　　　　　　87,000
　　　　　　　　對銀行應收款項　　　　10,000
　　　　　　　　金融資產移轉負債折價　3,000
　　　　　　　　　金融資產移轉負債　　　　　　　100,000

(2) SOGOOD 百貨有銷貨退回及折讓 $4,000，應沖減對銀行應收款項。分錄如下：

　　×1/9　　銷貨退回及折讓　　　　　　4,000
　　　　　　　　對銀行應收款項　　　　　　　　　4,000

(3) ×1 年 9 月 30 日，銀行通知已完全收現，雙方結算差額。由於銀行已順利收現，應收帳款收取現金流量的權利也同時失效，所以應除列相關金融資產及負債，並認列相關利息費用。分錄如下：

　　×1/9/30　金融資產移轉負債　　　100,000
　　　　　　　　應收帳款　　　　　　　　　　　100,000
　　　　　　　利息費用　　　　　　　　3,000
　　　　　　　　金融資產移轉負債折價　　　　　　3,000

此外，Visa 銀行尚應支付 SOGOOD 百貨 $6,000 (= $10,000 – $4000)，

　　×1/9/30　現金　　　　　　　　　　6,000
　　　　　　　　對銀行應收款項　　　　　　　　　6,000

3. 在持續參與範圍內繼續認列該金融資產,其餘部分除列

企業在同時符合下列兩個條件時:

(1) 雖未移轉幾乎所有的風險與報酬,也未保留幾乎所有的風險與報酬(亦即已移轉部分風險與報酬,也同時保留部分風險與報酬);及

(2) 仍保留該金融資產之控制,企業應在持續參與範圍內,繼續認列該金融資產,其餘部分才予以除列。

所謂「持續參與範圍」係指企業仍暴露於該已移轉金融資產價值變動之範圍。例如企業可用**保證**(guarantee)該金融資產未來現金流量回收的方式持續參與,此時持續參與範圍係指:

持續參與範圍 = 孰低者 { 該資產之帳面金額, 企業可能被要求返還最大之金額 }

因保證而持續參與的金融資產,因為繼續認列所產生的**關聯負債**(associated liability),必須依下列方式計算:

關聯負債 = 保證金額 + 保證負債的公允價值

亦即關聯負債包含兩項:(1) 保證金額所產生的金融資產移轉負債;以及 (2) 保證負債的公允價值。保證負債通常於保證期間依直線法攤銷,轉認列為保證收入。

釋例 5-6　有限追索權方式出售

×1 年 11 月 1 日三越百貨將與客戶的應收帳款 $100,000,以**有限追索權方式出售**(factor with limited recourse)給小眾銀行,三越百貨保證移轉的應收帳款最少可收現 $60,000,3 個月內可收現完畢,而且小眾銀行不得轉售該應收帳款。小眾銀行負責向客戶收款,故未產生服務資產或服務負債,並收取應收帳款總額 3% 作為手續費,三越百貨獲得現金 $97,000,保證負債的公允價值為 $6,600。

試作:三越百貨相關之分錄。

(1) ×1 年 11 月 1 日之除列分錄。
(2) ×1 年 12 月 31 日之調整分錄。
(3) 若 ×2 年 1 月 31 日,小眾銀行全數收現時,須作之分錄。
(4) 若 ×2 年 1 月 31 日,小眾銀行只收現 $50,000 時,須作之分錄。

解析

(1) 因為三越百貨保證移轉的應收帳款最少可收現 $60,000，所以該應收帳款風險及報酬既未完全移轉也未完全保留。三越百貨要求小眾銀行不得轉售該應收帳款，以致三越百貨仍保有該應收帳款之控制。綜合上述來研判：三越百貨應在持續參與範圍內繼續認列該金融資產，其餘部分始能除列。

$$\text{三越百貨持續參與範圍} = \text{孰低者}\left\{\begin{array}{l}\text{該資產之帳面金額}\\ \$100,000\end{array}, \begin{array}{l}\text{企業可能被要求返還最大之金額}\\ \$60,000\end{array}\right\}$$

$$= \$60,000$$

因保證而持續參與的金融資產，其繼續認列所產生的**關聯負債** (associated liability) 等於

$$\begin{array}{rl}\text{關聯負債} =& \text{保證金額} + \text{保證負債的公允價值}\\ & \$60,000 \qquad\qquad \$6,600\\ =& \$66,600\end{array}$$

三越百貨因金融資產移轉所產生的損益

出售利益 = 所收取之對價 $90,400 － 除列日衡量之帳面金額
(或損失)　（現金 $97,000 + 取得之新金融資產公允價值 – 承擔之新金融負債公允價值 $6,600)　　　$100,000

= ($9,600)

三越百貨應作下列分錄：

×1/11/1	現金	97,000	
	持續參與之移轉金融資產	60,000	
	出售金融資產損失	9,600	
	應收帳款		100,000
	金融資產移轉負債		60,000
	保證負債		6,600

上述「出售金融資產損失」$9,600，其實同時包含出售損失及融資費用（因為本例是部分保留、部分除列）。另外，上述「持續參與之移轉金融資產」科目 $60,000，仍視為原應收帳款的保留；亦得與分錄中的應收帳款 $100,000 互抵，亦即可作分錄如下：

×1/11/1	現金	97,000	
	出售金融資產損失	9,600	
	應收帳款 ($100,000 – $60,000)		40,000
	金融資產移轉負債		60,000
	保證負債		6,600

(2) ×1 年 12 月 31 日，應將保證負債 $6,600 按直線法攤銷 (2/3)，轉認列為保證收入，

分錄如下：

×1/12/31	保證負債	4,400	
	保證收入		4,400

(3) 若 ×2 年 1 月 31 日，小眾銀行全數收現時，三越百貨可除列持續參與之移轉金融資產及負債，並認列保證收入。

×2/1/31	金融資產移轉負債	60,000	
	保證負債	2,200	
	持續參與之移轉金融資產		60,000
	保證收入		2,200

(4) 若 ×2 年 1 月 31 日，小眾銀行只收現 $50,000 時，三越百貨先除列持續參與之移轉金融資產及負債，再將保證負債提高至 $10,000（因保證收現 $60,000，而實際只收現 $50,000），最後支付小眾銀行 $10,000。

×2/1/31	金融資產移轉負債	60,000	
	持續參與之移轉金融資產		60,000
	保證損失 ($10,000 – $2,200)	7,800	
	保證負債		7,800
	保證負債	10,000	
	現金		10,000

5.5　應收票據及貼現

學習目標 8
應收票據之認列及衡量

　　與應收款帳相類似，應收票據於原始認列時，不論有無**附息** (interest bearing) 應以公允價值入帳。雖然公允價值係採**現值** (present value) 之觀念，但只要應收票據可在一年內收現，因現值與面額通常差異不大，所以通常與銷貨或勞務等主要營業有關之短期應收票據以面額作為入帳基礎。應收票據之收現期間超過一年以上或對他人融資而產生之短期應收票據，就應該將這些票據預期可收取金額予以**折現** (discount)，以其現值作為入帳基礎，後0續評價時，應收票據通常以**攤銷後成本** (amortized cost) 衡量。由於長期應收票據與長期債券投資會計處理方法相同，因此長期應收票據納入第 10 章「投資」一併討論，在此不予以討論。

　　假定大霸公司於 ×1 年 7 月 1 日因銷貨收到 3 個月到期的短期

應收票據，面額為 $120,000，票面利率 4%。其分錄如下：

×1/7/1	短期應收票據	120,000	
	銷貨收入		120,000

若大霸公司為了想提早取得資金週轉，於 ×1 年 8 月 1 日將所持有的應收票據向金融機構**貼現** (discount)，銀行貼現利率為 6%，貼現期間為 2 個月（8 月 1 日至 10 月 1 日）。大霸公司應依下列 3 個步驟，來計算貼現後可得之金額，並作相關分錄：

1. 計算該票據的到期值 = 面額 × (1 + 票面利率 × 發行期間)	$121,200 = $120,000 × (1 + 4% × 3/12)
2. 計算貼現利息 = 到期值 × 貼現率 × 貼現期間	$1,212 = $121,200 × 6% × 2/12
3. 貼現後可得之金額 = 到期值 − 貼現利息	$119,988 = $121,200 − $1,212

×1/8/1	現金	119,988	
	短期應收票據貼現負債折價	1,212	
	短期應收票據貼現負債		121,200

「短期應收票據貼現負債」$121,200 應視為負債，至於「短期應收票據貼現負債折價」為 $1,212 (= $121,200 − $119,988)，則應列為該負債之減項，此乃因持有票據向金融機構貼現，通常會被要求**背書** (endorse)。一旦背書之後，若開票人如果沒有付款，金融機構可向背書人要求清償，依前節金融資產除列之規定判斷，大霸公司仍保留該票據全部的風險及報酬，故不得除列，且貼現所得之金額應視為負債。此外，因為「短期應收票據」雖已移轉但並未除列，所以不得與「短期應收票據貼現負債」於資產負債表中**互抵** (offset)，必須分別列示。

俟後，於 ×1 年 10 月 1 日票據到期日，大霸公司應先認列短期應收票據 3 個月的利息收入 $1,200，再除列該拿去貼現的短期票據並認列利息費用，分錄如下：

×1/10/1	應收利息	1,200	
	利息收入		1,200

利息費用	1,212	
短期應收票據貼現負債折價		1,212
短期應收票據貼現負債	121,200	
短期應收票據		120,000
應收利息		1,200

如果金融機構屆時被開票人拒絕付款時，會轉向大霸公司求償，並額外再收取**拒付證書費用** (protest fee) $200，因此，大霸公司應先支付金融機構 $121,400 (= $121,200 + $200)，再向開票人繼續催收該款項。除前述三個分錄之外，大霸公司應另作下列分錄：

×1/10/1	催收款項 ($121,200 + $200)	121,400	
	現金		121,400

最後，應收票據和應收帳款一樣，都必須提列備抵損失及預期信用減損損失，以認列其金融資產之減損，提列方法與 5.3.3 節備抵損失所述一致。

附錄 A　銀行存款調節表

由於現金是流動性最高的資產，也是最容易遭受舞弊的資產。因此為了確保銀行存款的安全性，並確認企業與銀行雙方帳載金額係屬正確，企業可依據銀行送來之銀行對帳單及公司帳上存款餘額，來編製**銀行存款調節表** (bank reconciliation)，以檢視銀行存款是否有遭受挪用，並計算公司正確之銀行存款餘額。

A. 產生差異之原因

通常銀行對帳單上之存款餘額與公司帳列之存款餘額，兩者是不會相等的。產生差異的原因有下列兩種可能：

1. 公司已入帳，但銀行尚未入帳

(1) 公司已記存款增加，但銀行尚未記載

公司如果已將即期支票存入銀行，但因趕不及上班時間或支票仍在票據交換中，銀行並未及時入帳，此一存款通常稱為**在途存款** (deposit in transit)。在途存款應列為銀行對帳單餘額之加項，才能計算出正確的存款餘額。

(2) 公司已記存款減少，但銀行尚未記載

公司在開立即期支票支應債權人後，公司會減少公司帳上之銀行存款，

但債權人可能尚未收到支票，或可能已收到支票但尚未存入銀行兌現，因此銀行並未減少銀行對帳單上之餘額，此一已開立但尚未兌現的支票，稱為**未兌現支票** (outstanding check)。未兌現支票應列為銀行對帳單餘額之減項，才能計算出正確的存款餘額。

2. 銀行已入帳，但公司尚未入帳

(1) 銀行已記存款增加，但公司尚未記載

公司將遠期支票或本票及匯票存入銀行時，銀行會先將這些票據列為代收票據，不會馬上增加公司存款餘額，而公司也仍將這些票據繼續視為應收票據。等到銀行收到相關票據款項後，即會增加公司在銀行之存款餘額，但公司因尚不知情，所以未將該款項列入存款餘額中。另外，若公司之客戶直接將款項直接電匯至公司在銀行的戶頭，公司在銀行存款的餘額會增加，但公司仍尚未入帳。又例如，銀行定期支付公司銀行存款的利息時，銀行存款會因此而增加，但公司仍未入帳。這些項目應該都列為公司帳上存款餘額之加項，才能計算出正確的存款餘額。

(2) 銀行已記存款減少，但公司尚未記載

若公司已存入的即期支票，因開票人**存款不足**(亦稱**存款不足退票**，not sufficient fund) 時，銀行會逕行減少公司存款餘額，但是公司直到收到銀行對帳單才會知道。又例如，銀行代公司支付相關費用(如水電費、通訊費等)，或直接在帳戶先行扣除銀行服務費的時候，公司事先並不知情，也是等到銀行對帳單來時才會知道，因此這些項目應該都列為公司帳上存款餘額之減項，才能計算出正確的存款餘額。

B. 銀行存款調節表之格式

銀行存款調節表有三種可能的編製格式，分述如下：

1. 調節至正確餘額

同時將公司帳載存款餘額及銀行記錄餘額分別調整到正確的存款餘額。

2. 調節至公司帳載存款餘額

先將銀行記錄餘額調節至正確的存款餘額，再從正確的存款餘額調節至公司帳載存款餘額。

3. 調節至銀行記錄餘額

先將公司帳載存款餘額調節至正確的存款餘額，再從正確的存款餘額調節至銀行記錄餘額。

企業編製銀行存款調節表時，通常以上述第 1 種格式，較為常見。

釋例 5A-1

三分甜公司 ×1 年 6 月 30 日帳列之銀行存款餘額 (調節前) $40,000，銀行對帳單之餘額為 $38,200，經比對之後發現下列情形：

1. 在途存款 $10,360。
2. 未兌現支票 $4,400。
3. 銀行存款利息 $200，公司尚未入帳。
4. 銀行直接轉帳代付水電費 $600，公司尚未入帳。
5. 委託銀行代收並已收現之票據 $5,000，銀行扣除 $50 手續費後，直接存入銀行存款，但公司尚未入帳。
6. 存款不足退票 $390。

試作：
(1) 三分甜公司 6 月份正確餘額之簡單銀行存款調節表。
(2) 6 月底應有之調整分錄。

解析

(1)

三分甜公司
銀行存款調節表
×1 年 6 月 30 日

銀行對帳單餘額	$38,200
加：在途存款	10,360
減：未兌現支票	(4,400)
正確餘額	$44,160
公司帳載存款餘額	$40,000
加：存款利息	200
銀行代收票據	5,000
減：水電費	(600)
銀行服務費	(50)
存款不足退票	(390)
正確餘額	$44,160

(2) 屬於公司帳載存款餘額之調整 (如銀行存款利息、代收票據、水電費、銀行服務費及存款不足退票等) 係公司原先不知情之交易事項，因此必須作適當的調整分錄。至於銀行對帳單上之調整項目，公司早已作相關分錄，故無須再作調整分錄。

6/30	現金	4,160	
	水電費	600	
	銀行服務費	50	
	應收款項	390	
	利息收入		200
	應收票據		5,000

附錄 B　服務資產或服務負債

服務係存在於所有金融資產，例如對於抵押貸款、信用卡應收款項或其他金融資產等之服務，通常包括

- 向債務人收取本金及利息；
- 暫時保管債務人之還款；
- 監控無法還款事項；
- 執行拍賣抵押品；
- 將未分配款項暫時投資；
- 支付費用予保證人、受託人及其他提供服務者；
- 支付本金及利息予金融資產受益權利持有人並爲相關帳務處理等。

金融資產之服務機構通常會收到服務收入，亦即契約規定之服務費以及包括已收**浮額** (float) 資金尚未交出可暫予利用之其他附屬來源等收益。服務機構於執行服務時，獲取上述服務收入並因而發生服務成本。

企業於一項金融資產之移轉符合整體除列條件，且保留服務該金融資產以收取費用之權利時，企業應對該服務合約單獨認列**服務資產** (servicing asset) 或**服務負債** (servicing liability)。若將收取之服務收入高於該服務之足額補償 (服務成本加上合理利潤) 時，則該服務權利應按較大金融資產帳面金額爲分攤基礎所決定的分攤後金額認列爲服務資產，亦即服務資產視爲原金融資產保留下來的一部分，但並不阻礙該金融資產之整體除列。

相反地，若將收取之服務收入小於該服務之足額補償 (服務成本加上合理利潤) 時，企業應按公允價值認列服務負債。若服務收入恰好足以補償執行服務機構之服務責任，則服務合約之初始價值衡量爲零。服務資產 (若服務收入超過足額補償) 或服務負債 (若服務收入小於足額補償) 將於估計之服務期間按直線法攤銷。若客觀環境改變，服務資產可能變成服務負債，或服務負債可能變成服務資產。茲將服務資產及服務負債之產生情況、認列基礎整理列表如下：

產生情況	應認列	認列基礎
服務收入 > 足額補償	服務資產	按帳面金額分攤之基礎
服務收入 < 足額補償	服務負債	按公允價值
服務收入 = 足額補償	不認列	—

釋例 5B-1　服務負債 (完全無服務收入)

×1年1月1日,玉山銀行將一個10年期、帳面金額 $1,000,000 的放款組合 (放款利率為5%),其本金與利息全部以 $1,080,000 無追索權的方式出售給其他金融機構,該放款組合係採攤銷後成本衡量,玉山銀行為維持客戶關係仍繼續向原放款客戶負責收款再轉交給受讓之金融機構。玉山銀行並無任何服務收入,預估提供服務的足夠補償 (服務成本加上合理利潤) 之公允價值為 $25,000。試作玉山銀行移轉金融資產之分錄。

解析

(1) 確認除列適用範圍:玉山銀行將未來放款的本金以及 5% 利息全部移轉給其他金融機構,所以除列的適用範圍為 $1,000,000。
(2) 由於玉山銀行係以無追索權的方式出售給其他金融機構,該放款組合的風險及報酬已經移轉,所以可以全部除列。
(3) 因為服務收入 ($0) 小於足額補償 ($25,000),應以公允價值認列服務負債 $25,000。
(4) 因為已經判斷除列該金融資產之全部,故應於損益表認列除列 (出售) 損益,損益計算方式如下:

出售利益 (或損失) = 所收取之對價 (現金＋取得之新金融資產公允價值 − 承擔之新金融負債公允價值 − 服務負債) − 除列日衡量之帳面金額

= ($1,080,000 − $25,000) − $1,000,000
= $55,000

(5) 玉山銀行應作分錄如下:

現金	1,080,000	
放款		1,000,000
服務負債		25,000
出售金融資產利益		55,000

Chapter 5 現金及應收款項

釋例 5B-2　服務資產 (服務收入大於足額補償)

×1 年 1 月 1 日，玉山銀行將一個 10 年期、帳面金額 $1,000,000 的放款組合 (放款利率為 5%)，將其中的本金及 3% 利息 (公允價值為 $1,008,000)，以 $1,008,000 無追索權的方式出售給其他金融機構，該放款組合係採攤銷後成本衡量，玉山銀行為維持客戶關係仍繼續向原放款客戶負責收款再轉交受讓之金融機構。玉山銀行可保留 1% 部分的利息收入 (公允價值為 $36,000) 作為服務收入，預估提供服務的足額補償 (服務成本加上合理利潤) 之公允價值為 $25,000，因為服務收入大於足額補償 ($36,000 大於 $25,000)，故玉山銀行應認列服務資產 (視為保留的部分)。最後剩下 1% 的利息收入 (公允價值為 $36,000)，則視為**純利息分割型應收款** (interest-only strip)，也是保留的部分。

試作：玉山銀行移轉金融資產之分錄。

解析

(1) 先確認除列適用範圍：玉山銀行將未來放款的本金以及只有 3% 利息移轉給其他金融機構，剩餘 2% 利息並未移轉，所以除列的適用範圍並非全部放款 $1,000,000，而是只有其中的 $955,500。參見下列帳面金額分攤表：

出售或保留	公允價值	公允價值比率 (%)	分攤之帳面金額
出售：放款本金及 3% 利息	$1,008,000	95.55%	$ 955,500
保留：利息 1% 之純利息分割型應收款	36,000	3.41%	34,100
保留：服務資產 (= 36,000 – 25,000)	11,000	1.04%	10,400
合計	$1,055,000	100%	$1,000,000

(2) 由於玉山銀行係以無追索權的方式出售給其他金融機構，該已移轉之放款組合 ($955,500) 的風險及報酬已經移轉，所以可以全部除列。

(3) 因為服務收入 ($36,000) 大於足額補償 ($25,000)，應認列服務資產 $10,400，此乃因服務資產視為保留之部分，須按帳面金額分攤之基礎認列，而其非公允價值 ($11,000)。

(4) 剩下 1% 的純利息分割型應收款 (公允價值為 $36,000)，因為也是保留部分，所以也是按帳面金額分攤之基礎認列 $34,100。

(5) 因為已經判斷除列該已移轉金融資產之全部，故應於損益表認列除列 (出售) 損益，損益計算方式如下：

出售利益 (或損失) = 所收取之對價 (現金 + 取得之新金融資產公允價值 – 承擔之新金融負債公允價值 – 服務負債) – 除列日衡量之帳面金額

= $1,008,000 – $955,500

= $52,500

(6) 玉山銀行應作分錄如下：

出售部分：

現金	1,008,000	
放款		955,500
出售金融資產利益		52,500

保留部分：

服務資產	10,400	
純利息分割型應收款	34,100	
放款		44,500

釋例 5B-3　服務負債 (服務收入小於足額補償)

沿釋例 5B-2，假定預估提供服務的足額補償 (服務成本加上合理利潤) 之公允價值為 $45,000，因為服務收入小於足額補償 ($36,000 小於 $45,000)，故玉山銀行應以公允價值認列服務負債，其餘資料不變。試作玉山銀行移轉金融資產之分錄。

解析

(1) 先確認除列適用範圍：玉山銀行將未來放款的本金以及只有 3% 利息移轉給其他金融機構，剩餘 2% 利息並未移轉，所以除列的適用範圍並非全部放款 $1,000,000，而是只有其中的 $965,500。參見下列帳面金額分攤表 (因為是服務負債，所以服務負債不納入比率計算)：

出售或保留	公允價值	公允價值比率(%)	分攤之帳面金額
出售：放款本金及 3% 利息	$1,008,000	96.55%	$　965,500
保留：利息 1% 之純利息分割型應收款	36,000	3.45%	34,500
合計	$1,044,000	100%	$1,000,000

(2) 由於玉山銀行係以無追索權的方式出售給其他金融機構，該已移轉之放款組合 ($965,500) 的風險及報酬已經移轉，所以可以全部除列。

(3) 因為服務收入 ($36,000) 小於足額補償 ($45,000)，應以公允價值認列服務負債 $9,000。

(4) 剩下 1% 的純利息分割型應收款 (公允價值為 $36,000)，是保留部分所以按帳面金額分攤之基礎認列 $34,500。

(5) 因為已經判斷除列該已移轉金融資產之全部，故應於損益表認列除列 (出售) 損益，損益計算方式如下：

$$\begin{aligned}
\text{出售利益} \atop (\text{或損失}) &= {\text{所收取之對價} \atop (\text{現金} + \text{取得之新金融資產公允價值} - \text{承擔之新金融負債公允價值} - \text{服務負債})} - {\text{除列日衡量之} \atop \text{帳面金額}}\\
&= (\$1,008,000 - \$9,000) - \$965,500\\
&= \$33,500
\end{aligned}$$

(6) 玉山銀行應作分錄如下：

出售部分：

現金	1,008,000	
放款		965,500
服務負債		9,000
出售金融資產利益		33,500

保留部分：

純利息分割型應收款	34,500	
放款		34,500

本章習題

問答題

1. 試說明現金管理的目的？並說明如何保持良好的現金內部控制？
2. 試說明編製銀行存款調節表之目的與原因。
3. 試說明銀行對帳單上之存款餘額與公司帳列之存款餘額產生差異的原因。
4. 關於應收帳款備抵損失之認列，通常有直接沖銷法與備抵法兩種方法，試分別說明。
5. 試簡要說明 IFRS9 判斷應收帳款是否除列之 5 個步驟。
6. 根據 IFRS9 除列規定，所謂「單一 (或一組類似) 金融資產的整體或一部」包括哪三個情況？
7. 如何評估金融資產所有權之風險及報酬之移轉程度。
8. 根據 IFRS9 規定，金融資產符合除列規定之移轉方式僅限兩種，試說明之。

選擇題

1. 京師公司正在編製年度財務報表，下列哪一項目不歸屬在「現金及約當現金」項目中？
   (A) 旅行支票　　　　　　　　　(B) 銀行本票
   (C) 償債基金　　　　　　　　　(D) 3 個月內到期之定期存款

2. 若甲公司有下列資產，則甲公司現金及約當現金之金額為何？①指定作為購買設備之銀行存款 $10,000；② 3 個月到期之遠期支票 $20,000；③ 6 個月到期之定期存款 $30,000；④借款時銀行要求之補償性存款 $40,000；⑤郵政匯票 $50,000。

    (A) $70,000　　　　　　　　　　(B) $80,000
    (C) $90,000　　　　　　　　　　(D) $100,000　　　　　　[108 年地特財稅]

3. ×7 年 1 月 1 日，曼谷公司以 11% 的年息向國家銀行借款 $4,000,000。國家銀行要求曼谷公司需做 $400,000 補償性回存並給予 5% 之利息。則曼谷公司借款的實際利率為：

    (A) 10.0%　　　　　　　　　　(B) 11.0%
    (C) 11.5%　　　　　　　　　　(D) 11.6%

4. 下列哪一項不是現金內部控制正確的做法？

    (A) 避免一個人從頭到尾處理一項交易　　(B) 現金及其帳務處理交由特定一個專人負責
    (C) 定期輪調與休假　　　　　　　　　　(D) 支出最好盡量使用支票

5. 某公司 ×9 年 7 月 31 日銀行存款戶頭有關資料如下：銀行對帳單餘額 $40,000；7 月份利息收入 $100；未兌現支票 $3,000；客戶存款不足退票 $1,000；在途存款 $5,000。該公司 ×9 年 7 月 31 日正確銀行存款餘額為：

    (A) $41,100　　　　　　　　　　(B) $41,000
    (C) $42,100　　　　　　　　　　(D) $42,000　　　　　　[90 年會計師]

6. ×9 年 8 月 1 日甲公司將應收帳款 $500,000 以有限追索權方式出售給乙銀行，甲公司保證移轉的應收帳款至少可收現 8 成，3 個月內完成收現。乙銀行負責收款，且不得轉售該應收帳款，乙銀行向甲公司收取應收帳款總額的 3% 作為手續費。若 8 月 1 日甲公司取得現金 $485,000，保證負債的公允價值為 $24,000，則甲公司移轉應收帳款應認列之損益為何？

    (A) $0　　　　　　　　　　　　(B) 損失 $15,000
    (C) 損失 $24,000　　　　　　　(D) 損失 $39,000　　　　[108 年高考會計]

7. ×9 年 12 月 1 日甲公司將帳面金額 $1,000,000 的應收帳款以有限追索權方式出售給乙銀行，並保證移轉的應收帳款最少可收現 $600,000，3 個月內可收現完畢，乙銀行負責向客戶收款，且不得轉售該應收帳款。乙銀行向甲公司收取應收帳款總額 3% 作為手續費，甲公司取得現金 $970,000，保證負債的公允價值為 $45,000，試問甲公司移轉應收帳款對 ×9 年度損益之影響為何？

    (A) 淨利減少 $30,000　　　　　　(B) 淨利減少 $45,000
    (C) 淨利減少 $60,000　　　　　　(D) 淨利減少 $75,000　[109 年高考財政]

8. 大成公司所有收支皆使用支票帳戶，該公司 ×7 年 6 月 30 日之銀行存款調節表如下：

(1) (C) $31,640

(2) (A) $12,464

(3) (B) $96,756

9. (C) $570,000

10. 甲公司帳上記載×8年3月底銀行存款餘額為 $72,000，而銀行對帳單餘額為 $37,000。3月底進行核對後發現下列狀況：

①3月底送存之存款 $7,500，銀行尚未入帳。
②銀行代支付利息費用 $6,750 及手續費 $1,350，甲公司未入帳。
③甲公司所開支票尚未兌現者計有：第 163 號 $6,150 與第 167 號 $5,350（此兩張支票經銀行保付）。
④甲公司止付之支票 $12,500，銀行仍予支付。
⑤銀行代收現之票據 $4,700，甲公司未入帳。

甲公司已將收到客戶所開立的支票存入銀行，但有部分支票於存入後因客戶存款不足而遭銀行退票。試問因客戶存款不足遭銀行退票的金額是多少？

(A) $7,100　　　　　　　　　　(B) $11,600
(C) $30,100　　　　　　　　　 (D) $31,100　　　　　　　　[108年高考會計]

11. 甲公司×4年1月初向丁公司融借資金，並開立一張面額 $1,000,000，到期日為 X6 年 12 月 31 日之公司票據給丁公司，該張票據票面利率 5%，市場利率 5%，甲公司每年年底付息。丁公司於×4年 12 月 31 日收到應有利息後，判斷其對甲公司的債權自原始認列後信用風險已經顯著提高，已知各種情況預期未來 2 年收取的現金流量與可能發生違約機率如下：

預期收取的現金流量

	預期收取的本金	每期預期收取的利息	違約機率
情況 1	$850,000	$40,000	20%
情況 2	900,000	45,000	35%
情況 3	1,000,000	50,000	45%

丁公司×4年應認列的預期信用損失為何？
($1，5%，2期普通年金現值因子 1.859410；$1，5%，2期複利現值因子 0.907029)

(A) $0　　　　　　　　　　　　(B) $65,930
(C) $100,000　　　　　　　　　(D) $154,649　　　　　　　[109年高考財政]

12. 甲公司有一筆 5 年期、利率 10% 之應收款項，×1年6月1日將本金 $5,000,000 及利率 5% 之利息以 $5,250,000 無追索權的方式出售給銀行。甲公司將持續提供相關服務，依合約規定保留利息 3% 作為提供服務之報酬，2% 未出售利息則視為「純利息分割型應收款」，預估提供服務的足額補償之公允價值為 $35,000，其中服務收入及純利息分割型應收款之公允價值分別為 $60,000 及 $40,000，×1年6月1日之上述交易應認列多少出售金融資產損益？(計算分攤比率時，取到小數點後第四位)

(A) 利益 $336,000　　　　　　 (B) 利益 $311,000
(C) 利益 $286,000　　　　　　 (D) $0　　　　　　　　　　[109年高考會計]

13. ×1 年初甲公司銷貨予乙公司，產生一應收分期帳款，乙公司除頭期款 $250,000 外，×1 年至 ×3 年每年底需支付 $250,000，有效利率相當於 10%。×1 年底乙公司發生信用減損僅支付 $220,000，甲公司評估乙公司財務狀況後，估計 ×2 年度及 ×3 年度均僅可收取 $200,000。×1 年底該應收分期帳款之總帳面金額與攤銷後成本分別為 $403,884 及 $310,914，試問 ×2 年應認列利息收入金額？

    (A) $31,091　　　　　　　　　　　(B) $40,000
    (C) $40,388　　　　　　　　　　　(D) $43,388　　　　　　［109 年地特財稅］

14. 付款條件 3/10、1/20、n/30，若於第 25 天付款，則折扣損失之年利率約為多少？（一年以 365 天計算）

    (A) 75.26%　　　　　　　　　　　(B) 45.15%
    (C) 56.44%　　　　　　　　　　　(D) 112.89%　　　　　　　［100 年乙檢］

15. 假定某公司期初時有下列相關帳戶餘額：應收帳款 $417,000；備抵損失 $7,000（貸餘）。另外，假定當年度賒銷金額為 $700,000，收回應收帳款總數 $540,000，信用減損沖銷金額 $13,000。假定期末調整時，備抵損失調整後餘額應為當時應收帳款餘額之 4%，則當年度認列之預期信用減損損失（呆帳費用）應為：

    (A) $16,560　　　　　　　　　　　(B) $21,000
    (C) $22,560　　　　　　　　　　　(D) $28,560

16. 甲公司 ×3 年 1 月 1 日應收帳款餘額為 $471,000，備抵損失餘額為 $16,500（貸餘）。×3 年度甲公司賒銷金額為 $315,000，帳款收現 $319,000，另有 $2,500 因無法收現而沖銷，並收回前期已沖銷之信用減損帳款 $1,000。×3 年 12 月 31 日公司估計應收帳款總額中約有 4% 無法收回，則甲公司 ×3 年度應認列預期信用減損損失（呆帳費用）是多少？

    (A) $2,180　　　　　　　　　　　(B) $3,580
    (C) $3,620　　　　　　　　　　　(D) $4,580　　　　　　　［102 年特考］

17. 捷克電腦 ×9 年 4 月以應收帳款 $800,000 向新竹銀行進行擔保借款，借款金額為 $670,000，新竹銀行收取借款金額的 2% 作為手續費，借款利息為 10%。×9 年 4 月，捷克電腦應收帳款收現 $220,000，同時並沖銷 $5,960 無法收回之應收帳款。捷克電腦於借款時，收到的現金金額為：

    (A) $603,000　　　　　　　　　　(B) $654,000
    (C) $656,600　　　　　　　　　　(D) $670,000

18. 承上題，捷克電腦 ×9 年 4 月的分錄將包含：

    (A) 借記現金 $220,760　　　　　　(B) 借記預期信用減損損失（呆帳費用）$5,960
    (C) 借記備抵損失 $5,960　　　　　(D) 借記應收帳款 $229,420

19. 燦申公司將客戶的應收帳款 $800,000 以有完全追索權的方式出售給花旗金融公司。花旗金融公司保留 5% 作為沖抵銷貨折扣與銷貨退回及折讓使用，並要求收取應收帳款總額

的 3% 作為手續費。請問燦申公司於出售應收帳款的記錄中收到現金的金額為：

(A) $776,000　　　　　　　　　　(B) $760,000
(C) $736,000　　　　　　　　　　(D) $800,000

20. 全國電腦將與客戶的應收帳款 $200,000，以有限追索權方式出售給華東銀行，並保證移轉的應收帳款最少可收現 $160,000，3 個月內可收現完畢，華東銀行負責向客戶收款，同時不得轉售該應收帳款。華東銀行向全國電腦收取應收帳款總額 2% 作為手續費，全國電腦取得現金 $196,000，保證負債的公允價值為 $12,000。全國電腦於移轉應收帳款的記錄中應認列的利益或損失為：

(A) 損失 $24,000　　　　　　　　(B) 利益 $4,000
(C) 損失 $4,000　　　　　　　　　(D) 損失 $16,000

21. 臺中公司出售應收帳款（無追索權）$16,000 給臺北銀行。臺北銀行支付帳款總額 94%，保留 6% 用以抵償銷貨退回及折讓，另向臺中公司收取 10% 之手續費。試問在作完有關出售應收帳款之分錄後，臺中公司的總資產將會：

(A) 減少 $2,560　　　　　　　　　(B) 增加 $14,400
(C) 減少 $1,600　　　　　　　　　(D) 增加 $13,440　　　　［94 年高考］

22. ×5 年 9 月 1 日金山公司因銷貨收到 4 個月到期的短期應收票據，面額為 $160,000，票面利率 12%，10 月 1 日公司為了想提早取得資金週轉，將所持有的應收票據向金融機構貼現，銀行貼現利率為 14%，貼現期間為 3 個月。貼現後可得之金額為：

(A) $161,600　　　　　　　　　　(B) $161,498
(C) $160,576　　　　　　　　　　(D) $158,634

23. 雲林公司於 95 年 7 月 1 日收到顧客之票據一紙，面額 $20,000，附息 10%，3 個月到期。該公司於 95 年 8 月 1 日將此票據持往銀行貼現，貼現率 12%，貼現期間 2 個月。試問該公司 95 年對此貼現應認列之票據貼現損失為多少？

(A) $76.7　　　　　　　　　　　　(B) $90
(C) $410　　　　　　　　　　　　(D) $60.4　　　　　　　［改編自 96 年高考］

24. 假設東臺公司於 92 年 3 月 1 日收到臺中公司簽發之本票一張，面額 $200,000，票面利率 10%，3 個月到期。東臺公司於 5 月 1 日將該票據持向銀行貼現，貼現率為 12%，貼現期間 1 個月，則此一票據貼現的貼現息為

(A) $2,000　　　　　　　　　　　(B) $2,033
(C) $2,050　　　　　　　　　　　(D) $4,100　　　　　　　［93 年二技］

25. 甲公司 4 月 1 日收到客戶為償還貨款所開立之票據一張，面額 $300,000，6 個月後到期。甲公司於 5 月 1 日將該票據貼現，貼現率 6%，共借得現金 $298,350。請問該票據原票面利率為何？

(A) 8%　　　　　　　　　　　　　(B) 5%
(C) 4%　　　　　　　　　　　　　(D) 2%　　　　　　　　　［102 年特考］

26. 宏大公司於 102 年 12 月 2 日持附年利率 10%，票面金額 $900,000 本票一張至臺灣銀行辦理貼現，貼現期間 30 天，今已知貼現率為 15%（一年以 360 天計息），貼現金額 $903,562.5，試問此本票開立之票期為多少天？
    (A) 80   (B) 70
    (C) 60   (D) 75   [102 年特考]

27. 甲公司於 20×1 年 1 月 1 日發行 6 年期之公司債，為吸引投資人認購，甲公司請乙銀行做財務保證，為期 6 年，甲公司支付 $120,000 給乙銀行。20×2 及 20×3 年 12 月 31 日，乙銀行財務保證應有之預期信用損失所需之備抵損失金額為 $90,000 及 $80,000。試問此保證合約對乙銀行 20×3 年淨利之淨影響為何（不考慮所得稅影響）？
    (A) 增加 $20,000   (B) 增加 $10,000
    (C) 減少 $20,000   (D) $0   [108 年高考會計]

練習題

1.【現金與約當現金】查帳員在查核大仁公司時，發現以下資料：

1. 第一銀行支票帳戶調整後餘額	$25,500
2. 華南銀行支票帳戶調整後餘額	(1,500)
3. 第一銀行存款帳戶餘額	58,000
4. 定期存款單 (2 個月到期)	30,000
5. 零用金	10,000
6. 郵票	1,250
7. 員工借款條	24,000
8. 預支員工差旅費	12,000
9. 旅行支票	18,000
10. 客戶的遠期支票	45,000

試作：
(1) 大仁公司的資產負債表上應報導多少「現金及約當現金」金額？
(2) 說明未包含在「現金及約當現金」帳戶的其他項目，應如何表達？

2.【零用金設置與分錄】力威公司 ×2 年 4 月 1 日決定設置零用金 $20,000，4 月 1 日至 6 月 30 日使用與撥補情形如下：

4 月 16 日：支付文具用品費用 $3,400
5 月 11 日：支付郵資 $2,214
5 月 27 日：支付員工加班誤餐費 $1,500
6 月 10 日：支付計程車費 $1,800
6 月 28 日：該日零用金現金餘額剩 $11,082，同時申請撥補零用金至原先設置金額
6 月 30 日：決定將零用金設置金額調降至 $10,000

試作：力威公司 ×2 年 4 月 1 日至 6 月 30 日零用金有關分錄。

3. 【零用金】吉祥公司設置 $30,000 之零用金，並由李安經管。由於李安曠職多日，且其住處已人去樓空，公司派員調查後發現：
   1. 購買印表機墨水匣的發票兩張，金額共為 $4,050，確係由總務部門使用中。
   2. 吉祥公司之銷貨發票數張，總金額 $2,991,600，皆由李安擔任銷貨員，且皆為現金銷貨，但李安並未向公司報帳。
   3. 有一張由萬壽公司開立之發票，金額為 $270,000，係由李安自行簽字收貨，經查吉祥公司並無驗收記錄，對該公司亦無貨欠。
   4. 購買郵票之收據一張，金額為 $12,000，所有郵票仍放在保管箱之內。
   5. 保管箱內尚存之紙鈔及硬幣共 $750。

   試作：
   (1) 零用金保管箱之正確餘額應為多少？
   (2) 計算李安盜用之現金金額。
   (3) 若以上資料皆未入帳，且吉祥公司補足零用金差額，請作必要之零用金撥補分錄。

   [91 年乙檢]

4. 【銀行調節表與調整分錄】麗虹公司將所有收入都存入銀行，並且以支票支付所有支出，下列是有關現金記錄的資訊：

   麗虹公司
   銀行存款調節表
   ×2 年 4 月 30 日

銀行餘額	$70,000
加：在途存款	15,400
減：未兌現支票	(20,000)
公司帳上餘額	$65,400

   5 月份的情形：

	銀行帳	公司帳
5/31 餘額	$86,500	$92,500
5 月份存款	50,000	58,100
5 月份所開支票	40,000	31,000
5 月份的託收票據（不包括在 5 月份存款內）	10,000	—
5 月份的手續費	150	—
5 月份的存款不足退票（已被銀行借記）	3,350	—

   試作：
   (1) 編製麗虹公司 5 月份銀行調節表，將銀行對帳單餘額和公司帳上餘額皆調整到正確的現金餘額。
   (2) 作必要之調整分錄。

5. 【銀行調節表與調整分錄】立山公司收到 ×8 年 8 月 31 日的銀行對帳單，列示如下：

	支出	收入	餘額
8月1日餘額			$187,380
8月份存款		$644,000	
代收票據(包含利息$400)		20,800	
8月份兌現的支票	$690,000		
銀行手續費	400		
8月31日餘額			161,780

公司現金總分類帳包括下列 8 月份的記錄：

現金		
8/1餘額	$201,000	8月份支出	$698,060
8月份收入	700,000		

8月31日在途存款及未兌現支票分別是 $76,000 與 $21,000，公司庫存現金為 $6,200。另外記帳員將一張購買用品的支票 $3,290 誤記為 $2,930，這張支票在 8 月份兌現。

試作：

(1) 編製立山公司 ×8 年 8 月 31 日的銀行調節表，將銀行對帳單餘額和公司帳上餘額皆調整到正確的現金餘額。

(2) 作必要之調整分錄。

(3) 立山公司 ×8 年 8 月 31 日的財務報表上應列報多少現金？

6. 【短期應收票據貼現】下列為研熙公司 ×9 年有關短期票據的部分交易資料：

- 6月30日　研熙公司因銷貨收到宏海公司一張面額 $150,000，11%，3 個月到期的短期票據。
- 7月15日　萬海公司簽發一張面額 $180,000，10%，2 個月到期的短期支票，用來支付 4 月 20 日的貨款。
- 7月30日　研熙公司為了想提早取得資金，分別將宏海與萬海公司開立之票據向臺中銀行貼現，銀行貼現率為 12%。
- 9月15日　臺中銀行通知研熙公司，萬海公司開立的支票已付款。
- 9月30日　臺中銀行通知研熙公司，宏海公司開立的支票拒絕付款，並要求公司償付本金、利息以及拒付證書費用 $300。

試作：研熙公司上述交易之分錄。

7. 【短期應收票據貼現】試計算下列各獨立情況下，持短期票據向銀行貼現時貼現可得金額：

(1) 2 個月到期的短期應收票據，面額為 $160,000，不附息，銀行貼現利率為 12%，貼現期間為 1.5 個月。

(2) 2 個月到期的短期應收票據，面額為 $180,000，票面利率 12%，銀行貼現利率為 14%，貼現期間為 1 個月。

(3) 3 個月到期的短期應收票據，面額為 $120,000，票面利率 10%，銀行貼現利率為

12%，貼現期間為 2 個月。
(4) 4 個月到期的短期應收票據，面額為 $200,000，票面利率 12%，銀行貼現利率為 15%，貼現期間為 2.5 個月。

8. 【現金折扣】×4 年 6 月 3 日 SHE 公司賒銷了 $40,000 的商品給 Ella 公司，銷貨條件為 2/10、n/30。6 月 5 日 Ella 公司收到商品時，通知 SHE 公司價值 $5,000 的貨品品質不佳，要求退回，SHE 公司同意退回並願意支付運費。6 月 7 日收到退貨並支付運費 $250。6 月 12 日 SHE 公司收到 Ella 公司貨款 $20,000，7 月 2 日收到 Ella 公司剩餘的貨款 $15,000。
   試作：請分別依 SHE 公司 (1) 預期高度很有可能不會，及 (2) 無法高度很有可能預期 Ella 公司不會享受該現金折扣，完成上述交易之分錄。

9. 【現金折扣】敦煌電腦 ×1 年 7 月份之部分交易資料如下：
   7 月 1 日　賒銷電腦給海霸皇公司，銷貨金額為 $600,000，銷貨條件為 3/15、n/60，敦煌電腦預期客戶高度很有可能不會享受該現金折扣。
   7 月 10 日　收到海霸皇公司 7 月 1 日之全部貨款。
   7 月 17 日　賒銷電腦給金龍公司，銷貨金額為 $500,000，銷貨條件為 2/10、n/30。敦煌電腦預期客戶高度很有可能不會享受該現金折扣。
   7 月 30 日　收到金龍公司 7 月 17 日之全部貨款。
   試作：記錄敦煌電腦上述交易之分錄。

10. 【銷貨退回與折讓】清靜出版社 ×7 年 12 月 1 日賒帳銷貨 $140,000 給北大公司，並允諾北大公司若未來沒有賣完可全數退回，清靜出版社合理估計未來退貨比率為 4%，12 月 22 日北大公司退回 $4,000 之商品。×8 年 1 月 6 日，北大公司退回 $3,500 之商品，並結清應付之帳款。
    試作：清靜出版社上述交易之必要分錄。

11. 【預期信用減損損失】明湖公司 ×4 年 1 月 1 日應收帳款餘額為 $126,000，備抵損失有貸方餘額 $2,800，×4 年間公司賒銷總額為 $1,150,000，應收帳款收現金額為 $1,114,800，並沖銷了無法收回之應收帳款 $5,200。×4 年 12 月 31 日明湖公司估計損失比率為應收帳款餘額之 4%。
    試作：
    (1) 列記明湖公司 ×4 年提列預期信用減損損失之調整分錄。
    (2) 編列明湖公司 ×4 年資產負債表中應收帳款之表達。

12. 【預期信用減損損失】下列為立倫公司 ×9 年 12 月 31 日應收帳款的帳齡分析資料：

帳齡	借方餘額	損失比率
30 天以下	$289,500	0.8%
31-60 天	171,000	2.0%
61-120 天	109,500	5.0%
121-240 天	61,500	20.0%
241-360 天	37,500	35.0%
超過 360 天	28,500	60.0%
	$697,500	

試作：
(1) 利用立倫公司×9年12月31日應收帳款的帳齡分析表估計應收帳款無法回收之金額。
(2) 假設×9年12月31日調整前備抵損失的餘額如下列，分別完成相關之調整分錄：
    (a) 備抵損失餘額為 0
    (b) 備抵損失有借方餘額 $4,500
    (c) 備抵損失有貸方餘額 $4,200

13. 【應收帳款擔保借款】溫蒂電腦與摩斯銀行簽訂一份長期擔保借款合約，依合約條件，溫蒂電腦將會收到所擔保應收帳款之 80% 的現金，同時，摩斯銀行將依溫蒂電腦所收到之現金數額收取 1% 之服務費。另外，摩斯銀行對於溫蒂電腦未償還之借款收取年利率 12% 之利息。下列為有關此一擔保借款合約之部分交易資料：

    ×4 年 12 月 1 日   將 A 客戶之應收帳款 $320,000 進行擔保借款。手續費 $2,560 依據未來預期還款期間，×4 年 12 月分攤 $1,560，×5 年 1 月分攤 $1,000。
    ×4 年 12 月 11 日   A 客戶之應收帳款發生銷貨退回 $2,000。
    ×4 年 12 月 31 日   A 客戶之應收帳款收現 $172,000。公司將所收到之帳款連同上個月應付之利息交給摩斯銀行。
    ×5 年 1 月 29 日   A 客戶之應收帳款收現 $100,000。公司付給摩斯銀行剩餘之借款與應付之利息。

試作：
(1) 完成溫蒂電腦上述交易之分錄。
(2) 說明有關溫蒂電腦擔保借款合約應如何在 ×4 年 12 月 31 日資產負債表中表達。（假設因借款所開立之票據為短期應付票據）

14. 【應收帳款擔保借款】清新公司於 ×1 年 4 月 1 日以應收帳款 $1,000,000 向高雄銀行進行擔保借款，借款金額為 $600,000，借款期間為 3 個月，高雄銀行收取應收帳款金額的 2% 作為手續費，借款利息為 10%。

試作：
(1) 列記清新公司 ×1 年 4 月 1 日之分錄。
(2) 列記清新公司 ×1 年 4 月 1 日到 6 月 30 日應收帳款收現 $700,000 之分錄。
(3) 列記清新公司 ×1 年 7 月 1 日將收取款項連同利息交付高雄銀行之分錄。

15. 【應收帳款】海角公司 ×9 年部分資訊如下：

    7 月 1 日 海角公司賒銷出售了 $80,000 的商品給摩斯公司，條件為 2/10、n/60。海角公司預期客戶高度很有可能不會享有現金折扣。
    7 月 3 日 摩斯公司退回了售價 $7,000 的瑕疵品。
    7 月 5 日 以無追索權方式出售應收帳款 $90,000 給星光銀行，收款是由星光銀行來處理，銀行保留 10% 應收帳款作為銷貨退回及折讓緩衝之用，並收取應收帳款總額 5% 作為手續費，海角公司獲得現金 $76,500。

7月 9 日 以特定的應收帳款 $90,000 向 JJ 公司擔保借款 $60,000。此貸款金額的 6% 作為手續費。JJ 公司負責收款。

7月10日 摩斯公司支付 $30,000 貨款。

12月29日 摩斯公司已破產，並通知海角公司僅能支付 10% 的帳款。海角公司使用備抵法來沖銷這筆信用減損。

試作：海角公司所有必要的分錄。

16. 【應收帳款移轉─無追索權】數來寶公司將應收帳款 $300,000 以無追索權的方式出售給雪山金融公司，×8 年 7 月 1 日，記錄應收帳款移轉給負責收款的雪山金融公司。雪山金融公司要求以應收帳款金額的 3% 作為財務費用，並保留了 4% 以沖抵銷貨折扣與銷貨退回及折讓。

試作：

(1) 數來寶公司 ×8 年 7 月 1 日的分錄，以記錄此項無追索權的應收帳款出售。
(2) 為雪山金融公司列記 ×8 年 7 月 1 日的分錄，以記錄這項無追索權的應收帳款購買。

17. 【應收帳款移轉─完全追索權】×9 年 3 月 1 日快樂福公司將客戶的應收帳款 $200,000 以有完全追索權的方式出售給 Master 銀行。Master 銀行保留 3% 作為沖抵銷貨折扣與銷貨退回及折讓使用，並要求收取應收帳款總額的 2% 作為手續費。×9 年 3 月 25 日，Master 銀行通知快樂福公司發生銷貨退回及折讓 $3,000，×9 年 4 月 1 日 Master 銀行通知快樂福公司該筆應收帳款已完全收現並結算差額。

試作：快樂福公司有關此項應收帳款出售之相關分錄。

18. 【應收帳款移轉─有限追索權】×6 年 6 月 15 日宏達公司將客戶的應收帳款 $400,000 出售給 Visa 銀行。宏達公司承諾移轉的應收帳款至少 8 成可收現，2 個月可完成收現，並要求 Visa 銀行不可轉售。Visa 銀行負責向客戶收取帳款，並要求收取應收帳款總額的 4% 作為手續費，保證負債的公允價值為 $7,200。×6 年 8 月 15 日 Visa 銀行收到全數的帳款。

試作：

(1) 宏達公司 ×6 年 6 月 15 日應收帳款移轉之分錄。
(2) 宏達公司 ×6 年 6 月 30 日之調整分錄。
(3) 宏達公司 ×6 年 8 月 15 日，Visa 銀行收現時須作之分錄。
(4) 假設 ×6 年 8 月 15 日 Visa 銀行收到 $350,000，則宏達公司於銀行收現時須作之分錄。
(5) 假設 ×6 年 8 月 15 日 Visa 銀行收到 $300,000，則宏達公司於銀行收現時須作之分錄。

19. 【服務資產、服務負債】東海公司有一筆 8 年期、利率 6% 之應收款項，×8 年 4 月 5 日將本金 $2,000,000 及利率 3% 之利息以 $2,040,000 無追索權的方式出售給投資公司。東海公司將持續提供相關服務，依合約規定以未出售利息之半數作為提供服務之報酬，另一半未出售利息則視為「純利息分割型應收款」，預估提供服務的足額補償（服務成本加

上合理利潤)之公允價值為 $25,000，其中服務資產(服務收入—足額補償)及純利息分割型應收款之公允價值分別為 $15,000 及 $40,000。

試作：×8 年 4 月 5 日分錄。(按比率分攤時，取到小數點後第三位)

20. 【**服務資產、服務負債**】大武崙公司以無追索權方式出售 3 年期應收帳款，得款現金 $5,150,000，該應收帳款之帳面金額 $5,000,000，大武崙公司留有對顧客服務的義務，假設未來收取之費用 (服務收入) 與提供服務的足夠補償之現值有下列三種情況：

	情況一	情況二	情況三
服務收入	$450,000	$225,000	$150,000
足額補償	$300,000	$225,000	$280,000

試作：依上列三種假設情況，分別作大武崙公司出售應收帳款必要之分錄。

[改編自 103 年會計師]

應用問題

1. 【**現金與約當現金**】長春公司 ×5 年 12 月 31 日有關資料如下：

1. 庫存現金	$ 8,000
2. 零用金	15,000
3. 員工借條	6,000
4. 遠期支票 (6 個月到期)	50,000
5. 彰化銀行活期存款—償債基金	300,000
6. 旅行支票	25,000
7. 郵票	1,250
8. 第一銀行活期存款 (透支) 餘額	(25,000)
9. 臺灣銀行支票存款	85,000
10. 客戶存款不足之退票	9,000
11. 玉山銀行活期存款—補償性存款	100,000
13. 保付支票	65,000
14. 郵局匯票	20,000
15. 定期存單 (2 年到期)	120,000
16. 華南銀行活期存款	256,000

試作：

(1) 長春公司 ×5 年 12 月 31 日的資產負債表上應報導多少「現金及約當現金」金額。

(2) 說明未包含在「現金及約當現金」帳戶的其他項目，應如何表達？

2. 【**銀行調節表與調整分錄**】甲仙公司為一小型公司，11 月底公司負責編製銀行調節表的員工離職，為節省成本，公司決定讓老王負責公司所有現金收支，會計處理及編製每月銀行調節表。108 年 12 月 31 日銀行對帳單餘額為 $15,070。實際有下列未兌現支票：

支票編號	金額	支票編號	金額	支票編號	金額
106	$100	110	$215	124	$190
108	$130	120	$140	126	$200

另外，銀行對帳單上有一筆貸項通知單 $500，為銀行幫甲仙公司託收之票據款。公司帳上現金餘額為 $18,710，此一餘額包括未存入銀行的現金 $3,500。由於缺乏內部控制，老王為掩飾其挪用公司款項，編製了下列銀行調節表：

銀行調節表
甲仙公司
108 年 12 月 31 日

12/31 公司帳上餘額		$18,710
加：未兌現支票		
No.108	$130	
No.120	140	
No.126	200	360
小計		$19,070
減：未存入的現金		3,500
12 月 31 日未調整銀行帳餘額		$15,570
減：銀行貸項通知單		500
12 月 31 日銀行對帳單餘額		$15,070

試作：

(1) 請問甲仙公司 12 月底之正確現金餘額為多少？老王實際挪用多少現金？
(2) 請分別指出老王三種企圖掩飾盜用現金的方法及金額。　　　【108 年地特財稅四等】

3. 【應收帳款衡量】大大公司 ×8 年 12 月及 ×9 年 1 月之部分交易資料如下：

　　×8 年 12 月 3 日　　賒帳銷貨 $30,000 給東東公司，銷貨條件為 2/10、n/30，公司預期客戶高度很有可能不會享有現金折扣。

　　×8 年 12 月 4 日　　賒帳銷貨 $200,000 給北北公司，並允諾北北公司若未來沒有賣完，可全數退回給大大公司，大大公司合理估計未來退貨比率為 10%。

　　×8 年 12 月 6 日　　東東公司通知價值 $1,000 的貨品品質不佳，要求退回，大大公司同意退回並願意支付運費。

　　×8 年 12 月 7 日　　大大公司收到東東公司之退貨，並支付運費 $100。

　　×8 年 12 月 12 日　　收到東東公司支付之全部貨款。

　　×8 年 12 月 22 日　　大大公司確定西西公司 $5,000 的應收帳款無法收回，大大公司以備抵法處理預期信用減損損失 (呆帳費用)。

×8 年 12 月 31 日　　大大公司應收帳款的餘額為 $450,000，同時公司合理估計應收帳款餘額的 2% 可能無法收回，×8 年 12 月 1 日之備抵損失有貸方餘額 $3,500，12 月僅沖銷西西公司之應收帳款，無其他有關交易。

×9 年 1 月 15 日　　北北公司退回 $15,000 商品，並支付相關款項。

×9 年 1 月 20 日　　西西公司因度過了財務危機，支付大大公司 ×8 年之應收帳款 $5,000。

試作：大大公司有關上述交易之相關分錄與必要之調整分錄。

4. **【預期信用減損損失（呆帳費用）】** 下列為威廉公司 ×9 年與應收帳款有關的資料：

　1. ×9 年 12 月 31 日應收帳款的帳齡分析表如下：

帳齡	借方餘額	損失比率
60 天以下	$344,684	1%
61-90 天	272,980	3%
91-120 天	79,848*	6%
超過 120 天	47,288	確定 $8,400 無法收回；估計剩下的可收回帳款為 25%
	$744,800	

　　*沖銷了 $5,480 的帳款與這一類有關

　2. ×9 年預期信用減損損失上有二個分錄：(1) 12 月 31 日貸記備抵損失而借記同金額的預期信用減損損失。(2) 因為某客戶破產而在 11 月 3 日貸記 $5,480 借記備抵損失。

　3. ×9 年備抵損失的情形如下：

備抵損失

11/3 沖銷呆帳	$5,480	1/1 期初餘額	$17,500
		12/31 (744,800×5%)	37,240

　4. 在應收帳款 (61-90 天) 內存在有貸方餘額 $9,680，此代表銷售合約的預付款。

試作：假設 ×9 年尚未結帳，請列記必要的更正分錄。

5. **【應收票據】** 中華公司 ×5 年報導期間結束前 3 個月有關應收票據之交易資料如下：

　10 月 1 日　　收到華生公司簽發之面額 $100,000、利率 12%、2 個月到期票據，以償還帳款。

　10 月 12 日　　收到西門公司簽發之面額 $120,000、利率 10%、3 個月到期票據，以償還帳款。

　10 月 15 日　　持華生公司簽發之票據向銀行貼現，貼現率為 14%。

　11 月 11 日　　持西門公司簽發之票據向銀行貼現，貼現率為 15%。

　11 月 16 日　　收到鴻泰公司簽發之面額 $160,000、利率 12%、2 個月到期票據，以

償還帳款。

11月20日　收到長青公司簽發之面額$120,000、利率11%、4個月到期票據，以償還帳款。

12月 1日　收到立人公司簽發之面額$180,000、利率13%、2個月到期票據，以償還帳款。

12月 2日　銀行通知公司，華生公司拒付10月1日簽發之票據，並直接自公司之存款帳戶扣除本金、利息及拒絕證書費$200。

12月20日　持長青公司簽發之票據向銀行貼現，貼現率為13%。

試作：完成上述交易之分錄，假設中華公司持票據向銀行貼現均附有追索權。

6. **【預期信用減損損失（呆帳費用）】** 在你查核臺北公司之財務報表時，發現該公司對於預期信用減損損失(呆帳費用)係採直接沖銷法。你建議該公司改用備抵法，該公司管理當局同意接受。經分析最近3年來沖銷之呆帳如下：

	94年度	95年度	96年度
94年應收帳款	$50,000	$80,000	
95年應收帳款		60,000	$120,000
96年應收帳款			90,000

經就96年12月31日應收帳款餘額加以分析，估計無法回收之金額為：
屬於95年之應收帳款$35,000，屬於96年之應收帳款$80,000。

試作：

(1) 計算該公司採用直接沖銷法而非備抵法使94年度及95年度純益高估或低估之金額。

(2) 計算採用備抵法時96年度之預期信用減損損失(呆帳費用)。

(3) 計算96年底正確之備抵損失餘額。　　　　　　　　　　　　　　　　[97年檢事官]

7. **【服務資產、服務負債】** 力行金控有一筆5年期，帳面金額$1,500,000，利率6%的應收帳款，×7年6月5日力行金控將90%的本金與該90%本金4%的利息以$1,400,000無追索權方式出售給臺新金融公司，力行金控保留1%部分的利息收入作為服務收入並持續提供相關服務。假設應收帳款之現金流量完全按比例之份額，且未來服務收入、足額補償與純利息分割型應收款之公允價值如下，試分別依據下列情況完成移轉當日之分錄：(計算分攤比率時，取到小數點後第四位)

	服務收入	足額補償	純利息分割型應收款
情況一	25,000	25,000	25,000
情況二	25,000	15,000	25,000
情況三	25,000	35,000	25,000

Chapter 5

現金及應收款項

Chapter 6 存貨

學習目標

研讀本章後，讀者可以了解：
1. 存貨的性質以及存貨的分類
2. 存貨應該如何正確歸屬於買方或賣方
3. 定期盤存與永續盤存的會計處理
4. 存貨取得成本的決定以及存貨評價與表達
5. 如何運用毛利率法估計期末存貨
6. 如何運用零售價法估計期末存貨
7. 生物資產與農業產品會計處理

林邊區漁會提供

本章架構

存貨──成本衡量和成本流動假設

存貨的性質、分類與歸屬
- 性質與定義
- 存貨的種類
- 歸屬

存貨的會計處理
- 定期盤存制
- 永續盤存制

存貨的評價與表達
- 存貨成本的決定
- 成本流程假設
- 成本與淨變現價值孰低法

毛利率法
- 運用毛利率估計期末存貨

零售價法
- 不同成本流程假設之零售價法
- 加減價在零售價法之應用
- 特殊項目之處理

生物資產與農業產品之會計處理
- 定義
- 認列與衡量

豐田 JIT 存貨管理

　　日本豐田汽車曾經創造一種高質量、低庫存的生產方式——即時生產 (Just In Time, JIT)。JIT 技術與存貨管理息息相關,是一種追求無庫存理想的生產系統,在日本透過看板式的管理,JIT 大大地降低原材料的庫存,提高整個生產流程的效率,進而增加企業的利潤。日本汽車工業,特別是豐田汽車,因為 JIT 技術造成在全球工業競爭優勢的重要來源。豐田的引擎供應商洋馬柴油機公司 (Yanmar Diesel) 亦仿效豐田式的作業管理,不僅機型種類增加數倍,且在製品存貨卻能減少一半,有效提升整體勞動的生產率。

　　其實存貨若能有愈快速的週轉率,代表公司的營運狀況和流動性也愈佳。通常不同產業有不同的存貨水準和週轉率,例如,零售業的存貨週轉率一般較製造業高;在製造業之間,消費品又比耐久財為高;營建業的存貨轉週率則非常低,若參閱營建業的資產結構組成,不難發現存貨常以「完工餘屋」和「在建工程」為最重要的組成,存貨常占整體資產的 70% 以上。

臺灣的石斑魚養殖

　　臺灣的石斑魚養殖已經有超過 30 年以上的歷史,行政院農委會自民國 98 年起推動石斑魚產值倍增計畫,列入六大新興產業之「精緻農業」的重點發展項目,臺灣在石斑魚之產值已居世界第一,產量也居第二。

　　由於野生的石斑魚喜歡棲息在珊瑚礁海域,產量稀少且捕捉不易,加上不適當的撈捕更會影響珊瑚礁的生態環境,所以石斑魚的養殖便成為許多國家積極發展的農業技術,日本、挪威、西班牙和美國等均已開始海上箱網的養殖石斑魚作業。長期以來臺灣對石斑魚的養殖,包括魚苗和魚種的研發,均有不俗的成就。養殖石斑魚的產量和品質,透過有計畫性建立的產銷履歷機制,讓臺灣擁有「石斑魚養殖王國」的美名。

　　石斑魚性喜生長於溫暖的水域,在臺灣南部的臺南、高雄、屏東地區皆有漁民養殖,特別是林邊、佳冬地區更是主要產地,養殖的品種以點帶石斑(俗稱青斑)與龍膽石斑為主。石斑魚魚苗的價格高,養殖期間須達 10 個月以上,體型碩大的龍膽石斑更須 3 年至 4 年的養殖期間,養殖的技術與資金均有極高的門檻。國際會計準則委員會制定了 IAS41「農業」,用以規範生物資產及收成點的農業產品之會計處理。

章首故事引發之問題

- 企業應如何進行存貨的管理？
- 存貨應如何評價？應如何在財務報表作適當的表達？
- 什麼是生物資產和農業產品？會計上應如何認列及後續的評價？

6.1　存貨的性質和分類

學習目標 1
了解存貨管理的重要性、存貨的意義，以及存貨的分類

　　存貨 (Inventory) 對大部分企業而言是一項非常重要的資產，也常代表對於零售商和製造商流動資產的最大部分。對買賣業或製造業而言，存貨之會計處理對於資產的評價和損益的衡量，影響頗為重大。另一方面，就存貨管理的角度而言，設計良好的存貨管理系統可以增加企業的獲利能力，但是不良的存貨管理則可能導致利益流失，並使企業失去競爭力。在供應鏈管理中常會考慮安全存量的問題，庫存不足容易造成銷售流失、較低的顧客滿意度和可能的生產瓶頸。相對地，提高安全存量可以避免當商品實際需求大於預期時產品的缺貨現象。若提高安全存量則會增加庫存量的持有成本，特別在高科技產業中產品生命週期較短的電子產品，面對需求多變時，持有過多的存貨可能造成新產品加入不易，以及舊產品庫存項目過多，將容易暴露於價格失控的風險。

　　依據國際會計準則第 2 號之規定，存貨係指符合下列任一條件之資產：

- 備供正常營業出售者；或
- 正在生產中且將於完成後供正常營業出售者；或
- 將於商品生產或勞務提供過程中消耗之材料或物料。

　　根據上述之定義，要判斷一項資產是否為存貨，應依據企業的正常營業活動過程或目的而定，例如汽車經銷商為正常營業銷售而購入之汽車，應視為存貨；至於將所購入之汽車供高階經理人使

用，則應視為不動產、廠房及設備。另外，存貨的型態以及在報表中的表達方式，常因企業的營運方式不同，存貨的分類也各異。買賣業(包括零售商、進出口貿易商等)的主要業務是買入商品以供再售，其存貨通稱為**商品存貨**(merchandise inventory)。製造業則將買入的原料加工，變成製成品之後再行出售，因此其存貨常包含**原料存貨**(raw material inventory)、**在製品存貨**(work-in-process inventory)及**製成品存貨**(finished goods inventory)。

> 買賣業的存貨通稱為商品存貨。製造業的存貨包含原料、在製品及製成品存貨。

　　原料存貨是指將於商品生產過程中消耗的直接原料。有時製造業存貨亦有可能包括物料存貨，此物料存貨係指製造過程中所需的間接材料，如機器的潤滑油、清潔用品及用來修補製成品微小部分的材料。在製品存貨是指原料已投入生產但尚未全部完成的存貨，其成本包括直接材料、直接人工及目前所分攤到的製造費用。其中**直接原料**(direct material)是指企業在生產產品和提供勞務過程中所消耗的直接用於產品生產並構成產品實體的主要原料；**直接人工**(direct labor)是指生產過程中直接改變材料的性質和型態所耗用的人工成本，包括生產工人的獎金、津貼及退休金等；**製造費用**(manufacturing overhead)或稱為間接製造成本，包括間接人工(如領班的薪資)、間接原料(或稱物料，即間接用於生產，或直接用於生產但數量或金額較小，如鐵釘、磨砂紙)、其他間接生產成本，如機械折舊、廠房保險費用、水電費等。製成品存貨是指已製造完成且可供銷售的產品。

6.2 存貨的歸屬問題

> **學習目標 2**
> 如何正確判斷存貨究應歸屬於賣方或買方

　　存貨的所有權與存貨的實體存放情形有時並不一致，且在存貨買賣特定時點上，究竟應該歸屬於賣方的存貨或買方的存貨，亦有不易明確劃分的情形，企業在判定存貨的歸屬時，可以參考第 15 章介紹的 IFRS 15「收入」有關出售商品的收入認列條件(主要須判斷存貨控制權是否已移轉)作為參考。存貨的錯誤將對多期的財務報表產生重大的影響，且會影響流動資產總額、營運資金及流動比率等計算，因此應該正確處理存貨的歸屬。以下就各種不同的狀況說

明：

1. 在途存貨

在商業實務中，進貨的條件有二種情況：一是**起運點交貨** (FOB shipping point)，另一個是**目的地交貨** (FOB destination)。起運點交貨是指賣方將貨品移交運送人 (如船運公司或快遞公司) 後，貨品即歸屬買方所有，經濟效益的控制權亦移轉給買方，故買方尚未收到在途存貨應包括在買方的存貨中；目的地交貨條件下，商品應運到買方指定地點交給買方，所有權及經濟效益才算移轉，故在途存貨應屬賣方的存貨。

2. 寄銷品

企業有時會和代銷商或零售商簽訂合約，將商品寄存對方代為銷售，運出寄銷的商品稱為寄銷品，對代銷公司而言則稱為代銷品。由於寄銷品的經濟效益和所有權仍屬於寄銷公司，必須等商品出售給第三者時，所有權才移轉給買方，因此寄銷品仍屬寄銷人之存貨，而代銷品不能包括在代銷公司的存貨。

3. 附買回合約之銷貨

附買回合約之銷貨係指公司將存貨出售給另一公司的同時，簽訂合約承諾在一定期間後，按約定價格買回該批存貨。此種交易提供了買方一個賺取財務手續費的機會，實質上是以存貨作為擔保的一般融資，而非真正的銷貨買賣。在考慮交易的經濟實質而非侷限於法律形式的情況下，應依照 IFRS 15 賣方不認列銷貨收入，故存貨仍為賣方的資產，且應於取得價款時認列相關的買回商品負債。

4. 分期付款銷貨

分期付款銷貨在顧客未交清貨款時，有帳款收回的不確定性，雖然貨品的所有權仍屬於賣方，但由於商品已供買方使用，因此賣方若能合理估計相關的預期信用減損損失 (呆帳費用) 時，經濟效益即移轉給買方，該批商品應自賣方的存貨中扣除。

Chapter 6 存貨

釋例 6-1　存貨成本認定

小智公司銷售運動用品，存貨採永續盤存制。其籃球存貨之相關資訊如下：

(1) ×1 年 12 月 31 日實地盤點顯示，小智公司位於真新鎮之倉庫，共有籃球存貨 $75,000。
(2) 小智公司於 ×1 年 12 月 28 日向小茂公司購買 $10,000 之存貨，起運點交貨，運費 $350，×2 年 1 月 4 日送達。
(3) 小智公司於 ×1 年 12 月 25 日向小霞公司購買 $30,000 之存貨，目的地交貨，運費 $250，×2 年 1 月 2 日送達。
(4) 小智公司於 ×1 年 12 月 20 日向小遙公司購買 $20,000 之存貨，目的地交貨，運費 $400，×1 年 12 月 30 日送達。兩間公司簽訂一買回合約，小遙公司承諾在兩個月後買回該批存貨。
(5) 小智公司之倉庫內，有小剛公司寄銷的存貨 $5,000，其包含在盤點金額內。
(6) 小智公司額外有存貨 $15,000 寄銷在大木公司。
(7) 小智公司於 ×1 年 12 月銷售成本 $18,000 之存貨予小光公司，起運點交貨，交易條件為分期付款。小光公司尚未付清貸款，回收帳款具不確定性，且小智公司無法合理估計相關呆帳費用。

試問：小智公司 ×1 年 12 月 31 日之資產負債表中，正確之存貨金額。

解析

存貨

(1)	盤點金額	$ 75,000
(2)	12 月 28 日之進貨條件為起運點交貨，已移轉所有權，應納入期末存貨中；進貨運費亦應認列為存貨成本	+10,350
(3)	12 月 25 日之進貨條件為目的地交貨，1 月 2 日始送達，故 12 月 31 日尚未移轉所有權，不應納入期末存貨中	－
(4)	附買回合約之銷貨，存貨亦仍為小遙公司之資產。此批存貨於小智公司帳上認列 $20,000，不應納入期末存貨中	−20,000
(5)	小剛公司寄銷的存貨，公司並無取得所有權，不應納入期末存貨中	− 5,000
(6)	寄銷在大木公司的存貨，公司仍擁有所有權，應納入期末存貨中	+15,000
(7)	分期付款銷貨，所有權仍屬於小智公司	+18,000
	期末存貨金額	$93,350

6.3 存貨制度的會計處理

存貨制度係指存貨數量的盤點方法，企業對存貨的購入、持有及出售等相關交易的處理，有定期盤存制和永續盤存制兩種，說明

學習目標 3
如何區別定期盤存制與永續盤存制

如下：

6.3.1 定期盤存制 (periodic inventory system)

定期盤存制
平時商品之購入以進貨科目記帳，而銷貨時並不記錄存貨的減少，至年終結帳時，以實地盤點庫存商品決定期末存貨。

　　此方法常為超級市場、百貨公司或零售業者所採用，在定期盤存制度下，企業平時並沒有可以隨時反映存貨數量現況的流水記錄，也無法知道庫存的存貨數量是否正確，企業必須按固定間隔時間，如每月或每季進行存貨的實際盤點而得知存貨數量，因此又稱為實地盤存制。處理要點如下：

1. **進貨時**，由於不立即反映存貨數量的增加，所以不計入商品存貨的項目，而是借記在一個暫時的虛帳戶「**進貨**」(Purchase)；若有商品規格或品質不符而將商品退回或有賣方同意減價的情形，則貸記在會計項目「**進貨退回**」(Purchase Return) 或「**進貨折讓**」(Purchase Allowance)，此二者均作為進貨成本的減項。至於應由買方負擔的**運費** (Freight-In)，則屬於進貨成本的一部分，應作為進貨成本的加項。

2. **銷貨時**，僅記載銷貨收入，而存貨減少的部分 (亦即轉入銷貨成本的部分) 並不作記錄。

3. **期末盤點與調整**：由於平日銷貨及進貨時均未記入存貨帳戶以表示存貨增減的情形，存貨帳戶的金額自期初以來一直在帳上保留不動，必須藉由期末的實際盤點得知期末存貨的數量與金額。另一方面，本期的銷貨成本則是藉由推算而得，推算的方法如下：本期期初存貨加上本期進貨成本，得出**可供銷售商品成本** (cost of goods available for sale)，再以可供銷售商品成本扣除本期期末存貨，得出銷貨成本。經由實際盤點而得出期末存貨並計算出銷貨成本後，企業應作以下的調整分錄：

存貨 (期末)	×××	
銷貨成本	×××	
存貨 (期初)		×××
進貨		×××

　　上述調整分錄之效果，除了將期初存貨金額沖銷轉而在資產負債表上認列期末存貨金額外，亦同時達到了推算銷貨成本金額的功能。

6.3.2 永續盤存制 (perpetual inventory system)

永續盤存制涉及詳細的會計記錄，對於每個存貨項目均隨時提供數量及金額的進、銷、存的資訊，因此隨時可從會計記錄中得知存貨的實體數目及價值，實地盤點常用以比較實際存貨和永續盤存記錄差異之審計目的。永續盤存之執行和維持的成本通常較定期盤存為高，在資訊科技與相關軟體發展迅速的情況下，使得永續盤存制非常普及，幾乎所有的上市櫃公司均採用永續盤存制。會計處理說明如下：

永續盤存制
商品之購入與出售均立即反映於存貨帳戶記錄增減，至年終時，存貨帳戶的餘額即代表帳上應有之期末存貨。

1. **進貨時**，為立即反映存貨增加，直接借記存貨；進貨運費因直接歸屬於存貨成本的增加，亦直接借記存貨。至於進貨的退回與折讓，則直接貸記存貨，以反映存貨成本的減少。

2. **銷貨時**，須作兩個分錄：一為記錄銷貨收入；二為同時記錄存貨的減少並反映銷貨成本：借記銷貨成本，貸記存貨。此第二個分錄是永續盤存制下額外須作的分錄，藉由此分錄可以隨時得知銷貨成本和期末存貨的金額。

3. **期末盤點與調整**：雖然在永續盤存制中，不需要作期末調整分錄來計算銷貨成本和期末存貨，但就存貨管理的目的而言，仍應每年至少實地盤點存貨一次，以確定是否有存貨盤盈或盤虧的現象。當實際盤存數量大於帳上存貨時（亦即盤盈），則借記存貨，貸記銷貨成本；若盤損時，則存貨短缺的部分依成本金額，借記銷貨成本，貸記存貨。

釋例 6-2　定期與永續盤存制

伊莉莎白公司銷售木材存貨，所有的進貨及銷貨交易皆以現金付款及收款。以下為 ×1 年度存貨相關資料：

進貨：現金購買 950 單位 @ $200
銷貨：現金銷售 850 單位 @ $260
存貨：期初存貨 150 單位 @ $200
　　　期末存貨實際盤點結果 230 單位

(1) 依永續盤存制與定期盤存制，試作伊莉莎白公司 ×1 年存貨相關分錄。

(2) 試比較兩種制度下，相關項目在損益表與資產負債表之表達。

解析

(1)

交易事項	永續盤存制			定期盤存制		
進貨	存貨	190,000		進貨	190,000	
	現金		190,000	現金		190,000
銷貨	現金	221,000		現金	221,000	
	銷貨收入		221,000	銷貨收入		221,000
	銷貨成本	170,000				
	存貨		170,000			
期末調整	銷貨成本	4,000		銷貨成本	174,000	
	存貨		4,000	存貨(期末)	46,000	
				進貨		190,000
				存貨(期初)		30,000

(2)

永續盤存制

部分損益表	
銷貨收入	$221,000
銷貨成本	(174,000)
銷貨毛利	$ 47,000

部分資產負債表	
流動資產：	
現金	$×× ×
應收帳款	×× ×
存貨	46,000

定期盤存制

部分損益表		
銷貨收入		$221,000
銷貨成本		
期初存貨	$ 30,000	
進貨	190,000	
減：期末存貨	(46,000)	(174,000)
銷貨毛利		$ 47,000

部分資產負債表	
流動資產：	
現金	$×× ×
應收帳款	×× ×
存貨	46,000

6.4 存貨之評價與表達

6.4.1 存貨取得成本的決定

存貨應當按照成本進行原始衡量。IAS 2 明定**存貨成本** (Inventory Cost) 應包括**購買成本** (Purchase Cost)、**加工成本** (Processing Cost) 及為使存貨達到目前之地點及狀態所發生之其他成本。

購買成本包含購買價格、進口稅捐與其他稅捐 (企業後續自稅捐主管機關可回收之部分除外)，以及運輸、處理與直接可歸屬於取得製成品、原料及勞務之其他成本。交易折扣、讓價及其他類似項目應於決定購買成本時減除。由以上說明可知，企業支付之稅捐若無法要求退回者，如營業稅，亦應記入存貨之取得成本。另存貨取得若伴隨快速付款而有貨價減項之折讓或補貼，應於原始衡量存貨成本時納入考慮。

存貨之加工成本包含與生產數量直接相關之成本 (如直接人工)，亦包含將原料加工為製成品過程中所發生並以有系統之方式分攤之固定及變動製造費用。固定製造費用係相對固定之金額且不隨產量變動之間接生產成本，包括廠房、設備的折舊費用和維護費用、廠房之租金及工廠行政管理費用等。固定製造費用應按生產設備的正常產能分攤至存貨，正常產能係考量既定維修情況下，企業預期未來各期間可達到之平均產能。若實際產量與正常產能差異不大，企業亦得按實際產量分攤固定製造費用。當產量異常偏低時，其所導致之未分攤固定製造費用應於發生當期認列為費用。當產量異常偏高時，企業應以實際產量分攤固定製造費用，以避免存貨帳列金額高於實際成本。

存貨之其他成本僅限於使存貨達到可供銷售或可供生產之狀態及地點所發生之支出。依據 IAS 23「借款成本」，借款成本僅在少數情況下，可列入存貨成本。通常企業為了經常性的製造或重複大量生產之存貨所發生的利息支出，不應列入存貨成本；但存貨若須經一段期間才能達到可供出售的狀態時，例如營建公司，建造期間係使資產達可供出售狀態之必要期間，故該期間發生之借款成本係使

學習目標 4
了解存貨的評價與表達，包括存貨成本的決定，不同的成本流程假設，以及後續評價

存貨成本包括購買成本、加工成本及為使存貨達到目前之地點及狀態所發生之其他成本。

借款成本
經常性的製造或重複大量生產之存貨所發生的利息支出，不應列入存貨成本。借款成本僅在存貨須經一段期間才能達到可供出售的狀態時，才能作為存貨成本的一部分。

產品達可供出售狀態之可直接歸屬成本，因此該期間之借款成本可適當地資本化為存貨成本之一部分。

值得注意的是，IAS 2 特別指出下列成本不得列入存貨成本，應於發生時認列為費用：

- 異常耗損之原料、人工或其他製造成本；
- 儲存成本，但生產過程中所必須者除外；
- 對存貨達到目前狀態及地點無貢獻之管理費用；及
- 銷售費用。

6.4.2 以成本為基礎之存貨評價方法

由於存貨對於資產負債表和損益表都有重大的影響，因此存貨價值的決定是一個會計上重要的議題。一般企業在計算存貨成本時，如果期初存貨單位成本和年度中每次進貨的單位成本都是相同的話，則決定期末存貨的成本非常容易，只須以期末存貨數量乘以單位成本即可。若每批進貨之單位成本不同，但進貨批次不多，而且存貨種類少，還可依**個別認定法** (specific identification method)，按商品實際流動的情況決定期末存貨之成本。但若存貨種類繁多，進貨批次也多，且每次進貨之單位成本又不同，使用個別認定法變成不可行，此時如何選擇單位成本，並用以乘上存貨數量，則須依賴存貨評價上所謂的**成本流程假設** (cost flow assumption)。在不同的成本流程假設下，有三種存貨評價方法：**先進先出法** (first-in, first-out method, FIFO)、**加權平均法** (weighted average method) 及**後進先出法** (last-in, first-out method, LIFO)。

IAS 2「存貨」明訂，企業存貨成本的計算方法可採用個別認定法，當採用個別認定法並不適當時，則允許使用加權平均法及先進先出法。後進先出法係假設將後期買進的商品先行出售，轉入銷貨成本，因此期末存貨成本來自於早期的進貨成本，造成資產負債表存貨的帳面金額偏離存貨於期末當時之成本水準，因此 IAS 2 不再允許使用後進先出法，IAS 2 同時規定，企業對於性質或用途相近的存貨，應採用相同的成本計算方法，因此性質或用途不同的存貨，可以使用不同的成本計算方式，但是存貨存放地點的不同或適

用稅法不同,不得作為使用不同存貨成本方法的依據。

1. 個別認定法

個別認定法係將特定成本歸屬至所認定的存貨項目,此法僅適用不能替代的存貨項目,以及依專案計畫或購買而生產且能區隔之產品或勞務。個別認定法不適用於大量生產且具可替代性的存貨,因企業可藉著選擇出售相同但成本較高或較低的存貨來操縱損益。在個別認定法下,企業逐項認定存貨係於何時購入,且其成本為何,以計算期末存貨價值。由於所包括於期末存貨的商品就是那些實際上未銷售出去的商品,因此商品流程與會計帳面的成本流程最為一致。

個別認定法
僅適用不能替代的存貨項目,以及依專案計畫或購買而生產且能區隔之產品或勞務。

2. 先進先出法

此法是 IAS 2 允許的存貨成本計算方法,假設先買進的商品先行出售,轉入銷貨成本,因此期末存貨成本來自於可供銷售商品中最近所購入者。不論定期盤存制或永續盤存制,採用先進先出法時,期末存貨的評價均以較近期購入商品的存貨量,配合各次進貨單位成本乘算加總而得,期末存貨金額在兩種盤存制度下相同,銷貨成本亦然。

先進先出法
假設先買進的商品先行出售,轉入銷貨成本,因此期末存貨成本來自於可供銷售商品中最近所購入者。

3. 加權平均法

加權平均法也是 IAS 2 允許的一種存貨成本計算方法,惟依據 IAS 2 之條文,企業可以依其情況,「定期」或「於每次新進貨時」計算加權平均成本。因此 IAS 2 的加權平均法,事實上廣義地涵括了定期盤存為基礎的加權平均法,以及永續盤存為基礎的移動平均法。

加權平均法
以可供銷售商品總成本除以可供銷售商品總數量,得出加權平均單位成本。

定期盤存制之下的加權平均法,以全部可供銷售商品總成本(含期初存貨與本期進貨),除以可供銷售商品的總數量,得出加權平均單位成本,再以此平均成本乘以期末存貨數量,即得期末存貨成本。另在永續盤存制之下**移動平均法** (moving average method),因每次新進貨時即按加權平均法的精神,將上次剩餘存貨與本次進貨,重新計算一次新的平均單位成本,作為下次銷貨時銷貨成本之計算基礎。

移動平均法
每次新進貨時即按加權平均法的精神,將上次剩餘存貨與本次進貨,重新計算一次新的平均單位成本,作為下次銷貨時銷貨成本之計算基礎。

釋例 6-3　存貨成本流程假設

全虹公司之手機存貨採定期盤存制，其 ×1 年 7 月份手機存貨之相關資訊如下：

		單位	單位成本
7/1	期初存貨	20	@ $4,000
7/5	進貨	80	@ $4,500
7/12	銷貨	70	
7/17	進貨	90	@ $4,600
7/22	銷貨	80	

試分別以下列存貨計價方法計算全虹公司 ×1 年 7 月底之存貨及 7 月份之銷貨成本：(1) 先進先出法；(2) 加權平均法；(3) 個別認定法 (7 月 12 日之銷貨全部為 7 月 5 日之進貨，7 月 22 日之銷貨全部為 7 月 17 日之進貨)。

解析

		單位	單位成本	金額
7/1	期初存貨	20	$4,000	$ 80,000
7/5	進貨	80	$4,500	360,000
7/17	進貨	90	$4,600	414,000
	可供銷售商品	190		$854,000

期末存貨單位 = 20 + (80 + 90) − (70 + 80) = 40

(1) 先進先出法

期末存貨 = $4,600 × 40 = $184,000

銷貨成本 = $854,000 − $184,000 = $670,000

(2) 加權平均法

單位平均成本 = $854,000 ÷ 190 = $4,494.7

期末存貨 = $4,494.7 × 40 = $179,788

銷貨成本 = $854,000 − $179,788 = $674,212

(3) 個別認定法

銷貨成本 = ($4,500 × 70) + ($4,600 × 80) = $683,000

期末存貨 = $854,000 − 683,000 = $171,000

6.4.3　成本與淨變現價值孰低法

存貨的後續評價是指已購入而尚未售出之商品所組成的期末存貨，應如何以適當的金額呈現於資產負債表上。IAS 2 規定，存貨應以**成本與淨變現價值孰低** (Lower of Cost or Net Realizable Value, LCNRV) 衡量。所謂的存貨成本計算方法，可採用前述個別認定法、加權平均法及先進先出法。至於**淨變現價值** (net realizable value) 係指正常營業情況下之估計售價減除至完工尚需投入成本及銷售費用後之餘額。存貨之淨變現價值可能因為毀損、過時、銷售價格下跌，或是估計完工成本及銷售費用的上升等許多因素而低於成本，此時應將沖減至較低的淨變現價值。

> **淨變現價值**
> 指企業預期在正常營業情況下，出售存貨所能取得的淨額，亦即在正常情況下之估計售價減除至完工尚須投入之成本及銷售費用後之餘額。

IAS 2 同時也強調存貨淨變現價值與公允價值的區別在於，公允價值係指所有市場參與者對交易事項已有充分了解並有成交意願，在整個市場正常交易下據以達成交換之金額；淨變現價值係指個別企業預期於正常營業中出售存貨所能取得之淨額，故為**企業特定價值** (entity specific value)。存貨淨變現價值不一定與淨公允價值 (公允價格減出售成本後之餘額) 相同。例如，麵粉的公允價值為一般麵粉中盤商之銷售價格。但如果三峽知名的金牛角麵包店買入麵粉後，因為金牛角麵包極為暢銷，該麵包店可藉由其企業專屬創造金牛角價值之能力，使得金牛角之售價提高，連帶亦使得其麵粉存貨之淨變現價值隨之提高。

上述提及存貨應以成本與淨變現價值孰低衡量，淨變現價值之決定應以資產負債表日為準。原則上，存貨之成本應與淨變現價值逐項比較。在某些情況下，類似或相關之項目得分類為同一類別。同時符合下列條件之項目得分類為同一類別：

1. 屬於相同產品線，且其目的或最終用途類似；
2. 於同一地區生產及銷售；及
3. 實務上無法與產品線之其他項目分離評價。

當使用逐項比較法或分類比較法，若淨變現價值低於成本時，會計處理有直接沖銷法與備抵法二種。在直接沖銷法下，存貨淨變現價值低於成本的部分應借記銷貨成本，貸記存貨 (即直接沖減存

貨)。在備抵法下，會計處理則為借記存貨跌價損失，貸記備抵存貨跌價損失。存貨跌價損失為銷貨成本的一部分，備抵存貨跌價損失則列在資產負債表上，作為存貨成本的減項。

企業應於各續後期間之報導期間結束日重新衡量存貨之淨變現價值。當續後評估顯示先前導致存貨淨變現價值低於成本之因素已消失，或有證據顯示經濟情況改變而使淨變現價值增加時，企業應迴轉先前沖減存貨所認列之損失，可迴轉金額係限定於原沖減金額之範圍內，所以存貨的新帳面金額係成本與重新衡量之淨變現價值孰低者。

釋例 6-4　成本與淨變現價值孰低法

瑪利歐公司為服飾銷售商，其使用成本與淨變現價值孰低法調整期末存貨。其 ×1 年期末之存貨資料如下：

存貨	帽子			吊帶褲		
顏色	紅	綠	黃	藍	紫	粉紅
成本	$20,000	$14,000	$22,000	$50,000	$55,000	$44,000
淨變現價值	23,000	13,000	23,000	52,000	49,000	40,000

試作：

(1) 計算存貨之期末金額，依照 (a) 逐項比較法；(b) 分類比較法。
(2) 若瑪利歐公司使用分類比較法，試依備抵法作其存貨調整分錄。
(3) 承上題 (2)，若該批存貨在 ×2 年編製半年報前皆尚未出售，而此時淨變現價值如下，試作其存貨調整分錄。

存貨	帽子			吊帶褲		
顏色	紅	綠	黃	藍	紫	粉紅
淨變現價值	$22,500	$12,500	$23,500	$47,000	$56,000	$45,000

解析

(1)

存貨	成本	淨變現價值	逐項比較法	分類比較法
帽子				
紅	$ 20,000	$ 23,000	$ 20,000	
綠	14,000	13,000	13,000	
黃	22,000	23,000	22,000	
小計	$ 56,000	$ 59,000		$ 56,000
吊帶褲				
藍	$ 50,000	$ 52,000	50,000	
紫	55,000	49,000	49,000	
粉紅	44,000	40,000	40,000	
小計	$149,000	$141,000		141,000
總計	$205,000	$200,000	$194,000	$197,000

(2) 在分類比較法下，存貨之期末金額應調成 $197,000。惟瑪利歐公司將不同顏色帽子 (或吊帶褲) 分類為同一類別作存貨之成本與淨變現價值孰低法之評估前，應檢視前述所列分類為同一類別存貨所須之三條件是否均同時符合。

認列跌價損失：$205,000 – $197,000 = $8,000

　　　存貨跌價損失　　　　　　　　8,000
　　　　備抵存貨跌價損失　　　　　　　　　8,000

公司編製綜合損益表時，此分錄中之存貨跌價損失應列入「銷貨成本」。

(3)

存貨	成本	淨變現價值	分類比較法
帽子			
紅	$ 20,000	$ 22,500	
綠	14,000	12,500	
黃	22,000	23,500	
小計	$ 56,000	$ 58,500	$ 56,000
吊帶褲			
藍	$ 50,000	$ 47,000	
紫	55,000	56,000	
粉紅	44,000	45,000	
小計	$149,000	$148,000	148,000
總計	$205,000	$206,500	$204,000

認列淨變現價值回升：$204,000 – $197,000 = $7,000

備抵存貨跌價損失	7,000	
存貨跌價損失		7,000

釋例 6-5　存貨跌價的帳務處理

鼓樂公司 ×1 年之存貨相關資訊如下表：

	1月1日存貨	×1年進貨	12月31日存貨
成本	$70,000	$650,000	$90,000
淨變現價值	80,000		85,000

若鼓樂公司採成本與淨變現價值孰低法評價期末存貨，試依照下列情況個別記錄存貨相關分錄，並列示資產負債表與損益表存貨相關項目的表達。

(1) 永續盤存制，直接沖銷法
(2) 永續盤存制，備抵法
(3) 定期盤存制，直接沖銷法
(4) 定期盤存制，備抵法

解析

永續盤存制

交易分錄	(1) 直接沖銷法			(2) 備抵法		
進貨	存貨	650,000		存貨	650,000	
	現金		650,000	現金		650,000
銷貨	銷貨成本	630,000		銷貨成本	630,000	
	存貨		630,000	存貨		630,000
期末存貨及調整	銷貨成本	5,000		存貨跌價損失	5,000	
	存貨		5,000	備抵存貨跌價損失		5,000

報表表達	(1) 直接沖銷法		(2) 備抵法	
資產負債表	存貨 (LCNRV)	$ 85,000	存貨 (成本)	$ 90,000
			減：備抵存貨跌價損失	(5,000)
			存貨 (LCNRV)	$ 85,000
損益表	銷貨成本	$635,000	銷貨成本	
			(含存貨跌價損失 $5,000)	$635,000

定期盤存制

交易分錄	(3) 直接沖銷法		(4) 備抵法	
進貨	進貨 650,000		進貨 650,000	
	現金	650,000	現金	650,000
期末存貨及調整	銷貨成本 635,000		銷貨成本 630,000	
	存貨 (期末) 85,000		存貨 (期末) 90,000	
	存貨(期初)	70,000	存貨 (期初)	70,000
	進貨	650,000	進貨	650,000
			存貨跌價損失 5,000	
			備抵存貨跌價損失	5,000

報表表達	(3) 直接沖銷法		(4) 備抵法	
資產負債表	存貨 (LCNRV)	$ 85,000	存貨(成本)	$ 90,000
			減：備抵存貨跌價損失	(5,000)
			存貨 (LCNRV)	$ 85,000
損益表	期初存貨	$ 70,000	期初存貨	$ 70,000
	加：進貨	650,000	加：進貨	650,000
	可供銷售商品	$720,000	可供銷售商品	$720,000
	減：期末存貨 (NRV)	(85,000)	減：期末存貨 (成本)	(90,000)
	銷貨成本	$635,000	銷貨成本 (調整前)	$630,000
			加：存貨跌價損失	5,000
			銷貨成本	$635,000

6.5　以毛利率法估計存貨

學習目標 5
如何使用毛利率法估計期末存貨的成本

當期末存貨無法盤點或存貨的實際盤點在實際上並不可行時，必須使用估計的方法推算存貨的金額。常見的情形包括：存貨因意外水、火災而毀損，必須估算保險賠償的參考；會計人員於編製期

IFRS 一點通

銷售合約與淨變現價值

當企業於報導期間結束日估計存貨之淨變現價值時，須考量持有存貨之目的。例如存貨係為供應銷售合約而保留時，淨變現價值之計算應以合約價格為基礎。若存貨持有數量大於銷售合約之約定數量，超過部分之淨變現價值則以一般銷售價格為基礎計算。

毛利率法

依據前後年度毛利率不變的假設，由當年度的銷貨金額估計銷貨成本，再由本期可供銷售商品成本減去估計的銷貨成本得到估計的期末存貨成本。

中報表或查帳時，用以決定存貨金額或驗證帳列存貨金額之合理性等。**毛利率法** (gross profit method) 即是利用以前年度之正常毛利率，估計本期的銷貨成本及期末存貨金額的方法。惟使用毛利率法估計存貨，應特別注意，一旦毛利率有任何重大變動時，應作適當之調整，且若各種商品的毛利率差異甚大時，應依不同商品之毛利率，分別估計存貨金額。

以毛利率法推估期末存貨之步驟如下：

1. 估計本期的銷貨毛利

$$\text{本期銷貨毛利估計數} = \text{本期銷貨淨額} \times \text{正常銷貨毛利率}$$

2. 估計本期的銷貨成本

$$\text{本期銷貨成本估計數} = \text{本期銷貨淨額} - \text{本期銷貨毛利估計數}$$

3. 估計本期的期末存貨

$$\text{本期期末存貨估計數} = \text{本期可售商品成本} - \text{本期銷貨成本估計數}$$

或

$$\text{本期期末存貨估計數} = \text{期初存貨} + \text{本期進貨淨額} - \text{本期銷貨成本估計數}$$

在大多數的情況下，毛利率係以銷售金額的百分比來表示，但有時毛利率是以成本 (而非售價) 的某一百分比來表示，因此須先轉換為以售價為基礎的比率。例如：以銷貨成本為基礎的毛利率若為 25%，則應先轉換為以售價為基礎之毛利率 20%，計算觀念如下：

$$\frac{\text{毛利}}{\text{銷貨成本}} = \frac{25}{100}$$

$$\Rightarrow \frac{\text{毛利}}{\text{銷貨金額}} = \frac{\text{毛利}}{\text{銷貨成本} + \text{毛利}} = \frac{25}{100+25} = 20\%$$

釋例 6-6　毛利率法

奧林帕司公司正在進行第 1 季季報表的編表，且平日對於商品管理係採用定期盤存制。截至第 1 季末相關存貨資料如下：

| 期初存貨 | $100,000 | 進貨 | $300,000 | 進貨運費 | $5,000 |
| 銷貨 | $526,000 | 銷貨退回 | $16,000 | | |

已知奧林帕司公司的定價慣例係依成本加 50% 作為售價，以毛利率法估算期末存貨金額應為多少？

解析

(1) 以成本表示之毛利率轉換為以售價表示之毛利率

$$\frac{50}{100} = 50\% \Rightarrow \frac{50}{100+50} = 33.33\%$$

(2)

期初存貨		$100,000
進貨淨額 ($300,000 + $5,000)		305,000
可售商品成本		$405,000
減：估計銷貨成本		
銷售淨額 ($526,000 − $16,000)	$510,000	
減：銷貨毛利 ($510,000 × 33.33%)	(170,000)	(340,000)
期末存貨（估計）		$65,000

6.6　以零售價法估計存貨

學習目標 6
如何使用零售價法估計期末存貨的成本

以零售價法計算期末存貨，對於持有種類眾多，且交易量大的零售商（例如百貨公司或超級市場等）而言，在實務上相當普遍。通常大部分零售業所出售的商品均有一定的加價比率，且進貨尚待銷售的商品均有立即的標價處理，零售價法即是將存貨的零售價（各存貨項目銷貨價格的合計數）透過成本對零售價比率，或是所謂的成本率，轉換為存貨成本的一種方法。

零售價法使用零售價和實際成本兩種資料來計算成本對零售價的成本比率。

使用存貨零售價法估計期末存貨共分三個步驟，分述如下：

1. 先決定期末存貨之零售價

$$\text{可供銷售商品之零售價} - \text{本期銷貨淨額} = \text{期末存貨零售價}$$

2. 依存貨成本流程假設，計算成本時零售價之比率 (亦即計算成本比率)

3. 決定期末存貨成本

$$\frac{期末存貨}{零售價} \times \frac{成本對零售價}{比率} = \frac{期末存貨}{成本估計數}$$

零售價法與毛利率法均是估計期末存貨成本的方法，但最大的不同處在於零售價法是基於當期成本與零售價之間的真實關係所計算出來的成本比率，而並非根據過去的毛利率作為主要的參考。此外，使用零售價法亦應注意，假使公司各部門的成本比率 (或毛利率) 不同時，以零售價法一體適用整體企業的存貨，將會扭曲期末存貨與純益的計算。因此有些公司會依毛利相近之商品或部門分類，採用零售價法，以正確計算期末存貨。

6.6.1 成本流程假設與成本比率的關係

上述步驟 2 有關成本比率之計算，尚須考慮存貨成本流程假設之選擇。若成本流程假設為平均成本法，則應以可供銷售商品成本除以可供銷售商品零售價計算而得；若成本流程假設為先進先出法，則期初存貨之成本比率與本期進貨之成本比率應分別計算，再依據期末存貨的組成，將期末存貨零售價適度的轉換為成本。

釋例 6-7　零售價法

家樂福公司正在編製第 1 季季報表 (×2 年 3 月 31 日)，由於每季進行存貨盤點過於費時且成本昂貴，公司決定以零售價法估計期末存貨，相關資料如下：

	成本	零售價
期初存貨	$15,000	$ 25,000
第 1 季進貨	80,000	115,000
進貨運費	3,000	
第 1 季銷貨收入		120,000

試作：依 (1) 平均成本零售價法；(2) 先進先出成本零售價法計算期末存貨。

解析

	以成本計	以零售價計
期初存貨	$15,000	$ 25,000
進貨	80,000	115,000
進貨運費	3,000	
可供銷售商品	$98,000	$140,000
減：第 1 季銷貨收入 (以零售價計)		(120,000)
期末存貨 (×2 年 3 月 31 日)(以零售價計)		$ 20,000

成本比率：

(1) 平均成本法

$98,000 ÷ $140,000 = 0.70

(2) 先進先出法之本季進貨成本比率

($80,000 + $3,000) ÷ $115,000 = 0.72 (取至小數點後第 2 位)

期末存貨成本：

(1) 平均成本法 ($20,000 × 0.70)　　　　　$14,000
(2) 先進先出法 ($20,000 × 0.72)　　　　　$14,400

6.6.2　零售價法之進一步探討

1. 零售價法之專有名詞

　　前例零售價欄所列示的金額是假設原始價格沒有改變。但零售業往往會因季節因素或進貨成本改變，而造成售價上漲或下跌的調整，所以使用零售價法時，公司亦須隨時保持原始售價改變的記錄，因為這些改變會影響到存貨成本計算的正確性。就零售業而言，**加價** (markup) 是指新售價超過原始零售價的部分，亦即原始售價之後再漲的部分；**加價取消** (markup cancellation) 是指加價後的降價，但至原始售價為止，若超過部分則屬於減價；**淨加價** (net markup) 則是「加價」減「加價取消」後之淨額。

　　減價 (markdown) 則是售價降低至原始零售價以下的部分，可能的因素包括物價水準調降、庫存過多、商品損壞或競爭因素等；**減價取消** (markdown cancellation) 是指減價之後價格回升的部分，但以回升至原始零售價為限，超過部分則又變為加價；至於**淨減價** (net markdown) 則是「減價」與「減價取消」的差額。

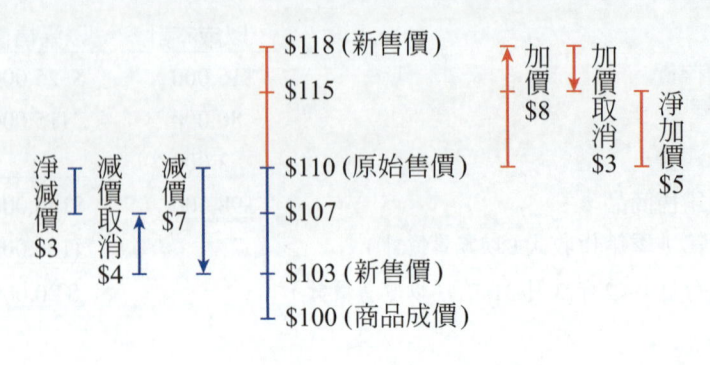

$118（新售價）
$115
$110（原始售價）
$107
$103（新售價）
$100（商品成價）

加價 $8
加價取消 $3
淨加價 $5

減價 $7
減價取消 $4
淨減價 $3

圖 6-1　加減價舉例說明

2. 加減價在零售價法之應用

如前所述，零售價法乃是用成本比率(即成本／零售價)將期末存貨的零售價轉換為成本。成本包括期初存貨和本期進貨的成本，當有加價或減價發生時，則反映在零售價的計算，亦即零售價除了包括期初存貨和本期進貨以外，還包括淨加價和淨減價。在計算成本比率時應考慮成本流程假設究是平均成本法或先進先出法。若存貨之評價基礎為成本與淨變現價值孰低，則計算成本比率時，零售價應只考慮淨加價，但不包含淨減價。由以上討論可知，依零售價法估計期末存貨時，會因成本流程假設(平均成本法、先進先出法)與評價基礎(成本、成本與淨變現價值孰低)的不同而有不同的組合：

(1) 平均成本零售價法；
(2) 先進先出成本零售價法；
(3) 平均成本與淨變現價值孰低零售價法(亦稱傳統零售價法)；
(4) 先進先出成本與淨變現價值孰低零售價法。

採用零售價法，若搭配之存貨評價基礎為成本與淨變現價值孰低，較常使用者為傳統零售價法。

平均成本與淨變現價值孰低零售價法
亦稱傳統零售價法，計算成本比率時，分母的零售價應考慮淨加價，但不包含淨減價。

釋例 6-8　零售價法之進一步探討

馬哥孛羅公司 ×2 年度存貨之成本和零售價資料如下：

	成本	零售價
期初存貨	$ 5,000	$ 6,600
本期進貨	21,000	30,000
加價		5,000
加價取銷		1,200
減價		2,400
減價取銷		600
銷貨		32,000

試作：依 (1) 平均成本零售價法；(2) 先進先出零售價法；(3) 平均成本與淨變現價值孰低零售價法 (傳統零售價法)，估計 ×2 年度期末存貨金額。

解析

(1) 平均成本零售價法

	成本	零售價
期初存貨	$ 5,000	$ 6,600
本期進貨	21,000	30,000
加：淨加價 ($5,000 – $1,200)		3,800
減：淨減價 ($2,400 – $600)		(1,800)
可售商品總額	$26,000	$38,600
成本比率 ($26,000 ÷ $38,600 = 0.6736)		
減：銷貨收入		(32,000)
期末存貨零售價		$ 6,600
期末存貨估計成本 (加權平均法)($6,600 × 0.6736)	$4,446	

(2) 先進先出零售價法

	成本	零售價
期初存貨	$ 5,000	$ 6,600
本期進貨	21,000	30,000
加：淨加價		3,800
減：淨減價		(1,800)
合計 (僅本期進貨，不含期初存貨)	$21,000	$32,000
本期進貨成本比率 ($21,000 ÷ $32,000 = 0.6563)		
可售商品總額	$26,000	$38,600
減：銷貨收入		(32,000)
期末存貨零售價		$ 6,600
期末存貨估計成本 (先進先出法)($6,600 × 0.6563)	$ 4,332	

(3) 平均成本與淨變現價值孰低零售價法 (傳統零售價法)

	成本	零售價
期初存貨	$ 5,000	$ 6,600
本期進貨	21,000	30,000
加：淨加價		3,800
	$26,000	$40,400
成本比率 ($26,000 ÷ $40,400 = 0.6436)(註)		
減：淨減價		(1,800)
可售商品總額	$26,000	$38,600
減：銷貨收入		(32,000)
期末存貨零售價		$ 6,600
期末存貨估計成本 (平均成本與淨變現價值孰低法) ($6,600 × 0.6436)	$ 4,248	

註：期初存貨包含在分子和分母中；計算成本比率時，分母之零售價不減除淨減價。

6.6.3 進銷貨特殊項目之處理

使用零售價法時，有些特殊項目會使期末存貨的計算變得複雜，為了確保成本比率和估計的期末存貨零售價之正確性，以下說明數個特殊項目之處理。

進貨運費 應列為進貨成本的加項，但不包括在零售價中。

進貨退回 由於會減少可供銷貨商品的數量，應從可售商品的成本及零售價中減除。

進貨折扣與折讓 通常列為進貨成本的減項，其中進貨折讓 (例如進貨總額之尾數免付) 若未反映於售價之降低，亦不必調整零售價。

銷貨折扣、銷貨折讓與銷貨退回 銷貨折扣、折讓與退回均與成本比率之計算無關。銷貨折扣因屬現金流量理財之考慮，希能公司能早日收到現金，此銷貨收入之減少，並不會使未售商品之零售價增加，因此計算期末存貨零售價時，不作為銷貨的減項。同理，銷貨折讓也不會使未售商品零售價增加，所以也不作銷貨的減項。至於銷貨退回則會增加未售商品的數量及總零售價，故應自銷貨中減除。

上節中介紹之零售價法僅能估計存貨之成本，因此在 IFRS 下以零售價法估計成本，另需估計淨變現價值 (售價減銷售費用)，才能將存貨真正以成本與淨變現價值孰低衡量。即使所稱之平均成本與淨變現價值孰低零售價法，所估計亦為進貨市價 (非賣出價) 與成本之孰低金額。本書與其他中英文教科書均介紹此方法，但會計研究發展基金會出版之 IFRS 釋例範本中介紹零售價法時，僅用以估計成本才是嚴格遵守 IFRS 之作法。

員工特別折扣 常是企業鼓勵員工或當作員工福利的部分。當企業銷貨予員工時，因員工有特別折扣會使銷貨收入因原始零售價之降低而減少，所以員工折扣應自可售商品零售價中減除。然員工折扣不應列入成本比率計算，因其不代表整售價策略之改變。

正常損耗 係企業將某些商品之損耗或毀壞等視為正常，因此已將這些成本反映於售價，所以在計算成本比率時不考慮正常損耗，但在計算期末存貨零售價時，應自可售商品零售中減除。

非常損耗 則須同時自成本與零售價中減除以除去它們對於成本比率的影響，否則會扭曲成本比率的計算並高估期末存貨。

釋例 6-9　含進銷貨特殊項目之零售價法

特易購之存貨採零售價法，×2 年相關資料如下：

	成本	零售價
期初存貨	$ 1,000	$ 1,800
本期進貨	30,000	45,000
進貨運費	3,000	
進貨折扣	2,800	
進貨退回	1,200	2,200
淨加價		6,000
淨減價		2,000
銷貨總額		34,000
銷貨折扣		1,000
銷貨退回		1,600
員工折扣		4,000
正常損耗		3,000
非常損耗	700	1,400

試作：以 (1) 平均成本零售價法；(2) 平均成本與淨變現價值孰低零售價法，估計期末存貨。

解析

	成本	零售價
期初存貨	$ 1,000	$ 1,800
本期進貨	30,000	45,000
進貨運費	3,000	
進貨折扣	(2,800)	
進貨退回	(1,200)	(2,200)
非常損耗	(700)	(1,400)
淨加價	—	6,000
小計	$29,300	$49,200

平均成本與淨變現價值孰低之成本比率：$\dfrac{\$29,300}{\$49,200} = 59.55\%$

淨減價		(2,000)
可供銷售商品	$29,300	$47,200

平均成本之成本比率：$\dfrac{\$29,300}{\$47,200} = 62.08\%$

減：銷貨總額	$34,000	
銷貨退回	(1,600)	
銷貨淨額		(32,400)
員工折扣		(4,000)
正常損耗		(3,000)
期末存貨零售價		$ 7,800

估計期末存貨成本：

(1) 平均成本零售價法

$7,800 × 62.08% = $4,842

(2) 平均成本與淨變現價值孰低之零售價法

$7,800 × 59.55% = $4,645

註：本題之銷貨折扣 $1,000 不必作為銷貨之減項，因為它並不會使未售商品的零售價增加。

6.7 生物資產與農業產品

學習目標 7
了解 IAS41 有關生產資產與農業產品的會計處理

　　國際會計準則第 41 號「**農業**」(agriculture) 是訂定與農業活動有關下列事項之會計處理及揭露：1. 生物資產；2. 農產品；3. 相關之政府補助。此號公報之發布實與全球農業之競爭、市場價格機制及高度爭議的各國農業補貼政策有密切的關係。以全球最大的農業

產品出口國美國為例，美國政府長期對農業提供穩定、可靠的保護和扶持。農業科技的高生產力和積極的農業補貼政策，是美國農業體制的兩大特色。為增強美國農業的競爭優勢，美國政府並建立各類農作物種植情況的詳細數據庫與至少 2 年以上平均數的指標，隨時掌握市場價格，並據以機動調整補貼政策。當全球的其他地區，包括歐盟與許多開發中國家也在積極尋求農業活動的快速成長與競爭力時，如何因應外部資金提供者 (如銀行) 的資訊需求，以及各國農業活動補貼政策的趨勢，IAS 41「農業」[1] 便應運而生，且開始適用以淨公允價值衡量生物資產與農業品 (生產性植物例外)。

依據 IAS 41 之定義，農業活動是指企業對生物資產之生物轉化及收成之管理，以供銷售、轉換為農業產品或轉換為額外之生物資產。生物資產若與農業活動無關，則不應適用 IAS 41，例如屏東海生館的生物資產白鯨係以對外觀賞為主，產出的小白鯨也不予出售，應列入「不動產、廠房及設備」，依照相關會計處理。農業活動的範圍相當廣泛，包括牲畜飼養 (例如以農牧食品事業為主的卜蜂集團，其禽畜以契約方式請農戶代養和電動屠宰；以及大成長城集團核心種雞種豬之飼養、清潔與防疫等皆屬之。惟六福開發野生動物園區各類觀賞動物之餵養與清潔等，則非屬農業活動)、林業種植、果樹植栽、花卉栽培和水產之養殖等。海洋漁撈和原始森林砍伐，則因企業未具備使該生物資產進行轉化之任何管理活動，因此非屬農業活動。

> IAS 41 所定義生物資產，必須與農業活動有關。

> IAS 所定義的農業活動，必須具備使生物資產進行轉化之任何管理活動有關。

上述的生物資產是指具生命之動物或植物。生物轉化包括導致生物資產品質或數量發生改變之成長、蛻化、生產及繁殖過程。例如小牛成長為乳牛；飼料添加瘦肉精，造成豬隻品質改變 (只長精肉不長脂肪)；運用天然的選種與交配或人為的基因改造，改善生物資產的品質或繁殖能力，此皆屬生物轉化。收成係指將產品從生物資產分離或生物資產生命過程之停止，農業產品則是企

---

[1] IASB 於 2014 年 7 月發布 IAS 41 之修改，將於 2016 年 1 月 1 日開始適用，截至本書出版前，我國金管會尚未認可此一修改。修改後 IAS 41 規定，生產性植物將轉為適用 IAS 16，改以成本模式或重估價模式衡量 (請參考本書第 8 章)；惟生產性植物產生之農業產品仍須適用 IAS 41。

釋例 6-10　生物資產

「牛牽到北京還是牛」，但是相同的生物資產在不同的場所，存在不同的目的，所適用的會計準則與認列之財務報表項目卻不同。

木柵動物園的乳牛、瑞穗牧場的乳牛，在各自的資產負債表中，應認列為什麼項目？又應該怎麼衡量？

解析

木柵動物園的乳牛以觀賞為主要目的，應認列為「不動產、廠房及設備」類別下的項目，依照成本模式或重估價模式衡量。

瑞穗牧場有部分乳牛是以觀賞為目的，則處理方式與木柵動物園相同；有部分乳牛是以生產牛奶為目的，則應適用 IAS 41，列入「生物資產」，以淨公允價值衡量。

IAS 41 並不處理收成後農業產品之加工。收成後再加工的製品，非屬生物資產，亦非為農業產品，應適用存貨的會計處理。

業生物資產在收成點的收成品，例如剛採收之乳膠、茶葉、羊毛及牛奶等，亦即一旦收成後，這些農業產品將立刻轉入存貨。

就農業產品而言，IAS 41 僅適合至農業產品之收成點為止，並不處理收成後農業產品之加工。例如，那帕酒廠將所種植的葡萄（農業產品）加工成葡萄酒，雖然此加工可能是農業活動合理且自然之延伸，但此加工並不在本準則農業活動之定義內。又卜蜂集團將屠宰後之雞豬（農業產品）進行肉品加工，以及將產品透過自有的時時樂餐飲連鎖直接送達消費者，藉以控制成本和品質，亦不在 IAS 41 之活動定義內。收成後再加工的製品，非屬生物資產，亦非為農業產品，應適用存貨的會計處理。

生物資產、農業產品以及加工後產品（存貨）之釋例請參考表 6-1。生物資產可以區分為動物與植物，各自再區分為消耗性及生產性。其中生產性植物，並不適用 IAS 41，而應依照 IAS 16 之規範，以成本模式或重估價模式衡量（與作為觀光業使用之生物相同）。生產性植物係指符合下列所有條件且具生命之植物：

1. 用於農業產品之生產或供給；
2. 預期生產農產品期間超過一期；及
3. 將其作為農業產品出售之可能性甚低（偶發地作為殘料出售者除外）。

表 6-1　生物資產、收成時點之農業產品與收成後經加工之產品

		生物資產	農業產品	收成後經加工之產品
依 IAS41 處理	非生產性植物之生物資產	綿羊	羊毛	毛線、地毯
		乳牛	牛奶	乳酪
		肉豬	屠宰後之豬隻	香腸、火腿
		肉雞	屠宰後之雞隻	烤雞
		植栽林之林木	已砍伐之林木	原木、木材
		棉花植株	已收成之棉花	棉線、衣服
		甘蔗植	已收成之甘蔗	蔗糖
		菸草植株	已採摘之葉片	菸草
依 IAS16 處理	生產性植物	茶樹	已採摘之葉片	茶
		葡萄樹	已採摘之葡萄	葡萄酒
		果樹	已採摘之果實	水果乾
		油棕樹	已採摘之果實	棕櫚油
		橡膠樹	已採摘之乳膠	橡膠製品

附註：茶樹、葡萄樹、果樹、油棕樹及橡膠樹合乎生產性植物之定義，但這些植物上生長中的茶葉、果實及乳膠屬於生物資產，應以淨公允價值衡量 (無法可靠衡量者除外)。

　　由此定義可知，類似蘋果樹這種多年生植物，若企業定期摘取產出之農業產品 (蘋果)，而不將整個植物作為農業產品出售 (例如做為原木用的檜木)，則其為生產性植物，而應依 IAS 16 處理。簡要的說，非屬農業的生物及生產性植物應適用 IAS 16，其他生物性資產 (消耗性動物、生產性動物、消耗性植物) 及農業產品都應該適用 IAS 41。前述會計處理分類圖請參考圖 6-2。

中級會計學 上

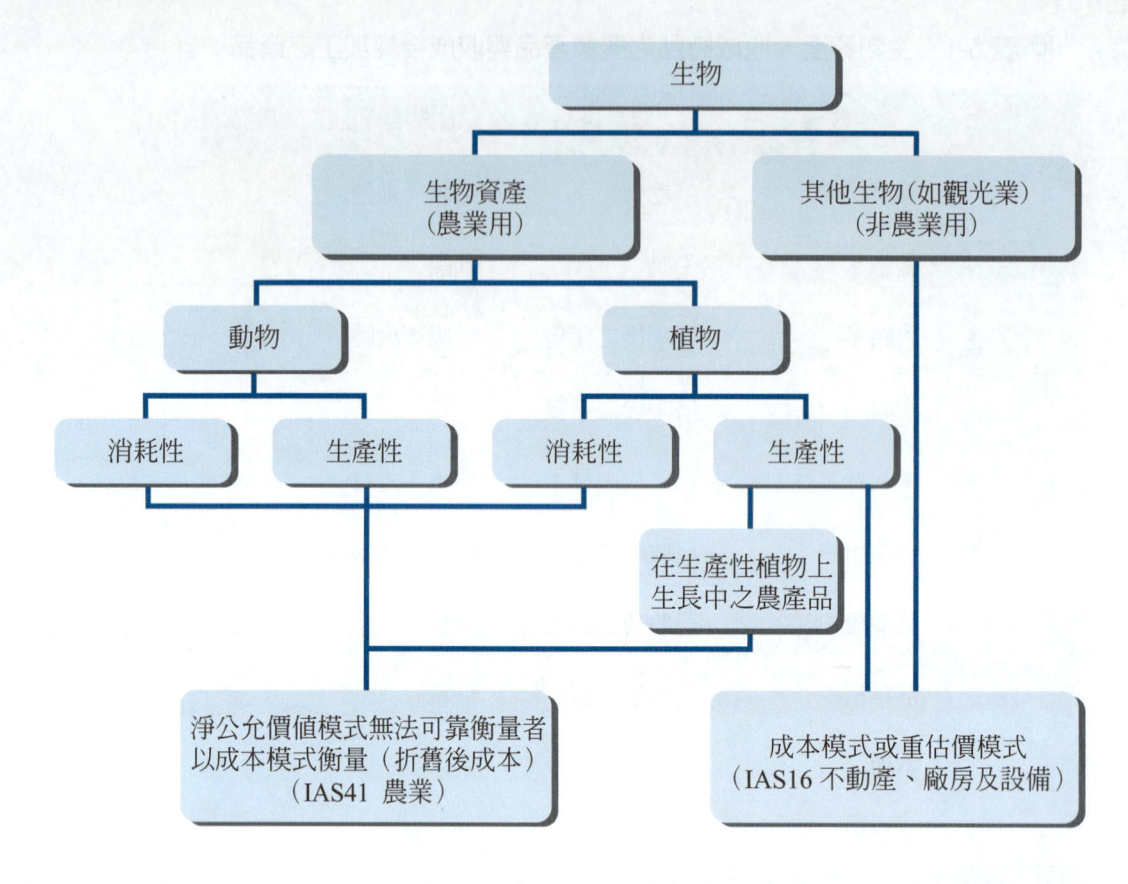

```
                         生物
                          │
           ┌──────────────┴──────────────┐
       生物資產                      其他生物(如觀光業)
       (農業用)                        (非農業用)
           │
     ┌─────┴─────┐
    動物          植物
     │            │
  ┌──┴──┐      ┌──┴──┐
 消耗性 生產性  消耗性 生產性
                        │
                  在生產性植物上
                  生長中之農產品

淨公允價值模式無法可靠衡量者        成本模式或重估價模式
以成本模式衡量(折舊後成本)        (IAS16 不動產、廠房及設備)
        (IAS41 農業)
```

圖 6-2　生物之會計處理架構圖

6.7.1　生產性植物以外之生物資產及農業產品

> IAS 41 規定，生物資產應於原始認列時及每一財務報導期間結束日，以公允價值減出售成本(即淨公允價值)衡量。
>
> 生物資產之公允價值為右列 1. 2. 或 3. 項中之市場價格或估計價格扣除運送至該市場之運輸成本。例如，活絡市場報價之豬隻為 $10,000，甲公司據此衡量之豬隻公允價值為 $10,000 – 運輸成本 $200 = $9,800；乙公司則可能因所在地不同，衡量為 $10,000 – $300 = $9,700。

生物資產應於原始認列時及每一財務報導期間結束日，以公允價值減出售成本(即淨公允價值)衡量。出售成本係指除財務成本及所得稅外，直接可歸屬於資產處分之增額成本，例如依年齡或品質的分級與包裝成本皆屬之(不包括運輸成本，請參見邊欄之說明)。上述會計規範的前提假設是生物資產的公允價值能可靠衡量。

公允價值之決定

公允價值係指在公平交易下，已充分了解並有成交意願之雙方據以交換資產或清償負債的金額。IAS 41 與 IFRS 13 對生物資產公允價值則進一步定義為市價減除將資產運送至市場必要之運輸及其他成本，其中市價之決定或估計依下列順序為之：

1. 有活絡市場之報價：若生物資產或農業產品於目前地點及狀態下

存在活絡市場，則活絡市場之報價為決定該資產公允價值之適當基礎。企業若能進入不同的活絡市場，則應採用預期將執行交易所使用市場之價格作為最攸關之活絡市場。

2. 無活絡市場，但有其他市場價格可參考：例如以最近市場交易價格、經相關調整後已反映差異之類似資產市價或行業基準。

3. 生物資產預期淨現金流量按現時市場利率折現。

在例外的情況下，若符合 (1) 生物資產於原始認列無法取得其市場決定之價格或價值，且 (2) 決定公允價值之替代估計顯不可靠之情況，則生物資產應以其成本減所有累計折舊及所有累計減損衡量。後續一旦此生物資產之公允價值變成能可靠衡量時，企業應以其公允價值減出售成本衡量。

生物資產依淨公允價值衡量之特例（亦即採成本模式），僅限於原始認列時。若在原始認列時即已按公允價值減出售成本衡量生物資產之企業，仍應繼續按公允價值減出售成本衡量該生物資產直到處分為止。換言之，IAS 41 不允許將衡量基礎由公允價值改為成本，以避免企業在市場條件不利的時候，藉由停止採用公允價值會計得以不認列公允價值調整的損失。

至於自企業生物資產收成的農業產品，IAS 41 規定，在所有的

可靠性之例外
生物資產原則上應以淨公允價值衡量，但若公允價值無法可靠衡量而改採成本衡量時，即構成公允價值會計的例外，稱之為「可靠性之例外」。

在所有的情況下，企業於農業產品收成點，均應以其淨公允價值衡量。

IFRS 一點通

以成本模式衡量生物資產——可靠性之例外

生物資產原則上應以淨公允價值衡量，但若公允價值無法可靠衡量而改採成本衡量時，即構成公允價值會計的例外，稱之為「可靠性之例外」。在此情形下，生物資產即以其成本減所有累計折舊及所有累計減損衡量，此時企業應考量「存貨」、「不動產、廠房及設備」及「資產減損」相關之概念。

更進一步言，當企業的生物資產是用以生產肉品之禽畜或農作物等消耗性生物資產，則較適合應用存貨的觀念，將投入之成本累積至出售，尚未出售前依成本與淨變現價值孰低評價。當企業的生物資產是用以生產牛奶、羊毛及葡萄之乳牛、綿羊及果樹等生產性生物資產，則較適合應用不動產、廠房及設備之觀念，此時須判斷該生物資產應於何時開始提列折舊、適當的使用年限及減損的評估。

情況下，企業於農業產品收成點，均應以其公允價值減出售成本衡量。也就是說，國際會計準則理事會認為所有農業產品均有交易活絡的市場，且若要將農業活動累積的成本分攤至產出的農業產品，其估計並不可靠，因此農業產品在收成時之衡量不允許採用成本模式，而須以收成時之公允價值減出售成本作為帳面金額。至於農業產品之後續評價，則依本章所述之成本與淨變現價值孰低法處理。

原始認列生物資產或農業產品所產生的利益或損失，以及生物資產公允價值減出售成本之變動所產生之利益或損失，均應於發生當期計入損益。至於採淨公允價值衡量之生物資產，IAS 41 並未對其後續支出的會計處理作明確規範，因為此類支出列為營業費用，則每期以淨公允價值衡量之評價損益，將不會包括此類後續支出的金額；另若將此類支出列入生物資產帳面金額的增加，則每期以淨公允價值衡量之評估損益，將會包括此類後續支出的金額。但不論採用何種方法，對於企業當期淨利的計算結果是相同的。

釋例 6-11　生物資產之衡量——淨公允價值模式

咕咕雞牧場養殖雞隻，生產與銷售雞蛋、雞肉為業。其於 ×2 年 7 月 1 日購買小雞 400 隻，一隻價格 $20，共發生運費 $1,500；當日考量預期運費及出售成本後之淨公允價值為每隻 $18。其中四分之一的小雞屬於肉雞，四分之三的小雞屬於蛋雞。咕咕雞牧場於 7 月至 12 月間，歸屬於養小雞的飼料成本為 $25,000，人事成本為 $30,000。

×2 年底，每隻肉雞的淨公允價值為 $130，每隻蛋雞的淨公允價值為 $60。咕咕雞牧場於年底屠宰半數的肉雞，每隻可賣得 $200，將全部雞肉賣至市場的運費為 $1,400。×2 年 12 月間，蛋雞共產出雞蛋 5,000 顆，每顆雞蛋之淨公允價值為 $5.5，每顆以 $6 出售。假設雞肉與雞蛋全數在 ×2 年內以現金出售，試作 ×2 年相關之分錄。

解析

(1) 一隻小雞的購買為 $20，肉雞有 400 × 1/4 = 100 隻；蛋雞有 400 × 3/4 = 300 隻。運送費用 $1,500 認列為當期損失。

×2/7/1	消耗性生物資產 (肉雞)	1,800	
	生產性生物資產 (蛋雞)	5,400	
	當期原始認列生物資產之損失	2,300	
	現金		9,500

(2) 飼料與人事成本認列為飼料費用 $25,000 + $30,000 = $55,000

　　×2/7/1 ～ ×2/12/31

飼養費用	55,000	
原料		25,000
應付薪資		30,000

(3) 期末依照淨公允價值衡量生物性資產，差額認列本期損益。

　　肉雞：$130 × 100 − $1,800 = $11,200

　　蛋雞：$60 × 300 − $5,400 = $12,600

×2/12/31　消耗性生物資產 (肉雞)	11,200	
生產性生物資產 (蛋雞)	12,600	
生物資產當期公允價值減出售成本之變動之利益		23,800

(4) 收成雞肉與雞蛋，依照淨公允價值衡量存貨金額，並認列本期損益。

　　雞肉：$200 × 50 − $1,400 = $8,600

　　雞蛋：$5.5 × 5,000 = $27,500

　　沖銷半數的肉雞帳面額：$13,000 ÷ 2 = $6,500

農業產品—雞肉	8,600	
生物資產當期公允價值減出售成本之變動之利益		2,100
消耗性生物資產 (肉雞)		6,500
農業產品—雞蛋	27,500	
生物資產當期公允價值減出售成本之變動之利益		27,500

(5) 認列銷貨收入與銷貨成本

　　銷貨收入：雞肉 $200 × 50 + 雞蛋 $6 × 5,000 = $40,000

　　銷貨成本：雞肉 $8,600 + 雞蛋 $27,500 = $36,100

現金	40,000	
銷貨收入		40,000
銷貨成本	36,100	
農業產品—雞肉		8,600
農業產品—雞蛋		27,500
運費	1,400	
現金		1,400

6.7.2 生產性植物

產出水果、棕櫚油、乳膠等農業產品的生產性植物，其性質較類似工廠中之設備且經常與農地合併出售。農地與其上生長的生產性植物整體而言，類似土地與廠房的作業方式，因此，IASB 特別規定生產性植物之會計處理應該與不動產、廠房及設備相同。另可注意的是，消耗性植物均係單獨出售，因此單獨售價即可作為公允價值之估計基礎；而生產性植物則因皆與土地合併出售，單獨售價無法輕易可得。

釋例 6-12　生物資產之衡量——淨公允價值模式

×1 年初，甲公司以 $5,400,000 買入並栽種油棕樹苗開始種植屬於生產性植物之油棕樹，預期於 ×5 年初可達成熟階段而開始收成。此樹種正常收成年限 (耐用年限) 為 20 年 (×5 年～×24 年)，且每年均可正常收成，估計殘值為 $0。×1 年薪資費用、肥料、租金及其他直接支出為 $100,000；×2 年至 ×5 年，該直接支出每年均下降為 $10,000。×5 年採收果實之支出 $100,000，採下之農業產品在主要市場之報價為 $920,000，考量預期運費及出售成本後之淨公允價值為 $900,000，且直接運送至甲公司在農場內之工廠。

試作：×1 年～×5 年所有相關分錄。

解析

×1 年初	生產性植物—油棕樹	5,400,000	
	現金 (樹苗)		5,400,000
	生產性植物—油棕樹	100,000	
	現金 (薪資費用、肥料、租金等)		100,000
×2～×4 每年	生產性植物—油棕樹	10,000	
	現金 (薪資費用、肥料、租金等)		10,000
×5 年	薪資費用、肥料、租金、採收等費用	110,000	
	現金		110,000
	存貨—農業產品	900,000	
	當期原始認列農業產品之利益		900,000
	折舊費用—生產性植物—油棕樹 (5,530,000 − 0) ÷ 20)	276,500	
	累計折舊—生產性植物—油棕樹		276,500

Chapter 6 存貨

本章習題

問答題

1. 試依照 IAS 2 之規定，說明存貨係指符合何種之資產？
2. 試問存貨的歸屬，可能會產生哪些問題？
3. 試說明定期盤存制與永續盤存制之差異。
4. 試說明存貨取得成本之衡量。
5. 試說明存貨之各種成本流程假設。
6. 何謂成本與淨變現價值孰低法？「淨變現價值」為何？
7. 何謂毛利法？其適用的情況有哪些？
8. 何謂零售價法？其與毛利法有何異同？
9. IAS41「農業」係訂定與農業活動有關之何種事項的會計處理與揭露？該如何衡量價值？

選擇題

1. 下列何者不應於財務報表中報導為「存貨」項目？
   (A) 原料
   (B) 設備
   (C) 在製品
   (D) 製成品

2. 下列何種情況，存貨已屬於買方之資產？
   (A) 附買回合約之銷貨
   (B) 分期付款銷貨，買方未交清貨款，賣方無法合理估計相關呆帳費用
   (C) 銷售合約准許商品可退還，且退貨率相當高，銷貨退回無法合理估計
   (D) 進貨條件為起運點交貨，貨品已運出，但買方尚未收到在途存貨

3. 臺北公司年底存貨包含一批寄銷於天一公司的商品 $50,000，年底這批商品仍未出售，而天一公司也將這批商品列為其存貨，下列敘述何者正確？
   (A) 兩家公司的存貨記錄正確，待出售後兩家都要將存貨轉出
   (B) 臺北公司存貨高估，天一公司存貨正確
   (C) 臺北公司存貨正確，天一公司存貨高估
   (D) 兩家公司都錯誤，應為寄銷品，而不是存貨　　　　　　　　　　　［95 年會計師］

4. 小蘭公司使用永續盤存制，於 6 月 20 日賒購 $35,000 之存貨，付款條件為 2/10、EOM、n/30、EOM。小蘭公司於 7 月 3 日支付貨款，此交易須貸記：
   (A) 存貨 $3,500
   (B) 存貨 $700
   (C) 進貨折扣 $700
   (D) 現金 $35,000

5. 下列存貨成本流程假設之敘述，何者正確？
   (A) 後進先出法只適用於永續盤存制
   (B) 先進先出法下，其銷貨成本一定低於後進先出法
   (C) 移動平均法不適用於定期盤存制
   (D) 採用個別認定法不會造成管理當局操縱損益的機會　　　[95年會計師]

6. 下列支出何者可能列為存貨成本？
   (A) 生產過程中所必須之儲存成本
   (B) 銷售費用
   (C) 對存貨達到目前狀態及地點無貢獻之管理費用
   (D) 異常耗損之原料、人工或其他製造成本　　　[改編100年會計師]

7. 下列何者為 IAS 2「存貨」不允許使用之存貨成本計算方法？
   (A) 移動平均法　　　　　　　(B) 後進先出法
   (C) 個別認定法　　　　　　　(D) 先進先出法

8. 淨變現價值係指：
   (A) 公允價值
   (B) 公允價值加至完工尚需投入成本及銷售費用
   (C) 估計售價加至完工尚需投入成本及銷售費用
   (D) 估計售價減至完工尚需投入成本及銷售費用

9. 初音公司販售 CD，其 ×1 年底之存貨成本為 $42,000，估計售價為 $58,500，估計銷售費用 $18,000。按照成本與淨變現價值孰低法，初音公司須認列多少備抵存貨跌價損失？
   (A) $ 0　　　　　　　　　　　(B) $16,500
   (C) $1,500　　　　　　　　　 (D) $34,500

10. 下列關於使用毛利法之敘述，何者錯誤？
    (A) 當編製期中報表時，用以決定存貨金額
    (B) 當會計師查帳時，用以驗證帳列存貨金額
    (C) 當編製年度報表時，用以決定存貨金額
    (D) 存貨因意外火災而毀損，必須估算保險賠償

11. 小李公司之銷貨毛利率為銷貨成本的 60%，若轉換成以銷貨淨額來表達，毛利率為何？
    (A) 16.67%　　　　　　　　　(B) 37.50%
    (C) 40.00%　　　　　　　　　(D) 60.00%

12. 香吉士公司為香菸經銷店，銷貨毛利率為銷貨淨額的 30%。×1 年 3 月底，香吉士公司之倉庫遭竊，其 3 月之存貨相關資訊如下：

期初存貨	$ 26,000
進貨淨額	73,000
銷貨淨額	120,000

遭竊隔天檢查倉庫發現剩下一批成本 $3,200 之存貨。若使用毛利率法，香吉士公司之存貨因遭竊所造成之損失為何？

(A) $11,800   (B) $12,760
(C) $17,800   (D) $59,800

13. 下列資訊是棲蘭公司 10 月份之資料：

期初存貨	$100,000
進貨淨額	300,000
銷貨收入淨額	600,000
成本加成率	66.67%

棲蘭公司的倉庫在 10 月 31 日發生一場火災，經清點發現，有成本 $6,000 的存貨完好無缺。請使用毛利率法，估算受火災損壞之商品存貨成本為：

(A) $34,000   (B) $154,000
(C) $160,000   (D) $200,000   ［97 年高考三級］

14. 若使用成本與淨變現價值孰低法作為存貨之評價基礎，則計算零售價法之成本比率時，應：

(A) 考慮淨加價，不包含淨減價
(B) 考慮淨加價及淨減價
(C) 不包含淨加價及淨減價
(D) 考慮淨減價，不包含淨加價

15. 何謂傳統零售價法？

(A) 平均成本零售價法
(B) 先進先出成本零售價法
(C) 平均成本與淨變現價值孰低零售價法
(D) 先進先出成本與淨變現價值孰低零售價法

16. 小櫻公司以傳統零售價法估計期末存貨，其 ×1 年之存貨相關資訊如下。

	成本	零售價
存貨，1 月 1 日	$ 15,200	$ 23,700
進貨	347,100	592,600
淨加價		34,800
淨減價		21,100
銷貨		516,700

請問小櫻公司之成本率為何？

(A) 55.32%　　　　　　　　　　(B) 57.51%
(C) 57.25%　　　　　　　　　　(D) 55.64%

17. 橘子公司使用零售價法計算期末存貨，存貨之評價採平均成本法。其 ×1 年之會計資訊如下，試問橘子公司 ×1 年之期末存貨成本。

期初存貨 (成本)	$119,600	加價取消	$ 1,500
期初存貨 (零售價)	148,500	減價	61,800
進貨 (成本)	629,453	減價取消	2,400
進貨 (零售價)	839,200	銷貨	857,100
加價	99,300		

(A) 113,534　　　　　　　　　　(B) 116,627
(C) 123,370　　　　　　　　　　(D) 121,207

18. 下列何者非屬 IAS41「農業」所界定之生物資產或農業產品？
(A) 葡萄　　　　　　　　　　　(B) 菸草
(C) 綿羊　　　　　　　　　　　(D) 牛奶

19. 蒂姆妮魚苗養殖場，於 ×1 年購入魚苗 1,500 條，每條之淨公允價值為 $25。當年投入飼料成本 $48,000，人事成本 $14,000。年底若要將魚苗售出，每條魚苗可賣得 $70，運送的費用為 $1,600。試問 ×1 年應認列之公允價值調整利益為何？
(A) $67,500　　　　　　　　　　(B) $5,500
(C) $3,900　　　　　　　　　　(D) $65,900

20. 可可羅魚苗養殖場，於 ×1 年購入魚苗 2,000 條，每條之淨公允價值為 $20。當年投入飼料成本 $60,000，人事成本 $24,000。年底若要將魚苗售出，每條魚苗可賣得 $65，運送的費用為 $1,000。試問期末之生物性資產金額為何？
(A) $214,000　　　　　　　　　(B) $129,000
(C) $213,000　　　　　　　　　(D) $130,000

21. 大文公司存貨採定期盤存制，104 年底結帳後，發現下列期末存貨錯誤：

101 年期末存貨低估 $ 80,000
102 年期末存貨高估 $100,000
103 年期末存貨高估 $150,000
104 年期末存貨低估 $120,000

若 104 年度原列淨利為 $1,000,000，則 104 年正確之淨利金額為何？
(A) $1,270,000　　　　　　　　(B) $1,030,000
(C) $970,000　　　　　　　　　(D) $730,000

22. 97 年初，甲公司決定將其商品委由乙零售商代售，97 年相關資料如下：

期初存貨	$1,464,000
本期進貨	6,480,000
進貨運費	120,000
商品運送至乙零售商之運費	60,000
銷貨運費	420,000

存放甲公司之期末存貨 $1,740,000，存放乙零售商之期末存貨 $240,000（期末存貨成本已含運費）；試問甲公司 97 年度損益表中之銷貨成本為何？

(A) $6,084,000　　　　　　　　(B) $6,144,000

(C) $6,324,000　　　　　　　　(D) $6,564,000　　　　　　［100 年會計師］

23. 以下關於存貨的會計處理，何者正確：

(A) 附買回合約之銷貨，該商品非市場上隨時可得，賣方不認列銷貨收入，存貨仍列為資產，於取得現金時認列負債，並於附註說明存貨抵押借款的事實

(B) 高退貨率商品之銷貨，應待銷貨退回金額確定後，再依淨額認列銷貨收入

(C) 分期付款的銷貨，若於貸款繳清前商品的所有權仍為賣方所擁有，此時即便商品已經交付買方，賣方仍不得將商品自存貨中扣除

(D) 性質與用途類似之存貨，應就 (a) 平均法，(b) 先進先出法，(c) 後進先出法三種成本公式，一致採用相同的成本公式　　　　　　　　［改編自 103 年會計師］

24. 長春公司與大華公司約定，由大華公司代理長春公司進行商品銷售，大華公司取得銷貨金額的 10% 作為佣金。×1 年間，長春公司將成本 $80,000 的商品，運送至大華公司的展示中心，並由大華公司墊付該運費 $5,000，以及商品廣告費 $1,000。若大華公司於 ×1 年間以 $100,000 賣出 60% 的商品，並發生營業費用 $4,000，則長春公司 ×1 年底之存貨－寄銷品金額為何？

(A) $34,400　　　　　　　　(B) $34,000

(C) $32,000　　　　　　　　(D) $0　　　　　　［103 年高考 _ 會計 _ 三級］

練習題

1. **【存貨制度】** 神樂公司採先進先出法作為存貨之計價方法，所有的進貨及銷貨交易皆以現金付款及收款。昆布是其唯一之商品，其 ×1 年度之期初存貨為 200 單位，單位成本 $250。以下為神樂公司 1 月份之存貨交易記錄：

進貨			銷貨		
1/3	100 單位	@ $260	1/8	150 單位	@ $450
1/12	200 單位	@ $265	1/20	200 單位	@ $460

期末實地盤得昆布存貨為 150 單位，試依 (1) 永續盤存制；(2) 定期盤存制，作神樂公司 ×1 年 1 月份存貨相關之分錄。

2. 【成本流程假設】魯夫橡膠公司之存貨採定期盤存制，其 ×1 年 5 月份橡膠存貨之相關資訊如下：

5/1	期初存貨	10 單位	@ $500	5/3	銷貨	8 單位	@ $800
5/6	進貨	13 單位	@ $510	5/10	銷貨	10 單位	@ $850
5/11	進貨	12 單位	@ $515	5/16	銷貨	14 單位	@ $900
5/20	進貨	15 單位	@ $520	5/23	銷貨	9 單位	@ $1,000

試分別以下列存貨計價方法計算魯夫橡膠公司 ×1 年 5 月底之存貨及 5 月份之銷貨成本：
(1) 先進先出法；(2) 加權平均法。

3. 【成本流程假設】小傑公司採永續盤存制記錄存貨，剪刀係其產品之一，其 ×1 年 12 月 1 日之剪刀存貨為 1,200 單位，單位成本 $5。小傑公司 12 月之剪刀存貨交易記錄如下：

	進貨			銷貨	
12/12	1,000 單位	@ $6	12/7	800 單位	@ $10
12/24	800 單位	@ $8	12/20	900 單位	@ $12

試依 (1) 先進先出法；(2) 移動平均法，計算小傑公司 ×1 年 12 月剪刀存貨之期末金額。

4. 【存貨歸屬】兩津公司係生活用品經銷商，存貨採永續盤存制。其腳踏車存貨與拖鞋存貨之相關資訊如下：

(1) ×1 年 12 月 31 日實地盤點顯示，兩津公司位於龜有地區之倉庫，共有腳踏車存貨 $537,000，拖鞋存貨 $231,000。
(2) 兩津公司於 ×1 年 12 月 28 日銷售腳踏車予寺井公司，當日即出貨，成本 $50,000，起運點交貨，運費 $350，×2 年 1 月 4 日送達。
(3) 兩津公司於 ×1 年 12 月 25 日銷售拖鞋予大原公司，當日即出貨，成本 $17,000，目的地交貨，運費 $250，×2 年 1 月 2 日送達。
(4) 兩津公司之倉庫內，有本田公司寄銷的腳踏車存貨 $164,000，其含在盤點金額內。
(5) 一批腳踏車已於 12 月 31 日送達並簽收，但尚未放進倉庫，金額為 $87,000。
(6) 兩津公司於 ×1 年 12 月 27 日向秋本公司購買 $230,000 之拖鞋，起運點交貨，運費 $1,500，×2 年 1 月 3 日送達且放進倉庫。
(7) 兩津公司於 ×1 年 12 月 23 日向中川公司購買 $300,000 之腳踏車，目的地交貨，運費 $2,400，×1 年 12 月 30 日送達且放進倉庫。
(8) 兩津公司額外有腳踏車 $152,000 及拖鞋 $127,000，寄銷在麻理公司。

試問：兩津公司 ×1 年 12 月 31 日之資產負債表中，腳踏車存貨與拖鞋存貨正確之金額。

5. 【存貨錯誤】龍馬公司之網球存貨採定期盤存制，存貨皆為賒購。試分別說明下列假設，對龍馬公司 ×1 年與 ×2 年，銷貨成本、保留盈餘、營運資金 (Working Capital) 之影響金額。(忽略所得稅之影響)
   (1) ×1 年期末存貨高估 $15,000，×2 年進貨與應付帳款高估 $34,200，其餘無誤。
   (2) ×1 年進貨與應付帳款低估 $62,000，其餘無誤。(假設該筆交易於 ×2 年記錄且付款)
   (3) ×1 年期初存貨低估 $43,000，期末存貨低估 $16,000，×2 年期末存貨高估 $24,000，其餘無誤。

6. 【成本與淨變現價值孰低法】浦雷衣公司銷售電玩主機，其 ×1 年期末之存貨資料如下：

存貨	家用主機		掌上主機	
品牌	弁天堂	左尼	弁天堂	左尼
成本	$600,000	$800,000	$1,200,000	$1,500,000
淨變現價值	480,000	1,000,00	1,350,000	1,000,000

浦雷衣公司使用成本與淨變現價值孰低法調整期末存貨，試依：(1) 逐項比較法；(2) 分類比較法，計算存貨之期末金額。

7. 【成本與淨變現價值孰低法】賈修公司為書本經銷商，使用成本與淨變現價值孰低法調整期末存貨。其 ×1 年與 ×2 年之期末存貨相關資訊如下：

	成本	淨變現價值
×1年12月31日	$800,000	$674,000
×2年12月31日	845,000	761,000

試作：賈修公司 ×1 年與 ×2 年期末之存貨調整分錄。

8. 【成本與淨變現價值孰低法】小紀公司使用成本與淨變現價值孰低法評價期末存貨，其存貨相關資訊如下表所示：

	成本	淨變現價值
×1年1月1日存貨	$ 350,000	$370,000
×1年度進貨	1,500,000	
×1年12月31日存貨	400,000	380,000

試依照下列情況個別記錄小紀公司 ×1 年之存貨相關分錄。
(1) 永續盤存制，直接沖銷法
(2) 永續盤存制，備抵損失法

(3) 定期盤存制，直接沖銷法　　　　(4) 定期盤存制，備抵損失法

9. 【毛利率法】花媽公司之存貨盤點時間為每年 6 月底及 12 月底，現欲編製 ×1 年 7 月之月報表，故需要估計期末存貨，下列為 7 月份之存貨相關資訊：

存貨，6 月 30 日	$370,000	進貨運費	$ 4,500
進貨	785,000	銷貨淨額	1,230,000

試使用毛利率法配合上述資訊，計算 ×1 年 7 月底之期末存貨。假設：
(1) 銷貨毛利率為銷貨淨額的 25%　　(2) 銷貨毛利率為銷貨淨額的 60%
(3) 銷貨毛利率為銷貨成本的 25%　　(4) 銷貨毛利率為銷貨成本的 60%

10. 【毛利率法】大空公司為運動用品批發商，其放置足球存貨之倉庫遭竊，欲請求保險賠償。其遭竊當月之期初存貨為 $83,000，進貨 $463,500，進貨退回 $9,200，銷貨 $267,000，銷貨退回 $2,150。失竊隔天盤點得知剩下成本 $39,100 的存貨，其中包含 $18,500 係松山公司寄銷的存貨。假設大空公司之銷貨毛利率為銷貨成本的 25%，試使用毛利率法計算大空公司請求之保險賠償。

11. 【毛利率法】海馬公司販賣遊戲紙牌，其倉庫在 ×1 年 9 月 21 日颱風來襲時淹水，造成大多數存貨損壞，其 9 月份截至淹水前之存貨資料如下：

存貨，9 月 1 日	$ 170,000
進貨	1,370,000
進貨退回	51,000
進貨運費	33,000
銷貨淨額	1,690,000
銷貨毛利率	30%

9 月 22 日海馬公司檢查倉庫時發現，除一批存貨僅外盒損壞尚可販賣外，其餘存貨皆無法販賣或使用。該批存貨之售價為 $107,000，淨變現價值為 $54,300。假設無保險賠償，請使用毛利率法計算海馬公司因颱風淹水所造成之存貨損失。

12. 【零售價法】新一公司 ×1 年 6 月 30 日之存貨相關資料如下：

	成本	零售價
存貨，1 月 1 日	$42,000	$ 65,000
進貨	549,000	761,000
淨加價		53,000
淨減價		38,000
銷貨		794,000

試依照以下存貨假設，使用零售價法計算新一公司 ×1 年 6 月 30 日之存貨成本金額。

(1) 先進先出法 　　　　　　　　　　　(2) 平均成本法
(3) 先進先出成本與淨變現價值孰低法　　(4) 平均成本與淨變現價值孰低法

13. 【零售價法】悟空公司使用零售價法計算期末存貨，存貨之評價採平均成本法。其 ×1 年之會計資訊如下，試問悟空公司 ×1 年之期末存貨成本。

期初存貨 (成本)	$ 485,000	加價取消	$ 25,700
期初存貨 (零售價)	893,000	減價	89,600
進貨 (成本)	1,724,000	減價取消	18,400
進貨 (零售價)	2,635,000	銷貨	2,743,000
加價	176,000		

14. 【零售價法】納茲公司欲編製月報表，其 ×1 年 8 月份之存貨相關資訊如下：

	成本	零售價
進貨	$ 1,001,200	$ 1,258,000
銷貨		1,494,100
淨加價		84,300
淨減價		43,500
進貨退回	50,025	65,200
銷貨退回		148,300
存貨，8月1日	144,800	184,200

假設納茲公司採用傳統零售價法估計期末存貨，試問 ×1 年 8 月 31 日之存貨成本金額。

15. 【生物資產與農業產品】八戒養豬場於 ×1 年 9 月 1 日購入 500 隻仔豬，準備未來屠宰出售，每隻仔豬淨公允價值為 $1,500，購買仔豬之運費為 $3,000。購買仔豬後，八戒投入飼料成本 $130,000，人事成本 $20,000。×1 年 12 月 31 日，每隻仔豬的公允價值為 $2,300，若將該批仔豬出售，須另支付運費 $4,500 及處分成本 $3,000。

試作：八戒養豬場 ×1 年與生物資產相關之分錄。

16. 【生物資產與農業產品】藍波牧場於 ×1 年 5 月 1 日購入 20 隻乳牛，飼養在牧場內，擬未來生產牛奶出售。每隻乳牛之淨公允價值為 $50,000，另外發生運送費用 $4,000，交易成本 $2,500。×1 年度飼養期間藍波牧場發生飼料成本 $162,000，人事成本 $10,000。×1 年底每隻乳牛的淨公允價值為 $68,000。

×2 年度發生飼料成本共 $210,000，人事成本 $32,000。共生產出牛奶 7,000 瓶，每瓶牛奶之淨公允價值為 $24，每瓶以 $30 之價格售出，全數以現金交易。×2 年底每隻乳牛的淨公允價值為 $70,000。

試作：藍波牧場 ×1 年、×2 年與生物資產、農業產品存貨相關之分錄。

17. **【生物資產與農業產品】** 德華公司於 2014 年中開始從事養雞業務，其相關資料如下：
    A. 2014 年 11 月 1 日以每隻購價 $50 之成本購買 4,000 隻年齡 2 個月之小雞，準備飼養熟齡後作為肉雞出售，依公司估計若 4,000 隻小雞立即出售，應支付運送小雞至市場之運輸費用 $16,000、代理商及經銷商之佣金 $10,000、交易稅 $5,000。
    B. 飼養雞隻之後續支出作為當期費用處理。2014 年間共耗費 $93,000 之飼料費用，以及 $90,000 之飼育人員薪資。
    C. 2014 年 12 月 31 日估計 4 個月大的雞隻若立即出售，每頭雞隻售價為 $500，但另應支付運送雞隻至市場之運輸費用 $36,000、代理商及經銷商之佣金 $12,000、交易稅 $7,000。
    D. 2015 年 2 月 1 日將肉雞 3,000 隻屠宰出售，每隻肉雞售價為 $700。支付運輸費用 $45,000、代理商及經銷商之佣金 $8,500 及交易稅 $5,000。
    E. 2015 年間共耗費 $135,000 之飼料費用，以及 $310,000 之飼育人員薪資。
    F. 2015 年 12 月 31 日估計將年齡為 1 年 4 個月大的雞隻若立即出售，每頭雞隻售價為 $600，另應支付運送雞隻至市場之運輸費用 $20,000、代理商及經銷商之佣金 $13,000、交易稅 $4,000。

    試作：
    (1) 2014 年至 2015 年之有關分錄。
    (2) 2014 年及 2015 年本期損益各為多少金額？

18. **【成本與淨變現價值孰低法】** 和平公司於 2015 年初始營業，針對存貨跌價之帳務處理方式係採備抵法，其產銷單一製成品，於 2015 年底之在製品數量恰好可以產出與目前製成品存貨相同之數量，同日該公司存貨之相關資料如下：

種類	原始成本	若直接銷售估計售價	若直接銷售預計銷售費用	估計正常利潤率	估計至完工尚須投入成本	重製成本
原物料	$400,000	$380,000	$20,000	估計售價之 1%	難以合理估計	$390,000
在製品	$500,000	$490,000	$30,000	估計售價之 5%	$170,000	$440,000
製成品	$700,000	$650,000	$10,000	估計售價之 5%	$0	$630,000

試作：

(1) 分別計算和平公司對原物料、在製品，以及製成品所應認列之存貨跌價損失。
(2) 若製成品原始成本為 $620,000 而非 $700,000，其餘資料不變，試重新分別計算和平公司對原物料、在製品以及製成品所應認列之存貨跌價損失。

19. 【生產性植物】白雪農場種植蘋果樹，以銷售蘋果給大盤商為業。×1 年 12 月 31 日的資產負債表中，「生物資產—蘋果樹」的金額為 $23,892,600。×2 年度共投入肥料成本 $184,500，人事成本 $120,000。×2 年 12 月 31 日蘋果樹的淨公允價值為 $25,473,200，試問白雪農場 ×2 年度的綜合損益表中，因蘋果樹而產生的「公允價值調整利益」為多少？

應用問題

1. 【存貨制度】銀時食品公司之人氣商品——草莓牛奶，×1 年 4 月 1 日之期初存貨為 200 單位，單位成本 $40。銀時食品公司採先進先出法作為存貨之計價方法，所有的交易皆為賒購及賒銷且所有運費皆支付現金，以下為其 4 月份之存貨交易記錄：

日期	交易	單位	單位價格
4/2	進貨，2/10、n/20，起運點交貨，運費 $150	1,000	@ $42
4/10	支付 4 月 2 日賒購之存貨及運費		
4/13	銷貨，2/5、n/10，目的地交貨(當日送達)，運費 $115	500	@ $75
4/14	進貨，2/10、n/20，起運點交貨，運費 $160	800	@ $45
4/17	收到 4 月 13 日賒銷之款項		
4/22	支付 4 月 14 日賒購之存貨及運費		
4/26	銷貨，2/5、n/10，起運點交貨，運費 $200	1,100	@ $80

假設定期盤存制之期末實地盤點與永續盤存制之帳載期末存貨相同，試以 (1) 永續盤存制；(2) 定期盤存制，作銀時食品公司 ×1 年 4 月份存貨相關之分錄。

2. 【成本流程假設】奇犽公司以銷售電池為主要業務，其 ×1 年 9 月 1 日之存貨為 500 單位，單位成本 $50。奇犽公司 9 月之電池存貨交易記錄如下：

	進貨			銷貨	
9/3	1,000 單位	@$50	9/2	150 單位	@$80
9/7	600 單位	@$52	9/5	800 單位	@$80
9/12	500 單位	@$54	9/9	950 單位	@$80
9/18	500 單位	@$55	9/20	600 單位	@$85
9/21	800 單位	@$55	9/23	500 單位	@$90
9/25	650 單位	@$60	9/28	300 單位	@$95

假設奇犽公司採永續盤存制記錄存貨，試依 (1) 先進先出法；(2) 移動平均法，計算 ×1 年 9 月存貨之期末金額。

3. 【存貨錯誤與存貨歸屬】黑崎公司係生活用品經銷商，存貨採永續盤存制。其分類帳顯示，×1年12月31日之菜刀存貨金額為 $846,000。其他資訊如下：

   (1) 黑崎公司 ×1年12月30日向朽木公司購入存貨 $153,000，此交易於 ×2年1月1日始記錄於帳上。
   (2) 黑崎公司 ×1年12月28日銷售存貨予井上公司，成本 $64,000，目的地交貨，於 ×1年12月31日送達，此交易於 ×2年1月2日始記錄於帳上。
   (3) 黑崎公司 ×1年間購入一批價值 $30,000 之存貨，於分類帳上重複記錄。
   (4) ×2年之分類帳顯示，黑崎公司共購買存貨 $916,000，運費共 $28,500。
   (5) ×2年之分類帳顯示，黑崎公司共銷售成本 $876,000 之存貨，運費共 $24,300。
   (6) 黑崎公司 ×2年12月27日銷售存貨予石田公司，成本 $83,000，起運點交貨，於 ×3年1月2日送達，此交易於送達日始記錄於帳上。
   (7) 黑崎公司於 ×2年12月將成本 $120,000 之存貨寄銷在茶渡公司，年底收到通知，商品皆無售出，黑崎公司於寄銷時記錄銷售分錄。

   試問：黑崎公司 ×1年12月31日及 ×2年12月31日之資產負債表中，菜刀存貨應有之正確金額。

4. 【成本與淨變現價值孰低法】大木公司擁有六款商品存貨，其 ×1年底之相關資訊如下：

存貨種類	紅款	綠款	藍款	金款	銀款	黃款
單位	800	1200	750	1000	950	1150
成本	$50	$57	$63	$70	$64	$72
估計售價	70	68	75	84	82	85
完工尚須投入成本	10	12	8	10	8	14
估計銷售成本	8	10	9	15	8	10

   試按照成本與淨變現價值孰低法，計算大木公司存貨之期末金額以及作期末存貨之調整分錄。

5. 【成本與淨變現價值孰低法】單單公司之存貨相關資訊如下：

	×1年12月31日存貨	×2年進貨	×2年12月31日存貨
成本	$150,000	$2,000,000	$180,000
淨變現價值	130,000		165,000

   若單單公司採成本與淨變現價值孰低法評價期末存貨，試依照下列情況個別記錄單單公司 ×2年之存貨相關分錄，並列示 ×2年12月31日資產負債表與 ×2年度損益表存貨相關項目的表達。

   (1) 永續盤存制，直接沖銷法
   (2) 永續盤存制，備抵法

(3) 定期盤存制，直接沖銷法

(4) 定期盤存制，備抵法

6. 【毛利率法】譚寶蓮公司為玻璃批發商，其存貨在 ×1 年 1 月份某一次地震後損失慘重，以下為 ×1 年 1 月份截至地震前之存貨相關資訊：

存貨，1月1日	$ 478,000
進貨	6,943,000
進貨退回	55,100
進貨運費	66,000
銷貨	5,941,000
銷貨退回	39,400

譚寶蓮公司於地震後盤點存貨，結果顯示，有售價 $500,000 之存貨完好無損；有售價 $730,000 之存貨受損但尚可使用，其淨變現價值為 $384,000；其餘存貨皆無法販賣或使用。譚寶蓮公司之銷貨毛利率為銷貨淨額之 20%。試計算此次地震造成譚寶蓮公司存貨之損失。

7. 【毛利率法】路克公司專賣筆記本，其資產負債表中，應收帳款與應付帳款皆為存貨交易所產生。其堆放存貨之倉庫於 ×1 年 3 月 25 日發生火災，造成大多數存貨損壞，其 ×1 年第 1 季之存貨相關資料如下：

應付帳款，1月1日	$35,870
應付帳款，3月25日	38,980
應收帳款，1月1日	49,100
應收帳款，3月25日	46,530
1月1日～3月25日應付帳款付款數	74,400
1月1日～3月25日應收帳款收款數	82,300
存貨，1月1日	28,500

3 月 26 日路克公司檢查倉庫時發現，有一批無損壞之存貨，成本 $5,000；有一批受損存貨尚可販賣，成本 $3,600，淨變現價值 $1,760；其餘存貨皆無法販賣或使用。路克公司之銷貨毛利率為銷貨成本之 25%。假設無保險賠償，請使用毛利率法計算路克公司因火災所造成之存貨損失。

8. 【零售價法】喬巴公司存貨之流動假設採先進先出法，並以成本與淨變現價值孰低法評價期末存貨，下表為喬巴公司 ×1 年有關存貨之資訊。

	成本	零售價
存貨，1月1日	$ 51,500	$ 83,100
進貨	377,440	569,100
進貨退回	2,200	4,000
進貨運費	15,000	

	成本	零售價
加價		86,500
加價取消		1,200
減價		6,200
減價取消		600
銷貨		656,500
銷貨退回		61,800
正常損耗		10,800

試以零售價法估計喬巴公司 ×1 年之期末存貨成本金額。

9. 【零售價法】綾波公司以零售價法估計期末存貨，其 ×1 年之存貨相關資訊如下：

	成本	零售價
存貨，1 月 1 日	$ 794,300	$1,035,400
銷貨		2,415,300
進貨折扣	118,000	
員工折扣		58,400
進貨運費	74,100	
淨減價		16,700
進貨	1,482,600	2,054,800
非常損耗	13,400	16,800
進貨退回	23,700	29,600
淨加價		84,000

假設綾波公司採傳統零售價法，試問綾波公司 ×1 年之期末存貨成本。

10. 【生物資產與農業產品】陶洛斯牧場畜養牛隻，以生產牛奶及牛肉為業。於 ×1 年 12 月 1 日購入乳牛與肉牛各 $350,000（淨公允價值），另外發生運送費用 $18,000，交易成本 $4,000。陶洛斯於 12 月投入飼料成本 $15,000，人事成本 $3,000。於 ×1 年底，若要將牛隻出售，乳牛可賣得 $400,000，肉牛可賣得 $395,000，各自需要支付運費 $10,000。

×2 年度，陶洛斯牧場投入飼料成本共 $260,000，人事成本 $48,000。年底估計牛隻之淨公允價值，乳牛為 $450,000，肉牛為 $480,000。×2 年度乳牛共產出牛奶 8,000 瓶，每瓶之淨公允價值為 $24，全數以每瓶 $28 出售。陶洛斯牧場於年底屠宰半數之肉牛，共可賣得 $340,000，淨公允價值為 $320,000，全數以現金出售。

試作：陶洛斯牧場 ×1 年、×2 年與生物資產、農業產品存貨相關之分錄。

11. 【生物資產與農業產品】咩利羊牧場於 ×1 年 1 月 1 日購買 60 隻綿羊，準備生產羊毛出售。每隻綿羊淨公允價值為 $25,000，購買棉羊之運送費用及交易成本為 $14,000 及

$3,500。101 年間咩利羊牧場投入飼料成本 $230,000，人事成本 $21,000。於 ×1 年底，若將綿羊立即出售，每隻可賣得 $26,000，共須支出運費及處分成本 $8,000。×1 年 12 月 31 日，剃下羊毛 300 公斤，每公斤之羊毛可賣得 $4,000，淨公允價值為 $3,700，全數以現金售出。

　　×2 年度前半年，牧場投入飼料成本 $120,000，人事成本 $13,000。先前購買的綿羊於 6 月 30 日產出 5 隻小羊，每隻小羊的淨公允價值為 $10,000。而先前購買的綿羊當中有 2 隻死亡，剩餘每隻的淨公允價值為 $28,000。

試作：咩利羊牧場 ×1 年、×2 年與生物資產、農業產品存貨相關之分錄。

12. 【**生物資產與農業產品**】安格公司於 2014 年 9 月 1 日始營業，當日以每頭仔豬 $3,200 之價格購買 250 頭年齡兩個月之仔豬，準備將其飼養成熟後作為肉豬出售。安格公司估計若將此 250 頭仔豬立即出售，應支付運送豬隻至市場之運輸費用 $46,000、代理商及經銷商之佣金 $42,000、移轉稅 $18,000，以及因購買仔豬向銀行貸款之利息費用 $30,000。安格公司於 2014 年間為飼養豬隻，共花費 $180,000 之飼料費用，以及 $140,000 之人員飼育成本。安格公司於 2014 年底估計半歲之仔豬若立即出售，每頭豬隻售價為 $6,300，另應支付運送豬隻至市場之運輸費用 $92,000、代理商及經銷商之佣金 $49,000、移轉稅 $20,000。
安格公司於 2015 年 10 月 1 日將 50 頭豬隻宰殺並出售，每頭豬隻售價為 $8,000，支付運送豬隻至市場之運輸費用 $78,000、代理商及經銷商之佣金 $13,000、移轉稅 $5,000。安格公司於 2015 年間為飼養豬隻，共花費 $200,000 之飼料費用，以及 $190,000 之人員飼育成本。另外，安格公司於 2015 年底估計一歲半之仔豬若立即出售，每頭豬隻售價為 $12,000，另應支付運送豬隻至市場之運輸費用 $122,000、代理商及經銷商之佣金 $42,000、移轉稅 $19,000。

試作：2014 年至 2015 年之相關分錄。　　　　　　　　　　　　［改編自 97 年會計師］

13. 【**存貨錯誤**】薪火公司原編列 95、96 年度比較財務報表如下：

比較損益表

	96 年度	95 年度
銷貨收入	$2,800,000	$2,000,000
銷貨成本	(1,800,000)	(1,290,000)
銷貨毛利	1,000,000	710,000
營業費用	(520,000)	(430,000)
稅前淨利	480,000	280,000
所得稅費用 (25%)	(120,000)	(70,000)
本期淨利	$ 360,000	$ 210,000

97年初發現各年底資產負債表項目有下列錯誤：

	期末存貨	
	高估	低估
94年	$10,000	$ —
95年	50,000	—
96年	—	40,000

試作：重編95年度與96年度正確之比較損益表。

14. 【成本與淨變現價值孰低法】甲公司期末原料之原始成本 $850,000，重置成本 $800,000；期末在製品 10,000 件，原始成本 $1,200,000，估計至完工尚需投入成本 $350,000；期末製成品 8,000 件，原始成本 $1,240,000。產品每件售價 $165，銷售費用預計為售價的 10%。

   (1) 試問甲公司期末存貨金額合計數為何？
   (2) 若期末製成品之原始成本改為 $1,140,000，試問甲公司期末存貨金額合計數為何？

   [改編自99年地特三等財稅行政]

15. 【毛利率法】忠孝企業於 94 年 9 月 20 日深夜發生大火，全部存貨燒燬，該企業會計年度以 12 月 31 日為結帳日，94 年 8 月 31 日總分類帳中有關帳戶的餘額如下：

	借方	淨變現價值
應收帳款	$30,000	
存貨	52,400	
應付帳款		$60,000
銷貨收入		120,000
進貨		90,000

其他相關資訊如下：

A. 由銀行 9 月份的對帳單得知，9 月 1 日至 9 月 20 日所簽發的支票金額共計 $16,000，其中 $8,000 是支付 8 月 15 日的應付帳款，$2,000 是支付 9 月份的購貨，$6,000 則是支付其他費用。忠孝企業在同期存入銀行的數額，共計 $11,500，均為顧客交來的帳款。
B. 經與進貨的供應商查證，截至 9 月 20 日止正確的應付帳款金額應為 $59,200。
C. 顧客承認至 9 月 20 日止，尚欠忠孝企業的帳款為 $35,000。
D. 忠孝企業根據過去經驗之銷貨毛利率約為 35%。

試作：請依上列有關資料，計算忠孝企業的存貨損失。 [94年普考記帳士]

16.【生產性植物法】 ×1 年初，甲公司以 $300,000 買入並栽種雪梨樹苗開始種植雪梨樹，預期於 ×5 年初該批雪梨樹可達成熟階段而開始收成可銷售之雪梨，可正常收成年限 (耐用年限) 為 30 年，估計之殘值為 $20,000。×1 年薪資費用、肥料等直接支出為 $150,000；×2 年至 ×5 年，這類直接支出每年均下降為 $10,000。×4 年未達正常生產階段時產出之雪梨以 $10,000 出售，×5 年採收果實之支出 $100,000，採下之農產品在主要市場之報價為 $602,000，若送至主要市場出售之運費及出售成本均為 $1,000。×5 年 12 月 31 日將 50% 在果園倉庫以 $300,000 出售。剩餘雪梨未發生存貨跌價損失。各項交易皆以現金收付。

試作： 若甲公司種植之雪梨樹不以重估價模式處理，×1 年至 ×5 年所有相關分錄為何？

Chapter 7

不動產、廠房及設備
——購置、折舊、折耗與除列

學習目標

研讀本章後,讀者可以了解:
1. 不動產、廠房及設備之成本認定及其衡量方法
2. 資產交換之會計處理原則
3. 借款成本(利息)資本化之計算與處理方式
4. 折舊之概念及計算方法
5. 折耗之性質及計算方法
6. 購入後發生成本之會計處理方法
7. 除列之會計基本原則

本章架構

不動產、廠房及設備——購置、折舊、折耗與除列

定義與認列時之衡量
- 定義與特性
- 成本要素
- 評價

自建資產
- 資本化之借款成本
- 可資本化之期間
- 累積支出平均數與限額
- 其他議題

折舊
- 折舊基本觀念
- 常用折舊方法
- 特殊折舊法
- 折舊其他議題

遞耗資產與折耗
- 遞耗資產
- 折耗方法
- 探勘成本會計處理
- 探勘及評估資產

後續支出會計
- 維修
- 重置
- 重大檢查

除列
- 處分

固定資產(或不動產、廠房及設備)之投資常是企業資金壓力之主要來源,且由於市場變化迅速,及產品需求高度不確定性,使得不動產、廠房及設備之最適規模或產能及其相關投資風險很難掌控,然而,一個企業之成功與失敗常與該企業不動產、廠房及設備之投資策略息息相關。

英特爾(Intel)名譽董事長摩爾發現,晶片上可容納的電晶體數量,約每18個月會加倍,但售價卻相同,顯示生產製程技術之提升速度,稱為摩爾定律(Moore's Law)。台積電在摩爾定律下,能在晶圓製造上成為全球頂尖公司的原因,除了優秀研發製造人員與技術之外,大規模的廠房設備投資、汰換舊機台與蓋新晶圓廠也是重要因素。

台灣積體電路製造股份有限公司,成立於1987年2月21日,1994年9月5日於臺灣證券交易所上市,簡稱台積電或台積(Taiwan Semiconductor Manufacturing Company Limited, TSMC),是全球第一家,也是全球最大的專業積體電路製造服務(晶圓代工)公司。民國109年台積電共支付約5,072億元購置固定資產,是臺灣上市公司中投入資金最多的公司之一,台積電從民國94年至109年每年購置固定資產金額如下所示,合計約為3兆8,121億元。民國109年台積電固定資產總額約為4兆4,262億元,累計折舊及減損約為2兆8,716億元,固定資產淨額約為1兆5,546億元。試想假如你是台積電之負責主管,單純購置固定資產已是一個不小之資金壓力,你是否可以推估台積電民國109年固定資產占總資產之比率及折舊費用之金額?

	(千元)
民國 109 年	$ 207,238,722
民國 108 年	460,422,150
民國 107 年	315,581,881
民國 106 年	330,588,188
民國 105 年	328,045,270
民國 104 年	257,516,835
民國 103 年	288,540,028
民國 102 年	287,594,773
民國 101 年	246,137,361
民國 100 年	213,962,521
民國 99 年	186,944,203
民國 98 年	87,784,906
民國 97 年	59,222,654
民國 96 年	84,000,985
民國 95 年	78,737,265
民國 94 年	79,878,724
合計	$1,966,318,167

同樣之情況,華航109年度之固定資產占總資產之比率約50%,其中最重要之資產即為不動產、廠房及設備—飛行設備。

章首故事引發之問題

- 處理對財務報表有重大影響；台積電民國 109 年不動產、廠房及設備占總資產之比率約為 56% 及折舊費用金額約為 3,218 億元。
- 企業之成長常與不動產、廠房及設備之投資策略息息相關。
- 重大組成部分折舊提列方法。

7.1 不動產、廠房及設備

學習目標 1
了解不動產、廠房及設備之定義與特性、成本包含之要素，以及各種情況取得時之成本衡量方式

本章及第 8、9 章介紹企業主要非流動資產類別之觀念與會計處理 (金融資產除外)，非流動資產因其持有目的及狀況不同，會計上可分類為：(1) 營運目的之非流動資產 (如不動產、廠房及設備、遞耗資產、無形資產等)、(2) 投資用途之非流動資產 (如投資性不動產) 及 (3) 分類為流動資產之待出售非流動資產 (或處分群組)(詳見圖 7-1)。

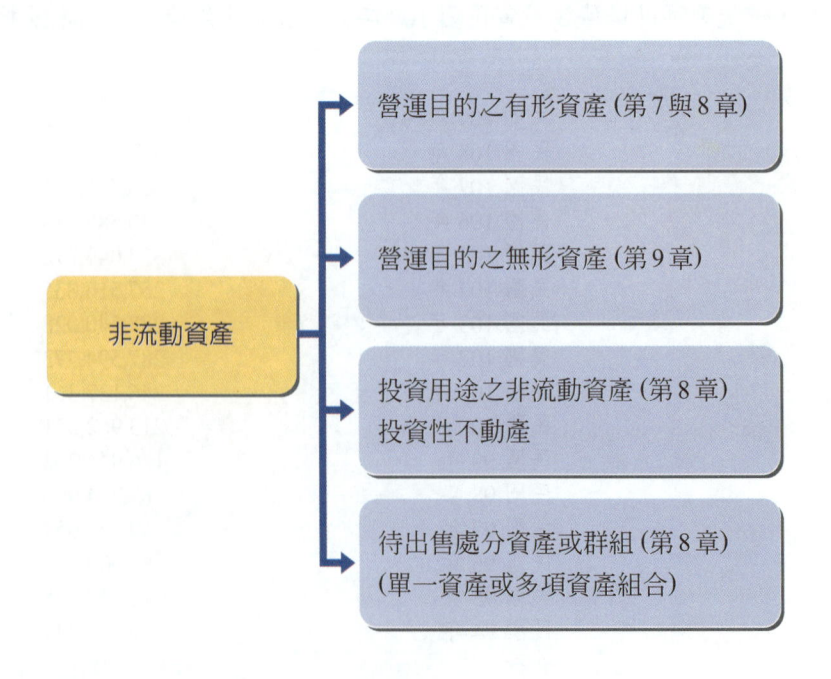

```
非流動資產 ┬─→ 營運目的之有形資產 (第 7 與 8 章)
           ├─→ 營運目的之無形資產 (第 9 章)
           ├─→ 投資用途之非流動資產 (第 8 章)
           │    投資性不動產
           └─→ 待出售處分資產或群組 (第 8 章)
                (單一資產或多項資產組合)
```

圖 7-1　非流動資產之會計分類

7.1.1 不動產、廠房及設備之定義與特性

不動產、廠房及設備 (Property, Plant and Equipment) 係供企業正常營運而長期使用之有形資產，又稱**固定資產** (Fixed Assets) 或**營業資產** (Operational Assets)。其特性為：

1. 有形資產 (具有實體)。

2. 用於商品或勞務之生產或提供、出租予他人或供管理目的而持有。

即供營業使用而非作為投資或供出售之用，非供營業使用者，應按其性質列為長期投資或其他資產。

3. 預期使用期間超過一年 (長期使用目的)。

不動產、廠房及設備之認列條件為該資產之成本能可靠衡量，且企業有可能從該資產得到未來經濟效益。不動產、廠房及設備中之土地、折舊性資產 (如建築物與機器設備) 及折耗性天然資源 (如礦產資源)，應分別列示。

公共安全、衛生與防治環境污染設備

企業可能基於公共安全、衛生或防治環境污染之理由而取得不動產、廠房及設備，雖不會直接增加任何特定現有資產之未來經濟效益，但可能作為其他資產為取得未來經濟效益之必要項目。若該資產的取得能使企業自其他資產所獲得之未來經濟效益超過若未取得該等項目所能獲得者，且企業若無該等設備項目將無法製造及銷售產品，則該等設備項目即符合資產之認列要件。例如：企業依法必須在工廠周邊加裝防治空氣污染設備、污水處理設備、防止噪音

> 不動產、廠房及設備之特性為：
> 1. 有形資產。
> 2. 供營業使用而非作為投資或供出售之用。
> 3. 預期使用期間超過一年 (長期使用目的)。

> 公共安全、衛生與防治環境污染設備可間接提供企業未來經濟效益、亦符合資產之認列要件

🐸 IFRS 一點通

不動產、廠房及設備之衡量單位須專業判斷

IAS 16 並未強制規定認列不動產、廠房及設備之衡量單位，當企業於特定環境下考量認列條件時，須運用專業判斷，決定構成不動產、廠房及設備之項目係為何。

例如企業對多個個別不重大項目 (如 5,000 項金額較小之模具、工具及印模) 加以彙總成一項單一之衡量單位，並將認列條件運用於該彙總金額，可能係屬適當。

設備等，雖不會直接增加未來經濟效益，但係工廠營運過程中所必要之設備，為從其他資產獲得未來經濟效益之必要設施，即該設備間接提供企業未來經濟效益，故符合資產之認列要件。

備用零件、備用設備及維修設備

當備用零件、備用設備及維修設備等項目符合不動產、廠房及設備之定義時，應依 IAS 16 之規定認列。否則，此等項目應分類為存貨。例如：甲公司有一生產高度精密產品之廠房，為確保機器之正常運轉，有一備用設備作為非預期事件發生，有可能導致生產中斷時，可以隨時維持正常生產運轉之需，雖然，正常情況下，此備用設備實際運轉之時間不多，備用設備預期可使用 5 年，此備用設備符合不動產、廠房及設備之定義。同理，甲公司有一重大之維修設備，預期可使用 5 年，若符合不動產、廠房及設備之定義，亦可分類為「不動產、廠房及設備」而非存貨。另，甲公司有一批備用零件，作為機器設備零件損壞時替換之用，不符合不動產、廠房及設備之定義，應分類為存貨。

7.1.2　不動產、廠房及設備之成本要素

> 以成本模式衡量，有兩個主要原因：
> 1. 歷史成本具有可驗證性及可靠性。
> 2. 不動產、廠房及設備是以繼續持有與長期使用為目的，比較不需要考量公允價值變動。

取得不動產、廠房及設備之**成本要素** (elements of cost) 係指為取得不動產、廠房及設備，而於取得或建造時所支付之現金、約當現金或其他對價之公允價值。除特殊情形外，依據**歷史成本原則** (Historical Cost Principle)，不動產、廠房及設備應按照取得或建造時之成本入帳，包括為使資產達到能符合管理階層預期運作方式之必要地點及狀態之任何**直接可歸屬成本** (directly attributable costs)。換言之，資產之成本應包括使該項資產達到可用地點及狀態的一切必要而合理之支出。

已處於「管理階層預期運作方式」後之使用或重新配置成本

不動產、廠房及設備項目處於能符合管理階層預期運作方式之必要地點及狀態時，應停止將後續成本資本化認列至該資產之帳面金額中。因此，使用或**重新配置** (redeploying) 資產所發生之成本及遷移或重組企業部分或全部營運所發生之成本，皆不得資本化增加

Chapter 7　不動產、廠房及設備 ── 購置、折舊、折耗與除列

不動產、廠房及設備項目之成本要素

- 購買價格，包含進口關稅 (import duties) 及不可退還之進項稅額 (nonrefundable taxes) 等，減除商業折扣 (trade discounts) 及讓價 (rebates)。
- 為使資產達到能符合管理階層預期運作方式之必要地點及狀態之任何直接可歸屬成本。
- 拆卸、移除該項目及復原其所在地點之原始估計成本(亦稱除役成本)，該義務係企業於取得該項目時，或於特定期間非供生產存貨之用途(如拆卸、移除或復原)而使用該項目所發生者(以該相關成本有認列負債準備者為限*)。

*詳細會計處理請參閱第 11 章 11.4.4 之說明。

直接可歸屬成本	非屬不動產、廠房及設備之成本
1. 建造或取得不動產、廠房及設備項目而直接產生之員工福利成本。	1. 開設新據點之成本。
2. 場地整理成本。	2. 推出新產品或服務之成本(包括廣告及促銷活動成本)。
3. 原始交貨及處理成本 (initial delivery and handling cost)、運費。	3. 新地點或新客戶群之業務開發成本(包括員工訓練成本)。
4. 安裝及組裝成本 (installation and assembly cost)。	4. 管理成本 (administration costs) 與其他一般費用成本 (general overhead costs)。
5. 測試資產是否正常運作之成本(即評估該資產之技術性及實體績效是否足以使其能用於商品或勞務之生產或提供、出租予他人或管理目的)。使不動產、廠房及設備之項目達到能符合管理階層預期運作方式之必要地點及狀態之時，可能有產出項目(諸如測試資產是否正常運作所產出之樣品)。企業依適用之準則將銷售任何此等項目之價款及該等項目之成本認列於損益。企業適用依國際會準則第 2 號「存貨」之衡規定衡量該等項目之成本。	5. 使用或重新配置某項目所發生之成本。
6. 專業服務費 (professional fees)，例如：建築師或裝潢設計之成本。	6. 偶發性 (incidental operations) 之成本。

該資產之帳面金額。

產能運用不效率

　　不動產、廠房及設備項目已能符合管理階層預期運作方式，但尚未投入使用或其營運低於全部產能時所發生之成本，不得包含於該資產之帳面金額中；例如，若已添購四台自動化生產設備，卻只

263

使用其中兩台,此為企業本身資產的浪費或是不效率,同理,於市場建立產品需求前所發生之**初期營運損失** (initial operating losses),皆不屬於不動產、廠房及設備之成本。

7.1.2.1　土地之成本

土地之成本包括購買價格、代書費、過戶登記費、代前地主繳納之逾期稅捐、支付地上原住戶之搬遷費、地上物拆除費及填土整地等支出,地上拆除物或殘料之出售收入則列為土地成本的減項。若發生土地改良物的支出,視其使用年限長短而有不同處理方式;若使用期間無限,則列入土地之成本;若使用期間有限,例如:人行道、圍牆、停車場等不具永久性之設施,則另設「土地改良物」項目,並應按估計耐用年限提列折舊。

釋例 7-1　土地入帳成本

臺大公司於 ×1 年 4 月 24 日購買臺北市區一塊土地,建築自用之辦公大樓,相關資訊如下,請計算該土地會計應入帳之金額:

(a)　土地購價 $100,000,000
(b)　土地代書費用 $200,000
(c)　購買土地支付仲介佣金 $500,000
(d)　購買土地時,遭另一土地仲介公司騙取之佣金 $350,000
(e)　新辦公大樓建築師設計費用 $2,000,000
(f)　政府相關規費、稅賦 $300,000
(g)　拆除現有土地之舊建築物以備重新建造新辦公大樓 $1,000,000

解析

土地成本 = $100,000,000 + $200,000 + $500,000 + $300,000 + $1,000,000
　　　　 = $102,000,000

7.1.2.2　建築物之成本

建築物之成本包括買價或發包金額、過戶登記費、建築師費、建築執照、工寮、鷹架、材料倉庫、建築期間之責任保險等。買進土地並同時拆除舊屋改建新屋時,則處分舊建築物所發生之處分損

失或利益，應作為土地成本的增加或減少，而不是調整建築物之成本。但自有土地上拆除舊屋改建新屋，其拆除費用減殘值後應列為舊屋之處分損益。

7.1.2.3　設備之成本

設備之成本包括購買價格、運費、保險、關稅、倉儲費用、地基設備、安全設施、安裝及試俥檢驗等，使設備達可用地點及狀態的所有必要支出。設備運輸中不慎毀損的修護費不得列入成本中。定期課徵之稅捐如：牌照稅、燃料稅應列為費用(詳見表 7-1)。

表 7-1　不動產、廠房及設備之成本判斷

支出項目內容	是否包括於不動產、廠房及設備成本	
	是	否
1. 新辦公大樓建築師設計費用	● 建築物	
2. 新設備之標價[註]		●
3. 土地購買成本	● 土地	
4. 安裝成本	● 機器設備	
5. 造景成本	● 土地改良物	
6. 購買土地時，被另一仲介公司騙取之佣金		●
7. 因購買新機器，而對被解僱員工之給付		●
8. 建造新大樓而拆除 10 年前所購入舊建築之成本		●
9. 街道改良所徵收之工程受益費	● 土地	
10. 購車時，僅隨車課徵一次之牌照稅	● 運輸設備	
11. 拆除在新購入土地上之建築物成本	● 土地	
12. 擴充空調系統以適應廠房之擴建	● 空調設備或建築物	
13. 因採用新設備而支付之員工訓練成本		●

註：不應直接以出售設備廠商之定價列為成本，應以實際支出之金額列為成本，故應扣減相關折扣及讓價。

7.1.2.4　租賃權益改良

承租人在租約期間對租賃標的物加以改良,例如辦公室之隔間、裝修等,稱為租賃權益改良,應按本身之耐用年限或租約期限較短者提列折舊或攤銷。

7.1.3　不動產、廠房及設備原始認列之衡量

7.1.3.1　現金折扣

不動產、廠房及設備之購買價格如附有現金折扣,不論是否取得該折扣,均應將折扣自購價中減除,以其淨額作為資產成本;未享受之折扣則列為財務費用或其他損失。

7.1.3.2　遞延支付

> **遞延支付**
> 應以折現值作為取得成本入帳。

採**遞延支付** (Deferred Payment) 方式購買不動產、廠房及設備,例如:給付票據或發行公司債,企業應以票據或公司債之折現值作為取得成本入帳,遞延支付的設算利率應為現金購買價格與信用評等相當者所發行類似金融工具之通行利率中較能明確決定者。例如甲公司發行一張面額 $30,000,2 年期無息票據去購買一部標價為 $27,800 的機器。假設設算利率為 10%,2 年期 $1 之折現率為 0.8264,則相關分錄如下:

機器設備	24,792	
應付票據折價	5,208	
應付票據		30,000

倘若以分期付款方式購置不動產、廠房及設備,需考慮其利息費用。例如:金石公司於 ×3 年 1 月 1 日購買一台設備,總價款為 $2,000,000,×3 年 1 月 1 日付頭期款 $200,000,其他餘款分 9 年平均攤還本息,每年 12 月 31 日支付 $200,000,依當時市場利率水準和金石公司信用狀況,該分期付款的有效利率 10%。

×3/1/1	設備	1,351,804	
	應付設備款		1,151,804
	現金		200,000

$200,000 + $200,000 × 普通年金現值 (9,10%)
= $200,000 + $200,000 × 5.75902 = $1,351,804

×3/12/31 利息費用	115,180	
應付設備款		84,820
現金		200,000

利息費用 = $1,151,804 × 10% = 115,180

7.1.3.3 整批購買

採**整批購買** (Lump Sum Purchase) 方式購買不動產、廠房及設備，應將購入成本分攤於各項不動產、廠房及設備；因為假設成本與公允價值具有比例之關係，故分攤方法通常以各資產之個別公允價值相對比例作為分攤基礎。例如若臺南公司以 $1,200,000 取得土地及廠房，若當時土地之公允價值為 $1,080,000，廠房之公允價值為 $420,000，則土地及廠房之入帳成本計算如下：

> **整批購買**
> 通常以個別資產之公允價值相對比例作為分攤基礎。

	公允價值	比例	入帳成本
土地	$1,080,000	108/150	$ 864,000
廠房	420,000	42/150	336,000
總計	$1,500,000		$1,200,000

7.1.3.4 股票發行

企業以發行股票取得不動產、廠房及設備，應依據 IFRS2 股份基礎給付交易之規定，以所取得不動產、廠房及設備之公允價值衡量，並據以衡量相對之權益增加。但所取得不動產、廠房及設備之公允價值若無法可靠估計，應依所給予股票之公允價值衡量。例如甲公司以發行每股面額 $10，1,000 股之普通股去取得一塊土地，普通股及土地之公允價值皆為 $70,000，則相關分錄如下：

土地	70,000	
普通股		10,000
資本公積—普通股發行溢價		60,000

7.1.3.5 捐　贈

捐贈包括一般私人或企業之捐贈，以及政府補助及捐助，接受捐贈資產，是一種單方面的行為，企業未支付對等之價款。企業取

得私人或企業捐贈之資產時,應以公允價值認列捐贈資產,並同時於符合捐贈條件時認列捐贈收入,但若係屬股東(法人或自然人)之捐贈,則應貸記「資本公積—受領贈與」,作為權益之增加,不得認列捐贈收入。

企業有時可能經由政府補助以優惠價格或免費之方式取得不動產、廠房及設備資產;政府之補助通常具有政策意義、鼓勵性質,希望藉由政府補助鼓勵企業從事特定的活動;例如:政府以優惠價格或免費之方式移轉科學園區之土地,以鼓勵企業到科學園區設廠並創造就業。政府補助之不動產、廠房及設備,應依國際會計準則第20號「政府補助之會計及政府輔助之揭露」的規定,依公允價值或以名目金額認列不動產、廠房及設備。

政府之補助通常會附有其他義務或條件,包括限制資產之類型、設置地點、權利之移轉及持有、取得資產的時間等。當企業尚未完成所有附帶條件時,不得將政府補助認列為利益(應列為遞延利益),必須等到約定的條件完成時,才能轉列為利益。但若為無條件之補助時,可一次認列補助利益。

若該政府補助與有限年限之不動產、廠房及設備有關,應按該資產耐用年限依折舊費用之提列比率分期認列為補助利益。與土地資產有關者,若政府要求企業履行某些義務,企業應於履行義務所投入成本認列為費用之期間,認列該項政府補助利益。例如甲企業於×2年12月1日得到政府以免費方式移轉科學園區之土地及建築物,若政府要求企業履行某些義務,估計此土地及建築物公允價值分別為 $500,000 及 $2,500,000。其分錄為:

土地—政府補助	500,000	
建築物—政府補助	2,500,000	
遞延政府補助利益		3,000,000

遞延政府補助利益於未來依折舊費用比率或履行義務所投入成本比率,逐期轉列利益,其分錄為:

遞延政府補助利益	×××	
政府補助利益		×××

若捐贈未附有任何條件時，企業於取得受贈資產時應認列為收益，例如：甲公司接受政府贈與大樓一棟，當時其公允價值為 $1,000,000,000，則相關分錄如下：

建築物—政府補助	1,000,000,000	
政府補助利益		1,000,000,000

有關政府補助之其他詳細規範，請參閱本章附錄 A 之相關說明。

7.1.3.6　資產交換

非貨幣性資產交換 (non-monetary assets exchange) 係指企業交換非貨幣性資產 (可能另含貨幣性資產) 而取得之不動產、廠房及設備之資產 (詳見表 7-2)，對於非貨幣性資產的交換，換入資產之成本通常係以換出資產之公允價值衡量，同時認列換出資產的處分損益。僅有當換入資產之公允價值較換出資產之公允價值更明確時，才應

> **非貨幣性資產交換**
> 非貨幣性資產交換應依公允價值衡量。

表 7-2　資產交換項目

換入項目	換出項目
1. 換入之資產。	1. 換出之資產。
2. 收到之現金。	2. 付出之現金。
3. 其他權利、義務。	3. 其他權利、義務。

使用換入資產的公允價值衡量，但符合下列情形之一時，換入資產應以換出資產的帳面金額衡量，並調整現金收付後之金額作為取得資產之成本：

(1) 交換交易缺乏**商業實質** (commercial substance)。

(2) 換入資產及換出資產之公允價值均無法可靠衡量。

是否具有商業實質應考量交易所產生之未來現金流量預期改變之程度。交換交易符合下列 (1) 或 (2) 並同時符合 (3)，則該交易具有商業實質：

(1) 換入與換出資產現金流量型態 (風險、時點、金額) 不同；或

(2) 因交換交易而使企業營運中受該項交換交易影響，其部分之企業特定價值發生改變 (反映稅後現金流量)；及

IFRS 一點通

判斷商業實質之條件

判斷商業實質之條件 (1) 或 (2) 二種方法，本質上皆是分析及預測未來現金流量，只是採 (1) 方法係對未考量折現前之現金流量型態作整體分析，採 (2) 方法係以考量折現後之總額予以分析，理論上，二種方法之分析結果應一致。

判斷商業實質之條件 (2) 方法，應以稅後現金流量分析，因有時資產交換之目的，即是單純基於稅負與稅法之原因而進行資產交換，且稅後金額才是企業真正之現金流量。

判斷商業實質之條件 (3) 是否重大，係以交換資產本身之公允價值比較，而非以企業本身之總資產或總市值比較。

上述商業實質之條件都是判斷性的規定，不論係有無差異或是否有重大差異，皆無明確的指標，惟有仰賴會計專業的判斷能力。

(3) 條件 (1) 或 (2) 所述情形之差異金額，相對於所交換資產之公允價值係屬重大。

釋例 7-2　具有商業實質之資產交換

年初時臺中公司以印刷設備換取高雄公司的裝訂設備，二項資產的資料如下：

	臺中公司	高雄公司
原始取得成本	$250,000	$200,000
帳列累計折舊	110,000	40,000
現金收 (付)	20,000	(20,000)
公允價值	170,000	150,000

假設二家公司之資產交換具有商業實質，試作二家公司交換資產之會計處理。

解析

臺中公司

換出資產的帳面金額 = $250,000 − $110,000 = $140,000

交換 (損) 益 = $170,000 − $140,000 = $30,000

換入資產之成本 = $140,000 + $30,000 − $20,000 = $150,000

高雄公司

換出資產的帳面金額 = $200,000 − $40,000 = $160,000

交換 (損) 益 = $150,000 − $160,000 = (10,000)

換入資產之成本 = $160,000 − $10,000 + $20,000 = $170,000

分錄為：

臺中公司			高雄公司		
裝訂設備	150,000		印刷設備	170,000	
累計折舊—印刷設備	110,000		累計折舊—裝訂設備	40,000	
現金	20,000		處分裝訂設備損失	10,000	
印刷設備		250,000	裝訂設備		200,000
處分印刷設備利益		30,000	現金		20,000

釋例 7-3　不具有商業實質之資產交換（無現金交易）

花蓮公司以運輸設備向臺東公司交換類似的運輸設備，二項資產的資料如下：

	花蓮公司	臺東公司
原始取得成本	$600,000	$500,000
帳列累計折舊	120,000	100,000
公允價值	410,000	410,000

假設兩家公司之資產交換不具有商業實質，試作二家公司交換資產之會計處理。

解析

花蓮公司

換出資產的帳面金額 = $600,000 − $120,000 = $480,000

雖然依 IAS 16，不具有商業實質之資產交換，換入資產之成本係以換出資產之帳面金額衡量，但由於換出資產之公允價值 ($410,000) 低於其帳面金額 ($600,000 − $120,000 = $480,000)，企業應評估資產是否發生減損（詳見本書第 8 章）。

臺東公司

換出資產的帳面金額 = $500,000 − $100,000 = $400,000
交換（損）益 = $410,000 − $400,000 = $10,000（不得認列利益）
換入資產之成本 = $410,000 − $10,000 = $400,000

分錄為：

花蓮公司			臺東公司		
運輸設備（新）	480,000		運輸設備（新）	400,000	
累計折舊—運輸設備（舊）	120,000		累計折舊—運輸設備（舊）	100,000	
運輸設備（舊）		600,000	運輸設備（舊）		500,000

釋例 7-4　不具有商業實質之資產交換（有現金交易）

臺南公司以生產設備向新竹公司交換類似的生產設備，二項資產的資料如下：

	臺南公司	新竹公司
原始取得成本	$700,000	$640,000
帳列累計折舊	420,000	430,000
現金收(付)	(10,000)	10,000
公允價值	250,000	260,000

假設二家公司之資產交換不具有商業實質，試作二家公司交換資產之會計處理。

解析

臺南公司

換出資產帳面金額 = $700,000 – $420,000 = $280,000

換入資產之成本 = $280,000 + $10,000 = $290,000

同釋例 7-3 之情形，由於換出資產之公允價值 ($250,000) 低於其帳面金額加計所支付之現金 (= $700,000 – $420,000 + $10,000 = $290,000)，企業應評估資產是否發生減損（詳見本書第 8 章）。

新竹公司

換出資產帳面金額 = $640,000 – $430,000 = $210,000

交換(損)益 = $260,000 – $210,000 = $50,000（不得認列利益）

換入資產之成本 = $210,000 – $10,000 或 = $250,000 – $50,000 = $200,000

分錄為：

臺南公司			新竹公司		
生產設備(新)	290,000		生產設備(新)	200,000	
累計折舊—生產設備(舊)	420,000		累計折舊—生產設備(舊)	430,000	
生產設備(舊)		700,000	現金		10,000
現金		10,000	生產設備(舊)		640,000

7.2　自建資產

學習目標 2
了解自建資產應資本化之借款成本之相關流程與會計處理

企業可能自行建造不動產、廠房及設備資產，**自建資產** (self-constructed assets) 之建造成本，包括直接成本及應分攤之間接成本、

Chapter 7 不動產、廠房及設備——購置、折舊、折耗與除列

IFRS 實務案例

臺灣購買不動產常見之預售制度

臺灣購買不動產常見之預售制度，係指買賣雙方以將來預計完成之建築物為交易標的之合約，雖然建商已經領有建造建築物之執照，但仍處於建造過程中。此時，買方由於尚未實際取得不動產 (房屋及土地) 之所有權與控制權，故其支付之預售屋價款應暫時以房屋預付款項目認列，等到取得不動產 (房屋及土地) 之所有權時，才作為不動產資產 (房屋及土地)。

稅捐及其他至建造完成為止所發生的必要支出。換言之，自建資產之成本包括直接人工、直接材料、變動間接生產成本、建造期間資本化之利息 (或稱借款成本) 及固定製造費用等。

於計算自建資產成本時，任何內部利益均須消除，包括部門間之移轉訂價利潤及建造利潤皆不可列為自建資產成本。同樣地，自建資產過程中，原料、人工或其他資源之異常損耗，亦不包含於自建資產成本中。

釋例 7-5　自建不動產之原始認列及組成部分會計

秀泰公司建造一座耐用年限為 40 年之電影院，該電影院於 ×1 年 1 月 1 日完工，座椅之預期耐用年限為 10 年，電影院的總建造成本為 $1,000,000，包含座椅部分之成本 $50,000，假設該金額佔總建造成本經判斷屬重大。整間電影院及座椅部分均採直線法提列折舊，且估計殘值為零。假設認列後之衡量採成本模式。

(1) 試作 ×1 年資產認列之相關分錄
(2) 沿情況一，假設秀泰公司於電影院建造時於鷹架上懸掛電影院場館介紹之廣告布幔，其支出為 $15,000，由於對於達到能符合管理階層對該電影院預期運作方式之必要狀態及地點而言，並非必要，因此認定為廣告費，試作相關分錄

解析

(1)

×1/1/1	房屋及建築成本	950,000	
	未完工程		950,000

將電影院之成本 $1,000,000 − $50,000 = $950,000 資本化為不動產、廠房及設備。

×1/1/1	房屋及建築成本	50,000	
	未完工程		50,000

將座椅之成本 $50,000 資本化為不動產、廠房及設備前述兩分錄亦可合併表達，只須於財產目錄之明細紀錄中分別列示

×1/12/31	折舊費用	23,750	
	累計折舊—房屋及建築		23,750

認列電影院之折舊金額 $950,000 ÷ 40 = $23,750。

×1/12/31	折舊費用	5,000	
	累計折舊—房屋及建築		5,000

認列座椅之折舊金額 $50,000 ÷ 10 = $5,000 前述兩分錄亦可合併表達。

(2) 對於達到能符合管理階層對該電影院預期運作方式之必要狀態及地點而言，並非必要，因此其相關分錄如下：

廣告費	15,000	
現金 (或其他應付款)		15,000

7.2.1　資本化之借款成本

企業透過舉借外來資金而取得資產時，**借款成本** (borrowing costs) 是該資產之必要成本，由於該借款成本很有可能對企業產生未來經濟效益，且該借款成本能可靠衡量，因此應予以**資本化** (capitalization) 為資產成本之一部分，為資產成本衡量之要素之一。所以，可直接歸屬於購置、建造或生產**符合要件之資產** (qualifying asset) 之借款成本，係屬該資產成本之一部分，應認列為資產。其餘不符合資本化條件之借款成本，則於發生時認列為當期費用。

將資本化之借款成本列為資產成本，有助於：(1) 使資產之取得成本更能反映企業投資於資產之總成本；及 (2) 使取得資產之有關成本得在將來該資產提供效益的期間分攤為費用。

7.2.1.1　借款成本之內涵

IAS 23「借款成本」規定，借款成本包括企業因舉借資金而發生之利息及其他相關成本。故可資本化之借款成本僅限於實際舉債之成本，不包含權益自有資金之設算成本，例如公司不應包含因發

行普通股所籌措資金之設算成本。借款成本可能包括[1]：

(1) 按有效利息法計算之利息費用。
(2) 與租賃負債有關之利息。

按有效利息法計算之利息費用，包括：

(1) 長、短期借款及銀行透支之利息。
(2) 借款折、溢價之攤銷，包含因借款而發生之**附屬成本** (ancillary costs) 之攤銷，例如：**仲介費** (placement fees)、**承諾費** (commitment fees)。

7.2.1.2　符合資本化要件之資產

　　所謂符合要件之資產，係指需經一段相當長期間之購置、建造或生產，始達到預定使用或出售狀態之資產。因為利息成本係由：(1) 取得資產支出金額大小；(2) 資金成本利率水準之高低，與 (3) 從投入資金至達到預定使用或出售狀態之期間長短等三個要素所構成，若資產不需經一段相當長期始能達到預定使用或出售狀態，則借款成本之影響較小，是否將資本化之借款成本已不重要。

　　依據不同的情況，可能符合資本化要件之資產包括：

(1) 為供企業本身使用而購置，或由自己或委由他人建造之資產。
(2) 為專案建造或生產以供出租或出售之資產，如建造船舶、開發不動產或營建業建造房屋等。

　　符合資本化要件之資產，依據其性質可能有下列項目：

(a) 存貨。
(b) 生產廠房。
(c) 電力生產設施。
(d) 無形資產[2]。
(e) 投資性不動產。

利息成本之三要素
1. 取得資產支出金額大小。
2. 資金成本利率水準之高低。
3. 從投入資金至達到預定使用或出售狀態之期間長短。

---

[1] 亦應包括外幣借款之兌換差額中視為對利息成本之調整者。
[2] IAS 23 並未排除內部發展之無形資產，例如軟體開發期間之借款成本予以資本化。

金融資產及可於短期內製造或生產之存貨，非屬符合要件之資產。當資產於取得時已達預定使用或出售狀態者，非屬符合要件之資產。

免適用資本化之借款成本之資產

企業對於可直接歸屬於購置、建造或生產下列資產之借款成本得免適用本準則之規定(但企業得選擇適用資本化之借款成本)：

(1) 以公允價值衡量之符合要件之資產，例如生物資產；或
(2) 大量且重複製造或生產之存貨。

換言之，對於上述免適用本準則之項目，係屬企業會計政策 (accounting policy) 之選擇，但企業於選定後，應於未來財務報表一致採用。

7.2.1.3 符合資本化條件之借款成本

符合資本化條件之借款成本，**必須符合要件之資產的支出若尚未發生，即無須負擔之**直接歸屬 (directly attributable) 借款成本，通稱可避免成本 (avoidable costs)。借款成本可分為 (如圖 7-2)：

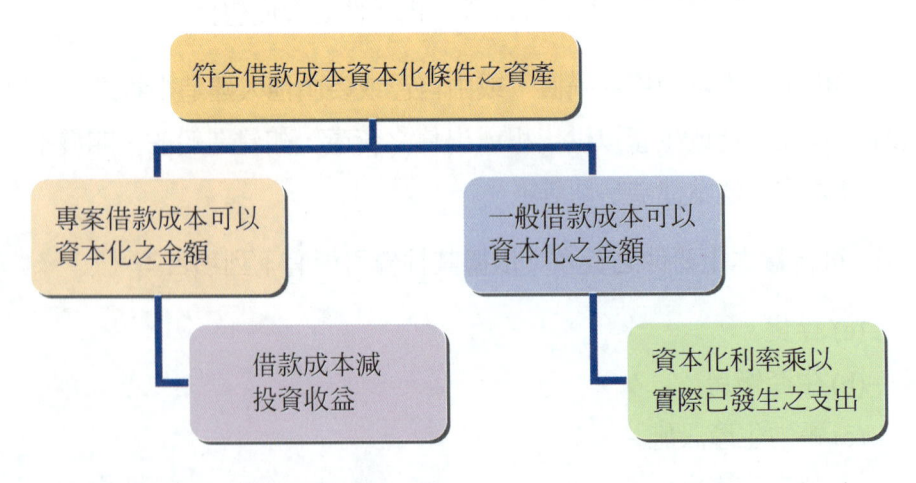

```
          符合借款成本資本化條件之資產
          ┌───────────────┴───────────────┐
   專案借款成本可以              一般借款成本可以
   資本化之金額                  資本化之金額
          │                             │
     借款成本減                    資本化利率乘以
     投資收益                      實際已發生之支出
```

圖 7-2　符合資本化條件之借款成本

(1) 專案借款：為取得符合要件之資產而專案舉借資金，該類借款成本可清楚立即辨認為可避免成本。
(2) 非屬專案之一般借款：辨認一般借款與符合要件之資產的直接關

Chapter 7 不動產、廠房及設備——購置、折舊、折耗與除列

IFRS 一點通

集團企業之借款成本

　　一般情況下，借款成本之計算應使用各子公司本身負擔借款成本之借款加權平均利率。但是在某些情形下，當計算借款成本加權平均利率時，得將母公司及子公司的全部借款包含在內，換言之，從合併報表之觀點，當母公司負責規劃籌備整體集團資金，子公司再向母公司取得資金時，允許以企業集團借款總額來計算加權平均借款成本，並適用於集團內之各聯屬公司。

係，藉以決定此借款是否可以避免發生，實務運作有其困難度。例如：集團企業集中統籌籌資活動，當集團使用多種債務工具以不同的利率舉借資金，再將此資金以不同的基礎借給集團中的其他企業，會發生辨認之困難。

專案借款之借款成本

　　當企業為取得符合要件之資產而專案舉借資金，企業可資本化之借款成本應為：該期間內 (1) 實際發生之借款成本減除；(2) 專案借款未動用暫時投資所產生之投資收益後之金額。

　　為取得符合要件之資產之融資協議，企業可能在取得借入資金後，於產生該資金之部分或全部用於符合要件之資產之支出前，發生相關借款成本，在此情況下，通常企業會在符合要件之資產支出發生前進行暫時投資。而在決定當期符合資本化條件之借款成本時，應將暫時投資所賺得之投資收益與實際發生之借款成本抵銷。

　　例如：甲公司為建造新竹廠房而向臺灣銀行借入 4 億元的借款，該筆借款係分期按月撥款。由於建造廠房之支出與銀行借款動撥金額並不一致，公司將尚未動用之專案借款資金作暫時性之投資。甲公司專案借款資本化之借款成本，係以新竹廠房建造期間實際產生之借款成本減除暫時性投資所產生之收益後的金額計算。

非屬專案之一般借款

　　針對企業舉借一般性資金以取得符合要件之資產者，企業應以某一資本化利率乘以該符合要件之資產之支出，以決定符合資本化條件之借款成本。該資本化利率應為該期間負擔借款成本之企業流

> **IFRS 一點通**
>
> **營業活動現金流量與借款成本**
>
> 若企業有好的經營績效且可藉由其營業活動產生足夠之現金流入，以支應資產建造期間之資金需求，借款成本是否仍應予以資本化？
>
> 依據 IAS 23 之規定，只要企業有實際舉債之成本，借款成本即應予以資本化，無須考量營業活動之實際現金流量多寡。

通在外借款金額之加權平均利率 (須排除為取得某項符合要件之資產的專案借款)。可資本化之借款成本金額不得超過該期間發生的借款成本。

當購建資產之累積支出大於專案借款之金額時，超出的金額必須以其他應負擔利息之債務 (非屬專案之一般借款) 的加權平均利率作為資本化利率計算。

7.2.1.4　符合要件之資產帳面金額高於可回收金額

當符合要件之資產帳面金額或預期最終成本超過**可回收金額** (recoverable amount) 或**淨變現價值** (net realizable value) 時，帳面金額應依其他準則予以沖減或沖銷，承認建造損失或認列減損，借款成本仍應繼續資本化，增加自建資產損失之金額。在某些情形下，若可回收金額高於符合要件之資產帳面金額時，該沖減或沖銷之金額可予以迴轉，將已認列之減損損失迴轉。

7.2.2　資本化之借款成本之期間

當企業有符合借款成本條件之資產時，另一重要議題則為借款成本可資本化之期間，包括 (1) 何時借款成本應開始資本化、(2) 何時借款成本應暫時停止資本化，及 (3) 何時借款成本應停止資本化。

> 資本化之借款成本之期間取決於是否符合資本化開始、暫停與停止之條件。

7.2.2.1　資本化之開始

企業同時符合以下三個條件之日開始，應將借款成本予以資本化，認列為資產成本的一部分：

(1) 資產之支出已經發生；

Chapter 7 不動產、廠房及設備──購置、折舊、折耗與除列

> 🐸 **IFRS 一點通**
>
> **建造期間暫時性的延遲**
>
> 暫時性的延遲是否係建造期間必要之過程，有時並不明確，需要高度專業判斷。通常，員工罷工與天然災害(如火災或水災)所造成之暫時性的延遲與停工，非屬建造期間必要之過程。相反的，若因重要節慶或假期或等待政府之檢查等無法避免之程序或過程而導致暫時性的延遲，係企業正常經營之實務慣例，則屬建造期間必要之過程。

(2) 借款成本已經發生；及

(3) 正在進行使該資產達到預定使用或出售狀態之必要活動。

符合要件之資產之支出，以支付現金、移轉其他資產或承擔附息債務者為限。支出金額應減除與該資產相關所收到之任何預收款與政府捐助，例如：企業出售所生產之客製化產品，並要求客戶於資產建造期間，隨生產進度預收客戶貨款，則企業於計算累積支出時，應扣減相關款項。同理，無須支付利息之應付帳款，亦不應包含於資產之累積支出範圍，待實際支付現金時，才列為資產之支出；但預付給供應商之價款，應於支付時視為支出已發生。

使該資產達到預定使用或出售狀態之必要活動，非僅限於該資產之實體建造，還包含實體建造開始前的技術及管理工作(technical and administrative work)，例如，在實體建造開始前，為取得許可之相關活動，當土地在進行開發活動期間內所發生的借款成本，可予以資本化。但是，企業若僅是持有資產而未進行改變資產狀態的生產或開發工作(如僅是持有土地而未進行任何相關開發活動)，則該期間發生之借款成本不符合資本化條件。

7.2.2.2 資本化之暫停

企業於暫停使該資產達到預定使用或出售狀態之必要活動之一段期間內，雖然仍有可能繼續產生借款成本，但若於一段期間暫停符合要件之資產之積極開發，則應暫停借款成本之資本化。

若暫時性的延遲係資產達到預定使用或出售狀態整個過程中之必要部分，不須暫停借款成本之資本化。例如：因高水位而延遲橋

樑的建造，若該地區之高水位於橋樑建造期間係屬正常情形，該段期間仍應資本化，因為該暫時性的延遲係建造期間必要之過程。

7.2.2.3 資本化之停止

企業何時停止資本化借款成本，應考量符合要件之資產是否幾乎已完成達到預定使用或出售狀態之所有必要活動。

當資產之實體建造已完成時，即使例行性的管理工作仍持續進行，該資產通常已達預定使用或出售狀態，若僅餘諸如依買方或使用者的要求所進行之不動產裝潢等小部分修改工作尚未完成，此顯示幾乎所有必要活動已完成，企業應停止將借款成本繼續資本化。此外，建造之資產係作為出租之用，尋找承租人之期間，應停止借款成本之資本化，因該資產已達到預定出租目的之狀態。

當符合要件之資產部分完工時，是否應繼續或停止將借款成本予以資本化，取決於已完工之部分是否可以單獨使用或出售：

> 自建資產部分完工時，資本化之借款成本，取決於已完工之部分是否可以單獨使用或出售。

(1) 已完工之部分可以單獨使用或出售：當符合要件之資產是依各部分分別完工，且已完工之每一部分可單獨使用或出售，而其餘部分仍繼續建造時，企業應於使某一部分達到預定使用或出售狀態之幾乎所有必要活動已完成時，停止該部分借款成本之資本化。例如：當商業園區包含數棟建築物，且各棟建築物可單獨使用，此係為符合要件之資產在繼續建造其他部分時，已完工之每一部分均可供使用之一例。

(2) 已完工之部分不可以單獨使用或出售：當符合要件之資產須待整體完工後方能使用，當符合要件之資產僅部分完工時，仍應繼續將借款成本予以資本化。例如：工業廠房之建造(如鋼鐵廠)涉及數個流程，且該等流程係於同一地點內工廠之不同區塊依序完成，須待全部完工時才停止將借款成本予以資本化。

7.2.3 累積支出平均數的計算與資本化之借款成本的限額

累積支出平均數的計算，係以支出發生占全年比例加權計算，若金額重大時，亦允許依每月或每季計算累積支出平均數。資產在某一段期間之平均帳面金額(包含前期已資本化為資產成本之借款

成本)，通常為支出之合理近似值，該支出數即當期適用資本化利率時所使用之數字。

每一會計期間資本化之借款成本總金額，不得超過該期間認列之借款成本。但為購建資產所作之專案借款，其資金如未全部動用而暫時投資，或一般性借款需作補償性存款時，則因投資或存款所生孳息收入應與借款成本 (即利息支出) 抵銷。

7.2.4 資本化土地之借款成本問題

土地如未進行開發或建造工作，不得將購置土地之借款成本資本化；如已積極進行開發或建造工作，則在該工作持續期間，應將土地及開發成本之借款成本資本化，作為建築物之成本。惟若土地開發後係以分割後之土地作為出售標的，則資本化之借款成本應作為該土地之成本。長期投資持有之土地，其相關之借款成本不得資本化，因該土地已達到預定使用狀態之所有必要活動。表 7-3 彙總資本化之借款成本會計處理重要觀念。

> 土地如未進行開發或建造工作，借款成本不得資本化；如已進行開發或建造工作，才可於工作持續期間進行利息資本化，作為建築物之成本。

表 7-3　資本化之借款成本會計處理重要觀念彙總表

基本精神	企業透過舉借外來資金而取得資產時，借款成本 (borrowing costs) 是該資產之必要成本，直接可歸屬於取得、建造或生產符合要件之資產之借款成本，係屬該資產成本之一部分，應認列為資產。
借款成本之內涵	符合資本化條件之借款成本，必須是如果符合要件之資產的支出尚未發生，即無須負擔之借款成本，通稱可避免成本。其範圍包括： (1) 按有效利息法計算之利息費用； (2) 與租賃負債有關之利息；及 (3) 外幣借款之兌換差額中視為對利息成本之調整者。
符合資本化要件之資產	係指必須經一段相當長期間始能達到預期使用或出售狀態之資產。
資本化之開始	同時符合以下三種條件之日： (1) 資產之支出已經發生； (2) 借款成本已經發生；及 (3) 正在進行使該資產達到預定使用或出售狀態之必要活動。
資本化之暫停	於一段期間暫停符合要件之資產之積極開發，則應暫停借款成本之資本化。
資本化之停止	當符合要件之資產達到預定使用或出售狀態之幾乎所有必要活動已完成時，即應停止借款成本之資本化。

IFRS 一點通

資本化之借款成本之計算方法

　　IAS 23 並未針對利息或資本化之借款成本提供詳細計算方法，因此，對於如何考量下列議題皆無明確指引：(1) 是否以年、季或月為計算基礎、(2) 是否以特定支出日期或以加權平均累積支出為計算基礎 (特別是同時包括專案借款與一般借款之情況)、(3) 是否使用單利或複利方式為計算基礎。

　　筆者以為企業應根據專業判斷選擇適當之會計政策，且於未來期間一致採用明確之資本化之借款成本計算方法。理論上，愈是精確之方法，所計算之數字愈符合經濟實質與忠實表達，例如以明確特定支出日期方式計算且複利方式也與企業舉債情況完全一致。然而實務上，企業之支出有時分散於許多不同日期，且於許多不同日期舉借新債及清償舊債。此外，不同之債務有時係以年或季方式支付現金利息 (理論上會影響單利或複利之期間選擇)，皆會因計算方法有所差異，使得採用最精確之方法可能實務運作成本較高或有其困難。為利於觀念釐清，本文之釋例係以較簡化之方式說明，且假設採最精確之方法計算。

釋例 7-6　資本化之專案借款之借款成本

情況一　建造廠房之特定借款金額大於符合要件之資產之支出，且尚未動用之借款將暫存於銀行存款

　　舟山公司為建造廠房於 ×1 年 4 月 1 日特地向銀行舉借之專案借款為 $60,000,000，年利率為 8%，該廠房係 IAS 23 第 5 段所述符合要件之資產。此專案借款除支付利息外，並無其他借款成本。舟山公司尚未動用之專案借款暫時存於銀行作為活期存款，存款利率為 1%，舟山公司建造之廠房於 ×1 年 12 月 31 日完工，且建造廠房實際支出金額較預算金額減少 $2,000,000，茲將舟山公司於 ×1 年間為建造該廠房之相關支出列示如下：

支出日期	支出金額 (元)
×1/6/1	$ 20,000,000
×1/9/1	$ 28,000,000
×1/10/1	$ 10,000,000

專案借款實際發生之利息支出 = $60,000,000 × 9/12 × 8% = $3,600,000

期間	資產支出金額	累計支出金額	閒置借款資金用於投資	借款成本	投資收益	淨資本化之借款成本金額
×1/4/1~6/1	$0	$0	$60,000,000	$800,000	$100,000	$700,000
×1/6/1~9/1	$20,000,000	$20,000,000	$40,000,000	$1,200,000	$100,000	$1,100,000
×1/9/1~10/1	$28,000,000	$48,000,000	$12,000,000	$400,000	$10,000	$390,000
×1/10/1~12/31	$10,000,000	$58,000,000	$2,000,000	$1,200,000	$25,000	$1,175,000
合計				$3,600,000	$235,000	$3,365,000

×1年4月1日至12月31日尚未動用之專案借款暫時存於銀行存款之利息收入
= $60,000,000 × 2/12 × 1% + ($60,000,000 – $20,000,000) × 3/12 × 1% + ($40,000,000 – $28,000,000) × 1/12 × 1% + ($12,000,000 – $10,000,000) × 3/12 × 1%
= $235,000

由於資本化始於企業進行使該資產達到預定使用或出售狀態之必要活動，雖×1年4月1日至×1年6月1日尚未有支出發生，但可能因工程開始就有人力或成本的遞延支出，故該期間的利息仍可資本化。

為建造廠房而特地舉借之專案借款應資本化之借款成本金額 = 專案借款實際發生之利息支出 – 尚未動用之專案借款而暫時存於銀行存款之利息收入
= $3,600,000 – $235,000 = $3,365,000

相關分錄如下：

×1/12/31　房屋及建築　　　　　　　　　　3,365,000
　　　　　　利息費用(財務成本)　　　　　　　　　　　3,365,000

情況二　分期付款購建資產時，專案借款之借款成本

紅海公司於×1年1月1日以分期付款方式購買機器一部，機器價格為$50,000,000，該機器係IAS 23第5段所述符合要件之資產。該公司於同日支付機器價格之十分之一，其餘分9期平均償還，每期半年，並按未償還餘額加計年息10%之利息。此項機器於同年9月30日始安裝完成並正式啓用。該公司於×1年度除此項分期償還之債務外，並無其他附息債務，紅海公司資本化之借款成本金額計算如下：

×1年1月1日至9月30日購買機器實際發生之借款成本計算如下：

期數	期間	借款成本
第一期	×1/1/1~×1/6/30	$45,000,000 × 10% × 6/12 = $2,250,000
第二期	×1/7/1~×1/9/30	$40,000,000 × 10% × 3/12 = $1,000,000
合計		$3,250,000

資本化之借款成本金額為 $3,250,000

釋例 7-7 建造廠房一般借款之借款成本 (IAS 23.14)

遠熊公司於 ×1 年至 ×2 年進行新商場之建造，該商場將於 ×2 年 3 月 31 日完工，其相關支出如下：

支出日期	支出金額 (元)
×1/4/1	$ 6,000,000
×1/7/1	12,000,000
×1/9/1	48,000,000
×2/2/1	18,000,000

遠熊公司之融資活動除一般用途外，亦包括取得及建造符合要件之資產。

×1 年度：

借款項目	流通在外借款金額	利息支出
長期借款		
10 年期，年利率 10%	$ 80,000,000	$ 8,000,000
5 年期，年利率 6%	20,000,000	1,200,000
短期借款*	15,000,000	600,000
銀行透支*	5,000,000	400,000
合計	$120,000,000	$10,200,000

×2 年度：

借款項目	流通在外借款金額	利息支出
長期借款		
10 年期，年利率 10%	$80,000,000	$8,000,000
5 年期，年利率 6%	$20,000,000	$1,200,000
短期借款*	$50,000,000	$300,000
合計	$150,000,000	$9,500,000

*短期借款與銀行透支項下所列示之金額×1年度/×2年度之平均流通在外借款金額及依浮動利率所發生之利息金額。

試作：

(1) 計算 ×1 年度資本化之借款成本金額並試作相關分錄
(2) 計算 ×2 年度資本化之借款成本金額並試作相關分錄
(3) 假設遠熊公司因疫情導致經濟環境蕭條，公司資金籌措困難，而自 ×1 年 10 月 1 日起停工 3 個月，試重新計算 ×1 年度資本化之借款成本金額
(4) 假設遠熊公司因颱風導致工程延宕，×1 年 10 月 1 日起停工 3 個月，試重新計算 ×1 年度資本化之借款成本金額

解析

(1) ×1 年度資本化之借款成本金額之計算及相關分錄

×1 年度資本化利率計算如下：

$$\frac{\text{本期借款成本總額}}{\text{流通在外借款總額}} = \frac{\$10,200,000}{\$120,000,000} = 8.5\%$$

符合要件之資產之支出乘以資本利率計算如下：

($6,000,000 × 9/12 + $12,000,000 × 6/12 + $48,000,000 × 4/12) × 8.5%
= $2,252,500

由於 $2,252,500 低於 ×1 年 4 月 1 日至 12 月 31 日實際發生之借款成本 $7,650,000（= $10,200,000 × 9/12），故予以資本化之借款成本全額為 $2,252,500

相關分錄如下：

×1/12/31　未完工程—房屋及建築　　　　2,252,500
　　　　　　利息費用 (財務成本)　　　　　　　　2,252,500

(2) ×2 年度資本化之借款成本金額之計算及相關分錄

×2 年度資本化利率計算如下：

$$\frac{本期借款成本總額}{流通在外借款總額} = \frac{\$9,500,000}{\$150,000,000} = 6.33\%$$

符合要件之資產之支出乘以資本化利率計算如下：

($2,252,500 × 3/12 + 18,000,000 × 2/12) × 6.33 %
= ($563,125 + $3,000,000) × 6.33 % = $225,546

由於 $225,546 低於 ×2 年 1 月 1 日至 3 月 31 日實際發生之借款成本 $2,375,000 (= $9,500,000 × 3/12)，故以資本化之借款成本金額為 $225,546。

相關分錄如下：

×2/3/31	未完工程—房屋及建築	225,546	
	利息費用 (財務成本)		225,546

(3) 若此停工因管理階層決策所造成，由於此暫時性延遲並非使資產達到預定使用狀態過程中之必要部分，故此停工期所發生之借款成本並非建造活動之必要支出而須**暫停資本化**。

×1 年符合要件之資產之支出乘以資本化利率計算如下：

[$6,000,000 × (9 − 3)/12 + $12,000,000 × (6 − 3)/12 + $48,000,000 × (4 − 3)/12] × 8.5%
= $850,000

由於 $850,000 低於 ×1 年實際發生之借款成本 $5,100,000 (= $10,200,000 × (9 − 3)/12)，故予以資本化之借款成本金額為 $850,000。

(4) 若此停工起因於當地常見之惡劣氣候，由於該暫時性停工係因不可抗力之自然因素所致，故無須**暫停資本化** (仍繼續資本化)。

×1 年符合要件之資產之支出乘以資本化利率計算如下：

($6,000,000 × 9/12 + $12,000,000 × 6/12 + $48,000,000 × 4/12) × 8.5% = $2,252,500

由於 $2,252,500 低於 ×1 年 6 月 1 日至 12 月 31 日實際發生之借款成本 $7,650,000 (= $10,200,000 × 9/12)，故予以資本化之借款成本全額為 $2,252,500。

釋例 7-8　資本化利率之計算

阿英公司 ×1 年 3 月 1 日開始建造工廠，該工廠經一段相當長期間始達到預定使用狀態，阿英公司於 ×1 年 12 月 1 日為建造廠房而支付 $20,000,000，並向小馬銀行辦理專案廠房貸款 $12,00,0000，期間 2 年，年利率 10%，經分析若該企業不建造該廠房，則無須負擔下列借款之利息，其他相關借款資訊如下：

1. 阿英公司與久久銀行訂有透支額度之契約，年利率 9%，該企業於 12 月 1 日動支

$600,000，於 ×2 年 1 月 1 日還清。
2. ×1 年 11 月 1 日平價發行一無擔保之商業本票 $800,000，期間 6 個月，年利率 6%
3. 阿英公司帳上有一筆折價發行之應付公司債，×0 年 1 月 1 日發行，期間 5 年，金額 $10,000,000，票面利率 4%，市場利率 5%，每年 12 月 31 日付息一次，採有效利息法攤銷。×1 年 12 月折價攤銷金額為 $6,856，公司債帳面金額為 $9,720,000。
4. 阿英公司於 ×1 年 12 月 1 日向租賃公司以融資租賃方式承租建廠混凝土卡車一輛，×1 年 12 月 1 日應付租賃款為 $750,000，12 月份隱含利息支出 $3,000。

試計算阿英公司於該工程中 12 月份資本化之借款成本。

解析

借款項目	借款成本（元）	加權平均借款金額（元）
銀行透支	$600,000 × 9% × 1/12 = $4,500	$600,000
商業本票-利息	$800,000 × 6% × 1/12 = $4,000	$800,000
應付公司債 -利息 　　　　　 -利息	$10,000,000 × 4% × 1/12 = $33,333 $6,856	$9,720,000
租賃負債	$3,000	$750,000
合計	$51,689	$11,870,000

月加權平均資本化利率：

$$\frac{\$51,689}{\$11,870,000} = 0.4355\%$$

×1 年 12 月之資本化利率為 0.4355%。

×1 年 12 月資本化之借款成本
= $12,000,000 × 10% × 1/12 + $8,000,000 × 0.4355%
= $100,000 + $34,840 = $134,840
（$8,000,000 × 0.4355% = $34,840 < 實際利息 $55,689，取 $34,840 為可免利息）

釋例 7-9　符合要件之資產支出大於專案借款金額並動用一般借款

連發科公司於 ×1 年 1 月 1 日在新竹建造廠房共支出三筆價款

1 月 1 日　$3,000,000
6 月 1 日　$1,600,000
12 月 1 日　$600,000

此項資產於 12 月 31 日建造完成並正式啟用。公司帳上有下列負擔利息之借款：

1. 為建造廠房而於 1 月 1 日特地舉借之專案借款 $2,000,000，年利率 10%。
2. 一般短期借款 $900,000，年利率為 8%。
3. 一般長期借款 $400,000，年利率為 6%。

經分析若公司不建造廠房，則上列第 2 及 3 筆借款即可償還。

試問該年度連發科公司可資本化之借款成本金額。

解析

×1 年 12 月 31 日資本化之借款成本計算如下：

專案借款資本化之借款成本金額 $2,000,000 × 10% = $200,000。

扣除專案借款後，建造該資產至安裝完成所支出款項之平均金額為 $1,850,000（= $1,000,000 + $1,600,000 × 6/12 + $600,000 × 1/12），該金額應採用一般借款之加權平均利率，以計算資本化之借款成本金額：

加權平均利率為：

$$\frac{\$72,000 + \$24,000}{\$900,000 + \$400,000} = 7.384\%$$

$1,850,000 × 7.384% = $136,604，由於 $136,604 高於 ×1 年一般借款實際生之借款成本 $96,000（= $72,000 + $24,000) 故資本化之借款成本金額為 $96,000，而非 $136,604。×1 年因建造資產而予以資本化之借款成本總額為 $200,000 + $96,000 = $296,000。

釋例 7-10　符合要件之資產支出大於專案借款金額並動用一般借款

桶一公司於 ×1 年自行於高雄建造工廠，符合資本化之借款成本之條件，各月份支出如下：

1 月 1 日支出 $400,000
5 月 1 日支出 $500,000
9 月 1 日支出 $900,000

×1 年負債情形：

專案銀行借款 (×0 年簽約借款，利率 9%)	$600,000
5 年期應付公司債 (利率 12%，×0 年按面額發行)	$500,000
3 年期應付票據 (利率 10%，×0 年平價發行)	$700,000

試作：

(1) 假設桶一公司 ×1 年專案銀行借款無暫時性投資收益，計算桶一公司 ×1 年資本化之借款成本金額。
(2) 假設桶一公司 ×1 年專案銀行借款暫時性投資所產生之收益 $8,000，計算桶一公司 ×1 年資本化之借款成本金額。

解析

(1) a. 計算專案借款之借款成本淨額

　　專案借款之借款成本淨額 = $600,000 × 9% = $54,000

　b. 計算一般借款資本化之借款成本

　　一般借款之累計支出
　　　= ($400,000 + $500,000 + $900,000) − $600,000 = $1,200,000

　　一般借款累計支出之平均數
　　　= ($400,000 + $500,000 − $600,000) × 8/12 + $900,000 × 4/12 = $500,000

　　×1 年加權平均利率
　　　= ($500,000 × 12% + $700,000 × 10%) ÷ ($500,000 + $700,000) = 10.83%

　　一般借款可避免借款成本
　　　= $500,000 × 10.83% = $54,167

　　一般借款實際借款成本
　　　= $500,000 × 12% + $700,000 × 10% = $130,000 > $54,167

　　故一般借款資本化借款成本為 $54,167

　c. 決定資本化之借款成本總額

　　資本化借款成本總額 = 專案借款借款成本淨額 + 一般借款資本化借款成本
　　　　　　　　　　　= $54,000 + $54,167 = $108,167

(2) a. 計算專案借款之借款成本淨額

　　專案借款之借款成本淨額 = ($600,000 × 9%) − $8,000 = $46,000

　b. 計算一般借款資本化之借款成本與 (1) 相同 $54,167

　c. 決定資本化之借款成本總額

　　資本化借款成本總額 = 專案借款借款成本淨額 + 一般借款資本化借款成本
　　　　　　　　　　　= $46,000 + $54,167 = $100,167

釋例 7-11　以專案借款購得資產

衛全公司為購建某資產特別於 ×1 年 5 月 1 日向銀行辦理專案借款 $900,000，年利率 12%，另於同日辦理一般用途之現金增資並募足股款 $4,800,000，該公司 ×1 年 1 月 1 日帳上有一筆長期借款 $900,000，10 年期，年利率 10%，且經調查後發現衛全公司若不購建該資產則無須負擔該借款之利息。

試作：衛全公司資本化之借款成本金額。

解析

衛全公司資本化之借款成本之計算如下：

專案借款資本化之借款成本金額：$900,000 × 12% × 8/12 = $72,000。

一般借款之借款成本：$900,000 × 8/12 × 10% = $60,000

×1 年資本化之借款成本金額為 $130,000 ($70,000 + $60,000 = $130,000)

由於該筆現金增資係一般用途，故資本化之借款成本僅考慮專案借款及一般借款，無須考量現金增資之部分。

釋例 7-12　取得一般借款前所發生符合要件之資產之支出 (IAS 23.14 及 IAS 23.17)

辛亥公司為建造 $20,000,000 之辦公大樓，於 ×3 年 1 月 1 日與忠孝建設公司簽定合約，辛亥公司最近兩年支付給忠孝建設公司的金額如下：

支出日期	支出金額 (元)
×3/1/1	$2,000,000
×3/5/1	$6,000,000
×3/12/31	$1,000,000
×4/7/1	$3,000,000

該辦公大樓於 ×4 年 7 月 1 日建造完成並啟用，辛亥公司未有該建造中之辦公大樓以外符合要件之資產。辛亥公司於 ×3 及 ×4 年報導期間之流通在外借款 (一般借款) 如下：

×3 年 7 月 1 日平價發行之應付公司債，金額 $12,000,000，期間 5 年，票面利率 4%，每年 7 月 1 日付息一次。

依據 IAS 23 第 17 段之規定，資本化開始日係企業首次符合下列所有條件之日：

1. 企業發生資產之支出；

2. 企業發生借款成本；及
3. 企業進行使該資產建到預定使用或出售狀態之必要活動。

解析

辛亥公司為建造辦公大樓使用一般借款之全部金額共 $12,000,000，辛亥公司適用之資本化利率為 4%。因此，辛亥公司於發行公司債之前，即使辛亥公司進行使該辦公大樓達到預定使用或出售狀態之必要活動並發生支出，該等支出僅應就發行公司債後之期間而計入加權平均累計支出。辛亥公司計算用於乘以資本化利潤之符合要件之資產如下：

×3 年符合資本化條件之借款成本之計算

日期	支出金額（元）	資本化期間（當年度）	加權平均累計支出
×3/1/1	$2,000,000	×3/7/1~×3/12/31	$1,000,000
×3/5/1	$6,000,000	×3/7/1~×3/12/31	$3,000,000
×3/12/31	$1,000,000	×3/12/31~×3/12/31	-
×3年合計			$4,000,000

符合資本化條件之借款成本：$4,000,000 × 4% = $160,000

由於 $160,000 低於實際發生利息 $240,000（= $12,000,000 × 4% × 6/12），故予以資本化之借款成本 $160,000。

×4 年符合資本化條件之借款成本之計算

日期	支出金額（元）	資本化期間（當年度）	加權平均累計支出
×3/1/1~×3/12/31	$9,160,000*	×4/1/1~×4/7/1	$4,580,000
×4/7/1	$3,000,000	×4/7/1~×4/7/1	-
×3年合計			$4,580,000

*×3 年資本化之借款成本於 ×4 年仍應計入借款成本之計算，故金額為 $9,160,000（= $2,000,000 + $6,000,000 + $1,000,000 + $160,000）

符合資本化條件之借款成本：$4,580,000 × 4% = $183,200

由於 $183,200 低於實際發生利息 $200,000（= $10,000,000 × 4% × 6/12），故予以資本化之借款成本 $183,200。

7.2.5 計入借款成本之兌換差額

借款成本包括：

(1) 按有效利息法計算之利息費用
(2) 因融資租賃有關之利息費用
(3) 外幣借款之兌換差額中視為對利息成本之調整部分

借款成本當外國借款利率低於本國貨幣借款利率時，企業舉措外幣借款雖利息較低，但可能會有對兌換損失的風險存在。當實際發生兌換損失時，其相當於外幣和本國貨幣借款利率差額部分改列為利息成本 (作為外幣借款的利息成本調整數，而不當作兌換損失)，以使外幣借款與本國貨幣借款之利息相等，但以本國借款的利息費用為上限。

釋例 7-13 計入借款成本之兌換差額 (IAS 23.6)

以功能性貨幣新台幣編製財務報表之大粒光公司為建造廠房而簽訂一項專案借款合約，借款期間內並無將該借款暫時投資所產生之投資收益。

情況一　增加借款成本之兌換差額

借款合約之內容及背景資料列示如下：

項目	說明
借款金額 (外幣)	US$10,000,000
原始認列借款日	×1 年 1 月 1 日
原始認列借款日匯率	新台幣 28：US$1
外幣借款利率 (美元)	年利率 8% (固定)
原始認列借款日類似新台幣借款之利率	年利率 10% (固定)
×1 年平均匯率	新台幣 29：US$1
×1 年 12 月 31 日匯率	新台幣 31：US$1
×1 年支付利息 - 美元	US$800,000 (8% × US$10,000,000)
×1 年支付利息 - 新台幣 (按平均匯率換算)	新台幣 23.2 百萬元 (US$800,000 × 29)

大粒光公司資本化之借款成本金額為新台幣 23.2 百萬元，即外幣計價符合要件之利息成本按費用發生日實際匯率所換算之金額。

此外，大粒光公司將兌換差額視為利息成本之調整數。此時，大粒光公司應決定若以新台幣借款於 ×1 年可能會生之借款成本，以決定兌換差額作為利息成本調整數之上限。

(1) a. 借款成本計算如下：

　　×1 年 1 月 1 日約當 US$10,000,000 之新台幣　　　新台幣 280 百萬元
　　以新台幣借款利率 (10% 計算之年度利息支出)　　　新台幣 28 百萬元
　　當地貨幣計價之名目借款成本新台幣 28 百萬元，即為大粒光公司得分類為借款成本之「上限」。

b. 於 ×1 年報導期間結束日，本金 US$10,000,000 之借款換算為新台幣所產生之外幣兌換損失為：

　　按借款日匯率 (新台幣 28：US$1) 換算之新台幣金額　新台幣 280 百萬元
　　按 ×1 年 12 月 31 日匯率 (新台幣 31：US$1) 換算之
　　新台幣金額　　　　　　　　　　　　　　　　　　新台幣 310 百萬元
　　兌換損失　　　　　　　　　　　　　　　　　　　新台幣 30 百萬元

c. ×1 年包含於大粒光公司未完工程成本之借款成本為新台幣 28 百萬元，即美元利息支出換算之新台幣 23.2 百萬元加上因本金產生兌換損失中之新台幣 4.8 百萬元。此金額等於大粒光公司若按當時市場利率借入新台幣借款時將產生之利息費用。

其餘由借款本金產生之兌換損失 (新台幣 25.2 百萬元) 應於當年度認列為損益。

(2) 情況二　減少借款成本之兌換差額

沿情況一惟於 ×1 年報導期間結束日重新換算美元 US$10,000,000 將產生外幣兌換利益新台幣 30 百萬元。在此情況下，新台幣 30 百萬元應全數認列為利益。資本化之借款成本為新台幣 23.2 百萬元 (以外幣計價之利息成本，按費用發生日實際匯率所換算之金額)，不調整兌換差額之利息成本，因為任何調整都將導致資本化之借款成本未落於可接受金額之範圍內 (於此例為介於新台幣 23.2 百萬元與 28 百萬元之間)。

(3) 情況三　減少借款成本之兌換差額

沿情況一，假設其他條件不變，惟於 ×1 年報導期間結束日以功能性貨幣借款利率計算之年度利息支出為新台幣 15 百萬元，且換算美元 US$10,000,000 將產生外幣兌換利益新台幣 30 百萬元。在此情況，×1 年包含於公司未完工程成本之借款成本為新台幣 15 百萬元，即美金利息支出換算之新台幣 23.2 百萬元減除因本金所產生之兌換利益 8.2 百萬元。此金額等於公司若按當時市場利率借入新台幣借款時將產生之利息費用。

其餘由借款本金產生之兌換利益新台幣 21.2 百萬元應於當年度認列於損益中。

中級會計學 上

> **學習目標 3**
> 了解折舊之意義及各種折舊方法

7.3 折 舊

不動產、廠房及設備於原始認列後，應以成本模式或重估價模式作為其會計政策。企業採用成本模式時，不動產、廠房及設備於認列為資產後，應以其成本減除所有累計折舊與所有累計減損損失後之金額作為帳面金額。

帳面金額 = 成本 − 累計折舊 − 累計減損損失

重估價模式將於第 8 章介紹。

7.3.1 折舊基本觀念

除土地外，多數不動產、廠房及設備所提供的服務潛能或經濟利益會隨時間或使用而逐漸消耗，**折舊** (Depreciation) 係依照資產未來經濟效益的使用型態，將資產之可折舊金額有系統地分攤於耐用年限內。換言之，折舊係以有系統且合理之方法，將成本於資產提供效益期間，逐期分攤認列為折舊費用；所以，會計之折舊，本質上為已耗**成本之分攤** (cost allocation)，而非資產價值之評估。

> 折舊基本要素：原始成本、殘值及耐用年限。

折舊計算首應考慮折舊基礎 (可折舊金額)，即為資產原始成本或其他替代成本 (如重估價金額) 之金額減除估計殘值後之餘額。資產之**殘值** (residual value) 係指假設該資產於**未來**耐用年限屆滿時所處之**預期狀態**，而企業於**目前**處分該**預期狀態下之資產**時，其估計之可回收金額，即可取得金額減除估計處分成本後之估計金額。例如，某一設備之剩餘耐用年限為 5 年，其殘值為該設備於目前若處於 5 年後耐用年限屆滿時預期之狀態下，處分該設備之估計可回收之金額。

資產每期提列之折舊費用，通常認列當期損益。但若資產所含之未來經濟效益係作為產生其他資產之用時，折舊費用為構成其他資產成本之一部分，可包含於其他資產之帳面金額中。例如，廠房及設備之折舊為生產過程中存貨之必要加工成本。

1. 耐用年限

資產之耐用年限係指預期可使用資產之期間，或預期可由資產取得之產量或類似單位數量；企業估計耐用年限應同時考量下列因素：

(1) **物質因素**：考量定期的維修計畫下，因資產之預期使用程度而磨損及自然力之作用而殘舊。

(2) **經濟與功能因素**：**產能不足** (inadequacy)、**替換** (supersession)、技術或商業進步與時尚熱潮而導致**陳舊過時** (obsolescence)、使用該資產之法律或類似限制等因素。使用一資產所生產之項目之未來售價預期減少，可能顯示對該資產之技術或商業過時之預期，進而可能反映該資產所含之未來經濟效益減少。

資產耐用年限取決於該資產對企業之預期效用，若企業之資產管理政策係採資產於特定時間或未來經濟效益已消耗特定比率後，對該資產進行處分，則資產之耐用年限可能較其經濟效益年限為短。資產耐用年限之估計係屬判斷事項，該判斷係以企業對類似資產之經驗為基礎。

2. 折舊之基礎單位

折舊之基礎單位通常為單一個別資產，但是，當個別資產之任一組成部分，若其成本相對於個別資產之總成本而言係屬重大，則企業應將不動產、廠房及設備項目之原始認列金額分攤至其各重大部分，並單獨對重大組成部分個別提列折舊，例如，對飛機之機身及引擎單獨提列折舊可能係屬適當。換言之，單一個別資產可能由數個不同耐用年限或消耗型態之個別重大部分所組成。若個別資產之組成部分非屬重大時，且經專業判斷，於不影響投資人對財務報表之閱讀時，企業可基於時間與成本的限制與考量，對於不重大的部分以合併方式提列折舊，換言之，企業可採概括技術，以整體資產方式提列折舊，當然，亦得對個別資產之組成部分，單獨提列折舊。

> 單獨對個別資產之重大組成部分分別提列折舊，係IAS 16之重要觀念。除不具重大性外，IASB認為使用概括技術提列折舊，無法忠實表達企業折舊之實況。

不動產、廠房及設備項目之一重大部分可能與其另一重大部分之耐用年限及折舊方法相同，則該等部分得合併提列折舊費用。也就是說，其二項重大不動產、廠房及設備項目，可依據評估其使用年限和性質來合併提列折舊。

企業若對不動產、廠房及設備項目之某些部分單獨提列折舊時，亦應單獨對所有剩餘部分提列折舊。該剩餘部分係由該項目

之個別不重大之部分所組成，企業對該剩餘個部分若具有不同的預期，可能須以概估技術對該部分整體提列折舊，以忠實表達該部分之消耗型態及（或）耐用年限。此概括技術，可請專家評估，以加權平均耐用年限提列折舊。

3. 折舊之起始與結束

資產之折舊始於該資產達可供使用時，亦即處於符合管理階層預期運作方式之必要地點及狀態時。資產之折舊止於依國際財務報導準則第 5 號將資產分類為待出售 (或包括於分類為待出售之處分群組中) 之日或資產除列日中，二者較早之日期。因此，於資產處於閒置狀態或不再積極使用時，除該資產已提足折舊外，不應停止提列折舊。惟採服務量為基礎之折舊方法 (詳 7.3.2.1 節如生產數量法) 提列折舊時，當該資產無產出，所提列之折舊費用可為零。

7.3.2　折舊方法之選擇

企業選擇折舊方法之考量因素，主要包括成本與收益配合原則、降低帳務處理成本、重大性原則、所得稅及財務報導績效衡量等。計提折舊不等同於企業已逐步備妥資產重置之必要資金，實體資產之重置資金，乃為另一個新的投資決策，與折舊多寡無關；折舊之計提與否，只影響損益及所得稅之計算，不會直接牽涉到企業的現金流量。折舊方法主要可分為二大類：**以服務量為基礎** (activity method、use method) 及以時間為基礎；另外，在特殊情況下，企業基於降低帳務處理成本及重大性原則，企業得採用特殊折舊法。

7.3.2.1　以服務量為基礎

以服務量為基礎之折舊方法，適用於資產經濟效益之耗用係隨使用量、服務量或生產量而有差異，並非只是單純隨時間之經過而耗損，又稱**變動折舊法** (Variable Charge Approach)，例如，貨車之折舊可按照行駛里程數予以估算。資產服務量之衡量可採用以下二種觀點：

(1) 從**投入項目** (input) 衡量：估計資產的工作量或工作時間來計提折舊的一種方法 (工作時間法)，例如：按照資產每期實際之工

作時數計提折舊。

$$\frac{\text{每工作小時計}}{\text{提折舊金額}} = \frac{(\text{資產成本} - \text{估計殘值})}{\text{估計資產可工作的總時數}}$$

每期折舊金額 = 每期實際之工作時數 × 每工作小時計提折舊金額

(2) 從**產出項目** (output) 衡量：估計資產可完成的生產數量來計提折舊的一種方法 (生產數量法)，例如：按照資產每期實際之生產數量計提折舊。

$$\frac{\text{每單位生產數量}}{\text{計提折舊金額}} = \frac{(\text{資產成本} - \text{估計殘值})}{\text{估計資產可生產的總數量}}$$

折舊金額 = 每期實際之生產數量 × 每單位生產數量計提折舊金額

釋例 7-14　以服務量為基礎之折舊方法

×3 年 7 月 1 日甲公司以現金 $1,030,000 購入生產機器，預計可使用總時數為 250,000 小時，總共可為甲公司生產 100,000,000 件產品，殘值為 $30,000。試依下列資訊，分別依工作時間法及生產數量法為該生產機器作各年之折舊分錄。

期間	實際使用時數	實際產出數量
×3/7/1～×3/12/31	60,000	18,000,000
×4/1/1～×4/12/31	100,000	40,000,000

解析

可折舊金額：$1,030,000 – $30,000 = $1,000,000

(1) 工作時間法：

$1,000,000/250,000 = $4 / 小時

×3/12/31	折舊費用	240,000	
	累計折舊—機器設備		240,000
×4/12/31	折舊費用	400,000	
	累計折舊—機器設備		400,000

(2) 生產數量法：

$1,000,000/100,000,000 = $0.01 / 個

X3/12/31	折舊費用	180,000	
	累計折舊—機器設備		180,000
X4/12/31	折舊費用	400,000	
	累計折舊—機器設備		400,000

7.3.2.2 以時間為基礎

1. 以時間為基礎——直線法

直線法 (Straight-Line Method) 或稱固定折舊法，適用於維修費、使用效率或產生淨收益每年差異不大之情況。例如：甲公司購買一棟耐用年限為 40 年之辦公大樓，成本為 $40,000,000，假設認列後之衡量採成本模式，且以直線法提列折舊，估計殘值為零，則每年之折舊費用為 $40,000,000 ÷ 40 = $1,000,000；但若上述 $40,000,000 成本中，包含 $5,000,000 室內裝潢之成本，且室內裝潢的預期耐用年限為 10 年，單獨對重大組成部分 (室內裝潢) 個別提列折舊，以直線法提列折舊，估計殘值為零，則第一年之折舊費用為 [($40,000,000 – $5,000,000) ÷ 40] + ($5,000,000 ÷ 10) = $1,375,000。

2. 以時間為基礎——加速折舊法或遞減折舊法

加速折舊法 (Accelerated Depreciation) 或**遞減折舊法** (Decreasing Charge Method)，適用於服務數量、效率、價值逐年下降，或維修費用逐年升高之情況。常用方法有使用**年數合計法** (Sum-of-the-Years'-Digits, SYD)、**定率遞減法** (Fixed-Percentage-on-Declining-Base Method) 及**(倍數)餘額遞減法** (Double Declining Balance Method, DDB)。公式如下：

(1) 使用年數合計法

$$\text{折舊率} = \frac{\text{剩餘使用年數}}{\text{使用年數合計數}}$$ (係用可折舊金額為計算基礎)

(2) 定率遞減法

$$\text{折舊率} = 1 - \sqrt[n]{\frac{\text{估計殘值}}{\text{取得成本}}}$$，n：估計耐用年限 (係用成本為計算基礎)

(3) 倍數餘額遞減法

$$折舊率 = \frac{1}{估計使用年數} \times 2 \quad (係用成本為計算基礎)$$

倍數餘額遞減法除了以 2 倍數之直線法比率作為計算基礎外，亦有企業採用 1.5 倍數計算。

釋例 7-15　加速折舊法

衛申公司於 ×6 年初購入一台機器，成本為 $1,000,000，估計可使用 4 年，殘值為 $100,000，試作年數合計法、定率遞減法及倍數餘額遞減法各年之折舊額。

解析

(1) 採用年數合計法
耐用年限合計數 = 1 + 2 + 3 + 4 = 10

年度	折舊基礎	折舊率	折舊費用	期末帳面金額
×6 年初	$900,000			$1,000,000
×6 年底	$900,000	4/10	$360,000	$640,000
×7 年底	$900,000	3/10	$270,000	$370,000
×8 年底	$900,000	2/10	$180,000	$190,000
×9 年底	$900,000	1/10	$90,000	$100,000

(2) 採用定率遞減法

$$折舊率 = 1 - \sqrt[4]{\frac{100,000}{1,000,000}} = 43.77\%$$

年度	期初帳面金額	折舊率	折舊費用	期末帳面金額
×6 年初	$1,000,000			$1,000,000
×6 年底	$1,000,000	43.77%	$437,700	$562,300
×7 年底	$562,300	43.77%	$246,119	$316,181
×8 年底	$316,181	43.77%	$138,392	$177,789
×9 年底	$177,789	43.77%	$77,789*	$100,000

* 因機器使用最後一年之期末帳面金額需等於估計殘值，故需調整最末期之折舊費用。

(3) 倍數餘額遞減法

折舊率 = 1/4×2 = 50%

年度	期初帳面金額	折舊率	折舊費用	期末帳面金額
×6年初	$1,000,000			$1,000,000
×6年底	$1,000,000	50%	$500,000	$500,000
×7年底	$500,000	50%	$250,000	$250,000
×8年底	$250,000	50%	$125,000	$125,000
×9年底	$125,000	50%	$25,000*	$100,000

* 因機器使用最後一年之期末帳面金額需等於估計殘值,故需調整最末期之折舊費用。

7.3.2.3 特殊折舊法

本節介紹之特殊折舊法,皆係基於簡化帳務處理與重大性原則之情況下,企業所採用之折舊估計方法,若 (1) 特殊折舊法,與 (2) 標準折舊方法 (依照實際資產未來經濟效益的使用型態,將資產之可折舊金額分攤於耐用年限內) 二種方法所計算之折舊金額有重大差異且對財務報表有重大影響時,原則上,企業不應採用特殊折舊法。

1. 集體折舊法

集體折舊法
係將數個資產組合成單一群組,並以單一群組方式整體一次提列折舊,不針對單一個別資產提列與記錄折舊。

集體折舊法 (Group Depreciation) 係將相同種類之資產組合起來,視為單一資產,將各資產之取得成本與每年需攤銷之折舊費用分別累加後,計算該組合累加之折舊費用占總取得成本之比率即為平均折舊率,再採用平均折舊率乘以組合資產之總成本計算折舊費用,換言之,將數個資產組合成單一群組,並以單一群組方式整體一次提列折舊,不針對單一個別資產提列與記錄折舊。例如:經典公司於 ×8 年初購入 5 台相同的生產機器,每台機器的成本為 $250,000,估計可使用 4 年,殘值為 $20,000,按直線法集體提列折舊。×9 年初經典公司出售其中一台機器,收得價款為 $230,000。

折舊費用計算如下:

取得總成本 = $250,000 × 5 = $1,250,000

折舊費用 = ($250,000 − $20,000) ÷ 4 × 5 = $287,500

平均折舊率 = $287,500 ÷ $1,250,000 = 23%

×8 年折舊費用 = $1,250,000 × 23% = $287,500

×9 年折舊費用 = ($1,250,000 − $250,000) × 23% = $230,000

處分資產組合中之部分資產時，不計算處分損益，而以成本與處分價款之差額直接沖銷累計折舊，也無須重新計算平均折舊率。惟當處分資產組合中之所有資產時，則仍須認列資產處分損益。

IFRS 一點通

IASB 於 2014 年 5 月公告釐清 IAS 16 有關折舊方法之規定：

不動產、廠房及設備不宜以收入基礎法提列折舊，因該收入是反映企業整體營運的經濟效益，並非是對某資產之預期未來經濟效益，且有許多其他因素會影響收入，不是所有因素都與資產使用或消耗方式有關，如其他投入及流程、銷售活動、銷售量及價格之改變等，故收入並不是適當的提列基礎。

例如：甲公司於 20×1 年初購買一棟建築作為擴大產能之用，其取得成本為 $2,000,000，估計無殘值，耐用年限為 5 年，依據下列資訊分別依收入基礎法及直線法計算 20×1 年之折舊費用：

	20×1	20×2	20×3	20×4	20×5
收入	$2,000,000	$3,000,000	$4,000,000	$5,000,000	$6,000,000

(1) 收入基礎法

年度	折舊基礎	折舊率	折舊費用
20×1	$2,000,000	2/20	$200,000
20×2	$2,000,000	3/20	$300,000
20×3	$2,000,000	4/20	$400,000
20×4	$2,000,000	5/20	$500,000
20×5	$2,000,000	6/20	$600,000

(2) 直線法

年度	折舊基礎	折舊率	折舊費用
20×1	$2,000,000	1/5	$400,000
20×2	$2,000,000	1/5	$400,000
20×3	$2,000,000	1/5	$400,000
20×4	$2,000,000	1/5	$400,000
20×5	$2,000,000	1/5	$400,000

由上例可看出收入基礎法與直線法折舊費用之差異。

釋例 7-16　集體折舊法

臺大公司×2年1月1日購買10輛公務車，每輛車成本$20,000，使用年限3年，殘值$5,000。×4年1月1日出售3輛車，總售價$24,000；×5年1月1日處分剩餘7輛車，總售價$40,000。假設臺大公司此段期間未再買進任何公務車，採用集體折舊法提列折舊，試作相關日期之會計分錄。

解析

折舊 = ($20,000 − $5,000) ÷ 3 × 10 = $50,000
平均折舊率 = $50,000 ÷ $200,000 = 25%

×2/1/1 購買10輛公務車

汽車	200,000	
現金		200,000

×2/12/31 及 ×3/12/31 提列折舊

折舊	50,000	
累計折舊—汽車		50,000

×4/1/1 出售3輛車

現金	24,000	
累計折舊—汽車	36,000	
汽車		60,000

×4/12/31 提列折舊 ($200,000 − $60,000) × 25% = $35,000

折舊	35,000	
累計折舊—汽車		35,000

×5/1/1 處分剩餘7輛車

現金	40,000	
累計折舊—汽車	99,000	
汽車處分損失	1,000	
汽車		140,000

2. 複合折舊法

　　複合折舊法 (Composite Depreciation) 之觀念與會計處理，皆與集體折舊法類似，主要差異為將不同種類之**關聯性資產**組合起來，視為單一資產，並將各資產之取得成本與每年需攤銷之折舊費用分

別累加後,計算該組合之平均折舊率,再採用平均折舊率計算折舊費用。若資產組合改變,則需重新計算平均折舊率。例如,甲公司購買生產設備、運輸設備與冷藏設備,以複合折舊法計提折舊,相關成本、殘值與耐用年限如下,其平均折舊率為 $76,250 ÷ $500,000 = 15.25%。

	原始成本	估計殘值	折舊基礎	估計耐用年限	折舊費用
生產設備	$150,000	$25,000	$125,000	4	$31,250
運輸設備	250,000	50,000	200,000	10	20,000
冷藏設備	100,000	0	100,000	4	25,000
合計	$500,000	$75,000	$425,000		$76,250

釋例 7-17　複合折舊法

鼎漢公司於 ×1 年初買入甲、乙、丙三項資產各 100 個,購入總成本為 $1,020,000,已知購買日甲資產市價為 $285,000、乙資產市價為 $360,000、丙資產市價為 $555,000。鼎漢公司估計甲資產可使用 5 年、無殘值,乙資產可使用 4 年、所有乙資產之總殘值為 $40,000,丙資產可使用 5 年、所有丙資產之總殘值為 $26,500。為了簡化會計處理,鼎漢公司將三項資產視為同一組合 (資產 A),採複合折舊直線法提列折舊。在 ×2 年初時,又將新買入丁資產 50 個加入資產 A 中,丁資產取得成本為 $820,000,估計可使用 6 年、所有丁資產之總殘值為 $56,800。

試作:(1) ×1、×2 年之折舊費用;(2) 若鼎漢公司在 ×3 年初將甲資產全數出售,取得價款 $150,000,×3 年之出售分錄及折舊費用;(3) 若鼎漢公司在 ×3 年初將甲資產出售 2 個,取得價款 $3,000,×3 年之出售分錄及折舊費用。

解析

(1) ×1 年:

資產	市價	比例	成本	殘值	使用年限	折舊費用
甲	$ 285,000	285/1200	$ 242,250	$ 0	5	$ 48,450
乙	360,000	360/1200	306,000	40,000	4	66,500
丙	555,000	555/1200	471,750	26,500	5	89,050
總計	$1,200,000		$1,020,000			$204,000

折舊率 = $204,000 ÷ $1,020,000 = 20\%$

×1 年折舊費用 = $1,020,000 × 20\% = $204,000

×2 年折舊率 $= \dfrac{\$204,000 + (\$820,000 - \$56,800) \div 6}{\$1,020,000 + \$820,000}$

$= (\$204,000 + \$127,200) \div \$1,840,000 = 18\%$

×2 年折舊費用 = $1,840,000 × 18\% = $331,200

(2) ×3 年分錄為：

現金	150,000	
累計折舊—資產 A	92,250	
資產 A		242,250

×3 年折舊率 = ($66,500 + 89,050 + 127,200) ÷ ($1,840,000 − $242,250)

　　　　　 = $282,750 ÷ 1,597,750 = 17.7\%

×3 年折舊費用 = ($1,840,000 − $242,250) ×17.7\% = $282,802

(3) ×3 年分錄為：

現金	3,000	
累計折舊—資產 A	1,845	
資產 A		4,845

×3 年折舊率因資產組合無重大改變，無須重新計算

×3 年折舊費用 = ($1,840,000 − $4,845) ×18\% = $330,328

3. 報廢法

採用**報廢法** (Retirement Method) 之企業，平時不提折舊，直到資產報廢時，再把原成本與殘值之差額轉為折舊費用。例如：方遠電話公司所出租的電話機數量龐大，×1 年初電話機帳面金額為 $1,000,000，×1 年 7 月時，報廢部分電話機，其原始成本為 $450,000，殘值為 $50,000，而方遠電話公司在 ×1 年度中共花費 $600,000 購買新的電話機。若採報廢法認列折舊費用，其相關分錄如下：

(1) ×1 年 7 月，報廢部分電話機

折舊費用	400,000	
現金	50,000	
電話機		450,000

(2) ×1 年 $600,000 購買新的電話機

電話機	600,000	
現金		600,000

4. 重置法

採**重置法** (Replacement Method) 之企業，平時不提折舊，直到資產報廢時，以新資產成本扣除舊資產殘值之餘額列為折舊費用。例如：方遠電話公司所出租的電話機數量龐大，×1 年初電話機帳面金額為 $1,000,000，×1 年 7 月時，報廢部分電話機，其原始成本為 $450,000，殘值為 $50,000，而方遠電話公司在 ×1 年度中共花費 $600,000 購買新的電話機。若採重置法認列折舊費用，其相關分錄如下：

折舊費用	550,000*	
現金		550,000

* $600,000 − $50,000 = $550,000

釋例 7-18　重置法及報廢法

半島公司在作業上需採用許多同性質的小工具。×1 年 1 月 1 日購入此類工具 1,500 個，每個成本 $3。×1 年 12 月 31 日報廢出售 150 個，計獲款 $100，並同時以每個 $4 重置。×2 年 12 月 31 日報廢出售 450 個，計獲款 $400，並同時以每個 $4.5 重置。

試作：分別以 (1) 報廢法、(2) 重置法列示上述所有相關分錄。

解析

	(1) 報廢法 (FIFO)			(2) 重置法 (LIFO)		
×1/1/1	工具	4,500		工具	4,500	
	現金		4,500	現金		4,500
×1/12/31	現金	100		折舊費用	500*	
	折舊費用	350		現金		500
	工具		450	*150 × $4 − $100		
	工具	600				
	現金		600			
×2/12/31	現金	400		折舊費用	1,625*	
	折舊費用	950		現金		1,625
	工具		1,350	*450 × $4.5 − $400		
	工具	2,025				
	現金		2,025			

* 本例之報廢法係以類似存貨之先進先出法作假設，處理報廢資產的金額。

盤存法
特別適用於小額且大量之資產項目,如碗盤等。

5. 盤存法

盤存法 (Inventory Method) 特別適用於小額且大量之資產項目,如碗盤等。於期末對手存資產實地加以盤點,並估計其重置成本,作為期末帳面金額。期初與期末帳面金額之差額,即為當年度折舊費用。例如:如新餐廳因餐具使用年數估計不易,故採盤存法提列折舊,×1年底期末餘額為 $200,000,×2年以現金購入餐具 $250,000,×2年底盤點庫存餐具估計價值為 $360,000。則相關分錄如下:

(1) ×2 年以現金購入餐具

餐具	250,000	
現金		250,000

(2) 認列折舊費用

折舊費用	90,000*	
餐具		90,000

*$200,000 + $250,000 − $360,000 = $90,000

7.3.3 折舊其他議題

1. 不滿一年折舊費用之計算

不滿一年折舊費用之計算得以「年」或「月」作為計算折舊之單位,亦可於購置與處分資產年度均提半年折舊(不論於何時購置或處分)。然而,實務上以一完整月份為單位者較為普遍。

釋例 7-19　完整月份計算折舊費用

和威公司在 ×5 年 7 月初以 $1,000,000 購入一輛汽車,估計可使用 4 年,殘值為 $100,000,採年數合計法提列折舊。則該汽車自購入後每年應提列之折舊費用計算如下:

使用期間	折舊基礎	折舊率	折舊費用
第一年	$900,000	4/10	$360,000
第二年	$900,000	3/10	$270,000
第三年	$900,000	2/10	$180,000
第四年	$900,000	1/10	$90,000

解析

各年度應提列之折舊費用為：

×5 年　$360,000 × 6/12 = $180,000

×6 年　($360,000 × 6/12) + ($270,000 × 6/12) = $315,000

×7 年　($270,000 × 6/12) + ($180,000 × 6/12) = $225,000

×8 年　($180,000 × 6/12) + ($90,000 × 6/12) = $135,000

×9 年　$90,000 × 6/12 = $45,000

2. 估計變動

資產耐用年限、折舊方法及殘值之估計，可能因未預期情況之發生，而加以修正，屬於會計估計變動，因此不必調整前期損益，而應將未折舊之餘額，改按新估計的剩餘使用年限、折舊方法及殘值計提折舊。企業至少應於每一年度結束日對資產之折舊方法、殘值及耐用年限進行檢視，以上有關估計變動依 IAS 8 規定處理。例如：花蓮公司於 ×6 年初購置機器一部，成本為 $1,200,000，估計可使用 10 年，殘值為 $30,000，採直線法提列折舊。於 ×9 年初發現該機器只能再使用 3 年，且期末無殘值，則花蓮公司之會計處理為：

> 資產耐用年限、折舊方法及殘值之估計，可能因未預期情況之發生，而加以修正，屬於會計估計變動，不必調整前期損益，亦不計算累積影響數。

因屬會計估計變動，故不調整以前各期折舊費用，亦不計算累積影響數。

計算自 ×9 年後應提列之折舊費用：

按舊估計每年應提列之折舊費用 = ($1,200,000 − $30,000) ÷ 10

= $117,000

在 ×9 年初機器之帳面金額 = $1,200,000 − ($117,000 × 3)

= $849,000

按新估計每年應提列之折舊費用 = ($849,000 − 0) ÷ 3

= $283,000

釋例 7-20　折舊方法改變

常方公司於×1年4月初購入一台生產機器，購價為 $1,785,714，另支付運費 $1,500，及試俥費用 $6,500。廠商為了及早取得貨款，約定若交貨時常方公司即支付貨款，則給予購價的 2% 作為折扣，但常方公司因資金調度不及，無法取得折扣。當機器運到時，因常方公司內員工的疏忽造成機器損壞，使得常方公司需支付 $15,000 以修護機器。常方公司估計該機器可使用 6 年，殘值為 $150,000，採直線法提列折舊，但於×3年初評估機器的使用情況後，決定自×3年起改採倍數餘額遞減法，估計可再使用 4 年，殘值為 $125,000。試求該機器於×1至×6年度需提列之折舊費用。(請四捨五入取整數)

解析

機器取得成本 = $1,785,714 × (1 − 2%) + $1,500 + $6,500 = $1,758,000

折舊基礎 = $1,758,000 − $150,000 = $1,608,000

每一年度應提列之折舊費用 = $1,608,000 ÷ 6 = $268,000

×1年折舊費用 = $268,000 × 9/12 = $201,000

×2年折舊費用 = $268,000

×3年初機器之帳面金額 = $1,758,000 − $201,000 − $268,000 = $1,289,000

折舊率 = 1 ÷ 4 × 2 = 50%

×3年折舊費用 = $1,289,000 × 50% = $644,500

×4年折舊費用 = ($1,289,000 − $644,500) × 50% = $322,250

×5年折舊費用 = ($1,289,000 − $644,500 − $322,250) × 50% = $161,125

×6年折舊費用 = $1,289,000 − $644,500 − $322,250 − $161,125 − $125,000 = $36,125

7.4　遞耗資產與折耗

7.4.1　遞耗資產

學習目標 4
了解遞耗資產之定義、折耗之觀念及方法、探勘成本會計處理，以及探勘及評估資產的意義與相關會計處理。

遞耗資產 (depletable assets) 又稱為**消耗性資產** (wasting assets, decaying assets)，係指如森林、礦藏、天然氣及油田等**自然資源** (natural resource)，其資源與蘊藏量將隨著砍伐、採掘或利用而逐漸耗竭與消耗，其價值也隨著資源儲存量的消耗而減少，以致無法重置、恢復或難以更新資源。

不動產、廠房及設備──購置、折舊、折耗與除列

遞耗資產屬長期之非流動資產，取得時應按資產之成本衡量，遞耗資產之價值取決於其本身資產之質量，如礦藏的儲藏量、礦質與成分等。遞耗資產最重要之特性為經採伐與開發而逐漸減少，開採後，遞耗資產成本隨著資源逐漸消耗，因此，企業應將此已消耗之成本予以轉銷，會計上將此種依合理方法攤銷成本的過程稱為**折耗** (depletion)；遞耗資產之折耗通常直接轉為流動資產中的存貨或由遞耗資產轉為折耗費用。

遞耗資產
遞耗資產通常無法透過重置恢復其價值。

7.4.2 探勘及評估資產

7.4.2.1 探勘及評估支出之範圍

礦產資源探勘及評估活動 (Exploration for and Evaluation of Mineral Resources)，係指企業在取得法定探勘權利以後的活動，且是在探勘技術達到可行性與資源開採的商業價值可行性被證實之前的活動。換言之，只有企業在礦產實際開始進行探勘活動期間的支出，才屬礦產資源探勘及評估支出 (詳見圖 7-3)。

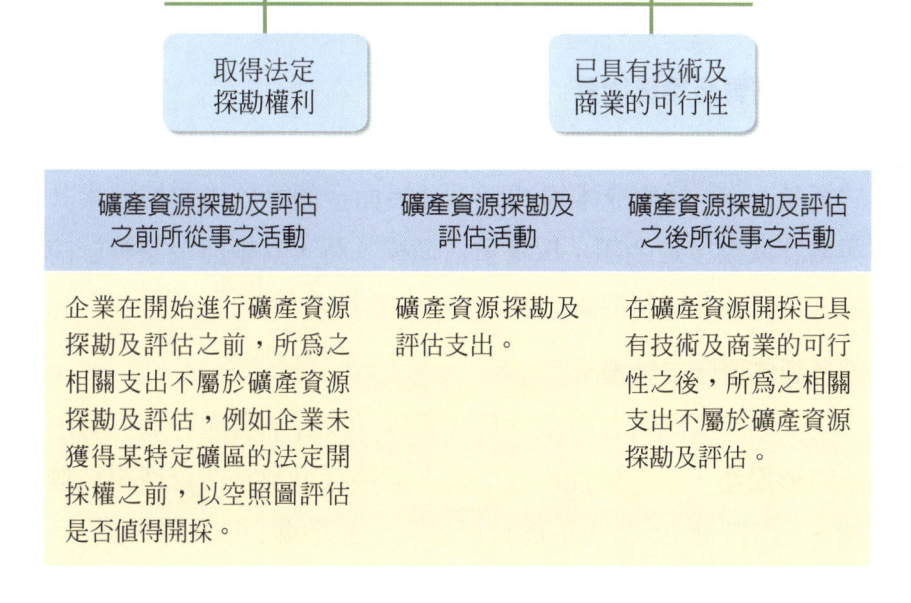

```
                    礦產資源探勘及評估活動
                    ┌──────────┴──────────┐
                取得法定              已具有技術及
                探勘權利              商業的可行性
```

礦產資源探勘及評估之前所從事之活動	礦產資源探勘及評估活動	礦產資源探勘及評估之後所從事之活動
企業在開始進行礦產資源探勘及評估之前，所為之相關支出不屬於礦產資源探勘及評估，例如企業未獲得某特定礦區的法定開採權之前，以空照圖評估是否值得開採。	礦產資源探勘及評估支出。	在礦產資源開採已具有技術及商業的可行性之後，所為之相關支出不屬於礦產資源探勘及評估。

圖 7-3　礦產資源探勘及評估活動

7.4.2.2　探勘及評估資產之衡量與表達

探勘及評估資產原始認列時應按成本衡量。

探勘及評估資產原始認列時應按成本衡量。有關探勘及評估資產成本之要素，企業應訂定明確規範何項支出認列為探勘及評估資產之會計政策，並一致採用該政策。企業訂定會計政策時，應考量支出與發現特定礦產資源之關聯程度。以下列舉可能包含於探勘及評估資產之支出(但不以此為限)：

- 探礦權之取得
- 地形、地質、地球化學及地球物理之調查
- 探勘鑽孔
- 溝渠開挖
- 採樣
- 評估礦產資源開採之技術可行性及商業價值之相關作業

移除與復原義務

依國際會計準則第 37 號「準備、或有負債及或有資產」之規定，企業應認列因從事礦產資源探勘及評估而於特定期間產生之**移除**與**復原**義務。資源的探勘及評估過程，必然會對於環境造成一定程度的影響甚至是破壞，因此相關的移除和復原環境義務中，無法避免的支出須認列負債義務。相關會計處理請參閱第 11 章之說明。

探勘及評估資產續後衡量

探勘及評估資產於原始認列後，企業應採用成本模式或重估價模式衡量之。[3] 採用成本模式時，其帳面金額等於成本扣減累計折舊與累計減損後之金額；採用重估價模式時，其帳面金額等於前次重估價日之公允價值扣減後續之累計折舊與累計減損後之金額。

探勘及評估資產之表達

企業應依所取得資產之性質，將探勘及評估資產分類為**有形資產**或**無形資產**，並一致採用該分類。某些探勘及評估資產視為無形資產(如鑽探權)，某些視為有形資產(如運輸工具及鑽探機)；若

---

[3] 由於同一資產分類之項目採用重估價模式，則屬於該類別之項目均應重估價，故採用重估價模式者，應與其資產之分類一致。請參閱第 8 章之介紹。

有形資產之耗用係為發展無形資產，則反映此耗用之金額係屬該無形資產之成本；但使用有形資產以發展無形資產並未將有形資產變為無形資產。

有形資產可能係用以發展無形資產。例如便攜式鑽探機可能用以鑽探測試井或礦樣，其無疑係探勘活動之一部分。就有形資產於無形資產發展中耗用之部分而言，其反映耗用之金額係無形資產成本之一部分。然而，使用鑽探機發展無形資產並不會使有形資產變為無形資產。雖然 IASB 尚未決定是否或如何將探勘及評估資產分類為有形或無形，但決議企業應依探勘及評估資產要素之性質將其分類為有形或無形，並一致採用該分類。

探勘及評估資產之重分類

礦產資源開採已達技術可行性，且商業價值得到證明後，相關探勘及評估資產不得再維持原分類，而應按照其性質分類為天然資源或其他項目；探勘及評估資產於重分類前，企業應評估其減損及應認列之減損損失。

> 探勘及評估資產依資產之性質可分類為有形資產或無形資產，並一致採用該分類。

7.4.3　折耗方法

遞耗資產的折耗之計算方法，可分為成本折耗法及百分比折耗法 (又稱法定折耗法，詳見附錄 B 說明)。

7.4.3.1　成本折耗法

成本折耗法 (Cost Depletion) 係以遞耗資產總成本扣減殘值後之金額，除以估計可採掘之總數量 (如噸、桶等)，以算出單位產品的折耗費用，又稱「預計單位折耗額」；然後依各該期實際採掘數量乘以預計單位折耗額，計算每期的應計折耗費用 (耗竭額)。遞耗性資產之總成本為計算折耗之基礎，此總成本包括**取得成本** (Acquisition Cost)、**探勘成本** (Exploration Cost)、**開發成本** (Development Cost) 及**復原成本** (Restoration Cost) 等之合計數。遞耗資產之各種開發成本，如鑽鑿油井、開礦除土、構築礦穴支柱等費用，應另入帳並分期攤折；若該礦場天然資源耗竭，但土地仍有價值者，其土地價值，亦應另入帳。折耗費用相關公式如下：

總成本 ＝ 取得成本＋探勘成本＋開發成本＋復原成本

每單位折耗成本(費用)
　＝(總成本－殘值)÷估計可採掘之數量單位

折耗費用 ＝ 每單位折耗成本 × 實際採掘數量

折耗之會計處理如下，若借記折耗費用，則期末應將屬於未出售礦藏部分之折耗費用轉為存貨；若借記存貨，則出售時即轉為銷貨成本。

折耗費用(或存貨)	×××	
累計折耗(或天然資源)		×××

> 過去已計提之折耗，不能因新發現礦藏而有所更動。

若估計之開採量或開發成本有變動，應以當時之帳面金額與估計殘值，重新計算折耗率。過去已計提之折耗，不能因新發現礦藏而有所更動。

釋例 7-21　成本折耗法

臺大公司×1年1月1日以$3,000,000購買一塊含有礦產之土地，如無礦產，該土地之價值係為$500,000；×1年2月1日聘請專家探勘礦產，共支付$500,000，支付$1,000,000購買開採礦產之設備，估計耐用年限4年且無殘值。另外，支付礦產隧道等無形開發成本$6,500,000，預估礦產開採完畢時，無殘值且另須支付回復成本$500,000。臺大公司預計可開採礦產1,000,000單位，×1年實際開採10,000單位之礦產。

試作：臺大公司每單位礦產之折耗金額，並作×1年之折耗分錄。

解析

土地與開採礦產之設備應分別認列，設備須另提列折舊，折舊金額亦應納入存貨成本。例如：開採礦產之設備第一年提列$250,000 (＝$1,000,000÷4)之折舊，分錄如下：

存貨	250,000	
累計折舊		250,000

總成本 ＝ 取得成本＋探勘成本＋開發成本＋復原成本
　　　 ＝ ($3,000,000 － $500,000) ＋ $500,000 ＋ $6,500,000 ＋ $500,000
　　　 ＝ $10,000,000

每單位礦產之折耗金額 ＝ $10,000,000 ÷ 1,000,000 ＝ $10

×1 年折耗費用 = $10 × 10,000 = $100,000

×1 年折耗分錄：

存貨	100,000	
累計折耗—礦產		100,000

釋例 7-22　成本折耗法（估計變動）

德敏公司於 ×8 年間取得一塊含礦藏之土地。依據合約規定，德敏公司在開採完後，須將土地改為適合休閒使用的狀況。該公司預估土地有 2,500,000 噸之資源，且整地後土地將有 $500,000 的價值。其他相關成本如下：

取得成本	$1,000,000
探勘成本	$2,350,000
開發成本	$1,150,000
估計復原整地成本	$750,000

試作：
(1) 若該公司不留資源存貨，則每一噸開採出的礦藏應分擔多少折耗費用？
(2) 若 ×9 年初發現總開發成本應為 $1,574,000，×8、×9 年之開採量分別為 380,000 噸及 714,000 噸，其他條件均不變，請作 ×9 年之折耗分錄。

解析

(1) 每單位礦產之折耗金額 =（總成本－殘值）÷ 預估礦藏數量
　　[($1,000,000 + $2,350,000 + $1,150,000 + $750,000) － $500,000] ÷ 2,500,000
　　=（$5,250,000 － $500,000）÷ 2,500,000
　　= $1.9 / 噸

(2) 原 ×8 年底之帳面金額：$5,250,000 －（$1.9 × 380,000）= $4,528,000
　　估計總開發成本變動金額 = $1,574,000 － $1,150,000 = $ 424,000

　　新每單位礦產之折耗金額（折耗率）：

　　($4,528,000 + $424,000 － $500,000) ÷ (2,500,000 － 380,000) = $2.1 / 噸
　　$2.1 × 714,000 = $1,499,400

折耗費用（或存貨）	1,499,400	
累計折耗（或礦藏）		1,499,400

7.4.4 探勘成本會計處理

探勘成本會計處理，一直存在二種不同之爭論觀點：全部成本法與探勘成功法，目前二種方法實務上皆可採用。

1. 全部成本法 (Full-Costing Method)

係將所有探勘成本均予以資本化作為礦藏之成本，不論該筆探勘支出未來是否能有實際產出價值，即探勘成功與失敗之成本皆可認列為資產。支持此觀點者認為探勘失敗之成本亦為整體探勘過程之必要成本，故資本化作為礦藏之成本。

2. 探勘成功法 (Successful-Efforts Method)

係僅將有實際產出之礦藏的探勘成本予以資本化，作為資產；未來沒有實際產出礦藏的探勘成本則列為費用，換言之，僅探勘成功之成本可認列為資產。支持此觀點者認為探勘失敗之成本代表已無具有未來經濟效益，故探勘失敗之成本不應資本化作為礦藏之成本。

釋例 7-23　全部成本法與探勘成功法

文山公司 ×8 年探勘油井發生下列支出：

油井甲	$350,000	油井丁	$270,000
油井乙	$250,000	油井戊	$340,000
油井丙	$180,000		

其中丙、丁二座油井已確定無開採價值，而甲、乙、戊則確定有礦產可開採，預計油井甲可開採 1,400,000 噸，油井乙可開採 540,000 噸，油井戊可開採 1,700,000 噸；當開採完畢，三座油井共需花費 $352,000 將土地恢復原狀，爾後將土地出售可得 $286,000。×8 年共開採 1,523,000 噸，售出 1,200,000 噸；×9 年共開採 1,829,000 噸，售出 1,586,000 噸。此外，文山公司在 ×9 年初另增加支出 $33,660，估計蘊藏量可再增加 200,000 噸。若文山公司將 ×8 年度探勘的油井視為同一資產，存貨流動採先進先出法以計算期末存貨成本。

試作：
(1) 以探勘成功法作 ×8 年度探勘成本有關分錄。
(2) 以全部成本法作 ×8 年度探勘成本有關分錄。
(3) 若文山公司採全部成本法入帳，請作 ×8、×9 年折耗分錄並求出 ×8、×9 年之銷

貨成本。

解析

(1) 探勘成功法

資本化之成本 = $350,000 + $250,000 + $340,000 = $940,000（甲、乙、戊）

探勘費用 = $180,000 + $270,000 = $450,000（丙、丁）

油礦資源	940,000	
探勘費用	450,000	
現金（應付帳款）		1,390,000

(2) 全部成本法

油礦資源	1,390,000	
現金（應付帳款）		1,390,000

(3) 採全部成本法

×8年度：

每單位折耗費用 = $\dfrac{\$1,390,000 - \$286,000 + \$352,000}{1,400,000 + 540,000 + 1,700,000}$ = $0.4

折耗費用 = $0.4 × 1,523,000 = $609,200

銷貨成本 = $0.4 × 1,200,000 = $480,000

期末存貨數量 = 1,523,000 - 1,200,000 = 323,000 噸

分錄為：

存貨（折耗費用）	609,200	
累計折耗（油礦資源）		609,200

×9年度：

每單位折耗費用 = $\dfrac{\$1,390,000 - \$286,000 + \$352,000 - \$609,200 + \$33,660}{1,400,000 + 540,000 + 1,700,000 - 1,523,000 + 200,000}$ = $0.38

折耗費用 = $0.38 × 1,829,000 = $695,020

銷貨成本 = ($0.4 × 323,000) + [$0.38 × (1,586,000 - 323,000)] = $609,140

期末存貨數量 = 1,829,000 + 323,000 - 1,586,000 = 566,000 噸

分錄為：

存貨（折耗費用）	695,020	
累計折耗（油礦資源）		695,020

7.5 後續支出之會計處理

學習目標 5
了解不動產、廠房及設備後續支出之會計處理。

後續支出可區分為維持支出與增益支出，可是某些支出卻同時具有兩種性質。不論是後續支出與原始支出，IAS 16 皆使用相同之認列原則：若符合資本化的條件，則可認列為資產；若後續支出符合具有增加未來經濟效益(如耐用年限的大幅增加)，且具有重大性時，則應認列為資產。

維修

維修只是維持未來經濟效益，發生時認列為費用。

企業**日常之維修成本** (day-to-day servicing costs)，主要為保養或修理時的人工成本及消耗品成本，亦可能包括小零件之替換成本，因其只是維持未來經濟效益，不應認列於不動產、廠房及設備，而是在成本發生時認列為費用，例如客運公司為顧客安全及衛生，每3個月更換座椅頭套，或為維持客車正常運作，每年入廠之一般檢修等，皆應於支出時認列為費用。

重置

不動產、廠房及設備項目部分重置之成本認列為資產之帳面金額，同時應除列被重置部分之帳面金額。

不動產、廠房及設備經使用數年後，常對其部分組成成分予以**重置** (replacement)，例如：熔爐設備可能須於使用特定時數後更新防火內襯，或飛機之內裝(如座位及廚房)於機身之耐用年限內可能須重置數次。不動產、廠房及設備項目也可能須作頻率不高之例行性重置(如更換建築物之內牆)或作非例行性之重置。

不動產、廠房及設備項目部分重置之成本認列為資產之帳面金額，同時應除列被重置部分之帳面金額，以免將該重置與被重置部分均認列為資產。不論企業是否對該被重置部分單獨提列折舊，均應除列被重置部分。若無法決定被替換部分帳面金額，得以替換部分的成本作為被替換部分的成本。

重大檢查

在資產的使用年限期間內，定期性的主要檢驗支出，例如：飛機或設備之定期**重大檢查** (major inspection)，若符合資產的認列條件時，應將其視為重置，認列為不動產、廠房及設備，同時應除列被重置部分。任何先前發生之檢查成本，不論先前之檢查成本是否於不動產、廠房及設備項目取得或建造交易中已被個別辨認，其剩餘帳面金額應予以除列。若有必要，未來發生類似檢查之估計成本，

可作為該項目取得或建造時已內含之檢查部分成本之參考。

購買不動產、廠房及設備時，若檢查成本不符合 IAS 16 所規定之認列條件，應將檢查成本認列為費用；若檢查成本符合 IAS 16 所規定之認列條件，則檢查成本應認列為不動產、廠房及設備，相關檢查成本之會計處理可區分為以下四種情況：

1. 檢查成本係屬重大且可被個別辨認

不動產、廠房及設備項目每一部分之成本相對於該項目之總成本係屬重大時，每一部分應單獨提列折舊。因此，在購入不動產、廠房及設備後，該檢查成本應單獨提折舊，並於重置時予以除列。

2. 檢查成本係屬重大但無法被個別辨認

企業應估計該重大檢查成本之金額(無客觀資料時，可聘請專家協助)，並於購入不動產、廠房及設備後，將重大檢查成本單獨提列折舊，未來重置時予以除列。

3. 檢查成本非屬重大且可被個別辨認

檢查成本非屬重大，無須個別辨認，亦無須單獨提列折舊。但在重置時，任何先前發生之檢查成本，其剩餘帳面金額應予以

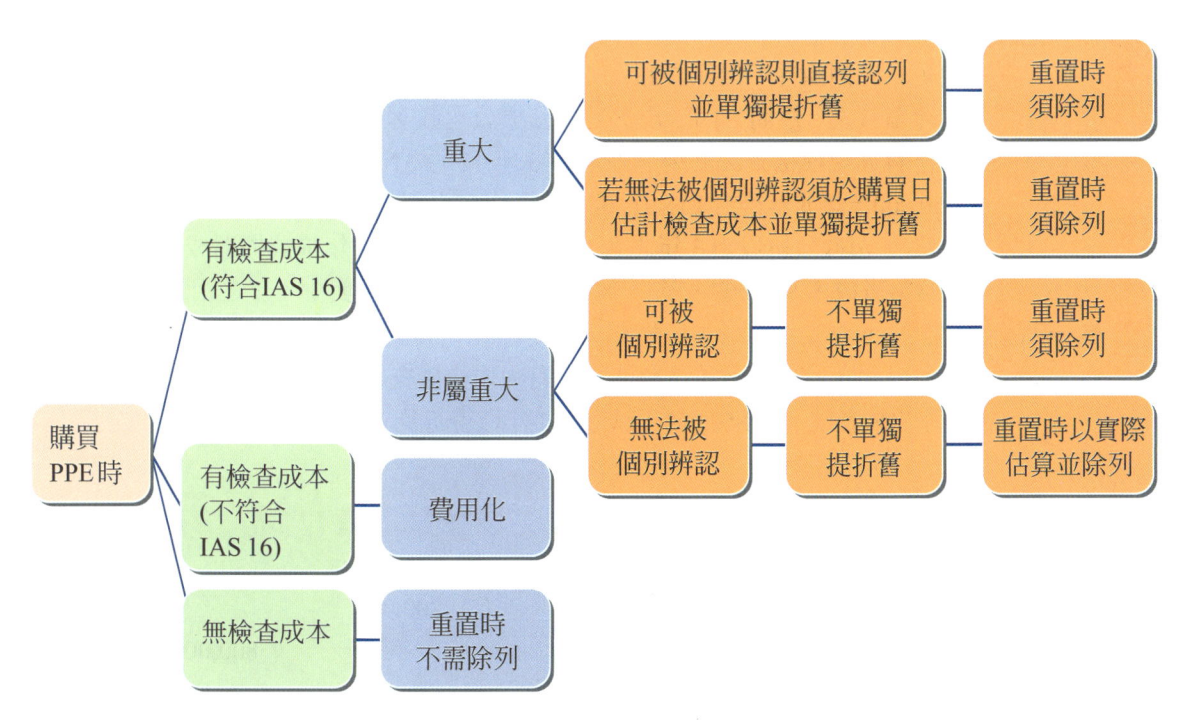

圖 7.4　重大檢查成本之認列

除列。

4. 檢查成本非屬重大且無法被個別辨認

檢查成本非屬重大,無須個別辨認,亦無須單獨提列折舊。於未來發生檢查成本時,推估內含檢查成本之金額,並於重置時予以除列。

釋例 7-24　重大檢查成本已於不動產、廠房及設備取得交易中被個別辨認

宏機公司於 ×1 年 1 月 1 日購買一台設備作為生產之用,購買成本 $800,000,且假設認列後之衡量採成本模式,該機器之估計耐用年限為 8 年,採直線法提列折舊,估計殘值為零。此外,基於政府之安全法規,須每 5 年進行一次大規模安檢。然而,×3 年法規修改為須每 3 年進行一次安全檢查,宏機公司於 ×3 年 12 月 31 日實際發生之檢查成本為 $50,000,該成本符合 IAS 16 第 7 段所規定之認列條件,試問:

情況一　宏機公司於 ×1 年 1 月 1 日購買設備時,可個別辨認內含安裝時之重大檢查成本 $40,000,且該成本符合 IAS 16 第 7 段所規定之認列條件且係屬重大,試作 ×1 年、×3 年與 ×4 年之與此設備相關分錄

情況二　宏機公司於 ×1 年 1 月 1 日購買設備時有檢查成本,該成本符合 IAS 16 第 7 段所規定之認列條件且係屬重大,但無客觀資料可個別辨認內含之重大檢查成本,經專家協助評估該檢查成本之金額為 $30,000。試作 ×1 年取得、×3 年與 ×4 年之相關分錄。

情況三　宏機公司於 ×1 年 1 月 1 日購買機器時有檢查成本,該成本符合 IAS 16 第 7 段所規定之認列條件,但無客觀資料可個別辨認內含之檢查成本,且其檢查成本金額非屬重大。然而,因法規改變,宏機公司於 ×3 年 10 月 1 日經評估認為該機器已有大規模檢查之必要,並於 ×3 年 12 月 31 日實際發生之重大檢查成本為 $50,000,該成本符合 IAS 16 第 7 段所規定之認列條件且係屬重大。因物價指數上漲,宏機公司以 ×3 年之實際檢查成本推估 ×1 年購置機器成本 $800,000 應內含檢查成本 $30,000,試作 ×1 年取得時及 ×3 年與 ×4 年之相關分錄。

情況四　宏機公司於 ×1 年 1 月 1 日購買機器時無任何檢查成本。然而因法規改變,於 ×3 年 10 月 1 日經評估認為該機器已有大規模檢查之必要,×3 年 12 月 31 日實際發生之檢查成本為 $50,000,試作 ×1 年取得時及 ×3 年與 ×4 年之相關分錄。

解析

情況一
×1/1/1　　機器設備　　　　　　　　　　　800,000
　　　　　　　現金(或應付設備款等)　　　　　　　　800,000
將取得機器之成本 $800,000 資本化為不動產、廠房及設備

×1/12/31～×3/12/31			
	折舊費用	8,000	
	累計折舊—機器設備		8,000

認列重大檢查部分之折舊金額 $40,000 ÷ 5 = $8,000

×3/12/31	折舊費用	95,000	
	累計折舊—機器設備		95,000

認列機器部分之折舊金額 ($800,000 − $40,000) ÷ 8 = $95,000

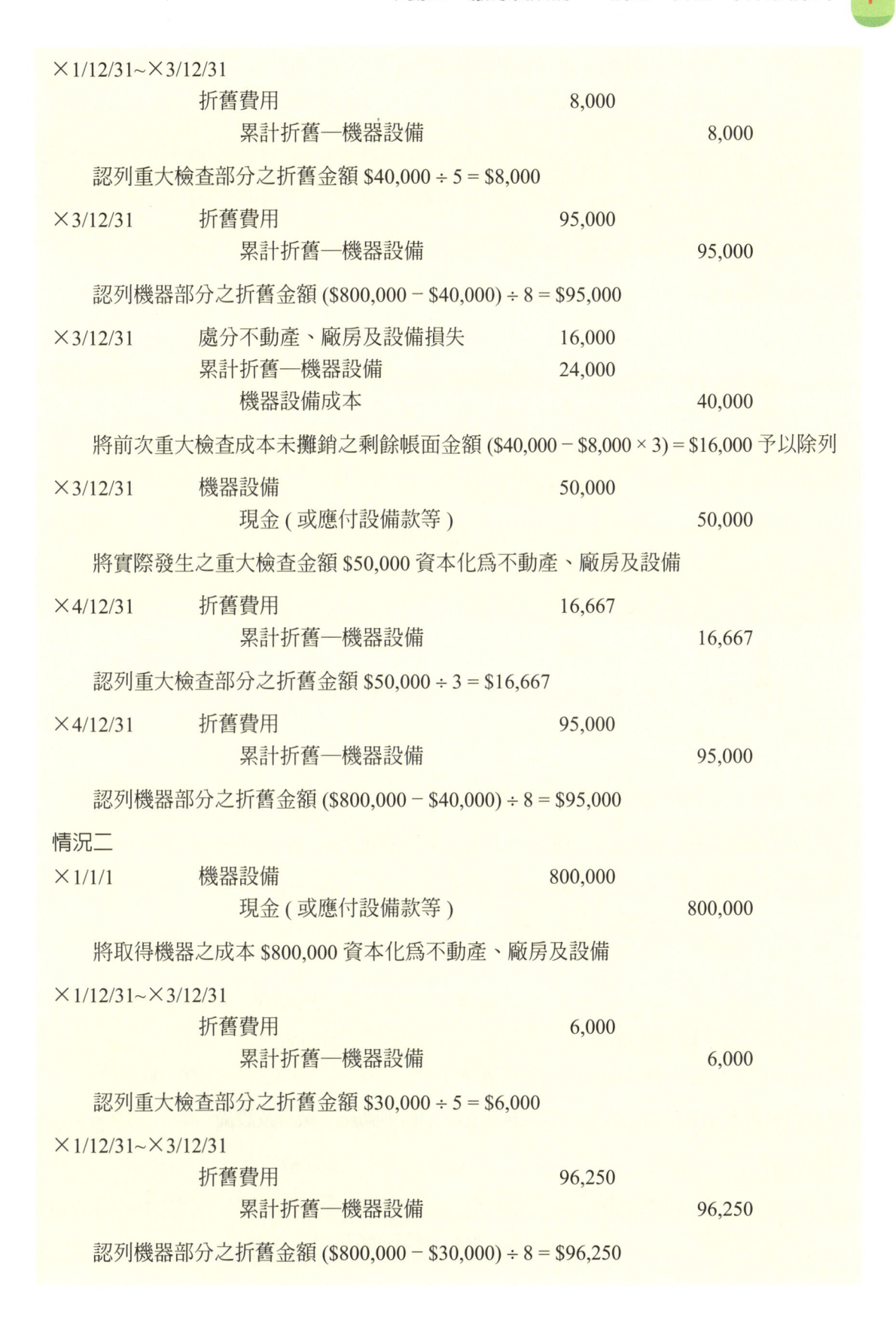

×3/12/31	處分不動產、廠房及設備損失	16,000	
	累計折舊—機器設備	24,000	
	機器設備成本		40,000

將前次重大檢查成本未攤銷之剩餘帳面金額 ($40,000 − $8,000 × 3) = $16,000 予以除列

×3/12/31	機器設備	50,000	
	現金 (或應付設備款等)		50,000

將實際發生之重大檢查金額 $50,000 資本化為不動產、廠房及設備

×4/12/31	折舊費用	16,667	
	累計折舊—機器設備		16,667

認列重大檢查部分之折舊金額 $50,000 ÷ 3 = $16,667

×4/12/31	折舊費用	95,000	
	累計折舊—機器設備		95,000

認列機器部分之折舊金額 ($800,000 − $40,000) ÷ 8 = $95,000

情況二

×1/1/1	機器設備	800,000	
	現金 (或應付設備款等)		800,000

將取得機器之成本 $800,000 資本化為不動產、廠房及設備

×1/12/31～×3/12/31			
	折舊費用	6,000	
	累計折舊—機器設備		6,000

認列重大檢查部分之折舊金額 $30,000 ÷ 5 = $6,000

×1/12/31～×3/12/31			
	折舊費用	96,250	
	累計折舊—機器設備		96,250

認列機器部分之折舊金額 ($800,000 − $30,000) ÷ 8 = $96,250

×3/12/31	處分不動產、廠房及設備損失	12,000	
	累計折舊—機器設備	18,000	
	機器設備成本		30,000

將前次重大檢查成本未攤銷之剩餘帳面金額 ($40,000 − $6,000 × 3) = $12,000 予以除列

×3/12/31	機器設備	50,000	
	現金 (或應付設備款等)		50,000

將實際發生之重大檢查金額 $50,000 資本化為不動產、廠房及設備

×4/12/31	折舊費用	16,667	
	累計折舊—機器設備		16,667

認列重大檢查部分之折舊金額 $50,000 ÷ 3 = $16,667

×4/12/31	折舊費用	96,250	
	累計折舊—機器設備		96,250

認列機器部分之折舊金額 ($800,000 − $30,000) ÷ 8 = $96,250

情況三

×1/1/1	機器設備	800,000	
	現金 (或應付設備款等)		800,000

將取得機器之成本 $800,000 資本化為不動產、廠房及設備

×1/12/31~×3/12/31

	折舊費用	100,000	
	累計折舊—機器設備		100,000

認列機器設備 (含重大檢查成本) 之折舊金額 $800,000 ÷ 8 = $100,000

×3/12/31	處分不動產、廠房及設備損失	18,750	
	累計折舊—機器設備	11,250	
	機器設備成本		30,000

將前次重大檢查成本未攤銷之勝於帳面金額 ($30,000 − 30,000/8 × 3) = $18,750 予以除列

×3/12/31	機器設備	50,000	
	現金 (或應付設備款等)		50,000

將實際發生之重大檢查金額 $50,000 資本化為不動產、廠房及設備

×4/12/31	折舊費用	16,667	
	累計折舊—機器設備		16,667

認列重大檢查部分之折舊金額 $50,000 ÷ 3 = $16,667

×4/12/31	折舊費用	96,250	
	累計折舊—機器設備		96,250

認列機器部分之折舊金額 $(800,000 - $30,000) ÷ 8 = $96,250

情況四

×1/1/1	機器設備	800,000	
	現金(或應付設備款等)		800,000

將取得機器之成本 $800,000 資本化為不動產、廠房及設備。

×1/12/31~×3/12/31	折舊費用	100,000	
	累計折舊—機器設備		100,000

認列機器設備(含重大檢查成本)之折舊金額 $800,000/8 = $100,000

×3/12/31	機器設備	50,000	
	現金(或應付設備款等)		50,000

×4/12/31	折舊費用	16,667	
	累計折舊—機器設備		16,667

認列重大檢查部分之折舊金額 $50,000 ÷ 3 = $16,667

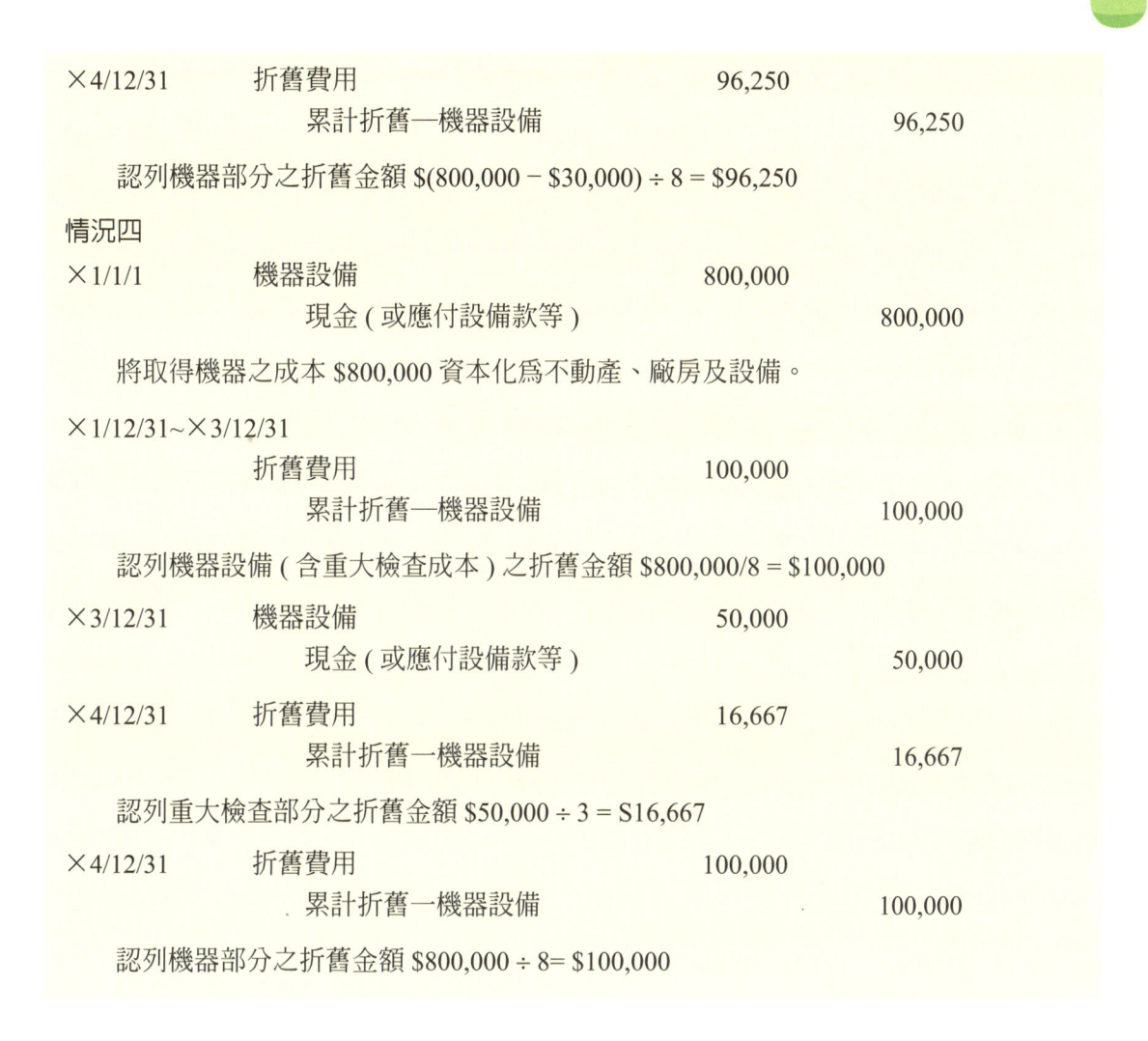

×4/12/31	折舊費用	100,000	
	累計折舊—機器設備		100,000

認列機器部分之折舊金額 $800,000 ÷ 8 = $100,000

7.6　除　列

　　不動產、廠房及設備項目之帳面金額，應於收受者取得對所處分不動產、廠房及設備項目控制之日或預期無法由使用或處分產生未來經濟效益時，予以除列；不動產、廠房及設備項目因除列而產生之利益或損失，應於該項目除列時認列出售或處分損益。不動產、廠房及設備項目之處分可能有多種方式，例如：出售、資產交換、簽訂租賃合約或捐贈。除列不動產、廠房及設備項目所產生之利益或損失金額，應為淨處分價款與該項目帳面金額間之差額。

　　因不動產、廠房及設備項目之減損、損失或廢棄，而自第三方取得之補償，應於補償可收取時，認列損益。為重置而修復、購買或建造之不動產、廠房及設備項目，應以成本認列。

> **學習目標 6**
> 了解不動產、廠房及設備除列時之會計處理

釋例 7-25　處分不動產、廠房及設備

格新食品公司於 ×19 年 4 月底出售一間廠房，成交價格為 $2,400,000，建築物公允價值 $1,800,000，土地公允價值 $600,000，該廠房於 ×08 年初以 $1,900,000 購置，建築物成本 $1,500,000，土地成本 $400,000，建築物預計使用 20 年，使用到期無殘值，採取直線法提列折舊。格新食品公司委託仁愛房屋代為出售，並協議仲介費用為成交價格的 5%。

試作：上述事項之分錄。

解析

×19 年 1～4 月折舊費用 = $1,500,000 ÷ 20 ÷ 12 × 4 = $25,000
×19 年 4 月底之累計折舊 = $1,500,000 ÷ 20 × 11 + $25,000 = $850,000
仲介費用 = $2,400,000 × 5% = $120,000

仲介費用依土地及建築物之公允價值比例分攤，屬建築物部分為 $90,000，屬土地部分為 $30,000。

處分建築物利得 = $1,800,000 – ($1,500,000 – $850,000) – $90,000 = $1,060,000
處分土地利得 = $600,000 – $400,000 – $30,000 = $170,000

分錄為：

折舊費用	25,000	
累計折舊—建築物		25,000
現金	2,280,000	
累計折舊—建築物	850,000	
建築物		1,500,000
處分建築物利得		1,060,000
土地		400,000
處分土地利得		170,000

釋例 7-26　設備發生減損但自第三方取得補償

甲公司於 ×1 年底新竹廠的營運廠房及設備在火災中全數燒毀損，當時廠房及設備帳面金額為 $7,000,000（成本 $15,000,000 及累計折舊 $8,000,000）；該公司於次年度 ×2 年 4 月 1 日自保險公司獲得的可收取之保險金理賠為 $13,000,000，包含重建成本 $10,000,000 及營運損失 $3,000,000。於 ×2 年 12 月 31 日，廠房及設備實際重建成本為 $11,000,000。

試作：上述事件與交易之會計處理。

解析

×1/12/31	火災損失	7,000,000	
	累計折舊—廠房及設備	8,000,000	
	廠房及設備		15,000,000
×2/4/1	其他應收款—保險理賠	13,000,000	
	其他收入		13,000,000
×2/12/31	廠房及設備成本	11,000,000	
	現金 (或其他應付款項等)		11,000,000

釋例 7-27　設備發生減損但自第三方取得補償

旭負公司之主要營運廠房及設備於 ×1 年 12 月 31 日在火災中全數燒毀，當時廠房及設備帳面金額為 $12,000,000，該公司至 ×2 年 6 月 1 日方確認自保險公司可收取之保險金理賠為 $18,000,000，包含重建成本 $7,000,000 及營運損失 $13,000,000，於 ×2 年 12 月 31 日廠房及設備實際重建成本為 $8,000,000。

試作：×1 年到 ×2 年相關分錄。

解析

| ×1/12/31 | 其他損失 | 12,000,000 | |
| | 　廠房及設備 | | 12,000,000 |

於 ×1 年 12 月 31 日火災發生時認列災害損失。

| ×2/6/1 | 其他應收款—保險理賠 | 18,000,000 | |
| | 　其他收入 | | 18,000,000 |

至 ×2 年可收取保險理賠時認列保險理賠收入。

| ×2/12/31 | 廠房及設備 | 8,000,000 | |
| | 　現金 (或其他應付款項等) | | 8,000,000 |

於 ×2 年 12 月 31 日重建廠房時按實際重建成本認列資產。

釋例 7-28　於正常活動過程中將持有以供出租之設備項目例行性地對外銷售

伍玖壹公司經營套房出租業務，其營業模式中亦有出售套房的業務。該公司於×1年1月1日以 $2,000,000 取得一層套房時，並作為出租之用，預計耐用年限為10年，採直線法提列折舊，經專家鑑價其殘值為 $1,600,000。該公司於×4年12月31日停止出租該套房並轉供出售，且經評估該套房之帳面金額低於其淨變現價值。該套房於×5年1月31日始實際以 $1,900,000 銷售予顧客。

試作：伍玖壹公司於×1年至×5年之相關分錄。

解析

| ×1/1/1 | 出租資產 | 2,000,000 | |
| | 　現金 | | 2,000,000 |

於×1年1月1日購入出租用套房時，認列所購入之出租資產金額。

| ×1/12/31~×4/12/31 | 折舊費用 | 40,000 | |
| | 　累計折舊—出租資產 | | 40,000 |

於×1年至×4年提列折舊 ($2,000,000 − $1,600,000) ÷ 10 = $40,000。

×4/12/31	存貨	1,840,000	
	累計折舊—出租資產	160,000	
	出租資產		2,000,000

×4年12月31日停止出租該套房並轉供出售時，依其帳面金額轉列存貨。

×5/1/31	銷貨成本	1,840,000	
	存貨		1,840,000
	現金(或應收帳款)	1,900,000	
	銷貨收入		1,900,000

於×5年1月31日實際銷售時，將收取之價款列為銷貨收入。

附錄 A　政府補助

政府補助意義

政府補助 (government grants) 係指政府對符合特定條件之企業提供經濟利益之行為，政府透過移轉資源的型態提供經濟利益給企業，而企業須於過去或未來遵循與營業活動有關之一定條件來換取，例如由政府移轉資源(含免償還政府貸款)予企業之輔助，目的在於鼓勵企業從事某項特定

經濟活動；政府補助有時亦稱為政府捐贈、贈與、補助款、贊助、援助、扶助與獎勵金等。例如：政府為落實節能減碳、提高就業率及帶動新興產業發展，透過補助企業購置特定設備，並獎勵國內業者投入量產，擴大產業規模。

政府補助之型態

政府補助之種類主要可分為：

(1) **與資產有關**：取得長期資產為條件，附帶條件得限制資產之類型、設置地點、權利之移轉及持有、取得資產之期間。
(2) **與收益有關**：非屬與資產有關之政府捐助。

認列條件與收益實現

企業接受政府補助，應於合理確定能「同時符合」以下二個要件時，始可以認列：

(1) 能遵循政府補助所要求的附加條件；
(2) 可收到該項政府補助。

因此，企業若只是符合 (1) 政府補助之相關條件，尚不能認列，需等到符合 (2) 可收到款項時才能認列。

因政府補助的來源並非為股東(國營企業除外)，不應直接認列為權益，而應於本期或未來之期間內，以合理而有系統之方法認列為收益，例如依據遵循政府補助之條件及履行義務之成本，於相關成本之預期認列為費用之期間內，認列為收益。如無合理而有系統之方法分期認列，則應於收到時一次認列收益。

與資產有關之政府補助會計處理與表達

符合政府補助之認列條件者應列為遞延收入[4]，若為非貨幣性資產，通常以公允價值入帳，另一種有時被採用之替代方法係以名目金額記錄資產及補助。若與折舊性資產有關，應按該資產耐用年限依折舊費用之提列比率分期認列為政府補助利益。若與非折舊性資產有關者，且政府要求企業履行某些義務，企業應於履行義務所投入成本認列為費用之期間，認列該項政府補助利益。若政府未要求企業履行任何義務，則可以一次認列該項政府補助利益(此情況極少發生)。

與資產有關之政府補助，應於資產負債表中以遞延收入(區分流動與非流動)表達，或作為相關資產帳面金額之減項。上述表達方式一經選定應一貫採用。損益表之表達方式應配合資產負債表之表達，作為其他收入

---

[4] 會計研究發展基金會 IAS 20 釋例使用之項目名稱為遞延政府補助「利益」，而不列作收入。

IFRS 一點通

政府補助報表表達方法之優劣

支持報表表達方法一者,認為收益項目及費損項目互抵之作法並不適當,而主張應將費損分別列示,以有助於與其他未享有政府補助企業之費損比較。

支持報表表達方法二者,認為若沒有政府補助,企業很可能不會從事此經濟活動,如果費損不與補助收益以互抵的方式來表達,很可能會產生經營績效之誤導。

或是折舊費用之減項。現金流量表中應將購買資產之投資總額與收取政府捐助之款項分別列為現金流出與現金流入(請參閱表 7A-1)。

表 7A-1 與資產有關之政府補助——會計處理

	資產負債表	綜合損益表	現金流量表
方法一	其他負債(如遞延政府補助利益)。	其他收入(政府補助利益)。	購買資產之投資總額與收取政府捐助之款項分別列為現金流出與現金流入。
方法二	相關資產帳面金額之減項。	折舊費用之減項。	

釋例 7A-1 與折舊性資產相關的政府補助

甲公司經營外送速食餐飲業務,×1 年 1 月 1 日購買電動機車設備,成本 $4,000,000,因符合政府補助購置電動機車辦法,由政府直接撥付給廠商一半之成本 $2,000,000,該批設備預計耐用年限為 5 年,估計無殘值,並採直線法提列折舊。試作相關分錄及報表表達。

解析

×1 年 /1/1	運輸設備	4,000,000	
	遞延政府補助利益		2,000,000
	現金		2,000,000
×1 年 /12/31	折舊費用	800,000	
	累計折舊—運輸設備		800,000
	($4,000,000/5 = $800,000)		

遞延政府補助利益	400,000	
政府補助利益		400,000

（遞延收入依資產提列折舊 5 年間逐年認列）

報表表達：

遞延政府補助利益 $1,600,000 可列為其他負債或運輸設備之減項。

政府補助利益 $400,000 可列為其他收入或折舊費用之減項。

綜合損益表：

表達方法 1：

折舊費用	$800,000
減：政府補助利益	(400,000)
	$400,000

表達方法 2：

其他收入：	
政府補助利益	$400,000

資產負債表：

表達方法 1：

運輸設備	$4,000,000
減：累計折舊	(800,000)
遞延政府補助利益	(1,600,000)
	$1,600,000

表達方法 2：

其他負債：	
流動負債	
遞延政府補助利益	$400,000
非流動負債	
遞延政府補助利益	$1,200,000

釋例 7A-2　與非折舊性資產相關的政府補助

×1 年 1 月 1 日甲公司免費取得一塊土地，面積約 20 公頃，由彰化縣政府直接撥款支付，公允價值約 $2,000,000,000，彰化縣政府積極規劃庭園式地方綠色產業，以作為景觀造景之展示平台並打造觀光休閒之產業，並與文化園區做結合，希望能吸引百萬遊客。

甲公司依彰化縣政府補助條件，於 ×1 年 6 月 1 日開始在該土地上開發建設，並於 ×3 年 12 月 31 日完成所有開發建築物，成本合計 $4,000,000,000，開始對外營運，該建

築物耐用年限為 20 年,無殘值,採用直線法提列折舊。

試作:相關分錄。

解析

×1/1/1	土地	2,000,000,000	
	遞延政府補助利益		2,000,000,000
×1/6/1~×3/12/31			
	在建工程	4,000,000,000	
	現金或其他相關科目		4,000,000,000
×3/12/31	建築物	4,000,000,000	
	在建工程		4,000,000,000
×4/12/31	折舊費用	200,000,000	
	累計折舊—建築物		200,000,000
	($4,000,000,000/20 = $200,000,000)		
	遞延政府補助利益	100,000,000	
	政府補助利益		100,000,000
	(遞延政府補助利益依資產提列折舊 20 年間逐年認列)		

與資產有關政府補助之返還

政府補助之返還依照會計估計變動處理。

與資產有關政府補助之返還應依照會計估計變動處理:將返還的金額以增加資產的帳面金額或減少遞延收益之餘額來認列,並假設無補助時,至目前原應認列於損益之累計額外折舊,立即認列於損益。當企業有須返還與資產有關之補助情況發生時,可能須考量該資產新帳面金額之可能減損。會計處理如下:

(1) 應借記遞延政府補助利益。
(2) 因政府補助導致以前年度少認列之折舊費用或多認列之補助利益,應於該補助退還時立即全數認列為費用。

釋例 7A-3　與資產有關政府補助之返還

同釋例 7A-2,甲公司於 ×6 年 1 月 1 日因違反彰化縣政府補助條件之部分條款,被要求返還 (1) 全部補助款 $2,000,000,000 或 (2) 部分補助款 $500,000,000。

解析

(1) ×6/1/1	遞延政府補助利益	1,800,000,000	
	其他費用	200,000,000	
	現金		2,000,000,000
(2) ×6/1/1	遞延政府補助利益	500,000,000	
	現金		500,000,000

與收益有關之政府補助

政府補助若為可收取時，且係作為對早已發生之費用或損失之補償，或係給予企業立即財務支援目的且無未來相關成本，則該補助應於可收取之期間認列為損益。

若政府補助係整套財務或財務援助之一部分，且該援助有附加一些條件或履行某些義務時，則將補助認列為遞延利益，並於政府要求企業履行義務所投入的成本認列為費用的期間內（辨認會產生成本及費用之條件），將遞延利益認列為政府補助利益。

於上述認列為費用之期間內，辨認會產生成本及費用之條件後，決定補助賺得之期間不一致，則可部分以一種基礎分攤，部分以另一種基礎分攤。

與收益有關政府補助之返還

與收益有關政府補助之返還依會計估計變動處理。應先沖銷與該補助有關而認列之未攤銷遞延利益。在返還超出任何此種遞延利益之範圍內，或當無遞延利益存在時，返還應立即認列於損益。亦即，其會計處理如下：

(1) 應先沖銷該未攤銷之政府捐助遞延利益。
(2) 若退還款超過遞延利益或已無遞延利益可沖銷時，超過部分則應立即認列為費用。

釋例 7A-4　一次認列利益

甲公司依照經濟部工業局「IFRS 軟體發展計畫」提出申請補助款，該計畫規定凡符合申請資格之國內軟體業者，就 IFRS 軟體開發成本之 50% 予以補助，但以 $10,000,000 為限。軟體新產品開發完成後，受輔導廠商可完全取得開發產品之智慧財產權及所有權。甲公司於 ×2 年度完成新產品開發計畫，並於 ×2 年 12 月 31 日取得經濟部工業之補助款 $5,000,000，且確定能達成其應盡義務。試作 ×2 年 12 月 31 日之分錄。

解析

甲公司於取得補助款時，應作分錄：

| ×2/12/31 | 現金 | 5,000,000 | |
| | 政府補助利益 | | 5,000,000 |

釋例 7A-5　政府補助之返還

輝睿公司於 ×2 年 1 月 1 日取得主管機關「COVID19 新冠肺炎疫苗」研究開發補助款 $10,000,0000 供該公司未來之疫苗開發計畫，預期研究發展費用支出於未來 5 年內平均發生，且本年度該計之研究發展費用支出 $8,000,000 估計總成本 $40,000,000 之五分之一。

(1) 試作 ×2 年輝睿公司疫苗研發相關之分錄
(2) 承 (1)，輝睿公司於 ×4 年 4 月 1 日因「COVID19 新冠肺炎疫苗」研發計畫未能有效執行，主管機關決定要求其返還部分補助款，輝睿公司於 ×4 年 1 月 1 日帳列未攤銷之遞延政府補助之利益為 $6,000,000
　　a. 政府要求返還補助款 $5,000,000
　　b. 政府要求返還補助款 $2,200,000

解析

遞延政府補助之利益			
×2/12/31	$2,000,000	×2/1/1	$10,000,000
×3/12/31	2,000,000		
×4/12/31	500,000		
		×4/3/31	5,500,000

(1)

| ×2/1/1 | 現金 | 10,000,000 | |
| | 遞延政府補助之利益 | | 10,000,000 |

收到主管機關新冠肺炎疫苗研究開發補助款 $10,000,000。

| ×2/12/31 | 研究發展費用 | 8,000,000 | |
| | 現金 | | 8,000,000 |

本年度計畫之研究展費用支出 $8,000,000。

| ×2/12/31 | 遞延政府補助之利益 | 2,000,000 | |
| | 政府補助之利益 | | 2,000,000 |

期末認列政府補助之利益 $1,000,000 ($10,000,000 × 1/5 = $2,000,000)

(2)
   a. 情況一政府要求返還補助款 $10,000,000

×4/4/1	遞延政府補助之利益	5,500,000	
	其他費用	4,500,000	
	現金		10,000,000

說明：返還與收益有關之政府補助款 $10,000,000，應將以前年度多認列之補助收入，於補助返還時立即全數認列為費用。

   b. 情況二政府要求返還補助款 $4,500,000

×4/4/1	遞延政府補助之利益	4,500,000	
	現金		4,500,000

註：返還與收益有關之政府補助款 $4,500,000，依國際會計準則第 20 號（以下簡稱 IAS 20）第 32 段之規定，沖銷未攤銷遞延政府補助之利益 $4,500,000，未攤銷遞延政府補助之利益餘額 $1,000,000（= $5,500,000 − $4,500,000）則於剩餘之 2.75 年攤銷。

免償還貸款及低利貸款

當可合理確信企業將符合貸款之免償還條款，則自政府獲取之免償還條款應視為政府補助。收取補助之方式並不影響對補助所採用之會計方法，因此無論補助係收取現金或減少對政府之負債，均以相同之會計方式處理。例如企業符合免償還貸款條件，可免償還對政府之貸款 $5,000,000，分錄如下：

長期借款—政府	5,000,000	
遞延政府補助利益		5,000,000

若是企業已履行應盡之義務、條件，且未來沒有相關成本與費用的支付，遞延政府補助利益可直接認列為政府補助利益，列入損益表即可。

低利貸款係指企業獲取低於市場利率之政府貸款，企業應依 IAS 39 衡量認列利益，於貸款開始日，按所收取之價款與原始認列於資產負債表之貸款金額間之差額衡量計算利益。例如甲公司於 ×3 年初取得 $4,000,000 之低利政府貸款，以購買某項設備，年息 2%，貸款期間 4 年。甲公司依 IAS 39 及當時市場利率 5% 計算的貸款原始帳面金額為 $3,574,486，與實際收取之政府貸款 $4,000,000 間之差額，為低於市場利率之遞延政府補助利益 $425,514。後續年度貸款餘額攤銷如表 7A-2。

甲公司於 ×3 年初收到政府貸款 $4,000,000 時，應作分錄如下：

×3/1/1	現金	4,000,000	
	政府貸款		3,574,486
	遞延政府補助利益		425,514

表 7A-2　貸款餘額攤銷表

年度	期初貸款餘額	依市場利率 5% 設算之利息	支付利息 2% 及第 4 年返還本金	期末貸款餘額
×3	$3,574,486	$178,724	$ (80,000)	$3,673,210
×4	$3,673,210	$183,661	$(80,000)	$3,776,871
×5	$3,776,871	$188,844	$(80,000)	$3,885,715
×6	$3,885,715	$194,285	$(4,080,000)	0

上表說明：
$3,574,486 = \$4,000,000 \times p_{4,5\%} + \$4,000,000 \times 2\% \times P_{4,5\%}$
各期依市場利率 5% 設算之利息 = 該期期初貸款餘額 × 5%
各期利息 = $4,000,000 × 2% = $80,000
各年期末貸款餘額 = 該年期初貸款餘額 + 依市場利率 5% 設算之利息
　　　　　　　　 － 支付利息 2% 及第 4 年返還本金

釋例 7A-6　獲取低於市場利率之政府貸款

有達公司於 ×1 年 1 月 1 日取得 $6,000,000 之低利政府貸款，專案在新竹科學與建廠房，年息 1%，貸款期間 5 年，該廠房於 ×6 年 1 月 1 日完工，其耐用年限為 10 年，並按直線法計提折舊。有達公司依國際會計準則第 9 號「金融工具」按當時市場利率 5% 設算貸款之原始帳面金額 $4,960,926 與所收取之政府貸款 $6,000,000 間之差額 $1,039,074，即為低於市場利率之政府貸款利益。

年度	1 月 1 日 貸款餘額	依市場利率 5% 設算利息	支付利息 2% 及第 4 年返還本金	期末貸款餘額
×1	$4,960,926	$248,046	$ (60,000)	$5,148,972
×2	5,148,972	257,449	(60,000)	5,346,421
×3	5,346,421	267,321	(60,000)	5,553,742
×4	5,553,742	277,687	(60,000)	5,771,429
×5	5,771,429	288,571	(6,060,000)	0

Chapter 7 不動產、廠房及設備——購置、折舊、折耗與除列

試作：有達公司於 ×1 年 1 月 1 日收到政府貸款及 ×6 年攤銷遞延政府補助利益時，分錄。

解析

×1/1/1	現金	6,000,000	
	長期借款		4,960,926
	遞延政府補助之利益		1,039,074
×6/12/31	遞延政府補助之利益	103,907	
	政府補助之利益		103,907

依廠房耐用年限於報導期間結束日認列政府補助之利益 $103,907 (= 1,039,074 ÷ 10)

註：依 IAS 20 第 12 段之規定，政府補助應於其意圖補償之相關成本於企業認列為費用之期間內，依有系統之基礎認列於損益。依 IAS 20 第 20 段之規定，政府於可收取時，若係作為隊早已發生之費用或損失之補償，或係作為對早已發生之費用或損失之補償，或係以給與企業及財務支援為目的且無未來相關成本，則應於其可收取之期間認列於損益。

附錄 B　遞耗資產百分比折耗法

百分比折耗法 (percentage depletion) 又稱「法定折耗法」，係依各國稅法規定之遞耗資產耗竭率表，於報稅時計算折耗之方法。按法定折耗率乘以各年度就採掘或出售產品之收入總額，得出報稅時之折耗費用，即為該年度之折耗。

我國所得稅法第 59 條規定，遞耗資產之估價，除得採 7.4.3.1 介紹之成本折耗法外，亦得就採掘或出售產品之收入總額，依遞耗資產耗竭率表之規定按年提列之。但每年提列之耗竭額，不得超過該資產當年度未減除耗竭額前之收益額 50%。其累計額並不得超過該資產之成本。

我國所得稅法第 59 條又規定，石油與天然氣產業所提列之折耗費用不受取得成本之限制，每年得就當年度出售產量收入總額提列 27.5% 之耗竭額，至該項遞耗資產生產枯竭時止。但每年提列之耗竭額，以不超過該項遞耗資產當年度未減除耗竭額前之收益額 50% 為限。我國依據《營利事業所得稅查核準則》第 96 條遞耗資產耗竭率如表 7B-1。

表 7B-1　遞耗資產耗竭率表

號別	礦物名稱	耗竭率
一	石油（包括油頁岩）、天然氣	27.5%
二	鈾礦、鐳礦、銥礦、鈦礦、釷礦、鋯礦、鍶礦、鈤礦、錳礦、鎢礦、鉻礦、鉭礦、鉍礦、汞礦、鈷礦、鎳礦、天然硫礦、錫礦、石棉、雲母、水晶、金剛石	23%
三	鐵礦、銅礦、銻礦、鋅礦、鉛礦、金礦、銀礦、鉑礦、鋁礦、硫化鐵	15%
四	煤炭	12.5%
五	寶石（包括玉）、瑩石、綠柱石、硼砂、芒硝、硝酸鈉、重晶石、天然鹼、明礬、岩鹽、石膏、砒礦、磷礦、大理石（包括方解石）、苦土石（包括白雲石）、鉀礦	10%
六	瓷土、長石、滑石、火黏土、琢磨砂、顏料石	5%

本章習題

問答題

1. 不動產、廠房及設備具備哪些特性？
2. 試舉出影響不動產、廠房及設備之耐用年限的可能因素？
3. 某甲認為會計上之折舊是定期為資產進行評價之過程。你是否同意上述說法？
4. 資本化之借款成本之開始日，係指符合 IAS 23 資本化之借款成本要件之資產，首次同時符合哪些條件之日？
5. 甲公司於 ×1 年初購買三筆土地，A 土地用於建造辦公大樓，建造工作持續進行中；B 土地已開始開發，預計完成開發後將分割作為出售標的；C 土地目前尚未規劃及開發。試說明 A、B、C 三筆土地之借款成本是否資本化；若資本化，亦請說明如何資本化。
6. 試解釋 IFRS 6 定義之「探勘及評估資產」？
7. 探勘及評估資產應於何時重分類？
8. 說明探勘成本之二種會計處理方法及支持該作法之論點。
9. 判斷交換交易是否具有商業實質為資產交換時的一大課題。試解釋商業實質之意義。
10. 依據 IFRS 2，企業以發行股票取得不動產、廠房及設備，應如何處理？
11. 說明企業接受政府補助的認列條件。

Chapter 7 不動產、廠房及設備——購置、折舊、折耗與除列

選擇題

1. 下列關於折舊之敘述，何者正確？
   (A) 個別資產之組成部分非屬重大時，不得對個別資產之組成部分，單獨提列折舊
   (B) 採用生產數量法提列折舊時，當資產無產出時，提列之折舊金額可為零
   (C) 資產之折舊止於將資產分類為待出售之日或資產除列日中，二者較晚之日期
   (D) 汽車之車體與其內建之數位導航系統為一體，不可分別提列折舊

2. 下列作法何者最符合國際會計準則對殘值之定義？
   (A) 將資產耐用年限屆滿時，預期藉由處分該資產所得之淨現金流量折現作為殘值
   (B) 評估資產耐用年限屆滿時，預期於該時點下可由處分該資產所得之淨現金流量作為殘值
   (C) 將資產耐用年限屆滿時之預期狀態，於目前市場處分時所可取得之淨現金流量作為殘值
   (D) 以上皆非

3. 甲公司×7年初買進某生產設備，成本為 $3,000,000，殘值 $600,000，依不同方法所提列之折舊費用如下：

	方法一	方法二	方法三	方法四
×7年	$400,000	$705,827	$1,000,000	$685,714
×8年	400,000	539,763	X	Y

請問方法一至方法四依序是哪種方法？
   (A) 直線法、年數合計法、倍數餘額遞減法、定率遞減法
   (B) 直線法、定率遞減法、倍數餘額遞減法、年數合計法
   (C) 直線法、倍數餘額遞減法、定率遞減法、年數合計法
   (D) 直線法、定率遞減法、年數合計法、倍數餘額遞減法

4. 承第3題，甲公司該項生產設備之耐用年限為？
   (A) 3年　　(B) 6年　　(C) 7.5年　　(D) 10年

5. 承第3題，請計算 X 之金額？
   (A) $1,000,000　(B) $666,667　(C) $466,667　(D) $333,333

6. 承第3題，請計算 Y 之金額？
   (A) $714,286　(B) $571,429　(C) $357,143　(D) $285,714

7. 下列敘述何者正確？
   (A) 工廠加裝防制污染設備，無法直接為企業帶來未來經濟效益，故不能認列為設備
   (B) 備用零件僅能列為存貨

(C) 維修設備僅能列為設備
(D) 以上皆非

8. 下列何者最不可能屬於不動產、廠房及設備成本要素之一部分？
   (A) 購買價格所包含之進口關稅　　(B) 場地整理成本
   (C) 重新配置資產所發生之成本　　(D) 安裝及組裝成本

9. 以下共有幾種項目應計入取得土地之成本？(a) 代書費；(b) 在土地邊緣加蓋圍牆之支出；(c) 過戶登記費；(d) 代前地主繳納之逾期稅捐；(e) 支付地上原住戶之搬遷費；(f) 地上物拆除費；(g) 整地費用；(h) 支付給仲介之佣金；(i) 被另一仲介 (非取得土地所透過之仲介) 騙取之額外佣金
   (A) 九種　　(B) 八種　　(C) 七種　　(D) 六種

10. 以下共有幾種項目應計入取得建築物之成本？(a) 發包金額；(b) 過戶登記費；(c) 建築師費；(d) 建築執照；(e) 工寮；(f) 鷹架；(g) 材料倉庫；(h) 建築期間之責任保險
    (A) 八種　　(B) 七種　　(C) 六種　　(D) 五種

11. 以下共有幾種項目應計入設備之成本？(a) 購置時所發生的運費；(b) 從賣方倉庫運送設備至使用場所時所發生之保險支出；(c) 關稅；(d) 抵達企業並準備安裝前的倉儲費用；(e) 地基設備；(f) 必要之相關安全設施；(g) 安裝及試俥檢驗成本；(h) 設備運輸中不慎毀損的修護費；(i) 每期課徵之牌照稅；(j) 每期課徵之燃料稅
    (A) 十項　　(B) 八項　　(C) 七項　　(D) 六項

12. 甲公司買進土地並同時拆除舊屋改建新屋。下列敘述何者正確？
    (A) 處分舊屋所發生之處分利益，應減少新屋成本
    (B) 處分舊屋所發生之處分損失，應增加土地成本
    (C) 以上皆是
    (D) 以上皆非

13. 乙公司在自有土地上拆除舊屋改建新屋。下列敘述何者正確？
    (A) 拆除費用減舊屋殘值後之金額，應列為舊屋之處分損益
    (B) 拆除費用應增加土地之成本
    (C) 拆除費用應增加新屋之成本
    (D) 拆除費用減舊屋殘值後之金額，應列入新屋之成本

14. 乙公司 ×1 年初向丙公司承租一間辦公室，租期 10 年。乙公司 ×2 年初開始在該辦公室內撤換隔間，估計撤換後之隔間 20 年內對使用者具有經濟效益。乙公司在提列撤換後之隔間的折舊時，耐用年限為何？
    (A) 20 年　　(B) 10 年　　(C) 9 年　　(D) 不應提列折舊

15. IAS 23 規定自建資產可資本化之借款成本不包含下列何者？

(A) 按有效利息法計算之利息費用
(B) 採融資租賃所認列之財務費用
(C) 外幣借款之兌換差額中視為對利息成本之調整者
(D) 權益自有資金之設算成本

16. 以下資產，共有幾項不適用 IAS 23 之資本化之借款成本？(a) 生物資產；(b) 無形資產；(c) 投資性不動產；(d) 廠房；(e) 可於短期內製造或生產之存貨；(f) 大量且重複製造或生產之存貨；(g) 金融資產

 (A) 一項   (B) 二項   (C) 三項   (D) 四項

17. 下列項目中，共有幾項不應計入自建資產之成本？(a) 建造期間之借款成本；(b) 分攤之固定製造費用；(c) 建造時企業內部利益；(d) 原料之異常損耗；(e) 變動間接生產成本；(f) 直接人工

 (A) 四項   (B) 三項   (C) 二項   (D) 一項

18. 下列有關資本化土地之借款成本之敘述，何者錯誤？
 (A) 長期投資持有之土地，其相關之借款成本不得資本化
 (B) 土地如未進行開發或建造工作，不得將購置資本化土地之借款成本
 (C) 若土地開發後將分割後作為出售標的，則資本化之借款成本屬土地成本之一部分
 (D) 若土地已積極進行建造工作，則在該工作持續期間，應將土地及開發成本之借款成本資本化，作為土地之成本

19. 丙公司一項應將資本化之借款成本之資產，在建造期間，曾因：(1) 全球金融危機而停工 5 個月；(2) 違反法令遭政府勒令停工一年；(3) 地震造成重大損壞而停工 1 年 2 個月。上述停工期間皆未重疊，且 (1)、(3) 二種情形並未使所有其他公司建造類似資產時發生長期停工。試問丙公司應將該資產資本化之借款成本的停工期間有多長？

 (A) 5 個月 (B) 1 年 7 個月 (C) 2 年 7 個月 (D) 零

20. 下列關於探勘及評估資產之敘述，何者有誤？
 (A) 可認列為探勘及評估資產的探勘及評估支出，因各企業會計政策而有所不同
 (B) 探勘及評估資產不可能分類為無形資產
 (C) 探勘及評估資產可能以重估價模式作續後衡量
 (D) 礦產資源開採已達技術可行性且商業價值得到證明後，探勘及評估資產應進行重分類，並在重分類前進行減損測試

21. 下列何者不可能分類為非流動資產？
 (A) 待出售非流動資產   (B) 無形資產
 (C) 遞耗資產   (D) 投資性不動產

22. 有關不動產、廠房及設備之後續支出，下列敘述何者有誤？
 (A) 維修成本通常只能維持資產未來經濟效益，故不宜增加資產帳面金額

(B) 若無法決定資產被重置部分的帳面金額，得以重置部分的成本作為被重置部分的成本
(C) 不動產、廠房及設備在使用期限內的重大檢查成本，不應作為不動產、廠房及設備成本的一部分
(D) 以上皆非

23. 下列關於政府補助之會計處理，何者正確？
    (A) 當企業能遵循政府補助所要求的附加條件時，應認列該政府補助
    (B) 收到政府補助時應一次認列收入
    (C) 企業得以名目金額記錄非貨幣性資產之政府補助
    (D) 以上皆是

練習題

1. **【工作時間法及生產數量法】** 丁公司 ×3 年 9 月 1 日以現金 $515,000 購入生產機器，預計可使用總時數為 250,000 小時，總共可為丁公司生產 100,000,000 件產品，殘值為 $15,000。試依下列資訊，分別依工作時間法及生產數量法為該生產機器作各年之折舊分錄。

期間	實際使用時數	實際產出數量
×3/9/1～×3/12/31	30,000	9,000,000
×4/1/1～×4/12/31	50,000	20,000,000
×5/1/1～×5/12/31	60,000	30,000,000
×6/1/1～×6/12/31	65,000	26,000,000

2. **【成本要素、直線法、年數合計法、定率遞減法及倍數餘額遞減法】** 乙公司於 ×1 年 1 月 1 日購入一項機器設備，乙公司於 ×1 年 2 月 28 日完成付款。其他資訊如下：

購買價格	$600,000,000
安裝成本	$30,000
場地整理成本	$60,000
折扣條件	1/20、n/60
訓練員工使用機器成本	$500,000
預計管理機器將產生之成本	$600,000
耐用年限	8 年
殘值	$600,000

請分別依直線法、年數合計法、定率遞減法及倍數餘額遞減法為此項機器設備計算 ×1 年及 ×2 年之折舊費用 (四捨五入至整數位；若需計算折舊率，則四捨五入至小數點後第四位，例如 43.33%)。

3. **【成本要素、直線法、延長耐用年限】** 貓空公司於 ×5 年底計算折舊費用原為 $600,000，但經分析後發現資產中的 A 設備因保養良好，耐用年限估計可延長 2 年，殘值不變，該

設備購於 ×1 年 1 月 1 日，購入價格為 $230,000，公司另支付安裝測試費用 $30,000，當時估計耐用年限為 10 年，殘值為 $10,000，採直線折舊法；另公司亦發現其 ×4 年之折舊費用計算有誤，低估當年之折舊費用 $4,000，試問 ×5 年之折舊費用應為何？

[改編自 102 年高考會計]

4. 【年數合計法】丙公司 ×1 年初購買一部機器，依年數合計法計提折舊，殘值為 $500。另外，×2 年折舊金額為 $1,500，×4 年折舊金額為 $500。試計算此機器的原始成本與耐用年限。

[改編自 100 年會計師]

5. 【集體折舊法】戊公司 ×2 年 4 月 1 日以現金購入 10 台功能相同，但外觀略顯不同的設備，每台取得成本為 $1,500,000，殘值 $50,000，耐用年限 10 年，每台機器適用直線法提列折舊。戊公司以集體折舊法為這些設備提列折舊。×3 年 4 月 1 日，戊公司出售其中 2 台設備，得款 $2,000,000。×5 年 11 月 1 日，戊公司將剩餘之設備全數出售，得款 $9,000,000。試作 ×2 年至 ×5 年與這批設備相關之所有分錄。

6. 【各種情況下取得不動產、廠房及設備】試依下列各情況，為甲公司作取得資產時之分錄。
   (1) 1/1 購入一輛汽車，金額 $200,000，付款條件為 2/10、n/30。甲公司於 1/12 付款。
   (2) 3/1 發行一張面額 $300,000，5 年期，無息之票據以購買一艘船，假設當時市場利率為 5%。($p_{5,5\%}$ = 0.78353, $P_{5,5\%}$ = 4.32948)
   (3) 5/1 以現金 $1,000,000 取得土地及建築物，當時土地公允價值為 $900,000，建築物之公允價值為 $200,000，假設成本與公允價值具有比例之關係。
   (4) 7/1 發行每股面額 $10，1,000 股之普通股去取得一台設備，普通股之公允價值為 $50,000，設備之公允價值無法可靠衡量。
   (5) 7/15 發行每股面額 $10，1,000 股之普通股去取得一台設備，設備之公允價值為 $20,000，普通股每股市價為 $21。
   (6) 8/1 收到某大股東捐贈之設備，其公允價值為 $100,000。
   (7) 9/1 收到乙公司捐贈之設備，其公允價值為 $400,000。

7. 【各種情況下資產交換】A 公司將其機器設備與 B 公司之電腦設備進行交換，試依下列情況分別為二家公司作相關分錄：
   (1) 交換交易具商業實質。機器設備之原始成本為 $2,200,000，累計折舊為 $200,000，公允價值為 $2,200,000；電腦設備之原始成本為 $2,200,000，累計折舊為 $100,000，公允價值為 $2,300,000，A 公司另支付現金 $100,000 給 B 公司。
   (2) 二項資產之公允價值均無法可靠衡量；機器設備之原始成本為 $2,200,000，累計折舊為 $200,000；電腦設備之原始成本為 $2,200,000，累計折舊為 $100,000。
   (3) 交換交易缺乏商業實質。機器設備原始成本為 $2,200,000，累計折舊為 $200,000，公允價值為 $2,200,000；電腦設備之原始成本為 $2,200,000，累計折舊為 $100,000，B 公司另支付現金 $200,000 給 A 公司。
   (4) 交換交易具商業實質。機器設備之原始成本為 $2,200,000，累計折舊為 $200,000，公允價值為 $2,200,000；電腦設備之原始成本為 $2,400,000，累計折舊為 $100,000，公

允價值無法可靠衡量。
(5) 交換交易具商業實質。機器設備之原始成本為 $2,200,000，累計折舊為 $200,000，公允價值為 $2,200,000；電腦設備之原始成本為 $2,200,000，累計折舊為 $100,000，公允價值為 $1,900,000；但電腦設備之公允價值較機器設備之公允價值明確。

8. **【複合折舊法】** C 公司於 ×2 年初買入生產設備、包裝設備與冷藏設備，每項設備各 40 部，購入總成本為 $1,200,000，已知購買日生產設備總市價為 $400,000、包裝設備總市價為 $500,000、冷藏設備總市價為 $600,000。C 公司估計生產設備可使用 4 年、無殘值，包裝設備可使用 4 年、殘值合計 $40,000，冷藏設備可使用 5 年、殘值合計 $80,000。為了簡化會計處理，C 公司將三項設備視為同一組合 (資產甲)，採複合折舊直線法提列折舊。×3 年初，又將新買入加熱設備 30 部加入上述組合中，加熱設備取得之總成本為 $900,000，估計可使用 6 年、殘值合計為 $60,000。

試作：
(1) ×2、×3 年之折舊費用；(2) ×4 年初，C 公司將生產設備全數出售，取得價款 $150,000，×4 年之出售分錄及折舊費用；(3) ×4 年初，C 公司將其中 1 部生產設備出售，取得價款 $3,750，×4 年之出售分錄及折舊費用。

9. **【自建不動產認列、折舊】** 城品公司打造一個耐用年限為 40 年之藝文展覽空間，該藝文展覽空間於 ×5 年 1 月 1 日完工，展示櫃之預期耐用年限為 10 年，藝文展覽空間的總建造成本為 $2,000,000，包含展示櫃部分之成本 $400,000，假設該金額佔總建造成本經判斷屬重大。整個藝文展覽空間及展示櫃部分均採直線法提列折舊，且估計殘值為零。假設認列後之衡量採成本模式。
(1) 試作 ×5 年資產認列之相關分錄。
(2) 沿情況一，假設城品公司於藝文展覽空間建造時於出入口懸掛場館介紹之廣告看板，其所支出之廣告費 $50,000，試作相關分錄。

10. **【資本化之借款成本，含投資收益】** 禮賢公司為在南科園區建造工廠於 ×1 年 2 月 1 日特地向銀行舉借之專案借款為 $12,000,000，年利率為 10%，該廠房係 IAS 23 第 5 段所述符合要件之資產。此專案借款除支付利息外，並無其他借款成本。禮賢公司尚未動用之專案借款暫時存於銀行作為活期存款，存款利率為 1.2%，禮賢公司建造之廠房於 ×1 年 12 月 31 日完工，且建造廠房實際支出金額較預算金額減少 $200,000 茲將禮賢公司於 ×1 年間為建造該廠房之相關支出列示如下：

支出日期	支出金額 (元)
×1/4/1	$4,000,000
×1/8/1	$5,000,000
×1/11/1	$1,000,000

試問禮賢公司 ×1 年度資本化之借款成本金額及期末資本化的相關分錄。

11. 【資本化之借款成本，分期付款購建資產】管管公司於×1年1月1日以分期付款方式購買一台設備，該設備售價為 $56,000,000，該設備係 IAS 23 第 5 段所述符合要件之資產。管管公司於同日支付設備價格之七分之一，其餘分 6 期平均償還，每期半年，並按未償還餘額加計年息 6% 之利息。此項機器於同年 11 月 30 日始安裝完成並正式啟用。該公司於 ×1 年度除此項分期償還之債務外，並無其他附息債務，試問 ×1 年 1 月 1 日至 11 月 30 日購買設備實際發生之借款成本。

12. 【資本利率之計算】甲公司 ×1 年 3 月 1 日開始建造廠房，該廠房經一段相當長期間始達到預定使用狀態，甲公司於 ×1 年 10 月 1 日為建造廠房而支付 $50,000,000，並向乙銀行辦理專案廠房貸款 $48,000,0000，期間 2 年，年利率 10%，經分析若該企業不建造該廠房，則無須負擔下列借款之利息，其他相關借款資訊如下：
    (a) 甲公司與文文銀行訂有透支額度之契約，年利率 9%，該企業於 10 月 1 日動支 $500,000，於 ×1 年 11 月 1 日還清。
    (b) ×1 年 9 月 1 日平價發行一無擔保之商業本票 $900,000，期間 6 個月，年利率 10%。
    (c) 甲公司帳上有一筆折價發行之應付公司債，於 ×0 年 1 月 1 日發行，期間 5 年，金額 $10,000,000，票面利率 6%，市場利率 8%，每年 12 月 31 日付息一次，採有效利息法攤銷。×1 年 10 月折價攤銷金額為 $17,913，公司債帳面金額為 $9,220,000。
    (d) 甲公司於 ×1 年 10 月 1 日向租賃公司以融資租賃方式承租建廠混凝土卡車一輛，×1 年 10 月 1 日應付租賃款為 $1,500,000，7 月份隱含利息支出 $6,000。

    試計算阿英公司於該工程中 12 月份資本化之借款成本金額。

13. 【資本化之借款成本—含應付款項】乙公司自行建造一座廠房，有以下資訊：

4 月 1 日累計支出 (不含預收價款)	$2,000,000
4 月份支出 (平均發生)	2,000,000
5 月份支出 (平均發生)	3,000,000
4 月 1 日預收客戶價款	1,000,000
5 月 1 日預收客戶價款	2,000,000
4 月份與該自建廠房相關之負債：	
因自建廠房累積之應付款項 (4 月 1 日，無息)	$ 400,000
因自建廠房累積之應付款項 (4 月 30 日，無息)	600,000
長期借款 (非專案，利率12%)	5,000,000
5 月份與該自建廠房相關之負債：	
因自建廠房累積之應付款項 (5 月 31 日，無息)	$ 300,000
長期借款 (非專案，利率12%)	5,000,000

    假設因自建廠房累積之應付款項各期間之變動平均發生，試分別計算上述自建廠房 4 月

份及 5 月份借款成本資本化之金額。

14. 【資本化之借款成本，投資收益】大安公司於 ×3 年 12 月 31 日向銀行借款 $1,000,000 以備興建廠房，利率 10%，每年付息一次，3 年到期，預計 2 年完工。×4 年支付工程款如下：

    1 月 1 日 $600,000；7 月 1 日 $800,000；10 月 1 日 $1,000,000；12 月 31 日 $300,000。大安公司尚有其他負債：×1 年初借款 $5,000,000、10 年期，利率 8%；×2 年 7 月 1 日借款 $2,000,000，5 年期，利率 9%。大安公司將未動用的專案借款回存銀行，利率 4%，則大安公司 ×4 年資本化利息金額為何？　　　　　　　　　　　【改編自 103 年高考會計】

15. 【資本化之借款成本】股狗公司於 ×1 年 1 月 1 日在雲林建造廠房共支出三筆價款：

    | 1 月 1 日 | $3,900,000 |
    | 7 月 1 日 | $1,300,000 |
    | 10 月 1 日 | $500,000 |

    此項資產於 12 月 31 日建造完成並正式啟用。公司帳上有下列負擔利息之借款：

    (a) 為建造廠房而於 1 月 1 日特地舉借之專案借款 $2,600,000，年利率 10%。
    (b) 一般短期借款 $1,000,000，年利率為 9%。
    (c) 一般長期借款 $800,000，年利率為 5%。

    經分析若公司不建造廠房，則上列 (b) 及 (c) 筆借款即可償還。試問該年度連股狗公司可資本化之借款成本金額。

16. 【資本化之借款成本】廣答公司於 ×1 年自行於南科園區建造工廠，該廠房符合資本化之借款成本之條件，各月份支出如下：

    | 1 月 1 日支出 | $3,000,000 |
    | 3 月 1 日支出 | $4,000,000 |
    | 8 月 1 日支出 | $1,000,000 |

    ×1 年負債情形：

    | 專案銀行借款 (×0 年簽約借款，利率 6%) | $6,000,000 |
    | 5 年期應付公司債 (利率 8%，×0 年按面額發行) | $2,000,000 |
    | 3 年期應付票據 (利率 10%，×0 年平價發行) | $1,000,000 |

    試作：

    (1) 假設廣答公司 ×1 年專案銀行借款無暫時性投資收益，計算廣答公司 ×1 年資本化之借款成本之金額。
    (2) 假設廣答公司 ×1 年專案銀行借款暫時性投資所產生之收益 $20,000，計算廣答公司 ×1 年資本化之借款成本之金額。

Chapter 7 不動產、廠房及設備——購置、折舊、折耗與除列

17. 【資本化之借款成本】甲公司 ×1 年 4 月開始建造辦公大樓，建造期間之相關支出如下：

    ×1 年 4 月 1 日支出　　　　$900,000
    ×1 年 7 月 1 日支出　　　　 600,000
    ×1 年 9 月 1 日支出　　　　 720,000

    其他資訊：
    (a) ×1 年 12 月 31 日大樓建造完成。
    (b) 為建造此辦公大樓，×1 年 4 月 1 日向外舉借專案借款 $1,000,000，利率 10%，其他 ×1 年全年流通在外之債務 (若甲公司不自建辦公大樓，則這些債務可償還) 如下：

    長期借款，利率 6%　　　　　　　　$1,000,000
    應付公司債，利率 8% 按面額發行　　 600,000

    試作：
    (1) 計算甲公司 ×1 年資本化之借款成本之金額。
    (2) 以季為單位，計算 ×1 年第 2 季至第 4 季各季資本化之借款成本金額。

18. 【含預收價款之資本化之借款成本】×3 年間，丙公司為丁公司承建一項建築物，該建築物於 ×3 年 4 月 1 日開工，同年 11 月 30 日建造完成。為建造該建築物，丙公司於 ×3 年 4 月 1 日、6 月 1 日以及 10 月 1 日分別支出 $1,500,000、$3,000,000 及 $2,000,000，並於 7 月 1 日預收該建築物價款 $2,000,000。×3 年間，丙公司有下列三項借款：

    (a) 4 月 1 日為建造建築物，向銀行借款 $1,500,000，年利率 10%，×3 年底到期。
    (b) 短期借款 $1,000,000，年利率 8%，×3 年整年流通在外。
    (c) 長期借款 $1,500,000，年利率 12%，×3 年整年流通在外。
    [若丙公司不承建該項建築物，則 (b)、(c) 二項債務可償還]

    試作：
    (1) 計算 ×3 年間建造該建築物資本化之借款成本金額。
    (2) 計算承建該建築物之總成本。
    (3) 試作 ×3 年 4 月至 11 月相關分錄。

19. 【資本化之借款成本之資產】瞎皮公司為購建一個倉庫作為物流中心，在 ×1 年 3 月 1 日特別向銀行辦理專案借款 $6,000,000，年利率 10%，並在同一天辦理一般用途之現金增資並募足股款 $2,000,000，該公司 ×1 年 1 月 1 日帳上有一筆長期借款 $5,000,000，10 年期，年利率 6%，且經市調後發現瞎皮公司若不購建該資產則無須負擔該借款之利息。
    試問瞎皮公司資本化之借款成本之金額。

20. 【資本化之借款成本——停工】乙公司 ×2 年 1 月 1 日開始自建廠房，×3 年底完工，相關

343

資料如下：

(a) ×2 年 1 月 1 日專案借款 $400,000，利率 12%，為期 3 年，每年底付息。

(b) 其他 ×2 年及 ×3 年間全年流通在外借款：

$1,000,000，利率 10%，每年底付息。

$4,000,000，利率 8%，每年底付息。

(c) 每年總支出 (皆在每年年初一次付現，不含資本化之借款成本金額)

×2 年　　　　　　$1,000,000

×3 年　　　　　　$2,000,000

(d) ×2 年最後 3 個月，乙公司因 ×2 年 9 月底颱風來臨前未做好防颱措施，工地遭嚴重破壞而停工。

試作：

(1) 計算 ×2 年及 ×3 年資本化之借款成本之金額。

(2) 若 ×2 年最後 3 個月，乙公司停工為建廠前已預期之正常情況所造成，屬廠房達預定使用狀態之必要過程，其他條件不變。試計算 ×2 年資本化之借款成本之金額。

21. 【重置法與報廢法】丁公司使用大批簡易的設備 B。×5 年以現金購入 180 台設備 B，每台成本 $3。×6 年底報廢設備 B 共 50 台，獲款 $50，並以每台 $4 重置 40 台設備 B。×8 年底報廢設備 B 共 60 台，獲款 $30，並以每台 $5 重置 50 台設備 B。試分別依 (1) 重置法；(2) 報廢法作 ×5 年至 ×8 年與設備 B 相關之所有分錄。

22. 【盤存法】甲公司 ×3 年 7 月 1 日以 $500,000 購入一批資產 C，並以盤存法提列折舊，相關資訊如下：

年份	年底估計價值	年中購入資產 C 總金額
×3	$600,000	$200,000
×4	500,000	100,000
×5	400,000	50,000
×6	300,000	25,000

試作：×3 年至 ×6 年之所有分錄。

23. 【折舊方法改變】乙公司 ×3 年 9 月 1 日以 $600,000 購入一項設備，估計耐用年限 10 年，殘值 $50,000，並以年數合計法提列折舊。×5 年 1 月 1 日，乙公司將此項設備改以倍數餘額遞減法提列折舊，且估計耐用年限尚有 5 年，殘值不變。

試作：×3 年至 ×5 年之所有分錄。

24. 【遞耗資產之成本、成本折耗法與百分比折耗法】A 公司 ×2 年底以 $5,000,000 購買一塊含鈾礦的土地，該土地若不含鈾礦，則公允價值是 $1,000,000；同時，A 公司支付 $300,000

進行探勘作業，以 $200,000 購買開採機器，以 $2,000,000 進行開礦除土作業，以 $3,000,000 為礦坑進行後續建造作業以達到安全採礦標準。預估完成開採後，需花費 $600,000 使土地回復原本狀態。A 公司預計鈾礦蘊藏量為 30,000 噸。×3 年 A 公司共開採 500 噸鈾礦，於年底前共售出 300 噸，每噸賣得現金 $3,000。

試作：

(1) 計算遞耗資產—鈾礦之原始總成本。
(2) 在成本折耗法下，若 A 公司將開採之鈾礦先列為存貨，作 ×3 年應有之全部分錄。
(3) 在成本折耗法下，若 A 公司將開採之鈾礦先行提列折耗，作 ×3 年應有之全部分錄。
(4) 若依我國所得稅法，鈾礦適用之耗竭率為 23%，試依照百分比折耗法計算 ×3 年之折耗費用。

25.【全部成本法與探勘成功法】甲公司 ×6 年開始探勘錫礦，該年發生下列支出：

錫礦 A	$300,000
錫礦 B	380,000
錫礦 C	220,000
錫礦 D	400,000
錫礦 E	360,000
錫礦 F	500,000

其中 A、D、F 三處錫礦已確定無開採效益，B、C、E 確定有錫礦供開採，預計錫礦 B 可開採 1,900 噸，錫礦 C 可開採 1,100 噸，錫礦 E 可開採 600 噸。甲公司將 ×6 年探勘的錫礦視為同一資產。另外，為開發相關作業，共支出 $600,000；購入開採設備共 $1,000,000。估計開採完成後，需支付 $450,000 使土地回復原狀，將使土地具備 $300,000 價值。×6 年共計開採 100 噸錫礦，出售 60 噸。甲公司選擇將開採之錫礦先行提列折耗。

試作：

(1) 若甲公司採全部成本法，作 ×6 年探勘成本相關分錄。
(2) 若甲公司採探勘成功法，作 ×6 年探勘成本相關分錄。
(3) 承 (1)，計算甲公司 ×6 年認列之折耗費用。
(4) 承 (2)，計算甲公司 ×6 年認列之折耗費用。

26.【重大檢查】丙公司於 ×3 年 1 月 1 日以 $3,500,000 購買一項運輸設備，估計耐用年限為 10 年，採直線法提列折舊，殘值為 $500,000。另外，該運輸設備購入後每 2 年須進行一次重大檢查，檢查成本符合 IAS 16 之認列條件。×5 年底，為保障使用者安全，提高檢查頻率為每年一次。×4 年底實際支付之檢查成本為 $300,000，×5 年底實際支付之檢查成本為 $350,000，×6 年底實際支付之檢查成本為 $380,000。

試作：×3 年至 ×6 年之所有分錄。

27. 【重大檢測成本已於不動產、廠房及設備取得交易中被個別辨認】仁保公司於×1年1月1日購買一台設備作為生產之用，購買成本$2,000,000，認列後之衡量採成本模式，該設備之估計耐用年限為20年，採直線法提列折舊，估計殘值為零。此外，基於政府之安全法規，須每10年進行一次大規模安檢。然而，×5年法規修改為須每5年進行一次安全檢測，仁保公司於×5年12月31日實際發生之檢測成本為$120,000。該成本符合IAS 16第7段所規定之認列條件係屬重大，試問：

    (1) 情況一：仁保公司於×1年1月1日購買之設備時，可個別辨認內含安裝時之重大檢查成本$40,000，且該成本符合IAS 16第7段所規定之認列條件且係屬重大，試作×1年、×5年與×年之與此設備相關分錄

    (2) 情況二：仁保公司於×1年1月1日購買設備時有檢查成本，該成本符合IAS 16第7段所規定之認列條件且係屬重大，但無客觀資料可辨認內含之重大檢查成本，經相關專家鑑定評估其成本內含之重大檢查成本為$105,000。試作×1年取得時×5年與×6年之相關分錄

    (3) 情況三：仁保公司於×1年1月1日購買設備時有檢查成本，該成本符合IAS 16第7段所規定之認列條件，但無客觀資料可個別辨認內含之檢查成本，且其檢查成本金額非屬重大。然而因法規改變，仁保公司於×5年10月1日經評估認為該機器已有大規模檢查之必要，並於×5年12月31日實際發生之檢查成本為$120,000，該成本符合IAS 16第7段所規定之認列條件且係屬重大。因物價指數上漲，仁保公司以×5年之實際檢查成本推估×1年購機器成本$2,000,000內含檢查成本$100,000，試作×1年取得時及×5年與×6年之相關分錄

    (4) 情況四：仁保公司於×1年1月1日購買機器時，無任何檢查成本。然而因法規改變，仁保公司於×5年10月1日經評估認為該機器已有大規模檢查之必要，×5年12月31日實際發生之檢查成本為$120,000，試作×1年取得時及×5年與×6年之相關分錄

28. 【處分】甲公司於×4年3月底出售一組不動產，得款$3,000,000，其中建築物之公允價值為$1,200,000，土地之公允價值為$1,800,000，該組不動產係×1年初以$5,000,000購置，其中建築物成本$3,500,000，土地成本$1,500,000，建築物耐用年限10年，殘值為$500,000，採直線法提列折舊。×4年出售時並支付仲介費用(成交價之3%)。

    試作：甲公司×4年應有之分錄。

29. 【意外損失與保險理賠】乙公司×7年8月8日所有設備在水災中全數損壞，該設備原始成本為$1,000,000，已提列累計折舊$300,000。乙公司×8年6月15日自保險公司獲得保險理賠之現金為$800,000。×9年1月14日，設備實際支付復原成本為$600,000。

    試作：所有上述事件相關之分錄。

30. 【設備發生減損但自第三方取得補償】苔鐵公司之主要營運之設備於×1年12月31日在

因意外事故毀損，當時設備帳面金額為 $30,000,000，該公司至 ×2 年 8 月 1 日方確認自保險公司可收取之保險金理賠為 $50,000,000，包含重建成本 $40,000,000 及營運損失 $10,000,000，於 ×2 年 12 月 31 日，廠房及設備實際重建成本為 $45,000,000。

試作：×1 年到 ×2 年相關分錄。

31. 【於正常活動過程中將持有以供出租之設備項目例行性地對外銷售】核運公司汽車出租事業，其營業模式中亦有出售汽車之業務。該公司於 ×1 年 1 月 1 日以 $4,000,000 取得一輛轎車時，作為出租之用，預計耐用年限為 10 年，採直線法提列折舊，經專家鑑價其殘值為 $800,000。該公司於 ×5 年 12 月 31 日停止出租該輛轎車並轉供出售，且經評估汽車之帳面金額低於其淨變現價值。該汽車於 ×6 年 3 月 31 日始實際以 $3,000,000 銷售予顧客。

試作：核運公司於 ×1 年至 ×6 年之相關分錄。

32. 【政府補助：低利貸款與免償還貸款】B 公司於 ×7 年底取得 $6,000,000 之政府貸款，以在某生物科技園區興建廠房，年息 1%，顯著低於當時市場利率 6%，貸款期間 3 年，每年年底付息一次。×9 年初，B 公司符合免償還貸款條件，可免償還此政府貸款。

試作：(1) ×7 年取得此項政府貸款之分錄；(2) ×9 年初相關分錄。

33. 【政府補助：低利貸款與免償還貸款】瑋穎公司於 ×1 年 1 月 1 日取得 $3,000,000 之低利政府貸款，該筆專案貸款用於南科園區廠房擴建，年息 2%，貸款期間 6 年，該廠房於 ×7 年 1 月 1 日完工，其耐用年限為 10 年，並按直線法計提折舊。瑋穎公司依國際會計準則第 9 號「金融工具」按當時市場利率 8% 設算貸款之原始帳面金額 $2,167,882 與所收取之政府貸款 $3,000,000 間之差額 $832,118，即為低於市場利率之政府貸款利益。

試作：瑋穎公司於 ×1 年 1 月 1 日收到政府貸款及 ×6 年攤銷遞延政府補助利益時，應作之相關分錄。

34. 【政府補助利益之返還】聚揚公司於 ×3 年 1 月 1 日取得主管機關「高端機能性衣料開發」研究開發補助款 $6,000,0000 供該公司未來之布料開發計畫，預期研究發展費用支出於未來 5 年內平均發生，且本年度該計之研究發展費用支出 $4,000,000 估計總成本 $20,000,000 之五分之一。

(1) 試作 ×3 年聚揚公司布料研發相關之分錄
(2) 承 (1)，聚揚公司於 ×5 年 5 月 1 日因「高端機能性衣料開發」研發計畫未能有效執行，主管機關決定要求其返還部分補助款，聚揚公司於 ×5 年 1 月 1 日帳列未攤銷之遞延政府補助之利益為 $3,600,000
　　a. 政府要求返還補助款 $6,000,000
　　b. 政府要求返還補助款 $3,000,000

遞延政府補助之利益

×3/12/31	$1,200.000	×3/1/1	$6,000,000
×4/12/31	1,200.000		
×5/12/31	400,000		
		×5/4/30	3,200,000

35. 【折舊性與非折舊性資產政府補助、補助之返還、報表表達方式】乙公司於 ×9 年 1 月 1 日收到二項政府的補助款，該補助款包括：

完成建築物開發之土地成本補助　　　$30,000,000
專供研究使用之設備成本補助　　　　 40,000,000
　　　　　　　　　　　　　　　　　$70,000,000

(a) 乙公司已於 ×8 年底購得土地，而此完成建築物開發之土地成本補助款 $30,000,000，須於 ×10 年 1 月 1 日在該土地上完成開發建築物。該公司如期完成建築物的開發，並預計建築物耐用年限為 20 年，殘值為 0，採直線法提列折舊。

(b) 乙公司收到設備之補助款 $40,000,000 後，立即購置專供研究使用之設備。假設該設備之耐用年限為 40 年，殘值為 0，採直線法提列折舊。

試依上列資料：

(1) 作乙公司 ×9 年與 ×10 年應有之分錄。
(2) 列出乙公司 ×10 年底資產負債表上與補助有關項目之表達（請將遞延政府補助利益列為相關項目減項）
(3) 假設 ×11 年初，乙公司因違反政府補助條件之部分條款，被要求返還土地成本補助之 (i) 全部補助款 $30,000,000；(ii) 部分補助款 $10,000,000，試依上述兩種情況作應有之分錄

【改編自 100 年公務人員高等考試】

36. 【與收益有關之政府補助、補助之返還】×6 年初丙公司獲得政府補助款 $8,000,000 以供丙公司未來進行某項新技術開發計畫，估計該計畫所需成本自 ×6 年起年 4 年內平均發生。新技術開發完成後，丙公司可完全取得新設備之所有權及專利。丙公司預計 ×9 年底可完成該計畫。

試作：

(1) ×6 年相關分錄。
(2) 若 ×7 年初，丙公司因違反政府補助規定，必須退還全部補助款之相關分錄。
(3) 若 ×7 年初，丙公司因違反政府補助規定，必須退還剩餘補助款之相關分錄。

37. 【與收益有關之政府補助】×9 年底丁公司收到一筆政府立即給予該公司財務支援為目的之補助款項 $20,000,000，且丁公司未來無此補助款項之相關成本及應遵循之條件。試作相關分錄。

不動產、廠房及設備——購置、折舊、折耗與除列

應用問題

1.【含必要停工之資本化之借款成本】A 公司於 ×7 年初將廠房拆除重建，並於 ×8 年 8 月底完工，其他資訊如下：

發生之支出

×7 年 1 月 1 日	$450,000
4 月 1 日	250,000
8 月 1 日	360,000
11 月 1 日	120,000
×8 年 1 月 1 日	250,000
3 月 1 日	90,000
6 月 1 日	70,000
8 月 1 日	100,000

相關負債

(a) 為重建廠房，於 ×7 年初開立一張 2 年期不付息票據，面額為 $551,250，×7 年初公允利率為 5%。

(b) ×5 年初平價發行 6 年期公司債，面額 $200,000，利率為 12%。

(c) ×4 年初平價發行 5 年期公司債，面額 $300,000，利率為 10%。

公司債於年底付息，若 A 公司不將廠房拆除重建，則自有資金足以償還上列債務。每年 12 月，該廠房所在地酷寒，氣候惡劣，各行各業皆無法施工，因此 A 公司必須停工 1 個月。

試作：計算 ×7 及 ×8 年 A 公司資本化之借款成本。(四捨五入至整數位)

2.【資本化之借款成本－因不同因素停工】忠衛公司為了擴充新產線而於 ×1 年至 ×2 年進行口罩廠之建造，該廠房將於 ×2 年 5 月 31 日完工，其相關支出如下：

支出日期	支出金額 (元)
×1/3/1	$ 14,000,000
×1/5/1	21,000,000
×1/12/1	56,000,000
×2/3/1	7,000,000

忠衛公司之融資活動除一般用途外，亦包括取得及建造符合要件之資產。

×1年度：

借款項目	流通在外借款金額	利息支出
長期借款		
7年期，年利率10%	$ 70,000,000	$7,000,000
5年期，年利率7%	20,000,000	1,400,000
短期借款*	10,000,000	560,000
銀行透支*	5,000,000	400,000
合計	$105,000,000	$9,360,000

×2年度：

借款項目	流通在外借款金額	利息支出
長期借款		
10年期，年利率10%	$70,000,000	$7,000,000
5年期，年利率7%	20,000,000	1,400,000
短期借款*	6,000,000	100,000
合計	$96,000,000	$8,500,000

＊短期借款與銀行透支項下所列示之金額×1年度/×2年度之平均流通在外借款金額及依浮動利率所發生之利息金額

試作：

(1) 計算×1年度資本化之借款成本金額並試作相關分錄。

(2) 計算×2年度資本化之借款成本金額並試作相關分錄。

(3) 假設忠衛公司因金融海嘯導致公司資金籌措困難，而自×1年7月1日起停工4個月，試重新計算×1年度借款成本×資本化金額。

(4) 假設忠衛公司因颱風導致工程延宕，×1年7月1日起停工4個月，試重新計算×1年度資本化之借款成本金額。

3. 【土地購入使開發建造之成本資本化】甲公司在×1年初支付現金$1,500,000購入土地一塊，並立即在土地上建造辦公大樓，建造期間相關支出之金額及日期如下：

×1年4月1日支出　　　$800,000
×1年6月30日支出　　　600,000
×1年9月1日支出　　　 750,000

其他資訊

(a) ×1年12月31日大樓建造完成。

(b) 為建造此辦公大樓，×1年初開始一項為期2年之專案借款$1,500,000，利率為10%，其他×1年整年流通在外之債務(若甲公司不自建辦公大樓，則這些債務可償

還)如下：(專案借款及一般借款皆為年底付息)

  長期借款，利率6% $1,000,000

  應付公司債，利率8%，平價發行 600,000

試作：計算甲公司×1年資本化之借款成本之金額，並作×1年相關分錄。

4. 【**自建資產成本—折舊、減損**】丁公司×3年初開始建造機器以供未來生產使用，4月及5月由於意外而停工2個月，至當年12月31日完工，並於×4年開始啟用。若丁公司向外購買相同功能之機器，外購成本為$3,800,000。自建機器之相關支出及借款金額如下：

相關支出
1月1日	$ 450,000
3月1日	660,000
7月1日	1,000,000
9月1日	900,000
11月1日	480,000

借款金額

×3年1月1日之專案借款：$1,000,000，年利率13%，年底付息。

×3年全年流通在外之一般借款：

  $1,000,000，年利率10%
  $3,000,000，年利率12%

試作：

(1) 計算上述機器資本化之借款成本。
(2) 計算丁公司自建機器之總成本，並說明此情況下與外購成本間之差額應如何處理。
(3) 若此機器耐用年限為10年，殘值為$29,633，採直線法提列折舊，×4年底折舊分錄。
(4) 承上，若×4年底，該機器有減損之跡象，估計其可回收金額為$3,300,000，相關分錄。(提示：請參閱本書第8章)

5. 【**考量預收款、政府補助、暫時性投資、暫時停工之資本化之借款成本**】戊公司×7年初開始興建一座電廠，預估2年完工，相關資訊如下：

(a) ×7年初為興建該電廠，向銀行取得專案借款$20,000,000，利率8%，期限4年。
(b) 於興建期間同時存在之三筆長期借款，若不興建該電廠即可償還：

  A借款：金額$60,000,000，利率7%
  B借款：金額$150,000,000，利率6%
  C借款：金額$33,000,000，利率5%

(c) 每年初支付之工程款(不包括資本化借款成本)如下：

　　×7年　　　　　　$10,000,000
　　×8年　　　　　　$20,000,000
　　×9年　　　　　　$ 3,000,000

(d) 因附近居民抗議，於×8年最後2個月停工，×9年初復工，完工日期延長至×9年2月底。

(e) 該電廠×9年2月底完工，卻遲至×9年9月初啓用。

(f) 戊公司將專案借款未支用工程款的部分用於投資，投資報酬率爲4%。

(g) ×7年4月初收到政府補助款$5,000,000。

(h) ×7年8月底及×8年9月底各收到進度款$2,000,000。

(i) 上述事項，除×9年初之工程款的半數以不付息之應付款項支付(該應付款項於×9年9月初償還)，其餘皆是現金收付之交易。

試作：

(1) 計算戊公司×7年、×8年、×9年各資本化之借款成本金額。

(2) 若電廠之估計耐用年限爲20年，採倍數餘額遞減法提列折舊，殘值爲$10,000,000。×9年底之所有分錄。　　　　　　　　　　　[改編自99年檢察事務官特考]

6. **【取得一般借款前所發生符合要件之資產之支出】**富幫公司爲建造$20,000,000之辦公大樓，於×3年1月1日與丏幫建設公司簽定合約，富幫公司最近兩年支付給丏幫建設公司的金額如下：

支出日期	支出金額(元)
×3/1/1	$6,000,000
×3/4/1	$7,000,000
×3/12/31	$2,000,000

該辦公大樓於×4年6月30日建造完成並啓用，富幫公司未有該建造中之辦公大樓以外符合要件之資產。富幫公司於×3及×4年報導期間之流通在外借款(一般借款)如下：×3年6月30日平價發行之應付公司債，金額$15,000,000，期間5年，票面利率5%，每年6月30日付息一次。

試作：富幫公司×3年與×4年符合資本化條件之借款成本。

7. **【計入借款成本之兌換差額】**以功能性貨幣日圓編製財務報表之夏浦公司爲建造廠房而簽訂一項專案借款合約，借款期間內並無將該借款暫時投資所產生之投資收益。

借款合約之內容及背景資料列示如下：

項目	說明
借款金額(外幣)	US$20,000,000
原始認列借款日	×1年1月1日
原始認列借款日匯率	日圓102：US$1
外幣借款利率(美元)	年利率6%(固定)
原始認列借款日類似日圓借款之利率	年利率8%(固定)
×1年平均匯率	日圓105：US$1
×1年12月31日匯率	日圓110：US$1
×1年支付利息-美元	US$1,200,000 (6%×US$20,000,000)
×1年支付利息日圓(按平均匯率換算)	日圓126百萬元 (US$1,200,000×105)

夏浦公司資本化之借款成本金額為日圓126百萬元，即外幣計價符合要件之利息成本按費用發生日實際匯率所換算之金額。此外，夏浦公司將兌換差額視為利息成本之調整數。夏浦公司應決定若以日圓借款於×1年可能會生之借款成本，以決定兌換差額作為利息成本調整數之上限。

(1) 試問×1年資本化之借款成本之金額及當年度因借款而產生的兌換損益
(2) 承(1)，若×1年報導期間結束日重新換算美元US$20,000,000時，將產生外幣兌換利益為日圓160百萬元，則是否需調整借款成本之兌換差額
(3) 承(1)，假設其他條件不變，於×1年報導期間結束日以功能性貨幣借款利率計算之年度利息支出為日圓100百萬元，且換算美元US$20,000,000將產生外幣兌換利益日圓160百萬元。試問×1年資本化之借款成本之金額及當年度因借款而產生的兌換損益。

Chapter 8

不動產、廠房及設備
——減損、重估價模式及特殊衡量法

學習目標

研讀本章後，讀者可以了解：
1. 資產減損之會計處理方法
2. 重估價模式與成本模式之差異
3. 投資性不動產之定義與會計處理
4. 待出售非流動資產之定義與會計處理

本章架構

不動產、廠房及設備——減損、重估價模式及特殊衡量法

資產減損
- 減損跡象
- 減損衡量
- 可回收金額
- 減損評估單位
- 減損損失
- 減損損失迴轉

重估價模式與成本模式
- 重估價類別
- 重估價頻率
- 重估價會計處理

投資性不動產
- 定義
- 認列與衡量
- 轉列
- 處分

待出售非流動資產
- 處分群組
- 分類條件
- 會計處理

聯陽合併失策，資產減損 1.2 個資本額

聯陽半導體 (臺灣證券交易所上市，股票代號 3014) 於 2008 年宣布合併集團旗下三家 IC 設計公司聯盛、晶瀚及繪展，合併基準日為 2009 年 1 月 1 日，2009 年聯陽當時表示，聯盛專精記憶體控制晶片及數位電視解調器晶片、晶瀚以 HDMI 介面晶片為主、繪展主攻多媒體晶片，四合一有助擴大聯陽產品線。

2011 年 12 月 29 日聯陽因 3 年前合併集團旗下的聯盛、晶瀚及繪展，合併成效遠不如原先預期，聯陽於股市盤後公告，評估資產減損達 24.58 億元，超過 1 個資本額，影響 2011 年業外虧損每股達 12.13 元，每股淨值將由 2011 年第三季的 30 多元減為低於 20 元，合併風險之高，為 IC 設計業少見。聯陽表示，這次資產減損並不涉及本年度之現金流量，對資金並無重大影響，但是，此資產減損資訊仍然造成 2011 年 12 月 30 日聯陽股價直接跳空跌停，並在跌停價位上一路鎖死到底，即使聯陽同時宣布祭出庫藏股護盤，決定首度實施庫藏股，買回 8,000 張庫藏股，還是讓投資人落荒而逃，跌停價位仍有近 4,000 張賣單高掛。

中租控股股份有限公司

在臺灣證券交易所上市的中租迪和租賃公司，出租資產主要為車輛，2010 年度出租車輛占全部出租資產總額約 33 億元中的 21 億元，故以車輛之減損測試分析之。所有車種係以新臺幣 200 萬元為基準劃分減損測試之方法，新臺幣 200 萬元以下之車種，參考權威車訊之中古車價格，考量品牌、年份、級等後，再依該價格打折扣。新臺幣 200 萬元以上車種，因中古車市場較小，故係向中古商詢價方式估計殘值。中租迪和出租資產減損損失測試係以未來可回收金額現值 (包括各期租金現值及最後殘值) 與帳面金額相較算出減損損失，其資產殘值係參考外部資料再打折後估算。

潤泰全加速活化閒置資產

百貨零售通路股潤泰全 (臺灣證券交易所上市，股票代碼 2915) 於 2010 年底召開股東臨時會，通過修訂「取得或處分資產處理辦法」案，加速處理閒置資產。潤泰全將廠房大致集中至楊梅廠，空出的中壢廠，占地面積 8,000 多坪，已從工業用地變更為一般用地，1 坪價格上看 20 萬元，另外新豐廠有 5,500 坪，取得成本 1 坪 3.5 萬元，市價 13.4 萬元，淡水竹圍辦公室大樓 3,500 坪，成本約 1 坪 11 萬元，市價 20 萬元，此二塊資產，未來隨時可處分；潤泰全概估全臺 2 萬多坪的閒置資產總市值約 30 億元，由於潤泰集團本身就有潤泰創新建商，相當具有優勢。

政德光電處分閒置資產

政德光電科技股份有限公司 (臺灣證券交易所上市，股票代碼 8088) 於 2011 年 2 月設立 COB (封裝事業群) 部門時，屬產品研發性質，故購入相關資產設備以供使用，自設立後，從未對公司的營收帶來任何助益，其後新的經營團隊進駐，經過檢討後認為該研發團隊並未有具體的研發成果，因而於 2011 年 9 月予以資遣，致使該資產設備已無實用價值，故擬轉列待出售閒置資產，經董事會決議通過後，予以處分以充實營運資金。

章首故事引發之問題

- 資產減損之會計處理對財務報表有重大影響。
- 資產減損雖然不影響當期現金流量,但是,對未來現金流量有重大不利之影響。
- 資產減損訊息對企業股價有重大衝擊。
- 資產減損之評估與方法應考量行業特性與專業知識。
- 何謂閒置資產?在資產負債表應如何表達?
- 待出售非流動資產之會計處理為何?有何重要之專業判斷條件?

學習目標 1
了解資產減損之評估流程及會計處理

8.1 資產減損

資產減損 (impairment of assets) 會計處理適用於**不動產、廠房及設備** (property, plant and equipment),例如:土地、建築物、機器與設備、採**成本法衡量之投資性不動產** (investment property with cost-based measurement)、**無形資產** (intangible assets)、**商譽** (goodwill)、採**權益法** (equity method) 評價之被投資公司及**合資企業** (joint venture) 之投資等。

學習資產減損有下列幾個重點:

1. 辨認可能減損之資產。
2. 了解資產減損評估之基本單位。
3. 進行資產**減損測試** (impairment test)。
4. 認列資產**減損損失** (impairment loss)。
5. 認列資產減損損失之**迴轉** (reversal)。

8.1.1 辨認可能減損之資產

進行資產減損測試涉及許多估計、假設與判斷,過程極為耗時複雜且承擔額外會計處理成本,若要求公司於每個資產負債表日均需進行資產減損測試,有時可能不符成本效益原則,故企業應於資產負債表日評估是否有跡象顯示資產可能發生減損[1],若有**減損跡象** (indicator of impairment) 存在時 (包括外來資訊或內部資訊),才進

---

[1] 商譽及非確定耐用年限無形資產因無須每年攤銷,所以不論有無減損跡象,須每年進行減損測試。

Chapter 8

不動產、廠房及設備──減損、重估價模式及特殊衡量法

IFRS 一點通

資產減損是會計穩健原則之運用

　　資產減損是會計穩健原則之運用，所有之資產 (只有新臺幣現金除外) 都有不同形式與方法之減損會計，本章介紹之資產減損主要係以長期性之資產為對象 (如固定資產與無形資產)。

行必要的資產減損測試程序。企業於評估資產有可能發生減損的跡象時，至少應考慮下列資訊 (詳見表 8-1)。所謂外來減損資訊，係指此類資訊不需要透過管理者提供，可由市場或媒體直接得知；內部減損資訊則通常必須透過管理者提供減損資訊，外部利害關係人無法透過其他管道獲悉。

表 8-1　資產減損跡象

外來資訊	內部資訊
A. 資產之價值於當期發生顯著大於因時間經過或正常使用所預期之下跌之可觀察跡象。	A. 資產過時或實體毀損之證據。
B. 企業營運所處之技術、市場、經濟或法律環境資產特屬市場)，已於當期 (或將於未來短期內) 發生對企業具不利影響之重大變動。	B. 資產使用或預期使用之範圍或方式，已於當期 (或將於未來短期) 發生不利於企業之重大變動。該等變動包括資產閒置、資產所歸屬部門計畫停業或調整營業、較原預計日期提早處分資產、資產經重新評估由非確定耐用年限改為有限耐用年限等。
C. 市場利率或其他市場投資報酬率已於當期上升，且該等上升可能影響用以計算資產使用價值之折現率，並重大降低資產之可回收金額。	C. 內部報告可得之證據顯示，資產之經濟績效不如 (或將不如) 原先預期。
D. 企業淨資產帳面金額大於其總市值。	

釋例 8-1　判斷是否存在減損跡象

　　美國於 ×3 年通過一進口限制與配額法案，規定從 ×5 年開始大幅減少進口數量，因此，預期對甲公司之銷售金額有重大衝擊，試問甲公司應於 ×3 年或 ×5 年進行減損測試？

357

> **解析**
>
> 雖然該法案對本期(×3年)之銷售金額尚未有影響，但是，已預期於將於近期(×5年)開始對企業產生不利之重大變動，故符合外來資訊(B)之減損跡象，應於×3年進行減損測試。

8.1.2 資產減損衡量與可回收金額

進行資產減損測試時，應估計該資產之**可回收金額**(recoverable amount)，並比較資產之**帳面金額**(carrying amount)是否超過可回收金額，若資產之帳面金額超過可回收金額，則產生資產減損。

資產減損測試之目的係確保資產之帳面金額不超過預期之經濟效益(即可回收金額)，當資產可回收金額低於帳面金額時，應將帳面金額降低部分認列為減損損失(詳見圖8-1及表8-2)。

> **資產減損測試之目的**
> 係確保資產之帳面金額不超過預期之經濟效益(即可回收金額)。

資產減損損失金額 ＝ 資產之帳面金額 － 資產之可回收金額

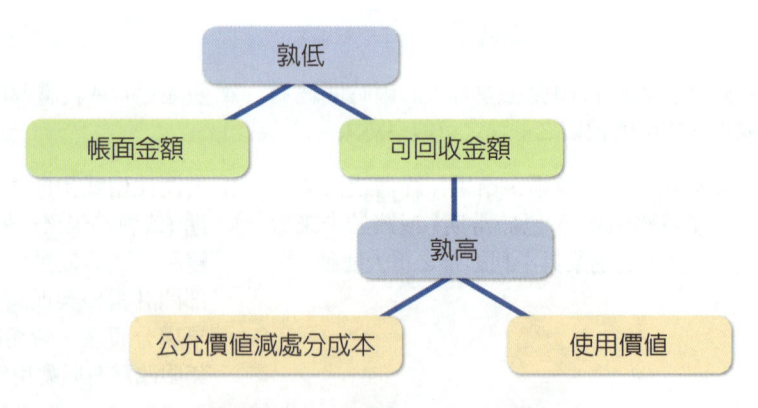

```
              孰低
         ／        ＼
      帳面金額    可回收金額
                     │
                    孰高
                  ／    ＼
        公允價值減處分成本  使用價值
```

圖 8-1 資產減損之衡量

使用價值(value in use)之估計包括持續使用並可直接歸屬或以合理一致之基礎分攤之現金流出估計。使用價值涉及估計未來現金流量，估計時應僅考量資產之現時情況，不應反映：

1. 企業尚未承諾之未來**重組**(restructuring)所產生之預期現金流出、或相關成本節省(如人事成本之減少)或效益。所稱承諾，係指企業將受制於不可撤銷之合約或計畫。
2. 將改良或加強資產以提升其現有績效水準之未來現金流出，或預期因該現金流出所產生之相關現金流入。

不動產、廠房及設備——減損、重估價模式及特殊衡量法

表 8-2 減損用語、定義、解釋與補充說明

減損用語	定義	解釋與補充說明
可回收金額	資產之可回收金額為企業回收該資產之價值與方法，企業可以選擇： (1) 處分資產方式回收價值，或 (2) 繼續使用該資產方式回收價值。 並選擇對企業最有利之方法（二者孰高之金額），加以處分或繼續使用；前者即為公允價值減處分成本，後者即為使用價值。	當業務與銷售情況良好時，通常使用價值會大於公允價值減處分成本；反之，業務蕭條時，使用價值有可能會小於公允價值減處分成本。
公允價值減處分成本（淨公允價值）	於衡量日，市場參與者間在有秩序之交易中出售資產之價格並扣除處分成本後所可取得之金額。	處分成本包括律師費、印花稅及類似交易稅、資產移除成本及使資產可供銷售之直接增額成本等。 若要求買方承受負債，且併同資產及負債以決定淨公允價值，則於考慮是否產生減損時，應將資產帳面金額減除該負債帳面金額。例如：資產之帳面金額 500 萬元，帳上尚有與該資產有關未付清之分期付款 100 萬元，若買方願意承擔該負債 100 萬元，則賣方在考量資產減損時，只須考量最多 400 萬元之資產減損。
使用價值	使用價值係指預期可由資產所產生之估計未來現金流量折現值。企業應評估經由資產之持續使用及其最終處分，所產生之未來現金流入及流出，並使用適當折現率將估計之未來現金流量予以折現。	未來現金流量之估計應根據過去經驗為基礎，通常以不超過 5 年之財務預測或財務預算予以估計未來現金流量為原則，超出之後續年度部分，可採用成長率外推方式估計。
帳面金額	資產減損評估日之會計帳上金額，已扣除累計折舊、累計攤銷、累計折耗及累計減損後，於資產負債表所認列之金額。	

臺灣證券交易所 2010 年度對上市公司財務報告實質審閱，發現公司常見缺失之一為：

企業執行資產減損測試評估資產使用價值時，未基於合理且有根據之假設，預估未來現金流量，且資產減損測試所採用之折現率不符 IAS 36 規定。

折現率

折現率 (discount rate) 係反映市場當時對**貨幣時間價值** (time value of money) 及資產特定風險評估之比率，亦係投資人選擇某項投資所要求之報酬率，而該投資之現金流量金額、時點及風險特性與企業預期由該資產產生者相當。此折現率之估計係採下列二者之一：

1. 類似資產於當時市場交易所隱含之報酬率。
2. 其他企業若僅持有與受評資產具相似服務潛能及風險之資產者，其加權平均資金成本。

企業評估減損時，所採用之折現率應採稅前基礎，若以稅後為基礎時，該基礎應予調整以反映稅前比率。企業通常採用單一折現率估計某一資產之使用價值，但當使用價值對不同期間之風險差異或利率結構具敏感性時，企業應就不同期間分別使用適當之折現率。

8.1.3　資產減損評估之單位 (個別資產及現金產生單位)

> 可回收金額原則上應就個別資產予以決定。若無法產生獨立之現金流量時，則應就現金產生單位評估。

資產減損評估之單位，係以能產生大部分獨立之現金流量為基礎，若個別資產能產生大部分獨立之現金流量，則可回收金額應就個別資產予以決定，以該個別資產為資產減損評估之單位，但個別資產如無法經由使用產生與其他資產或**資產群組** (group of assets) 大部分獨立之現金流量時，需要透過許多資產組合共同產生現金流量，則應就該資產所歸屬之**現金產生單位** (Cash Generating Unit, CGU) 予以決定。現金產生單位係指可產生現金流入之最小可辨認資產群組，其現金流入與其他個別資產或資產群組之現金流入大部分獨立。

資產減損評估之單位為單一個別資產或最小可辨認資產群組之現金產生單位，可確保估計之減損機會與減損金額較大，達到會計穩健處理之目的。因此，各現金產生單位不得大於依 IFRS 8「**營運部門**」(operating segments) 所定義之彙總前營運部門。

> 由於部分企業報導之營運部門，已經過彙總方式，將數個營運部門彙總成一個營運部門報導，故各現金產生單位不得大於依 IFRS8「營運部門」所定義之彙總前營運部門。

雖然，理論上資產減損評估之基本單位有單一個別資產或單一現金產生單位，但大部分企業之資產減損評估之單位多為現金產生單位，例如：廠房搭配機器設備生產產品，方能共同產生獨立之現

Chapter 8 不動產、廠房及設備——減損、重估價模式及特殊衡量法

金流入,單獨之廠房或單獨之機器設備皆無法有獨立之現金流入。

共用資產 (corporate assets) 係指非商譽且對二個或二個以上之現金產生單位之現金流量有貢獻之個別資產。如總公司之建築物或研發中心之資產等,共用資產本身無法產生獨立現金流量。共用資產之帳面金額若可以合理一致之基礎分攤至現金產生單位,則以該現金產生單位為資產減損評估之單位。若無法以合理一致之基礎分攤共用資產帳面金額予現金產生單位,則擴大資產群組,將共用資產分攤至二個或二個以上之現金產生單位群組,進行資產減損評估。

與商譽相關之減損,將於第9章說明。

決定現金產生單位之帳面金額與可回收金額時,應包括之會計項目,其帳面金額與可回收金額應彼此一致。此外,資產群組之產出若有**活絡市場** (active market),即使該產出部分或全部供內部使用,仍應將該資產群組辨認為現金產生單位 (詳見圖 8-2 與 8-3)。

辨認現金產生單位 (CGU)

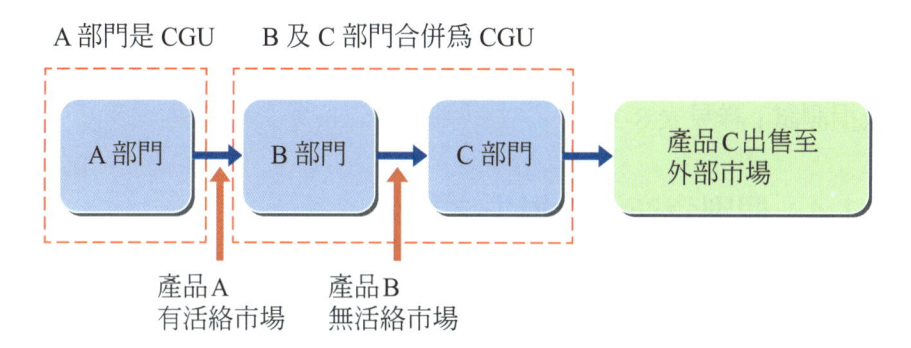

A 部門是 CGU　　B 及 C 部門合併為 CGU

A 部門 → B 部門 → C 部門 → 產品C出售至外部市場

產品A 有活絡市場　　產品B 無活絡市場

圖 8-2　辨認現金產生單位 (CGU)

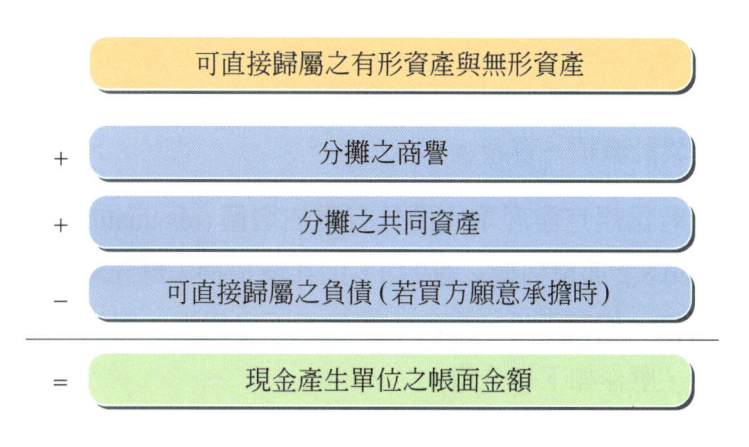

　　可直接歸屬之有形資產與無形資產
+　分攤之商譽
+　分攤之共同資產
－　可直接歸屬之負債 (若買方願意承擔時)
─────────────────
=　現金產生單位之帳面金額

圖 8-3　辨認現金產生單位之組成部分

361

表 8-3　資產減損評估之單位

資產減損評估之基本單位	
單一個別資產	能獨立產生現金流入之個別資產。
單一現金產生單位	需透過最小可辨認資產群組 (多項有形與無形資產) 之共同投入，方能產生獨立之現金流入。
特殊情況下，資產減損評估之單位為現金產生單位群組	
兩個或兩個以上之現金產生單位群組	若商譽或共用資產無法以合理且一致的方法分攤至現金產生單位時，則使用由上往下 (top-down) 法，將商譽或共用資產同時分攤至二個或二個以上之現金產生單位群組。

公司共用資產減損之處理

當共用資產有價值減損的跡象，其可回收金額必須與共用資產所歸屬的現金產生單位一同進行估計，帳面金額也是必須與共用資產所歸屬的現金產生單位一起計算。因此，共用資產所歸屬現金產生單位應以其含共用資產分攤之帳面金額與可回收金額相比較進行減損測試 (詳見表 8-3)。

8.1.4　個別資產減損損失之認列

當資產可回收金額低於帳面金額時，應將帳面金額降低部分認列為減損損失，減損後應以可回收金額作為新成本，估計剩餘使用年限，重新計提折舊。資產未辦理重估價，則其減損損失列為損益表下之損失。例如：資產 A 認列損失時，應作如下之分錄：

減損損失　　　　　　　　　　　××
　　累計減損—資產 A　　　　　　　　　××

資產若已規定辦理重估價且有**重估增值** (revaluation surplus) 之狀況 (參閱 8.2 節重估價之說明)，則其減損損失應先減少權益項下之重估增值，如有不足，方列入損益表下之損失。例如：資產 A 認列損失時，應作如下之分錄：

資產減損損失於損益表上之表達方式，若企業採用性質別表達費損項目，資產減損損失應單獨列示；若採功能別表達費損項目，資產減損損失應歸屬於其相關之功能別費用。

減損損失	××	
其他綜合損益—重估增值	××	
累計減損—資產 A	××	

釋例 8-2　個別資產減損損失

祥瑞公司全自動化機器 A 於 ×1 年 12 月 31 日有減損跡象，相關資料如下：

成本	$400,000
累計折舊	40,000
可回收金額	300,000

祥瑞公司意圖繼續使用該機器。原始估計殘值為零與耐用年限 10 年不變，剩餘耐用年限 9 年。

試作 ×1 年底認列資產減損之分錄。(1) 假設機器 A 未辦理重估價；(2) 假設機器 A 已辦理重估價，重估增值金額 $20,000。

解析

(1) 減損損失 = 帳面金額 – 可回收金額
　　　　　 = ($400,000 – $40,000) – $300,000
　　　　　 = $60,000

| 減損損失 | 60,000 | |
| 　累計減損—機器 A | | 60,000 |

(2) 減損損失 = $60,000 – $20,000（重估增值）
　　　　　 = $40,000

減損損失	40,000	
其他綜合損益—重估增值	20,000	
累計減損—機器 A		60,000

觀念釐清：本釋例只是為了讓學生容易了解個別資產減損相關會計處理，實務上，個別機器設備通常無法有個別產生獨立現金流量之能力，機器設備至少須搭配土地與廠房，成為一個現金產生單位，方能產生獨立現金流量。

8.1.5 個別資產減損損失之迴轉

迴轉後之帳面金額不可超過資產在未認列減損損失之情況下，減除應提列折舊後之帳面金額。

企業應於資產負債表日評估是否有證據顯示，資產於以前年度所認列之減損損失，可能已不存在或減少，若估計資產之可回收金額發生變動而增加時，即應予迴轉。惟其迴轉後之帳面金額不可超過資產在未認列減損損失之情況下，減除應提列折舊後之帳面金額。

資產(商譽除外)如未辦理重估價，則其減損損失之迴轉應於損益表認列為利益。資產如已依規定辦理重估價者，則其減損損失之迴轉應先將過去之減損損失於損益表認列利益後，如有剩餘金額，再轉回重估增值。

釋例 8-3　個別資產減損損失迴轉

承釋例 8-2，祥瑞公司全自動化機器 A 於 ×2 年 12 月 31 日，因評估其使用方式發生重大變動，預期將對企業產生有利之影響，且評估該機器可回收金額為 $380,000。試作 ×2 年底認列資產減損損失迴轉之分錄。

解析

×2 年底提列折舊費用 $33,333 (= $300,000 ÷ 9)。

折舊費用	33,333*	
累計折舊		33,333

*另一種分錄作法為借記折舊費用 $33,333，借記累計減損 $6,667，貸記累計折舊 $40,000。

(1) 假設機器 A 未辦理重估價

該機器 ×2 年 12 月 31 日帳面金額
　　= $300,000 – $300,000 ÷ 9
　　= $266,667 < 可回收金額 $380,000，可迴轉減損損失。

機器若從來未認列減損損失下之帳面金額 = $400,000 – $40,000 × 2
　　　　　　　　　　　　　　　　　　　= $320,000 < $380,000

故減損損失迴轉金額 = 機器未認列減損損失下帳面金額 – 機器帳面金額
　　　　　　　　　 = $320,000 – $266,667
　　　　　　　　　 = $53,333

累計減損—機器 A	53,333	
減損迴轉利益		53,333

(2) 假設機器 A 已辦理重估價，重估增值金額 $20,000 (假設重估增值處分時再轉出)。

$53,333 – $40,000 = $13,333

累計減損—機器 A	53,333	
減損迴轉利益		40,000
重估增值		13,333

8.1.6 現金產生單位減損損失認列

若無法估計個別資產之可回收金額時，則應以該資產所歸屬現金產生單位之可回收金額評估減損。於決定現金產生單位之帳面金額與可回收金額時，二者包括之會計項目應一致。

現金產生單位 (已分攤商譽或共用資產之最小現金產生單位群組) 之可回收金額若低於其帳面金額，應立即認列減損損失，並依下列順序分攤：

1. 就已分攤至現金產生單位之商譽，減少其帳面金額。
2. 就剩餘資產帳面金額等比例分攤至各資產。

依上述規定分攤減損損失時，帳面金額以減至下列金額最高者為限：

1. **公允價值減處分成本** (fair value less costs of disposal)
2. 使用價值
3. 零

因前項限制未分攤至該資產之減損損失金額，應將該未分攤部分依相對比例分攤至該現金產生單位之其他資產。

若無法以合理一致之基礎分攤共用資產帳面金額予現金產生單位，則依下列步驟認列減損損失：

1. 先採**由下往上** (bottom-up) 法

   排除共用資產後之現金產生單位帳面金額與可回收金額相比較。

2. 後採**由上往下** (top-down) 法

   a. 擴大辨認包含所評估之現金產生單位，直至可以合理一致之基礎分攤共用資產部分帳面金額之最小現金產生單位群組。

對於如何分攤共用資產至現金產生單位，IASB 並無強制性之規定，只要能符合「合理一致之基礎」之原則即可。常用方法之一，係現金產生單位的帳面金額，並以耐用年限加權後之相對金額比例，作為分攤基礎。

b. 將已分攤共用資產之現金產生單位帳面金額與可回收金額相比較，並進行減損測試。

釋例 8-4　現金產生單位減損認列及公司共用資產之分攤

甲公司擁有三個現金產生單位 A、B 與 C，×0 年 12 月 31 日，甲公司所屬產業環境對公司產生不利的重大變動，現金產生單位有減損跡象，該公司對其所有資產進行減損測試，因此需進行可回收金額之估計。在 ×0 年 12 月 31 日時，現金產生單位 A、B 與 C 之帳面金額 (不含共用資產) 如下：

×0 年底	A	B	C
帳面金額	$5,000	$7,500	$10,000

甲公司之營運統一由臺北總部指揮進行管理，總公司有關資產的帳面金額為 $10,000：包括總部建築物 $7,500 與研發中心 $2,500。臺北總部建築物及研發中心為 A、B 與 C 的共用資產。總部建築物可以合理分攤至 A、B、C 三個現金產生單位，但研發中心則無法合理分攤至現金產生單位。A、B、C 三個現金產生單位的剩餘使用年限分別為 10、20、20 年。總公司資產以直線法提折舊。

假設總部建築物之帳面金額可依據 A、B、C 三個現金產生單位的帳面金額，並以耐用年限加權後之相對金額比例，作為分攤基礎。此外，假設現金產生單位皆無法估計公允價值減處分成本，所以可回收金額僅以使用價值估計，稅前折現率為 15%。估計甲公司及 A、B、C 三個現金產生單位之使用價值如下：

	A	B	C	甲公司 (A+B+C)
使用價值	$10,000	$8,200	$13,550	$31,750

解析

總公司建築物可合理分攤，故僅需使用由下往上法；研發中心無法合理分攤，因此先採用由下往上法後，再採用由上往下法。

(1) 先將總部建築物之帳面金額分攤至現金產生單位

×0 年底	A	B	C	合計
帳面金額	$5,000	$7,500	$10,000	$22,500
耐用年限	10 年	20 年	20 年	
根據耐用年限之加權	1	2	2	
加權後之帳面金額	5,000	15,000	20,000	40,000
分攤比率	12.5%	37.5%	50%	100%
分攤總部建築物之金額	937.5	2,812.5	3,750	7,500
分攤總部建築物後之帳面金額	$5,937.5	$10,312.5	$13,750	$30,000

決定可回收金額

採用由下往上法需要個別現金產生單位之可回收金額，但由上往下法，則需要公司整體之可回收金額。

(2) 計算資產減損損失

採用由下往上法，包括總部建築物 $7,500

×0 年底	A	B	C
帳面金額 (含總部建築物)	$5,937.5	$10,312.5	$13,750
可回收金額	10,000	8,200	13,550
資產減損損失	$0	$(2,112.5)	$(200)

(3) 分攤資產減損損失

現金產生單位	B	
分攤至總部建築物	$ (576)	[$2,112.5 × $2,812.5/$10,312.5]
分攤至現金產生單位 B	(1,536.5)	[$2,112.5 × $7,500/$10,312.5]
	$(2,112.5)	

現金產生單位	C	
分攤至總部建築物	$(54.5)	[$200 × $3,750/$13,750]
分攤至現金產生單位 C	(145.5)	[$200 × $10,000/$13,750]
	$(200)	

建築物減損損失 = $ 576 + $54.5 = $630.5

(4) 採用由上往下法測試

×0 年底	A	B	C	建築	研發中心	甲公司
帳面金額	$5,000	$7,500	$10,000	$7,500	$2,500	$32,500
因由下往上法產生之減損	-	(1,536.5)	(145.5)	(630.5)	-	(2,312.5)
由下往上法後之帳面金額	$5,000	$5,963.5	$9,854.5	$6,869.5	$2,500	$30,187.5
可回收金額						$31,750
因由上往下法產生之減損						0

(5) 減損損失分錄

現金產生單位 A 與研發中心並未產生資產減損損失：

減損損失		2,312.5	
累計減損—現金產生單位 B 各項資產			1,536.5
累計減損—現金產生單位 C 各項資產			145.5
累計減損—總部建築物			630.5

釋例 8-5　現金產生單位減損損失（二次分攤減損損失）

×4年12月31日A公司某一現金產生單位中包含甲、乙及丙（設均無商譽）三項機器設備，由於該公司相關產業之技術環境，於本期產生對其重大不利之變動，因此對該現金產生單位進行減損測試，甲、乙、丙機器帳面金額分別為 $150,000、$150,000 及 $200,000，除得知甲之公允價值減處分成本為 $134,000 外，無法就各機器設備取得使用價值或公允價值減處分成本，因此可回收金額係就該現金產生單位予以決定，該現金產生單位之可回收金額估計 $400,000。

解析

×4/12/31	甲	乙	丙	現金產生單位
帳面金額	$150,000	$150,000	$200,000	$500,000
可回收金額				400,000
減損損失				$(100,000)
分攤比例	3/10	3/10	4/10	
減損損失分攤	(30,000)(註)	(30,000)	(40,000)	100,000
分攤後帳面金額	$120,000	$120,000	$160,000	$400,000
二次分攤比例		3/7	4/7	
	14,000	(6,000)	(8,000)	0
二次分攤後帳面金額	$134,000	$114,000	$152,000	$400,000

註：雖然依比例分攤損失金額為 $30,000，但分攤後之帳面金額不得低於其公允價值減處分成本 $134,000，故僅分攤減損金額 $16,000 (= $150,000 − $134,000)。

×4/12/31	減損損失	100,000	
	累計減損—機器設備甲		16,000
	累計減損—機器設備乙		36,000
	累計減損—機器設備丙		48,000

註：本釋例只是為了讓學生容易了解資產減損相關會計處理，現金產生單位之資產不會僅有機器設備。

8.1.7　現金產生單位之減損損失迴轉

現金產生單位減損損失之迴轉，應依該單位中之各資產（商譽除外）帳面金額，比例分攤至各資產。前述帳面金額增加部分應以個別資產減損損失迴轉處理。

現金產生單位中之各資產依前段規定分攤該現金產生單位減損損失之迴轉時，各資產迴轉後之帳面金額不得超過下列二者較低者：

1. 各資產可回收金額（若可決定時）。

2. 各資產在未認列減損損失之情況下，減除應提列折舊或攤銷後之帳面金額。

因前項限制未分攤至某資產之減損損失迴轉金額，應依相對比例分攤至該現金產生單位之其他資產(商譽除外)。

釋例 8-6　現金產生單位減損損失迴轉

承釋例 8-5，A 公司於 ×6 年 12 月 31 日因評估該現金產生單位使用方式發生重大變動，預期將對企業產生有利之影響，且評估該現金產生單位可回收金額為 $360,000。假設 ×4 年 12 月 31 日機器設備甲、乙、丙之剩餘耐用年限皆為 10 年，無殘值，採直線法提列折舊，試作 ×6 年底認列資產減損損失迴轉之分錄。

解析

×4/12/31	甲	乙	丙	現金產生單位
帳面金額	$134,000	$114,000	$152,000	$400,000
提列 2 年折舊	(26,800)	(22,800)	(30,400)	(80,000)
×6/12/31 帳面金額	$107,200	$91,200	$121,600	$320,000

減損損失迴轉金額 = 可回收金額為 $360,000 – ×6/12/31 帳面金額 $320,000
　　　　　　　　 = $40,000

減損損失迴轉利益就各資產帳面值比例分攤：

×6/12/31	甲	乙	丙	現金產生單位
帳面金額	$107,200	$91,200	$121,600	$320,000
減損損失迴轉利益比例	33.5%	28.5%	38%	100%
減損損失迴轉利益金額	13,400	11,400	15,200	40,000
迴轉利益上限限額	(600)*			
二次分攤比例		42.9%	57.1%	100%
二次分攤迴轉利益金額		257	343	600
損失迴轉利益總金額	$12,800	$11,657	$15,543	$40,000
迴轉後帳面金額	$120,000*	$102,857	$137,143	$360,000

＊若無減損之帳面金額，計算過程如下表所示：

×4/12/31	甲	乙	丙	現金產生單位
帳面金額	$150,000	$150,000	$200,000	$500,000
提列 2 年折舊	(30,000)	(30,000)	(40,000)	(100,000)
×6/12/31 帳面金額	$120,000	$120,000	$160,000	$400,000

甲機器只能迴轉至無減損時之帳面金額 $120,000，$600 須進行第二次分攤。A 公司應作分錄如下：

累計減損—機器設備甲	12,800	
累計減損—機器設備乙	11,657	
累計減損—機器設備丙	15,543	
減損迴轉利益		40,000

8.1.8　探勘及評估資產之減損

請參閱第 7 章有關探勘及評估資產之基本觀念。IASB 對探勘及評估資產之減損會計，有部分異於其他資產減損之特殊規範。

　　企業應於事實及情況顯示探勘及評估資產之帳面金額可能超過其可回收金額時，評估該資產是否發生減損。屬有關辨認**探勘及評估資產** (exploration and evaluation assets) 之減損評估層級，企業應擬定分攤探勘及評估資產至現金產生單位或現金產生單位群組之會計政策以評估該等資產之減損。

　　針對探勘及評估資產，應依 IFRS 6 之規定辨認可能減損之探勘及評估資產。下列一項或多項之事實及情況顯示企業應對探勘及評估資產進行減損測試：

1. 企業對特定區域之**探礦權** (right to explore) 於本期或近期到期且預期不再展期者；
2. 對特定區域內礦產資源進一步探勘及評估之必要支出未編列預算亦未作規劃；
3. 企業對特定區域內之礦產資源經探勘及評估後，未發現礦產資源達到商業價值之數量，且決定停止於該特定區域從事此類活動；
4. 有充分資料顯示，雖有可能進行特定區域之開發，但探勘及評估資產之帳面金額不可能經由成功開發或出售全數回收。

辨認探勘及評估資產之減損評估層級

　　企業應擬定分攤探勘及評估資產至現金產生單位或現金產生單位群組之會計政策以評估該等資產之減損，但分攤探勘及評估資產之各現金產生單位或單位群組不得大於依 IFRS8「營運部門」所定義之**彙總前**營運部門；**企業尚未取得充分資訊以確認技術可行性及商業價值之前無須評估探勘及評估資產之減損**；企業為測試探勘及

評估資產減損所辨認之層級可能包含一個或多個現金產生單位。

8.2 重估價模式

不動產、廠房及設備於原始認列後，應以**成本模式** (cost model) 或**重估價模式** (revaluation model) 作為其會計政策。企業採用成本模式時，不動產、廠房及設備於認列為資產後，應以其成本減除所有**累計折舊** (accumulated depreciation) 與所有**累計減損損失** (accumulated impairment loss) 後之金額作為帳面金額。

學習目標 2
了解重估價模式與成本模式之差異，並進一步學習重估價模式相關會計處理

以成本模式衡量，有兩個主要原因：
1. 歷史成本具有可驗證性及可靠性。
2. 不動產、廠房及設備是以繼續持有及長期使用為目的，比較不需要考慮公允價值變動。

帳面金額 = 成本 − 累計折舊 − 累計減損損失

企業採用重估價模式時，不動產、廠房及設備於原始認列後，應以重估價日公允價值，再減除重估價日後之累計折舊及累計減損損失後之金額作為帳面金額。

帳面金額 = 重估價日公允價值 − 重估價日後之累計折舊 − 重估價日後之累計減損損失

公允價值係指於衡量日，市場參與者間在有秩序之交易中出售某一資產所能收取或移轉某一負債所需支付之價格。若無法取得以市價為基礎之公允價值，則可能須採：(1) 收益法：透過預期資產未來收益 (現金流量) 的折現值，以估計公允價值；或 (2) 折舊後重置成本法：依資產目前的**重置成本** (replacement cost)，減除物質退化、過時陳舊及效率差異後的餘額，以估計公允價值。

8.2.1 相同類別資產之重估價

若對於不動產、廠房及設備之某一項目重估價，則屬於該類別之全部不動產、廠房及設備項目均應重估價。為避免對資產選擇性重估價及避免財務報表之報導金額混合了成本及不同時日之價值，企業應對同類別之不動產、廠房及設備項目同時重估價。惟某資產類別若可於短期間內完成重估價且重估價保持最新，則可採**滾動基礎** (rolling basis) 重估價，而無須同時點進行重估價。所謂**不動產、廠房及設備類別** (class of property, plant and equipment)，係企業於營運中具類似性質及用途之資產分組。

相同類別無形資產須同時進行重估價，重估價頻率使帳面金額貼近公允價值，可確保重估價會計資訊品質，並避免受到管理當局不當之操弄。

以性質來區分類別方式舉例如：(a) 土地；(b) 土地及建築物；(c) 機器；(d) 船舶；(e) 飛機；(f) 汽車；(g) 家具與裝修；及 (h) 辦公設備。以用途來區分類別方式，例如：以生產不同商品之生產線作為區分方式，將同一生產線之所有資產視為同一類別。

8.2.2　重估價之頻率

重估價應定期執行，以使**報導期間結束日** (end of the reporting period) 資產之帳面金額與公允價值間無重大差異。故重估價之頻率視被重估價不動產、廠房及設備項目公允價值之變動而定。當重估價資產之公允價值與其帳面金額有重大差異時，應進一步重估價。

某些不動產、廠房及設備項目之公允價值經歷重大且不規則之變動，故須每年重估價。對不動產、廠房及設備項目公允價值之變動不重大者，並無經常重估價之必要，該項目可能僅須每隔 3 年或 5 年重估價一次即可。

> **中華民國金融監督暨管理委員會認可之 IFRS**
> 我國金融監督管理委員會暫時僅允許企業採用成本模式衡量不動產、廠房及設備。企業不得採用重估價模式作為其會計政策。

8.2.3　重估價之會計處理

進行重估價時，資產之帳面金額調整為重估價金額。重估價日之資產應依下列方法之一處理：

1. **等比例重編法**：總帳面金額應以與資產帳面金額之重估價一致之方式調整。例如：總帳面金額可能係參照可觀察市場資料而重新計算，或係依帳面金額之變動按比例重新計算。重估價日之累計折舊被調整為考量累計減損損失後，資產總帳面金額與帳面金額間之差額。

2. **消除累折淨額法**：將累計折舊自資產總帳面金額中消除，即借記累計折舊並貸記原始成本。

8.2.3.1　重估增值之會計處理

帳面金額若因重估價而增加，則該增加數應認列於**其他綜合損益** (other comprehensive income) 並累計至權益中之重估增值項下。惟該相同資產過去若曾認列重估價減少數於損益者，則重估價之增

不動產、廠房及設備──減損、重估價模式及特殊衡量法

表 8-4 重估增值之會計處理

重估增值	情況一	情況二	情況三
過去累計曾認列重估價減少數於損益	無	是 過去重估價減少數＞此次重估增值	是 過去重估價減少數＜此次重估增值
該資產重估增值項下貸方餘額	無／有(不限情況)	無(不會有資產重估增值之情況)	無(有資產重估增值之情況)
會計處理	此次重估增值全數認列於其他綜合損益	迴轉此次重估增值全數認列於損益	1. 過去重估價減少數認列於損益 2. 剩餘之差額認列於其他綜合損益

重估價模式與公允價值模式並不完全相同，重估價模式仍須提列折舊，且無須於每一資產負債表日評估公允價值。此外，重估增值係作為其他綜合損益，但在公允價值模式下，則認列為本期損益。

加數應於迴轉重估價減少數之範圍內認列於損益(詳見表 8-4)。

於權益中之重估增值，於該資產除列時得直接轉入保留盈餘。此即該重估增值得於資產報廢或處分時全部轉出，惟亦可將該重估增值於使用該資產時逐步轉出；於此情況下，重估增值轉出之金額為該資產按重估價帳面金額應認列之折舊金額與按歷史成本應認列之折舊金額間之差額。重估增值應直接轉入保留盈餘，不得透過損益。

依據 IAS 16 重估價模式規定，於其他權益之重估價增值轉至保留盈餘有三種處理方式 如表 8-5。

表 8-5 重估增值轉出之三種方式

於除列時(報廢或處分時)轉出	不動產、廠房及設備項目於權益中之重估增值，於該資產除列時得直接轉入保留盈餘。即資產報廢或處分時，將其所有重估增值轉出。
逐步轉出	重估增值於使用該資產時逐步轉出，於此情況，重估增值轉出之金額為該資產按重估價帳面金額與按原始成本提列折舊間之差額。重估增值轉入保留盈餘時不得透過損益。
不轉出	企業可能基於節稅誘因或其他理由，亦可選擇將重估增值留在其他權益，不將其他權益中的重估增值轉出

373

IFRS 一點通

土地、房屋及建築物於資產負債表之表達

土地、房屋及建築物於資產負債表之表達如下：

土地成本	×××	房屋及建築成本	×××
土地—重估增(減)值	×××	房屋及建築—重估增(減)值	×××
累計減損—土地	(×××)	累計折舊—房屋及建築	(×××)
土地淨額	×××	累計減損—房屋及建築	(×××)
		房屋及建築淨額	×××

此外，企業辦理重估增值後，對財務報表之影響詳見表 8-6。

表 8-6　重估增值與成本模式之比較

	綜合損益表		資產負債表	
重估增值	第一年(重估年度)	以後年度	第一年(重估年度)	以後年度
成本模式	每股盈餘相同	折舊費用少	每股淨值較低	差異逐漸縮小
重估價模式		折舊費用多	每股淨值較高	

8.2.3.2　重估減值之會計處理

帳面金額若因重估價而減少，則該減少數應認列於損益。惟於該資產重估增值項下貸方餘額範圍內，重估價之減少數應認列於其他綜合損益，所認列之其他綜合損益減少數，將減少權益中重估增值項下之累計金額(詳見表 8-7)。企業辦理重估減值後，對財務報表之影響詳見表 8-8。

表 8-7　重估減值之會計處理

重估減值	情況一	情況二	情況三
過去累計曾認列重估價減少數於損益	無／有(不限情況)	無	無
該資產重估增值項下貸方餘額	無	是 重估增值項下貸方餘額＞此次重估減值	是 重估增值項下貸方餘額＜此次重估減值
會計處理	重估減值全數減少數應認列於損益	重估價之減少數應認列於其他綜合損益	1. 資產重估增值項下貸方餘額認列於其他綜合損益 2. 剩餘之差額認列於損益

表 8-8　重估減值與成本模式之比較

重估減值	綜合損益表 第一年(重估年度)	綜合損益表 以後年度	資產負債表 第一年(重估年度)	資產負債表 以後年度
成本模式	每股盈餘較高	折舊費用多	每股淨值較高	差異逐漸縮小
重估價模式	每股盈餘較低	折舊費用少	每股淨值較低	

釋例 8-7　土地資產重估價模式

　　×1 年 3 月 1 日甲公司購買一塊土地作為營業資產，購買價格及其他必要交易成本合計 $200,000,000，甲公司以重估價模式作為其會計政策。由於土地沒有累計折舊，且假設甲公司未提列任何土地減損，使得土地之帳面金額等於重估價值。×1 年 12 月 31 日及後續年度之重估價值分別為 $220,000,000、$208,000,000、$184,000,000 及 $228,000,000。

中級會計學 上

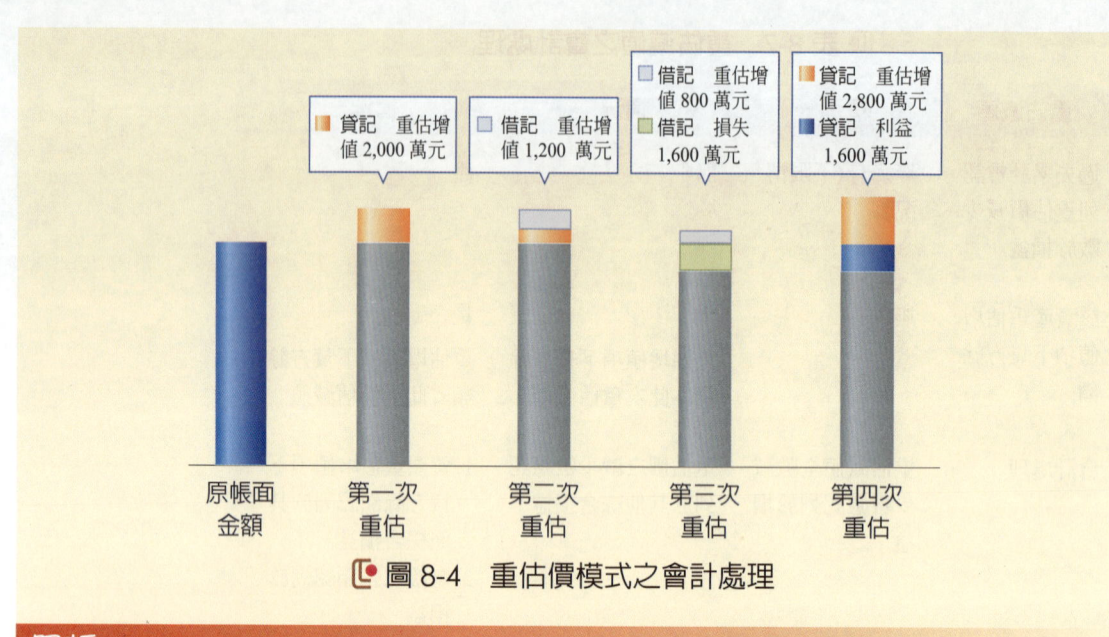

圖 8-4 重估價模式之會計處理

（圖例標示：貸記 重估增值 2,000 萬元；借記 重估增值 1,200 萬元；借記 重估增值 800 萬元、借記 損失 1,600 萬元；貸記 重估增值 2,800 萬元、貸記 利益 1,600 萬元；橫軸：原帳面金額、第一次重估、第二次重估、第三次重估、第四次重估）

解析

第一次重估	土地—重估增值	20,000,000	
	其他綜合損益—重估增值		20,000,000
第二次重估	其他綜合損益—重估增值	12,000,000	
	土地—重估增值		12,000,000
第三次重估	其他綜合損益—重估增值	8,000,000	
	重估價損失	16,000,000	
	土地—重估增值		8,000,000
	土地—重估減值		16,000,000
第四次重估	土地—重估減值	16,000,000	
	土地—重估增值	28,000,000	
	重估價利益		16,000,000
	其他綜合損益—重估增值		28,000,000

（結帳分錄參閱釋例 8-8）

釋例 8-8　先重估增值再重估減值（除列轉）（兩方法）

×1 年 1 月 1 日臺大公司支付 $80,000 購入設備，耐用年限 8 年，無殘值，直線法計算折舊，臺大公司採重估價之會計政策，重估增值貸方餘額範圍內，重估價減少數認列於其他綜合損益，並於設備報廢或處分時，將所有重估增值轉入保留盈餘。×4 年底及 ×5 年底該機器重估後之公允價值分別為 $96,000 及 $9,000，耐用年限及殘值不變。

試作：
(1) ×4 年底及 ×5 年底重估價之分錄，消除累折淨額法處理。

(2) ×4 年底及 ×5 年底重估價之分錄，等比例重編法處理。

解析

(1) 消除累折淨額法：

設備每年折舊金額 = $80,000 ÷ 8 = $10,000
×4 年底重估價前提折舊後之帳面金額 = $80,000 − (10,000 × 4) = $40,000
×4 年底之重估價增值 = $96,000 − $40,000 = $56,000

×4/12/31	折舊費用	10,000	
	累計折舊—設備		10,000
	累計折舊—設備	40,000	
	設備		40,000
	設備—重估增值	56,000	
	其他綜合損益—重估增值		56,000
	其他綜合損益—重估增值	56,000	
	其他權益—重估增值		56,000

×5 年折舊 = $96,000 ÷ 4 = $24,000
×5 年底重估價前提折舊後之帳面金額 = $96,000 − $24,000 = $72,000
重估價減值 = $72,000 − $9,000 = $63,000
重估價損失 = $63,000 − $56,000 = $7,000

×5/12/31	折舊費用	24,000	
	累計折舊—設備		24,000
	累計折舊—設備	24,000	
	設備		24,000
	其他綜合損益—重估減值	56,000	
	設備—重估增值		56,000
	重估價損失	7,000	
	設備—重估減值		7,000
	其他權益—重估增值	56,000	
	其他綜合損益—重估減值		56,000

×4/12/31　　　　　　　　　　　　　　　　　　重估價前帳面金額

設備	$80,000
減：累計折舊	(40,000)
帳面金額	$40,000

×4/12/31　　　　　　　　　　　　　　　　　　重估價後應有帳面金額 (法 1)

設備	$40,000
設備—重估增值	56,000
減：累計折舊	0
帳面金額	$96,000

×5/12/31　　　　　　　　　　　　　　　　　重估價損失前應有帳面金額 (法 1)

設備	$40,000
設備—重估增值	56,000
減：累計折舊	(24,000)
帳面金額	$72,000

×5/12/31　重估價損失後應有帳面金額 (法 1)

設備	$16,000
減：設備—重估減值	(7,000)
減：累計折舊	0
帳面金額	$9,000

(2) 等比例重編法：

×4 年折舊費用 = $80,000 ÷ 8 = $10,000

×4 年帳面金額 = $80,000 − $10,000 × 4 = $40,000

×4 年重估價增值 = $96,000 − $40,000 = $56,000

×4 年總帳面金額應調整至 $192,000 [= ($80,000 × $96,000) / $40,000]

×4 年設備—重估增值 = $192,000 − $80,000 = $112,000

×4 年累計折舊應調整至 $96,000 [= ($40,000 × $96,000) / $40,000]

×4 年累計折舊—重估增值 = 96,000 − 40,000 = 56,000

×4/12/31	折舊費用	10,000	
	累計折舊—設備		10,000
	設備—重估增值	112,000	
	累計折舊—設備—重估增值		56,000
	其他綜合損益—重估增值		56,000
	其他綜合損益—重估增值	56,000	
	其他權益—重估增值		56,000

×5 年折舊費用 $192,000 ÷ 8 = $24,000

×5 年重估價前提折舊後之帳面金額 = 192,000 − 96,000 − $24,000 = $72,000

×5 年重估價減值 = $72,000 − $9,000 = $63,000

×5 年重估價損失 = $63,000 － $56,000 = $7,000
×5 年總帳面金額應調整至 $24,000 [= ($192,000 × $9,000) / $72,000]
×5 年設備－重估價總減值 = $192,000 － $24,000 = $168,000
×5 年設備－重估減值 = $168,000 － $56,000 = $56,000
×5 年累計折舊應調整至 $15,000 [= ($120,000 × $9,000) / $72,000]
×5 年累計折舊－重估價總減值 = $120,000 － $15,000 = 105,000
×5 年累計折舊－重估價減值 = $105,000 － $56,000 = $49,000

×5/12/31	折舊費用	24,000	
	累計折舊－設備		24,000
	累計折舊－設備－重估增值	56,000	
	設備－重估增值		56,000
	其他綜合損益－重估增值	56,000	
	設備－重估增值		56,000
	累計折舊－設備－重估減值	49,000	
	重估價損失	7,000	
	設備－重估減值		56,000

以上可合併為一個分錄

×5/12/31	累計折舊－設備－重估增值	56,000	
	累計折舊－設備－重估減值	49,000	
	其他綜合損益－重估增值	56,000	
	重估價損失	7,000	
	設備－重估減值		56,000
	設備－重估增值		112,000

×4/12/31　　　　　　　　　　　　　　　　重估價前帳面金額

設備	$80,000
減：累計折舊	(40,000)
帳面金額	$40,000

×4/12/31　　　　　　　　　　　　　重估價後應有帳面金額 (法 2)

設備	$80,000
設備－重估增值	112,000
減：累計折舊 (×1~×4)	(40,000)
減：累計折舊－重估增值	(56,000)
帳面金額	$96,000

×5/12/31　　　　　　　　　　　　　　　　重估價損失前應有帳面金額 (法 2)

設備	$80,000
設備—重估增值	112,000
減：累計折舊 (×1~×4)	(40,000)
減：累計折舊—重估增值	(24,000)
減：累計折舊 (×5)	(56,000)
帳面金額	$72,000

×5/12/31　　　　　　　　　　　　　　　　重估價損失後應有帳面金額 (法 2)

設備	$80,000
減：設備—重估增值	(56,000)
減：累計折舊	(64,000)
加：累計折舊—重估減值	49,000
帳面金額	$ 9,000

釋例 8-9　先重估減值再重估增值 (除列轉)(兩方法)

×1 年 1 月 1 日臺大公司支付 $80,000 購入設備，耐用年限 8 年，無殘值，直線法計算折舊，臺大公司採重估價之會計政策，重估增值貸方餘額範圍內，重估價減少數認列於其他綜合損益，並於設備報廢或處分時，將所有重估增值轉入保留盈餘。×4 年底及 ×5 年底該機器重估後之公允價值分別為 $24,000 及 $270,000，耐用年限及殘值不變。

試作：
(1) ×4 年底及 ×5 年底重估價之分錄，消除累折淨額法處理。
(2) ×4 年底及 ×5 年底重估價之分錄，等比例重編法處理。

解析

(1) 消除累折淨額法：

設備每年折舊金額 = $80,000 ÷ 8 = $10,000
×4 年底重估價前提折舊後下之帳面金額 = $80,000 - $10,000 × 4 = $40,000
×4 年底之重估價損失 = $40,000 - $24,000 = $16,000

×4/12/31	折舊費用	10,000	
	累計折舊—設備		10,000
	累計折舊—設備	40,000	
	設備		40,000
	重估價損失	16,000	
	設備—重估減值		16,000

不動產、廠房及設備——減損、重估價模式及特殊衡量法

×5 年折舊費用 = $24,000 ÷ 4 = $6,000
×5 年底重估價前提折舊後之帳面金額 = $24,000 − $6,000 = $18,000
重估價總增值 = $270,000 − $18,000 = $252,000
扣除重估價損失迴轉利益歸屬於 OCI 之重估價增值 = $252,000 − $16,000 = $236,000

×5/12/31	折舊費用	6,000	
	累計折舊－設備		6,000
	累計折舊－設備	6,000	
	設備		6,000
	設備－重估減值	16,000	
	重估價損失迴轉利益		16,000
	設備－重估增值	236,000	
	其他綜合損益－重估增值		236,000
	其他綜合損益－重估增值	236,000	
	其他權益－重估增值		236,000

×4/12/31　　　　　　　　　　　　　　　　　重估價前帳面金額

原始成本	$80,000
減：累計折舊	(40,000)
帳面金額	$40,000

×4/12/31　　　　　　　　　　　　　　重估價後應有帳面金額 (法 1)

設備	$40,000
減：設備－重估增值	(16,000)
減：累計折舊	0
帳面金額	$24,000

×5/12/31　　　　　　　　　　　　重估價增值前應有帳面金額 (法 1)

設備	$40,000
減：設備－重估減值	(16,000)
減：累計折舊	(6,000)
帳面金額	$18,000

×5/12/31　　　　　　　　　　　　重估價增值後應有帳面金額 (法 1)

設備	$34,000
設備－重估增值	236,000
減：累計折舊	0
帳面金額	$270,000

(2) 等比例重編法：

×4 年折舊費用 = $80,000 ÷ 8 = $10,000
×4 年帳面金額 = $80,000 − $10,000 × 4 = $40,000
×4 年重估價損失 = $24,000 − $40,000 = −$16,000
×4 年底總帳面金額應調整至 $48,000 [= ($80,000 × $24,000) / $40,000]
×4 年設備−重估減值 = $80,000 − $48,000 = $32,000
×4 年底累計折舊應調整至 $24,000 [= ($40,000 × $24,000) / $40,000]
×4 年累計折舊−設備−重估減值 = $40,000 − $24,000 = $16,000

×4/12/31	折舊費用	10,000	
	累計折舊—設備		10,000
×4/12/31	累計折舊—設備—重估減值	16,000	
	重估價損失	16,000	
	設備—重估減值		32,000

×5 年折舊費用 $24,000 ÷ 4 = $6,000
×5 年重估價前提折舊後之帳面金額 = $80,000 − $40000 − $32,000 + $16,000 − $6,000
　= $18,000
×5 年重估價總增值 = $270,000 − $18,000 = $252,000
扣除重估價損失迴轉利益後歸屬於 OCI 之重估增值 = $252,000 − $16,000 = $236,000
×5 年底總帳面金額應調整至 $720,000 [= ($48,000 × $270,000) / $18,000]
×5 年設備—重估總增值 = $720,000 − $48,000 = $672,000
×5 年設備—重估增值 = $672,000 − $32,000 = $640,000
×5 年底累計折舊應調整至 $450,000 [= ($30,000 × $270,000) / $18,000]
×5 年底累計折舊—重估總增值 = $450,000 − $30,000 = $420,000
×5 年底累計折舊—重估增值 = $420,000 − $16,000 = $404,000

×5/12/31	折舊費用	6,000	
	累計折舊—設備		6,000
	設備—重估減值	32,000	
	重估價損失迴轉利益		16,000
	累計折舊—重估減值		16,000
	設備—重估增值	640,000	
	其他綜合損益—重估增值		236,000
	累計折舊—設備—重估增值		404,000
	其他綜合損益—重估增值	236,000	
	其他權益—重估增值		236,000

Chapter 8 不動產、廠房及設備——減損、重估價模式及特殊衡量法

IFRS 一點通

重估價模式核心精神

IAS 16 重估價模式條文並未提及先發生重估價損失後續發生重估價增值處理時,須以成本模式的帳面金額作為標準以判斷重估價損失迴轉利益及其他綜合損益-資產重估增值之個別金額。IAS 16 相關條文僅提及資產之帳面金額若因重估價而增加,則該增加數應認列於其他綜合損益並累計至權益中之重估增值項下。惟該相同資產過去若曾認列「重估價減少數」於損益者,則重估價之增加數應於迴轉「重估價減少數之範圍」內認列於損益。資產之帳面金額若因重估價而減少,則該減少數應認列於損益。惟於該資產之「重估增值項下貸方餘額範圍」內,重估價之減少數應認列於其他綜合損益,所認列之其他綜合損益減少數,將減少權益中重估增值項下之累計金額。減損損失與重估價損失之概念有所不同,前者用以判斷是否發生減損之基礎為可回收金額,後者為公允價值,且減損發生的頻率、經濟環境與重估價發生的情況有所不同。重估價損失迴轉之會計處理應參考 IAS 第 16 公報重估價模式之原文。

×4/12/31	重估價前帳面金額
原始成本	$80,000
減:累計折舊	(40,000)
帳面金額	$40,000

×4/12/31	重估價後應有帳面金額 (法 2)
設備	$80,000
設備—重估增值	(32,000)
減:累計折舊	(40,000)
加:累計折舊—重估減值	16,000
帳面金額	$24,000

×5/12/31	重估價增值前應有帳面金額 (法 2)
設備	$80,000
設備—重估增值	(32,000)
減:累計折舊 (×1~×4)	(40,000)
減:累計折舊—重估減值	16,000
減:累計折舊 (×5)	(6,000)
帳面金額	$18,000

×5/12/31	重估價增值後應有帳面金額 (法2)
設備	$80,000
設備—重估增值	640,000
減：累計折舊 (×1~×4)	(40,000)
減：累計折舊 (×5)	(6,000)
減：累計折舊—重估增值	(404,000)
帳面金額	$270,000

釋例 8-10　先重估增值再重估減值—逐步轉出保留盈餘—減值金額超過原 OCI 增值金額

承釋例 8-8，臺大公司改採重估價之會計政策，重估增值貸方餘額範圍內，重估價減少數認列於其他綜合損益，並於使用該設備時逐步轉出。×4 年底及 ×5 年底該設備重估後之公允價值分別為 $96,000 及 $9,000，耐用年限及殘值不變。

試作：
(1) ×4 年底及 ×5 年底重估價之分錄，消除累折淨額法處理。
(2) ×4 年底及 ×5 年底重估價之分錄，等比例重編法處理。

解析

(1) 消除累折淨額法：

×4 年會計處理同釋例 8-8

×5 年會計處理如下：

×5/12/31	折舊費用	24,000	
	累計折舊—設備		24,000
	其他權益—重估增值	14,000	
	保留盈餘		14,000

逐年轉入保留盈餘 $56,000 ÷ 4 = 14,000

×5/12/31	累計折舊—設備	24,000	
	設備		24,000
	其他綜合損益—重估減值	56,000	
	設備—重估增值		56,000
	重估價損失	7,000	
	設備—重估減值		7,000
	其他權益—重估增值	42,000	
	保留盈餘	14,000	
	其他綜合損益—重估減值		56,000

(2) 等比例重編法：

×4 年會計處理同釋例 8-8

×5 年會計處理如下：

×5/12/31	折舊費用	24,000	
	累計折舊—設備		24,000
	其他權益—重估增值	14,000	
	保留盈餘		14,000

逐年轉入保留盈餘 $56,000÷4=14,000

×5/12/31	累計折舊—設備—重估增值	56,000	
	設備—重估增值		56,000
	其他綜合損益—重估增值	56,000	
	設備—重估增值		56,000
	累計折舊—設備—重估減值	49,000	
	重估價損失	7,000	
	設備—重估減值		56,000
	其他權益—重估增值	42,000	
	保留盈餘	14,000	
	其他綜合損益—重估增值		56,000

釋例 8-11　先重估增值再重估減值—逐步轉出保留盈餘—減值金額"未"超過原 OCI 增值金額

承釋例 8-10，假設 ×5 年底該設備重估後之公允價值 $36,000，耐用年限及殘值不變。

試作：
(1) ×5 年底重估價之分錄，消除累折淨額法處理。
(2) ×5 年底重估價之分錄，等比例重編法處理。

解析

(1) 消除累折淨額法：

×5 年會計處理如下：

×5/12/31	折舊費用	24,000	
	累計折舊—設備		24,000
	其他權益—重估增值	14,000	
	保留盈餘		14,000

逐年轉入保留盈餘 $56,000÷4=14,000

累計折舊－設備	24,000	
設備		24,000
其他綜合損益－重估減值	36,000	
設備－重估增值		36,000
其他權益－重估增值	36,000	
其他綜合損益－重估減值		36,000

(2) 等比例重編法：

×5 年會計處理如下：

×5 年折舊費用 $192,000/8= $24,000

×5 年重估價前提折舊後之帳面金額 = 192,000 - 96,000 - $24,000 = $72,000

×5 年重估價增值減少 = $72,000 - $36,000 = $36,000 < 56,000

×5 年總帳面金額應調整至 $96,000 [= ($192,000 × $36,000) ÷ $72,000]

×5 年設備－重估價增值應減少 = $192,000 - $96,000 = $96,000

×5 年累計折舊應調整至 $60,000 [= ($120,000 × $36,000) ÷ $72,000]

×5 年累計折舊－重估價增值應減少 = $120,000 - $60,000 = $60,000

×5/12/31	折舊費用	24,000	
	累計折舊－設備		24,000
	其他權益－重估增值	14,000	
	保留盈餘		14,000
	累計折舊－設備－重估增值	56,000	
	累計折舊－設備－重估減值	4,000	
	其他綜合損益－重估增值	36,000	
	設備－重估增值		96,000
	其他權益－重估增值	36,000	
	其他綜合損益－重估增值		36,000

8.2.3.3 採用重估價模式下之資產減損

適用重估價金額列報之資產，其後續減損衡量應依照下列狀況處理：

1. 若處分成本微不足道，則重估價資產之可回收金額必然接近或大於其重估價金額。於此情況下，該重估價資產適用重估價規定後，該重估價資產不太可能減損，故無須估計其可回收金額。

2. 若處分成本並非微不足道，則重估價資產之公允價值減處分成本

Chapter 8 不動產、廠房及設備──減損、重估價模式及特殊衡量法

必然小於其公允價值。因此，若重估價資產之使用價值小於其重估價金額，則該重估價資產已減損。於此情況下，企業於適用重估價規定後，應按 IAS 36 決定資產是否可能已減損。

重估價資產之所有減損損失 (該損失之迴轉) 應依國際會計準則第 16 號中 60 及 119 段規定之重估價模式作為重估價減少數 (重估價增加數)。

釋例 8-12　重估價減損──先重估增值再減損

×1 年 1 月 1 日銘傳公司購入一台設備，並以重估價模式作後續衡量。重估增值貸方餘額範圍內，重估價減少數認列於其他綜合損益，並於設備報廢或處分時，將所有重估增值轉入保留盈餘。該設備之取得成本為 $7,200,000，耐用年限 5 年，×2 年底之累計折舊為 $2,400,000，×2 年底重估之公允價值為 $5,000,000，另 ×2 年 12 月 31 日因法規改變有重大減損跡象，故進行相關減損測試。

請依下列情況，分別以消除累折淨額法與等比例重編法試作 ×2 年底相關之重估價分錄及減損分錄。

(1) 處分成本：$10,000，且使用價值：$4,950,000
(2) 處分成本：$500,000
　　a. 使用價值：$5,400,000
　　b. 使用價值：$4,850,000
　　c. 使用價值：$4,200,000

解析

(1) 處分成本：$10,000

　　＜作法 1＞消除累折淨額法：

　　認列重估增值：$5,000,000 － ($7,200,000 － $2,400,000) = $200,000

累計折舊—設備	2,400,000	
設備		2,400,000
設備—重估增值	200,000	
其他綜合損益—重估增值		200,000
其他綜合損益—重估增值	200,000	
其他權益—重估增值		200,000

由於處分成本微不足道，該設備經重估價後，不太可能減損，故不必考量使用價值。

　　＜作法 2＞等比例重編法：

387

設備—重估增值	300,000	
其他綜合損益—重估增值		200,000
累計折舊—設備—重估增值		100,000
其他綜合損益—重估增值	200,000	
其他權益—重估增值		200,000

由於處分成本微不足道，該設備經重估價後，不太可能減損，故不必考量使用價值。

(2) 處分成本：$500,000 認列重估增值分錄如 (1)，因處分成本並非微不足道，此時淨公允價值已經小於重估價金額(公允價值)，故依以下情況進行減損測試。

　　a. 當使用價值為 $5,400,000
　　　使用價值 $5,400,000 > 重估價金額 $5,000,000 > 淨公允價值 $4,500,000
　　　故無減損之情況。

　　b. 當使用價值為 $4,850,000
　　　使用價值 $4,850,000 > 淨公允價值 $4,500,000，故可回收金額為 $4,600,000
　　　資產減損為 $5,000,000 - $4,850,000 = $150,000

其他綜合損益—重估增值	150,000	
累計減損—設備		150,000
其他權益—重估增值	150,000	
其他綜合損益—重估增值		150,000

　　　因帳上有重估增值，故減損損失應先減少重估增值。

　　c. 當使用價值為 $4,200,000
　　　使用價值為 $4,200,000 < 淨公允價值 $4,500,000，故可回收金額為 $4,500,000。
　　　資產減損為 $5,000,000 - $4,500,000 = $500,000

減損損失	300,000	
其他綜合損益—重估增值	200,000	
累計減損—設備		500,000
其他權益—重估增值	200,000	
其他綜合損益—重估增值		200,000

釋例 8-13　重估價減損例題—先減值再減損隔年再迴轉

　　×1年1月1日銘傳公司購入一台設備，並以重估價模式作後續衡量。重估增值貸方餘額範圍內，重估價減少數認列於其他綜合損益，並於設備報廢或處分時，將所有重估增值轉入保留盈餘。重估價資產之所有減損損失(該損失之迴轉)應依國際會計準則第16號中60及119段規定之重估價模式作為重估價減少數(重估價增加數)。該設備之取得成本為 $6,000,000，耐用年限6年，×2年底之累計折舊為 $2,000,000，×2年底重估之公允價值為 $3,750,000，另外 ×2 年12月31日因法規改變有重大減損跡象，故進行相關減

損測試，經調查發現 ×2 年之處分成本為 $500,000，使用價值為 $3,000,000

試作：

(1) ×2 年底分別以消除累折淨額法與等比例重編法作相關重估價分錄。
(2) 假設處分成本 $500,000 並非微不足道，作 ×2 年底相關減損分錄。
(3) 若 ×3 年底已找到明顯證據可排除減損，重估之公允價值回升至 $3,656,250，作當年度重估價及減損迴轉之相關分錄。

解析

(1) ＜作法 1＞消除累折淨額法：

×2 年重估價損失：$3,750,000 －($6,000,000 － $2,000,000) = $250,000

累計折舊—設備	2,400,000	
設備		2,400,000
重估價損失	250,000	
設備—重估減值		250,000

＜作法 2＞等比例重編法：

×2 年設備金額應調整至 5,625,000 [= ($6,000,000 × $3,750,000) ÷ $4,000,000]

×2 年設備—重估減值 = $6,000,000 － $5,625,000 = $375,000

×2 年累計折舊設備應調整至 $1,875,000 [(= $2,000,000 × $3,750,000) ÷ $4,000,000]

×2 年累計折舊—重估減值 = $2,000,000 － $1,875,000 = $125,000

×2 年重估價損失 $3,750,000 － ($6,000,000 － $2,000,000) = $250,000

累計折舊—設備—重估減值	125,000	
重估價損失	250,000	
設備—重估減值		375,000

(2) 處分成本：$500,000 認列重估增值分錄如 (1) 情況因處分成本並非微不足道，此時淨公允價值已經小於重估價金額 (公允價值)，故依以下情況進行減損測試。

淨公允價值 $3,750,000-$500,000 = $3,250,000 > 使用價值為 $3,000,000

×2 年減損金額 = $3,750,000 － $3,250,000 = $500,000

減損損失	500,000	
累計減損—設備		500,000

(3)

×3 年考慮減損折舊費用：$3,250,000 ÷ 4 = $812,500

×3 年重估價前提折舊後之帳面金額 = $3,750,000 － $500,000 － $812,500 = $2,437,500

×3 年設備—重估總增值應調整 = $3,656,250 － $2,437,500 － $500,000 = $718,750

×3 年設備—重估增值應調整 = $718,750 － $250,000 = $468,750

×3 年重估價總增值 = $3,656,250 － $2,437,500 － $500,000 = $1,218,750

×3 年其他綜合損益 - 重估價增值 = $1,218,750 － $500,000-$250,000 = $468,750

<作法 1> 消除累折淨額法：

折舊費用	812,500	
累計折舊—設備		812,500
累計折舊—設備	812,500	
設備		812,500
設備—重估減值	250,000	
設備—重估增值	468,750	
累計減損—設備	500,000	
減損迴轉利益		500,000
重估價損失迴轉利益		250,000
其他綜合損益—重估增值		468,750
其他綜合損益—重估增值	468,750	
其他權益—重估增值		468,750

<作法 2> 等比例重編法：

折舊費用	812,500	
累計折舊—設備		812,500

×3 年重估價前提折舊後之帳面金額 = $3,750,000 − $500,000 − $812,00 = $2,437,500

×3 年設備金額應調整至 8,437,500 [= ($5,625,000 × $3,656,250) ÷ $2,437,500]

×3 年設備—重估總增值 = $8,437,500 − $5,625,000 = $2,812,500

×3 年設備—重估增值 = $2,812,500 − $375,000 = $2,437,500

×3 年累計折舊設備應調整至 $4,781,250

    [= ($2,687,500 + $500,000) × $3,656,250) ÷ $2,437,500]

×3 年累計折舊—重估總增值 = $4,781,250 − $2,687,500 = $2,093,750

×3 年累計折舊—重估增值 = $2,093,750 − $125,000 = $1,968,750

×3 年其他綜合損益—重估增值 $3,656,250 − $2,437,500 − $500,000 − $250,000 = $468,750

設備—重估增值	2,437,500	
設備—重估減值	375,000	
累計減損—設備	500,000	
減損迴轉利益		500,000
重估價損失迴轉利益		250,000
其他綜合損益—重估增值		468,750
累計折舊—設備—重估增值		1,968,750
累計折舊—設備—重估減值		125,000
其他綜合損益—重估增值	468,750	
其他權益—重估增值		468,750

8.3 投資性不動產

8.3.1 投資性不動產之定義

> **學習目標 3**
> 了解投資性不動產之定義及認列與衡量方式,並了解其轉列自(或轉列成)其他持有目的使用時之會計處理。處分時之會計處理亦一併討論之

投資性不動產,係指為賺取**租金** (rentals) 或**資本增值** (capital appreciation) 或二者兼具,而由所有者所持有或由承租人以使用權資產所持有之不動產(土地或建築物之全部或一部分,或二者皆有)。

所謂資本增值目的,係指持有目的為持有資產一段期間後,資產市值與資產成本間之差額,即持有者動機為欲獲取增值利益。

投資性不動產不包括:(1) **自用不動產** (owner-occupied property):用於商品或勞務之生產或提供,或供管理目的;(2) 存貨:正常營業過程出售而持有者。

8.3.1.1 判斷是否屬於投資性不動產之類別

投資性不動產之標的物大致上可分為三類,分別是土地、建築物及正在建造或開發之不動產,於符合賺取租金或資本增值特定條件時,屬投資性不動產之類別,若不符合條件時,則依其他公報之規定處理。詳見表 8-9 及表 8-10 判斷是否屬投資性不動產。

表 8-9 屬投資性不動產之類別

屬投資性不動產之類別	項目	持有目的
土地(含由承租人以使用權資產持有之土地)	為獲取長期資本增值,而非供正常營業過程短期出售。	資本增值
	目前尚未決定未來用途:於決定用途之期間,土地已自然產生「增值」之效果,故符合投資性不動產中「資本增值」之持有目的。	資本增值
建築物(含由承租人以使用權資產持有之建築物)	企業所擁有(或企業所持有與建築物相關之使用權資產),並以一項或多項營業租賃出租。	賺取租金
	空置且將以一項或多項營業租賃出租之建築物。	資本增值
正在建造或開發之不動產(含由承租人以使用權資產所持有之正在建造或開發之不動產)	不動產建成後將作為投資性不動產使用。	賺取租金、資本增值或二者兼具

表 8-10　非屬投資性不動產之類別

非屬投資性不動產之類別	項目	持有目的
存貨	意圖於正常營業過程出售，或為供正常營業過程出售而仍於建造或開發中之不動產。	以銷售為目的持有者
自用不動產	持有以供未來作自用不動產用途。	自用
	持有以供未來開發後作為自用不動產用途。	自用
	供員工使用之不動產(無論員工是否按市場行情支付租金)。	自用
	重分類為待出售項目。	待出售
融資租賃	以融資租賃出租予另一企業之不動產，幾乎所有風險與報酬已移轉與承租人。	應收租賃款

8.3.1.2　持有混合用途之不動產

持有混合用途之不動產，係指企業持有某些不動產之目的可能一部分係為賺取租金或資本增值，其他部分則係用於商品或勞務之生產或提供，或供管理目的(亦即自用之部分)。此時，應判斷不同用途部分之不動產，是否可以單獨出售，以作為區分條件。若不同用途部分之不動產可單獨出售(或以融資租賃單獨出租)，則企業對各該部分應分別進行會計處理，亦即適用該部分之相關會計規定。然而，若不同用途部分之不動產無法單獨出售，則僅在該用於商品或勞務生產或提供，或供管理目的所持有部分(亦即自用之部分)係屬不重大時，該不動產始為投資性不動產。

8.3.1.3　允諾提供附屬服務之不動產

企業允諾提供**附屬服務** (ancillary services) 之不動產，係指除一般租賃合約外，企業對其出租資產尚須承擔提供額外服務之義務，而非僅有收取租金之權利。此時，應以該附屬服務重大與否作為區分條件，藉以辨明其是否應歸類於投資性不動產，分為以下二種情形：

1. 若附屬服務對整體協議係屬不重大，視為投資性不動產。

Chapter 8

不動產、廠房及設備──減損、重估價模式及特殊衡量法

IFRS 一點通

附屬服務

部分實務界對於持有混合用途之不動產屬自用部分是否「不重大」,以及附屬服務是否係屬「重大」,希望能有清楚之量化指引。然而,國際會計準則委員會認為量化指引將導致以武斷方式區分,並且難以有嚴謹之定義與標準,故決定不採用量化指標。

2. 附屬服務係屬重大,視為非投資性不動產。

然而,附屬服務是否重大到使該不動產無法符合投資性不動產,可能很難決定,因此尚須依賴專業判斷,方能決定該不動產之類別 (詳見表8-11)。

表 8-11 附屬服務重大性之判斷

項目	附屬服務對整體協議	是否為投資性不動產
辦公大樓之所有者對租用該大樓之承租人提供保全及維修服務。	不重大	是
企業擁有並經營一家飯店,對於飯店而言,提供予顧客之服務對整體協議係屬重大。	重大	否(屬自用不動產)
飯店之所有者根據管理合約移轉某些責任予第三方,且所有者實質上為一消極投資者,將其主要客服完全委外處理。	不重大	是
飯店之所有者根據管理合約移轉某些責任予第三方,且所有者僅將日常職能委外,仍保留營運飯店所產生之現金流量變動之重大風險。	重大	否(屬自用不動產)

8.3.1.4 集團企業間之不動產租約

集團 (group) 企業間之不動產租約,對於擁有該不動產之企業而言,若該不動產符合投資性不動產之定義,則**出租人** (lessor) 於其個別財務報表中,應視為投資性不動產。但是,若以集團角度視之,該不動產仍屬自用不動產,故於合併財務報表中不應認列為投資性不動產。

8.3.2 自有之投資性不動產之認列與衡量

和一般資產之認列條件相同，於同時符合二條件時，方可認列為資產：

1. 未來經濟效益很有可能流入企業。
2. 成本能可靠衡量。

由承租人以使用權資產所持有之投資性不動產應依國際財務報導準則第 16 號認列。

自有之投資性不動產應按其成本進行原始衡量。交易成本應包括於原始衡量中。自有之投資性不動產原始成本包括與該不動產直接相關之必要支出 (交易成本)，若非為使該資產達到能符合管理階層預期運作方式之必要狀態所需之支出，則應將之認列為當期費用而非資本化。由承租人以使用權資產所持有之投資性不動產應依國際財務報導準則第 16 號之規定按其成本進行原始衡量。

8.3.2.1 認列後之衡量模式

中華民國金融監督暨管理委員會認可之 IFRS

金管會已公告自2014年起，開放企業之投資性不動產「後續衡量」，可選擇採用成本模式或公允價值模式。

投資性不動產認列後之衡量模式有公允價值模式及成本模式，企業得自由選擇採用公允價值模式或成本模式作為其會計政策，並將所選定之政策適用於所有投資性不動產。但對於投資性不動產會計政策一致性之規定。

有可自由選擇之例外：屬「**與負債連結之投資性不動產**」(investment property backing liabilities)，企業得選擇自由採用公允價值模式或成本模式，不需與其他投資性不動產採用相同會計政策。所謂「與負債連結之投資性不動產」，係指此類負債所應支付給債權人之金額 (債權人報酬) 取決於包含該投資性不動產之特定資產之公允價值或報酬高低，即債權人之報酬與投資性不動產之報酬相連結。另外，當承租人使用公允價值模式衡量以使用權資產所持有之投資性不動產時，其應按公允價值衡量該使用權資產，而非標的不動產。

不動產、廠房及設備──減損、重估價模式及特殊衡量法

IFRS 一點通

採公允價值模式仍有疑慮

國際會計準則第 40 號投資性不動產所提供的公允價值模式衡量，為國際會計準則理事會首次提議要求非金融資產得採用公允價值會計模式。儘管有許多支持者，但也有許多人對於擴展公允價值模式至非金融資產之觀念及實務，仍有重大之保留與疑慮。

此外，部分企業認為某些地區之不動產市場，尚未成熟到可使公允價值模式能滿意地運作。再者，部分企業仍然認為難以建立一個嚴謹之投資性不動產定義，從而使得採用公允價值模式之規定，於目前實務上並不可行。

基於該等反對理由，國際會計準則理事會認為，若於現階段規定投資性不動產僅能採用公允價值模式而不能採用成本模式，於實務上並不可行；同時也認為允許採用公允價值模式係值得進行。因此，係以透過規定企業「得選擇採用公允價值模式或成本模式」之漸進式方式，可使編製者及使用者能逐漸獲得更多運用公允價值模式之經驗，並使某些不動產市場能於此段時間發展以更趨成熟。

8.3.2.2 成本模式

投資性不動產於原始衡量後採成本模式衡量時，須參照國際會計準則第 16 號中之有關成本模式之明確規定，與一般機器設備之會計處理相同，投資性不動產於原始衡量後應以折舊後成本 (減除任何累計減損損失) 衡量，其相關會計處理請參閱第 7 章。符合分類為**待出售** (held for sale) (或分類為待出售之處分群組中) 之投資性不動產應依 IFRS 5「**待出售非流動資產及停業單位**」(Non-current Assets Held for Sale and Discontinued Operations) 規定處理，請參閱本章 8.4 節之相關規範。若由承租人以使用權資產所持有且依 IFRS 5 之規定非為待出售，應依 IFRS 16「租賃」之規定處理。此外，選擇成本模式之企業，應揭露其投資性不動產之公允價值。

釋例 8-14　採成本模式衡量投資性不動產

甲公司 ×1 年 1 月 1 日購買一棟敦化南路辦公大樓，預定將作為出租用途 (營業租賃) 以賺取租金，符合投資性不動產之條件與定義，支付總成本為 $120,000,000 (含購買價款、估價師服務費、房地產仲介費、代書及過戶登記費等)，估計辦公大樓建築物之公允價值 $80,000,000，辦公大樓土地之公允價值 $40,000,000，並於 ×1 年 4 月 1 日以營業

租賃方式出租給乙公司,租期4年,每月期初收取租金 $500,000,×1 年 1 月 1 日估計辦公大樓建築物之耐用年限為 20 年,殘值為 $20,000,000,以直線法提列折舊,甲公司採成本模式衡量投資性不動產,相關分錄如下:

×1/1/1	投資性不動產—建築物	80,000,000	
	投資性不動產—土地	40,000,000	
	現金		120,000,000
×1/4/1	現金	500,000	
	租金收入		500,000

×1 年 5 月 1 日至 ×1 年 12 月 1 日認列租金收入分錄與 ×1 年 4 月 1 日相同。

×1/12/31	折舊費用	3,000,000	
	累計折舊—投資性不動產—建築物		3,000,000

自購買日起之折舊費用 ($80,000,000 − $20,000,000) ÷ 20 = $3,000,000

×2 年 1 月 1 日至 ×2 年 12 月 1 日認列租金收入分錄與 ×1 年 4 月 1 日相同。

×2/12/31	折舊費用	3,000,000	
	累計折舊—投資性不動產—建築物		3,000,000

8.3.2.3　公允價值模式

投資性不動產於原始認列後,企業得選擇按公允價值衡量所有投資性不動產,並將投資性不動產公允價值變動所產生之利益或損失,於發生當期認列為損益,不得另行提列折舊費用。

所謂公允價值,係指於衡量日,市場參與者間在有秩序之交易中出售某一資產所能收取或移轉某一負債所需支付之價格;故公允價值應排除特殊條件或情況下,所導致不實之價格,例如異常融資、售後租回協議,或與銷售相關之特殊考量或讓步等交易,所產生誇大之成交價格或減價。

企業於衡量公允價值時,應反映報導期間結束日之市場狀況,且無須減除因銷售或其他處分可能產生之交易成本。

釋例 8-15　採公允價值模式衡量投資性不動產

同釋例 8-10 之說明,甲公司採公允價值模式衡量投資性不動產,×1 年 12 月 31 日建築物與土地之公允價值分別為 $83,000,000 及 $42,000,000,×2 年 12 月 31 建築物與土

地之公允價值分別為 $81,000,000 及 $38,000,000，相關分錄如下：

×1/1/1	投資性不動產—建築物	80,000,000	
	投資性不動產—土地	40,000,000	
	現金		120,000,000
×1/4/1	現金	500,000	
	租金收入		500,000

×1 年 5 月 1 日至 ×1 年 12 月 1 日認列租金收入分錄與 ×1 年 4 月 1 日相同。

×1/12/31	投資性不動產—建築物—累計公允價值變動數	3,000,000	
	投資性不動產—土地—累計公允價值變動數	2,000,000	
	公允價值調整利益—投資性不動產		5,000,000

×2 年 1 月 1 日至 ×2 年 12 月 1 日認列租金收入分錄與 ×1 年 4 月 1 日相同。

×2/12/31	公允價值調整損失—投資性不動產	6,000,000	
	投資性不動產—建築物—累計公允價值變動數		2,000,000
	投資性不動產—土地—累計公允價值變動數		4,000,000

8.3.2.4 無法可靠衡量公允價值之情況

極端情況下，企業首次取得投資性不動產或現有不動產於建造、開發或改變用途完成後，首次**轉列** (transfers) 為投資性不動產時，可能有明確證據顯示無法在持續基礎上可靠衡量投資性不動產之公允價值。此時若符合以下二種狀況時，符合公允價值無法可靠衡量之條件：

1. 可比不動產之市場並不活絡 (例如：少有交易，非現時報價或所觀察到之交易價格顯示賣者被迫出售)，且
2. 無法取得可靠之替代公允價值估計數 (例如：根據預估現金流量折現值)。

企業若判定無法在持續基礎上，可靠衡量投資性不動產 (建造中之投資性不動產除外) 之公允價值，則應依 IAS 16 之成本模式或對由承租人以使用權資產所持有之投資性不動產依 IFRS 16 之成本模式衡量投資性不動產，假定殘值為零。並依 IAS 16 或 IFRS 16 之規定處理，直至處分該投資性不動產 (詳見圖 8-5)。

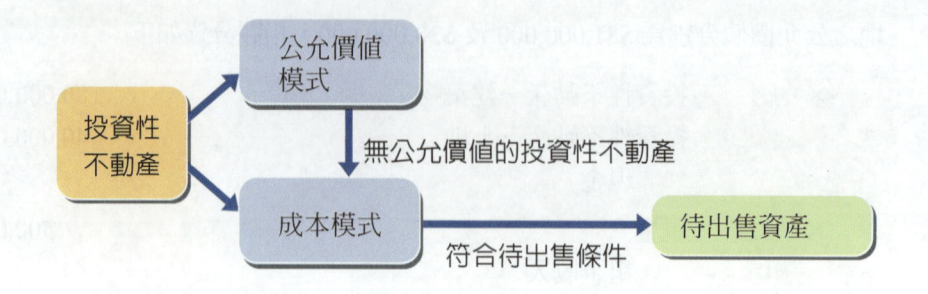

```
投資性          公允價值
不動產          模式
                │
                │ 無公允價值的投資性不動產
                ▼
              成本模式 ──符合待出售條件──→ 待出售資產
```

圖 8-5　投資性不動產認列後之衡量模式

8.3.2.5　自建投資性不動產

確定建造中之投資性不動產其公允價值確實無法可靠衡量，但若預期建造完成時其公允價值能可靠衡量，則對建造中之投資性不動產先按成本衡量，一旦其公允價值能可靠衡量或建造完成時（以較早者為準），應即改按公允價值衡量；而建造中之投資性不動產一旦完成，即先行推定其公允價值能可靠衡量，若並非如此，應依 IAS 16 之規定，或對由承租人以使用權資產所持有之投資性不動產依 IFRS 16 之規定繼續採用成本模式。被迫按 IAS 16 或 IFRS 16 採成本模式時，對於其他所有之投資性不動產（包括建造中）仍需採公允價值衡量，故在此狀況下，企業雖對某項不動產採成本衡量，但其他不動產仍需續採公允價值。

建造中投資性不動產之公允價值能可靠衡量之推定，僅可於原始認列時予以反駁，企業若已採公允價值衡量建造中之不動產，完工時不得主張公允價值無法可靠衡量。

對後續按公允價值衡量之自建投資性不動產，應於其建造或開發完成時，將該不動產之公允價值與原帳面金額間之差額，認列為損益。

> **釋例 8-16　自建投資性不動產（公允價值無法可靠衡量）**
>
> 甲公司於 ×1 年 1 月 1 日以 $100,000,000 買入一塊新北市之土地，準備興建一棟商業辦公大樓，作為出租之用，自 ×1 年 7 月 1 日開始投入工作，相關成本（假設不考慮利息資本化）資訊如下：

不動產、廠房及設備——減損、重估價模式及特殊衡量法

	×1/7/1～ ×1/12/31	×2/1/1～ ×2/12/31	×3/1/1～ ×3/3/31	累計支出
建造成本	$40,000,000	$70,000,000	$50,000,000	$160,000,000

×3年3月31日完工，假設建造中之投資性不動產其公允價值無法可靠衡量，但於×3年3月31日建造完成時其公允價值能可靠衡量，×3年3月31日及×3年12月31日土地之公允價值分別為$105,000,000及$107,000,000，×3年3月31日及×3年12月31日建築物之公允價值分別為$180,000,000及$200,000,000，甲公司相關分錄如下：

×1/1/1	投資性不動產—土地	100,000,000	
	現金		100,000,000
×1/7/1～×1/12/31			
	在建工程—投資性不動產—建築物	40,000,000	
	現金		40,000,000
×2/1/1～×2/12/31			
	在建工程—投資性不動產—建築物	70,000,000	
	現金		70,000,000
×3/1/1～×3/3/31			
	在建工程—投資性不動產—建築物	50,000,000	
	現金		50,000,000
×3/3/31	投資性不動產—建築物	160,000,000	
	在建工程—投資性不動產—建築物		160,000,000
	投資性不動產—建築物—累計公允價值變動數	20,000,000	
	投資性不動產—土地—累計公允價值變動數	5,000,000	
	公允價值調整利益—投資性不動產		25,000,000
×3/12/31	投資性不動產—建築物—累計公允價值變動數	20,000,000	
	投資性不動產—土地—累計公允價值變動數	2,000,000	
	公允價值調整利益—投資性不動產		22,000,000

8.3.2.6 維修與重置

　　日常維修成本包括人工及消耗品成本，亦可能包括小零件等，應立即認列為當期費用；重置取得之成本符合資產之認列條件，則應以資本化處理，在確認其符合資產認列條件後，應除列被替換部分之帳面金額，並依該投資性不動產原採用成本模式或公允價值模式衡量之不同，而採行不同的除列方式。

> 日常維修成本應立即認列為當期費用。

1. 採成本模式衡量

若該投資性不動產之被重置部分已分開衡量，且亦獨立計算其折舊金額，則可依該部分之帳面金額除列，然而，若被重置部分並未分開計提折舊，且無法決定被重置部分的帳面金額時，則應以重置成本作為重置部分取得或建造時之參考，經判斷後方能決定除列金額。

2. 採公允價值模式衡量

於公允價值模式下，投資性不動產之公允價值可能已反映被重置部分已損失其價值；於其他情況下，被重置部分之公允價值應減少之金額，可能難以辨別。於實務上若難以決定時，減少被重置部分公允價值之另一替代方法為將該重置視為增添，而將重置部分之成本計入該資產之帳面金額，然後再重新評估該資產之公允價值。

> 重置取得之成本符合資產之認列條件，則應以資本化處理。

釋例 8-17　成本模式透過重置而取得投資性不動產之一部分

仁愛公司於 ×1 年 1 月 1 日購置辦公大樓以營業租賃出租，分類為投資性不動產，後續按成本模式衡量，成本 $80,000,000 估計可用 50 年，無殘值，依直線法列折舊，×2 年 1 月 1 日仁愛公司決定將大樓電梯換新，更換新電梯之成本共計 $5,000,000。請下列情況作與重置新內牆相關之分錄

(1) 仁愛公司有紀錄舊電梯之原始成本為 $3,000,000。
(2) 仁愛公司無法可靠估計舊電梯之帳面金額，以重置新電梯之成本 $5,000,000，考量通貨膨脹因素後，估計當初取得被重置部分之原始成本為 $4,500,000。

解析

(1) 舊電梯之原始成本為 $3,000,000

×2/1/1	處分投資性不動產損失	1,800,000	
	累計折舊—投資性不動產—建築物	1,200,000*	
	投資性不動產—建築物		3,000,000

＊ 3,000,000 ÷ 50 × 20 = $1,200,000

| ×2/1/1 | 投資性不動產—建築物 | 5,000,000 | |
| | 　　現金 | | 5,000,000 |

(2) 仁愛公司無法可靠估計舊電梯之帳面金額，以重置新電梯之成本 $5,000,000，考量通貨膨脹因素後，估計當初取得被重置部分之原始成本為 $4,500,000

不動產、廠房及設備──減損、重估價模式及特殊衡量法

×2/1/1	處分投資性不動產損失	2,700,000	
	累計折舊—投資性不動產—建築物	1,800,000**	
	投資性不動產—建築物		4,500,000
	** $4,500,000 ÷ 50 × 20 − $1,800,000		
×2/1/1	投資性不動產—建築物	5,000,000	
	現金		5,000,000

釋例 8-18　公允價值模式—透過重置而取得投資性不動產之一部分 (IAS 40.15)

遠西公司於 ×1 年初以 $600,000 購買一空調設備，耐用年限 10 年，無殘值，以直線法提列折舊，遠西公司於 ×3/12/31 將該空調設備安裝於以公允價值模式衡量之投資性不動產商辦大樓 (建築物)。空調設備於安裝於商辦大樓後已不再提列折舊，因其已包含於投資性不動產建築物之公允價值中。該空調設備於 ×4 年發生故障，因此須以 $900,000 之成本更換新空調設備。商辦大樓於 ×4 年 1 月 1 日之公允價值為 $600,000,000；於 ×4 年 12 月 31 日之公允價值則為 $607,000,000，請依下列情況作公允價值的揭露

(1) 假設被重置部分之公允價值可辨認為 $200,000。
(2) 假設被重置部分之公允價值難以辨認。

解析

(1) 被重置部分之公允價值可辨認為 $200,000

反映商辦大樓 (建築物) 空調設備重置之公允價值資訊揭露如下：

	投資性不動產—建築物
×4 年 1 月 1 日公允價值	$600,000,000
部分重置之成本	900,000
除列被重置部分之公允價值	(200,000)
公允價值調整產生之利益	6,300,000
×4 年 12 月 31 日公允價值	$607,000,000

(2) 被重置部分之公允價值難以辨認

	投資性不動產—建築物
×4年1月1日公允價值	$600,000,000
增添-源自後續支出	900,000
公允價值調整產生之利益	6,100,000
×4年12月31日公允價值	$607,000,000

說明：依據國際會計準則第40號「投資性不動產」(以下簡稱IAS 40)第68段之規定於公允價值模式下，投資性不動產之公允價值可能已反映被重置部分已損失其價值。於其他情況下，被重置部分應減少之金額可能難以辨別。於實務上難以決定時，減少被重置部分公允價值另一替代方法為將該重置視為增添，而將重置部分之成本計入該資產之帳面金額，然後再重新評估該資產之公允價值。

8.3.3 投資性不動產之轉列

> 不動產之用途改變且有證據證明時，才能轉入或轉出投資性不動產。
>
> 「當且僅當 (when, and only when)」為嚴謹之充分與必要條件，本段中所述之「當且僅當」，係指於符合特定條件，且僅於符合特定條件時，始應認列投資性不動產之轉列。換言之，「符合特定條件」為認列投資性不動產轉列之充分與必要條件。

當且僅當不動產之用途改變且有證據證明時，始應轉入或轉出投資性不動產。不動產符合（或不再符合）投資性不動產之定義，且有證據顯示用途改變時，即發生用途改變。單僅管理階層對不動產之使用意圖之改變並無法對用途改變提供證據。用途改變之證據之例(詳見表8-12)

表8-12　投資性不動產之轉列

轉出類別項目	轉入類別項目	轉入或轉出原因
投資性不動產	自用不動產	開始轉供自用或擬自用而開始開發
投資性不動產	存貨	擬出售而開始開發
自用不動產	投資性不動產	結束自用
存貨	投資性不動產	成立營業租賃以出租予另一方

若企業開始開發現有資產，以供未來持續作投資性不動產之用，而未有使用用途改變之情形，該資產於資產開發之期間仍屬投資性不動產，不得重分類為自用不動產。同理，企業決定不經開發，而計畫將於未來直接處分投資性不動產，此時應繼續分類為投資性不動產，直至除列，不將其重分類為存貨。

8.3.3.1 成本模式下轉列的會計處理

企業於採用成本模式時，投資性不動產、自用不動產及存貨間之轉列並不會改變轉列不動產之帳面金額，亦不改變用於衡量或揭露目的之成本。

8.3.3.2 公允價值模式下轉列的會計處理

公允價值模式下，投資性不動產轉出或轉入之會計處理，可以把握幾個基本原則 (詳見表 8-13)：

1. 轉入項目皆以公允價值衡量。
2. 轉出項目皆須以原項目之會計處理方法，調整帳面金額至用途改變日。
3. 由自用不動產或存貨轉入投資性不動產，且 1. 與 2. 有差異時，自用不動產視為重估價處理，存貨視為出售處理。

表 8-13　公允價值模式下轉列的會計處理

轉出類別項目	轉入類別項目	用途改變日 轉出類別項目處理	用途改變日 轉入類別項目處理	轉出與轉入科目差異金額之處理
投資性不動產	自用不動產	投資性不動產應以公允價值重新衡量，並認列投資性不動產評價損益	自用不動產與存貨應以投資性不動產之公允價值作為認定成本	無差異金額
投資性不動產	存貨			
自用不動產	投資性不動產	自用不動產依 IAS 16 及由承租人以使用權資產所持有之不動產依 IFRS 16 補提列至用途改變日折舊，並認列已發生之損失	投資性不動產應以公允價值作為認定成本	將該不動產 (或該使用權資產) 於用途改變日之公允價值，與自用不動產帳面金額間之差額，應依 IAS 16 之重估價規定處理
存貨	投資性不動產	存貨以原帳面金額轉出	投資性不動產應以公允價值作為認定成本	將該不動產於用途改變日之公允價值與存貨帳面金額間之差額認列損益，與存貨出售之會計處理一致

釋例 8-19　自採成本模式衡量之不動產、廠房及設備轉入採公允價值模式衡量之投資性不動產 (IAS 40.61-IAS 40.62)

高島公司一自用大樓 ×4 年 12 月 31 日起改變用途轉而出租以收取租金收益。該大樓於改變用途前，分類於採成本模式之不動產、廠房及設備項下，其帳面金額為 $8,000,000 (土地成本 $5,000,000；房屋成本 $4,500,000 減累計折舊 $1,500,000，該大樓估計耐用年限 30 年，無殘值，採直線法提列折舊)，該大樓於改變用途後轉入投資性不動產項下，由於高島公司之投資性不動產採公允價值模式，因此高島公司於改變用途日委託鑑價專家評估該大樓之公允價值，其公允價值分別為土地 $6,000,000 及房屋 $5,400,000，試作高島公司自用大樓，試作高島公司自用大樓相關之分錄：

×4/12/31

不動產、廠房及設備－土地－重估增值	1,000,000	
不動產、廠房及設備－房屋及建築－重估增值	900,000	
累計折舊－房屋及建築	1,500,000	
其他綜合損益－不動產重估增值		3,400,000

認列土地重估利益 $1,000,000；以沖銷累計折舊之方法認列房屋及建築之重估價利益 $2,400,000 [= $5,400,000 − ($4,500,000 − $1,500,000)]

×4/12/31

投資性不動產－土地	6,000,000	
投資性不動產－建築物	5,400,000	
不動產、廠房及設備－土地		5,000,000
不動產、廠房及設備－房屋及建築		4,500,000
不動產、廠房及設備－土地－重估增值		1,000,000
不動產、廠房及設備－房屋及建築－重估增值		900,000

將辦公大樓於改變用途後自不動產、廠房及設備轉入投資性不動產。

釋例 8-20　自採公允價值模式衡量之投資性不動產轉入不動產、廠房及設備

星光公司一棟原以收取租金收益為持有目的之商辦大樓於 ×5 年 6 月 30 日起改變用途，轉供自用。該大樓於改變用途前，係分類於採公允價值模式之投資性不動產項下，其帳面金額於 ×4 年 12 月 31 日為 $8,000,000 (係該商辦大樓於 ×4 年 12 月 31 日之公允價值，其金額分別為土地 $4,000,000 及房屋 $4,000,000)。該大樓於改變用途後轉入不動產、廠房及設備項下，由於星光公司之投資性不動產採公允價值模式，因此按公允價值列報之該投資性不動產，於轉換為自用不動產時，以 ×5 年 6 月 30 日之公允價值作為該不動產後續依 IAS 16 處理之認定成本。星光公司於改變用途日評估該大樓之公允價值，其公允價值為 $9,020,000 (分別為土地 $5,000,000 及房屋 $4,020,000)。

試作：×5 年與此商辦大樓相關之分錄。

解析

×5/6/30

投資性不動產－土地－累計公允價值變動數	1,000,000	
投資性不動產－建築物－累計公允價值變動數	20,000	
公允價值調整利益－投資性不動產		1,020,000

認列投資性不動產自期初至用途改變日公允價值增值之利益。

×5/6/30

不動產、廠房及設備－土地	5,000,000	
不動產、廠房及設備－房屋及建築	4,020,000	
投資性不動產－土地		4,000,000
投資性不動產－土地－累計公允價值變動數		1,000,000
投資性不動產－建築物		4,000,000
投資性不動產－建築物－累計公允價值變動數		20,000

辦公大樓於改變用途後自投資性不動產轉入不動產、廠房及設備。

釋例 8-21　自採不動產(重估價模式)轉換為投資性不動產(公允價值模式)

　　古歌公司於 ×1 年 1 月 1 日向亞遜公司購買一棟辦公大樓做為客服中心，當日價格為 $3,200,000 (其中包括房屋價款 $2,400,000 及土地價款 $800,000)，該棟大樓知估計耐用年限為 20 年，估計殘值為 $400,000，後續採重估價模式衡量。亞遜公司 ×3 年底辦公大樓之公允價值為 $3,400,000 (其中包括房屋價款 $2,520,000 及土地價款 $880,000)，該公司進行資產重估，帳上累計折舊採等比例重編法處理，殘值及耐用年限不變。

　　由於公司人員擴編，乃於 ×5 年 7 月 1 日搬遷至板橋新辦公大樓，並將現有辦公大樓轉做營業租賃用途，其符合 IAS 40 投資性不動產之規定，×5 年 7 月 1 日該不動產之帳面金額及公允價值資料如下：

	土地	房屋
重估價日公允價值	$880,000	$3,024,000
累計折舊		$831,600
未實現重估增值	$80,000	$467,400
轉列日公允價值	$850,000	$1,600,000

若古歌公司投資性不動產採用公允價值模式衡量，試為古歌公司作 ×5 年 7 月 1 日將自

用不動產轉換為投資性不動產之分錄(假設未實現重估增值待投資性不動產除列時再一併轉入保留盈餘)

解析

×5 年 7 月 1 日房屋之帳面金額 = $3,024,000 − $831,600 = $2,192,400
房屋部分帳面金額之所有減少數 = $2,192,400 − $1,600,000 = $592,400 > $467,400
應沖減未實現房屋重估增值 = $467,400
應認列公允價值變動損失(衡量損失) = $592,400 − $467,400 = $125,000
×5 年 7 月 1 日土地之帳面金額 = $880,000
土地部分帳面金額之所有減少數 = $880,000 − $850,000 = $30,000 < $80,000
應沖減未實現土地重估增值 = $30,000
沖銷土地及房屋帳面金額、處理帳面金額減少損失,並將投資性不動產入帳:

×5/7/1	投資性不動產—土地	850,000	
	投資性不動產—房屋	1,600,000	
	累計折舊—房屋	831,600	
	其他綜合損益—重估增值(房屋)	467,400	
	重估價損失	125,000	
	其他綜合損益—重估增值(土地)	30,000	
	土地		800,000
	土地—重估增值		80,000
	房屋		2,400,000
	房屋—重估增值		624,000

8.3.4 投資性不動產之除列

投資性不動產透過出售或融資租賃完成處分,或永久不再使用且預期無法由處分產生未來經濟效益時,應予除列。處分或報廢投資性不動產所產生之利益或損失金額,為淨處分價款與資產帳面金額間之差額,並應將該利益或損失於處分或報廢期間認列為損益。此外,自第三方取得之補償,應於該補償可收取時認列為損益。

在財務報導期間,若分類為投資性不動產之建物因火災燒毀,則應於財務報導結束日就燒毀情況對此大樓進行衡量,其保險給付額應於資產負債表認列為單獨的應收債權資產,該投資性不動產之衡量不應包含應收保險賠償款。

8.4 待出售非流動資產

待出售非流動資產 (non-current assets held for sale) 係指企業準備以出售之方式回收非流動資產之帳面金額，且符合待出售條件之單一非流動資產項目或一組資產及直接相關負債之組合 (或稱處分群組)。

學習目標 4
了解待出售非流動資產之定義與將資產分類為待出售非流動資產之條件，並學習其會計處理

8.4.1 處分群組

處分群組 (disposal group) 係指於單次交易中，以出售或其他方式一併處分之一組資產及直接相關之負債；處分群組可能為 (1) 一組現金產生單位；(2) 一個現金產生單位，或 (3) 一個現金產生單位之部分 (詳見圖 8-6)。現金產生單位係指可產生現金流入之最小可辨認資產群組，其現金流入與其他個別資產或其他資產群組之現金流入大部分獨立。處分群組之組成部分可能包括企業之任何資產或負債，包括流動資產與流動負債。若為含有商譽之現金產生單位，處分群組可能包括商譽；此外，亦可能包括處分群組直接相關之權

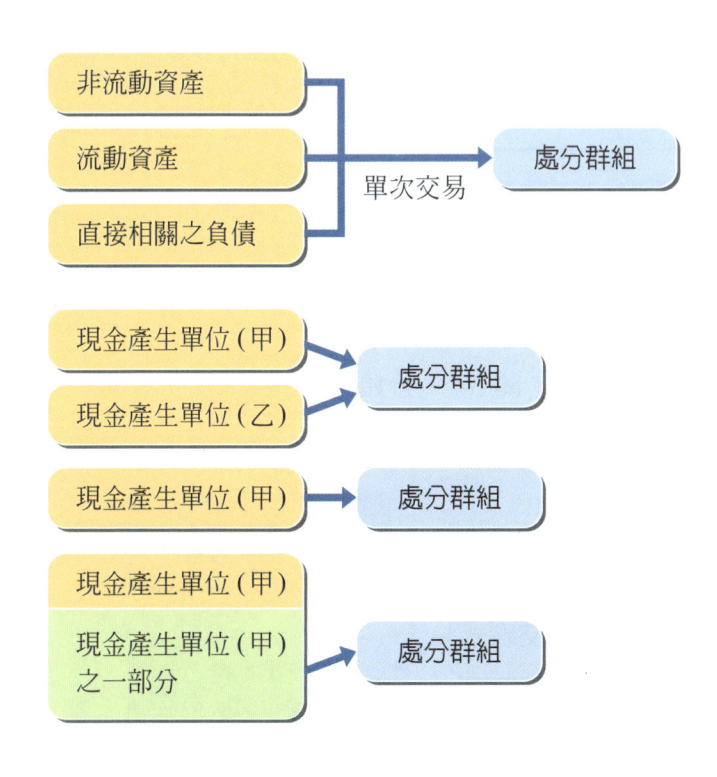

圖 8-6　處分群組之組成內容

益 (如其他權益—透過其他綜合損益按公允價值衡量之投資未實現損益)。當企業對一群組資產採分多次方式出售而非一次單一交易出售時，企業應針對各次出售之資產，分別評估是否符合待出售之條件。

8.4.2 分類為「待出售」之條件

> 「高度很有可能條件」需要專業判斷，從可能性之程度而言，應該已達幾乎會發生之程度。

當非流動資產符合待出售條件，才可以分類為待出售非流動資產。所謂待出售條件，係指於目前狀況下，企業依一般條件及商業慣例**可立即出售** (available for immediate sale)，且**高度很有可能** (highly probable) 於一年內完成出售 (詳見圖 8-7)。換言之，企業有意圖及能力以目前狀態將非流動資產出售予買方，不能有不合常規的條件而影響出售的時間點，並造成處分交易時間的重大延遲；所謂出售交易，包含一般情況之資產處分及具有**商業實質** (commercial substance) 之資產交換 (詳見圖 8-8)。分類為「待出售」資產本身不是會計政策之選擇，當非流動資產符合待出售條件時，其會計處理必須依照 IFRS 5 待出售資產之規定。

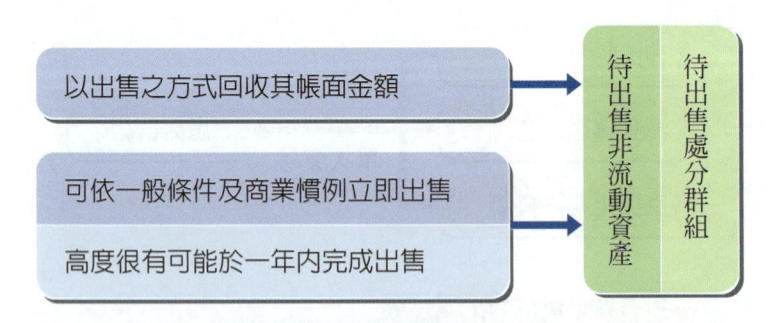

圖 8-7　分類為待出售之條件

- 以出售之方式回收其帳面金額 → 待出售非流動資產／待出售處分群組
- 可依一般條件及商業慣例立即出售
- 高度很有可能於一年內完成出售

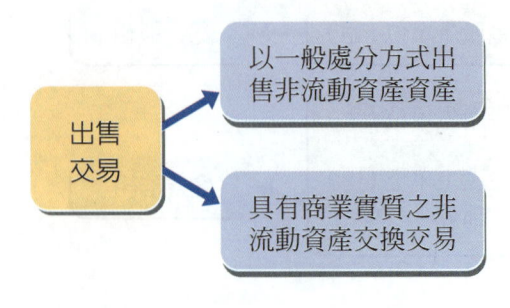

圖 8-8　出售交易之類型

出售交易：
- 以一般處分方式出售非流動資產資產
- 具有商業實質之非流動資產交換交易

不動產、廠房及設備──減損、重估價模式及特殊衡量法

表 8-14　可依一般條件及商業慣例立即出售之判斷

	舉例情況	是否符合可依一般條件及商業慣例立即出售？
情況一	1. 企業已核准並開始執行出售其總部建築物之計畫，並已積極尋找買主。且 2. 企業意圖於遷離總部建築物後，移轉該建築物予買主，其遷離所需之時間係符合一般條件及商業慣例。	符合可立即出售之規定。 該資產於出售計畫核准時，即符合可立即出售之規定。
情況二	1. 企業已核准並開始執行出售其總部建築物之計畫，並已積極尋找買主。且 2. 企業將繼續使用該建築物直至新總部建築物建造完成，且於新總部建築物建造完成並遷離現有建築物前，無意圖移轉現有建築物予買主。	不符合可立即出售之規定。 現有建築物移轉時點之延遲，即顯示企業無法立即出售該建築物，不符合可立即出售之規定。 企業即使早已取得未來移轉現有建築物之確定購買承諾，於新建築物建造完成前，仍不符合可立即出售之規定。
情況三	1. 企業已核准並開始執行出售其製造設備之計畫，並已積極尋找買主。於計畫核准日仍有大量未完成之顧客訂單。 2. 企業意圖於出售製造設備時，同時出售其營運，所有未完成之顧客訂單將於出售日移轉予買主。且 3. 出售日未完成顧客訂單之移轉將不會影響該製造設備之移轉時點。	符合可立即出售之規定。 該資產於出售計畫核准時，即符合可立即出售之規定。
情況四	1. 企業已核准並開始執行出售其製造設備之計畫，並已積極尋找買主。於計畫核准日仍有大量未完成之顧客訂單。 2. 企業未意圖於出售製造設備時同時出售其營運，且於停止製造設備所有營運及履行顧客訂單前，無意圖移轉該製造設備予買主。且 3. 製造設備移轉時點之延遲，即顯示企業無法立即出售該製造設備。	不符合可立即出售之規定。 企業即使早已取得未來移轉製造設備之確定購買承諾，前述情況於製造設備停止營運前仍不符合可立即出售之規定。

IFRS 一點通

承諾出售子公司股權而喪失控制力，是否應分類為待出售資產？

企業承諾之出售計畫涉及喪失對子公司控制力時，若符合待出售之條件，無論企業於出售後是否對先前之子公司保留部分股權（非控制權益），皆應將該子公司之所有資產及負債分類為待出售。

8.4.2.1 條件一：可依一般條件及商業慣例立即出售

分類為「待出售」之條件需要高度專業判斷，而是否符合可依一般條件及商業慣例立即出售，須根據實際情況分析判斷，詳見表 8-14 待出售條件判斷之釋例。

8.4.2.2 條件二：高度很有可能於一年內完成出售

判斷符合高度很有可能於一年內完成出售之條件，企業須分別檢視是否已完成出售之基本必要工作事項，及預期未來是否可以完成尚未達成之工作事項 (詳見表 8-15)。

出售交易應於一年內完成，但 IFRS 5 允許若有特殊例外情形，可以無須於一年內完成。例如企業若有無法控制之事件或情況影響交易之完成，使出售交易延遲至一年以上，且有充分證據顯示企業仍維持其出售承諾，則仍可將待出售之非流動資產或處分群組視為待出售性質 (詳見表 8-16)。

企業不僅應於分類時，評估是否符合高度很有可能於一年內完成出售之五大條件；此外，尚未出售前仍須持續評估是否仍符合條件。

表 8-15 高度很有可能於一年內完成出售之五大條件

檢視已完成之工作事項	1. 管理當局已核准出售計畫。 2. 管理當局已積極尋找買主。 3. 管理當局已參照現時公允價值積極洽商交易。
預期未來將完成之工作事項	4. 出售交易應於一年內完成。 5. 出售計畫極少可能有重大變動或撤銷情事。

表 8-16　出售交易延遲一年以上之例外情形

	無法控制之事件或情況，使出售交易延遲至一年以上	符合下列條件時，可視為例外情形
情況一	合理預期除買主外之第三人對移轉增加條件。	1. 取得確定購買承諾後，始能因應第三人之條件。 2. 高度很有可能於一年內取得確定購買承諾。
情況二	取得確定購買承諾後，買主或第三人無預期地提出額外條件。	1. 未預期之條件發生時，已及時因應。 2. 造成延遲之因素預期一年內可妥善解決。
情況三	產生先前認為不可能發生之情況。	1. 已採取必要之措施因應情況之改變。 2. 已積極按情況改變下之合理價格洽商交易。 3. 符合可立即出售與高度很有可能出售之條件。

情況一之實例　甲公司為能源生產事業，已核准並開始執行出售一處分群組之計畫，且該處分群組係受管制業務項目之重大部分。因該出售須經主管機關許可，而使出售交易延遲至一年以上，且甲公司須於確認買主並取得確定購買承諾後，始得進行取得許可之程序。然而，其確定購買承諾高度很有可能於一年內取得。

情況二之實例　乙公司已核准並開始執行依目前條件出售製造設備之計畫，並將其分類為待出售非流動資產。乙公司於取得確定購買承諾後，買主檢視資產發現存有先前未知之環境損害，而要求乙公司應改善該損害，使出售交易延遲至一年以上。乙公司已著手改善該損害，並高度很有可能於一年內符合應改善之標準。

情況三之實例　丙公司已核准並開始執行出售非流動資產之計畫，並將其分類為待出售非流動資產。第一年期間，資產最初分類為待出售非流動資產時，其所存在之市場條件惡化，以致該資產無法於年底出售。於該段期間，丙公司積極尋找買主但未有任何合理購買該資產之出價，故丙公司採取調降售價之因應措施。丙公司繼續於市場按資產之合理價格尋找買主，並符合可立即出售與高度很有可能出售之條件。

假如有出售交易延遲一年以上之例外情形（如表8-16 情況一），若因合理預期政府對移轉增加條件，使得預定出售之時間超過一年以上，處分成本應予以折現方式計算，差額視為利息支出，認列為損益；惟實務上，企業多無須考量折現問題，因通常皆可於一年內完成出售。

> **IFRS 一點通**
>
> **承諾分配予業主之資產，是否應分類為待分配予業主資產？**
>
> IFRS 5 亦適用於待分配予業主之非流動資產，若企業承諾將資產(或處分群組)分配予業主，且符合下列二項條件時，應將該非流動資產(或處分群組)分類為**待分配予業主** (held for Distribution to Owners)，其會計處理與待出售非流動資產一致，以帳面金額與公允價值減分配成本孰低者衡量。
> 1. 於目前狀態下可供立即分配。
> 2. 該分配應為高度很有可能：要符合分配高度很有可能，完成分配之行動須已開始，且應預期能自分類日起一年內完成。完成此分配所需之行動應顯示不大可能該分配會有重大變動或撤銷該分配。評估分配是否高度很有可能時，應包含考量股東核准之機率。

8.4.2.3　將報廢之資產

> 將於未來報廢之非流動資產或處分群組包括：
> 1. 將使用至經濟年限結束之非流動資產或處分群組。
> 2. 將以非出售方式廢棄之非流動資產或處分群組。

　　將於未來報廢或廢棄之非流動資產或處分群組，其帳面金額主要透過持續使用而回收，故不應分類為待出售非流動資產或待出售處分群組。所謂將於未來報廢之非流動資產或處分群組包括：(1) 將使用至經濟年限結束之非流動資產或處分群組，及 (2) 將以非出售方式廢棄之非流動資產或處分群組。

　　企業不宜將暫時停止使用之非流動資產視為已報廢之資產。例如企業因產品之需求下降而使企業停止使用製造設備，該設備仍維持可使用之狀態，預期需求回升時仍可使用，該資產不應視為報廢資產。

8.4.3　待出售非流動資產及處分群組之會計處理

　　待出售非流動資產及處分群組之會計處理包括：

1. 分類為待出售非流動資產或待出售處分群組時之會計處理。
2. 分類為待出售非流動資產及處分群組後之後續衡量。

8.4.3.1　分類為待出售非流動資產或待出售處分群組時之會計處理

　　非流動資產或處分群組若主要將以出售之方式，而非透過持續

Chapter 8

不動產、廠房及設備──減損、重估價模式及特殊衡量法

IFRS 一點通

新取得非流動資產或處分群組

　　企業取得非流動資產或處分群組主要係以出售為目的時，須同時符合下列條件者，始應在取得日分類為待出售非流動資產或待出售處分群組：

1. 將於一年內完成出售者（符合企業無法控制之事件或情況者不在此限）；
2. 取得日雖尚未符合其他條件，惟將於短期內（通常不超過 3 個月）符合者。

　　企業應以若未分類為待出售非流動資產或待出售處分群組應有之帳面金額（如取得成本）與公允價值減處分成本孰低者衡量。但若係屬合併新取得者，應以公允價值減處分成本衡量。

使用回收其帳面金額，且符合「待出售」之條件時，應將其分類為待出售非流動資產或處分群組。分類為「待出售」前，應先依所適用國際財務報導準則內之衡量規定，調整資產或處分群組內所有資產及負債之帳面金額。再依調整後帳面金額轉列為待出售非流動資產或處分群組，並按帳面金額與公允價值減處分成本[2]孰低者衡量。

8.4.3.2　分類為待出售非流動資產及處分群組後之後續再衡量

　　非流動資產若分類為待出售非流動資產，後續不得再提列折舊、折耗或攤銷。每一資產負債表日，待出售非流動資產應按帳面金額與公允價值減處分成本孰低者衡量，於損益表認列減損損失或減損迴轉之利益。

　　待出售處分群組所包含之非屬 IFRS 5 衡量適用範圍之資產及負債，應於衡量待出售處分群組之公允價值減處分成本前，先依該等資產及負債所適用之國際財務報導準則規定衡量，待出售處分群組再按帳面金額與公允價值減處分成本孰低者衡量。例如：待出售處分群組所含負債之相關利息及其他費用應繼續認列，透過其他綜合損益按公允價值衡量投資應先以公允價值再衡量。

　　待出售非流動資產之公允價值減處分成本若後續回升，應於損益表認列為利益，惟迴轉金額不宜超過依 IFRS 5 認列之累計減損

---

[2] 本章節有關待出售非流動資產衡量時所使用的「處分成本」係配合 IAS 36 將「出售成本」改為「處分成本」，IFRS 5 仍維持「出售成本」的用法，本章節的用語雖與 IFRS 5 不同，但表達的意思是相同的。

413

IFRS 一點通

待出售非流動資產認列減損損失及後續迴轉利益之會計分錄

本書有關待出售非流動資產認列減損損失及後續迴轉利益之會計分錄，皆採用分類為待出售時，即於累計減損帳上反映迴轉上限應有之金額，採用此方法，可以簡化後續再衡量之會計處理。然而，IFRS 並未禁止其他作法，只要財務報表能夠表達正確之餘額即可。請參閱以下釋例之作法。

損失及原依 IAS 36 得迴轉之金額 (請參閱 8.1.5 節之規定)。前項資產如已依規定辦理重估價，則其減損損失之迴轉應比照 IAS 36 之規定，不得超過若未認列減損應有之帳面金額辦理。例如：甲公司因市場競爭與策略之改變，於 ×1 年 1 月 1 日決定將其資產 A 分類為待出售非流動資產，帳面金額 $50,000，估計公允價值減去處分成本 $51,000。於 ×1 年 3 月 31 日，資產 A 的公允價值減去處分成本為 $48,000，應認列減損損失 $2,000，於 ×1 年 6 月 30 日，因景氣回升，其公允價值減去處分成本為 $52,500，因此有利得 $4,500，但因為不得超過上次因減損而產生的損失，所以只能認列 $2,000 的回升利益。換言之，待出售非流動資產之公允價值減處分成本若後續回升，迴轉上限為以下兩者之總和：

迴轉上限 =	依 IFRS 5 認列之累計減損	+	依 IAS 36 規定可迴轉金額
	分類為待出售後所認列之累計減損		資產減損之會計處理，迴轉金額不得超過若未認列減損損失應有之帳面金額

處分群組所認列之減損損失或後續迴轉利益，與 IAS 36 規定之分攤順序一致 (請參閱 8.1.6 節之說明)，減少或增加該群組中屬 IFRS 5 衡量規定範圍內非流動資產之帳面金額。

釋例 8-21　待出售非流動資產之認列減損損失及後續迴轉利益

甲公司擁有全自動化運動服生產之機器設備，由於競爭與產品需求之變化，×1 年 12 月 31 日有減損跡象，相關資料如下：

成本	$1,000,000
使用價值	550,000
累計折舊	400,000
公允價值減處分成本	530,000

甲公司意圖繼續使用該機器。原始估計殘值為零與耐用年限 20 年不變，剩餘耐用年限 12 年，以直線法提列折舊。×2 年 3 月 31 日因市場之策略調整，甲公司決定將全自動化運動服生產之機器設備予以出售，且符合待出售之條件，3 月 31 日、6 月 30 日及 9 月 30 日該機器設備公允價值減處分成本 (淨公允價值) 分別為 $480,000、$550,000 及 $600,000。

試作以下日期之分錄：

(1) ×1 年底認列資產減損；(2) ×2 年 3 月 31 日分類為待出售；(3) ×2 年 6 月 30 日後續再衡量；及 (4) ×2 年 9 月 30 日後續再衡量。

解析

(1) ×1 年底認列資產減損 (依 IAS 36 認列減損損失)

減損損失 = 帳面金額 – 可回收金額
　　　　 = ($1,000,000 – $400,000) – $550,000
　　　　 = $50,000

減損損失	50,000	
累計減損—機器設備		50,000

(2) ×2 年 3 月 31 日分類為待出售

補提折舊 ($550,000 ÷ 12) × 3/12 = $11,458

折舊費用	11,458	
累計折舊—機器設備		11,458

a. 依 IFRS 5 認列減損損失 = 帳面金額 – 公允價值減處分成本
　　　　　　　　　　　　 = ($550,000 – $11,458) – $480,000
　　　　　　　　　　　　 = $538,542 – $480,000
　　　　　　　　　　　　 = $58,542

b. 若無任何減損，×2 年 3 月 31 日機器設備應有之帳面金額
　 = $1,000,000 – $1,000,000 ÷ 20 × (8 + 3/12) = $587,500

c. 依 IAS 36 規定可迴轉金額 = $587,500 – $538,542 = $48,958

d. 計算減損損失最大可迴轉之金額 = $58,542 + $48,958 = $107,500

待出售機器設備	587,500	
累計折舊—機器設備	411,458	
累計減損—機器設備	50,000	
減損損失	58,542	
機器設備		1,000,000
累計減損—待出售機器設備		107,500

(3) ×2年6月30日後續再衡量

$550,000 小於 $587,500，全數可認列迴轉利益。

迴轉利益 = $550,000 − ($587,500 − $107,500) = $550,000 − $480,000 = $70,000

累計減損—待出售機器設備	70,000	
待出售非流動資產減損迴轉利益		70,000

(4) ×2年9月30日後續再衡量

$600,000 大於 $587,500，可認列之迴轉利益只限於「累計減損—待出售機器設備」之餘額 $107,500 − $70,000 = $37,500（亦等於 $587,500 與 $550,000 之差異金額）。

累計減損—待出售機器設備	37,500	
待出售非流動資產減損迴轉利益		37,500

釋例 8-22　待出售處分群組之認列減損損失及後續迴轉利益

×1年7月1日甲公司計畫以出售方式處分飲料產品事業群，且符合待出售處分群組之條件。以下為該飲料產品事業群相關資產負債之帳面金額：

分類日後續衡量前帳面金額	
資產	
存貨	$ 400,000
透過其他綜合損益按公允價值衡量投資	300,000
土地（成本）	3,000,000
折舊性資產（淨額）	4,000,000
商譽	500,000
負債	
抵押借款	(500,000)
淨資產	$7,700,000

×1年7月1日其他資訊如下：

1. 存貨之淨變現價值為 $350,000。
2. 透過其他綜合損益按公允價值衡量投資成本 $260,000，透過其他綜合損益按公允價值衡量投資未實現損益貸方餘額為 $40,000，×1 年 7 月 1 日透過其他綜合損益按公允價值衡量投資之公允價值為 $280,000。
3. 折舊性資產 ×1 年 1 月 1 日之成本 $8,000,000，累計折舊 $4,000,000，假設以直線法提列折舊，無殘值，耐用年限 20 年。
4. 抵押借款之利率 10%，每年年初付息。
5. 待出售處分群組之公允價值減處分成本為 $6,405,000。

×1 年 12 月 31 日待出售處分群組尚未出售，其他資訊如下：

1. 待出售處分群組之公允價值減處分成本為 $6,690,000。
2. 存貨之淨變現價值為 $330,000。
3. 透過其他綜合損益按公允價值衡量投資之公允價值為 $310,000。

試作 ×1 年 7 月 1 日與 12 月 31 日相關之分錄。

解析

(1) ×1 年 7 月 1 日非屬 IFRS 5 衡量適用範圍之資產或負債，應分別依其所適用之公報規定衡量。

存貨跌價損失 (或銷貨成本)	50,000	
透過其他綜合損益按公允價值衡量投資未實現損益	20,000	
折舊費用	200,000	
利息費用	25,000	
備抵存貨跌價損失		50,000
透過其他綜合損益按公允價值衡量投資		20,000
累計折舊 ($8,000,000 ÷ 20 × 6/12)		200,000
應付利息 ($500,000 × 10% × 6/12)		25,000

分類日調整非屬 IFRS 5 衡量適用範圍之資產或負債後之帳面金額

資產	
存貨 (減備抵存貨跌價損失 $50,000)	$ 350,000
透過其他綜合損益按公允價值衡量投資	280,000
土地 (成本)	3,000,000
折舊性資產 (減累計折舊 $4,200,000)	3,800,000
商譽	500,000
負債	
抵押借款	(500,000)
應付利息	(25,000)
淨資產	$7,405,000

分類為待出售處分群組時

待出售處分群組—存貨	350,000
待出售處分群組—透過其他綜合損益按公允價值衡量投資	280,000
待出售處分群組—土地	3,000,000
待出售處分群組—折舊性資產	3,800,000
待出售處分群組—商譽	500,000
備抵存貨跌價損失	50,000
抵押借款	500,000
應付利息	25,000
存貨	400,000
透過其他綜合損益按公允價值衡量投資	280,000
土地	3,000,000
折舊性資產	3,800,000
商譽	500,000
待出售處分群組—抵押借款	500,000
待出售處分群組—應付利息	25,000

分攤減損損失

7 月 1 日待出售處分群組之公允價值減處分成本為 $6,405,000 < $7,405,000，則甲公司應認列減損損失 $1,000,000 (= $7,405,000 − $6,405,000)。

$1,000,000 的減損損失，應先沖銷商譽 $500,000，剩餘的 $500,000，再依帳面金額比例，分攤給待出售處分群組中適用 IFRS 5 衡量規範之非流動資產 (土地及折舊性資產)，減少其帳面金額。分攤過程及分攤後之結果如下：

	分類日後續衡量後	減損損失之分攤	分攤後之帳面金額
資產			
存貨 (減備抵存貨跌價損失 $50,000)	$ 350,000		$ 350,000
透過其他綜合損益按公允價值衡量投資	280,000		280,000
土地 (成本)	3,000,000	$(220,588)	2,779,412
折舊性資產 (減累計折舊 $4,200,000)	3,800,000	(279,412)	3,520,588
商譽	500,000	(500,000)	
負債			
抵押借款	(500,000)		(500,000)
應付利息	(25,000)		(25,000)
合計	$7,405,000	$(1,000,000)	$6,405,000

$500,000 × ($3,000,000 ÷ $6,800,000) = $220,588

$500,000 × ($3,800,000 ÷ $6,800,000) = $279,412

減損損失	1,000,000	
累計減損—待出售處分群組—土地		220,588
累計減損—待出售處分群組—折舊性資產		279,412
商譽		500,000

(2) ×1 年 12 月 31 日非屬 IFRS 5 衡量適用範圍之資產或負債應分別依其所適用之公報規定衡量。

存貨跌價損失 (銷貨成本)	20,000	
待出售處分群組—透過其他綜合損益按公允價值衡量投資	30,000	
利息費用	25,000	
待出售處分群組—備抵存貨跌價損失		20,000
待出售處分群組—透過其他綜合損益按公允價值衡		
量投資未實現損益		30,000
待出售處分群組—待出售處分群組—應付利息		25,000 *

＊ ($500,000 × 10% × 6/12)

減損損失迴轉利益之分攤

12 月 31 日待出售處分群組之公允價值減處分成本為 $6,690,000 > 12 月 31 日後續衡量後之帳面金額 $6,390,000，則甲公司應認列減損損失迴轉利益 $300,000 (= $6,690,000 － $6,390,000)，依帳面金額比例，分攤給待出售處分群組中適用 IFRS 5 衡量規範之非流動資產 (土地及折舊性資產)，增加其帳面金額。分攤過程及分攤後之結果如下：

	12 月 31 日後續衡量後之帳面金額	減損損失迴轉利益之分攤	分攤後之帳面金額
資產			
存貨 (減備抵存貨跌價損失 $70,000)	$ 330,000		$ 330,000
透過其他綜合損益按公允價值衡量投資	310,000		310,000
土地 (成本)	2,779,412	$132,353	2,911,765
折舊性資產 (減累計折舊 $4,200,000)	3,520,588	167,647	3,688,235
負債			
抵押借款	(500,000)		(500,000)
應付利息	(50,000)		(50,000)
合計	$6,390,000	$300,000	$6,690,000

$300,000 × 2,779,412 ÷ ($2,779,412 + $3,520,588) = $132,353

$300,000 × 3,520,588 ÷ ($2,779,412 + $3,520,588) = $167,647

累計減損—待出售處分群組—土地	132,353	
累計減損—待出售處分群組—折舊性資產	167,647	
待出售處分群組減損迴轉利益		300,000

8.4.3.3 出售計畫變更

若企業已將資產(或處分群組)分類為待出售或待分配予業主，但不再符合待出售或待分配予業主之條件，則企業應停止將該資產(或處分群組)分類為待出售或待分配予業主。企業對停止分類為待出售(或不再包括於分類為待出售或待分配予業主處分群組中)之非流動資產或待分配予業主，應按下列孰低者衡量：

1. 該資產(或處分群組)分類為待出售或待分配予業主前之帳面金額，並調整資產(或處分群組)若未分類為待出售或待分配予業主下原應認列之折舊、攤銷或重估價金額。
2. 於後續決定不出售或不分配予業主日之可回收金額。若非流動資產為現金產生單位之一部分，則其可回收金額係指依 IAS 36 分攤現金產生單位所產生之減損損失後而認列之帳面金額。

企業應於不再符合待出售或待分配予業主條件之期間，將停止分類為待出售或待分配予業主之非流動資產帳面金額應作之調整包含於繼續營業單位損益中。若停止分類為待出售或待分配予業主之處分群組或非流動資產係一子公司、聯合營運、合資、關聯企業、或對一合資或一關聯企業權益之一部分，則自分類為待出售或待分

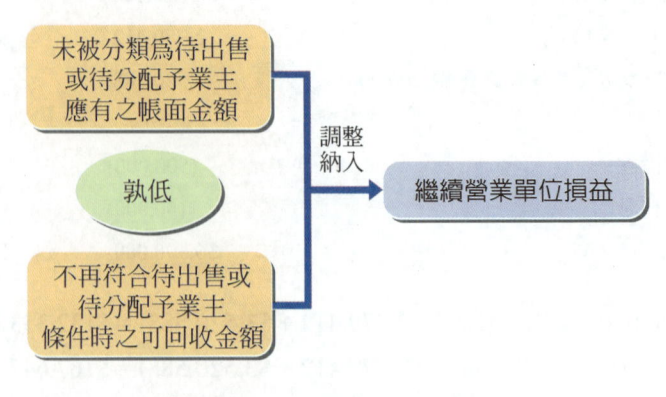

▣ 圖 8-9　出售計畫變更時

配予業主起後之各期間之財務報表應配合修正。除非資產係分類為待出售前係採重估價模式之不動產、廠房及設備或無形資產，此種情況下之調整應視為重估價之增值或減少。

若企業自分類為待出售處分群組中移除某項個別資產或負債，僅於該群組仍符合待出售之條件時，待出售處分群組內剩餘之資產及負債始應繼續以一群組衡量。若企業自分類為待分配予業主之處分群組中移除某項個別資產或負債，僅於該群組仍符合待分配予業主條件時，待分配處分群組內剩餘之資產及負債始應繼續以一群組衡量。否則，該群組內個別符合分類為待出售(或待分配予業主)條件之剩餘非流動資產，應於該日個別按其帳面金額及公允價值減出售成本(或分配成本)孰低者衡量。未符合待出售條件之非流動資產應停止分類為待出售。未符合待分配予業主條件之非流動資產應停止分類為待分配予業主。

釋例 8-23　出售計畫變更

甲公司擁有一套生產運動鞋自動化機器設備，於×1年1月1日之帳面金額$1,000,000(成本$2,000,000、累計折舊$1,000,000)，採直線法攤提折舊費用，耐用年限為20年，在×1年1月1日該機器設備符合待出售條件，被分類為待出售非流動資產，×1年1月1日、×1年3月31日與×1年6月30日該機器設備公允價值減處分成本，分別為$1,050,000、$950,000及$990,000。×1年8月1日甲公司因市場變化，決定繼續使用並停止將該機器設備分類為待出售，當日機器設備的可回收金額為$1,030,000，試作相關分錄。

解析

×1/1/1	待出售機器設備	1,000,000	
	累計折舊—機器設備	1,000,000	
	機器設備		2,000,000
×1/3/31	減損損失	50,000	
	累計減損—待出售機器設備		50,000
×1/6/30	累計減損—待出售機器設備	40,000	
	待出售非流動資產減損迴轉利益		40,000

×1/8/1

未被分類為待出售應有之帳面金額 = $2,000,000 − $1,000,000 − ($2,000,000 ÷ 20 × 7/12) = $941,667，較可回收金額 $1,030,000 為低，故以 $941,667 作為當日應有之帳面金額。

方法一　淨額法

機器設備	941,667	
累計減損—待出售機器設備	10,000	
機器設備重分類損失	48,333	
待出售機器設備		1,000,000

方法二　總額法

機器設備	2,000,000	
累計減損—待出售機器設備	10,000	
機器設備重分類損失	48,333	
待出售機器設備		1,000,000
累計折舊—機器設備		1,058,333

註：有關停止分類待出售機器設備之分錄，國際財務報導準則公報第五號（IFRS 5）並未明確規範分錄作法。理論上，上述兩種作法機器設備之帳面金額於 ×1 年 8 月 1 日皆為 $941,667。

8.4.3.4　表達與揭露

企業應於資產負債表中，將分類為待出售非流動資產及分類為待出售處分群組之資產與其他資產分別表達，並列於流動資產項下（詳見表 8-17）。該等資產及負債不得互抵而以單一金額表達。例如：資產負債表之表達如下：

流動資產	
待出售處分群組	$587,500
累計減損—待出售處分群組	(107,500)
待出售處分群組 (淨額)	$480,000
流動負債	
與分類為待出售處分群組直接相關之負債	$100,000
權益	
其他權益—與待出售非流動資產相關之金額	$50,000

企業**不得**為反映最近期間資產負債表所表達之分類，而將以前各期資產負債表中分類為待出售非流動資產或分類為待出售處分群

Chapter 8 不動產、廠房及設備——減損、重估價模式及特殊衡量法

IFRS 一點通

閒置資產在資產負債表如何表達？

閒置資產不等同於待出售資產，目前在 IFRS 下，企業應將閒置之不動產、廠房及設備，依據其實際之情況判斷，若閒置資產符合 IFRS 5 待出售之條件，則應列為待出售非流動資產或處分群組；若企業取得不動產時，因暫時尚未決定其未來用途而閒置，則應列為 IAS 40 之投資性不動產；若不動產、廠房及設備因市場需求暫時減弱而閒置，則應繼續列為 IAS 16 之不動產、廠房及設備。

組內資產及負債之表達金額，予以重分類或重行表達。

若於報導期間後方符合待出售之條件，則企業**不得**於發布之財務報表中將非流動資產（或處分群組）分類為待出售。惟若於報導期間後但於通過發布財務報表前符合該等條件，則企業應於附註中揭露相關之資訊。

表 8-17　待出售非流動資產之表達與揭露

待出售非流動資產	分類為流動資產於資產負債表單獨列示
待出售處分群組	• 群組內之資產及負債應於資產負債表單獨列示，分類為流動資產及流動負債，不得相互抵銷。 • 資產或負債之主要類別，應於資產負債表單獨列示或以附註揭露。 • 與待出售非流動資產或處分群組相關，而直接認列為業主權益調整項目者，亦應單獨列示。 • 取得時即分類為待出售子公司者，無須揭露資產及負債之主要類別。

附錄 A　以使用權所持有之投資性不動產

IAS 16 規範由承租人以使用權資產所持有之投資性不動產，以成本模式為原始認列基礎。但第 33 段另有規定，若企業選擇公允價值模式，則由承租人以使用權資產所持有之投資性不動產應再衡量（如必要時）至公允價值。當租賃給付係市場租金水準時，由承租人以使用權資產所持有之投資性不動產於取得時減除所有預期租賃給付（包括與其相關之已認列租

賃負債) 後之公允價值應為零。因此使用權資產由 IAS 16 規定之成本再衡量為第 33 段 (將第 50 段之規定納入考量) 規定之公允價值，應不會產生任何原始利益或損失，除非公允價值係於不同時點衡量。若於原始認列後決定採用公允價值模式，則該情況有可能發生。

釋例 8A-1　以使用權所持有之投資性不動產

廣東公司與廣西公司簽訂一商辦大樓之租賃合約，廣東公司自 ×1 年 1 月 1 日起向廣西公司租用一商辦大樓，租期 10 年，每年 1 月 1 日給付租金 $60,000,000，租賃隱含利率為 6%，廣東公司判定因該租賃合約所取得之使用權資產符合投資性不動產定義，依 IAS 40 第 29A 段之規定，廣東公司應依國際財務報導準則第 16 號「租賃」(以下簡稱 IFRS 16) 之規定按其成本進行原始衡量，此外，由於廣東公司對其投資性不動產適用 IAS 40 中之公允價值模式，因此廣東公司依 IFRS 16 第 34 段之規定，亦符合 IAS 40 投資性不動產定義之使用權資產適用該公允價值模式。×1 年 12 月 31 日該投資性不動產之公允價值為 $400,000,000。

試作：
(1) 廣東公司 ×1 年 1 月 1 日與此次租賃相關之分錄。
(2) 假設 ×1 年 12 月 31 日該投資性不動產之公允價值為 $400,000,000，試作廣東公司 ×1 年 12 月 31 日與此租賃相關之分錄。

解析

(1) 租賃期間開始日之分錄

×1/1/1	投資性不動產—租賃權益—土地	468,101,536	
	租賃負債		468,101,536
×1/1/1	租賃負債	60,000,000	
	現金		60,000,000

說明：
1. 租賃給付之現值 = 第 1 期租金 $60,000,000 + (餘九期租金 $60,000,000 × 租賃隱含利率 6% 之 9 年期年金現值 6.801692) = $468,101,536
2. 依 IAS 40 第 33 段之規定，於原始認列後選擇公允價值模式之企業應按公允價值衡量所有投資性不動產。依 IAS 40 第 41 段之規定，於原始認列之時點，當租賃給付係依市場租金水準時，由承租人以使用權資產持有之投資性不動產於取得時減除所有預期租賃給付 (包括與其相關之以認列租賃負債) 後之公允價值為零。因此租賃給付之現值 $468,101,536 (使用權資產之成本) 在衡量 IAS 40 第 33 段規定之公允價值，應不會產生任何原始利益或損失。

(2) ×1 年 12 月 31 日認列利息費用之分錄

| ×1/12/31 | 利息費用 | 24,486,092 | |
| | 　　租賃負債 | | 24,486,092 |

利息費用 = 租賃負債之帳面金額 × 租賃隱含利率
　　　　 = ($468,101,536 − $60,000,000) × 6% = $24,486,092

×1 年 12 月 31 日該投資性不動產之公允價值為 $400,000,000

×1/12/31　公允價值調整損失—投資性不動產　　　　68,101,536
　　　　　　投資性不動產—使用權資產—建築物
　　　　　　　—累計公允價值變動數　　　　　　　　　　　　68,101,536

本章習題

問答題

1. 不動產、廠房及設備適用的重估價模式與投資性不動產適用的公允價值模式皆是使用公允價值為資產作後續衡量的方式，試比較兩者差異所在。

2. A 國於 ×1 年立法，×2 年起開放從 B 國進口殘留某種人工添加物的肉品。某連鎖漢堡店乙公司 ×1 年預期 ×2 年起，該法案將使廣大消費者降低吃肉類漢堡的意願，對該公司產生重大不利之影響。上述情況下，乙公司應於何時進行減損測試？

3. 說明評估可回收金額時，如何從使用價值或公允價值減處分成本作選擇。

4. 試解釋現金產生單位的意義？

5. IAS 16 規定：若不動產、廠房及設備之某一項目重估價，則屬於該類別之全部不動產、廠房及設備項目均應重估價。試解釋上述規定中「類別」的意義，並舉出可能不適用上述條件的例外情形。

6. IAS 40 如何定義投資性不動產？

7. 哪種情況下，企業 (原則上) 所有投資性不動產皆須以公允價值模式衡量？

8. 說明企業於有明確證據顯示無法在持續基礎上可靠衡量投資性不動產之公允價值時，應如何處理。

9. 說明待出售非流動資產或待出售處分群組之定義。

10. 列舉 IFRS 5 規定企業高度很有可能於一年內完成出售其待出售非流動資產所需具備的全部條件。

11. 由承租人以使用權資產所持有之不動產是否可認列為投資性不動產？請詳細說明。

選擇題

1. 不動產、廠房及設備在使用重估價模式時，其公允價值之估計來源為？
   (A) 參考活絡市場報價
   (B) 由企業自行估計該資產未來現金流量之折現值

(C) 藉資產目前之重置成本，減除物質退化、過時陳舊及效率差異後的餘額作估計
   (D) 以上皆可

2. 以下何種情況與企業之資產可能發生減損最不相關？
   (A) 影響資產使用價值之折現率下降
   (B) 資產之產出不如預期
   (C) 資產發生毀損
   (D) 資產之市價之下跌幅度顯著大於該期之折舊率

3. 依據國際會計準則第 16 號，不動產、廠房及設備於認列後之衡量模式有成本模式與重估價模式，試問下列敘述何者正確？
   (A) 企業可針對不同類別中之全部不動產、廠房及設備採取不同的衡量模式
   (B) 資產重估價應於每年 12 月 31 日執行
   (C) 企業應選定每年的同一日進行所有各類資產的重估價
   (D) 不動產、廠房及設備項目於權益中之重估增值，在該資產出售時應先結轉至當期損益，再轉至保留盈餘

4. 蘋果公司 ×1 年初以 $1,000,000 購入自用土地一筆，採重估價模式衡量，×1 年底按該土地當日公允價值 $1,200,000 進行重估價，該公司選擇將重估增值累積於權益直至處分該土地。×2 年底評估該土地已發生減損，估計可回收金額為 $950,000。×3 年底該公司評估該土地已認列之減損已不復存在，估計可回收金額為 $1,070,000。該公司應認列計入 ×3 年本期淨利之減損迴轉利益金額為：
   (A) $0   (B) $50,000   (C) $70,000   (D) $120,000

5. 在評估資產之使用價值時，下列項目中共有幾項不應列入考量？
   (a) 預期為提升資產之績效所支出之現金流量；(b) 企業尚未承諾之未來重組之預估淨現金流量；(c) 資產耐用年限屆滿時，處分資產將獲得之淨現金流量；(d) 經由資產持續使用所產生之預計現金流量
   (A) 一項   (B) 二項   (C) 三項   (D) 四項

6. 關於資產減損，下列敘述何者有誤？
   (A) 企業應採用單一折現率來評估某一資產之使用價值
   (B) 企業分攤商譽至現金產生單位以進行減損測試時，每一受攤商譽之現金產生單位不得大於 IFRS8 所定義之彙總前營運部門
   (C) 資產群組之產出若有活絡市場，即使該產出係供企業內部所使用，仍應將該資產群組辨認為現金產生單位
   (D) 以上皆非

7. 下列關於採重估價模式作後續衡量之不動產、廠房或設備，其重估價頻率之敘述，何者有誤？
   (A) 原則上，企業應對同類別之不動產、廠房及設備項目同時重估價

(B) 若某不動產、廠房或設備類別可於短期間內完成重估價且使不動產、廠房或設備之重估價金額保持最新，則可採滾動基礎重估價

(C) 重估價需在每一個會計年度結束日前定期執行

(D) 以上皆是

8. 甲公司某項設備初次重估價。下列敘述何者錯誤？
   (A) 若有重估增值，該年度之每股盈餘與採成本模式相同
   (B) 若有重估增值，該年度之每股淨值與採成本模式相同
   (C) 若有重估減值，往後年度也未重估價，則往後年度提列之折舊費用較採成本模式為低
   (D) 若有重估減值，該年度之每股淨值較採成本模式為低

9. 水水公司×1年中以$500,000購入自用土地一筆，採重估價模式衡量，×1年底按該土地當日公允價值$600,000進行第一次重估價，並於該公司×2年中以公允價值$800,000出售該土地。若該公司係於當日進行第二次重估價再出售，則相較於未進行第二次重估價即出售，該土地出售對×2年保留盈餘影響數之差異金額為（不考慮所得稅影響）：
   (A) $0　(B) $100,000　(C) $200,000　(D) $300,000　　[改編自103高考金融會計]

10. 下列敘述何者正確？
    (A) 礦產資源開採已達技術可行性及商業價值得到證明後，探勘及評估資產於重分類前，應作減損測試
    (B) 特定區域之探礦權將於近期到期且預期不再展期時，企業應對探勘及評估資產作減損測試
    (C) 以上皆是
    (D) 以上皆非

11. 下列敘述何者錯誤？
    (A) 融資租賃之出租人，其出租之不動產，不適用IAS 40下投資性不動產之規定
    (B) 營業租賃之出租人，其出租之不動產，適用IAS 40下投資性不動產之規定
    (C) 承租人以使用權資產所持有之不動產，其承租之不動產，可作為IAS 40所定義之投資性不動產
    (D) 承租人以使用權資產所持有之不動產，其承租之不動產，不可作為IAS 40所定義之投資性不動產

12. 下列何者屬投資性不動產？
    (A) 目前尚未決定未來用途之土地　　(B) 供員工使用之不動產
    (C) 以融資租賃出租予另一企業之不動產　(D) 為第三方建造或開發之不動產

13. 某公司持有一組不動產，一部分為賺取資本增值，另一部分則用於生產存貨於市場販售。若各部分不動產皆無法單獨出售，也無法以融資租賃單獨出租，則：
    (A) 整組不動產視為投資性不動產
    (B) 整組不動產視為自用不動產

(C) 僅在生產存貨部分之不動產係屬不重大時，整組不動產才可依 IAS 40 投資性不動產處理
(D) 以上皆非

14. 下列敘述，何者有誤？
    (A) 營業租賃下，若辦公大樓之所有者對租用該大樓之承租人提供保全及維修服務，相較租賃合約不具重大性，該大樓所有者可將此棟大樓視為投資性不動產處理
    (B) 母公司出租不動產予子公司，在合併報表中不應認列該不動產為投資性不動產
    (C) 承租人將以使用權資產所持有之不動產分類為投資性不動產時，須以成本模式衡量其下全部投資性不動產
    (D) 以上皆非

15. 甲公司將以使用權資產所持有之不動產分類為投資性不動產。若甲公司另持有一項與負債連結之投資性不動產，則該與負債連結之投資性不動產：
    (A) 應依成本模式衡量
    (B) 由甲公司自由選擇以公允價值模式或成本模式衡量
    (C) 應依公允價值模式衡量
    (D) 以上皆非

16. 承 15. 題，甲公司除「與負債連結之投資性不動產」外之全部投資性不動產：
    (A) 應依成本模式衡量
    (B) 由甲公司自由選擇以公允價值模式或成本模式衡量
    (C) 應依公允價值模式衡量
    (D) 以上皆非

17. 乙公司首次取得一項投資性不動產(非自行建造)時，有明確證據顯示無法在持續基礎上可靠決定該投資性不動產之公允價值。上述情況下，下列敘述何者錯誤？
    (A) 應依成本模式衡量該投資性不動產   (B) 應假定該投資性不動產殘值為零
    (C) 應依直線法提列折舊   (D) 以上皆正確，本題無錯誤選項

18. 友友公司 ×1 年初租用 A 與 B 二棟商辦大樓，租期均為 3 年，每年年初給付租金 $500,000，租賃隱含利率 5%，租期屆滿後均返還出租人。二棟商辦大樓於 ×1 年底之公允價值相等。若該公司將該二棟商辦大樓均分類為投資性不動產，且此分類符合國際財務報導準則，則關於該公司對此二棟商辦大樓之會計處理，下列敘述何者正確？
    (A) A 商辦大樓租賃對 ×1 年本期淨利之影響數小於 B 商辦大樓租賃
    (B) A 商辦大樓租賃對 ×1 年本期淨利之影響數大於 B 商辦大樓租賃
    (C) A 商辦大樓與 B 商辦大樓均得選擇以公允價值模式或成本模式衡量
    (D) A 商辦大樓與 B 商辦大樓均可不提列折舊　　　　[改編自 103 年高考金融會計]

19. 以下資產，何者可能需要提列折舊？
    (A) 分類為待出售非流動資產之設備   (B) 以公允價值模式衡量之投資性不動產

(C) 以重估價模式衡量之土地　　　　(D) 以重估價模式衡量之建築物

20. 當待出售非流動資產不再符合 IFRS 5 所定義的待出售條件時，下列處理方式何者正確？
   (A) 該資產停止分類為待出售非流動資產時，應以其未分類為待出售非流動資產應有之帳面金額，與不再符合待出售條件時之公允價值減處分成本孰低者作衡量
   (B) 該資產停止分類為待出售非流動資產時，對資產帳面金額所作之調整，應列入繼續營業單位損益
   (C) 以上皆是
   (D) 以上皆非

21. 丁公司會計年度採曆年制。×3 年初，因市場需求下降，丁公司停止使用製造設備 A 長達一年。該設備採工作時間法提列折舊，至 ×3 年底仍維持可使用之狀態，預期市場需求回升時仍可使用。下列敘述有幾項正確？
   (a) ×3 年底資產負債表中應將該設備列為待出售非流動資產；(b) ×3 年初應將該設備依資產報廢相關規定處理；(c) ×3 年底應對設備進行重估價；(d) ×3 年該設備應提列折舊費用為 $0
   (A) 一項　(B) 二項　(C) 三項　(D) 四項

22. 丁公司計畫將出售資產群組 A，且符合待出售之條件。該資產群組各資產之帳面金額分別為土地 $4,000，建築物 (淨額) $2,000，商譽 $1,000；估計資產群組 A 之公允價值為 $5,000，處分成本為 $2,000。試問資產群組 A 分類為待出售非流動處分群組後，建築物帳面淨額為何？
   (A) $1,000　(B) $2,000　(C) $3,000　(D) $0　　　　　　　　　［改編自 97 年會計師］

23. 甲公司承諾一項出售計畫，該計畫將使甲公司喪失對子公司乙之控制力。若該出售計畫符合待出售之條件，則：
   (A) 若甲公司完成出售計畫後，仍持有乙公司部分股權，則甲公司不應將乙公司之資產及負債分類為待出售處分群組
   (B) 若甲公司完成出售計畫後，不再持有乙公司任何股權，則甲公司應將乙公司之資產及負債分類為待出售處分群組
   (C) 以上皆是
   (D) 以上皆非

24. 下列敘述何者錯誤？
   (A) 將非流動資產分類為待分配予業主時，需考量股東核准之機率
   (B) 將於 ×6 年符合待出售非流動資產條件之資產，×5 年之資產負債表不得將該資產分類為待出售非流動資產
   (C) 將於 ×6 年報廢之非流動資產，應於 ×5 年底分類為待出售非流動資產
   (D) 待出售處分群組內之資產及負債應於資產負債表單獨列示，分類為流動資產及流動負債，不得相互抵銷

25. 丙公司於 ×6 年底完成收購丁公司。丁公司擁有 A 及 B 兩家子公司，丙公司取得 B 公司之目的為出售，且該 B 公司符合 IFRS 5 分類為待出售處分群組之條件，同時亦符合停業單位之定義。取得 B 公司時，B 公司之公允價值為 $1,000,000，可辨認負債之公允價值 $300,000，處分成本為 $200,000。×7 年底重新衡量後發現，B 公司之公允價值為 $800,000，可辨認負債之公允價值為 $400,000，處分成本為 $300,000。試問丙公司於 ×7 年合併綜合損益表中列示 B 公司之後續衡量(損)益為何？

(A) $(100,000)　　　　(B) $100,000
(C) $(300,000)　　　　(D) $300,000　　　　[改編自 96 年會計師]

練習題

1. **【可回收金額、個別資產減損、重估價模式】** 甲公司中四項適用 IAS 36 之資產，假設皆可產生大部分獨立於其他資產或資產群組之現金流入。×2 年初因存在減損跡象，遂作減損測試。假設甲公司進行資產重估價時採用消除累折淨額法。×2 年 1 月 1 日這四項資產於資產負債表對應之相關項目金額如下：

×2/1/1	資產 A	資產 B	資產 C	資產 D
成本(或×2年初前最近一次重估價日之公允價值)	$100,000	$200,000	$300,000	$400,000
累計折舊	$20,000	$50,000	$40,000	$90,000
累計減損	$10,000	—	$30,000	—
權益—重估增值	—	$20,000	—	$9,000

×2 年初甲公司管理階層評估之其他資訊如下：

×2/1/1	資產 A	資產 B	資產 C	資產 D
公允價值	$70,000	$160,000	$240,000	$310,000
使用價值	$55,000	$150,000	$220,000	$300,000
處分成本	$10,500	$11,000	$10,000	$15,000

試作：

(1) 評估四項資產之可回收金額。
(2) 評估哪些資產發生減損。
(3) 與減損相關之分錄。

2. **【個別資產減損與迴轉、折舊方式改變、重估價模式】** 乙公司 ×3 年初購入一項設備，成本 $210,000，耐用年限 4 年，殘值 $10,000，以年數合計法提列折舊。×4 年底此設備有減損跡象，估計使用價值為 $60,000，公允價值減處分成本為 $55,000，新估計之剩餘耐用年限為 1.5 年，殘值為 0，並改以直線法提列折舊。×5 年底之使用價值為 $21,000，淨公允價值為 $22,000。

Chapter 8 不動產、廠房及設備──減損、重估價模式及特殊衡量法

試作：

(1) 假設此設備以成本模式作後續衡量，試作 ×4 年與減損相關之分錄。

(2) 假設此設備以重估價模式作後續衡量，×3 年底進行重估價時之公允價值為 $140,000，新估計之殘值為 $20,000，剩餘耐用年限延長為 4 年，並重新依年數合計法提列折舊。乙公司之會計政策係將重估增值於資產處分時全部實現。試作 ×4 年與減損相關之分錄。

(3) 承 (1)，試作 ×5 年減損迴轉分錄。

(4) 承 (2)，試作 ×5 年減損迴轉分錄。

3. 【重估價模式，先重估增值再重估減值，除列轉出】×1 年 1 月 1 日公館公司支付 $300,000 購入設備，耐用年限 5 年，無殘值，採直線法提列折舊，公館公司採重估價之會計政策，重估增值貸方餘額範圍內，重估價減少數認列於其他綜合損益，並於設備報廢或處分時，將所有重估增值轉入保留盈餘。×2 年底及 ×3 年底該設備重估後之公允價值分別為 $360,000 及 $10,000，耐用年限及殘值不變。

試作：

(1) ×2 年底及 ×3 年底重估價之分錄，消除累折淨額法處理。

(2) ×2 年底及 ×3 年底重估價之分錄，等比例重編法處理。

4. 【重估價模式，先重估減值再重估增值 (除列轉)】×1 年 1 月 1 日臺大公司支付 $300,000 購入設備，耐用年限 5 年，無殘值，採直線法提列折舊，臺大公司採重估價之會計政策，重估增值貸方餘額範圍內，重估價減少數認列於其他綜合損益，並於設備報廢或處分時，將所有重估增值轉入保留盈餘。×2 年底及 ×3 年底該設備重估後之公允價值分別為 $90,000 及 $600,000，耐用年限及殘值不變。

試作：

(1) ×2 年底及 ×3 年底重估價之分錄，消除累折淨額法處理。

(2) ×2 年底及 ×3 年底重估價之分錄，等比例重編法處理。

5. 【先重估增值再重估減值　減損金額不超過增值】×1 年 1 月 1 日杜鵑花公司支付 $80,000 購入設備，耐用年限 8 年，無殘值，採直線法提列折舊，杜鵑花公司採重估價之會計政策，重估增值貸方餘額範圍內，重估價減少數認列於其他綜合損益，並於設備報廢或處分時，將所有重估增值轉入保留盈餘。×4 年底及 ×5 年底該機器重估後之公允價值分別為 $96,000 及 $24,000，耐用年限及殘值不變。

試作：

(1) ×4 年底及 ×5 年底重估價之分錄，消除累折淨額法處理。

(2) ×4 年底及 ×5 年底重估價之分錄，等比例重編法處理。

6. 【現金產生單位、共用資產之減損】A 公司有甲、乙及丙三個部門及一個研究中心，統一

由臺南總公司管理。其中甲、乙及丙部門為現金產生單位，三者皆不含商譽，臺南總公司建築物及研究中心為甲、乙及丙部門的共用資產。由於本年度 A 公司所屬產業環境對 A 公司產生不利的重大變動，該公司對其所有資產進行減損測試。A 公司經評估後認為：

(a) 將甲、乙及丙三部門資產的帳面金額，依耐用年限加權後之相對比例，作為分攤總部建築物帳面金額的基礎較為合理。

(b) 研究中心之帳面金額無合理的分攤基礎。

(c) 無法取得各現金產生單位的公允價值減處分成本。

(d) 各現金產生單位及全公司使用價值為：甲部門 $400,000，乙部門 $940,000，丙部門 $620,000，全公司 $1,960,000。

×5 年底 A 公司各部門資產的帳面金額及估計剩餘耐用年限列示如下：

	帳面金額	估計剩餘耐用年限
甲部門	$400,000	8
乙部門	800,000	8
丙部門	400,000	16
總部建築物	500,000	20
研究中心	300,000	30

試作：計算 ×5 年度 A 公司應認列之減損損失總金額。　　【改編自 95 年公務人員高等考試】

7. 【共用資產與現金產生單位之減損損失分攤】丁公司 ×3 年初評估該公司其中一個現金產生單位相關之減損。有一座廠房 C 為專供 A、B 二個現金產生單位使用之資產。A、B 二個現金產生單位下各資產皆適用 IAS 36，且均無法個別評估公允價值及未來現金流量。丁公司之管理階層評估後發現，將現金產生單位之帳面金額乘以耐用年限後之金額比，作為分攤共用廠房帳面金額之依據，符合 IAS 36 中「合理而一致之分攤基礎」。其他資訊如下表：

	現金產生單位 A	現金產生單位 B	廠房 C
帳面金額	$100,000	$200,000	$50,000
可回收金額	$100,000	$200,000	—
耐用年限	10	5	10

試作：分攤給現金產生單位 A 下各資產、現金產生單位 B 下各資產及廠房 C 之減損損失各為多少？(四捨五入至整數位)

8. 【現金產生單位減損分配到單位下各資產、二次分攤】×3 年底，甲公司某一現金產生單位進行減損測試，該現金產生單位共包含一座廠房、一項設備及一幢建築物，帳面金額分別 $200,000、$250,000 及 $250,000，除已知建築物之公允價值為 $230,000，使用價值為 $150,000，處分成本為 $20,000 外，無法評估其他二項資產之使用價值或公允價值。該現金產生單位之可回收金額為 $560,000。試計算三項資產分攤減損損失後之帳面金額 (四

捨五入至整數位)，並作 ×3 年底應有之分錄。

9. 【現金產生單位下各資產之減損迴轉、二次分攤】承第 8 題，甲公司於 ×4 年底發現 ×3 年底存在之減損跡象已不復存在，且評估該現金產生單位公允價值為 $614,000，使用價值為 $590,000，處分成本為 $10,000。假設 ×3 年底減損後，甲公司延續之前的會計政策，所有資產耐用年限、殘值及折舊方式之估計皆和減損前相同：三項資產剩餘耐用年限皆為 10 年，皆無殘值，且皆依直線法提列折舊。試計算三項資產迴轉後之帳面金額，並作 ×4 年底迴轉減損損失之分錄。

10. 【重估價模式會計處理、報表表達】×1 年初乙公司以 $1,000,000 購買一塊土地，並以重估價模式作後續衡量。×1 年至 ×5 年每年年底均進行重估價，公允價值分別是 $980,000、$1,080,000、$1,020,000、$960,000 和 $980,000。

    試作：

    (1) 所有重估價相關之分錄。
    (2) 列出 ×2 年底乙公司資產負債表上與土地重估價相關之項目與金額。

11. 【重估價模式】丁公司 ×2 年底以 $300,000 購入電腦設備，採直線法提列折舊，無殘值，估計耐用年限 5 年，並以重估價模式作後續衡量。×4 年底，該設備之公允價值為 $270,000。×6 年底，該設備之公允價值為 $50,000。×7 年底，丁公司支付 $10,000 處分此項電腦設備。丁公司於每次重估價後，皆延續購入電腦設備時所訂定之會計政策。

    試作：

    (1) 若重估增值於使用資產時逐步實現，試分別依消除累折淨額法與等比例重編法作 ×4 年、×6 年及 ×7 年之所有分錄。
    (2) 若重估增值於處分資產時一次實現，試分別依消除累折淨額法與等比例重編法作 ×6 年及 ×7 年之所有分錄。

12. 【重估價模式、減損、處分成本】拉拉公司購入一建築物，以重估價模式作後續衡量。已知該建築物之取得成本為 $3,000,000，×2 年底之累計折舊為 $1,000,000，×2 年底進行首次重估，其公允價值為 2,100,00，另 ×2 年 12 月 31 日有減損跡象，故進行相關減損測試。

    試作：請依下列情況，試作 ×2 年底相關重估價分錄及減損分錄。

    (1) 處分成本：3,000 元，且使用價值為 1,500,000 元
    (2) 處分成本：500,000 元
        a. 使用價值：2,250,000 元
        b. 使用價值：1,800,000 元

13. 【投資性不動產—成本模式】民雄公司於 ×2 年 1 月 1 日購買一嘉義郊區土地，持有之目的為獲取長期資本增值民雄公司除支付購買成本 $50,000,000 外，另發生移轉產生之稅

捐 $70,000、法律服務費 $35,000 及公司承辦人員行政成本 $30,000。試問其 ×2 年與此交易相關分錄。

14. 【投資性不動產—成本模式】永康公司於 ×6 年 1 月 1 日以 $300,000,000 購買一棟商務大樓 (土地 $100,000,000 及房屋 $200,000,000)，持有之目的為藉由出租方式收取租金收益。此房屋之重大組成部分有二，一為房屋主體結構，其成本為 $180,000,000，預期耐用年限為 50 年；另一為電梯設備，其成本為 $20,000,000，預期耐用年限為 10 年，該金額占房屋總成本屬重大，故為重大組成部分房屋主體結構及電梯設備均採直線法提列折舊，估計殘值為零。試作 ×6 年永康公司與此商辦大樓相關之分錄。

15. 【投資性不動產—公允價值模式】古亭公司於 ×1 年 6 月 1 日購買一棟商辦大樓，持有之目的為藉由出租方式收取租金收益。公司除支付購買成本 $700,000,000 外 (土地 $300,000,000 及房屋 $400,000,000)，另發生代書費 $50,000 及房屋移轉之契稅 $500,000，古亭公司於同年 7 月份起以每個月 $300,000 租金出租。古亭公司對該商辦大樓採用公允價值法模式，於 ×1 年 12 月 31 日該商辦大樓之公允價值為 $780,000,000 (土地 $360,000,000，房屋 $420,000,000)，試問古亭公司 ×1 年與此商辦大樓相關之分錄。

16. 【投資性不動產 成本模式】乙公司 ×2 年 1 月 1 日購買一棟商業大樓，預定將作為出租用途 (營業租賃) 以賺取租金，符合投資性不動產之條件與定義，支付總成本為 $110,000,000 (含所有應資本化之成本)，估計商業大樓建築物之公允價值 $60,000,000，商業大樓土地之公允價值 $50,000,000，並於 ×2 年 7 月 1 日以營業租賃方式出租給丙公司，租期 2 年，每月期初收取租金 $800,000，×2 年 1 月 1 日估計商業大樓建築物之耐用年限為 25 年，殘值為 $10,000,000，以直線法提列折舊，乙公司對於投資性不動產之後續衡量採用成本模式。

    試作：

    (1) ×2 年 1 月 1 日取得投資性不動產 (建築物以及土地) 之分錄。
    (2) ×2 年 7 月 1 日收取租金之分錄。
    (3) ×2 年 12 月 31 日提列折舊費用之分錄。

17. 【投資性不動產 公允價值模式】同上題，若乙公司對投資性不動產之後續衡量採用公允價值模式，×2 年 12 月 31 日建築物與土地之公允價值分別為 $50,000,000 及 $45,000,000，×3 年 12 月 31 日建築物與土地之公允價值分別為 $55,000,000 及 $48,000,000。

    試作：

    (1) ×2 年 12 月 31 日關於投資性不動產之後續衡量分錄。
    (2) ×3 年 12 月 31 日關於投資性不動產之後續衡量分錄。

18. 【投資性不動產，成本模式，重置而取得投資性不動產】安南公司於 ×1 年 1 月 1 日購置辦公大以營業租賃出租，分類為投資性不動產，後續按成本模式衡量，成本 $3,000,000 估計可用 50 年，無殘值，採直線法提列折舊，×3 年 1 月 1 日安南公司決定將大樓電梯

換新,更換新電梯之成本共計 $800,000。請下列情況作與重置新內牆相關之分錄。

試作:

(1) 安南公司有紀錄舊電梯之原始成本為 $500,000。

(2) 安南公司無法可靠估計舊電梯之帳面金額,以重置新電梯之成本 $800,000,考量通貨膨脹因素後,估計當初取得被重置部分之原始成本為 $600,000。

19. 【投資性不動產 公允價值模式 重置而取得投資性不動產】熊讚公司於 ×1 年初以 $400,000 購買一空調設備,耐用年限 10 年,無殘值,以直線法提列折舊,熊讚公司於 ×2 年 12 年 31 日 將該空調設備安裝於以公允價值模式衡量之投資性不動產商辦大樓 (建築物)。空調設備安裝於商辦大樓後已不再提列折舊,因其已包含於投資性不動產建築物之公允價值中。該空調設備於 ×3 年發生故障,因此須以 $840,000 之成本更換新空調設備。商辦大樓於 ×3 年 1 月 1 日之公允價值為 $50,000,000;於 ×3 年 12 月 31 日之公允價值則為 $560,000,000,請依下列情況作公允價值的揭露。

試作:

(1) 假設被重置部分之公允價值可辨認為 $300,000

(2) 假設被重置部分之公允價值難以辨認。

20. 【自採成本模式衡量之不動產、廠房及設備轉入採公允價值模式衡量之投資性不動產】連線公司一自用大樓 ×5 年 12 月 31 日起改變用途轉而出租以收取租金收益。該大樓於改變用途前,分類於採成本模式之不動產、廠房及設備項下,其帳面金額為 $12,240,000 (土地成本 $6,000,000;房屋成本 $7,800,000 減累計折舊 $1,560,000,該大樓估計耐用年限 50 年,無殘值,採直線法提列折舊) 該大樓於改變用途後轉入投資性不動產項下,由於連線公司之投資性不動產採公允價值模式,因此連線公司於改變用途日委託鑑價專家評估該大樓之公允價值,其公允價值分別,為土地 $7,200,000 及房屋 $8,000,000),試作連線公司此自用大樓自採成本模式衡量之不動產、廠房及設備轉入採公允價值模式衡量之投資性不動產之相關分錄。

21. 【自採公允價值模式衡量之投資性不動產轉入不動產、廠房及設備】安德公司一棟原以收取租金收益為持有目的之商辦大樓於 ×3 年 6 月 30 日起改變用途,轉供自用。該大樓於改變用途前,係分類於採公允價值模式之投資性不動產項下,其帳面金額於 ×2 年 12 月 31 日為 $4,000,000(係該商辦大樓於 ×2 年 12 月 31 日之公允價值,其金額分別為土地 $2,000,000 及房屋 $2,000,000)。該大樓於改變用途後轉入不動產廠房及設備項下,由於安德公司之投資性不動產採公允價值模式,因此按公允價值列報之該投資性不動產,於轉換為自用不動產時,以 ×3 年 6 月 30 日之公允價值作為該不動產後續依 IAS16 處理之認定成本。安德公司於改變用途日評估該大樓之公允價值,其公允價值為 $2,300,000 (分別為土地 $2,240,000 及房屋 $2,060,000)。試作安德公司 ×3 年與此商辦大樓相關之分錄。

22. 【自採不動產(重估價模式)轉換為投資性不動產(公允價值模式)】芒果公司於×1年1月1日向芭樂公司購買一棟辦公大樓做為客服中心,當日價格為$2,300,000(其中包括房屋價款$1,800,000及土地價款$500,000),該棟大樓知估計耐用年限為30年,估計殘值為$300,000,後續採重估價模式衡量。芭樂公司×3年底辦公大樓之公允價值為$2,510,000(其中包括房屋價款$1,908,000及土地價款$602,000),該公司進行資產重估,帳上累計折舊採等比例重編法處理,殘值及耐用年限不變。

由於公司人員擴編,乃於×6年3月1日搬遷至新辦公大樓,並將現有辦公大樓轉做營業租賃用途,其符合 IAS 40 投資性不動產之規定,×6年3月1日該不動產之帳面金額及公允價值資料如下:

	土地	房屋
重估價日公允價值	$602,000	$1,908,000
累計折舊		$328,944
未實現重估增值	$102,000	$99,000
轉列日公允價值	$560,000	$1,200,000

若芒果公司投資性不動產採用公允價值模式衡量,試為芒果公司做×6年3月1日將自用不動產轉換為投資性不動產之分錄(假設未實現重估增值待投資性不動產除列時在一併轉入保留盈餘)。

23. 【自用不動產轉為公允價值模式衡量之投資性不動產】乙公司之原有自用不動產在×2年12月31日帳面金額資料如下:

```
土地                              $3,000,000
房屋               $6,000,000
減:累計折舊       (1,000,000)
   累計減損        (800,000)     4,200,000
```

乙公司在×2年12月31日決定將上列自用不動產變更用途為投資性不動產,且採公允價值衡量,當天投資性不動產之公允價值為:土地$3,800,000,房屋$4,000,000,試作乙公司在×2年12月31日不動產轉列之分錄。

24. 【待出售非流動資產—減損—後續衡量】乙公司在×2年1月1日購入一部機器設備,購買成本$2,000,000,估計耐用年限為10年,以直線法提列折舊,無殘值。由於競爭日益激烈,乙公司於×3年12月31日發現該機器設備有減損跡象,遂進行減損測試。估計設備使用價值為$1,200,000,公允價值減處分成本為$1,000,000,×3年12月31日乙公司仍意圖繼續使用該機器設備。×4年7月1日因公司策略上的調整,故決定將該機器予以出售,且符合待出售之條件,×4年7月1日以及×4年12月31日該機器設備公允價

值減處分成本分別為 $900,000、$1,100,000。

試作：

(1) ×3 年 12 月 31 日認列資產減損之分錄。

(2) ×4 年 7 月 1 日機器設備分類為待出售之分錄。

(3) ×4 年 12 月 31 日後續再衡量之分錄。

25. 【待出售非流動資產—減損—後續衡量】丙公司於 ×1 年 1 月 1 日取得一部機器設備，成本 $6,000,000，耐用年限 10 年，無殘值，採直線法提列折舊。×2 年 12 月 31 日該機器有減損跡象，經減損測試後，估計該機器可回收金額為 $4,200,000。×4 年 3 月 1 日核准出售該機器之計畫，並符合分類為待出售非流動資產之條件，當時機器公允價值減處分成本為 $3,400,000，該機器在 ×4 年 9 月 1 日以 $4,280,000 出售，該機器在 ×4 年 3 月 31 日及 ×4 年 6 月 30 日之公允價值減處分成本分別為 $3,200,000 及 $4,300,000，由於公司要編製季報，故在每季季末需作必要之調整分錄。

試作：

(1) ×2 年 12 月 31 日認列資產減損之分錄。

(2) ×4 年 3 月 1 日機器分類為待出售非流動資產之分錄。

(3) ×4 年 3 月 31 日機器後續衡量分錄。

(4) ×4 年 6 月 30 日機器後續衡量分錄。

(5) ×4 年 9 月 1 日機器出售之分錄。

26. 【待出售處分群組】乙公司在 ×5 年 7 月 1 日計畫處分某一群組，且同日符合待出售處分群組之條件，當日後續衡量前帳面金額如下：

存貨	$ 40,000
透過其他綜合損益按公允價值衡量投資	170,000
土地	300,000
機器設備—成本	500,000
累計折舊—機器設備 (截至 ×5 年 1 月 1 日為止)	(200,000)
商譽	100,000
應付款項	(150,000)

其他資訊：

A. 存貨之淨變現價值：×5 年 7 月 1 日為 $35,000，×5 年 12 月 31 日為 $20,000。

B. 機器設備係於 ×1 年 1 月 1 日購入，估計耐用年限 10 年，無殘值，採直線法折舊。

C. 透過其他綜合損益按公允價值衡量投資 ×5 年 7 月 1 日公允價值為 $150,000，×5 年 12 月 31 日公允價值為 $180,000。

D. 該待出售處分群組預計會在 ×6 年 3 月中處分完畢，×5 年 7 月 1 日整個群組淨資產的公允價值減處分成本為 $550,000，×5 年 12 月 31 日公允價值減處分成本為 $600,000。

E. 該公司會計年度採用曆年制。

試作：

(1) ×5 年 7 月 1 日分類為待出售處分群組之分錄。

(2) ×5 年 12 月 31 日待出售處分群組之後續後續衡量分錄。

27.【出售計畫變更】丁公司於 ×1 年 1 月 1 日購買一部機器設備以擴建廠房，購買成本 $2,000,000，無殘值，估計耐用年限為 5 年，依直線法提列折舊。×2 年 1 月 1 日丁公司決定將該機器設備出售，並符合待出售非流動資產之條件，×2 年 1 月 1 日、×2 年 12 月 31 日該機器設備公允價值減處分成本分別為 $1,000,000 及 $1,200,000。×3 年 7 月 1 日丁公司因市場需求產生變化，決定繼續使用該機器設備，並停止將該機器分類為待出售，當日機器設備的可回收金額為 $1,150,000。

試作：

(1) ×2 年 1 月 1 日機器設備分類至待出售之分錄。
(2) ×2 年 12 月 31 日待出售機器設備後續衡量之分錄。
(3) ×3 年 7 月 1 日停止分類待出售機器設備之分錄。

28.【出售計畫變更】丙公司 ×2 年 1 月 1 日取得一部機器設備，成本 $3,000,000，耐用年限 10 年，無殘值，採直線法提列折舊。×3 年 12 月 31 日因有減損跡象，經減損測試後，估計此機器設備可回收金額為 $2,000,000。×4 年 7 月 1 日丙公司決定將該機器設備重分類為待出售非流動資產，當時機器設備之公允價值減處分成本為 $1,375,000，×4 年 12 月 31 日待出售非流動資產之公允價值減處分成本為 $2,000,000。×5 年 7 月 1 日公司取消出售該機器設備之計畫，估計當日該機器設備之可回收金額為 $1,800,000。

試作：

(1) ×3 年 12 月 31 日認列減損損失之分錄。
(2) ×4 年 7 月 1 日待出售機器設備重分類之分錄。
(3) ×4 年 12 月 31 日待出售機器設備後續衡量之分錄。
(4) ×5 年 7 月 1 日取消出售該機器設備之分錄。

29.【以使用權所持有之投資性不動產】左左公司與右右公司簽訂一商辦大樓之租賃合約，左左公司自 ×1 年 1 月 1 日起向右右公司租用一商辦大樓，租期 10 年，每年 1 月 1 日給付租金 $30,000,000，租賃隱含利率為 4%，左左公司判定因該租賃合約所取得之使用權資產符合投資性不動產定義，依 IAS 40 第 29A 段之規定，左左公司應依國際率報導準則第 16 號「租賃」(以下簡稱 IFRS 16) 之規定按其成本進行原始衡量，此外，由於左左公司對其投資性不動產適用 IAS 40 中之公允價值模式，因此左左公司依 IFRS 16 第 34 段之規定，亦符合 IAS 40 投資性不動產定義之使用權資產適用該公允價值模式。×1 年 12 月 31 日該投資性不動產之公允價值為 $200,000,000。

不動產、廠房及設備──減損、重估價模式及特殊衡量法

試作：

(1) 試作左左公司 ×1 年 1 月 1 日與此次租賃相關之分錄。

(2) 假設 ×1 年 12 月 31 日該投資性不動產之公允價值為 $200,000,000，作左左公司 ×1 年 12 月 31 日與此租賃相關之分錄

應用問題

1. **【先重估增值再重估減值金額第一次不超過原 OCI 增值金額第二次減值超過原 OCI 增值金額】** ×1 年 1 月 1 日羅斯福公司以 $2,250,000 購入一棟建築物，該公司預計其耐用年限 9 年，無殘值，採直線法提列折舊，羅斯福公司採重估價之會計政策，重估增值貸方餘額範圍內，重估價減少數認列於其他綜合損益，並於使用該資產時逐步轉出。以下為 ×1~×4 年底重估價後之公允價值。

×1/12/31	$2,000,000
×2/12/31	$3,500,000
×3/12/31	$2,400,000
×4/12/31	$800,000

試作：

(1) ×2 年底、×3 年底及 ×4 年底重估價之分錄，消除累折淨額法處理。

(2) ×2 年底、×3 年底及 ×4 年底重估價之分錄，等比例重編法處理。

2. **【先減值再減損過一陣子再迴轉(等比例重編)】** 小木屋公司於 ×1 年 1 月 1 日購入一台製作鬆餅的機器，並選定以重估價模式作為後續衡量的會計政策，並採用等比例重編法作重估價分錄。重估增值貸方餘額範圍內，重估價減少數認列於其他綜合損益，並於機器報廢或處分時，將所有重估增值轉入保留盈餘。重估價資產之所有減損損失(該損失之迴轉)應依國際會計準則第 16 號中 60 及 119 段規定之重估價模式作為重估價減少數(重估價增加數)。該機器之取得成本為 $5,000,000，耐用年限 10 年，×6 年底之累計折舊為 $2,000,000，×6 年底重估之公允價值為 $1,600,000。

試作：

(1) ×6 年底重估價相關之分錄。

(2) 承 (1) 題，若 ×6 年底因法規改變有重大減損跡象，故進行相關減損測試，經市場調查發現 ×6 年之處分成本為 $400,000，使用價值為 $1,000,000。倘若處分成本並非微不足道，作 ×6 年底相關減損分錄。

(3) 承 (2) 題，若 ×7 年底已找到新技術維修並有明顯證據可排除減損，重估之公允價值回升至 $1,800,000，作當年度重估價及減損迴轉之相關分錄。

3. **【投資性不動產─認列成本─二種後續衡量模式】** C 公司 ×3 年初購買一棟大樓，預定以營業租賃方式出租以賺取租金，符合投資性不動產之定義與認列條件。×3 年初支付購買

價款 $2,900,000，估價師服務費 $20,000，仲介費 $30,000，代書費 $40,000 及過戶登記費 $10,000，此時該大樓建築物部分之公允價值為 $900,000，土地之公允價值為 $1,800,000，C 公司假設成本與公允價值具有比例關係。×3 年 7 月 1 日，該大樓以營業租賃方式出租給 D 公司，租 3 年，以每 6 個月為一期，期初收取租金 $60,000，估計該大樓建築物部分之耐用年限為 9 年，殘值為 $100,000，以直線法提列折舊。C 公司在 ×3 年 7 月 1 日並支付出租相關仲介費 $10,000。

試作：

(1) 若 C 公司採成本模式衡量該棟大樓，試作 ×3 年之所有分錄。

(2) 若 C 公司採公允價值模式衡量該棟大樓，且除購買價款為 $2,600,000 外，其他條件不變。×3 年底建築物與土地之公允價值分別為 $800,000 及 $1,600,000，×4 年底建築物與土地之公允價值分別為 $1,000,000 及 $2,000,000。試作 ×3 年及 ×4 年之所有分錄。

4. 【重估價模式之自用不動產轉為公允價值模式之投資性不動產】甲公司於 ×1 年 1 月 1 日向乙公司購買一棟商業大樓作為公司總部使用，購買價款為 $20,000,000（建築物部分占 $15,000,000，土地部分為 $5,000,000）。建築物之估計耐用年限為 10 年，殘值為 $5,000,000，依直線法提列折舊。甲公司以重估價模式為該商業大樓作後續衡量，依等比例重編法處理重估價日之所有累計折舊，重估增值於資產除列時一次實現。甲公司於 ×2 年 12 月 31 日進行重估價，該商業大樓之公允價值為 $33,000,000，其中建築物公允價值為 $26,000,000，土地為 $7,000,000，此時估計建築物之殘值為 $10,000,000，其他條件不變。甲公司於 ×3 年 7 月 1 日將公司總部移至新據點，原商業大樓轉為出租用途，並符合投資性不動產之定義與條件，×3 年 7 月 1 日該不動產之公允價值分別為建築物 $22,000,000、土地 $5,500,000，甲公司採公允價值模式衡量投資性不動產。

試作： ×3 年 7 月 1 日將自用不動產轉列為投資性不動產之分錄。

5. 【折舊方法改變—減損—待出售非流動資產】丁公司於 ×5 年初付現買進一部機器，取得成本 $20,000,000，耐用年限 9 年，殘值 $2,000,000，採直線法提列折舊。×7 年初丁公司發現該機器產能逐年下降，遂改採定率遞減法提列折舊，估計折舊率為 0.38。×7 年底，該機器有減損跡象，估計公允價值為 $10,000,000，使用價值為 $9,000,000，處分成本為 $1,010,000，折舊率不變。×8 年 6 月 30 日丁公司管理階層核准出售該機器，此時該機器符合分類為待出售非流動資產之條件，估計其公允價值為 $7,100,000，處分成本為 $100,000。×8 年底，估計該機器之公允價值為 $8,200,000，處分成本為 $100,000，可於 ×9 年第一季售出。試為丁公司作 ×7 年及 ×8 年與該機器有關之所有分錄。

[改編自 98 年公務人員高等考試]

6. 【減損—分類為待出售非流動資產—後續衡量】丙公司於 ×2 年初以 $20,000,000 取得一部機器，估計耐用年限 20 年，無殘值，採直線法提列折舊。×3 年底，因有減損跡象而作

減損測試,估計該機器公允價值為 $15,000,000,使用價值為 $14,000,000,處分成本為 $1,100,000,剩餘耐用年限 14 年,其他條件不變。丙公司於 ×5 年 2 月 28 日核准出售該機器,此時該機器符合分類為待出售非流動資產之條件,估計公允價值為 $12,250,000,處分成本為 $250,000。×5 年 3 月底,該機器公允價值為 $10,300,000,處分成本為 $300,000。×5 年 6 月底,該機器之公允價值為 $17,400,000,處分成本為 $400,000。×5 年 8 月底,丙公司以 $10,000,000 出售該待出售機器設備。

[改編自 96 年會計師]

試作:該機器設備於

(1) ×3 年底認列減損損失之分錄。
(2) ×5 年 2 月 28 日分類為待出售非流動資產之分錄。
(3) ×5 年 3 月底應有之分錄。
(4) ×5 年 6 月底應有之分錄。
(5) ×5 年 8 月底應有之分錄。

7. 【包含不適用 IAS 36 資產之減損分攤、二次分攤】×3 年底,乙公司某一現金產生單位進行減損測試,該現金產生單位共包含一筆土地、一項設備、一幢建築物、一批存貨與一筆應收款項,帳面金額分別 $100,000、$150,000、$150,000、$10,000 與 $20,000,除已知建築物之公允價值為 $150,000,使用價值為 $130,000,處分成本為 $10,000 外,無法評估其他資產之使用價值或公允價值。該現金產生單位之可回收金額為 $390,000。試計算各項資產分攤減損損失後之帳面金額,並作 ×3 年底應有之分錄。

8. 【包含不適用 IAS 36 資產之減損迴轉、二次分攤】承第 7 題,乙公司於 ×4 年底發現 ×3 年底存在之減損跡象已不復存在,此時該現金產生單位之公允價值為 $390,000,使用價值為 $380,000,處分成本為 $40,000。另外,除土地、設備及建築物外,×4 年底該現金產生單位尚包含存貨 (帳面金額為 $7,200) 以及應收款項 (帳面金額為 $10,000) 二筆資產。假設 ×3 年底減損後乙公司延續之前的會計政策,所有應提列折舊之資產耐用年限、殘值及折舊方式之估計皆和減損前相同:剩餘耐用年限皆為 10 年,皆無殘值,且皆依直線法提列折舊。試計算各項資產迴轉後之帳面金額,並作 ×4 年底迴轉減損損失之分錄。

9. 【各種重估價模式、倍數餘額遞減法、處分資產】丁公司 ×4 年底以 $6,400,000 購入一項設備,並以重估價模式作後續衡量,重估增值於處分設備時一次實現。估計該設備耐用年限 4 年,殘值 $400,000,依倍數餘額遞減法提列折舊,且每次重估價後皆延續此會計政策。×8 年 12 月 31 日,丁公司處分該設備,得款 $500,000,×5 年至 ×7 年有下列重估價資訊:

	公允價值
×5/12/31	$2,800,000
×6/12/31	2,000,000
×7/12/31	900,000

試作：分別依等比例重編法與消除累折淨額法作此項設備 ×4 年至 ×8 年之所有分錄。

10. 【投資性不動產、成本模式、公允價值模式、營業租賃】小楓公司於 ×1 年 1 月 1 日向小蕾公司購買一工程大樓做為工廠用途，其中土地價款 $6,000,000，房屋價款 $9,000,000。該大樓估計耐用年限為 30 年，無殘值，後續衡量採成本模式。小楓公司於 ×2 年 12 月 31 日評估其建築物狀況，認為其房屋部分有減損之可能，估計房屋可回收金額為 $7,000,000，殘值及耐用年限不變。小楓公司於 ×4 年 1 月 2 日決定將該建築物轉作營業租賃用途，且符合分類為投資性不動產之條件。　　〔改編自 103 年會計師中會〕

請回答以下問題

(1) 若對投資性不動產後續衡量採用公允價值模式。×4 年 1 月 2 日土地公允價值為 $6,500,000，房屋 $8,200,000，試作 ×4 年 1 月 2 日將該工程大樓轉作營業租賃用途之分錄。

(2) 若對投資性不動產後續衡量採用成本模式。建築物可回收金額為 $7,500,000。試作 ×4 年 1 月 2 日將該工程大樓轉作營業租賃用途之分錄。

(3) 承 (1) 小題，假設 ×4 年 12 月 31 日土地公允價值為 $6,700,000，房屋為 $8,500,000。請依照公允價值模式作 ×4 年底相關的分錄。

Chapter 8

不動產、廠房及設備──減損、重估價模式及特殊衡量法

Chapter 9 無形資產和商譽

學習目標

研讀本章後，讀者可以了解：
1. 無形資產之性質
2. 無形資產之定義與認列條件
3. 認識各種可明確辨認之無形資產
4. 內部產生與外部購買無形資產之會計處理
5. 研究與發展成本
6. 有限耐用年限與非確定耐用年限無形資產之會計處理
7. 熟悉與商譽相關之問題

本章架構

無形資產和商譽

定義與認列條件（商譽除外）
- 可辨認性
- 可被企業控制
- 未來經濟效益

原始認列與衡量
- 單獨取得
- 企業合併所取得
- 政府補助所取得
- 資產交換所取得
- 內部產生
- 商譽

無形資產之後續衡量
- 成本模式
- 重估價模式
- 攤銷之會計處理

增添或重置
- 可能情況
- 一般會計處理

減損
- 減損跡象評估
- 衡量減損金額
- 商譽相關減損

除列
- 報廢及處分
- 重置

技術移轉交互授權會計處理爭議

在知識經濟時代，隨著社會與科技的快速改變，企業競爭利基與價值常取決於其無形資產的投資與管理能力，也因此，無形資產的地位愈來愈不容小覷；此外，由於無形資產具有管理困難、風險高及市場交易複雜等特性，使得無形資產之認列、原始與後續衡量等會計處理爭議持續受到極大關注。

臺灣懷特生技新藥股份有限公司(懷特)於民國97年5月13日在櫃檯買賣中心上櫃，民國97年7月16日轉於臺灣證券交易所上市，股票代碼4108。懷特公司曾和海外生技公司交互授權，除了將海外公司支付的授權費認列營收之外，也自同一公司取得技術及市場授權，並在財報上認列為無形資產。會計研究發展基金會在民國97年5月5日，認定懷特公司交互授權而來的研發項目，屬於不具商業實質之「資產交換」，只能認列淨收入及淨支出，不得同時認列為無形資產與營業收入。

懷特公司重編過去3年財報，調整後，懷特公司自民國93年至96年的累計虧損由2,239萬元擴大為3.4億元，民國97年第1季稅後純益也由調整前的6,702萬元調降為1,555萬元，首季無形資產由7,065萬元調降為1,918萬元，以懷特公司股本9.42億元計算，首季每股稅後純益從0.75元下滑至0.2元。

會計處理應反映經濟實質，故常須運用專業判斷，例如：A公司於×1年12月20日支付600萬美元取得B公司C1專利權，數日後，B公司亦於×1年12月24日支付600萬美元取得A公司C2專利權，從經濟實質而言，如下圖所示，A公司與B公司猶如進行C1及C2專利權交換。

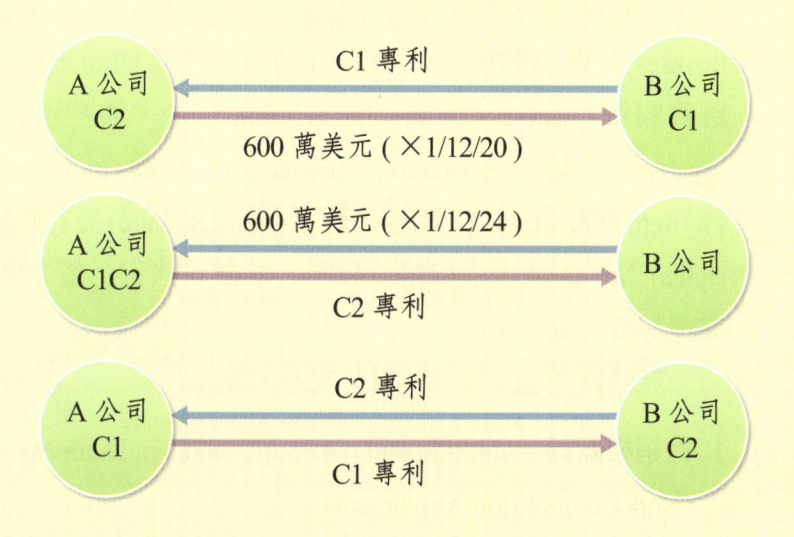

中級會計學 上

章首故事引發之問題
- 無形資產交換之會計處理對財務報表有重大影響。
- 無形資產交換之經濟實質意義一直有不同觀點之論戰。
- 相對於有形資產交換,無形資產交換是否具備商業實質條件所需之專業判斷,其困難度更高。

9.1 無形資產的定義與認列條件

學習目標 1
了解除商譽以外之無形資產的定義與認列條件

無形資產 (intangible assets) 為無實體形式之**非貨幣性資產** (non-monetary assets),可提供企業**長期之經濟效益** (long-term economic benefit)。會計上之無形資產與一般用語不同,只包括非流動性、非貨幣性且**無法觸摸實體** (without physical substance) 之資產,因此不包括應收帳款、應收票據、投資及其他金融工具等項目。

9.1.1 取得無形資源之支出

無形資源之支出,雖然通常對企業有所助益,但不一定可以認列為無形資產。

在知識經濟時代,企業價值之來源可能來自於各式無形資產或無形資源,例如:**電腦軟體** (computer software)、**專利權** (patents)、**著作權** (copyrights)、**影片** (motion picture films)、**客戶名單** (customer lists)、**擔保貸款服務權** (mortgage servicing rights)、**捕魚證** (fishing licenses)、**進口配額** (import quotas)、**特許權** (franchises)、**顧客或供應商關係** (customer or supplier relationships)、**顧客忠誠度** (customer loyalty)、**市場知識** (market knowledge)、**商標** (trademarks)、**人力資源** (human resources)、**市場占有率** (market share) 及**行銷權** (marketing rights) 等。因此,為取得、發展、維護或強化企業之無形資產,企業經常發生重大支出。

無形資產可以按其性質分成五大類:

1. 行銷相關類:如**商標權** (Trademarks and Tradenames)、**非競業合約** (Non-Competition Agreement)
2. 顧客相關類:如**顧客名單** (Customer List)

3. **藝術相關類**：如**著作權** (Copy Rights)
4. **合約基礎類**：如**特許權** (Franchise)
5. **技術基礎類**：如**專利權** (Patents)、**秘方** (Secret Formula) 等

這些資產大多透過單獨購買或企業合併而取得。

與無形資源相關之支出，雖然通常對企業有所助益，但並不是全部都可以認列為無形資產。例如：人力資源無形項目之支出，包括企業人才培訓之支出，辦理或指派參加與公司業務相關之訓練活動支出等，雖然訓練活動支出可提升人力資源之素質，但是皆於支出時認列為費用。

需符合無形資產之定義與認列條件

除**商譽** (goodwill) 外，無形資源之支出，惟有同時符合無形資產之定義與認列條件，始得認列為無形資產 (詳見表 9-1)。

表 9-1　無形資產之定義與認列條件

		說明
定義	1. 具有可辨認性。	可個別分離或組合分離；或屬合約或其他法定權利。
	2. 可被企業控制。	有能力取得未來經濟效益，且能限制他人使用該效益。
	3. 具有未來經濟效益。	收入增加、成本節省或其他利益。
認列條件	1. 資產之未來經濟效益很有可能流入企業。	判斷未來經濟效益之可能性。
	2. 資產之成本能可靠衡量。	支出明確與特定無形資產直接有關。

無形資產之定義，包括「無形」與「資產」二項定義。所謂「無形」係指非貨幣性且無實體形式；所謂「資產」係指具有可辨認性、可被企業控制及具有未來經濟效益等三項特性。

IFRS 一點通

定義與認列條件是學習會計理論最好之教材

本章有關無形資產之定義與認列條件，與其他資產 (商譽除外) 之定義與認列條件類似。學習資產之定義與認列條件，有助於理解會計最基本之觀念，是學習會計理論最好的教材。請參閱第 1 章 1.4.3 節財務報表要素之定義與認列條件相關說明。

無形資源之支出若不符合無形資產之定義或認列條件時，該無形資源相關之取得或內部發展支出，均應於支出發生時認列為費用，惟該支出若係於企業合併時所取得者，則屬商譽之一部分 (詳見圖 9-1)。

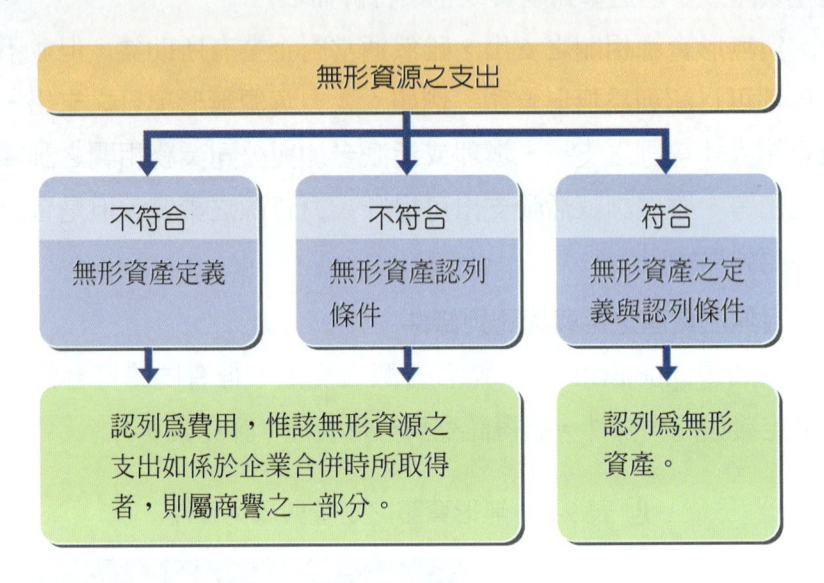

```
              無形資源之支出
        ┌──────────┼──────────┐
      不符合      不符合       符合
    無形資產定義  無形資產認列  無形資產之定
                  條件         義與認列條件
        │          │            │
    認列為費用，惟該無形資源之    認列為無形
    支出如係於企業合併時所取得    資產。
    者，則屬商譽之一部分。
```

圖 9-1　無形資源支出之會計處理

9.1.2　無形資產的定義

9.1.2.1　可辨認性

無形資產須具有可與商譽明確區別之**可辨認性** (identifiability)，而所謂可辨認性係指符合下列條件之一：

> 分離包括出售、移轉、授權、租賃或交換。

1. **可分離** (separable)：無形資產可與企業個別分離或組合分離，即無形資產可依：(1) 個別資產方式予以出售、移轉、授權、租賃或交換，或 (2) 隨相關合約、資產或負債組合方式予以出售、移轉、授權、租賃或交換。(1) 項之實例，如電腦軟體或客戶名單；(2) 項之實例，如礦泉水之品牌 (商標) 與泉水來源之土地一起搭配出售。

2. **合約或其他法定權利**：無形資產係由**合約或其他法定權利** (contractual or other legal rights) 所產生，而不論該等合約或權利是否可移轉，或者是否可與企業或其他權利義務分離。例如政府授

Chapter 9 無形資產和商譽

IFRS 一點通

可辨認性

會計上,所有已認列之資產與負債(商譽除外)皆應具備可辨認性之特性。

權之有線電視台執照,雖然依據法令企業不得將其移轉或出售,但仍然具有可辨認之特性。

9.1.2.2 可被企業控制

企業有能力取得標的資源所流入之未來經濟效益,且能限制他人使用該效益時,則企業**控制** (control) 該資產。企業控制無形資產所產生未來經濟效益之能力,通常源自於法律授予之權利,若無法定權利,企業較難證明能控制該項資產,舉例如下:

1. **專業技能之團隊**:企業可能擁有具備**專業技能之團隊** (a team of skilled staff),並能辨認員工經訓練後技能之提升所產生未來經濟效益,亦可能預期員工將繼續提供專業技能予企業。因企業員工可能提前離職或不願充分運用其技能,導致企業無法充分控制該團隊及其訓練所產生之未來經濟效益,故此類項目不符合「可被企業控制」之定義。

2. **顧客關係及顧客忠誠度**:企業通常無法充分控制顧客關係與顧客忠誠度等項目所產生之預期經濟效益,因顧客是否於未來繼續購買企業之商品與勞務,決定權在顧客而非企業本身,致使該等項目不符合「可被企業控制」之定義。

3. **特定之管理或技術能力**:企業特定之管理或技術能力,通常沒有法定權利之保護,導致企業無法控制其未來經濟效益,致使不符合無形資產之定義,例如:麥當勞與星巴克無法防止其他企業學習其店面管理方式,包括點餐、付款、裝潢、店面氣氛、人員管理等;同理,餐飲行業之烹飪技術能力,亦無法阻止他人學習或仿效。但若可經由法定權利之保護,使企業取得其未來經濟效益時,仍可認列無形資產。

交換或買賣交易代表控制權從賣方移轉至買方之證據。若賣方無控制力，買方則不會付款給賣方，故交換交易提供該資產可被企業控制之最佳證據。

特定情況下，企業雖然沒有法定權利之保障，仍可能以其他方式控制資產之未來經濟效益，故具備執行效力之法定權利並非控制之必要條件。例如：企業可透過交換交易取得無合約之顧客關係，即使無法定權利保護顧客關係，亦可作為企業能控制自顧客關係所產生之預期未來經濟效益之證據。因為「交換交易」或「買賣」皆可作為該顧客關係可自企業分離之證明，故此類顧客關係雖無合約所賦予的法定權利與保障，仍可視為符合無形資產之定義。無合約之顧客關係若屬企業合併之一部分時，且歷史資料顯示過去有相同或類似之無合約之顧客關係，可於市場進行交換交易者，亦符合無形資產之定義。

判斷是否符合無形資產定義與認列條件，以下幾個無形項目與「可被企業控制」有關且特別容易被誤解(詳見表 9-2)：

表 9-2 易被誤解之無形項目

	單獨取得	合併取得	內部(後續)支出
專業技能之團隊(人員)	不可認列為資產。	不可認列為資產。	不可認列為資產。
特定之管理或技術能力	不可認列為資產，但若可經由法定權利之保護，仍可認列無形資產。	不可認列為資產，但若可經由法定權利之保護，仍可認列為無形資產。	不可認列為資產。
無合約之顧客族群、市場占有率、顧客關係、顧客忠誠度	可認列為資產。	不可認列為資產，但歷史資料顯示可於市場進行交換交易者，可認列為無形資產。	不可認列為資產。
品牌、刊頭*、出版品名稱、客戶名單及其他於實質上類似項目	可認列為資產。	可認列為資產。	不可認列為資產。

* 刊頭係指信紙、雜誌報紙或其他文件用以區別目的之裝飾樣式。

Chapter 9 無形資產和商譽

IFRS 一點通

無形資產認列門檻

「可被企業控制」為企業許多無形資源之支出無法符合無形資產定義之最主要原因，故「可被企業控制」為認列無形資產最大門檻之一。

9.1.2.3 具有未來經濟效益

未來經濟效益 (future economic benefits) 之流入，包括銷售商品或提供勞務之收入、成本之節省或企業因使用該資產而獲得之其他利益。例如：在生產過程中使用**智慧財產權** (intellectual property)，雖不能增加未來收入但可能降低未來生產成本，故也具有未來經濟效益。

9.1.3 無形資產的認列條件

無形資產之認列條件適用於原始向外部取得及內部產生無形資源之支出，亦適用於後續支出，例如：維護或強化無形資源之支出。無形資源之支出，於且僅於同時符合無形資產之定義與下列兩項認列條件時，才可以認列無形資產：

1. 可歸屬於該資產之未來經濟效益很有可能流入企業，及
2. 資產之成本能可靠衡量。

無形資產之特性，使企業多數情況下，無法對特定無形資產進行**增添** (additions) 與**重置** (replacements)，因此，多數無形資產之後續支出，僅能維持現存之未來經濟效益，故不符認列條件。例如：企業控告他人侵犯公司專利權所支付之**訴訟費用** (litigation expense)，即使是勝訴，大多情況也只能維持原來專利權之未來經濟效益，故仍無法認列資產。

品牌 (brands)、**刊頭** (mastheads)、**出版品名稱** (publishing titles) 客戶名單及其他於實質上類似項目之後續支出，於支出發生時，認列為費用，因為此類支出無法與企業整體發展之支出區別，無法明

雖然無形資產之定義與認列條件適用於原始與後續支出，但事實上，因後續支出之特性，使其符合認列之門檻更難。

「於且僅於 (if, and only if)」為嚴謹之充分與必要條件，本段中所述之「於且僅於」，係指於符合無形資產之定義與兩項認列條件時，且僅於符合無形資產之定義與兩項認列條件時，方可認列無形資產。換言之，「符合無形資產之定義與兩項認列條件」為認列無形資產之充分與必要條件。

確證明可歸屬於該資產之未來經濟效益很有可能流入企業。

9.1.4 同時具備有形要素與無形要素

許多無形資產有時係存在於有形項目內，例如：電腦軟體儲存於磁碟片中，或專利權表彰於證書文件中等；資產同時具備有形要素與無形要素時，其會計處理需要企業運用專業判斷。

若有形要素與無形要素可以明確分離，企業應分別認列有形要素為有形資產與無形要素為無形資產。若資產同時具備不可分離之有形要素與無形要素，於判斷其屬不動產、廠房及設備或屬無形資產時，企業應評估何項要素較為重大。若無形要素較重大，則將整體資產認列為無形資產；反之，若有形要素較重大，則應將整體資產認列為有形資產 (詳見表 9-3 及圖 9-2)。

表 9-3　資產具備有形要素與無形要素之會計處理

	資產具**可分離**之有形要素與無形要素之處理	資產同時具備**不可分離**之有形要素與無形要素
會計處理	應分別認列有形要素資產與無形要素資產 [詳見圖 9-2(a)]。	資產同時具備有形與無形要素，於判斷其屬固定資產或無形資產時，企業應評估何項要素較為重大。若無形要素較重大，則認列為無形資產；反之，則認列為不動產、廠房及設備。
釋例	**分別認列不動產、廠房及設備與無形資產** 一台經由電腦操控之機器設備，當電腦軟體(如應用軟體)並非相關硬體不可缺少之部分，軟體應視為無形資產，機器設備應認列為不動產、廠房及設備。	**不動產、廠房及設備** [詳見圖 9-2(c)] 一台經由電腦操控之機器設備，若無特定軟體 (如作業系統) 則無法運作時，該軟體為該硬體不可缺少之部分，此時應將其整體視為不動產、廠房及設備。 **無形資產** [詳見圖 9-2(b)] 儲存電腦軟體之磁碟片、表彰許可權或專利權之證書、研究與發展活動可能產出實體資產(例如完成品之原型或模型)。

Chapter 9 無形資產和商譽

(a) 資產具可分離之有形要素與無形要素之處理

(b) 資產同時具備不可分離之有形與無形要素之處理：無形要素較重大

(c) 資產同時具備不可分離之有形與無形要素之處理：有形要素較重大

圖 9-2　區別有形及無形要素之判斷

9.2 不同方式取得特定無形資產之原始認列與衡量

> **學習目標 2**
> 了解不同方式取得特定無形資產之原始認列與衡量，並了解商譽之定義及認列條件。

無形資產依取得方式可分類為外部取得之無形資產與內部產生之無形資產，企業在認列時，應依下列方式處理 (詳見表 9-4)。

9.2.1　單獨取得之無形資產

單獨取得 (separate acquisition) 之無形資產通常可以認列為資產，因所支付之對價通常已反映企業對隱含在該資產中未來經濟效益流入企業可能性之預期，且其成本通常能可靠衡量，故符合認列條件。

表 9-4　無形資產之原始認列與衡量

取得方式之分類		原始認列 (衡量)	
		成本	公允價值 (fair value)
外部取得	1. 單獨取得	✓	
	2. 企業合併所取得		✓
	3. 政府補助所取得		✓ 若選擇不以公允價值作原始認列，則應以名目金額加計為使該資產達到預定使用狀態之直接可歸屬支出作為原始認列。
	4. 資產交換所取得		✓ 但缺乏商業實質、或換入資產及換出資產之公允價值均無法可靠衡量時，應以換出資產帳面金額衡量。
內部產生	發展中之無形資產	✓	除發展階段之支出符合國際會計準則第 38 號第 57 段技術可行性等之條件，應認列為無形資產外，其餘皆認列為費用。
	已完成之無形資產	✓	

　　單獨取得無形資產之成本，若以現金或其他貨幣性資產作為對價時，包括購買價格 (包含相關稅捐，但不包括折讓金額)，及為使該資產達預定使用狀態前之可直接歸屬成本 (詳見表 9-5)。

　　不是所有單獨取得無形資源之支出皆自動可認列為資產，例如：企業支付研發相關款項給**研發專案承包商** (R&D contractors)，企業需判斷該支出係為取得無形資產，或僅是將研發工作部分委外而取得承包商相關商品與勞務 (即外包服務)，若屬研發外包服務，則應依據內部產生無形資產方式處理 (猶如自行研發)，須符合特定條件方得認列資產 (詳後述)。

表 9-5　單獨取得無形資產相關成本之處理

使該資產達預定使用狀態前之支出		無形資產已達可供使用狀態後之支出
可直接歸屬成本	非屬可直接歸屬成本	
認列無形資產	認列為費用	認列為費用
(1) 為使資產達營運狀態而直接產生之員工福利成本。 (2) 為使資產達營運狀態之專業服務費。 (3) 測試資產是否正常運作之成本。	(1) 推出新產品或服務之成本(包括廣告及推銷活動成本等)。 (2) 新營業處所或新客戶之業務開發成本(包括員工訓練成本)。 (3) 管理成本及其他一般費用。	(1) 當資產已達可供使用狀態但尚未使用時所發生之成本。 (2) 初期營業損失，例如需求未達資產正常產出前所產生之損失。 (3) 使用或重新配置無形資產所產生之成本。

IFRS 實務案例

單獨取得之無形資產——電信業者 5G 執照特許權

　　5G 技術係為開發新市場，新產業的時代新契機，其所帶來的衝擊影響，非僅止於行動通訊的技術革新，更是有別於既有市場、既有產業的創新突破。5G 競標自 108 年 12 月開始競標，由中華電信、遠傳電信、台灣大哥大、亞太電信、台灣之星共 5 大電信業者廝殺角逐。第一階段總標金已達 1,380.81 億元。

　　上述公司於取得特許權時，應依其得標金額認列無形資產。

　　例如：中華電信支付 462.93 億元取得 5G 特許執照，其分錄如下：

特許執照	462.93 億元	
現金		462.93 億元

5G 是影響未來十年電信事業競爭力的關鍵，中華電信股份有限公司於 109 年財務報表附註揭露，「於 109 年 2 月以繳 483.73 億元之特許執照費用(包含押標金)，取得 3.5GHz 頻段 90MHz 及 28GHz 頻段 600MHz 之頻寬。特許權係電信事業主管機關核發之特許執照，並於開始提供服務起平均攤銷，攤銷期限以特許執照有效期間屆滿或經濟年限較短者為準，5G 特許權將於 129 年 12 月攤銷完畢。」。

9.2.2 企業合併時取得之無形資產

若被收購公司無形資產之公允價值能可靠衡量，即使於企業合併前未列示於被收購公司之資產負債表，收購公司亦應於收購日認列該無形資產(與商譽分別認列)。例如：被收購公司進行中之**研究發展** (research and development) 專案計畫符合無形資產之定義，且其公允價值能可靠衡量，則收購公司應將該專案計畫認列為無形資產(與商譽分別認列)。

衡量企業合併所取得之無形資產之公允價值

> 活絡市場之市場報價係提供無形資產公允價值之最可靠估計。

活絡市場 (active market) 之市場報價提供對無形資產公允價值之最可靠估計。無形資產若無活絡市場，則公允價值應係以收購日在公平交易下已充分了解，並有成交意願之雙方可得之最佳資訊為基礎，企業為取得該資產所願意支付之金額。

企業合併所取得之無形資產，其公允價值通常能可靠衡量並與商譽分別認列。其中，不確定性反映於無形資產公允價值之衡量，但並非表示其公允價值無法可靠衡量。具**有限之耐用年限** (finite useful life) 之無形資產，除有反證外，其公允價值通常能可靠衡量。

企業可使用衡量技術與方法，以估計無活絡市場無形資產之公允價值，例如：(1) 估計未來淨現金流量折現法、(2) 權利金節省法，及 (3) 成本法。

互補性資產群組

> 互補性資產係指兩個或兩個以上資產合併使用之價值，大於單獨使用個別資產產生價值之合計數。

企業合併所取得之無形資產可能於且僅於與相關合約、可辨認資產或負債一起時，方可分離；此時，收購公司應將該無形資產與相關有形資產、無形資產或負債一併認列，換言之，此類**互補性資產** (complementary assets) 群組應視為單一資產，並與商譽分別認列。例如：雜誌之出版品名稱與相關之訂閱者資料庫無法分別出售；天然泉水之商標可能與某一特定泉源有關，且不能與該泉源分別出售。

若互補性資產群組中個別資產之公允價值能可靠衡量，且在個別資產具類似耐用年限之情況下，則收購公司得將該組資產認列為單一資產。

9.2.3　政府補助所取得之無形資產

企業經由**政府補助** (government grant) 以優惠價格或免費之方式授予之無形資產，例如：政府移轉或分配機場之起降權、電台或電視台之執照、**輸入許可證** (impoort licenses) 或**配額** (quotas)，或取得其他受限制資源之權利等無形資產予企業。有關政府補助之規定，請參閱第 7 章說明。

若政府補助與確定耐用年限之無形資產有關，應按該資產耐用年限依攤銷費用之提列比率分期認列為補助利益。與**非確定耐用年限** (indefinite useful life) 之無形資產有關者，若政府要求企業履行某些義務，企業應於履行義務所投入成本認列為費用之期間，認列該項政府補助利益。

例如：甲公司於 ×2 年 12 月 1 日得到政府免費授予一專利技術，估計此專利公允價值為 $500,000。其分錄為：

專利權—政府補助	500,000	
遞延政府補助利益		500,000

遞延政府補助利益於未來依攤銷費用比率或履行義務所投入成本比率，逐期轉列收入。假設該專利權預期效益 10 年，為取得政府補助而履行義務所投入成本，於未來 10 年平均發生，則每年認列補助利益之分錄為：

IFRS 一點通

企業併購時區別可辨認無形資產之重要性

企業併購時買方常須支付高額溢價給被併購公司，過去常未能以嚴謹的作法，分析「可辨認」的無形資產，與「不可辨認」的商譽，使得部分「可辨認」的無形資產被認列為商譽之一部分，確實評估其各自價值予以分開認列，有助於提高財報的真實性。因此，國際會計準則公報規定，企業合併時，若被收購者原有之無形項目符合無形資產之定義，不論被收購者於企業合併前是否已認列該資產，收購者即應認列該無形項目為無形資產。此外，國際會計準則理事會認為，即使須作出重大程度之判斷以估計公允價值，仍比將「可辨認」的無形資產包含於商譽，更能提供有用之資訊予財務報表使用者。

遞延政府補助利益	50,000
政府補助利益	50,000

9.2.4　資產交換所取得之無形資產

企業交換非貨幣性資產 (可能包含貨幣性資產) 而取得之無形資產應依公允價值衡量。但符合下列情形之一時，換入資產應以換出資產之帳面金額衡量：

1. 交換交易缺乏**商業實質** (commercial substance)。
2. 換入資產及換出資產之公允價值均無法可靠衡量。

> 相較於有形資產交換，判斷無形資產交換是否具備商業實質更為困難，因為對未來現金流量之預期有極高之不確定性。

> 企業交換非貨幣性資產 (可能包含貨幣性資產) 而取得之無形資產，一般應依公允價值衡量。

有關非貨幣性資產交換之會計處理請參閱第 7 章之說明。例如：甲公司與乙公司進行專利權交換，資訊如下：

	甲公司 A 專利權	乙公司 B 專利權
專利權帳面金額	$140,000	$160,000
公允價值	150,000	150,000

甲公司
　　換出資產之帳面金額 = $140,000
　　交換損益 = $150,000 − $140,000 = $10,000

乙公司
　　換出資產之帳面金額 = $160,000
　　交換損益 = $150,000 − $160,000 = $(10,000)

一、具備商業實質──依公允價值衡量

甲公司			乙公司		
無形資產─B 專利權	150,000		無形資產─A 專利權	150,000	
無形資產─A 專利權		140,000	處分無形資產損失	10,000	
處分無形資產利益		10,000	無形資產─B 專利權		160,000

二、缺乏商業實質或換入資產及換出資產之公允價值均無法可靠衡量

甲公司			乙公司		
無形資產─B 專利權	140,000		無形資產─A 專利權	160,000	
無形資產─A 專利權		140,000	無形資產─B 專利權		160,000

9.2.5　內部產生之無形資產

企業於評估**內部產生** (internally generated) 之無形資產是否符合認列條件時，應將資產之產生過程分為**研究階段** (research phase) 或**發展階段** (development phase)。研究係指原創與有計畫之探索，以獲得科學或技術性之新知識；發展係指產品量產與使用前，將研究發現或其他知識應用於全新或改良之材料、器械、產品、流程、系統或服務之專案或設計。若無法區分內部專案計畫係屬研究階段或發展階段，則僅能將相關支出全數視為發生於研究階段 (詳見表 9-6)。

> 企業於評估內部產生之無形資產是否符合認列條件時，應將資產之產生過程分為研究階段或發展階段。

表 9-6　研究階段與發展階段之支出舉例

研究階段之支出	發展階段之支出
(1) 致力於發現新知識之活動。 (2) 對於研究發現或其他知識之應用之尋求、評估及選定。 (3) 尋求材料、器械、產品、流程、系統或服務之可能方法。 (4) 對於全新或改良之材料、器械、產品、流程、系統或服務之可行方法之草擬、設計、評估及最終選定。	(1) 生產或使用前之原型及模型之設計、建造及測試。 (2) 設計與新技術有關之工具、礦篩、模型及印模。 (3) 尚未商業化量產之試驗工廠，其設計、建造與作業。 (4) 對全新或改良之材料、器械、產品、流程、系統或服務之已選定方法，所為的設計、建造或測試。

企業內部專案計畫之研究階段之支出，無法證明未來經濟效益很有可能流入企業，故於發生時認列為費用。企業內部專案計畫之

IFRS 一點通

研究階段之成果是「知識」

研究階段係指企業從事的研發活動尚處在探索過程且無明確產品方向，研究階段之成果是「知識」，尚未有商業化之雛型，例如：尚在尋求可能之方法或可行方法之評估，皆無明確產品方向；反之，當研究活動已有較為具體的雛形或成果時，會有較明確方向，此後，即進入發展階段，發展階段之成果是具有商業化能力之商品或勞務；例如：已選定方法後，所為的設計、建造或測試。

發展階段之支出，除同時符合國際會計準則第 38 號第 57 段所有條件，應認列為無形資產外，其餘於發生時認列為費用。內部研發支出認列無形資產之條件係為確保研發已有初步可行之成果 (已達技術可行性)，能確保繼續完成研發後續之工作 (有意圖及證明能力)，及符合認列條件 (經濟效益及成本衡量)。換言之，符合國際會計準則第 38 號第 57 段所有條件時，即已達成經濟可行性 (詳見表 9-7)。

表 9-7　發展階段之支出應認列為無形資產之條件

技術可行性	完成該無形資產已達技術可行性，使該無形資產將可供使用或出售。
意圖	意圖完成該無形資產，並加以使用或出售。
證明能力 (一)	具充足之技術、財務及其他資源，以完成此項研發專案計畫並使用或出售該無形資產。
證明能力 (二)	有能力使用或出售該無形資產。
認列條件 (一)	無形資產將很有可能產生未來經濟效益。企業能證明無形資產的產出或無形資產本身已有明確市場。若供內部使用，企業能證明該資產之有用性。
認列條件 (二)	發展階段歸屬於無形資產之支出 (成本) 能可靠衡量。

IFRS 實務案例

品牌價值之差異

英國品牌價值諮詢公司 Brand Finance 於 2011 年評選全球十大最有價值商標。搜尋引擎谷歌公司 (Google) 以 443 億美元位居榜首，微軟公司 (Microsoft) 以 428 億美元位居第二，蘋果公司 (Apple) 以 295 億美元位列第八。Brand Finance 評估商標價值之方法係透過計算商標未來預期可貢獻的現金流量的折現值。但是，谷歌公司 2010 年底資產負債表之商標與品牌 (Trademark and Brand) 資產僅約 0.6 億美元，為何有如此大之差異？左圖是幾個國內外主要企業之商標，你是否覺得非常眼熟？

圖片來源：維基百科

Chapter 9 無形資產和商譽

內部產生之無形資產於同時符合定義及認列條件之日起，應將所發生之支出(成本)總和資本化並認列為無形資產。但是，已認列為費用的部分不得再資本化，例如：10月1日達技術可行性及符合無形資產之認列條件(表9-7)，以前年度及1至9月之支出，仍須認列為費用，不得資本化。此外，開辦費、訓練支出、廣告與促銷活動支出、重新安排資產配置支出與組織改造支出等皆應認列為費用(詳見表9-8)。

表 9-8 判斷是否屬內部產生無形資產之成本

產生無形資產之成本	非屬內部產生無形資產之成本
開發、產生及準備資產以達可供使用狀態之必要且可直接歸屬之成本。	非屬左列之成本。
(1) 產生無形資產所使用或消耗之材料成本與服務成本。 (2) 產生無形資產所支付員工之福利成本。 (3) 決定權利之登記規費。 (4) 用以產生無形資產之專利權與特許權之攤銷金額。	(1) 銷售費用及管理費用之支出。但該支出若可直接歸屬為使該資產達可供使用狀態者，不在此限。 (2) 資產達預期績效前，所發生之無效率及初期營業損失。 (3) 訓練員工操作資產之支出。

研究階段與發展階段之原始認列，依據其為內部產生或取得(合併或單獨取得)方式的不同，而有相對應的會計處理(如見表9-9之彙整)。另外，經內部產生、合併或單獨取得的研究發展專案計畫且已認列為無形資產者之後續支出，亦應依照該支出產生的階段做相關的會計處理(如表9-9)。例如經由合併取得一醫美技術研發專案，尚在研究階段，但因符合相關條件而將其認列無形資產，該專案之後續支出若為研究支出，則應認列為費用；若為發展階段支出且符合 IAS 38 第 57 段條件，則認列為無形資產。

> 研究階段與發展階段之原始認列，依據其為內部產生或取得(合併或單獨取得)方式的不同，而有相對應的會計處理。另外，經內部產生、合併或單獨取得的研究發展專案計畫且已認列為無形資產者之後續支出，亦應依照該支出產生的階段做相關的會計處理。

表 9-9　研究階段與發展階段之原始認列與後續支出

	原始認列		後續支出	
	內部產生	合併或單獨取得	內部產生*	合併或單獨取得*
研究階段	費用	認列無形資產	×	費用
發展階段但不符合國際會計準則第 38 號第 57 段條件	費用	認列無形資產	×	費用
發展階段且符合國際會計準則第 38 號第 57 段條件	認列無形資產	認列無形資產	認列無形資產	認列無形資產

* 係指在無形資產原始認列階段之產生或取得方式，非指後續支出的產生或取得方式。

例如：臺一企業相關研究與發展支出如下：

研究階段	×1 年	1 月 1 日	開始研究	$200,000
		9 月 1 日	董事會決定繼續完成研究計畫	
		12 月 31 日		
	×2 年	1 月 1 日		$400,000
		3 月 1 日	初擬商品發展構想	
發展階段		12 月 1 日	研究階段完成／發展階段開始	
		12 月 31 日		
	×3 年	1 月 1 日	達成技術可行性	$300,000
		6 月 30 日		
		7 月 1 日	達成經濟可行性(符合國際會計準則第 38 號第 57 段)	$400,000
		12 月 31 日	完成商品開發之發展階段	

各年度會計分錄為：

×1 年　　研究費用　　　　　　　　　　　　200,000
　　　　　　現金 (或其他項目)　　　　　　　　　200,000

×2 年	研究與發展費用	400,000	
	現金 (或其他項目)		400,000
×3 年	發展費用	300,000	
	發展中無形資產	400,000	
	現金 (或其他項目)		700,000

9.2.6　商　譽

凡是無法直接歸屬於企業特定有形資產及可明確辨認無形資產之獲利能力者，統稱為商譽。商譽依其產生來源可分為內部產生之商譽與購買合併所產生之商譽。自行發展的無形資產，若為無法獨立辨認的無形資產，則為內部產生之商譽，所有相關支出均應列為費用，不予資本化。

商譽
雖然商譽不是 IAS38 無形資產之適用範圍，但是會計上仍然是無形資產。

企業併購時，若收購價金高於被併企業所有可辨認淨資產之公允價值 (包含可明確辨認但未於被併企業帳上認列的資產)，會產生購買合併之商譽，可認列為資產，由於商譽具有與企業不可分離的特性，其計算方式如下：

購買之商譽 ＝ 支付總成本 － 所取得可明確辨認淨資產之公允價值
(包含可明確辨認但未入帳的資產)

內部無形資源之支出，若為無法明確辨認，則屬內部產生之商譽，認列為費用；若為可明確辨認，則應判斷屬研究階段或發展階段。

但是，於特殊情況下，企業併購時，有可能收購價金低於被併

IFRS 一點通

無形資產之類型

依據國際財務報導準則 (IFRS) 第 3 號「企業合併」之釋例，無形資產依其類型可分為：

1. **行銷相關之無形資產**：商標權及商業 (企業) 名稱、服務標章、網域名稱、團體標章、報紙刊頭等。
2. **客戶相關之無形資產**：客戶名單、積壓訂單、客戶關係等。
3. **藝術創作相關之無形資產**：戲劇、歌劇、芭蕾、音樂作品、書籍、雜誌、報紙及其他文學作品等之版權或著作權。
4. **契約基礎之無形資產**：特許權及 (特許經營權) 執照、營造許可、服務合約等。
5. **科技基礎之無形資產**：專利權、商業機密、電腦軟體、資料庫等。
6. **商譽**。

企業所有可辨認淨資產之公允價值，即產生負商譽，差額應認列為廉價購買利益。

釋例 9-1　商譽及負商譽

臺大公司於 ×1 年 12 月 31 日購買 A 公司，當時 A 公司之資產負債表及公允價值列示如下。若臺大公司以現金 (1) $17,600,000，(2) $8,100,000 購買 A 公司，試計算商譽及負商譽，並分別作其分錄。

A 公司
資產負債表
×1 年 12 月 31 日

現金	$ 100,000	流動負債	$ 400,000
應收帳款	800,000	長期負債	2,500,000
存貨	3,000,000	普通股	5,000,000
機器設備	1,000,000	保留盈餘	2,000,000
土地	1,000,000		
廠房	3,000,000		
採用權益法之投資	1,000,000		
合計	$9,900,000	合計	$9,900,000

經評估，A 公司可辨認資產及負債之公允價值如下：

現金	$ 100,000
應收帳款	700,000
存貨	2,500,000
機器設備	1,200,000
廠房	3,800,000
土地	2,000,000
採用權益法之投資	1,200,000
流動負債	(400,000)
長期負債	(3,000,000)
未入帳之專利權	500,000
淨資產公允價值	$8,600,000

解析

(1) 商譽 = $17,600,000 − $8,600,000 = $9,000,000
(2) 負商譽 = $8,600,000 − $8,100,000 = $500,000

	(1)	(2)
現金	$ 100,000	$ 100,000
應收帳款	700,000	700,000
存貨	2,500,000	2,500,000
機器設備	1,200,000	1,200,000
廠房	3,800,000	3,800,000
土地	2,000,000	2,000,000
採用權益法之投資	1,200,000	1,200,000
專利權	500,000	500,000
商譽	9,000,000	
流動負債	400,000	400,000
長期負債	3,000,000	3,000,000
現金	17,600,000	8,100,000
廉價購買利益		500,000

IFRS 實務案例

無形資產——資產負債表觀點與損益表觀點討論

　　從資產負債表觀點，許多人批評無形資產會計處理之規定過度嚴苛，內部發展之無形資產，通常無法符合定義與認列條件，導致無法認列為資產，因此，許多企業之淨值明顯低估，**市值與淨值比** (Market to Book Ratio) 常大於 1，甚至高達 2 以上，即是明證。例如：2011 年 Brand Finance 評估搜尋引擎谷歌公司 (Google) 之商標價值達 443 億美元，但是，谷歌公司 2010 年底資產負債表之商標資產僅約 0.6 億美元。

　　另有學者由損益表觀點切入，認為無形資產低估問題雖然嚴重，但事實上，財務報表使用者可透過損益表資訊，達到減輕無形資產低估之缺陷，因為，長遠而言，無形資產密集之企業，若有好的發展結果，則會呈現較高之淨利、資產報酬率與股東權益報酬率等績效衡量指標。換言之，其無形資產之價值可透過較佳之損益表資訊予以確認，例如：谷歌公司 (Google)、微軟公司 (Microsoft)、戴爾公司 (Dell) 與蘋果公司 (Apple)，雖然會計帳上之無形資產明顯低估，但是投資人仍可透過綜合損益表資訊給予合理之價值評估。

中級會計學 上

學習目標 3
了解成本模式與重估價模式之差異，並了解攤銷之會計處理。

9.3 無形資產之後續衡量

9.3.1 成本模式或重估價模式

無形資產於原始認列後，應以**成本模式** (cost model) 或**重估價模式** (revaluation model) 作為其會計政策。惟於且僅於無形資產之公允價值可參考活絡市場予以衡量，企業才可以採用重估價模式。所謂活絡市場，係指有充分頻率及數量之資產或負債交易發生以在持續基礎上提供定價資訊之市場。

企業採用成本模式時，無形資產於原始認列後，應以成本，再減除**累計攤銷** (accumulated amortization) 及**累計減損損失** (accumulated impairment losses) 後之金額作為帳面金額 (carrying amount)。

帳面金額 = 成本 – 累計攤銷 – 累計減損損失

企業採用重估價模式時，無形資產於原始認列後，應以重估價日公允價值，再減除重估價日後之累計攤銷及累計減損損失後之金額作為帳面金額。

帳面金額 = 重估價日公允價值 – 重估價日後之累計攤銷 – 重估價日後之累計減損損失

若重估價無形資產之公允價值無法再參考活絡市場予以衡量，則該資產之帳面金額應為最近重估價日，經參考活絡市場後所決定之重估價金額減除其後之所有累計折舊及所有累計減損損失後之金額。

其他有關相同類別無形資產之重估價、無形資產重估價之頻率及重估價之會計處理等規範，請參閱第 8 章有關重估價之說明。

釋例 9-2　非確定耐用年限無形資產重估價模式

北大公司擁有一項無到期日之特許經營執照，屬非確定耐用年限之無形資產，無須定期攤銷，成本 50 億元。後續期間之重估價值分別為 60 億元、54 億元、42 億元及 64 億元。其會計處理因沒有累計攤銷與累計減損，使得帳面金額等於重估價值。試作相關重估分錄。

解析

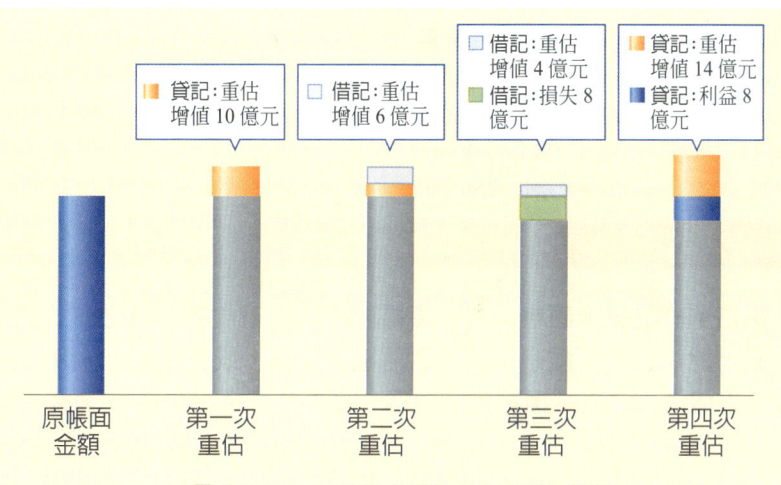

Chapter 9 無形資產和商譽

```
                    □ 借記：重估          □ 貸記：重估
                      增值 4 億元            增值 14 億元
        □ 貸記：重估    □ 借記：重估   ■ 借記：損失 8   ■ 貸記：利益 8
          增值 10 億元    增值 6 億元     億元             億元
```

原帳面　　第一次　　第二次　　第三次　　第四次
金額　　　重估　　　重估　　　重估　　　重估

圖 9-3　重估價模式之會計處理

第一次重估	特許經營執照	1,000,000,000	
	其他綜合損益─重估增值		1,000,000,000
第二次重估	其他綜合損益─重估增值	600,000,000	
	特許經營執照		600,000,000
第三次重估	其他綜合損益─重估增值	400,000,000	
	重估價損失	800,000,000	
	特許經營執照		1,200,000,000
第四次重估	特許經營執照	2,200,000,000	
	重估價利益		800,000,000
	其他綜合損益─重估增值		1,400,000,000

註：
1. 依據臺灣證券交易所公布之會計項目及代碼中，土地、建物、設備等固定資產會分別以「成本」及「重估增減值」表達，然本書參照會計研究發展基金會最新釋例，在重估價模式下合併表達，不作區分。因此此處僅供讀者參考。
2. 「重估價損失」與「重估價利益」為一般損益項目，為簡化釋例之說明，釋例 9-2 之「其他綜合損益─重估增值」，以「重估增值」會計項目表達。此外，其他綜合損益應於期末作如下之結帳分錄（參閱第 2 章附錄 A）：

　　[其他綜合損益─重估增值之變動　　　　[其他權益─重估增值之變動
　　　 其他權益─重估增值之變動　　　或　　 　其他綜合損益─重估增值之變動

釋例 9-3　有限耐用年限無形資產重估價模式

甲公司 ×3 年初以 $500,000 購入無形資產 A，以重估價模式作後續衡量，並將重估增值於使用該資產時逐步實現。估計該無形資產 A 耐用年限 10 年，殘值 0，依直線法作攤銷。試分別以 (1) 等比例重編法及 (2) 消除累攤淨額法作相關分錄。×3 年、×4 年與 ×5 年相關公允價值資訊如下：

	公允價值
×3/1/1	$500,000
×3/12/31	540,000
×4/12/31	480,000
×5/12/31	280,000

解析

(1) 等比例重編法：總帳面金額應以與資產帳面金額之重估價一致之方式調整。例如：總帳面金額可能係參照可觀察市場資料而重新計算，或係依帳面金額之變動按比例重新計算。重估價日之累計攤銷被調整為考量累計減損損失後，資產總帳面金額與帳面金額間之差額。

×3/12/31	重估價前帳面金額	重估價後應有帳面金額
原始成本	$500,000	$600,000
減：累計攤銷	(50,000)	(60,000)
帳面金額	$450,000	$540,000

成本應調整至 $600,000 (= $500,000 × $540,000 ÷ $450,000)
累計攤銷應調整至 $60,000 (= $50,000 × $540,000 ÷ $450,000)

×3/12/31	攤銷費用	50,000	
	累計攤銷—無形資產 A		50,000
	無形資產 A	100,000	
	累計攤銷—無形資產 A		10,000
	其他綜合損益—重估增值		90,000
	其他綜合損益—重估增值	90,000	
	其他權益—重估增值		90,000
×4/12/31	攤銷費用	60,000	
	累計攤銷—無形資產 A		60,000
	其他權益—重估增值	10,000	
	保留盈餘		10,000

$600,000 ÷ 10 = $60,000

帳面金額等於公允價值 $600,000 − $60,000 × 2 = $480,000
重估增值於使用該資產時逐期實現，並轉入保留盈餘 $90,000 ÷ 9 = $10,000
(註：企業亦可選擇於除列時一次轉入保留盈餘。)

×5/12/31	攤銷費用	60,000	
	累計攤銷—無形資產 A		60,000
	其他權益—重估增值	10,000	
	保留盈餘		10,000

		累計攤銷—無形資產 A	60,000	
		其他綜合損益—重估增值	70,000	
		重估價損失	70,000	
		無形資產 A		200,000
		其他權益—重估增值	70,000	
		其他綜合損益—重估增值		70,000

帳面金額 $600,000 – $60,000 × 3 = $420,000

公允價值 – 帳面金額 = $(140,000)

先沖減重估增值 $70,000 並認列損失 $70,000

成本應調整至 $400,000 (= $600,000 × $280,000 ÷ $420,000)

累計攤銷應調整至 $120,000 (= $180,000 × $280,000 ÷ $420,000)

(2) 消除累攤淨額法：將累計攤銷自資產總帳面金額中消除，並將清除後之淨額重新計算至資產之重估價金額。累計攤銷所調整之金額構成依國際會計準則第 38 號第 85 及段規定處理帳面金額增加或減少之一部分。

×3/12/31	攤銷費用	50,000	
	累計攤銷—無形資產 A		50,000
	累計攤銷—無形資產 A	50,000	
	無形資產 A		50,000
	無形資產 A	90,000	
	其他綜合損益—重估增值		90,000
	其他綜合損益—重估增值	90,000	
	其他權益—重估增值		90,000
×4/12/31	攤銷費用	60,000	
	累計攤銷—無形資產 A		60,000
	其他權益—重估增值	10,000	
	保留盈餘		10,000
×5/12/31	攤銷費用	60,000	
	累計攤銷—無形資產 A		60,000
	其他權益—重估增值	10,000	
	保留盈餘		10,000
	累計攤銷—無形資產 A	120,000	
	無形資產 A		120,000
	其他綜合損益—重估增值	70,000	
	重估價損失	70,000	
	無形資產 A		140,000
	其他權益—重估增值	70,000	
	其他綜合損益—重估增值		70,000

> **IFRS 一點通**
>
> **無形資產重估價法之條件**
>
> 　　國際會計準則規定，無形資產於原始認列後，企業得以成本模式或重估價模式作為其會計政策。但是，我國金管會「財務報告編製準則」暫時禁止企業採用重估價模式作為其會計政策。
>
> 　　無形資產重估價所使用之公允價值應參考活絡市場予以衡量。對無形資產而言，雖然活絡市場可能發生，但屬罕見。例如：於某些國家，對於可自由轉讓之計程車執照、捕魚證或生產配額而言，可能存在活絡市場。但對品牌、報紙刊頭、音樂及影片發行權、專利權或商標而言，因各該項資產均具有獨特性，故活絡市場不可能存在。

9.3.2　無形資產之攤銷

9.3.2.1　耐用年限

　　無形資產之經濟效益不確定性較高，價值常受競爭狀況影響而有巨幅波動，故經濟效益之期限亦較難以評估。無形資產屬因合約或其他法定權利所產生者，耐用年限為合約或其他法定權利期間與企業預期使用資產之期間二者較短者。合約或其他法定權利期間可展期者，於且僅於有證據證明無須支付重大展期成本，且需同時符合以下條件時，該耐用年限始應包含該展期之期間。

> 一般而言，無形資產屬因合約或其他法定權利所產生者，耐用年限為合約或其他法定權利期間與企業預期使用資產之期間二者較短者。

1. 證據顯示合約或其他法定權利將展期。若展期係視第三人是否同意而定，則應包含第三人將會同意之證據。
2. 證據顯示可符合達成展期之所有必要條件。
3. 展期成本與因展期而預期流向企業之未來經濟效益相較非屬重大。

　　企業於估計資產耐用年限時，係假設企業於維護該資產在既定績效標準下，有能力及意圖承擔之必要的未來維護支出。企業不宜就所計畫之未來支出超過維持無形資產績效標準之必要支出，而主張該資產係非確定耐用年限。

　　企業應評估無形資產之耐用年限係屬有限或非確定。若為有限，則應評估耐用年限之期限，或評估構成耐用年限之產量或類似單位之數量。於分析所有相關因素後，預期資產為企業產生淨現金

流入之期間並未存在可預見之限制時，該無形資產應視為非確定耐用年限。

9.3.2.2　有限耐用年限無形資產之攤銷

有限耐用年限之無形資產，其可攤銷金額應於耐用年限期間，按合理而有系統之方式，考量以時間或以活動量為基礎來進行攤銷（直線法、餘額遞減法、生產數量法等），原則上，並沒有攤銷期間上限，不論攤銷期間是幾年，只要符合經濟實質之條件即可。攤銷應始於資產已達可供使用狀態時，止於將資產分類為待出售資產之日及資產除列日二者中較早之日期。

> 有限耐用年限之無形資產，應於耐用年限期間按合理而有系統之方式，考量以時間或以活動量為基礎來進行攤銷。

攤銷方法應反映企業對預期資產未來經濟效益之預期消耗型態。若該型態無法可靠決定時，應採直線法。有限耐用年限無形資產按其他攤銷方法計算之累計攤銷金額，通常不宜較直線法計算者低。

有限耐用年限無形資產之**殘值** (residual value) 應視為零，但符合下列情況之一者除外：

1. 第三人承諾於資產耐用年限屆滿時由第三人購買該資產，該承諾之交易條件已確定且不可取消。
2. 資產具活絡市場（如 IFRS 13 所定義）且同時符合下列條件：

IFRS 一點通

無形資產之攤銷

基於與修正 IAS 16 相同的理由，IAS 38 之修正亦規定無形資產通常不適合以收入基礎作為攤銷方法，但是在下列兩種情況下，可以該無形資產預期產生的收入為基礎來攤銷：

1. 無形資產本身係以收入為主要的衡量基礎（例如當合約有明訂可達成之收入門檻）；或
2. 收入與無形資產所含經濟效益之消耗高度相關。

例如：甲公司取得某高速公路電子收費之營運特許權，合約規定該特許權於電子收費收入累積達 5 億元時到期，根據此合約規定可知，該特許權之價值係以其可產生之固定總收入 5 億元為主要的衡量基礎，故符合上述第一種情況，則該特許權可以收入為攤銷基礎。而上述第二種情況之概念其實跟不動產、廠房及設備之折舊方法精神相同，故在此不多敘述。

IFRS 一點通

企業併購採購買法與權益結合法之差異

為避免企業於併購時，採用購買法與權益結合法之差異，使經濟實質相同之交易，因為會計處理之不同而導致財務報表無法比較，故國際會計準則理事會決定廢除企業併購權益結合法；由於併購商譽金額龐大，且攤銷與商譽經濟效益並不相配合，於是國際與美國會計準則理事會形成共識，允許商譽可以不再攤銷。

---

a. 殘值可依據活絡市場而決定。
b. 其活絡市場於資產耐用年限屆滿時很有可能仍存在。

> 企業應至少於會計年度終了時評估無形資產之殘值。無形資產殘值之變動應視為會計估計變動。

企業應至少於會計年度終了時評估無形資產之殘值。無形資產殘值之變動應視為會計估計變動。無形資產之殘值增加而大於或等於其帳面金額時，該資產之當期攤銷金額應為零，續後該殘值減至小於其帳面金額時，仍應繼續攤銷。

有限耐用年限無形資產之攤銷期間及攤銷方法，應至少於會計年度終了時進行評估，若資產之預計耐用年限與先前之估計數不同，攤銷期間應隨之改變。若資產所隱含未來經濟效益消耗之預計型態已發生改變，則攤銷方法應予調整以反映該型態，該等調整應依會計估計變動處理。

無形資產之攤銷分錄為

　　攤銷費用　　　　　　　　　　　×××
　　　　無形資產 (或累計攤銷—無形資產)　　　　×××

當無形資產係存貨或其他資產生產過程之必要支出時，攤銷費用亦可能資本化為存貨或其他資產。

9.3.2.3　非確定耐用年限與發展中之無形資產及商譽

> 非確定耐用年限與發展中之無形資產及商譽不得攤銷。若耐用年限由非確定改為有限時，應視為會計估計變動。

非確定耐用年限與發展中之無形資產及商譽不得攤銷，非確定耐用年限之無形資產應於資產負債表日評估其耐用年限，以決定是否有事件及環境繼續證明該資產之耐用年限仍屬非確定；若耐用年限由非確定改為有限時，應視為會計估計變動。

Chapter 9 無形資產和商譽

研究發現

商譽攤銷方式

實務和學術研究證據顯示，商譽以直線法的方式攤銷，並不能提供有用的訊息，無法提高會計訊息的有用性，即無法反映商譽價值變化之經濟實質。因此，以定期進行商譽減損測試代替每年固定金額之商譽攤銷，反而能提供更有用的資訊。

9.4 增添或重置

無形資產通常較少增添或重置之情況，因此多數無形資產之後續支出可能僅維持現存無形資產之預期未來經濟效益，而不符合國際會計準則第 38 號對無形資產之定義及認列條件之規定。例如：專利權被同產業之競爭公司所侵犯，產品之銷售因而受到不利影響，故企業聘請律師打官司，最終雖然勝訴而保有原專利權的價值與權利。聘請律師的成本 (即為後續支出) 通常並無法提升專利權價值，只是確保專利權不被侵犯 (即維持原專利權價值)，並沒有增加未來經濟效益，故將這項後續支出認列為費用。

此外，將後續支出歸屬於特定無形資產，通常較歸屬於整體營運更加困難，故後續支出於且僅於少數情況下，方可能併入無形資產之帳面金額。由於品牌、刊頭、出版品名稱、客戶名單及其他於實質上類似項目 (不論向外購入或內部發展) 之後續支出無法與企業整體發展之支出區別，故應於發生時認列為費用。

> **學習目標 4**
> 了解無形資產增添或重置之可能情形及其會計處理

釋例 9-4 無形資產之重置 (IAS38.115)

汪宏公司於 ×1 年 1 月 1 日以 $18,000,000 向鼎薪公司購買企業資源規劃系統 (Enterprise Resource Planning, ERP)，該公司管理階層估計該系統之經濟效益將於未來 10 年內平均發生，且系統耐用年限屆滿時無殘值。汪宏公司於 ×6 年 1 月 1 日重置原 ERP 系統中之財務會計系統，共支出 $600,000，管理階層認為該支出可為汪宏公司產生未來經濟效益。

試問：

(1) 汪宏公司原財務會計系統之原始成本為 $300,000，截至 ×6 年 1 月 1 日已提列之累

473

計攤銷 $150,000。試作汪宏公司 ×1 年 1 月 1 日至 ×6 年 1 月 1 日與此系統相關之分錄

(2) 假設汪宏公司無法決定原財務會計系統應除列之帳面金額，但已知整體系統重置成本為 $3,000,000，並以財務會計系統之重置成本估計當初取得被重置部分 (即原系統) 之原始成本，作為應除列之金額。試作汪宏公司於 ×6 年 1 月 1 日之相關分錄

(3) 假設汪宏公司無法決定原財務會計系統應除列之帳面金額，亦無法取得整體系統重置之成本，故以重置該財務會計系統之成本 $600,000，於考量通貨膨脹因素後，估計當初取得被重置部分之原始成本 $550,000，作為應除列之金額。試作汪宏公司於 ×6 年 1 月 1 日之相關分錄

解析

(1) 情況一：已知建置原財務會計系統之原始成本為 $300,000

×1 年 1 月 1 日至 ×6 年 1 月 1 日之相關分錄如下：

| ×1/1/1 | 無形資產—電腦軟體 | 1,800,000 | |
| | 　現金 | | 1,800,000 |

×1/12/31 ～ ×5/12/31(每年)

	攤銷費用	180,000	
	累計攤銷—電腦軟體		180,000
×6/1/1	累計攤銷—電腦軟體	150,000	
	處分無形資產損失	150,000	
	無形資產—電腦軟體		300,000

除列被重置之財務會計系統並認列處分損失 ($300,000 − $300,000 ÷ 10 × 5 = $150,000)

| ×6/1/1 | 無形資產—電腦軟體 | 600,000 | |
| | 　現金 | | 600,000 |

(2) 情況二：無法決定原財務會計系統應除列之帳面金額，但已知「整體」系統重置之成本為 $3,000,000，並以 ERP 系統之重置成本估計當初取得被重置部分 (即原財務會計系統) 之原始成本作為應除列之金額。

汪宏公司於 ×6 年 1 月 1 日之相關分錄如下：

×6/1/1	累計攤銷—電腦軟體	180,000	
	處分無形資產損失	180,000	
	無形資產—電腦軟體		360,000

以企業資源規劃系統之重置成本，估計重置部分之原始成本為 $360,000 (= $1,800,000 × $600,000 ÷ $3,000,000)，累計攤銷為 $360,000 ÷ 10 × 5 = $180,000

×6/1/1	無形資產—電腦軟體	600,000	
	現金		600,000

(3) 情況三：無法決定原財務會計系統應除列之帳面金額，亦無法取得整體系統重置之成本，故以重置該系統之成本 $600,000，於考量通貨膨脹因素後，估計當初取得被重置部分之原始成本 $550,000，作為應除列之金額

汪宏公司於 ×6 年 1 月 1 日之相關分錄如下：

×6/1/1	累計攤銷—電腦軟體	275,000	
	處分無形資產損失	275,000	
	無形資產—電腦軟體		550,000

除列被重置之財務會計系統並認列處分損失 ($550,000 − $550,000 ÷ 10 × 5 = $275,000)

×6/1/1	無形資產—電腦軟體	600,000	
	現金		600,000

9.5　無形資產之減損

第 8 章已介紹不動產、廠房及設備資產減損相關規範，包括辨認可能減損之資產、衡量**減損損失** (impairment loss) 與**迴轉利益** (gain on reversal) 等，本章延伸至無形資產之處理。詳細規範請參閱第 8 章。

> **學習目標 5**
> 了解與無形資產相關之減損的辨認與衡量等流程，並了解商譽相關之減損的會計處理

辨認可能減損之資產

第 8 章已介紹如何辨認可能減損之資產，若有外來資訊與內部資訊顯示有減損跡象時，企業應進行減損測試，並估計資產之可回收金額。此外，因為 (1) 仍於研究或發展中而尚未供使用之無形資產、(2) 非確定耐用年限之無形資產及 (3) 商譽等無形資產在判斷是否能產生足夠未來經濟效益以回收其帳面金額時，通常面臨較高之不確定性，且上述三類無形資產無需定期提列攤銷金額，故企業應每年定期進行減損測試。同一現金產生單位應以同一時點進行減損測試，不同單位得於不同時點進行測試。

若耐用年限由非確定改為有限時，例如政府決定將電視廣播執照於 5 年後收回重新開放競標，係該資產可能發生減損之跡象，企業應比較無形資產帳面金額與其可回收金額，進行減損測試。

資產減損衡量與可回收金額

進行資產減損測試時，應估計該資產之**可回收金額** (recoverable amount)，比較資產之帳面金額是否超過可回收金額，若資產之帳面金額超過可回收金額，則表示已發生資產減損。

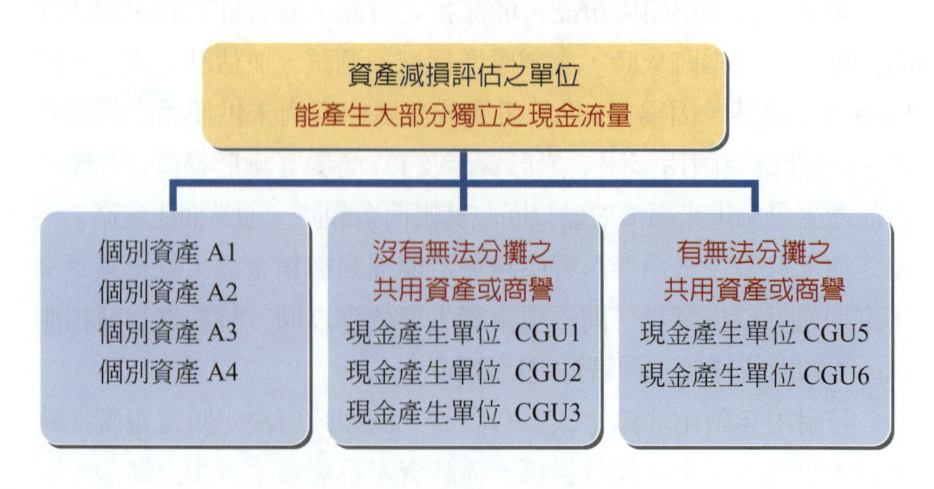

資產減損評估之單位

資產減損評估之單位包括個別資產與**現金產生單位** (cash-generating unit)，可回收金額應就個別資產予以決定，但個別資產如無法經由使用而產生與其他資產或資產群組大部分獨立之現金流量時，則應就該資產所屬之現金產生單位予以決定。現金產生單位組成部分之決定應與可回收金額之估計基礎一致。

商譽所屬現金產生單位之減損測試

商譽本身無法獨立產生現金流量，其可回收金額必須與商譽所歸屬的現金產生單位一同進行估計，帳面金額也必須與商譽所歸屬的現金產生單位以一致之基礎計算。

資產減損評估之單位 (詳見圖 9-4)，係以能產生大部分獨立之現金流量為基礎，若個別資產能產生大部分獨立之現金流量，則以該個別資產為資產減損評估之單位，若個別資產無法產生大部分獨立之現金流量，則需要透過許多資產組合以共同產生現金流量，稱為現金產生單位。

商譽之帳面金額若可以合理一致之基礎分攤至現金產生單位，

```
            資產減損評估之單位
          能產生大部分獨立之現金流量
    ┌──────────────┼──────────────┐
  個別資產 A1       沒有無法分攤之      有無法分攤之
  個別資產 A2       共用資產或商譽      共用資產或商譽
  個別資產 A3       現金產生單位 CGU1   現金產生單位 CGU5
  個別資產 A4       現金產生單位 CGU2   現金產生單位 CGU6
                    現金產生單位 CGU3
```

圖 9-4　資產減損評估之單位

則以該現金產生單位為資產減損評估之單位，將已分攤商譽之現金產生單位帳面金額與可回收金額相比較，以進行減損測試。

若無法以合理一致之基礎分攤商譽帳面金額予現金產生單位，則依下列步驟認列減損損失：

1. 先採**由下往上** (bottom-up) 法

    排除商譽後之現金產生單位帳面金額與可回收金額相比較。

2. 後採**由上往下** (top-down) 法

    a. 擴大辨認包含所評估之現金產生單位，直至可以合理一致之基礎分攤商譽部分帳面金額之最小現金產生單位群組。

    b. 將已分攤商譽之現金產生單位帳面金額與可回收金額相比較，並進行減損測試。

商譽所屬現金產生單位減損認列

現金產生單位 (已分攤商譽或共用資產之最小現金產生單位群組) 之可回收金額若低於其帳面金額，應立即認列減損損失，並依下列順序分攤：

1. 就已分攤至現金產生單位之商譽，減少其帳面金額。
2. 就剩餘資產帳面金額等比例分攤至各資產。

依上述規定分攤減損損失時，帳面金額以減至下列金額之最高者為限：

1. **公允價值減處分成本** (fair value less costs of disposal)
2. **使用價值** (value in use)
3. 零

因前項限制未分攤至該資產之減損損失金額，應依相對比例分攤至該現金產生單位之其他資產。

此作法與共用資產的作法是一樣的

釋例 9-4　商譽減損

×0 年 12 月 31 日，北大公司以 $5,000 取得甲公司 100% 之股權；甲公司有三個現金產生單位 A、B、C，其可辨認淨資產之公允價值分別為 $2,000、$1,000、$1,000；北大公司在此交易中認列了 $1,000 之商譽 (= $5,000 – $4,000)。

×2年底，現金產生單位 A 有減損跡象，其可回收金額估計為 $2,000；現金產生單位 A、B 與 C 之帳面金額 (不含商譽) 如下：

×2年底	A	B	C	商譽	合計
帳面金額	$1,800	$900	$900	$1,000	$4,600

解析

情況一：商譽之帳面金額若可以合理一致之基礎分攤至現金產生單位

於 ×0 年 12 月 31 日分攤商譽：假設以相對公允價值比例分攤

	A	B	C	合計
公允價值 (×0年)	$2,000	$1,000	$1,000	$4,000
百分比	50%	25%	25%	100%
分攤商譽 (依百分比)	500	250	250	1,000
×0年帳面金額 (含商譽)	$2,500	$1,250	$1,250	$5,000
帳面金額 (×2年)	$1,800	$900	$900	$3,600
商譽	500	250	250	1,000
×2年帳面金額 (含商譽)	$2,300	$1,150	$1,150	$4,600

現金產生單位 A 之帳面金額 (含商譽)	$2,300
現金產生單位 A 之可回收金額	2,000
資產減損損失	$ 300

$300 的資產減損損失將全部用以減少商譽之帳面金額，分錄如下：

減損損失	300	
商譽		300

情況二：商譽之帳面金額若可以合理一致之基礎分攤至現金產生單位 (與情況一完全相同，惟現金產生單位 A 之可回收金額改為 $1,400)

現金產生單位 A 之帳面金額 (含商譽)	$2,300
現金產生單位 A 之可回收金額	1,400
資產減損損失	$ 900

$900 的資產減損損失將先減少商譽之帳面金額 $500，就現金產生單位 A 之剩餘資產帳面金額等比例分攤減損損失 $400 至各資產，分錄如下：

減損損失	900	
商譽		500
累計減損—A 各項資產		400

情況三：無法以合理一致之基礎分攤商譽帳面金額予現金產生單位

現金產生單位 A、B 及 C 之可回收金額分別為 $2,000、$1,000 及 $1,100。

(i) 排除商譽後之現金產生單位 A 帳面金額與可回收金額相比較。

現金產生單位 A 之帳面金額	$1,800
可回收金額	2,000
資產減損損失	$ 0

在由下往上法測試之下，無須認列現金產生單位 A 之減損損失。

(ii) 擴大辨認包含所評估之現金產生單位，直至可以合理一致之基礎分攤商譽部分帳面金額之最小現金產生單位群組 (假設只能以 A＋B＋C 一起評估)

	A	B	C	商譽	合計
帳面金額 (×2 年)	$1,800	$900	$900	$1000	$4600
由下往上法後之認列損失	0	—	—	—	0
由下往上法後之帳面金額	$1,800	$ 900	$ 900	$1,000	$4,600
可回收金額	2,000	1,000	1,100		4,100
由上往下法後之減損損失					$ 500

此 $500 之損失應全部減少商譽之帳面金額，分錄如下：

減損損失	500	
商譽		500

情況四：無法以合理一致之基礎分攤商譽帳面金額予現金產生單位 (與情況三完全相同，惟現金產生單位 A 之可回收金額改為 $1,400)

	A	B	C	商譽	合計
帳面金額 (×2 年)	$1,800	$ 900	$ 900	$1,000	$4,600
由下往上法後之認列損失	(400)	—	—	—	(400)
由下往上法後之帳面金額	$1,400	$ 900	$ 900	$1,000	$4,200
可回收金額	1,400	1,000	1,100		$3,500
由上往下法後之減損損失					$ 700

此 $1,100 之損失應先減少現金產生單位 A 之各項資產 $400，再減少商譽之帳面金額 $700，分錄如下：

減損損失	1100	
商譽		700
累計減損—A 各項資產		400

認列減損損失

無形資產認列減損損失後，其攤銷金額以新帳列金額與重估計之耐用年限進行。若無形資產有價值減損跡象，但經過可回收測試後發現可回收金額仍高於帳面金額，則該無形資產並無發生價值減損，無須認列資產減損損失；然而該資產之耐用年限與殘值等仍應重新估計。

現金產生單位減損損失之迴轉

損失迴轉金額應就各資產帳面金額比例分攤，但各資產迴轉後帳面金額不得超過下列二者較低者：

1. 各資產可回收金額；
2. 各資產在未認列減損損失之情況下，減除應提列折舊或攤銷後之帳面金額。但已認列之商譽減損損失不得迴轉。

表 9-10 彙總前述有關無形資產(含商譽)後續衡量攤銷與減損規定。

表 9-10　無形資產攤銷與減損相關規範

	有限耐用年限	尚未可供使用（發展中）	非確定耐用年限	商譽
攤銷與否	要攤銷。		不得攤銷。	
會計年度終了	評估殘值、攤銷期間、攤銷方法。依會計估計變動處理。			
資產負債表日			於資產負債表日評估耐用年限。耐用年限由非確定改為確定時，應加以攤銷，視為會計估計變動。	
評估減損跡象	於資產負債表日評估是否有減損跡象，若有則進行減損測試。			
減損測試	減損事件發生時。	減損事件發生時，且無論是否有減損跡象，應每年定期進行減損測試。		
減損損失迴轉	可迴轉。			不得迴轉。

釋例 9-5　商譽所屬現金產生單位之減損損失迴轉

承釋例 9-4 之情況二，若 ×3 年底進行評估時，已有跡象顯示現金產生單位 A 原先之減損原因已不存在，故重新估計現金產生單位 A 之可回收金額。假設 ×2 年底現金產生單位 A 各資產 A1、A2 及 A3 都尚有 10 年，採直線法作攤銷，殘值為 0。

	A1	A2	A3	合計
減損前帳面金額 (×2 年)	$900	$450	$450	$1,800
減損金額	(200)	(100)	(100)	(400)
減損後帳面金額 (×2 年)	$700	$350	$350	$1,400
增加之折舊 (攤銷)	(70)	(35)	(35)	(140)
×3 年帳面金額	$630	$315	$315	$1,260

解析

情況一：現金產生單位 A 之可回收金額為 $1,380

1. 計算上限

   現金產生單位 A 各資產在未認列減損損失之情況下，減除應提列折舊或攤銷後之帳面金額。

	A1	A2	A3	合計
減損前帳面金額 (×2 年)	$900	$ 450	$450	$1,800
增加之折舊 (攤銷)	(90)	(45)	(45)	(180)
無減損情況 ×3 年帳面金額	$810	$405	$405	$1,620

2. 確定未超限

   由於可回收金額 $1,380 < 無減損情況下 ×3 年帳面金額 $1,620，故確定未超限。
   減損損失迴轉金額 = 可回收金額為 $1,380 − ×3 年帳面金額 $1,260 = $120

3. 比例分攤

   減損損失迴轉利益按各資產帳面金額比例分攤

	A1	A2	A3	合計
×3 年原帳面金額	$630	$315	$315	$1,260
減損損失迴轉利益比例	50%	25%	25%	100%
減損損失迴轉利益金額	60	30	30	120
迴轉後帳面金額	$690	$345	$345	$1,380

   迴轉後帳面金額皆在未認列減損損失之情況下之上限範圍，迴轉分錄為

累計減損—A1	60	
累計減損—A2	30	
累計減損—A3	30	
減損迴轉利益		120

情況二：現金產生單位 A 之可回收金額為 $1,720

減損損失迴轉金額 = 可回收金額為 $1,720 – ×3 年帳面金額 $1,260 = $460

現金產生單位 A 各資產在未認列減損損失之情況下，減除應提列折舊或攤銷後之帳面金額只有 $1,620。減損損失迴轉利益金額上限為 $1,620 – $1,260 ＝ $360。

減損損失迴轉利益就各資產帳面金額比例分攤

	A1	A2	A3	合計
×3 年原帳面金額	$630	$315	$315	$1,260
減損損失迴轉利益比例	50%	25%	25%	100%
減損損失迴轉利益金額	230	115	115	460
迴轉後帳面金額	$860	$430	$430	$1,720
迴轉後帳面金額之上限	$810	$405	$405	$1,620
迴轉利益金額	$180	$ 90	$ 90	$ 360

迴轉分錄為

累計減損—A1	180	
累計減損—A2	90	
累計減損—A3	90	
減損迴轉利益		360

現金產生單位內之部分營運出售

現金產生單位內之部分營運出售時，應以部分分攤商譽後之帳面金額計算處分損益，分攤該商譽的方法以出售及未出售部分之市價比例分攤，若有更好之分攤方法，則不在此限。

9.6　無形資產之除列

學習目標 6
了解無形資產除列之條件，並了解相關之會計處理

無形資產有下列情況之一，應予**除列** (derecognition)：(1) **處分** (disposals)。(2) **報廢** (retirements)：預期無法由使用或處分產生未來經濟效益。

無形資產之處分日係收受者取得對該資產控制之日 (依國際財務報導準則第 15 號中何時滿足履約義務之規定判定)。企業除列無形資產時，應以所取得淨額與其帳面金額之差額，決定除列無形資產所產生之利益或損失，認列為當期損益，但以售後租回方式處分時，應依

國際財務報導準則第 16 號「租賃」之規定處理。

無形資產應於符合下列所有情況，方視為處分：

1. 企業將無形資產之顯著風險及報酬移轉予買方。
2. 企業對於已處分之無形資產既不持續參與管理，亦未維持其有效控制。
3. 處分金額能可靠衡量。
4. 與交易有關之經濟效益很有可能流向企業。
5. 與交易相關之已發生及將發生之成本能可靠衡量。

構成無形資產之部分如有重置，且若符合無形資產定義及認列條件而應認列為無形資產者，將重置部分之成本認列至其帳面金額時，應同時除列被重置部分之原帳面金額。企業若實務上無法決定應除列之帳面金額，得採用重置成本估計當初取得或內部產生被重置部分之原始成本，作為應除列金額。

附錄 A　解釋公告第 32 號：網站成本

企業發展並供內部或外部存取之自身網站，相關網頁發展成本，適用內部產生之無形資產相關規範；惟有符合國際會計準則第 38 號第 57 段之規定時，始應被認列為無形資產。任何發展及運作企業自身網站之支出，應依下列方式處理：

(a) 規劃階段：該階段進行之活動類似研究階段支出，應於發生時認列為費用。

(b) 發展階段：應用程式與架構發展階段、繪圖設計階段及內容發展階段 (非為促銷或廣告企業自身產品及服務)，於性質上類似發展階段。此等階段所發生之支出，當可直接歸屬且為創造、生產或整備網站，使其達到能符合管理階層預期運作方式所必要時，應認列為無形資產。

(c) 廣告及促銷活動：發展僅供或主要供廣告及促銷企業自身產品及服務之網站之所有支出 (例如產品之數位照片)，係廣告及促銷活動，均於發生時認列為費用，因為企業無法證明將流入未來經濟效益。

(d) 運作階段：網站發展完成，企業即開始運作階段所述之活動。其後續增強或維持企業自身網站之支出，除非符合認列條件，否則應於發生時認列為費用。

本章習題

問答題

1. 無形資產與非無形資產之主要差異為何？
2. 無形資產之定義及認列條件為何？
3. 甲公司帳上之商標權係以重估價模式作後續衡量。此衡量方式是否合理？
4. 乙公司收購丙公司時，發現丙公司有一未入帳之無形項目具有以下特性：(1) 由合約產生，但不得移轉；(2) 可證明為丙公司所控制；(3) 可為丙公司節省未來之支出。上述無形項目於企業合併時應如何處理？
5. 研究階段與發展階段之主要差異為何？
6. 商譽與其他無形資產之主要差異為何？
7. 有限耐用年限之無形資產過去已認列重估價損失，今年有重估增值之情況時，企業應如何認列此重估增值金額？重估增值與資產減損損失迴轉之會計處理有何差異？
8. 試說明非確定耐用年限之無形資產，即使不存在減損跡象，仍需每年定期作減損測試的原因。
9. 丁公司在併購戊公司時，發現戊公司某一未入帳之無形項目雖符合無形資產定義，但公允價值之估計卻相當困難，因此不認列該無形項目於合併資產負債表中。試評論上述處理方式是否恰當。
10. 無形資產與不動產、廠房及設備在採用重估價模式的適用條件有何不同？

選擇題

1. 下列何者是許多無形資源難以認列為無形資產的最主要原因？
    (A) 難以證明是否可被企業控制
    (B) 缺乏可辨認性
    (C) 不具有未來經濟效益
    (D) 缺乏法令保障

2. 下列關於無形資產的敘述何者有誤？
    (A) 企業預期無法由使用或處分無形資產產生未來經濟效益時，應除列之
    (B) 若有第三方承諾於無形資產耐用年限屆滿時購買該資產，該無形資產之殘值可能為非零之金額
    (C) 當有限耐用年限之無形資產未來經濟效益之消耗型態無法可靠決定時，不作攤銷，改以每年定期及在有減損跡象時作減損測試
    (D) 透過政府補助之方式取得無形資產時，企業得選擇以公允價值或名目金額加計為使該資產達到預定使用狀態之直接可歸屬支出作原始認列

3. 下列何者應認列為無形資產？
    (A) 於企業合併時取得被收購者尚在研究及發展階段中的計畫，此計畫符合無形資產之

Chapter 9 無形資產和商譽

定義

(B) 屬企業合併一部分的無合約之顧客關係，依歷史經驗無同樣或類似的無合約之顧客關係可於市場進行交換交易

(C) 企業能證明其有能力使用或出售其在發展階段中產生之無形資產

(D) 企業內部產生之刊頭

4. 下列何者最可能符合 IAS38 對無形資產之定義？
   (A) 企業特定之技術能力　　　　(B) 客戶忠誠度
   (C) 生產配額　　　　　　　　　(D) 認購權證

5. 下列何者不是滿足無形資產定義之無形項目所需具備的條件？
   (A) 具可辨認性　　　　　　　　(B) 能為企業帶來未來經濟效益
   (C) 價值能可靠衡量　　　　　　(D) 為企業所控制

6. 在評估無形資產之耐用年限時，以下共有幾項可能是應考量的因素？(1) 競爭者或潛在競爭者之預期行動；(2) 該資產所屬營運產業之穩定性；(3) 企業對該資產之預期用途；(4) 使用該資產之法律限制
   (A) 一項　　　　(B) 二項　　　　(C) 三項　　　　(D) 四項

7. 下列敘述何者正確？
   (A) 企業之主要生產設備需工程師撰寫某種特殊且無形的韌體 (firmware) 才可運作，且設備重要性遠大於韌體時，此韌體應視為設備之一部分
   (B) 某軟體安裝檔儲存於光碟片中，該光碟片即可視為無形資產
   (C) 某企業可使用各式作業系統操作其電腦硬體從事主要經濟活動。當某作業系統被安裝後，該作業系統應視為電腦硬體之一部分
   (D) 某表彰專利權之證書，該專利權與證書紙本之重要性相等

8. 下列敘述，何者最能說明某無形資產可被企業控制？
   (A) 該無形資產可隨相關之負債與其他個體交換
   (B) 該無形資產由合約產生
   (C) 該無形資產之未來經濟效益無法由其他個體所取得
   (D) 該無形資產可個別出售

9. A 公司支付相關規費向政府機關註冊其自行研發完成之專利，該專利每 5 年可以極低之成本向政府機關申請展期。在可預見之未來，該專利可為 A 公司持續產生淨現金流入。關於上述專利，以下敘述何者正確？
   (A) 為無年限限制之無形資產　　　(B) 為非確定耐用年限之無形資產
   (C) 為耐用年限 5 年之無形資產　　(D) 為無形資產，耐用年限為無限大

10. 承上題，關於該無形資產之後續衡量，下列敘述何者正確？
    (A) 不得攤銷　　(B) 不得提列減損損失　　(C) 需分 5 年攤銷　　(D) 僅能以直線法攤銷

11. B 公司 ×4 年購買一專利權花費 $1,000,000，訓練員工使用專利技術花費 $100,000，自行

研究一項新技術支出 $200,000。B 公司 ×4 年應認列無形資產之金額為何？
(A) $1,300,000　(B) $1,200,000　(C) $1,100,000　(D) $1,000,000

12. 下列何種情況下可能認列商譽？
    (A) 以超過他公司可辨認淨資產公允價值之金額收購該公司
    (B) 公司之市值大於帳面金額
    (C) 以上皆是
    (D) 以上皆非

13. 以下資產中，共有幾種不得迴轉減損損失？(1) 非確定耐用年限無形資產；(2) 發展中之無形資產；(3) 有限耐用年限無形資產；(4) 商譽
    (A) 四種　　　(B) 三種　　　(C) 二種　　　(D) 一種

14. 下列何種情況最可能認列無形資產？
    (A) 企業透過合併取得之研究活動，其後續研究支出
    (B) 企業內部產生之研究活動，其後續研究支出
    (C) 企業原始認列其自行向外購買之研究活動
    (D) 企業原始認列其內部產生之研究活動

15. 以下共有幾種無形資產需要作攤銷？(1) 有限耐用年限之無形資產；(2) 非確定耐用年限之無形資產；(3) 發展中之無形資產；(4) 商譽
    (A) 四項　　　(B) 三項　　　(C) 二項　　　(D) 一項

16. 甲公司收購乙公司時，取得乙公司某一不具可辨認性的無形項目 C。以下敘述哪些正確？(1) 甲公司應將無形項目 C 單獨認列為無形資產；(2) 乙公司於收購日前取得無形項目 C 時，應將支出費用化；(3) 乙公司於收購日前取得無形項目 C 時，應認列無形資產；(4) 此無形項目 C 構成甲公司收購日所認列之商譽金額的一部分
    (A) (2)　　　(B) (1)(2)　　　(C) (2)(4)　　　(D) (3)

17. 下列何種情況最可能認列無形資產？
    (A) 透過合併取得釀酒秘方　　　　(B) 付費給管理顧問公司以獲取策略管理新知
    (C) 向他公司購買出版品名稱　　　(D) 企業自行建構客戶名單資料庫

18. 下列何者應計入無形資產之取得成本？
    (A) 為使無形資產達營運狀態之專業服務費
    (B) 初期營運損失
    (C) 無形資產尚未投入使用時所發生之管理費用
    (D) 員工訓練成本

19. 企業合併時取得之無形資產，若僅能與相關合約在一起時才可分離，則：
    (A) 屬合併產生之商譽金額的一部分
    (B) 應認列為費用

(C) 應單獨認列為無形資產

(D) 應與相關合約一起認列為無形資產，且應與商譽分開

20. 依據 IAS 38，下列敘述何者錯誤？

(A) 企業合併時取得之無形資產若具可辨認性，則存在足夠之資訊以可靠衡量該無形資產之公允價值

(B) 在組內個別資產均具類似耐用年限之前提下，收購者得將一組互補性無形資產認列為單一資產

(C) 在衡量企業合併時所取得無形資產之公允價值時，活絡市場之報價可提供最可靠之估計

(D) 管理階層需自行估計無形資產之未來淨現金流量，以使用重估價模式對無形資產作後續衡量

21. 有關無形資產之減損，下列敘述何者錯誤？

(A) 當無形資產之耐用年限由非確定變成有限時，可能有減損之跡象

(B) 非確定耐用年限之無形資產的減損損失不得迴轉

(C) 非確定耐用年限之無形資產每年一定要做減損測試

(D) 有限耐用年限之無形資產在有減損跡象時須做減損測試

22. 小熊公司在 ×3 年 12 月 31 日資產負債表上有一項專利權，取得成本為 $2,000,000，取得日期為 ×1 年 12 月 31 日，取得時估計使用年限為 10 年；但在 ×3 年底，由於專利權所生產的產品銷路差，公司認為該專利權價值已減損，重估未來使用年限為 3 年，每年淨現金流入為 $500,000（假設在年底發生），設合理的折現率為 10%（×3 年的複利現值因子為 0.7513，年金現值因子為 2.4868）。請問該公司在 ×3 年底應認列專利權減損損失多少金額？ 〔改編自 102 年地方特考會計學〕

(A) $356,600　　(B) $500,000　　(C) $756,600　　(D) $1,224,350

23. 方濟公司於 ×2 年初買入一專利權，成本為 $3,000,000，法定年限為 10 年，預估 經濟年限為 6 年，無殘值。×3 年初因該專利權受他公司侵害而提起訴訟，故而發生訴訟費 $500,000，方濟公司獲得勝訴，使該專利權之效益得以維持，惟效益僅與當初預期相同，並未增加，該專利權 ×3 年底之帳面金額為多少？ 〔改編自 102 高考會計〕

(A) $2,000,000　　(B) $2,200,000　　(C) $2,400,000　　(D) $2,500,000

練習題

1. 【定義與認列條件】下列哪些項目應認列為無形資產？

   (1) 洽詢財務顧問探討如何增加公司價值所支付的顧問費
   (2) 應收帳款
   (3) 發行股票相關之手續費
   (4) 自行創造之商譽價值

(5) 自行研發新專利於研究階段之支出　　(6) 自行研發新專利於發展階段之全部支出
(7) 申請專利所支付之相關規費　　(8) 向外購買專利之成本
(9) 改良產品所花費之金額　　(10) 取得航道權之成本
(11) 公司債溢價　　(12) 塑造公司形象所支付的廣告費
(13) 收購他公司之成本超過其淨資產公允價值之金額　　(14) 訓練經理人所發生之支出
(15) 支付權利金

2. 【外部取得　後續衡量　減損】甲公司於×4年初以現金 $5,000,000 取得新型抗癌藥品之專利權。受此專利權保護之新型抗癌藥品預期可產生現金流入至少10年。乙公司承諾於×8年底前按甲公司專利權取得成本之50%購買該專利權，且甲公司有意圖於×8年底前出售該專利權，甲公司將依此資訊衡量專利權殘值。另外，此專利權未來經濟效益之消耗型態無法可靠決定。×4年底，此專利權有減損跡象，估計可回收金額為 $4,300,000。

試作：

(1) 評估上述專利權之耐用年限。
(2) ×4年所有與專利權相關之分錄。

3. 【內部產生之無形資產】丙公司×5年開始一項研發活動如下：

×5/1/1	開始從事新知識之發掘
×5/6/1	開始致力改善製造流程，並接著作流程測試
×6/1/1	開始進行模具之設計
×6/7/1	此時丙公司已符合 IAS38 第57段之經濟可行性
×7/4/30	研發活動成功完成

相關支出如下：

×5/1/1～×5/5/31	$688,000
×5/6/1～×5/12/31	633,000
×6/1/1～×6/6/30	615,000
×6/7/1～×6/12/31	689,000
×7/1/1～×7/4/30	609,000

請問：

(1) 若×5年6月1日開始之活動，難以區分為研究或發展階段，應如何處理？
(2) ×6年7月1日開始的活動所描述之「經濟可行性」，包含以下哪幾項？
　　(a) 完成無形資產之技術可行性已達成，將使該無形資產可供使用或出售
　　(b) 意圖完成該無形資產，並加以使用或出售
　　(c) 有能力使用或出售該無形資產
　　(d) 無形資產存在活絡市場

(e) 具充足之技術、財務及其他資源以完成此項發展,並使用或出售該無形資產

(f) 歸屬於該無形資產發展階段之支出,能夠可靠衡量

(3) 承 (1),試作 ×5 至 ×7 年所有分錄。

4. **【處分與重置】**丁研究中心 ×6 年底以 $100,000 購買一統計軟體,耐用年限 5 年,採直線法作攤銷。×8 年初,因研究需要,重置該統計軟體中的 Y 套件,花費 $20,000,丁研究中心認為此一支出可為該公司帶來未來之經濟效益。試問:

(1) 若丁研究中心無法決定原 Y 套件應除列之帳面金額,亦無法取得整套統計軟體重置之成本,試作 ×6 年底至 ×8 年初之相關分錄。

(2) 若丁研究中心無法決定原 Y 套件應除列之帳面金額,但已知整套統計軟體重置之成本為 $160,000,試作 ×6 年底至 ×8 年初之相關分錄。

5. **【無形資產之重置 (IAS38.115)】**廣茂公司於 ×1 年 1 月 1 日以 $20,000,000 向文中公司購買顧客關係管理系統 (Customer Relationship Management, CRM),該公司管理階層估計該系統之經濟效益將於未來 10 年內平均發生,且系統耐用年限屆滿時無殘值。廣茂公司於 ×4 年 1 月 1 日重置原 CRM 系統中之訂單管理系統,共支出 $800,000 管理階層認為該支出可為廣茂公司產生未來經濟效益。

試作:

(1) 廣茂公司原訂單管理系統之原始成本為 $400,000,截至 ×4 年 1 月 1 日已提列之累計攤銷 $120,000。試作廣茂公司 ×1 年 1 月 1 日至 ×4 年 1 月 1 日與此系統相關之分錄

(2) 假設廣茂公司無法決定原訂單管理系統應除列之帳面金額,但已知整體系統重置成本為 $5,000,000,並以系統之重置成本估計當初取得被重置部分 (即原訂單管理系統) 之原始成本,作為應除列之金額。試作廣茂公司於 ×4 年 1 月 1 日之相關分錄

(3) 假設廣茂公司無法決定原訂單管理系統應除列之帳面金額,亦無法取得整體系統重置之成本,故以重置該系統之成本 $800,000,於考量通貨膨脹因素後,估計當初取得被重置部分之原始成本 $600,000,作為應除列之金額。試作廣茂公司於 ×4 年 1 月 1 日之相關分錄。

6. **【取得成本】**A 公司 ×5 年初購買一項無形資產,購買價格為 $105,000,其中包含進口稅捐及不可退還之進項稅額各 $2,500;另外,為測試此資產是否正常運作,額外支出 $500。A 公司於購買後立即投入 $500,000 以開發此無形資產預期可帶來之新客戶。A 公司 ×5 年初應認列無形資產之成本為何?

7. **【原始認列與後續衡量】**B 公司 ×9 年初申請一項新晶片技術之專利權。申請過程中,支付相關申請費共計 $600,000。該專利權法定年限為 10 年,可否成功展期須視未來相關單位同意。該專利權未來經濟效益之消耗型態無法可靠決定。B 公司除於 ×9 年初申請案通過後,將晶片後續改良之研發工作委外,並於 ×9 年底支付相關勞務承攬契約之相關費用 $800,000,已知 ×9 年底尚未有可商業化之雛型產生。

試作:

(1) 請評估並說明該專利權之耐用年限。
(2) 請評估並說明該專利權之殘值。
(3) 請說明該專利權應使用之攤銷方法。
(4) 晶片後續改良之委外工作是否可增加專利權之成本？
(5) ×9年之所有分錄。

8. 【定義、認列與攤銷】B公司×1年發生下列交易：
(1) 年初以 $24,000 購買一項專利權，耐用年限為 4 年，採年數合計法作攤銷
(2) 年初以公允價值 $40,000，帳面金額 $30,000 之機器交換一本書之著作權，其公允價值無法可靠衡量，且此交換交易具有商業實質。該著作權按生產數量法攤銷，×1年度此本書共銷售了 20,000 本，預期未來年度可再銷售 60,000 本
(3) 6月1日控告E公司侵犯(1)小題中的專利權，支付訴訟費用 $2,000
(4) 8月1日支付廣播節目中為公司提升品牌形象之廣告費 $30,000

試為上述交易作×1年所有相關分錄。

9. 【研究階段與發展階段之區分】下列研發活動，哪些屬研究階段？哪些屬發展階段？
(1) 取得關於電路學新知識的過程
(2) 新電路生產前之原型的建造
(3) 設計有關新技術之夾具
(4) 尋求器械替代方案
(5) 評估核酸萃取知識
(6) 建造未達規模經濟可行性以供商業化量產之試驗工廠
(7) 對改良流程之已選定方案所為之測試
(8) 草擬新系統可能替代方案

10. 【內部產生之無形資產】下列哪些項目可計入企業內部產生無形資產之成本？
(1) 為發展無形資產所支付之利息
(2) 可直接歸屬於為使無形資產達到使用狀態之成本
(3) 法定權利之登記費
(4) 因產生無形資產所支付之員工福利成本
(5) 產生無形資產所消耗之原料
(6) 訓練員工操作無形資產之支出
(7) 資產達預期績效前，所辨認之初期營運損失

11. 【合併所取得之研究與發展計畫】甲公司於×9年初收購乙公司，取得乙公司之控制能力，當時乙公司有以下研究發展計畫(皆符合無形資產定義)進行中：
(1) 尚在研究階段的A計畫，其公允價值為 $10,000，甲公司於×9年繼續投入 $5,000 元進行該計畫，且至×9年結束時，A計畫仍處在研究階段
(2) 尚在發展階段的B計畫，尚未符合IAS38第57段的認列條件，其公允價值為 $10,000，甲公司於×9年繼續投入 $5,000 進行該計畫，且至×9年結束時，B計畫

仍未符合 IAS 38 第 57 段的認列條件

(3) 尚在發展階段的 C 計畫，已符合 IAS38 第 57 段的認列條件，其公允價值為 $10,000，甲公司於 ×9 年繼續投入 $5,000 進行該計畫

請計算 ×9 年底甲公司合併資產負債表上，應列示的無形資產總金額。

12. 【商譽】丙公司於 ×6 年 1 月 1 日購買丁公司，取得其 100% 之股權。當時丁公司資產負債表項目之帳面金額及公允價值如下：

項目	帳面金額	公允價值
現金	$1,000,000	$1,000,000
應收款項	2,000,000	3,000,000
存貨	5,000,000	4,000,000
不動產、廠房及設備	8,600,000	8,400,000
商譽	2,000,000	?
應付款項	2,500,000	2,400,000
應付公司債	3,000,000	5,000,000
股本	7,000,000	?
保留盈餘	6,100,000	?

另外，丁公司尚存在符合無形資產定義但未認列之無形項目 A，丙公司經評估後，認為無形項目 A 之公允價值為 $1,800,000。請分別依下列情況為丙公司作取得丁公司的分錄。

(1) 以現金 $10,000,000 進行收購

(2) 以現金 $11,000,000 進行收購

13. 【成本模式與重估價模式】A 公司於 ×3 年初以現金 $20,000,000 購買無形資產甲，預期耐用年限為 10 年，採直線法作攤銷。×5 年底，A 公司決定將無形資產甲之衡量方式改成重估價模式。×5 年底，無形資產甲之公允價值為 $11,998,000。×6 年底，無形資產甲之公允價值為 $13,000,000。A 公司在上述期間內，不具有與無形資產甲相同類別之其他資產。請問：

(1) 依據 IAS38 之規定，無形資產甲必須滿足哪些條件，才可使用重估價模式？

(2) 試作 ×3 年至 ×6 年與無形資產甲相關之分錄，重估價模式依消除累攤淨額法處理。

(3) 承上，假設 A 公司於 ×7 年初出售無形資產甲，收到現金 $13,000,000。試作相關分錄。

14. 【後續衡量】B 公司 ×7 年 12 月 31 日時有以下無形資產：

種類	說明
(1) 商標權	×7 年 1 月 1 日以 $3,000,000 向外取得，在可預見之未來此商標權將持續為 B 公司產生淨現金流入。

(2) 商標權　　　×6年4月1日透過合併C公司取得，×6年4月1日於C公司上之帳面金額為 $2,000,000，公允價值為 $1,500,000。B公司於合併時評估，在可預見之未來，此商標權將持續為B公司產生淨現金流入。B公司於×12年初評估，商標權將不再具有未來經濟效益。

(3) 著作權　　　×7年5月31日繳交規費 $120,000 取得，法定年限10年，B公司評估之經濟耐用年限為12年。

(4) 商譽　　　　於×6年4月1日透過合併D公司所認列，計 $500,000。B公司認為此商譽連同公司其他資產至少可為公司帶來50年之經濟效益。

(5) 發展中之無形資產　　係由內部之研發活動甲產生，此活動於×7年9月1日起達到IAS38第57段之所有條件，至×7年12月31日共認列發展中之無形資產 $300,000。研發活動甲預計將進行至×8年6月30日。

假設B公司對應攤銷之無形資產皆採直線法作攤銷，試作×7年12月31日應有之攤銷分錄。

15. 【研究發展計畫】E公司於×5年進行研究與發展的相關工作，以下為相關工作之成本：

購買用於研究發展計畫之設備(計畫完成可另作使用)	$1,500,000
前項設備之折舊	$740,000
使用之原料	$510,000
員工薪資	$460,000
外部諮詢之費用	$210,000
間接成本(已適當分攤)	$540,000
新商品上市前廣告費用	$140,000

上述研究與發展支出皆不符資本化之條件，試求×5年認列此計畫之研究發展費用之總金額。

[改編自99年會計師]

16. 【商譽可以合理且一致之基礎分攤之減損】×1年底，A公司以 $1,000,000 取得B公司之全部股權。B公司有甲、乙、丙與丁四個現金產生單位，×1年底各現金產生單位淨資產之公允價值分別為 $250,000、$250,000、$200,000 與 $100,000。×4年底，因有減損跡象而作減損測試，此時各現金產生單位相關資訊如下：

×4年底	甲	乙	丙	丁
帳面金額(不含商譽)	$200,000	$200,000	$160,000	$80,000
公允價值	200,000	190,000	160,000	100,000
使用價值	180,000	170,000	150,000	90,000
處分成本	10,000	10,000	20,000	20,000

若商譽可以各現金產生單位於收購時之公允價值作合理且一致之分攤，試作×4年底相關分錄。

17. **【商譽無法以合理且一致之基礎分攤之減損】** ×2年年底，C公司以$2,000,000取得D公司之全部股權，此時D公司之可辨認淨資產帳面金額為$1,700,000，公允價值為$1,800,000。D公司有甲、乙、丙與丁四個現金產生單位。×3年底，因有減損跡象而作減損測試，此時各現金產生單位相關資訊如下：

×3年底	甲	乙	丙	丁
帳面金額(不含商譽)	$400,000	$500,000	$600,000	$300,000
公允價值	410,000	500,000	600,000	330,000
使用價值	380,000	470,000	600,000	295,000
處分成本	10,000	20,000	30,000	30,000

若商譽無法以合理且一致之基礎分攤，試作×3年底相關分錄。

18. **【商譽相關減損之迴轉】** 承第17題，現金產生單位乙有以下無法單獨衡量公允價值或使用價值之資產：

	應收帳款	存貨	土地	建築物	專利權
×3年底減損前帳面金額	$150,000	$50,000	$75,000	$150,000	$75,000
剩餘耐用年限	—	—	—	10	10
攤銷方式	—	—	—	直線法	直線法
估計殘值	—	—	—	0	0

減損後，C公司相關資產之會計政策皆未改變。×6年初，×3年底減損之原因已不存在，此時尚有以下資訊：

×6年初	甲	乙	丙	丁
帳面金額(不含商譽)	$500,000	$300,000	$400,000	$250,000
可回收金額	510,000	350,000	400,000	290,000

試作：×6年初應有之分錄。

應用問題

1. **【重估價模式】** 甲公司×1年初以$3,000,000取得執照Y，以重估價模式作後續衡量，耐用年限5年，殘值為0，採直線法作攤銷，並於每次重估價後延續此會計政策。其他資訊如下：

重估價日	公允價值
×1/12/31	$2,000,000
×2/12/31	2,100,000
×3/12/31	1,300,000

試作：

(1) 假設甲公司選擇將重估增值於處分資產之日全部實現，試分別依等比例攤銷法和消除累攤淨額法作 ×1 年 12 月 31 日至 ×3 年 12 月 31 日與執照 Y 相關之所有分錄。

(2) 承 (1)，假設 ×4 年 12 月 31 日將執照 Y 以 $700,000 (假設等於當時市場之公允價值) 出售，試於 (a) 不在 ×4 年 12 月 31 日出售前再次重估價；(b) 於 ×4 年 12 月 31 日出售前再次重估價──二種情況下，分別依等比例攤銷法和消除累攤淨額法為甲公司作 ×4 年 12 月 31 日之所有分錄。

(3) 假設甲公司選擇將重估增值於使用執照 Y 時逐步實現，試分別依等比例攤銷法和消除累攤淨額法作 ×1 年 12 月 31 日至 ×3 年 12 月 31 日與執照 Y 相關之所有分錄。

(4) 承 (3)，假設 ×4 年 12 月 31 日將執照 Y 以 $700,000 (假設等於當時市場之公允價值) 出售，試於 (a) 不在 ×4 年 12 月 31 日出售前再次重估價；(b) 於 ×4 年 12 月 31 日出售前再次重估價──二種情況下，分別依等比例攤銷法和消除累攤淨額法為甲公司作 ×4 年 12 月 31 日之所有分錄。

2. 【非確定耐用年限之後續衡量】乙電信公司於 ×5 年初以公允價值 $500,000 向政府標得一行動通訊頻段之使用權利。乙電信公司將遵守政府所訂定之相關法律及行政規範，且該使用權利證書未來每 8 年得以極低成本向政府申請展期。乙電信公司評估自身有能力持續使用此通訊頻段提供行動通訊服務。乙電信公司預期此使用權利之未來經濟效益消耗型態無法可靠決定。

試作：

(1) ×5 年初之分錄。
(2) 上述交易中，資產之耐用年限為何？
(3) 承上，試作 ×5 年該資產攤銷之分錄。
(4) ×8 年初，政府機關決定此通訊頻段之使用權利不再以換發證書之方式而改採公開競標。乙電信公司此時估計其現有權利證書尚可使用 3 年。試作 ×8 年與權利證書相關之分錄。
(5) 承上，×8 年初乙電信公司是否需作通訊頻段使用權之減損測試？請附上說明。

3. 【交換交易】丙公司將其 C 專利與丁公司之 D 專利進行交換，試依下列情況分別為二家公司作相關分錄：

(1) 交換交易具商業實質。C 專利之帳面金額為 $1,000,000，公允價值為 $1,200,000；D 專利之帳面金額為 $1,300,000，公允價值為 $1,200,000。

(2) 二項專利之公允價值均無法可靠衡量；C 專利之帳面金額為 $1,000,000；D 專利之帳面金額為 $1,100,000。

(3) 交換交易缺乏商業實質。C 專利之帳面金額為 $1,000,000，公允價值為 $1,200,000；D 專利之帳面金額為 $1,100,000，公允價值為 $1,300,000。

(4) 交換交易具商業實質。C 專利之帳面金額為 $1,000,000，公允價值為 $1,200,000；D

專利之帳面金額為 $1,300,000，公允價值無法可靠衡量。

(5) 交換交易具商業實質。C 專利之帳面金額為 $1,000,000，D 專利之帳面金額為 $1,100,000；雖然 C 專利與 D 專利皆有公允價值，但 D 專利之公允價值較 C 專利之公允價值明確，D 專利之公允價值為 $900,000。

4. **【含商譽之減損】** A 公司旗下有四個現金產生單位：甲、乙、丙、丁。×8 年底，A 公司發現現金產生單位丁有減損跡象，遂作減損測試，相關資訊如下：

現金產生單位	甲	乙	丙	丁
帳面金額	$701,400	$688,000	$633,000	$615,000
公允價值減處分成本	700,000	680,000	600,000	580,000
使用價值	710,000	690,000	640,000	590,000

現金產生單位丁包含以下無法獨立產生現金流量之資產：

	機器設備	專利權	生產配額
×8/12/31 帳面金額	$210,000	$205,000	$200,000
剩餘耐用年限	5 年	非確定	4 年
攤銷方式	直線法	?	直線法
減損前估計殘值	$ 10,000	$ 0	$ 0
×8/12/31 重估增值餘額	無	無	$8,000

假設 A 公司以消除累攤淨額法處理重估價，且重估增值於處分時全數實現。

試作：

(1) 若 A 公司 ×8 年 12 月 31 日帳上尚有無法以合理一致之基礎分攤至各現金產生單位之商譽 $300,000，試作 ×8 年 12 月 31 日與資產價值減損有關之所有分錄。

(2) 承 (1)，×9 年底，A 公司發現 ×8 年底減損之跡象已不存在，假設 ×8 年底減損後，估計機器設備之殘值變為 $1,463，其餘估計及攤銷相關政策不變。其他資訊如下：

現金產生單位	甲	乙	丙	丁
帳面金額	$601,400	$633,000	$533,000	?
公允價值減處分成本	600,000	630,000	500,000	$520,000
使用價值	610,000	640,000	540,000	530,000

請為 A 公司作 ×9 年底與減損 (迴轉) 相關之分錄。

Chapter 10 金融工具投資

學習目標

研讀本章後，讀者可以了解：

1. 何謂債務工具投資？債債務工具投資投資會計處理有哪些選擇？
2. 債券投資減損及其迴轉之會計處理為何？
3. 何謂營運模式改變？債券投資是否可進行重分類？會計處理為何？
4. 何謂權益工具投資？權益工具投資會計處理有哪些選擇？
5. 權益工具投資減損之會計處理為何？
6. 何謂有重大影響之股權投資？會計處理為何？
7. 何謂有聯合控制之股權投資？會計處理為何？
8. 何謂衍生工具？會計處理方法為何？
9. 何謂混合工具？會計處理方法為何？

本章架構

金融工具投資

- **債務工具投資**
  - 攤銷後成本衡量
  - 透過其他綜合損益按公允價值衡量
  - 強制—透過損益按公允價值衡量
  - 指定—透過損益按公允價值衡量

- **債務工具減損、迴轉及重分類**
  - 預期損失模式(三階段減損模式)
  - 攤銷後成本衡量之減損及迴轉
  - 透過其他綜合損益按公允價值衡量之減損及迴轉
  - 營運模式改變
  - 重分類

- **權益工具投資**
  - 透過損益按公允價值衡量
  - 透過其他綜合損益按公允價值衡量
  - 權益工具投資之減損及重分類

- **採用權益法之投資**
  - 有重大影響
  - 有聯合控制

- **衍生工具及混合工具**
  - 衍生工具之定義
  - 衍生工具之會計處理
  - 混合工具之定義
  - 混合工具之會計處理

俗話說「年輕就是財富」，應用在個人投資更是正確。美國股神巴菲特(Warren Buffett)累積了驚人的財富，他可是從小就有商業頭腦及投資行動。在巴菲特11歲時，就知道用 0.20 美元買入 6 罐裝的可口可樂，再以零售每瓶 0.05 美元賣出，毛利率高達 50%。同時，他也買入二手的彈珠台放在撞球場，賺取遊戲費。在「經商」一段期間累積足夠的第一桶金後，他也在 11 歲時買入生平的第一檔股票，獲利 25% 後賣出。有人曾問巴菲特為何能夠累積如此多的財富，他的回答是：「這其實一點都不困難，你只要在一個積雪的山丘上，做一個小小的雪球，然後把它往下放，雪球就會慢慢地往山下滾動，雪球自動會愈滾愈大。財富的累積也正是如此。」所以年輕就是財富。

再舉另一例：甲、乙兩人是雙胞胎，他們都想存退休金。甲從 25 歲剛踏入社會工作就開始行動，每月投資 $3,000，連續不斷投資 10 年，之後不再加碼讓雪球自己滾動。乙也是 25 歲就踏入社會工作，但乙是「月光族」，每月都把薪水花光光，直到 35 歲時，乙才想通要開始存退休金。乙也是每月存入 $3,000，連續不斷投資 31 年。假定兩人的每年投資報酬率均為 10%。當甲、乙兩人 65 歲屆齡退休時，請問誰的退休金帳戶金額較高？甲年紀輕就開始存錢，但僅投入 10 年而已，之後讓錢滾錢，而乙則晚 10 年才開始行動，但急起直追連續投入 31 年。

信不信由你，甲到 65 歲時雪球會滾到 $11,012,712，但乙只能累積到 $6,549,963。甲比乙可多出將近 68%。所以年輕就是財富。

人要理財，否則財不理人，要想投資必須要先有積蓄。根據上述例子，每月存 $3,000 其實一點都不困難。只要在花錢時，能夠區分何者為需要(need)、何者為想要(want)就可以省下很多錢。有人也許需要咖啡來提神，喝伯朗咖啡每罐 $20 也許是「需要」(甚至辦公室免費提供的咖啡，或許不夠好喝但仍可達到提神之目的)，但是喝星巴克的焦糖瑪其朵每杯約 $150 通常是「想要」，這個差價每天就是 $130，每月就能省下 $3,900。甚至如果能戒掉一些不良的嗜好如抽菸、飲酒等，不但省錢，身體還可以更健康。同樣的道理，假日時「需要」到郊外走一走是 OK，但是如果只「想要」出國才能輕鬆下來，每次花費數萬元，1 個月薪水就這樣花掉是很可惜的。年輕人，請記住：只要年輕時就開始捏一個小雪球，投資讓它自己滾動，財富自然就會滾滾而來。

章首故事引發之問題

- 投資的工具有哪些種類？
- 投資債券有哪些會計處理可供選擇，以衡量其價值及投資績效？
- 投資股票有哪些會計處理可供選擇，以衡量其價值及投資績效？

10.1　金融資產之定義

　　根據 IAS 32「金融工具之表達」，**金融工具** (financial instrument) 係指一方產生金融資產，另一方同時產生金融負債或權益工具之任何合約。前述金融資產共包含下列六類金融工具[1]：

1. 現金。
2. 表彰對某一企業擁有所有權之憑證，例如權益工具投資等。
3. 企業有權利自另一方收取現金或其他金融資產之合約，通常指債務投資工具，例如債務工具投資、放款、應收帳款及應收票據等。
4. 企業有權利按潛在有利於己之條件與另一方交換金融資產或金融負債之合約，通常係指衍生工具資產，例如有選擇權權利之一方。舉例來說，企業如果持有 (購買) 台積電為**標的買權** (call option)，履約價格 $70，並支付了買權權利金 $5，使得該買權持有人 (購買人) 在台積電股價超過 $70 時，有權利按有利於己的履約價格 $70 買進台積電股票。本章附錄 A 討論衍生工具之會計處理。
5. 企業必須收取或可能收取變動數量企業本身權益工具之非衍生工具。例如，元大金控若與債務人約定，未來將向債務人收取總價值 $100,000 元大金控本身的股票以抵銷債務，試問這個合約對元大金控而言，是權益工具 (權益減項) 還是金融資產？因為元大金控控股價若為每股 $20，元大金控會收取 5,000 股；若股價漲

---

[1] 金融負債在第 11 章及第 12 章討論，而權益工具則在第 13 章討論。

至 $25，元大金控只能收取 4,000 股。總價款不變，但收取股數數量會變動，所以應視為應收性質的金融資產，而不是權益工具。事實上，這個合約可視為元大金控願意接受債務人支付 $100,000 來清償債務，只不過不收取現金，而是向債務人收取元大金控本身股票。

6. 企業有權利非以或可能非以固定金額現金或其他金融資產交換固定數量企業本身權益工具方式交割之衍生工具。上述有權利非以固定金額現金換取固定數量企業本身權益工具之衍生合約，也應視為金融資產，詳細的討論請參閱第 13 章「權益」。

本章將針對上述第 2. 權益工具投資、第 3. 債務工具投資及第 4. 衍生工具述其分類與會計處理。另外，投資如果預計在 12 個月內到期回收或處分時，則該投資應分類為流動資產，否則應分類為非流動資產。

> 投資預計在 12 個月內到期回收或處分時，應分類為流動資產，否則為非流動資產。

10.2　債務工具投資

依 IFRS 9 之規定，企業在決定金融資產的**分類** (classification) 與**衡量** (measurement) 時，必須同時考量下列兩個因素 (如圖 10-1)：

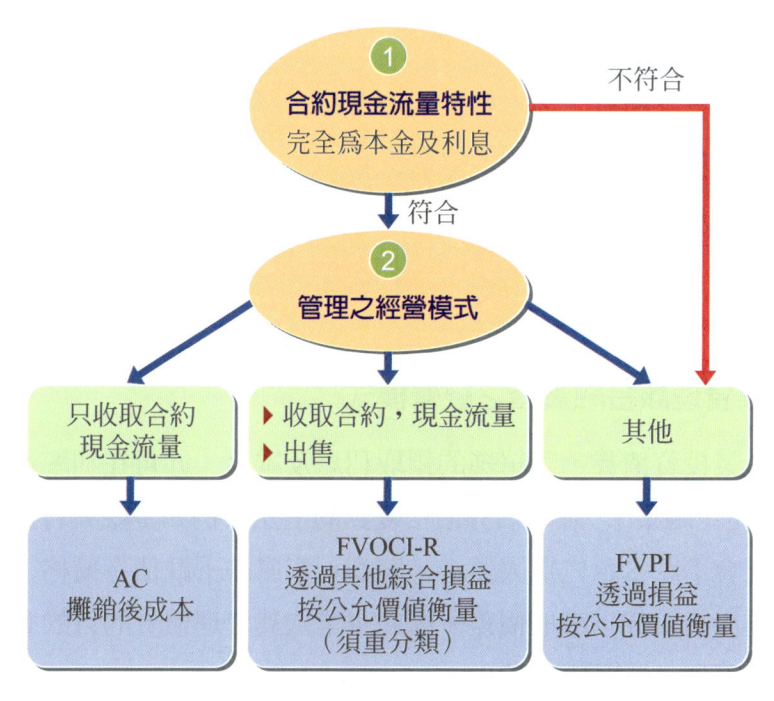

```
                ┌─────────────────────┐
                │  ①  合約現金流量特性  │ ──不符合──┐
                │    完全為本金及利息   │           │
                └──────────┬──────────┘           │
                           │符合                   │
                ┌──────────▼──────────┐           │
                │  ②  管理之經營模式    │           │
                └─┬────────┬────────┬─┘           │
       ┌──────────┘        │        └──────────┐  │
       ▼                   ▼                   ▼  ▼
  ┌─────────┐      ┌──────────────┐      ┌─────────┐
  │只收取合約│      │▶收取合約，現金│      │  其他   │
  │ 現金流量 │      │  流量         │      │         │
  │         │      │▶出售          │      │         │
  └────┬────┘      └───────┬──────┘      └────┬────┘
       ▼                   ▼                   ▼
  ┌─────────┐      ┌──────────────┐      ┌─────────┐
  │   AC    │      │   FVOCI-R    │      │  FVPL   │
  │攤銷後成本│      │透過其他綜合損益│      │透過損益 │
  │         │      │按公允價值衡量  │      │按公允價值│
  │         │      │ （須重分類）   │      │  衡量   │
  └─────────┘      └──────────────┘      └─────────┘
```

圖 10-1　金融資產分類與衡量之評估流程

1. 金融資產之合約現金流量特性

該金融資產之合約條款產生特定日期之現金流量，該等現金流量必須完全為收取本金及**流通在外本金之利息** (solely payments of principal and interest，亦簡稱 SPPI 測試)。所謂**本金** (principal) 係指金融資產於原始認列時之公允價值。而所謂**利息** (interest) 可包括下列四項相關之對價：

- 貨幣時間價值 (無風險利率)
- 與特定期間內流通在外本金相關之信用風險
- 其他基本放款風險 (例如流動性風險)
- 管理成本及利潤邊際

例如，A 銀行放款給台積電 $100，利率為郵局 1 年期定存利率固定加碼 3%。每年重新計息一次。台積電未來必須支付利息及本金給 A 銀行，且該利率只包括前述四項對價 (無風險利率、客戶之信用風險貼水、流動性風險、與銀行之管理作業成本及要求之放款利潤)，則該放款符合「完全為本金及利息」之條件，A 銀行對該放款之分類，須進一步再依 A 銀行的營運模式始能決定。又例如，B 企業購買台積電的 5 年期債券，每年可收取 4% 的利息，到期時亦可收取公司債面額 $100，則此一債券亦符合「完全為本金及利息」之條件。反之，如果 C 企業投資台積電的股票，由於投資股票並未產生特定日期之現金流量 (不定期之股利及出售之價款並非完全為前述的利息及本金)，所以投資股票不符合「完全為本金及利息」之條件，依圖 10-1 的流程分析，只能將其分類為強制**透過損益按公允價值衡量** (FVPL) 之金融資產。

2. 企業管理該金融資產之經營模式

企業投資債券，可單純的領取利息及本金，亦可在利率波動時 (尤其是金融業)，賺取債券價格變動的價差。例如金融業若預期利率未來會下跌，會先買入債券，等到利率真的下跌債券價格上漲之後，再出售債券以賺取價差。因此企業依其管理債券的目的有所不同，有下列三種**經營模式** (business model)：

1. 只以收取合約現金流量為目的之經營模式

　　此經營模式係以於債券的存續期間，收取合約的利息及本金為主要目的。在決定此一經營模式時，必須考量以前各期出售債券的頻率、金額、時點及出售之理由，同時並考量未來出售活動之預期。亦即，企業債券的管理過去很少發生出售債券的情況，且預期未來出售債券的情況也會很少發生，才符合此一管理模式。

　　但是，企業如果為了因應債券的信用風險增加、為了避免債券信用風險集中，或者在接近債券到期日之前出售，則仍可符合以收取合約現金流量為目的之經營模式。

2. 以同時收取合約現金流量及出售為目的之經營模式

　　此經營模式不但以收取債券合約的利息及本金為目的，同時也會伺機出售該債券。例如，企業將多餘現金投資於各種長、短期債券，企業平常會持有該債券以收取合約現金流量，並伺機出售，以將該資金投資於較高報酬之金融資產。在此一經營模式下，出售發生的頻率或金額並無任何限制，亦即企業可隨時賣出任何金額之債券。

3. 其他經營模式

　　凡非屬前面兩種分類的經營模式，即掉入此一分類之經營模式。亦即，屬於此一分類的債券，通常會進行活絡的買賣，而收取合約

IFRS 一點通

經營模式之決定

　　經營模式係由主要管理人員 (key management personnel) 所決定。主要管理人員係指直接或間接擁有規劃、指揮及控制該企業之權力及責任者 (如總經理、營運長、財務長)，也包括該企業之任一董事（不論是否執行業務）。在判斷金融資產的歸屬分類模式時，並非以逐項工具認定 (not instrument by instrument) 的方式，而是以整個營運模式所管理的債券範圍而定。在進行營運模式的評估時，並非依據「最差狀況」或「壓力狀況」（畢竟在這些狀況下，所有債券都有可能賣掉），而係根據在評估時，考量當時所有可得資訊的正常情況。故即使事後 (例如多賣或少賣) 與原先評估有所不同，不會認定是會計錯誤，同時也不影響該經營模式下仍持有剩餘債券之分類。

　　企業可同時擁有一個以上的經營模式 (最多可同時擁有三種經營模式)；同一批創始或買入的債券有可能分屬不同之經營模式管理。

的現金流量，只是偶發事項。例如，**持有供交易** (held for trading) 之債券。

因此，債務工具投資的會計處理依企業之經營模式，有下列三種可能的會計處理方式 (詳見表 10-1)。

學習目標 1
債務工具投資及會計處理

表 10-1　債務工具投資會計處理方式

經營模式	續後評價會計處理	折溢價攤銷	原始取得之交易成本	出售頻率	出售時之交易成本
1. 只收取合約現金流量(利息及本金)	攤銷後成本 (AC)	必須攤銷	納入取得成本	應該很低	當期費損
2. 收取合約現金流量及出售	須重分類之透過其他綜合損益按公允價值衡量 (FVOCI-R)	必須攤銷	納入取得成本	沒有限制	當期費損或其他綜合損失(註)
3. 其他	強制透過損益按公允價值衡量 (FVPL)	可攤銷，亦可不攤銷	當期費用	高	當期費損

註：臺灣財務報導準則委員會 (TIFRS) 對於 FVOCI 出售之交易成本，無法形成共識，所以該出售成本作為當期費損或其他綜合損失實務上皆可。

從上表可看出：債券之衡量基本上有兩種基礎：**攤銷後成本及公允價值**。由於以公允價值表達較具攸關性及財報透明度，IASB 原則上偏愛公允價值，但是財報上的數字也比較具有波動性。相對地，採用攤銷後成本衡量，財報數字會比較穩定，比較不會大起大落。因應實務界的需求，IASB 規定只有收取利息及本金的債券，才可採用攤銷後成本法。

10.2.1　按攤銷後成本衡量之債務工具投資

企業持有債券投資，若該債券合約現金流量特性符合完全為利息及本金 (SPPI) 之特性，且該債券係採取只收取合約現金流量的經營模式管理，則該債券投資應採用**攤銷後成本** (amortized cost, AC) 衡量。原始評價時，以取得時之公允價值加計交易成本作為原始入帳金額。交易成本僅包含與交易直接相關之交易稅、規費及經紀商之手續費等。但交易成本不包含債券之溢價或折價、融資成本及內部管理成本。若發行時的原始有效利率大於**票面利率** (coupon rate)

時，債券的入帳金額會小於債券的面額，所以會產生**折價** (discount)。相反地，若發行時的原始有效利率小於**票面利率** (coupon rate) 時，債券的入帳金額會大於債券的面額，因此會產生**溢價** (premium)。

至於續後評價，係以減除已收取的本金，再用原始入帳金額按**原始有效利率** (original effective interest rate) 攤銷債券折溢價之後，先得到**總帳面金額** (gross carrying amount)；然後金融資產的總帳面金額再減除**備抵損失** (loss allowance) 之後得到的金額，即為**攤銷後成本** (amortized cost)。出售時，應將交易成本作為當期費損。

總帳面金額 ← 原始入帳金額－已收取本金 ± 折溢價攤銷
－ 備抵損失 ← 預期信用減損損失
攤銷後成本（淨額）

釋例 10-1 按攤銷後成本衡量之債務工具投資

假定復興公司於 ×1 年 1 月 1 日，買入大方公司三年期的公司債，復興公司對該債券將採只收取利息及本金之管理經營模式，故應將其作為按攤銷後成本衡量之金融資產。面額 $1,000,000、票面利率 3%，每年 1 月 1 日付息一次，假定與該債券同信用等級的市場利率為 5.01%，則該公司債的公允價值為 $945,273，復興公司另外支付了交易成本 $262，合計共支付 $945,535。

試作：復興公司所有相關分錄。(在不考慮減損損失的情況下)

解析

×1 年 1 月 1 日該債券的公允價值等於未來本金及利息的折現值，計算如下：

$$債券公允價值 = \frac{\$30,000}{(1+5.01\%)} + \frac{\$30,000}{(1+5.01\%)^2} + \frac{\$1,030,000}{(1+5.01\%)^3} = \$945,273$$

該債券的公允價值 $945,273 小於面額 $1,000,000，產生折價的原因，係因市場利率 (5.01%) 大於票面利率 (3%) 之緣故。由於復興公司在取得該債券時，另外支付了交易成本 $262，故該債券的原始帳面金額為 $945,535 (取得時之公允價值 $945,273 加計交易成本 $262)。根據此一帳面金額可以去反推該債券的原始有效利率 (r)：

$$\frac{\$30,000}{(1+r)} + \frac{\$30,000}{(1+r)^2} + \frac{\$1,030,000}{(1+r)^3} = \$945,535$$

所以原始有效利率 r = 5% (因交易成本的關係，殖利率由 5.01% 下降到 5%)。

根據該原始有效利率 5%，及原始帳面金額 $945,535，依照有效利息法之計算步驟 (以

折價為例) 如下：

(1) 首先，計算收現利息 = 面額 × 票面利率
(2) 其次，計算本期利息收入 = 期初帳面金額 × 有效利率
(3) 其次，計算本期折價攤銷 = 利息收入 – 收現利息
(4) 其次，計算本期未攤銷折價 = 上期未攤銷折價 – 本期折價攤銷
(5) 最後，計算本期帳面金額 = 上期帳面金額 + 本期折價攤銷

即可得下列折溢價攤銷表：

折價攤銷表 (有效利率為 5%)

	(1) 收現利息 = 面額 × 票面利率	(2) 利息收入 = 期初帳面金額 × 有效利率	(3) 本期折價攤銷 = (2) – (1)	(4) 未攤銷折價 = 上期 (4) – (3)	(5) 帳面金額 *
×1/1/1				$54,465	$945,535
×1/12/31	$30,000	$47,277	$17,277	$37,188	$962,812
×2/12/31	$30,000	$48,141	$18,141	$19,047	$980,953
×3/12/31	$30,000	$49,047	$19,047	0	$1,000,000

* 本釋例因為不考慮減損損失，所以帳面金額 = 總帳面金額 = 攤銷後成本。

×1 年 1 月 1 日，取得債券之分錄如下：

| ×1/1/1 | 按攤銷後成本衡量之金融資產 | 945,535 | |
| | 　現金 | | 945,535 |

×1 年、×2 年及 ×3 年 12 月 31 日調整分錄分別如下：

	×1/12/31	×2/12/31	×3/12/31
應收利息	30,000	30,000	30,000
按攤銷後成本衡量之金融資產	17,277	18,141	19,047
利息收入	47,277	48,141	49,047

×2 年及 ×3 年 1 月 1 日，收到利息之分錄如下：

| 現金 | 30,000 | |
| 　應收利息 | | 30,000 |

×4 年 1 月 1 日，債券持有至到期日，可收到本金及最後一期利息之分錄如下：

現金	1,030,000	
應收利息		30,000
按攤銷後成本衡量之金融資產		1,000,000

釋例 10-2 　除列按攤銷後成本衡量之債務工具投資

沿釋例 10-1 假定復興公司於 ×3 年 6 月 30 日以公允價值 $991,000（含應計利息）出售該債務工具投資，出售交易成本為 $100，試問復興公司應作分錄為何？（在不考慮減損損失的情況下）

解析

- 復興公司應先認列持有 6 個月之應收利息 = $1,000,000 × 3% × 6/12 = $15,000
- 再認列從 ×3 年 1 月 1 日到 ×3 年 6 月 30 日之間 6 個月的利息收入：
  期初帳面金額 ($980,953) × 原始有效利率 (5%) × 持有期間 (6/12) = $24,524
- 債務工具投資 6 個月之折價攤銷 = $24,524 – $15,000 = $9,524
- 調整後債務工具投資的帳面金額 = 期初帳面金額 $980,953 + 6 個月之折價攤銷 $9,524 = $990,477
- 除列投資損益 = $999,100 – $990,477 – $15,000（應收利息）= $(6,377)。分錄如下：

×3/6/30	應收利息 ($1,000,000 × 3% × 6/12)	15,000	
	按攤銷後成本衡量之金融資產 ($24,524 – $15,000)	9,524	
	利息收入 ($980,953 × 5% × 6/12)		24,524
×3/6/30	現金	999,000	
	手續費 *	100	
	除列按攤銷後成本衡量之金融資產損益	6,377	
	按攤銷後成本衡量之金融資產 ($980,953 + $9,524)		990,477
	應收利息		15,000

* 手續費亦可納入為「除列按攤銷成本衡量之金融資產損益」，本期損益之表達不受影響。

兩個付息日之間買入債券

企業若於兩個付息日之間買入債券，此時購買之價金會包含從上個付息日至購買日已累積之應收利息（亦稱前手息），其餘的款項才是買入該債券之原始入帳金額。

釋例 10-3 　兩個付息日之間買入債券

民生公司於 ×1 年 4 月 1 日買入到期日為 ×3 年 12 月 31 日之債券，面額為 $300,000、票面利率為 6%、每年 12 月 31 日付息，民生公司支付 $336,267（含交易成本及應計利息），公司採用攤銷後成本法，以有效利息法攤銷債券折溢價。（在不考慮減損損失的情況下）
試作：

(1) 民生公司於 ×1 年 4 月 1 日買入債券之分錄。
(2) ×1 年 12 月 31 日收到利息之分錄。

解析

- 先計算 ×1 年 1 月 1 日至 ×1 年 3 月 31 日之前手息 = $300,000 × 6% × 3/12 = $4,500。
- 取得債券之原始帳面金額 = $336,267（支付價金）– $4,500（前手息）= $331,767。
- 由於民生公司共支付 $336,267（含交易成本及應計利息）以取得此一債券，從買入至到期日的期間為 2.75 年，根據此一帳面金額可以去反推該債券的原始有效利率 (r)：

$$\frac{\$18,000}{(1+r)^{0.75}} + \frac{\$18,000}{(1+r)^{1.75}} + \frac{\$318,000}{(1+r)^{2.75}} = \$336,267$$

所以原始有效利率 r = 2%，故民生公司應作下列分錄：

(1) ×1 年 4 月 1 日　買入分錄

按攤銷後成本衡量之金融資產	331,767	
應收利息	4,500	
現金		336,267

(2) ×1 年 12 月 31 日　期末收到利息之分錄

現金 ($300,000 × 6%)	18,000	
應收利息		4,500
利息收入 {$336,267 × [(1.02)^{0.75} – 1]}		5,031
按攤銷後成本衡量之金融資產		8,469

10.2.2 透過其他綜合損益按公允價值衡量之債務工具投資

分類為**透過其他綜合損益按公允價值衡量** (fair value through other comprehensive income-recycle, FVOCI-R) 之債務工具投資，係透過其他綜合損益 (OCI) 按公允價值衡量。雖以公允價值衡量，但是債務工具原始買入時所產生的折溢價還是須先攤銷到總帳面金額之後，再將其調整至衡量時之公允價值。透過其他綜合損益按公允價值衡量之債務工具投資可隨時處分，沒有任何限制，且在出售時須將先前認列的其他綜合損益**重分類** (recycle) 至本期損益中，且將交易成本作為當期費損或其他綜合損失。

釋例 10-4　透過其他綜合損益按公允價值衡量之債務工具投資

假定復興公司於 ×1 年 1 月 1 日，買入大方公司三年期的公司債作為透過其他綜合損益按公允價值衡量 (FVOCI-R) 之投資，面額 $1,000,000、票面利率 3%、每年 1 月 1 日付息一次，復興公司共支付 $945,535 (含交易成本)，原始有效利率為 5%。

試作 (在不考慮減損損失的情況下)：
(1) ×1 年 1 月 1 日買入債券之分錄。
(2) ×1 年 12 月 31 日之分錄，該債券期末公允價值為 $987,000。
(3) ×2 年 12 月 31 日之分錄，該債券期末公允價值為 $980,000。
(4) ×3 年 6 月 30 日，以公允價值 $991,000 (含應計利息) 出售該債務工具投資，出售交易成本為 $100。

解析

(1) ×1 年 1 月 1 日，取得債券之分錄如下：

×1/1/1　　透過其他綜合損益按公允價值衡量之債務工具投資　945,535
　　　　　　　現金　　　　　　　　　　　　　　　　　　　　　　　945,535

折溢價攤銷表如下：

折價攤銷表 (有效利率為 5%)

	(1) 收現利息 = 面額 × 票面利率	(2) 利息收入 = 期初帳 面金額 × 有效利率	(3) 本期折價攤銷 = (2) – (1)	(4) 未攤銷折價 = 上期 (4) – (3)	(5) 帳面金額
×1/1/1				$54,465	$ 945,535
×1/12/31	$30,000	$47,277	$17,277	$37,188	$ 962,812
×2/12/31	$30,000	$48,141	$18,141	$19,047	$ 980,953
×3/12/31	$30,000	$49,047	$19,047	0	$1,000,000

(2) ×1 年 12 月 31 日，先作 ×1 年折價攤銷之分錄，得到總帳面金額 $962,812 之後，再將其調整至期末公允價值 $987,000。「透過其他綜合損益按公允價值衡量之債務工具投資評價調整」係 FVOCI-R 之資產評價調整項目，「其他綜合損益—透過其他綜合損益按公允價值衡量之債務工具投資損益」係其他綜合損益之項目，而「其他權益—透過其他綜合損益按公允價值衡量之債務工具投資損益」係其他權益項目。

　　　　應收利息　　　　　　　　　　　　　　　　　　　30,000
　　　　透過其他綜合損益按公允價值衡量之債務工具投資　17,277
　　　　　　利息收入　　　　　　　　　　　　　　　　　　　　　47,277
　　　　透過其他綜合損益按公允價值衡量之債務工具投資
　　　　　　評價調整 ($987,000 – $962,812)　　　　　　 24,188
　　　　　　其他綜合損益—透過其他綜合損益按公允價值
　　　　　　　　衡量之債務工具投資評價損益　　　　　　　　　 24,188

結帳分錄：

其他綜合損益—透過其他綜合損益按公允價值衡量之債務工具投資評價損益	24,188	
其他權益—透過其他綜合損益按公允價值衡量之債務工具投資評價損益		24,188

在上述三個分錄後，該投資於 ×1 年 12 月 31 日有關財務報表資料如下：

綜合損益表	
本期淨利	$×××
其他綜合損益：透過其他綜合損益按公允價值衡量之債務工具投資評價損益	24,188
本期綜合損益	$×××

資產負債表			
資產：		其他權益：	
透過其他綜合損益按公允價值衡量之債務工具投資	$962,812	透過其他綜合損益按公允價值衡量之債務工具投資評價損益	$24,188
透過其他綜合損益按公允價值衡量債務工具投資評價調整	24,188		
	$987,000		

(3) ×2 年 12 月 31 日，先作 ×2 年折價攤銷之分錄，得到總帳面金額 $980,953 之後，再將其調整至期末公允價值 $980,000。由於公允價值下跌，低於總帳面金額，所以「透過其他綜合損益按公允價值衡量之債務工具投資評價調整」期末應有貸方餘額 $953 (= $980,953 − $980,000)，調節金額應從上期的借方餘額 $24,188 調整至貸方餘額 $953，故為 $25,141。

應收利息	30,000	
透過其他綜合損益按公允價值衡量之債務工具投資	18,141	
利息收入		48,141
其他綜合損益—透過其他綜合損益按公允價值衡量之債務工具投資評價損益 ($24,188 + $953)	25,141	
透過其他綜合損益按公允價值衡量之債務工具投資評價調整		25,141

結帳分錄：

其他權益—透過其他綜合損益按公允價值衡量之債務工具投資評價損益	25,141	
其他綜合損益—透過其他綜合損益按公允價值衡量之債務工具投資評價損益		25,141

在上述三個分錄後，該投資於×2年12月31日有關財務報表資料如下：

綜合損益表	
本期淨利	$×××
其他綜合損益：透過其他綜合損益按公允價值衡量之債務工具投資評價損益	(25,141)
本期綜合損益	$×××

資產負債表			
資產：		其他權益：	
透過其他綜合損益按公允價值衡量之債務工具投資	$980,953	透過其他綜合損益按公允價值衡量之債務工具投資評價損益	$(953)
透過其他綜合損益按公允價值衡量之債務工具投資評價調整	$(953)		
	$980,000		

(4) ×3年6月30日，以 $991,000 公允價值 (含應計利息) 出售該債務工具投資。復興公司應先認列從×3年1月1日到×3年6月30日之間6個月的應收利息 $15,000、利息收入及調整總帳面金額成為 $990,477 (計算過程請參照釋例 10-2)；因為6月30日的公允價值 $999,100，內含有 $15,000 的應收利息，所以只能將攤銷後成本調整至出售時之公允價值減除應收利息後之金額 $984,100 (= $999,100 – $15,000)，「透過其他綜合損益按公允價值衡量之債務工具投資評價調整」此時應有貸方餘額 $6,377 (= $984,100 – $990,477) 出售交易成本 $100 作為當期費損；最後再予以除列，並將有關透過其他綜合損益按公允價值衡量之債務工具投資先前已認列於其他綜合損益之金額重分類調整至損益中。

×3/6/30	應收利息 ($1,000,000 × 3% × 6/12)	15,000	
	透過其他綜合損益按公允價值衡量之債務工具投資		9,524
	利息收入 ($980,953 × 5% × 6/12)		24,524
	其他綜合損益—透過其他綜合損益按公允價值衡量之債務工具投資評價損益 ($6,377 – $953)	5,424	
	透過其他綜合損益按公允價值衡量之債務工具投資評價調整		5,424
	現金	999,000	
	手續費	100	
	透過其他綜合損益按公允價值衡量之債務工具投資評價調整	6,377	
	應收利息		15,000
	透過其他綜合損益按公允價值衡量之債務工具投資		990,477
	透過其他綜合損益按公允價值衡量之債務工具投資處分調整 (註)	6,377	
	其他綜合損益—透過其他綜合損益按公允價值衡量之債務工具投資評價損益—重分類調整		6,377

> ×3/12/31 另作結帳分錄如下：
>
> 其他綜合損益—透過其他綜合損益按公允價值衡量債務
> 　　工具投資評價損益—重分類調整　　　　　　　6,377
> 　　其他權益—透過其他綜合損益按公允價值衡量債務
> 　　　　工具投資評價損益　　　　　　　　　　　　　953
> 　　　　其他綜合損益—透過其他綜合損益按公允價值衡量
> 　　　　之債務工具投資評價損益　　　　　　　　　5,424
>
> 註：本釋例(採用 FVOCI-R)處分金融資產損失 $6,377，與釋例 10-2 (採用攤銷後成本法)之處分損失完全相同。

10.2.3　透過損益按公允價值衡量之債務工具投資

透過損益按公允價值衡量 (Fair value through profit or loss, FV-PL) 之債務工具投資，係透過損益按公允價值衡量，是讓財務報表透明度最高的一種方法。它不但用公允價值衡量，而且公允價值的變動直接進入損益中，讓投資人可以儘早知道金融工具價值之變化。就債券而言，它有強制及指定兩種類別：

1. 強制透過損益按公允價值衡量者，可包括：
   (1) 凡非屬「收取合約現金流量」與「收取合約現金流量及出售」兩者以外之「其他」經營模式管理之債券。
   (2) **持有供交易** (held for trading)[2] 之債券，包括
      - 短期內出售或再買回者
      - 屬合併管理一組可辨認金融工具投資的一部分者，該組投資係短期獲利的操作模式。

2. **自願指定** (designated) 為透過損益按公允價值衡量者。

　　至於原始取得及除列時之交易成本，應列為當期費損。而債券原始買入時所產生的折溢價有兩種處理方式：第一、完全不攤銷，直接按公允價值衡量，其變動進入本期損益中。第二、先攤銷得到總帳面金額之後，再將其調整至衡量時之公允價值，其變動進入本期損益中。不論用那一種折溢價處理方式，對於損益影響數字是相同的。當然透過損益按公允價值衡量之債務工具投資更可以隨時處分，無任何限制。

2　衍生工具資產亦屬持有供交易之金融資產。

Chapter 10 金融工具投資

釋例 10-5　透過損益按公允價值衡量之債務工具投資

假定復興公司於 ×1 年 1 月 1 日，買入大方公司 3 年期的公司債作為透過損益按公允價值衡量之投資，面額 $1,000,000、票面利率 3%，每年 1 月 1 日付息一次，假定與該債券同信用等級的市場利率為 5.01%，則該公司債的公允價值為 $945,273，復興公司另外支付了交易成本 $262，合計共支付 $945,535。

×1 年 12 月 31 日，該債券期末公允價值為 $987,100。

×2 年 1 月 1 日，收到利息後，以公允價值 $987,100 出售，出售交易成本為 $100。

試作復興公司相關分錄 (假定公司有攤銷債券折溢價)。

解析

(1) ×1 年 1 月 1 日以 $945,273 買入債券，交易成本 $262 作為本期費用

透過損益按公允價值衡量之債務工具投資	945,273	
手續費	262	
現金		945,535

(2) 因交易成本已經列為本期費用，所以原始有效利率仍為 5.01%，無須往下調整。×1 年 12 月 31 日，先作 ×1 年折價攤銷之分錄，得到總帳面金額 $962,631 之後，再將其調整至期末公允價值為 $987,100。「透過損益按公允價值衡量之債務工具投資評價調整」係資產之評價調整項目，而「透過損益按公允價值衡量之債務工具投資評價損益」係損益表中項目。

折價攤銷表 (有效利率為 5.01%)

	(1) 收現利息 = 面額 × 票面利率	(2) 利息收入 = 期初帳面金額 × 有效利率	(3) 本期折價攤銷 = (2) − (1)	(4) 未攤銷折價 = 上期 (4) − (3)	(5) 帳面金額
×1/1/1				$54,727	$ 945,273
×1/12/31	$30,000	$47,358	$17,358	$37,369	$ 962,631
×2/12/31	$30,000	$48,228	$18,228	$19,141	$ 980,859
×3/12/31	$30,000	$49,141	$19,141	0	$1,000,000

×1/12/31	應收利息	30,000	
	透過損益按公允價值衡量之債務工具投資	17,358	
	利息收入		47,358
	透過損益按公允價值衡量之債務工具投資評價調整	24,469*	
	透過損益按公允價值衡量之債務工具投資評價損益		24,469
	* ($987,100 − $962,631)		

在上述兩個分錄後，該投資於 ×1 年 12 月 31 日有關資產負債表之表達如下：

資產負債表	
資產：	
透過損益按公允價值衡量之債務工具投資	$962,631
透過損益按公允價值衡量之債務工具投資評價調整	24,469
	$987,100

(3) ×2年1月1日，收到利息後，以 $987,000（扣除交易成本後）出售。復興公司應作分錄如下：

×2/1/1	現金	30,000	
	應收利息		30,000
	現金	987,000	
	手續費	100	
	透過損益按公允價值衡量之債務工具投資		962,631
	透過損益按公允價值衡量之債務工具投資評價調整		24,469

10.3　債務工具投資之減損及減損迴轉

學習目標 2
債務工具投資的減損及迴轉

由於以往 IAS 39 對於金融資產之減損係採用已發生**損失模式** (incurred loss model)，該模式需要金融資產有明確的跡象顯示有減損時，才開始認列減損損失。在歷經 2008 年的全球金融危機時，發現已發生損失模式明顯地太晚認列損失，因此 IFRS 9 改採預期損失模式，以期在債券整個投資期間內，能夠較早將預期可能會發生之信用減損損失（及其減損之迴轉），認列於損益中。要強調的是：IFRS9 的預期信用損失模式僅適於「攤銷後成本 (AC)」及「須重分類之透過其他綜合損益按公允價值 (FVOCI-R)」衡量之債務工具投資，因為這兩類債務工具投資的預期信用損失平常並未馬上認列於損益中，故須要 IFRS 9 訂定特別的規定來加以處理。至於「透過損益按公允價值 (FVPL)」衡量之債務工具投資，因為在債券公允價值下跌時，不論是因為利率上漲或信用風險的增加，都已經立即認列於損益中，所以無須額外再適用 IFRS 9 的減損規定。

10.3.1　三階段減損模式

IFRS 9 的預期信用損失模式，將債券減損損失必須認列的金額，

依該債券於財務報導日之信用風險狀況與原始認列時之信用風險狀況相比較，並分成三個階段(如圖10-2)。如果信用風險沒有顯著增加，則屬於第一階段，只須認列較低的未來12**個月預期信用損失**(12-month expected credit losses)即可。但如果在財務報導日時，該債券的信用風險已經較原始認列時顯著增加，則應認列整個**存續期間預期信用損失**(life-time expected credit losses)此時為第二階段。在第一及第二減損階段時，該債券應依其總帳面金額(未扣除備抵損失前之金額)認列利息收入。如果該債券信用繼續惡化，已經到達減損之地步，則將進入第三階段，除應認列存續期間預期信用損失外，未來的利息收入只能就該債券的攤銷後成本(總帳面金額扣除備抵損失後之金額)認列[3]。

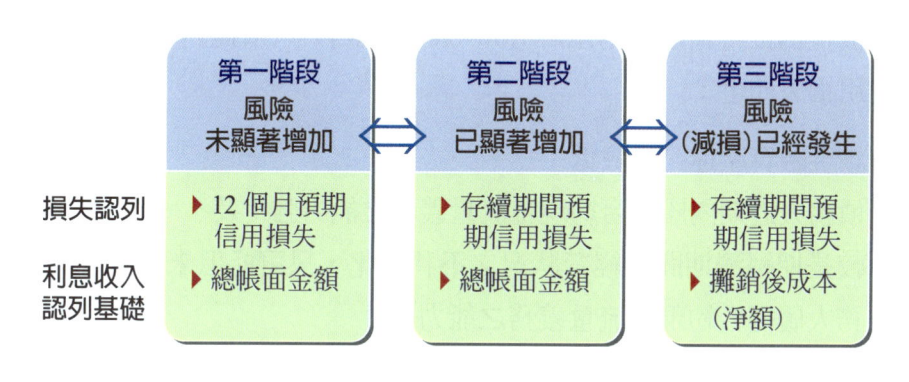

圖 10-2　三階段減損模式

　　12個月預期信用損失，係指金融資產於報導日後12個月內可能**違約**(default)事項所產生的整體預期信用損失。而存續期間預期信用損失，係指金融資產在整個存續期間所有可能違約事項(不論是12個月內，或超過12個以上)所產生之整體預期信用損失。通常債務工具投資的期間愈長，違約的機率愈高，因此根據上述定義，12個月預期信用損失，只是整個存續期間預期信用損失的一部分而已，如圖10-3，所以12個月預期信用損失金額會比存續期間預期信用損失較小。

---

[3] 當然如果債券的信用風險下降時，則亦可能由第三階段回到第二階段，甚至回到第一階段，此時即為減損之迴轉。

○ 圖 10-3　12 個月 vs 存續期間預期信用損失

　　表 10-2 說明債務型金融資產三階段減損的判斷依據。這些判斷依據，主要係根據具前瞻性、合理且可佐證，且無須過度成本或投入即可取得的資訊。只要金融資產在財務報導日，其信用風險並未比原始認列時顯著增加，此時屬第一階段，只須提列 12 個月預期信用損失作為「備抵損失 (或累計減損)」即可。為了簡化實務上的運作，如果債務型金融資產在財務報導日同時滿足下列三個要件時，可被視為維持在低信用風險 (low credit risk)，只須提列 12 個月預期信用損失即可：

1. 該金融資產違約風險低；
2. 債務人近期內履行合約現金流量義務之能力強；及
3. 較長期經濟期間及經營狀況之不利變化，只可能但未必會降低債務人履行合約現金流量義務之能力。

　　但是，如果於財務報導日信用風險已經比原始認列之信用風險顯著增加時 (例如外部信用評等大幅調低時)，此時即屬第二階段，須將「備抵損失 (或累計減損)」調高至存續期間預期信用損失。最後，如果該金融資產已經違約而產生減損的情況 (例如債務人發生重大財務困難)，此時應認列違約之後的存續期間預期信用損失。

　　有時企業 (尤其是非金融業者) 依表 10-2 的判斷依據能力是有所不足的，因此 IASB 明確提出判斷各減損階段的最低要求[4]：如果債務人逾期付款超過 30 天，此時應將該金融資產判定為進入減損第二階段。如果債務人逾期付款達 90 天，此時應將該金融資產判定為進入減損第三階段。惟上述規定為可反駁的前提假設，但企業須有合理且可佐證的資訊來反駁。

---

4 逾期付款通常為落後指標，在逾期付款之前債務人的信用風險通常已經大幅增加。

表 10-2　各減損階段之判斷依據

第一階段 信用風險未顯著增加	第二階段 信用風險已顯著增加	第三階段 已經減損
• 債務人違約機率與原始認列時相比較，並無顯著增加	• 債務人違約機率大幅增加，並非預期信用損失金額大幅增加 • 亦即只考量債務人本身之信用風險，擔保品價值的高低以及第三方信用保證的有無，不影響此處之判斷	債務人已經違約
	綜合判斷指標： • 新創始之金融資產，條款更為嚴格(信用價差、擔保品、利息保障倍數) • 外部信用價差變大、債務人信用違約交換價格變高、債務人之股價下跌 • 內部或外部信用評等調降 • 經營、財務或經濟狀況已經或預期會有不利變化 • 擔保品或第三方保證品質惡化，使得債務人有誘因會違約 • 放款條件預期朝向更為寬鬆的變動，例如寬限期間加強	綜合判斷指標： • 債務人發生重大財務困難 • 違約，諸如延滯或逾期事項 • 債權人因債務人財務困難之理由，給予債務人原不可能考量之讓步 • 債務人很有可能聲請破產或財務重整 • 因財務困難而使該金融資產自活絡市場中消失
IASB 最低要求：(可反駁之前提假設) ⇒　　　⇒ 正常付款　開始逾期	⇒ 逾期付款超過30天	⇒ 逾期付款達90天以上
第一階段	第二階段	第三階段

例如，甲公司於第 1 年 1 月 1 日時，買入英國 A 公司 5 年期的公司債，此時該公司債的信用評等為 A 級 (屬投資等級)，於第 1 年 12 月 31 日時，因英國公投決定「脫歐」，該債券信用評等被調降

IFRS 一點通

信用損失、預期信用損失

信用損失 (credit loss)，係指債務型金融資產 (如應收款、放款及債券等) 根據合約可收取之所有合約現金流量，與預期可收取之所有合約現金流量之差額 (亦即未折現之現金短收)，按原始有效利率折現後之金額。在考量可收取之所有現金流量之金額時，亦應包括出售擔保品或其他信用加強 (如第三方保證) 之現金流量。

預期信用損失 (expected credit loss) 則是以各種情境下違約發生之機率作為權重，加權平均計算後之信用損失。例如 A 銀行放款給 B 客戶 $1,000，放款期間為兩年期，每年年底支付 $100 利息，到期一次還清本金 $1,000，原始有效利率為 10%。A 銀行對 B 客戶未來違約機率及信用損失，發現有以下三種可能情境，分析計算如下表：

情境	(1)機率	第1年底現金流量	第2年底現金流量	(2)可收取現金流量之現值	(3)合約現金流量之現值	(4)信用損失=(3)−(2)	(5)機率加權之信用損失=(1)×(4)
1. 繳息及還本都正常	97%	100	1,100	1,000(註2)	1,000	0	0
2. 第1年繳息即違約	1%	0	363(註1)	300	1,000	700	7　12個月預期信用損失
3. 第1年繳息正常，第2年違約	2%	100	616	600	1,000	400	8　存續期間預期信用損失
						合計	15

其中情境 1 (第 1 年繳息即違約) 係客戶在未來 12 個月即產生違約的情況，所以這個放款考量 12 個月違約機率後的預期信用損失之金額為 $7。至於存續期間的預期信用損失，須再多考量超過 12 個月以後 (在此為情境 3)，才開始違約所產生的信用損失 $8 (考量違約機率後)，所以這個放款整個存續期間預期信用損失為 $15 (= $7＋$8)。從這個例子可以明顯看出：12 個月預期信用損失，只是整個存續期間預期信用損失的一部分而已。

註1：情境 2 的 $363 係假定 A 銀行在進行催收 (包括拍賣擔保品及向保證人求償後)，在第 2 年底可收回的金額，其餘放款則無法收回。情境 3 的 $616 係假定 A 銀行在進行催收後，在第 3 年底可收回的金額，其餘放款亦無法收回。

註2：情境 1：$1,000 = (100) \div (1+10\%) + (1,100) \div (1+10\%)^2$；情境 2 及 3 依相同方式計算。

到 BBB 等級 (但仍屬投資等級)，因信用風險並未顯著增加，故甲公司只須認列金額較小的 12 個月預期信用損失即可 (只須考量在第 2 年內違約所造成的信用損失，不必考量第 3 年至第 5 年違約所造

成的損失)。在第 2 年 12 月 31 日時，該英國債券的信用等級被調降到 BB 等級 (已屬垃圾債券等級)，但並未違約，此時因信用風險已顯著增加 (與原始認列時，信用評等為 A 級相比較)，甲公司須認列金額較大的存續期間預期信用損失 (第 3 年至第 5 年之間違約所造成的信用損失，而不是只有在第 3 年違約所造成的預期信用損失)。如果在第 3 年 12 月 31 日時，該英國債券已經正式違約，此時甲公司須認列債務工具投資的存續期間預期信用損失。

減損之評估程序 ── 個別及集體評估基礎

以往在 IAS39 的已減損損失模式下，企業應採用下列兩個程序，來決定金融資產之減損損失：

1. 計算已經減損之個別金額**重大** (significant) 金融資產的減損損失。
2. 尚未減損之個別金額重大金融資產，與所有金額非重大金融資產合併成一組，再計算該組的減損損失。

但是在 IFRS 9 已經採用預期信用損失模式下，金融資產認列減損的時點必須大幅提前，甚至如果在財務報導日購入或創始新金融資產，在認列金融資產的首日，就要認列金融資產的預期信用損失，才能符合預期信用損失模式之目的。因此，以往僅以**個別評估** (individual assessment) 金融資產之信用風險，可能無法及時補捉這些金融資產早期的信用風險之變動。因此 IFRS 9 要求：企業在必要時須以**集體評估** (collective assessment)，進行信用風險是否顯著增加的評估，即使個別金融資產層級風險顯著增加的證據，尚未可得。此乃因為集體評估金融資產時，他們共通的信用風險 (如信用評等、產業、地區等) 比較容易及早辨認出來。企業得根據金融資產共用的信用風險，將金融資產分組。例如，銀行對於房貸的管理，依擔保品所在的地區 (如淡水新市鎮等)，予以分類，再計算該地區房貸的預期信用損失。例如，銀行對該區原有 100 筆房貸，但隨著該區房價開始顯著下跌，此時雖然不知道有那些個別房貸會違約，無法使用個別基礎去分析，但是根據經濟預測分析，違約戶整體會增加到 5 戶，因此只能用集體分析基礎，才可及時提早計算預期信用損

失。當然有關採用個別或集體之信用資訊，可能會隨時間經過而有所改變，因此企業有時會採用集體基礎去計算預期信用損失，有時會改用個別基礎去計算預期信用損失。

10.3.2 金融資產之減損及迴轉

債務型金融資產採用攤銷後成本 (AC)、或透過其他綜合損益按公允價值衡量 (FVOCI-R) 時，其減損及迴轉會計處理彙整如表10-3：

表 10-3　債務型金融資產之減損及迴轉

採用之會計方法類別	「備抵損失」之衡量基礎（其變動認列於損益中）	「備抵損失」在資產負債表中之表達	損失之迴轉
攤銷後成本 (AC)	以原始認列時之有效利率衡量預期信用損失	資產之減項	可迴轉於損益中，認列迴轉利益
透過其他綜合損益按公允價值衡量 (須重分類) (FVOCI-R)	以原始認列時之有效利率衡量預期信用損失	其他權益之加項	可迴轉於損益中，認列迴轉利益

釋例 10-6　按攤銷後成本衡量之金融資產及其減損

假定三峽公司於 ×0 年 12 月 31 日，買進騙人布公司三年期無追索權的公司債，該債券面額 $1,000、票面利率 10%，每年 12 月 31 日付息一次，三峽公司以 $1,000 (含交易成本) 買入該債券，所以該債券的原始有效利率為 10%，當日該債券的 12 個月預期信用損失估計金額為 $8。三峽公司對該債券將採只收取利息本金的管理經營模式，故應將其作為按攤銷後成本衡量之金融資產。

▸ ×1 年 12 月 31 日，收到利息 $100，該債券的信用風險已顯著增加，當日存續期間預期信用損失的金額應為 $90。

▸ ×2 年 12 月 31 日，雖然有收到利息 $100，但該債券已自活絡市場中消失，已經達到減損的地步，當日存續期間預期信用損失的金額應為 $300。

▶ ×3 年 12 月 31 日，只收到 ×3 年的利息及本金共 $790，其餘款項無法收回。

試作：三峽公司所有相關分錄。

解析

(1) 買入債券，並認列 12 個月預期信用損失

×0/12/31	按攤銷後成本衡量之金融資產	1,000	
	信用減損損失	8	
	現金		1,000
	備抵損失		8

在上述分錄後，該投資於 ×0 年 12 月 31 日有關資產負債表之表達如下：

資產：		
按攤銷後成本衡量之金融資產	總帳面金額	$1,000
備抵損失		(8)
	攤銷後成本 = 總帳面金額 − 備抵損失	$ 992

因此，債務工具投資的總帳面金額為 $1,000，備抵損失 $8，攤銷後成本為 $992。

(2) 依總帳面金額認列利息收入 $100 (= $1,000 × 10%)，也收到利息 $100，因為信用風險已顯著增加，故應將「備抵損失」認列至整個存續期間預期信用損失 $90，故本期信用減損損失為 $82 ($90 − $8)。

×1/12/31	現金	100	
	信用減損損失 ($90 − $8)	82	
	利息收入		100
	備抵損失		82

在上述分錄後，該投資於 ×1 年 12 月 31 日有關資產負債表之表達如下：

資產：	
按攤銷後成本衡量之金融資產	$1,000
備抵損失	(90)
	$ 910

因此，債務工具投資的總帳面金額為 $1,000，備抵損失 $90，攤銷後成本為 $910。

(3) 依總帳面金額認列利息收入 $100 (= $1,000 × 10%)，收到利息 $100，因為債券已經減損，故應將「備抵損失」認列至整個存續期間預期信用損失 $300，故本期信用減損損失為 $210 (= $300 − $90)。

×2/12/31	現金	100	
	信用減損損失 ($300 – $90)	210	
	利息收入		100
	備抵損失		210

在上述分錄後，該投資於 ×2 年 12 月 31 日有關資產負債表之表達如下：

資產：	
按攤銷後成本衡量之金融資產	$1,000
備抵損失	(300)
	$ 700

因此，債務工具投資的總帳面金額為 $1,000，備抵損失 $300，攤銷後成本為 $700。

(4) 依攤銷後成本認列利息收入 $70 (= $700 × 10%)，只收到 ×3 年的利息 $70 及本金 $720 (本金較原先預期 $700，多了 $20，為信用減損損失之迴轉，認列於利益中)，合計共收 $790，並除列該債務工具投資。

×3/12/31	現金	790	
	備抵損失	300	
	信用減損損失之迴轉		20
	利息收入		70
	按攤銷後成本衡量之金融資產		1,000

釋例 10-7　透過其他綜合損益按公允價值衡量 (FVOCI-R) 之債務工具投資及其減損

假定三峽公司於 ×0 年 12 月 31 日，買入小明公司三年期無追索權的公司債，該債券面額 $1,000、票面利率 10%，每年 12 月 31 日付息一次，三峽公司以 $1,000 (含交易成本) 買入該債券，所以該債券的原始有效利率為 10%，當日該債券的 12 個月預期信用損失估計金額為 $8。三峽公司對該債券將採收取利息本金及出售的管理經營模式，故應將其作為透過其他綜合損益按公允價值衡量 (FVOCI-R) 之債務工具投資。

▸ ×1 年 12 月 31 日，收到利息 $100，該債券的信用風險已顯著增加，當日存續期間預期信用損失的金額應為 $90，公允價值為 $900。

▸ ×2 年 12 月 31 日，雖然有收到利息 $100，但該債券因財務困難已自活絡市場中消失，已經達到減損的地步，當日存續期間預期信用損失的金額應為 $300，公允價值為 $696。

▸ ×3 年 12 月 31 日，只收到 ×3 年的利息及本金共 $770，其餘款項無法收回。

試作：三峽公司所有相關分錄。

解析

(1) 買入債券，並認列 12 個月預期信用損失 $8，並認列等額的變動於其他綜合損益 (備

抵損失部分)。

×0/12/31	透過其他綜合損益按公允價值衡量之債務工具投資	1,000	
	信用減損損失	8	
	現金		1,000
	其他綜合損益—透過其他綜合損益按公允價值		
	衡量之債務工具投資備抵損失		8
(結帳分錄)	其他綜合損益—透過其他綜合損益按公允價值之債務		
	工具投資備抵損失	8	
	其他權益—透過其他綜合損益按公允價值衡量		
	之債務工具投資備抵損失		8

在上述分錄後，該投資於 ×0 年 12 月 31 日有關資產負債表之表達如下：

資產：		其他權益：	
透過其他綜合損益按公允價值衡量之 債務工具投資	$1,000	透過其他綜合損益按公允價值衡量之 債務工具投資備抵損失	$8
透過其他綜合損益按公允價值衡量之 債務工具投資評價調整	0		
	$1,000		

IFRS 一點通

奇怪?! 明明才剛用公允價值買入，為何馬上認列減損損失

　　有讀者可能會覺得奇怪，明明才剛用公允價值買入債券 $1,000，公允價值不是應該已經反應公司債券的信用風險，為什麼還要馬上額外再認列公司債券的預期信用損失 ($8)？

　　這是因為 IFRS9 係採用預期損失模式，希望較早認列將來會發生的預期信用損失，即使在財務報導日用公允價值買入債券，當日也馬上要認列減損損失。這樣才符合預期損失模式的精神。就財務理論而言，在原始認列日馬上認列減損損失的確會高估減損損失，但是隨著債券持有的期間拉長，債券信用風險變動所造成的公允價值變動，會逐漸與所提列的預期信用損失相趨近。

　　另外，由於 FVOCI-R 的精神係用公允價值來衡量債務工具投資的資產價值 $1,000，但是又要馬上提列備抵損失 $8，所以 IASB「很聰明地」要求將備抵損失之變動，提列等額的變動於其他綜合損益 (OCI)，期末再結轉至其他權益 (AOCI)，作為其他權益的加項。讀者不要誤以為其他綜合損益 (及其他權益) 虛增 $8，事實上企業已先認列減損損失 $8，保留盈餘也減少了 $8。

　　IFRS9 這個「很聰明地」作法，同時滿足了預期損失模式及資產用公允價值衡量的兩個要求。

(2) 依總帳面金額認列利息收入 $100 (= $1,000 × 10%)，收到利息 $100，因為信用風險已顯著增加，故應將「備抵損失」提列至整個存續期間預期信用損失 $90，認列信用減損損失 $82 (= $90 – $8)，並認列等額的變動於其他綜合損益 (備抵損失部分)。同時，並認列該債券公允價值的變動 (下跌 $100) 於其他綜合損益 (評價調整部分)。

×1/12/31	現金	100	
	信用減損損失 ($90 – $8)	82	
	利息收入		100
	其他綜合損益—透過其他綜合損益按公允價值衡量		
	之債務工具投資備抵損失		82
	其他綜合損益—透過其他綜合損益按公允價值衡量之債		
	務工具投資評價損益 ($1,000 – $900)	100	
	透過其他綜合損益按公允價值衡量之債務工具投資評價調整		100
(結帳分錄)	其他權益—透過其他綜合損益按公允價值衡量之債務工		
	具投資評價損益	100	
	其他綜合損益—透過其他綜合損益按公允價值衡量之債		
	務工具投資備抵損失	82	
	其他綜合損益—透過其他綜合損益按公允價值衡量之		
	債務工具投資評價損益		100
	其他權益—透過其他綜合損益按公允價值衡量之債		
	務工具投資備抵損失		82

在上述分錄後，該投資於 ×1 年 12 月 31 日有關資產負債表之表達如下：

資產：		其他權益：	
透過其他綜合損益按公允價值衡量		透過其他綜合損益按公允價值衡量之	
之債務工具投資	$1,000	債務工具投資評價損益	$(100)
透過其他綜合損益按公允價值衡量		透過其他綜合損益按公允價值衡量之	
之債務工具投資評價調整	(100)	債務工具投資備抵損失	90
	$900		$(10)

(3) 依總帳面金額認列利息收入 $100 (= $1,000 × 10%)，收到利息 $100，因為債券已經減損，故應將「備抵損失」認列至整個存續期間預期信用損失 $300，亦即認列信用減損損失 $210 (= $300 – $90)，並認列等額的其他綜合損益 (備抵損失部分)。同時，認列該債券公允價值的變動下跌 $204 (由 $900 下跌至 $696) 於其他綜合損益 (評價調整部分)。

×2/12/31	現金	100	
	信用減損損失 ($300 – $90)	210	
	利息收入		100
	其他綜合損益—透過其他綜合損益按公允價值衡量		
	之債務工具投資備抵損失		210

	其他綜合損益—透過其他綜合損益按公允價值衡量之		
	債務工具投資評價損益 ($900 – $696)	204	
	透過其他綜合損益按公允價值衡量之債務工具投資評價調整		204
(結帳分錄)	其他綜合損益—透過其他綜合損益按公允價值衡量之		
	債務工具投資備抵損失	210	
	其他權益—透過其他綜合損益按公允價值衡量之債務		
	工具投資評價損益	204	
	其他綜合損益—透過其他綜合損益按公允價值衡		
	量之債務工具投資評價損益		204
	其他權益—透過其他綜合損益按公允價值衡量之		
	債務工具投資備抵損失		210

在上述分錄後，該投資於×2年12月31日有關資產負債表之表達如下：

資產：		其他權益：	
透過其他綜合損益按公允價值衡量		透過其他綜合損益按公允價值衡量之	
之債務工具投資	$1,000	債務工具投資評價損益	$(304)
透過其他綜合損益按公允價值衡量		透過其他綜合損益按公允價值衡量之	
之債務工具投資評價調整	(304)	債務工具投資備抵損失	300
	$ 696		$(4)

(4) 以攤銷後成本 $700 (總帳面金額 $1,000 – 備抵損失 $300) 認列利息收入 $70 (= $700 × 10%)，只收到 ×3 年的利息及本金共 $770，亦即該債券在不包含利息的公允價值為 $700。先認列利息收入及公允價值的調整 (由 $696 上漲至 $700，增加了 $4)。再除列該債務工具投資。

×3/12/31	現金 (利息部分)	70	
	透過其他綜合損益按公允價值衡量之債務工具投資評價調整	4	
	利息收入 ($700 × 10%)		70
	其他綜合損益—透過其他綜合損益按公允價值衡量之		
	投資評價損益 ($700 – $696)		4
	現金 (本金部分)	700	
	透過其他綜合損益按公允價值衡量之債務工具投資評價調整	300	
	透過其他綜合損益按公允價值衡量之債務工具投資		1,000
(結帳分錄)	其他綜合損益—透過其他綜合損益按公允價值衡量之債		
	務工具投資評價損益	4	
	其他權益—透過其他綜合損益按公允價值衡量之債務工具		
	投資備抵損失	300	
	其他權益—透過其他綜合損益按公允價值衡量之債務		
	工具投資評價損益		304

註：本例因為持有至到期日，所以沒有出現重分類調整。

10.4 權益工具投資

學習目標 3
權益工具投資可供選擇之會計處理

股票(權益工具)係表彰對某一企業擁有所有權之憑證，投資後不但可領取現金股利，也可能獲得股價增值的利益。會計有關權益工具投資的會計方法，端視投資公司對被投資公司的影響程度高低而定。如圖 10-4。

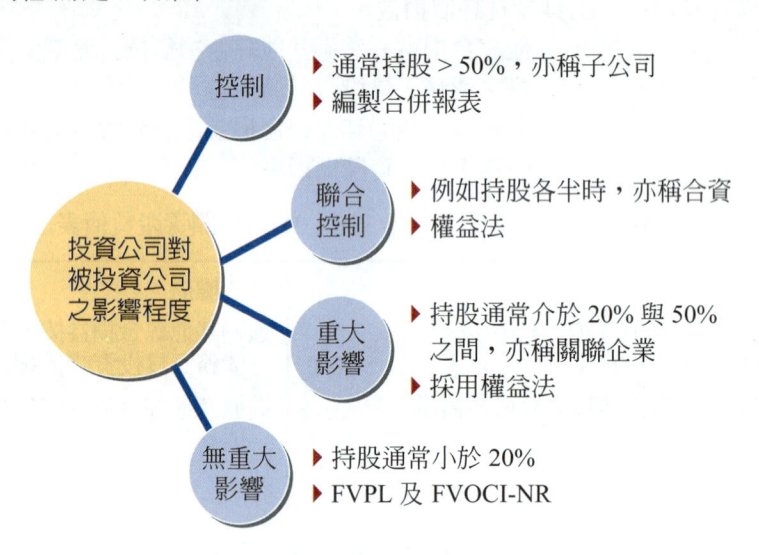

投資公司對被投資公司之影響程度：

- **控制**
  - 通常持股 > 50%，亦稱子公司
  - 編製合併報表
- **聯合控制**
  - 例如持股各半時，亦稱合資
  - 權益法
- **重大影響**
  - 持股通常介於 20% 與 50% 之間，亦稱關聯企業
  - 採用權益法
- **無重大影響**
  - 持股通常小於 20%
  - FVPL 及 FVOCI-NR

圖 10-4　投資公司對被投資公司之影響程度

控制 (control) 係指投資公司暴露於來自於可參與被投資公司的**變動報酬** (variable returns) 或對該等變動報酬享有權利，且透過其對被投資公司之權力有能力影響該等報酬。亦即，僅於投資公司同時具有下列各項條件時，投資公司方始控制被投資公司：

(1) 對被投資公司，具有**權力** (power)。該權力賦予投資公司現時能力，可主導重大影響被投資公司報酬之活動(例如財務及營運等攸關活動)。

(2) 有來自參與被投資公司變動報酬之暴險或權利。投資公司所享有之參與報酬會隨被投資公司之績效而變動，該參與之報酬可能僅為正數、僅為負數或者正負數兼具。及

(3) 具有使用其對被投資公司之權力，以影響投資公司報酬金額之能力。

通常，當投資公司直接(或間接)持有被投資公司有表決權之股份超過 50% 者，即控制被投資公司 [此時稱為**子公司** (subsidiary)]，

但有證據顯示其持股未具有控制能力者，不在此限。反之，若投資公司持有被投資公司之股份雖未超過 50%，但若同時滿足上述三項條件時，仍應視為可控制被投資公司。投資公司應將子公司之所有財務資訊 (收益、費損、資產及負債) 都納入其合併報表中，合併報表之編製係屬高等會計學之範疇。

聯合控制 (joint control) 係指有關被投資公司其攸關活動 (如財務及營運) 之決策，必須取得其他分享控制者 [**合資者** (joint venturer)] 各方全體一致同意時，方可進行。亦即擁有聯合控制能力尚無法主導被投資公司 [此時稱為**合資** (joint venture)]，但擁有否決的權力。最佳的例子為甲乙兩公司各持有 A 公司 50% 的股權。甲、乙兩公司均無法主導，想進行主要營運及財務決策時，雙方必須取得共識才能進行，但甲及乙公司均擁有否決權。在聯合控制的情況下，投資公司 (合資者) 對於被投資公司 (合資) 之淨資產，應採用**權益法** (equity method)。

重大影響 (significant influence) 係指投資公司有參與被投資公司財務及營運政策之權力，但無法控制或聯合控制該等政策。投資公司持有被投資公司有表決權之股份介於 20% (含) 及 50% 之間，通常對被投資公司 [此時亦稱**關聯企業** (associate)] 之財務及營運政策具有重大影響。投資公司若具重大影響，通常會以下列一種或多種方式顯現：

(a) 在被投資者之董事會或類似治理單位擁有代表者；
(b) 參與政策制定過程，包括參與股利或其他分配案之決策；
(c) 投資公司與被投資公司間有重大交易；
(d) 管理階層人員之互換；或
(e) 重要技術資訊之提供。

但如有反證，例如被投資公司可拒絕提供報表，或投資公司連一席董事都選不上時，投資公司無法重大影響被投資公司。有時，投資公司持有被投資公司有表決權之股份雖然低於 20%，但有足以證明投資公司具有重大影響之事項時，仍應視為具重大影響。投資公司對於關聯企業應採用權益法。

投資公司在評估是否具有重大影響時，應考量目前可執行或可轉換潛在表決權 (包括認股權證、可轉換公司債等) 之存在及影

響。投資公司評估潛在表決權是否導致重大影響時，應檢視所有影響潛在表決權之事實及情況，但不必考量管理階層執行或轉換之意圖及企業之財務能力。例如甲公司持有乙公司的股權只有 10%，但甲公司同時持有乙公司所發行的可轉換公司債，該可轉換公司債目前已可隨時轉換，只要甲公司將其轉換，對乙公司的持股會增加到 35%，所以即使目前甲公司只持有 10% 的股權，仍應對乙公司採用權益法。但是，如果該潛在表決權須等到未來特定日期 (例如 2 年後) 或未來特定事件發生才能進行轉換，則該潛在表決權不屬目前可執行或可轉換，甲公司不得對乙公司採用權益法。

投資公司若對被投資公司無重大影響，亦即連參與被投資公司財務及營運政策之重大影響力都沒有時，此時只是一位被動的投資人，原則上應採用透過損益按公允價值衡量(FVPL) 該股權的投資。惟在該股權投資 (1) 非屬持有供交易時，或 (2) 非企業合併中之或有對價時，企業可在原始認列時，作一**不可撤銷之選擇** (irrevocable election)，選擇將該股權投資後續的公允價值變動 (包含減損時)，認列於其他綜合損益。且在出售該股權投資時，不得認列出售損益 (no recycle)，只能調整保留盈餘。本書稱此法為不得重分類之透過其他綜合損益按公允價值衡量 (FVOCI-NR)。權益工具採用這個方法時，得以個別工具認定 (instrument by instrument)，亦即同時買入兩張台積電的股票時，一張可以用 FVPL 衡量，另一張用 FVOCI-NR 衡量。股權投資不論採用 FVPL 或 FVOCI-NR 衡量，股利收入均應認列於當期損益中。表 10-4 列出股權投資二種可能的會計方法：

表 10-4　無重大影響之權益工具投資會計處理方式

分類	後續評價會計處理	原始取得之交易成本	現金股利收入	除列時之交易成本
1. 透過損益按公允價值衡量 (FVPL)	透過損益按公允價值衡量	當期費損	認列於損益	當期費損
2. 不得重分類之透過其他綜合損益按公允價值衡量 (FVOCI-NR)	透過其他綜合損益按公允價值衡量	納入取得成本	認列於損益	當期費損或其他綜合損失

10.4.1 透過損益按公允價值衡量之權益工具投資

權益工具投資採透過損益按公允價值衡量 (FVPL)，是讓財務報表透明度最高的一種方法。它不但使用公允價值衡量，並且將公允價值的變動直接進入損益中，讓投資人可以儘早知道金融工具價值之變化。它有兩種類別：(1) 持有供交易，及 (2) 原始認列時決定採透過損益按公允價值衡量。至於原始取得及出售時之交易成本，應列為當期費損。至於現金股利收入亦認列為投資收入，除非該現金股利明顯是投資成本的回收。

釋例 10-8　透過損益按公允價值衡量之權益工具投資

復興公司有下列透過損益按公允價值衡量之權益工具投資，資訊如下：

(1) 於 ×1 年 12 月 1 日，以每股 $180 買入台積電股票 1,000 股，手續費 $200，共支付 $180,200。
(2) ×1 年 12 月 31 日，台積電收盤價為 $170。
(3) ×2 年 7 月 15 日，收到現金股利每股 $3，股票股利 10%。
(4) ×2 年 12 月 31 日，台積電收盤價為 $182。
(5) ×3 年 3 月 1 日，將台積電持股以公允價值 $187,100 全數出售，扣除出售手續費 $100，得款 $187,000。

試作：復興公司相關分錄。

解析

(1) 於 ×1 年 12 月 1 日，以每股 $180 買入台積電股票 1,000 股，手續費 $200，共支付 $180,200。

透過損益按公允價值衡量之權益工具投資	180,000	
手續費	200	
現金		180,200

(2) ×1 年 12 月 31 日，台積電收盤價為 $170。由於今日持股的公允價值只有 $170,000 (= $170 × 1,000)，所以需有「透過損益按公允價值衡量之權益工具投資評價調整」貸方餘額 $10,000 (= $180,000 – $170,000)，並認列「透過損益按公允價值衡量之權益工具投資評價損失」$10,000 於損益表中。

透過損益按公允價值衡量之權益工具投資評價損失	10,000	
透過損益按公允價值衡量之權益工具投資評價調整		10,000

該投資於 ×1 年 12 月 31 日資產負債表中之表達如下：

資產負債表	
資產：	
透過損益按公允價值衡量之權益工具投資	$180,000
透過損益按公允價值衡量之權益工具投資評價調整	(10,000)
	$170,000

(3) ×2 年 7 月 15 日，收到現金股利每股 $3，合計 $3,000，應作為股利收入。至於股票股利 10%（可增加持股 1,000 × 10% = 100 股），則僅須註記股數增加為 1,100 股即可，無須分錄。

   現金   3,000
    股利收入   3,000

(4) ×2 年 12 月 31 日，台積電收盤價為 $182。由於今日持股的公允價值高達 $200,200（= $182 × 1,100），所以需有「透過損益按公允價值衡量之權益工具投資評價調整」借方餘額 $20,200（= $200,200 – $180,000），但因前期有貸方餘額 $10,000，所以本期應調節金額為 $30,200 [= $20,200 – (–$10,000)]，並相對調整「透過損益按公允價值衡量之權益工具投資評價利益」$30,200 於損益表中。

   透過損益按公允價值衡量之權益工具投資評價調整 30,200
    透過損益按公允價值衡量之權益工具投資評價利益   30,200

該投資於 ×2 年 12 月 31 日資產負債表中之表達如下：

資產負債表	
資產：	
透過損益按公允價值衡量之權益工具投資	$180,000
透過損益按公允價值衡量之權益工具投資評價調整	20,200
	$200,200

(5) ×3 年 3 月 1 日，將台積電以公允價值 $187,100 持股全數出售，出售手續費 $100，故先將該投資調整至出售後的公允價值 $187,100，所以評價項目應調整至借方餘額 $7,100，但因前期有借方餘額 $20,200，所以本期應調節金額為 –$13,100（= $7,100 – $20,200），並認列 ×3 年 1 月 1 日至 3 月 1 日之跌價損失 $13,200 於損益表中後，再將該投資予以除列。

調整 ×3 年 1 月 1 日至 ×3 年 3 月 1 日公允價值之變動：

   透過損益按公允價值衡量之權益工具投資評價損失 13,100
    透過損益按公允價值衡量之權益工具投資評價調整   13,100

除列投資：
　　現金　　　　　　　　　　　　　　　　　　　　　　187,000
　　手續費　　　　　　　　　　　　　　　　　　　　　　　100
　　　透過損益按公允價值衡量之權益工具投資　　　　　　180,000
　　　透過損益按公允價值衡量之權益工具投資評價調整　　　7,100

10.4.2　透過其他綜合損益按公允價值衡量之權益工具投資

不得重分類之透過其他綜合損益按公允價值衡量 (FVOCI-NR) 之權益工具投資，雖然使用公允價值衡量，但將公允價值的變動先

IFRS 實務案例

To be or not to be? That is the question!

由於以往 IAS39 允許企業對於權益工具及債務工具投資採用備供出售 (available for sale, AFS) 的作法，亦即先將公允價值的變動先暫時放進其他綜合損益，等到處分時再予以重分類至損益中。造成不少企業投機取巧，企業可先將買進之投資 (不論是股票或債券) 放入備供出售投資之類別，如果下跌就不出售，反正投資人在損益中看不到未實現損失；如果上漲再將其出售，處分利益此時會重分類調整 (recycle) 到損益中，產生 gain trading, loss hiding 的現象。

IASB 對此投機作法，知之甚詳，因此在 2009 年版 IFRS9 的草案中，取消 AFS 的作法，不再讓企業有機可趁。但是許多企業 (尤其是保險業者) 反對聲浪極大，IASB 只好退讓一步，允許符合本金利息定義的債務工具投資，得分類為須重分類之透過其他綜合損益按公允價值衡量 (FVOCI-R)，該類之會計處理允許債務工具投資處分時，應重分類調整 (recycle) 至本期損益 (因而影響每股盈餘)，與 IAS 39 的備供出售作法其實是相當類似的，只有在減損的會計處理有所不同。

「但是在權益工具投資部分，IASB 就堅持不再退讓，強制企業要有「願賭服輸」的精神，只允許兩條路讓企業抉擇：第一條路是採用透過損益按公允價值衡量 (FVPL)，所有權益工具投資公允價值的變動都會馬上影響當期損益 (因而影響每股盈餘)。第二條路是採用不得重分類之透過其他綜合損益按公允價值衡量 (FVOCI-NR)，所有權益工具投資公允價值的變動都不會影響損益，只會影響其他綜合損益，即使處分或減損時也不得將公允價值變動重分類調整 (recycle) 至損益 (也因而不影響每股盈餘)。不同道路的抉擇會影響企業未來的每股盈餘甚鉅，因此在 IFRS 9 實施之後，企業在買入股票時必須要好好思考一下：要採用 FVPL？還是不要？ That is the question!」

目前臺灣公司大多採用 FVOCI-NR，因為現金股利可認列為收益，但下跌或賠本出售皆不會認列於損益。

暫時放進其他綜合損益，等到處分時不得重分類調整 (recycle) 至損益中，只能直接調整保留盈餘。至於原始取得之交易成本，應納入原始取得成本之中。惟現金股利收入仍然可以認列為投資收入，除非該現金股利明顯是投資成本的回收。至於除列時之交易成本應作為本期費損或本期綜合損失。

釋例 10-9　透過其他綜合損益按公允價值衡量之權益工具投資

復興公司有下列透過其他綜合損益按公允價值衡量之權益工具投資，資訊如下：

(1) 於 ×1 年 12 月 1 日，以每股 $180 買入台積電股票 1,000 股，手續費 $200，共支付 $180,200。
(2) ×1 年 12 月 31 日，台積電收盤價為 $170。
(3) ×2 年 7 月 15 日，收到現金股利每股 $3，股票股利 10%。
(4) ×2 年 12 月 31 日，台積電收盤價為 $182。
(5) ×3 年 3 月 1 日，將台積電持股以公允價值 $187,100 全數出售，扣除出售手續費 $100，得款 $187,000。

試作：復興公司所有相關分錄。

解析

(1) 於 ×1 年 12 月 1 日，以每股 $180 買入台積電股票 1,000 股，手續費 $200，共支付 $180,200。透過其他綜合損益按公允價值衡量投資的手續費須作為取得成本，所以原始成本為 $180,200。

透過其他綜合損益按公允價值衡量之權益工具投資　180,200
　　現金　　　　　　　　　　　　　　　　　　　　　　　　180,200

(2) ×1 年 12 月 31 日，台積電收盤價為 $170。由於今日持股的公允價值只有 $170,000 (= $170 × 1,000)，所以需有「透過其他綜合損益按公允價值衡量之權益工具投資評價調整」貸方餘額 $10,200 (= $180,200 – $170,000)，並認列「其他綜合損益—透過其他綜合損益按公允價值衡量之權益工具投資評價損益」借方餘額 $10,200。

其他綜合損益—透過其他綜合損益按公允價值衡量
　之權益工具投資評價損益　　　　　　　　　　10,200
　　透過其他綜合損益按公允價值衡量之權益工具投資評價調整　10,200

另作結帳分錄如下：

其他權益—透過其他綜合損益按公允價值衡量之權益工具投資評價損益	10,200	
其他綜合損益—透過其他綜合損益按公允價值衡量之權益工具投資評價損益		10,200

該投資於 ×1 年 12 月 31 日有關財務報表資料如下：

綜合損益表

本期淨利	$×××
其他綜合損益：透過其他綜合損益按公允價值衡量之權益工具投資評價損益	(10,200)
本期綜合損益	$×××

資產負債表

資產：		其他權益：	
透過其他綜合損益按公允價值衡量之權益工具投資	$180,200	透過其他綜合損益按公允價值衡量之權益工具投資評價損益	$(10,200)
透過其他綜合損益按公允價值衡量之權益工具投資評價調整	(10,200)		
	$170,000		

(3) ×2 年 7 月 15 日，收到現金股利每股 $3，合計 $3,000，應作為股利收入。至於股票股利 10%（可增加持股 1,000 × 10% = 100 股），則僅須註記股數增加為 1,100 股即可，無須分錄。

現金	3,000	
股利收入		3,000

(4) ×2 年 12 月 31 日，台積電收盤價為 $182。由於今日持股的公允價值高達 $200,200（= $182 × 1,100），所以需有「透過其他綜合損益按公允價值衡量之權益工具投資評價調整」借方餘額 $20,000（= $200,200 − $180,200），但因前期有貸方餘額 $10,200，所以本期應調節金額為 $30,200 [= $20,000 − (−$10,200)]。

透過其他綜合損益按公允價值衡量之權益工具投資評價調整	30,200	
其他綜合損益—透過其他綜合損益按公允價值衡量之權益工具投資評價損益		30,200

另作結帳分錄如下：

其他綜合損益—透過其他綜合損益按公允價值衡量之權益工具投資評價損益	30,200
其他權益—透過其他綜合損益按公允價值衡量之權益工具投資評價損益	30,200

該投資於 ×2 年 12 月 31 日有關財務報表資料如下：

綜合損益表	
本期淨利	$×××
其他綜合損益：透過其他綜合損益按公允價值衡量之權益工具投資評價損益	30,200
本期綜合損益	$×××

資產負債表			
資產：		其他權益：	
透過其他綜合損益按公允價值衡量之權益工具投資	$180,200	透過其他綜合損益按公允價值衡量之權益工具投資評價損益	$20,000
透過其他綜合損益按公允價值衡量之權益工具投資評價調整	20,000		
	$200,200		

(5) ×3 年 3 月 1 日，將台積電持股以公允價值 $187,100 全數出售，扣除手續費 $100 之後得款 $187,000，故先將該投資調整至出售後的公允價值 $187,100，所以評價項目應調整至借方餘額 $6,900，但因前期有借方餘額 $20,000，所以本期應調節金額為 –$13,100 (= $6,900 – $20,000)，並相對調整其他綜合損益中的「透過其他綜合損益按公允價值衡量之權益工具投資評價損益」後，再將該投資予以除列，並將有關透過其他綜合損益按公允價值衡量權益工具投資先前已認列於其他綜合損益的評價損益金額 ($6,900) 直接結轉至保留盈餘，不得認列於損益中。

調整 ×3 年 1 月 1 日至 ×3 年 3 月 1 日公允價值之變動：

其他綜合損益—透過其他綜合損益按公允價值衡量之權益工具投資評價損益	13,100
透過其他綜合損益按公允價值衡量之權益工具投資評價調整	13,100

再除列該權益工具投資。最後將當期產生相關的其他綜合損益 ($13,100) 轉入其他權益後，其他權益的餘額為出售價款與原始投資成本間之差額 ($6,900) 再結轉至「保留盈餘」，不得於損益中認列處分損益：

手續費	100	
現金	187,000	
透過其他綜合損益按公允價值衡量之權益工具投資		180,200
透過其他綜合損益按公允價值衡量之權益工具投資評價調整		6,900
結帳分錄：		
其他權益—透過其他綜合損益按公允價值衡量之權益		
工具投資評價損益	13,200	
其他綜合損益—透過其他綜合損益按公允價值衡		
量之權益工具投資評價損益		13,200
其他權益—透過其他綜合損益按公允價值衡量之權益		
工具投資評價損益	6,900	
保留盈餘 ($20,000 – $13,100)		6,900

10.4.3　權益工具投資之減損、減損迴轉及重分類

權益工具投資只有兩種會計方法可供選擇：透過損益按公允價值衡量 (FVPL) 及不得重分類之透過其他綜合損益按公允價值衡量 (FVOCI-NR)。權益工具投資若採用透過損益按公允價值衡量 (FVPL) 時，公允價值下跌 (包括減損) 時，已立即認列損失；而公允價值上升 (包括減損迴轉) 時，也馬上認列利益，所以無須其他特別減損及迴轉的會計處理。

學習目標 4
權益工具投資之減損、迴轉及重分類

IFRS 一點通

成本是否可以用來衡量權益工具投資

IFRS 9 認為：權益工具投資通常都可以按公允價值加以衡量。但是在資訊有限的情況下，例如無足夠的近期資訊以供衡量公允價值，或者公允價值衡量區間頗大而成本可代表該區間內公允價值的最佳估計 (例如成交量不多的未上市櫃股票)，此時原始購買成本可成為一個公允價值的適當估計值。另外，IFRS 9 特別強調：具有報價 (quoted price) 的權益工具，成本絕非公允價值的最佳估計。例如，證券商有時會發行一些具權益性質的投資工具，如果證券商對該投資工具有提供買進報價 (bid price) 及賣出報價 (ask price)，此時最少應以較低的買進報價 (適當時，亦可使用買進報價及賣出報價的平均價格) 作為公允價值的估計值。

權益工具投資若採用不得重分類之透過其他綜合損益按公允價值衡量 (FVOCI-NR) 時，由於續後公允價值的變動，只會認列於其他綜合損益，永遠不會認列於損益中。所以其減損時，只會認列其他綜合損失；而減損迴轉時，也只會認列其他綜合利益。

由於權益工具投資只能在原始認列時，有一次機會選擇透過其他綜合損益按公允價值衡量 (FVOCI-NR)。在原始認列之後，該選擇是不可以事後撤銷的，所以權益工具投資是不得進行**重分類** (reclassification) 的，這與債務工具投資在營運模式改變時，可以重分類是不同的。

10.5　採用權益法之投資

> 學習目標 5 及 6
> 重大影響及聯合控制投資之會計處理——權益法

會計原則對於沒有重大影響力的被投資公司的權益工具投資，認為採用公允價值衡量 (如 FVPL 及 FVOCI-NR) 較具資訊的攸關性。但是會計原則對於母公司的權益，不會採用公允價值來衡量自己的權益，而是盡量對自己的資產及負債採用公允價值衡量。同樣地，邏輯也延伸到具有控制能力的被投資公司 (子公司)，子公司的權益並不是衡量的重點，只有子公司的資產及負債才是衡量的重點，所以將子公司全部資產及負債一起納入，共同編製母公司及子公司之合併報表。但是對介於前述兩個極端之間有重大影響力的關聯企業及有聯合控制能力的合資，會計原則也是採用公允價值與全部合併之間的會計方法——權益法。

10.5.1　權益法之定義

權益法 (equity method) 係指原始投資時先依成本 (含交易成本) 認列，之後被投資公司的權益 (淨資產) 如有變動，投資公司依其持股比率認列可享有之被投資公司權益 (淨資產) 份額之變動。亦即投資公司的「採用權益法之投資」資產項目與被投資公司的權益產生連動，同時投資公司也依其所享有之被投資公司的損益份額認列投資損益。投資公司認列之損益，包括其對被投資公司本期損益及其他綜合損益 (例如透過其他綜合損益按公允價值衡量之權益工

具投資評價損益、不動產、廠房及設備之重估價及外匯換算差異數等)之份額。舉例來說，投資公司持有被投資公司30%的股份，被投資公司本期歸屬於普通股股東之淨利(扣除應認列之特別股股利後)若為$100、其保留盈餘也會增加$100，投資公司此時可因此認列$30之投資利益，自己的保留盈餘也會增加$30，「採用權益法之投資」資產項目也會增加$30。若被投資公司本期透過其他綜合損益按公允價值衡量之權益工具投資的公允價值增加了$50，被投資公司其他權益項下的透過其他綜合損益按公允價值衡量之權益工具投資未實現利益會直接(不透過本期損益)增加$50，投資公司也可因此在自己的其他權益項下之「採用權益法之關聯企業及合資之其他權益份額」項目直接(不透過本期損益)增加$15，投資公司「採用權益法之投資」也會增加$15。投資公司與被投資公司(關聯企業或聯合控制個體)藉由權益法產生亦步亦趨的連動關係，如圖10-5所示。

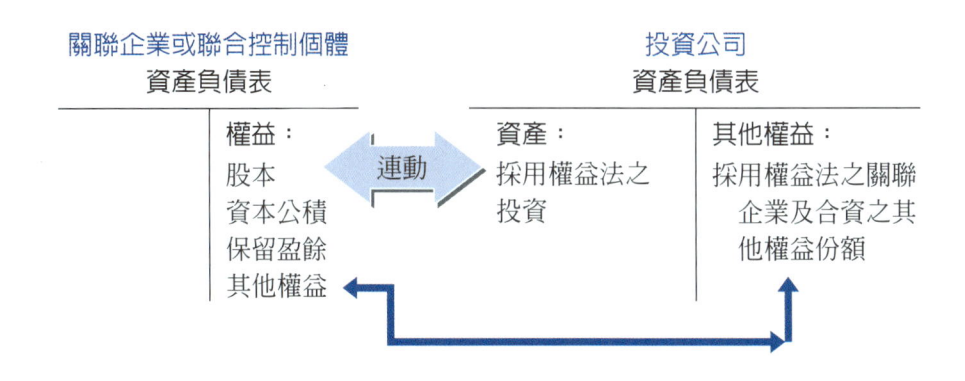

圖 10-5　權益法產生亦步亦趨的連動關係

　　投資公司於適用權益法時，應使用關聯企業或合資最近期可得之財務報表，且該報表須對相似交易採用與投資公司相同之會計政策。如兩者採用會計政策有所差異時，關聯企業或合資之財務報表必須予以調整之後，始能適用權益法。

　　原則上，投資公司與關聯企業或合資財務報表兩者之結束日應當相同。如果投資公司與關聯企業或合資之財務報表結束日期不同，且於實務上可行時，關聯企業或合資應重新編製與投資公司財

務報表日期相同之財務報表，以供投資公司使用。但若於實務上不可行時，投資公司應對關聯企業或合資財務報表日期與投資公司財務報表日期之間所發生之重大交易之影響予以調整。在任何情況下，關聯企業或合資與投資公司之報導期間結束日的差異不得超過三個月。報導期間之長度與報導期間結束日間之差異應每期相同。

釋例 10-10　採用權益法之投資（投資成本與股權淨值之間無差額）

復興公司於 ×1 年 1 月 1 日與他人共同創立魯夫公司。復興公司投資 $300,000 以取得魯夫公司 30% 的股權，並具有重大影響力。(本章所提到的特別股均假設符合權益的定義，詳細的討論，請參考第 13.1 節)

魯夫公司 ×1 年本期淨利為 $56,000。該年度應發放之累積特別股股利為 $6,000。

魯夫公司 ×2 年 4 月 1 日宣告並發放現金股利 $30,000。

魯夫公司 ×2 年的本期淨損為 $14,000。該年度應發放之累積特別股股利為 $6,000。

但魯夫公司持有的須重分類之透過其他綜合損益按公允價值衡量之債務工具投資有評價利益增加了 $40,000 利益。

試作：復興公司採用權益法之相關分錄。

解析

(1) ×1 年 1 月 1 日以 $300,000 取得關聯企業魯夫公司 30% 的股權，並取得重大影響力。

　　採用權益法之投資　　　　　　　300,000
　　　　現金　　　　　　　　　　　　　　　　300,000

(2) 關聯企業 ×1 年的本期淨利為 $56,000，須先減除該年度應發放之累積特別股股利 (不論該年度是否有實際發放) 為 $6,000，得到歸屬於關聯企業普通股股東之本期淨利為 $50,000。因此，復興公司可認列 $15,000 (= $50,000 × 30%) 的「採用權益法認列損益之份額」，並相對增加「採用權益法之投資」。

　　採用權益法之投資　　　　　　　15,000
　　　　採用權益法認列損益之份額　　　　　15,000

　　註：若該特別股係屬非累積，則須視關聯企業是否意圖發放該特別股股利。若關聯企業不意圖發放特別股股利，此時無須減除。

(3) ×2 年 4 月 1 日關聯企業宣告並發放現金股利 $30,000，復興公司應將現金股利 $9,000 (= $30,000 × 30%) 視為成本的回收，而非投資收益。

　　現金　　　　　　　　　　　　　9,000
　　　　採用權益法之投資　　　　　　　　　9,000

(4) 關聯企業 ×2 年的本期淨損為 $14,000，但關聯企業之「透過其他綜合損益按公允價值衡量之債務工具投資評價損益」增加了 $40,000。由於特別股股利係屬累積，即使關聯企業因 ×2 年虧損，暫時不發放該特別股股利，復興公司仍應將其減除。故復興公司應認列 $6,000 [= (-$14,000 - $6,000) × 30%) 的「採用權益法認列損益之份額」，並相對減少「採用權益法之投資」。另外，復興公司亦應增加認列「採用權益法之關聯企業之其他綜合損益份額」$12,000 (= $40,000 × 30%)，並相對增加「採用權益法之投資」。

採用權益法認列損益之份額 (= $20,000 × 30%)	6,000	
採用權益法之投資		6,000
採用權益法之投資 (= $40,000 × 30%)	12,000	
採用權益法之關聯企業之其他綜合損益份額		12,000
(結帳分錄)		
採用權益法之關聯企業之其他綜合損益份額	12,000	
其他權益—採用權益法之關聯企業		12,000

10.5.2　投資成本與股權淨值之間有差額時

　　投資取得關聯企業或合資的股權時，若取得成本與當時可享有被投資公司權益的份額 (亦稱股權淨值) 有差額時，應分析差異產生之原因並予以適當處理，如果投資成本大於股權淨值時，其處理方法如下：

(1) 如係折舊、折耗或攤銷性之資產所產生者，應自取得之年度起，依其估計剩餘經濟年限分年攤銷。差額之攤銷，一方列記「採用權益法之投資」，另一方列記「採用權益法損益之份額」。

(2) 如係商譽而產生者，則不攤銷。

(3) 如確定係因資產之帳面金額高於或低於公允價值所發生者，則於高估或低估情形消失時 (如資產重估價、資產減損或出售資產)，將其相關之未攤銷差額一次沖銷。

反之，若投資成本小於股權淨值時，兩者之差額應視為**廉價購買利益** (bargain purchase gain)，於購買取得股權時將廉價購買利益認列為本期利益。

釋例 10-11　採用權益法之投資（投資成本大於股權淨值）

復興公司於 ×6 年 1 月 1 日以 $8,500 買進索隆公司 25% 的股權，索隆公司的淨資產為 $30,000，所以復興公司購入時所享有的股權淨值份額為 $7,500，與投資成本之間有 $1,000 的差額。經過分析產生該差異 $1,000 之原因，發現係因為索隆公司的股權淨值中：

(1)　土地低估 $300
(2)　折舊性資產低估 $600，經濟年限還有 10 年
(3)　有未入帳商譽 $100

×6 年 6 月 30 日，索隆公司共發放 $500 現金股利。
×6 年 12 月 31 日，索隆公司本期淨利為 $2,800（包括停業單位損失 $400）。
試作：復興公司採用權益法之相關分錄。

解析

(1)　×6 年 1 月 1 日以 $8,500 買進索隆公司 25% 的股權。

採用權益法之投資	8,500	
現金		8,500

(2)　×6 年 6 月 30 日，領到索隆公司 $125 (= $500 × 25%) 現金股利。

現金	125	
採用權益法之投資		125

(3)　×6 年 12 月 31 日，索隆公司本期淨利為 $2,800（包括停業單位損失 $400），故復興公司應享有本期繼續營業單位淨利及停業單位損失之份額分別為利益 $800 [= ($2,800 + $400) × 25%] 及損失 $100 (= $400 × 25%)，兩者應分別列示。

採用權益法之投資	700	
停業單位損失	100	
採用權益法認列損益之份額		800

(4)　×6 年 12 月 31 日，因為取得股權時，索隆公司折舊性資產的公允價值高於其帳面金額，表示索隆公司的折舊費用低估，所以應攤銷對索隆公司投資成本與股權淨值之差額 $60 (= $600 ÷ 10 年)，以免高估採用權益法所認列的投資收益。

採用權益法認列損益之份額	60	
採用權益法之投資		60

釋例 10-12　採用權益法之投資（投資成本小於股權淨值，產生廉價購買利益）

復興公司於 ×1 年 1 月 1 日以 $10,000 買進羅賓公司 30% 的股權，羅賓公司的淨資產為 $40,000，所以復興公司購入時所享有的股權淨值份額為 $12,000，經審慎重新評估

之後該份額之公允價值亦為 $12,000，高於投資成本。羅賓公司 ×1 年之淨利為 $3,000。

試作：復興公司採用權益法之相關分錄。

解析

(1) ×1 年 1 月 1 日以 $10,000 買進關聯企業 30% 的股權，復興公司購入時所享有的股權淨值份額之公允價值為 $12,000，高於投資成本，因此產生廉價購買利益 (= $2,000)，必須立即認列本期損益。

採用權益法之投資	12,000	
現金		10,000
廉價購買利益		2,000

註：「廉價購買利益」係本期損益表之項目，應以單行列示，不得納入「採用權益法投資之份額」中。

(2) 關聯企業 ×1 年之淨利為 $3,000。復興公司可認列 $900 (= $3,000 × 30%) 的「採用權益法認列損益之份額」，並相對增加「採用權益法之投資」。

採用權益法之投資	900	
採用權益法認列損益之份額		900

10.5.3 處分採用權益法之投資

　　投資公司處分其對關聯企業或合資之股份時，投資公司之會計處理依其是否有喪失重大影響，而有不同之會計處理。

已喪失重大影響

　　當投資公司對於被投資公司之關係，不再具有重大影響時，應停止採用權益法，並認列處分投資損益。即使投資公司仍保留部分股權，但由於 IASB 認為：因為喪失重大影響對於投資公司係屬重大經濟事項，所以該保留之部分股權，應按喪失重大影響時之公允價值衡量，該公允價值與停止採用權益法當日之帳面金額兩者間之差額，應認列為當期損益。亦即視同將權益法投資先出售，然後再同時按公允價值買回部分股權投資。

　　投資公司對於先前認列於其他綜合損益中與該投資有關之所有金額，其會計處理應按假使關聯企業或合資若直接處分相關資產或負債時，採用相同的基礎來決定是否應該作為重分類調整。亦即，

若先前關聯企業或合資認列為其他綜合損益之利益或損失，於處分相關資產或負債時將被重分類至損益，則當投資公司停止採用權益法時，亦應將該利益或損失自「其他權益—採用權益法之投資」重分類至當期損益。例如，若關聯企業或合資具有與國外營運機構有關之累計兌換差額時，則當投資公司停止採用權益法時，應將該其先前已認列於「其他權益—採用權益法認列之關聯企業或合資」之金額，重分類至損益。

另外，要強調的是：對關聯企業之投資 (重大影響) 即使提升至成為對合資之投資 (聯合控制)，或者對合資之投資 (聯合控制) 下降成為對關聯企業之投資 (重大影響)，投資公司仍應持續適用權益法，不得對保留之股權依公允價值作再衡量。

仍保有重大影響

投資公司處分其對關聯企業或合資之部分股權時，但因仍保有重大影響而持續適用權益法時，對於已處分之股權部分，應認列處分損益。至於與該股權之減少有關而先前已認列於其他綜合損益之利益或損失，依減少比例重分類至損益 (若該利益或損失於關聯企業或合資本身處分相關資產或負債時須被重分類至損益，例如持有須重分類之透過其他綜合損益按公允價值 (FVOCI-R) 之債務工具投資時。反之，則應減少比例重分類至適當權益項目，例如持有不得重分類之透過其他綜合損益按公允價值衡量 (FVOCI-NR) 之權益工具投資或不動產、廠房及設備之重估增值時。

釋例 10-13 處分採用權益法之投資 (全數處分、部分處分且喪失重大影響、部分處分但仍保留重大影響)

復興公司於 ×1 年 1 月 1 日以 $40,000 買進喬巴公司 40% (4,000 股) 的股權，喬巴公司的淨資產為 $100,000，所以復興公司購入時所享有的股權淨值亦為 $40,000，與投資成本並無差額。

×1 年 12 月 31 日，喬巴公司本期淨利為 $0。該年度因國外營運機構財務報表換算而產生兌換利益 $1,500。

情況一：×2 年 1 月 1 日，復興公司以每股 $15 全數處分對喬巴公司之持股 (40%)。

情況二：×2 年 1 月 1 日，復興公司以每股 $15 部分處分對喬巴公司之 30% 持股，但仍

保留 10% 之持股，因持股比率大幅下降，因此喪失了對喬巴公司之重大影響。×2 年 12 月 31 日喬巴公司之股價為 $12，復興公司將保留對喬巴公司之投資作為透過其他綜合損益按公允價值衡量 (FVOCI-NR) 的權益工具投資。

情況三：×2 年 1 月 1 日，復興公司以每股 $15 部分處分對喬巴公司之 10% 持股，但仍保留 30% 之持股，持股比率雖有大幅下降，但仍保有對喬巴公司之重大影響。

試作：復興公司採用權益法之相關分錄。

解析

(1) ×1 年 1 月 1 日以 $40,000 買進喬巴公司 40% 的股權。

採用權益法之投資	40,000	
現金		40,000

(2) ×1 年 12 月 31 日，喬巴公司該年因國外營運機構財務報表換算而產生兌換利益 $1,500，故復興公司應認列「採用權益法認列之其他綜合損益份額」$600 (= $1,500 × 40%)，並增加「採用權益法之投資」。

採用權益法之投資	600	
採用權益法認列之其他綜合損益份額		
—國外營運機構換算之兌換差額		600

復興公司亦應於 ×1 年 12 月 31 日，另作相關之結帳分錄：

採用權益法認列之其他綜合損益份額		
—國外營運機構換算之兌換差額	600	
其他權益—採用權益法之投資		
—國外營運機構換算之兌換差額		600

(3) 情況一：全數處分

×2 年 1 月 1 日，復興公司以每股 $15 全數處分對喬巴公司之持股 4,000 股 (40%)，故應認列處分損益。由於喬巴公司 (被投資公司) 假使處分該國外營運機構時，先前認列為其他綜合損益之利益或損失，於處分相關資產或負債時將被重分類至損益，因此當復興公司 (投資公司) 停止採用權益法時，亦應將該利益或損失重分類至當期損益。

現金 (= $15 × 4,000)	60,000	
採用權益法認列之其他綜合損益份額		
—國外營運機構換算之兌換差額—重分類調整	600	
採用權益法之投資 (= $40,000 + $600)		40,600
處分投資利益		20,000

復興公司亦應於 ×2 年 12 月 31 日，另作相關之結帳分錄：

其他權益—採用權益法之投資		
—國外營運機構換算之兌換差額	600	
採用權益法認列之其他綜合損益份額		
—國外營運機構換算之兌換差額—重分類調整		600

(4) 情況二：部分處分且喪失重大影響

×2 年 1 月 1 日，復興公司以每股公允價值 $15 部分處分對喬巴公司之 30% 持股，但仍保留 10% 之持股，因此喪失了對喬巴公司之重大影響。復興公司必須以喪失重大影響當時之公允價值，作為保留下來持股之帳面金額，並加計處分之價款，以計算處分損益。復興公司亦應將先前認列為其他綜合損益之利益或損失 (國外營運機構換算之兌換差額)，重分類至損益。因此處分投資利益為 $20,000，與情況一相同。

現金 (= $15 × 3,000)	45,000	
透過其他綜合損益按公允價值衡量之權益工具投資		
(= $15 ×1,000)	15,000	
採用權益法認列之其他綜合損益份額		
—國外營運機構換算之兌換差額—重分類調整	600	
採用權益法之投資 (= $40,000 + $600)		40,600
處分投資利益		20,000

於 ×2 年 12 月 31 日，喬巴公司之股價為 $12，每股下跌了 $3，復興公司應作調整分錄：

其他綜合損益—透過其他綜合損益按公允價值衡量		
之權益工具投資評價損益 (= $3 × 1,000)	3,000	
透過其他綜合損益按公允價值衡量之權益工具投資評價調整		3,000

復興公司亦應於 ×2 年 12 月 31 日，另作相關之結帳分錄：

其他權益—採用權益法之投資		
—國外營運機構換算之兌換差額	600	
採用權益法認列之其他綜合損益份額		
—國外營運機構換算之兌換差額—重分類調整		600
其他權益—透過其他綜合損益按公允價值衡量之權益		
工具投資評價損益	3,000	
其他綜合損益—透過其他綜合損益按公允價值衡		
量之權益工具投資評價損益		3,000

(5) 情況三：部分處分但保有重大影響

×2 年 1 月 1 日，復興公司以每股 $15 部分處分對喬巴公司之 10% 持股，但仍保留 30% 之持股，因此仍保有對喬巴公司之重大影響，所以保留下來之股份仍須採用權益法評價。並根據處分之價款，與採用權益法投資之帳面金額兩者間之差額，

計算處分損益。復興公司亦應將先前認列為其他綜合損益之利益或損失 (國外營運機構換算之兌換差額)，依減少比例 1/4 (= 10% ÷ 40%) 重分類至損益。因此處分投資利益只有 $5,000，與情況一及情況二不同。

現金 (= $15 × 1,000)	15,000	
採用權益法認列之其他綜合損益份額—國外營運機構換算之兌換差額—重分類調整 (= 600 × 1/4)	150	
採用權益法之投資 (= $40,600 × 1/4)		10,150
處分投資利益		5,000

復興公司亦應於 ×2 年 12 月 31 日，作相關之結帳分錄：

其他權益—採用權益法之投資 　—國外營運機構換算之兌換差額	150	
採用權益法認列之其他綜合損益份額 　—國外營運機構換算之兌換差額—重分類調整		150

附錄 A　衍生工具定義及會計處理

衍生工具 (derivatives) 係指同時具有下列三項特性之金融工具：

學習目標 7
衍生工具定義及種類

(1) 其價值之變動係反映特定變數 [亦稱為**標的** (underlying)] 之變動，例如利率、匯率、金融工具價格、商品價格、信用等級、信用指數、價格指數、費率指數或其他變數之變動。
(2) 相對於對市場情況之變動有類似反應之其他類型合約，僅須小額之原始淨投資或原始淨投資金額為零。
(3) 於未來日期交割。

衍生工具大約可分成兩大類：

第一類　選擇權類別，亦即一方有權利、另一方有義務，如**選擇權** (option) 及**交換選擇權** (swaption) 等。

第二類　非選擇權類別，亦即雙方同時擁有權利及義務，例如**期貨** (futures)、**遠匯** (forwards) 及**交換** (swaps) 等。

茲舉表 10A-1 三個例子作為說明。

表 10A-1　衍生工具

衍生工具名稱	第一類：選擇權 ⓐ 台指選擇權	第二類：非選擇權 ⓑ 原油期貨	ⓒ 威力彩
1.有標的(underlying)	交易所加權股價指數	原油期貨價格	跑出來的7個號碼球
2.零或小額原始淨投資	小額	零	小額
3.未來交割	是	是	是

　　由於在一開始進行衍生工具交易時，從買方的觀點(有權利的一方)來看，最多只需要小額原始淨投資，甚至不用錢也可進行交易，所以係屬高財務槓桿的金融操作。但是從賣方的觀點來看(有義務的一方)，只能在交易時收到一筆小額的**權利金**(premiums)，但是將來有可能賠大錢，只要操作一不小心沒有做好**停損**(stop loss)，會造成極大的金融災難。美國知名投資人巴菲特早在 2005 年即提出警告，他戲稱衍生工具就像核子武器一樣，都是**大規模的毀滅武器**(weapons of mass destruction)。不幸言中，2008 年的金融海嘯證明了巴菲特的先見之明。又例如 2016 年人民幣衍生性金融產品**目標可贖回遠期契約**(Target Redemption Forward, TRF)產生的風暴，使得許多臺灣參與這個商品的個別交易人遭受到巨額虧損，而出售這個 TRF「假理財商品」的臺灣各銀行也因為客戶無法交割，遭受到不少的損失。

IFRS 實務案例

霸菱案

　　李森 (Nick Leeson) 是英國霸菱銀行 (Barings Bank) 的一位衍生工具交易員。霸菱銀行創立於 1762 年，比美國獨立建國還要再早 14 年。李森為了追求個人績效，私下進行未授權之衍生工具交易。於 1995 年時，他偷偷進行日經指數交易選擇權交易，由於李森係採出售選擇權方式，意圖賺取小額的權利金收入，但因為日本神戶發生大地震，造成日經指數重挫，使得該交易蒙受高達 14 億美元的鉅額損失，導致霸菱銀行宣告破產，最後以 1 英鎊的象徵性價格出售給荷蘭的 ING 集團。李森後來被新加坡政府判刑 6 年 6 個月，但因為癌症於 1999 年假釋出獄。他的故事後來也拍成電影《A 錢大玩家》(*Rogue Trader*)。

金融工具投資

企業操作衍生工具通常有兩種動機：**投機** (speculation) 及 **避險** (hedging)。避險之會計處理通常於高等會計學討論，不屬中會之範圍。對於**投機** [亦稱**非避險** (non-hedging)] 之衍生工具操作，會計準則採用了透明度最高的表達方式來處理衍生工具：透過損益按公允價值衡量，並將其視為**持有供交易** (held for trading) 之金融資產或金融負債。

釋例 10A-1　非避險衍生工具之會計處理

復興公司 (持有人)	忠孝公司 (發行人)

▶ ×1 年 12 月 5 日，復興公司向忠孝公司買入台積電 1,000 個單位的**買權** (call option)，履約價格為 $80，當日台積電的股價為 $78，×2 年 1 月 15 日到期。台積電買權的市價為 $2.5。雙方應作分錄如下：

透過損益按公允價值之金融資產		現金	2,500
—選擇權	2,500	透過損益按公允價值衡量之	
現金	2,500	金融負債—選擇權	2,500

▶ ×1 年 12 月 31 日，台積電的股價為 $86，台積電買權之市價為 $7

透過損益按公允價值之金融資產		透過損益按公允價值衡量之金融	
—選擇權	4,500	負債評價損失—選擇權	4,500
透過損益按公允價值之金融資產		透過損益按公允價值衡量之	
評價利益—選擇權	4,500	金融負債—選擇權	4,500

▶ ×2 年 1 月 15 日，台積電的股價為 $81，台積電買權之市價為 $1，雙方淨額結算，忠孝公司支付 $1,000 給復興公司。

透過損益按公允價值之金融資產評價損失		透過損益按公允價值衡量之金融	
—選擇權	6,000	負債—選擇權	7,000
現金	1,000	現金	1,000
透過損益按公允價值之金融資產		透過損益按公允價值衡量之	
—選擇權	7,000	金融負債評價利益—選擇權	6,000

附錄 B　混合工具定義及會計處理

學習目標 8
混合工具定義及會計處理

混合工具 (hybrid instrument) 包含非衍生工具之**主契約** (host contract) 及**嵌入式衍生工具** (embedded derivatives)。嵌入式衍生工具會造成混合工具之部分現金流量與獨立之衍生工具相似，使得主契約之部分或全部之現金流量，隨特定利率、匯率、金融工具價格、商品價格、信用等級、信用指數或其他變數之變動而調整。附加於金融工具之衍生工具，若依合約得

單獨移轉，或其交易對方與該金融工具之交易對方不同者，則非屬嵌入式衍生工具，而係單獨之衍生工具，例如附可分離認股權公司債中可單獨分離交易的認股權 (detachable warrant)。

為了簡化混合工具的會計處理，IFRS 9 規定：如果混合工具的主契約係屬 IFRS 9 範圍內的金融資產時[5]，應先判斷 (如圖 10-1) 整個混合工具合約現金流量是否全部為本金及利息 (SPPI)。如果不符合時，此時整個混合工具應以透過損益按公允價值衡量 (FVPL)。如果符合全部為本金及利息的規定，此時應依企業的營運模式不同，有三種可能的會計方法：(1) 攤銷後成本法 (AC)；(2) 須重分類之透過其他綜合損益按公允價值衡量 (FVOCI-R)；(3) 透過損益按公允價值衡量 (FVPL)。

金融資產符合全部本金及利息定義之債務工具投資釋例，可能包括：

金融資產類別	判斷的過程
變動 (浮動) 利率債券或放款	如果浮動利率之決定僅包括：貨幣時間價值、信用風險、其他基本放款風險、成本及利潤邊際。故符合本金及利息之定義。
有上限 (或下限) 之變動利率債券	此種合約條款可藉由對變動利率設定限制（例如利率上限或下限）以減少現金流量之變異性，故仍符合本金及利息之定義。
本金及利息與通貨膨脹指數連結之債券	該工具之利率係反應「實質」利息，故仍符合本金及利息之定義。
有完全追索權且有擔保品之放款	具完全追索權之放款其已被擔保之事實，並不會影響本金及利息的判斷，故仍符合本金及利息之定義。
附有買回權 (提前清償 call) 或賣回權 (put) 之放款	若提前還款金額幾乎包括尚未支付之本金及利息。該金額得包含提前終止合約之合理額外補償，故仍符合本金及利息之定義。
債權人或債務人有展延 (extension) 權利之放款	展期選擇權之條款導致展期期間只有支付本金及利息，該金額可能包含合約展期之合理額外補償，故仍符合本金及利息之定義。

金融資產不符合全部本金及利息定義之債務工具投資釋例，可能包括：

---

5 如果混合工具 (或複合工具) 的主契約非屬金融資產時，例如屬金融負債或權益時，則必須判斷是否要分離主契約及嵌入式衍生工具，詳細的討論請參見第 12 及 13 章。

金融資產類別	判斷的過程
可轉換公司債	報酬與發行人股票的價值相連結,故非全部為本金及利息,不符合本金及利息之定義。
反浮動利率之債券	支付利率與市場利率呈現反向的變動,市場利率愈高,債券支付的利息愈低,故不符合本金及利息之定義。
無到期日、可買回公司債。發行人僅在付息之後仍有償債能力,始須支付利息。積欠利息不再加計利息(無息上息)	因為積欠的利息不再加計利息(無「息上息」的約定),故不符合本金及利息之定義。債券無到期日這個條件,本身未必表示不符合本金及利息之規定,只要利息支付具強制性且永續支付,還是有可能符合本金及利息之定義。

釋例 10B-1　買入混合工具——附賣回權之可轉換公司債

　　復興公司於 ×1 年 1 月 1 日以 $102,000 (不含交易成本 $1,020) 買入台塑公司所發行的附**賣回權** (put) 之**可轉換** (convertible) 公司債,該可轉換公司債之相關條件如下:

▸ 面額 $100,000、無票面利率、×3 年 12 月 31 日到期。

▸ 復興公司得於 ×2 年 12 月 31 日將該公司債以 $109,000 賣回給台塑公司,逾期該賣回權會消失。

▸ 復興公司亦得於 ×3 年 12 月 31 日前,以每股 $100 轉換成台塑公司股票 (可轉換 1,000 股)。

　　復興公司經過評估之後,該附賣回權之可轉換公司債之主契約為金融資產,但是整個可轉換公司債不符合全部本金及利息的定義。復興公司對於採用透過損益按公允價值衡量 (FVPL) 的投資並不攤銷折溢價。

×1 年 12 月 31 日,整個可轉換公司債市價為 $108,000。

×2 年 12 月 31 日,整個可轉換公司債市價為 $109,000。

情況一：復興公司於 ×2 年 12 月 31 日將整個可轉換公司債賣回給台塑公司,得款 $109,000。

情況二：復興公司於 ×3 年 12 月 31 日,整個可轉換公司債市價為 $130,000,轉換成台塑公司股票 1,000 股 (作為透過其他綜合損益按公允價值衡量 (FVOCI-NR) 之權益工具投資),台塑公司當日股價為 $130。

試作：復興公司相關分錄。

解析

(1) 復興公司於×1年12月31日以$102,000 (不含交易成本$1,020) 買入台塑公司所發行的附賣回權之可轉換公司債,此一混合工具包括三個金融工具:(a) 主契約3年期零息公司債;(b) 嵌入式賣回權資產;及(c) 嵌入式轉換權資產。但因為該附賣回權之可轉換公司債不符合本金及利息的定義,所以只能用透過損益按公允價值衡量(FVPL)。至於交易成本$1,020則作為本期費用。復興公司×0年12月31日應作分錄如下:

透過損益按公允價值衡量之金融資產	102,000	
手續費	1,020	
現金		103,020

(2) ×1年12月31日,整個可轉換公司債市價為$108,000,上漲了$6,000 (= $108,000 − $102,000)。

透過損益按公允價值衡量之金融資產評價調整	6,000	
透過損益按公允價值衡量之金融資產利益		6,000

(3) ×2年12月31日,整個可轉換公司債市價為$109,000,又上漲了$1,000 (= $109,000 − $108,000)。

透過損益按公允價值衡量之金融資產評價調整	1,000	
透過損益按公允價值衡量之金融資產利益		1,000

(4) 情況一:復興公司於×2年12月31日將整個可轉換公司債賣回給台塑公司,得款$109,000。復興公司應作下列賣回之分錄:

現金	109,000	
透過損益按公允價值衡量之金融資產		102,000
透過損益按公允價值衡量之金融資產評價調整		7,000

(5) 情況二:復興公司於×3年12月31日,整個可轉換公司債市價為$130,000,轉換成台塑公司股票1,000股 (作為透過其他綜合損益按公允價值衡量之權益工具投資),台塑公司當日股價為$130。復興公司應先認列×3年上漲的利益$21,000 (= $130,000 − $109,000),再除列該可轉換公司債。

透過損益按公允價值衡量之金融資產評價調整	21,000	
透過損益按公允價值衡量之金融資產利益		21,000
透過其他綜合損益按公允價值衡量之權益工具投資	130,000	
透過損益按公允價值衡量之金融資產		102,000
透過損益按公允價值衡量之金融資產評價調整		28,000

Chapter 10 金融工具投資

釋例 10B-2　買入附可分離認股權之公司債——非混合工具

復興公司於 ×0 年 12 月 31 日以 $102,000（不含交易成本 $1,020）買入南亞公司當日剛發行的附**可分離認股權**(detachable warrant) 公司債，該可分離的認股權未來可與南亞公司債分開，個別自由進行買賣。復興公司在買入當時，經評價結果：認股權的公允價值為 $7,000，公司債的公允價值為 $95,000。

- 南亞公司債的面額 $100,000，票面利率 5%，每年 12 月 31 日付息一次，×3 年 12 月 31 日到期。復興公司將其按攤銷後成本衡量
- 認股權的期限為 3 年，得以每股 $100，認購南亞股票 1,000 股。

×1 年 12 月 31 日，認股權的公允價值為 $12,000。

×2 年 12 月 31 日，復興公司行使認股之權利，認購南亞股票 1,000 股。當時南亞的股價為每股 $115。復興公司將該南亞股票分類為透過損益按公允價值衡量之權益工具投資。

試作：復興公司相關分錄。

解析

(1) 復興公司於 ×0 年 12 月 31 日以 $102,000（不含交易成本 $1,020）買入南亞公司所發行的附可分離認股權之公司債，因為認股權可與公司債個別買賣，不像可轉換公司債的轉換權和公司債兩個必須綁在一起買賣，所以附可分離認股權之公司債不是混合工具，而是兩個各自獨立的金融資產—公司債及認股權。因此等同於復興公司一次買入兩種金融資產。認股權是衍生工具資產，所以復興公司只能將其視為持有供交易投資，而復興公司對公司債則有選擇會計處理方法的機會，因為復興公司的營運模式為只收取本金及利息，故按攤銷後成本衡量。

於買入時，雖然經評價結果：認股權的公允價值為 $7,000，公司債的公允價值為 $95,000，復興公司支付 $102,000（不含交易成本）。

至於交易成本 $1,020 應依兩者認定之公允價值比率分攤。按攤銷後成本衡量投資分攤之交易成本 $950 應作為帳面金額之一部分；而持有供交易投資分攤之交易成本 $70 則作為本期費用。復興公司 ×0 年 12 月 31 日應作分錄如下：

按攤銷後成本衡量之金融資產	95,950	
透過損益按公允價值衡量之金融資產—認股權	7,000	
手續費	70	
現金		103,020

(2) ×1 年 12 月 31 日，認股權的公允價值為 $12,000。復興公司應將其以公允價值衡量，並將公允價值之變動列入損益。另外，復興公司亦應認列公司債之利息收入。應作分錄如下：

549

認股權：

透過損益按公允價值衡量之金融資產		
─認股權 ($12,000 – $7,000)	5,000	
透過損益按公允價值衡量之金融資產之利益─認股權		5,000

公司債：

現金 ($100,000 × 5%)	5,000	
按攤銷後成本衡量之金融資產 ($6,266 – $5,000)	1,266	
利息收入 ($95,950 × 6.53%)		6,266

公司債折價攤銷表

	現金	利息收入	本期折價攤銷	未攤銷折價	帳面金額
×1/1/1				$4,050	$95,950
×1/12/31	$5,000	$6,266	$1,266	$2,784	$97,216
×2/12/31	$5,000	$6,348	$1,348	$1,436	$98,564
×3/12/31	$5,000	$6,436	$1,436	0	$100,000

(3) ×2 年 12 月 31 日，復興公司行使認股之權利，以每股 $100 認購 1,000 股，當時南亞的股價為每股 $115。復興公司將該南亞股票分類為透過損益按公允價值衡量之權益工具投資。因為復興公司以 $100,000 認購了市價 $115,000 的南亞股票，兩者價差為 $15,000，顯示該認股權於認購時的公允價值為 $15,000，復興公司應先認列該認股權上漲之利益 $3,000 (= $15,000 – $12,000)，再作認購南亞股票 1,000 股之分錄，最後在作公司債之相關分錄，如下：

認股權：

透過損益按公允價值衡量之金融資產─認股權	3,000	
透過損益按公允價值衡量之金融資產利益─認股權		3,000

認購之分錄：

透過損益按公允價值衡量之權益工具投資 ($115 × 1,000)	115,000	
現金 ($100 × 1,000)		100,000
透過損益按公允價值衡量之金融資產─認股權		15,000

公司債：

現金 ($100,000 × 5%)	5,000	
按攤銷後成本衡量之金融資產	1,348	
利息收入		6,348

附錄 C　採權益法投資之補充議題

10.C1　逐步取得 (step acquisition) 股權

投資公司有時先取得被投資公司一小部分股權，此時並無重大影響力，故先依本章所述之股權投資的兩種可能會計方法 [不得重分類之透過其他綜合損益按公允價值衡量權益工具投資 (FVOCI-NR)；或透過損益按公允價值衡量 (FVPL)] 處理。之後，隨時間經過再逐漸增加持股，最後才取得對被投資公司之重大影響，此時因為投資公司與被投資公司之經濟關係已經改變，視同處分，所以先前已取得之股權投資如果係不得重分類之透過其他綜合損益按公允價值衡量之權益工具投資 (FVOCI-NR) 者，應按取得重大影響時之公允價值衡量，其差額應先認列於其他綜合損益，再結轉至保留盈餘。

釋例 10C-1　逐步取得權益法之投資

復興公司於 ×1 年 1 月 1 日以每股 $10 取得羅賓公司 1,000 股 (佔 10% 之股權)，並將其分類為透過其他綜合損益按公允價值衡量之權益工具投資。羅賓公司 ×1 年底股價為 $12。

復興公司於 ×2 年 1 月 2 日另以每股 $15 取得羅賓公司 2,000 股 (佔 20% 之股權)，因為此時復興公司合計持有羅賓公司 30% 股權，也同時具有重大影響力，故改依權益法處理對羅賓公司之投資。復興公司此時分析對羅賓公司新投資成本與股權淨值間之差額，主要係來自商譽，故無須進行差額攤銷，只須每年進行減損測試。羅賓公司 ×2 年的本期淨利為 $600。

試作：復興公司相關分錄。

解析

(1) ×1 年 1 月 1 日，復興公司以每股 $10 取得羅賓公司 1,000 股 (佔 10% 之股權)，並將其分類為不得重分類之透過其他綜合損益按公允價值衡量 (FVOCI-NR) 之權益工具投資。

　　透過其他綜合損益按公允價值衡量之權益工具投資
　　　($10 × 1,000)　　　　　　　　　　　　　　　　　10,000
　　　　現金　　　　　　　　　　　　　　　　　　　　　　　　　　10,000

(2) 被投資公司 ×1 年底股價為 $12。

　　透過其他綜合損益按公允價值衡量之權益工具投資評價調整　2,000
　　　其他綜合損益─透過其他綜合損益按公允價值
　　　　衡量之權益工具投資評價損益　　　　　　　　　　　　　　2,000

另作結帳分錄如下：

其他綜合損益—透過其他綜合損益按公允價值衡量之權益工具投資評價損益	2,000	
其他權益—透過其他綜合損益按公允價值衡量之權益工具投資評價損益		2,000

(3) ×2年1月2日，復興公司另以每股$15取得羅賓公司2,000股(佔20%之股權)，因為此時復興公司合計持有羅賓公司30%股權，具有重大影響力，故改依權益法處理對羅賓公司之投資。

原先持有10%羅賓公司股權(1,000股)，須視同以當日公允價值($15)處分而轉列為「採用權益法之投資」，差額亦只能將分類其他綜合損益，再沖轉至保留盈餘，不得認列於損益中。因此，「採用權益法之投資」之原始帳列金額為$45,000 [= $15 × (2,000 + 1,000)]。

購買20%持股的分錄：

採用權益法之投資 ($15 × 2,000)	30,000	
現金		30,000

原先10%持股的分錄：

透過其他綜合損益按公允價值衡量之權益工具投資評價調整 [($15 − $12) × 1,000]	3,000	
其他綜合損益—透過其他綜合損益按公允價值衡量之權益工具投資評價損益		3,000
採用權益法之投資 ($15 × 1,000)	15,000	
透過其他綜合損益按公允價值衡量之權益工具投資 (= $10 × 1,000)		10,000
透過其他綜合損益按公允價值衡量之權益工具投資評價調整 [($15 − $10) × 1,000]		5,000

×2年12月31日另作下列結帳分錄：

其他綜合損益—透過其他綜合損益按公允價值衡量之權益工具投資評價損益	3,000	
其他權益—透過其他綜合損益按公允價值衡量之權益工具投資評價損益		3,000
其他權益—透過其他綜合損益按公允價值衡量之權益工具投資評價損益	5,000	
保留盈餘		5,000

(4) 復興公司依權益法認列羅賓公司×2年之本期淨利為$180 (= $600 × 30%)，並作相關結帳分錄。

採用權益法之投資	180	
採用權益法認列損益之份額		180

10.C2　未實現損益之銷除

投資公司(包括其合併子公司)若與其關聯企業或合資之間進行交易，因為投資公司具有重大影響，該交易所產生之損益，在尚未出售給無關之第三人之前，所產生之未實現損益，在其與關聯企業或合資之權益範圍內，必須予以銷除。這些交易可分類為下列三類：

1. 順流交易，銷除比率為該期持股比率。

　　順流交易 (downstream transaction) 係指處於上方的投資公司出售資產予下方的被投資公司之交易。因為未實現出售損益係留在上方的投資公司，因此須依投資公司該期持股比率先予以銷除。

釋例 10C-2　順流交易──銷貨及出售機器設備

於 ×3 年 1 月 1 日，復興公司持有羅賓公司 30% 股權，也具有重大影響力。

情況一：復興公司於 ×3 年 12 月 31 日銷售一批商品予羅賓公司，售價為 $10,000，成本為 $8,000，未實現利益為 $2,000。該批商品直至 ×4 年才出售給第三人。

情況二：復興公司另於 ×3 年 12 月 31 日出售一部機器予羅賓公司，售價為 $21,000，帳面金額為 $15,000，未實現利益為 $6,000。該機器合計剩餘耐用年限尚有 10 年，無殘值。

試作：復興公司之銷除及轉回未實現損益之分錄。

解析

情況一：

×3 年 12 月 31 日，復興公司有關商品銷除未實現損益分錄如下：

未實現銷貨損益 ($2,000 × 30%)	600	
採用權益法之投資		600

×4 年 12 月 31 日，因該批商品已出售給第三人，復興公司應作轉回分錄如下：

採用權益法之投資	600	
已實現銷貨損益		600

註：「未實現銷貨損益」係銷貨毛利之減項；而「已實現銷貨損益」係銷貨毛利之加項。

情況二：

×3 年 12 月 31 日，復興公司有關出售機器銷除未實現損益分錄如下：

未實現處分不動產、廠房及設備利益 ($6,000 × 30%)	1,800	
採用權益法之投資		1,800

×4 年 12 月 31 日，因該機器業已使用一年，復興公司應認列相關未實現利益，

並作轉回分錄如下：

採用權益法之投資 ($1,800 ÷ 10)	180	
已實現處分不動產、廠房及設備利益		180

註：「未實現處分不動產、廠房及設備利益」係處分不動產、廠房及設備利益之減項；而「已實現處分不動產、廠房及設備利益」係處分不動產、廠房及設備利益之加項。

2. 逆流交易，銷除比率為該期之持股比率。

　　逆流交易 (upstream transaction) 係指處於下方的被投資公司出售資產予上方的投資公司之交易。因為未實現出售損益係先出現於被投資公司，然後投資公司再依該期之持股比率認列「採用權益法認列損益之份額」，故投資公司亦應採用該期之持股比率予以銷除。

釋例 10C-3　逆流交易──銷貨

於 ×1 年 1 月 1 日，甲公司對乙公司具有重大影響力。乙公司 ×1 年銷售一批商品予甲公司，售價為 $15,000，成本為 $10,000，未實現利益為 $5,000。該批商品直至 ×2 年才由甲公司出售給第三人。甲公司對乙公司於 ×1 年之持股比率為 23%。

試作：甲公司之銷除及轉回未實現損益之分錄。

解析

×1 年 12 月 31 日，甲公司有關銷除逆流交易未實現損益分錄如下：

採用權益法認列損益之份額 ($5,000 × 23%)	1,150	
採用權益法之投資		1,150

×2 年 12 月 31 日，因該批商品已出售給第三人，甲公司應作轉回分錄如下：

採用權益法之投資	1,150	
採用權益法認列損益之份額		1,150

3. 側流交易，銷除比率為採權益法被投資公司之持股比率相乘後之比率。

　　側流交易 (sidestream transaction)，係指兩家同時採權益法之被投資公司間進行交易，且該交易尚未出售給外人，此時亦應比照 IAS 28 之意旨：「所產生之未實現損益，在其與關聯企業或合資之權益範圍內，必須予以銷除。」側流交易之銷除比率，係為採用權益法被投資公司之持股比率相乘後之比率。此乃因為該相乘後之比率，係屬投資公司與其關聯企業或合資之權益範圍。

釋例 10C-4　側流交易──銷貨

於 ×1 年，甲公司對乙與丙公司皆具有重大影響力，其持股比率分別為 23% 及 20%，如下圖：

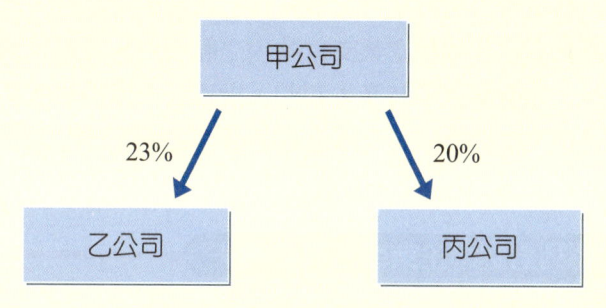

```
         甲公司
       ↙      ↘
    23%        20%
     ↓          ↓
   乙公司      丙公司
```

乙公司 ×1 年銷售一批商品予丙公司，售價為 $5,000，成本為 $4,000，未實現利益為 $1,000。該批商品直至 ×2 年才由丙公司出售給外人。

試作：甲公司對此側流交易之銷除及轉回未實現損益之分錄。

解析

×1 年 12 月 31 日，甲公司有關銷除側流交易未實現損益分錄如下：

採用權益法認列損益之份額（= $1,000 × 23% × 20%）	46	
採用權益法之投資		46

×2 年 12 月 31 日，甲公司有關轉回未實現損益分錄如下：

採用權益法之投資	46	
採用權益法認列損益之份額		46

10.C3　停止認列對關聯企業或合資之損失

有時當關聯企業（或合資）連續虧損時，使得投資公司對關聯企業（或合資）之損失份額大於其對關聯企業（或合資）所享有之股權淨值時，投資公司應停止認列進一步之損失，此乃因為投資公司對於被投資公司通常僅負有限責任。前述所謂「享有之股權淨值」，係指投資公司對採權益法下投資關聯企業（或合資）之帳面金額，以及包括實質上屬投資公司對關聯企業（或合資）淨投資組成部分之其他長期權益。例如，投資公司對關聯企業（或合資）另有特別股投資、長期應收款或貸款（墊款）。這些實質上之其他長期權益目前並無計畫清償、亦不打算於可預見之未來進行清償，因此實質上為投資關聯企業權益之延伸。惟其不得包括因一般營業交易所產生之應收帳款、應付帳款或任何具足夠擔保之長期應收款，如擔保貸款。

當權益法下認列之損失超過投資公司之普通股投資時，應依投資對關

聯企業權益之其他組成部分之優先清償順位之反向順序予以沖銷。例如，投資公司對關聯企業如同時另有特別股投資及長期墊款時，應先沖銷特別股投資 (清償順位較低)，如有不足再沖銷長期墊款 (清償順位較高)。

當投資公司所享有之權益在已經減至零之後，僅於發生法定義務、推定義務或已代關聯企業支付款項之範圍內，方須認列額外之損失及負債。之後，如關聯企業有產生利潤，投資公司僅得於所享有利益份額超過未認列之損失份額後，才可恢復適用權益法並認列利益份額。

釋例 10C-5　停止認列對關聯企業或合資之損失

於 ×1 年初，甲公司持有乙公司 20% 股權，並具有重大影響，故對乙公司採用權益法，帳面金額為 $20,000，所享有之權益為 $20,000。

情況一：　乙公司於 ×1 年產生鉅大損失 $160,000。
情況二：　沿情況一，甲公司另有對乙公司之長期墊款 $9,000。
情況三：　沿情況一，甲公司另對乙公司有推定義務 $15,000 (符合負債準備之定義)。

試作：甲公司相關分錄。

解析

情況一：×1 年甲公司對乙公司之損失份額 $32,000 (= $160,000 × 20%)，超過其對乙公司所享有之股權淨值 $20,000。故 ×1 年僅須認列損失份額 $20,000，不得認列進一步之損失 (= $12,000)。

採用權益法認列損益之份額	20,000	
採用權益法之投資		20,000

註：續後如乙公司開始產生利潤，甲公司必須等到所享有利益份額超過未認列損失 $12,000 之部分，才能恢復採用權益法認列利益份額。

情況二：甲公司對乙公司尚未認列之損失 (= $12,000)，應先沖銷其對乙公司之長期墊款 $9,000，剩餘損失份額 ($3,000) 不得認列。

採用權益法認列損益之份額 ($20,000 + $9,000)	29,000	
採用權益法之投資		20,000
備抵損失—長期應收關係人款項		9,000

註：續後如乙公司開始產生利潤，甲公司必須等到所享有利益份額超過未認列損失 $3,000 之部分，才能恢復採用權益法認列利益份額。

情況三：甲公司除了應認列之投資損失份額 ($20,000) 之外，尚應認列負債準備 $15,000。

採用權益法認列損益之份額 ($20,000 + $15,000)	35,000	
採用權益法之投資		20,000
其他負債準備		15,000

10.C4　採權益法投資之減損損失

投資公司在對關聯企業(或合資)除了必須依權益法認列投資損失(包括依第 10.C3 節認列之投資損失份額)之外，投資公司仍應依第 10C.4 節之考量各種減損證據，以決定投資者對關聯企業(或合資)之淨投資是否應認列額外之減損損失。甚至有時候即使關聯企業有利潤，投資公司仍然必須認列採用權益法投資之減損損失，此乃因為當初取得成本(帳面金額)過高，但是該投資之可回收金額(使用價值或淨公允價值孰高者)過低，因此必須認列額外之減損損失。

企業在評估採權益法投資是否需要額外之減損損失時，應將該投資之整體帳面金額視為單一資產。在決定該投資之使用價值時，企業應估計：

(1) 投資公司所享有該關聯企業(或合資)估計未來產生現金流量現值之份額，包括因營運所產生之現金流量及最終處分該投資所得之價款；或
(2) 投資公司預期由該投資收取股利及最終處分該投資所產生之估計未來現金流量現值。

採權益法之投資認列之減損損失不必分攤至關聯企業(或合資)之任何個別資產，包括構成投資關聯企業(或合資)部分帳面金額之商譽。另外，該投資之可回收金額續後如有回升時，投資公司應認列資產減損迴轉利益。

投資關聯企業(或合資)之可回收金額，應按個別關聯企業(或合資)分別評估，除非該關聯企業(或合資)無法自持續使用而產生與投資者其他資產之現金流入大部分獨立之現金流入。

釋例 10C-6　採權益法投資之減損損失

甲公司於 ×1 年初，以 $50,000 購入乙生技公司 25% 的股權，甲公司享有乙生技公司的股權淨值只有 $10,000，投資成本與股權淨值間之差額係來自於甲公司認為乙生技公司有許多未認列之無形資產。乙生技公司 ×1 年之損益為 $0。於 ×1 年底，甲公司發現乙生技公司之無形資產的價值並不高。對乙生技公司 25% 股權的可回收金額只有 $15,000。

試作：甲公司相關分錄。

解析

×1 年 1 月 1 日，以 $50,000 投資乙公司 25% 股權。

採用權益法之投資	50,000	
現金		50,000

×1年12月31日，認列乙公司投資之資產減損 $35,000 (= 可回收金額 $15,000 – 帳面金額 $50,000)。

信用減損損失	35,000	
累計減損－採用權益法之投資		35,000

附錄 D　債務工具投資之重分類

學習目標 9
營運模式改變

企業僅於債務型金融資產之經營模式改變時，始能進行**重分類** (reclassification)。經營模式改變係指：企業高階管理階層決定開始或停止某一具重大性的營運活動，例如取得、處分或終止某一業務線。例如，某金融業決定終止其個人房貸業務，且不再承接新業務，並積極行銷以出售其房貸業務。亦即打算將這些債券型金融資產之會計處理由攤銷後成本 (AC) 重分類為透過損益按公允價值 (FVPL) 衡量。

企業經營模式改變的發生頻率，通常是**極不頻繁** (very infrequent) 的。IASB 為避免企業任意操縱財務報表，特別闡明下列之情況並非經營模式之變動，故不得進行重分類：

1. 即使於市場狀況有重大變動之情況下，改變特定金融資產原先持有的意圖。例如，針對英國的債券，由收取本金及利息的意圖，改成伺機出售的意圖。
2. 金融資產的特定市場暫時消失。
3. 企業在不同經營模式的部門間，移轉金融資產

經營模式之變動必須於重分類日之前生效，亦即企業必須先決定經營模式的改變，然後才可以進行金融資產重分類，兩者不可在同一天生效。例如，若前述金融業於 ×0 年 11 月 15 日決定終止其個人房貸業務，則該企業於 11 月 15 日後不得承接新個人房貸業務，亦不得從事與先前經營模式一致之活動。然後必須等到隔年 1 月 1 日 (即該企業次一報導期間之首日，包含季報) 重分類所有受影響之金融資產。企業在進行金融資產重分類時，應自重分類日起推延適用，不得**重述** (restate) 所有先前 (含 ×0 年) 已認列之利益、損失 (包括減損迴轉利益或損失) 或利息。表 10D-1 整理出債務型金融工具重分類的會計處理：

① 由攤銷後成本 (AC) 重分類為透過其他綜合損益按公允價值衡量 (FVOCI-R)

表 10D-1　債務型金融資產重分類之會計處理

轉出＼轉入	AC	FVOCI-R	FVPL
AC		① ● 先依重分類日之公允價值重新衡量。 ● 金融資產先前之攤銷後成本與公允價值間之差額所產生之所有利益或損失應認列於其他綜合損益 (OCI)。 ● 除列備抵損失，並自重分類日起予以揭露。 ● 有效利率與預期信用損失之衡量不因重分類而調整	③ ● 先依重分類日之公允價值重新衡量。 ● 金融資產先前之攤銷後成本與公允價值間之差額所產生之所有利益或損失應認列於損益
FVOCI-R	② ● 先依重分類日之公允價值重新衡量 ● 但先前認列於其他綜合損益 (OCI) 之金額，於重分類日應自權益移除並作為該金融資產公允價值之調整，且備抵損失亦自重分類日起，作為總帳面金額之調整 ● 有效利率與預期信用損失之衡量不因重分類而調整		⑥ ● 仍依公允價值衡量。 ● 先前認列於其他綜合損益 (OCI) 之金額，應重分類 (recycle) 至損益，作為重分類調整
FVPL	④ ● 以重分類日之公允價值作為新總帳面金額重新衡量 ● 以重分類日之總帳面金額重新計算新的有效利率 ● 亦即，在重分類日視為原始認列日	⑤ ● 仍依重分類日之公允價值重新衡量 ● 以重分類日之公允價值，重新計算新的有效利率 ● 亦即，在重分類日視為原始認列日	

釋例 10D-1　由 AC 重分類為 FVOCI-R

屏東公司於 ×0 年 12 月 31 日，決定改變其債務工具投資的經營模式，因此債務工具投資將由攤銷後成本 (AC) 重分類為透過其他綜合損益按公允價值衡量 (FVOCI-R)。×0 年 12 月 31 日債券的總帳面金額為 $1,000，備抵損失 $30，攤銷後成本為 $970。×1 年 1 月 1 日債券的公允價值為 $950。

試作：×1 年 1 月 1 日債券重分類之分錄。

解析

轉入的 FVOCI-R 應按重分類日的公允價值 ($950，包括總帳面金額 $1,000 及評價調整貸方 $50) 認列。而原先 AC 債券的攤銷後成本 $970，與公允價值為 $950 的差額 $20，應作為其他綜合損益的減少。另外備抵損失應予以除列。

×1/1/1	透過其他綜合損益按公允價值衡量之債務工具投資	1,000	
	備抵損失	30	
	其他綜合損益—透過其他綜合損益按公允價值衡量		
	之債務工具投資評價損益 ($1000 − $950)	50	
	按攤銷後成本衡量之金融資產		1,000
	透過其他綜合損益按公允價值衡量之債務工具投資評價調整		50
	其他綜合損益—透過其他綜合損益按公允價值衡量之債務		
	工具投資備抵損失		30

由於這兩個分類的會計方法，都是採用相同的原始有效利率來分攤折溢價，而且預期信用損失的衡量也相同。他們只有兩個差異：(1) 一個在資產面的衡量上用攤銷後成本，另一個用公允價值；(2) 一個將「備抵損失」作為總帳面金額的減項，另一個將「備抵損失」作為其他綜合損益的調整項。因此，重分類的會計處理如下：

- FVOCI-R 應先依重分類日的公允價值重新衡量。
- 金融資產先前之攤銷後成本 (即總帳面金額減備抵損失) 與公允價值間之差額所產生之所有利益或損失應認列於其他綜合損益 (OCI)。
- 除列備抵損失，不再作為總帳面金額之調整，並自重分類日起予以揭露。
- 有效利率與預期信用損失之衡量不因重分類而調整

② 由透過其他綜合損益按公允價值衡量 (FVOCI-R) 重分類為攤銷後成本 (AC)

重分類的會計處理如下：

Chapter 10 金融工具投資

IFRS 一點通

重分類 (reclassification) vs 重分類調整 (recycle)

有些讀者在剛讀到前述:「此一重分類 (reclassification) 所做的調整非屬重分類調整 (recycle)」的會計處理時,會想到金剛經中如來所說:「具足色身,即非具足色身,是名具足色身。」通常會一頭霧水,這到底是在繞口令,還是真的有高深的道理在裡面?

這裡其實沒有高深的道理,問題出在 IASB 用同一個英文字「reclassification」去敘述兩個不同的會計動作:

1. Reclassification (重分類) 係指會計類別有所改變,例如金融資產由 FVOCI-R 重分類為 AC,或者由 AC 重分類為 FVPL 等。

2. Reclassification adjustment (重分類調整) 係指資產在採用 FVOCI 衡量時,將公允價值的變動先暫時認列於 OCI,而不認列於損益。最後等到出售或會計類別重分類 (reclassification) 的時候,才將此一原先認列於 OCI 的金額,調整認列於損益中。早期的 IAS 1 稱這個做法為「recycle」,但後來 IASB 改稱這個作法為「reclassfication adjustment」,因此造成有些讀者的混淆。本書為避免混淆,將需要重分類調整會計處理的,都加註英文「recycle」。

- 應先依重分類日 (reclassification) 之公允價值重新衡量。
- 但先前認列於其他綜合損益 (OCI) 之金額,於重分類日應自權益移除並作為該金融資產公允價值之調整,且備抵損失亦自重分類日起,作為總帳面金額之調整。
- 亦即該金融資產於重分類日之衡量,如同過去即已按攤銷後成本衡量。
- 此一重分類 (reclassification) 所做的調整非屬重分類調整 (recycle),故不得認列於損益中
- 有效利率與預期信用損失之衡量不因重分類而調整

釋例 10D-2　由 FVOCI-R 重分類為 AC

高雄公司於 ×0 年 12 月 31 日,決定改變其債務工具投資的經營模式,因此債務工具投資將由透過其他綜合損益按公允價值衡量 (FVOCI-R) 重分類為攤銷後成本 (AC)。×0 年 12 月 31 日透過其他綜合損益按公允價值衡量之債務工具投資為 $1,000,其評價調整為損失 $50,故帳面金額 (等於公允價值) 為 $950,另有相關其他權益項下借方餘額 $20 (在與備抵損失的累計減損 $30 互抵之後)。×1 年 1 月 1 日債券的公允價值為 $950。
試作:×1 年 1 月 1 日債券重分類之分錄。

解析

轉出的 FVOCI-R 債券 ($1,000) 及其評價調整 ($50) 應予以除列，而轉入的 AC 應先按重分類日的公允價值 ($950) 認列，再調整先前認列於其他綜合損益 (OCI) 之金額 ($20)，且備抵損失 ($30) 亦自重分類日起，作為總帳面金額之調整，因此調整後的總帳面金額為 $1,000 (= $950 + $20 + $30)，備抵損失為 $30，攤銷後成本為 $970，如同該債券自始即已按攤銷後成本衡量。另外，要強調的是此一重分類並未產生任何損益。

×1/1/1	按攤銷後成本衡量之金融資產	1,000	
	透過其他綜合損益按公允價值衡量之債務工具投資		
	之評價調整	50	
	其他綜合損益—透過其他綜合損益按公允價值衡量		
	之債務工具投資備抵損失	30	
	透過其他綜合損益按公允價值衡量之債務工具投資		1,000
	備抵損失		30
	其他綜合損益—透過其他綜合損益按公允價值衡		
	量之債務工具投資評價損益		50

③ 由攤銷後成本 (AC) 重分類為透過損益按公允價值衡量 (FVPL)

此類重分類的方法，原則上視同於重分類日以公允價值出售，然後立刻買回。其會計處理如下：

- 應先依重分類日之公允價值重新衡量。
- 金融資產先前之攤銷後成本與公允價值間之差額所產生之所有利益或損失應認列於損益，作為重分類損益。
- 因為重分類為 FVPL 之債務工具投資，故無須再提列預期信用損失。
- 如果須要進行折溢價攤銷時，以重分類時的公允價值重新計算新的原始有效利率。

釋例 10D-3　由 AC 重分類為 FVPL

台南公司於 ×0 年 12 月 31 日，決定改變其債務工具投資的經營模式，因此債務工具投資將由攤銷後成本 (AC) 重分類為透過損益按公允價值衡量 (FVPL)。×0 年 12 月 31 日債券的總帳面金額為 $1,000，備抵損失 $30，攤銷後成本為 $970。×1 年 1 月 1 日債券的公允價值為 $950。

試作：×1 年 1 月 1 日債券重分類之分錄。

解析

　　轉出的 AC 債券的總帳面金額 ($1,000) 及備抵損失 ($30) 應予以除列，而轉入的 FVPL 應按重分類日的公允價值 ($950) 認列。兩者的差額 ($20)，應認列為重分類損失。

　　另一種說法是：AC 債券的攤銷後成本 $970，而公允價值為 $950，故應將兩者的差額 $20，作為重分類損失認列於損益中。

×1/1/1	透過損益按公允價值衡量之債務工具投資	950	
	備抵損失	30	
	重分類損益	20	
	按攤銷後成本衡量之金融資產		1,000

④ 由透過損益按公允價值衡量 (FVPL) 重分類為攤銷後成本 (AC)

　　此類重分類的方法，原則上視同於重分類日以公允價值出售，然後立刻買回。其會計處理如下：

- 以重分類日之公允價值作為新總帳面金額。
- 因為重分類之後為按攤銷後成本衡量的債務工具投資，所以另須於重分類日認列預期信用損失。
- 以重分類日之總帳面金額，重新計算新的原始有效利率，以進行後續攤銷。
- 亦即，在重分類日視為新的原始認列日。

釋例 10D-4　由 FVPL 重分類為 AC

　　嘉義公司於 ×0 年 12 月 31 日，決定改變其債務工具投資的經營模式，因此債務工具投資將由透過損益按公允價值衡量 (FVPL) 重分類為攤銷後成本 (AC)。×0 年 12 月 31 日透過損益按公允價值之債務工具投資為 $1,000，其評價調整為損失 $50，故帳面金額為 $950。×1 年 1 月 1 日債券的公允價值為 $950，當日該債券的預期信用損失為 $10。

試作：×1 年 1 月 1 日債券重分類之分錄。

解析

　　轉出的 FVPL 債券 $1,000 及其評價調整 ($50) 應予以除列，而轉入 AC 的總帳面金額應以重分類日的公允價值 $950 認列，再認列當日所需的備抵損失 $10 (預期信用損失)。嘉義公司另應依重分類日的公允價值去重新計算有效利率 (例如得到當日計算的有效利率為 9%)，作為未來認列利息收入及攤銷折溢價的原始有效利率。

×1/1/1	按攤銷後成本衡量之金融資產	950	
	信用減損損失	10	
	透過損益按公允價值衡量之債務工具投資評價調整	50	
	透過損益按公允價值衡量之債務工具投資		1,000
	備抵損失		10

⑤ 由透過損益按公允價值衡量 (FVPL) 重分類為透過其他綜合損益按公允價值衡量 (FVOCI-R)

　　此類重分類的方法，原則上視同於重分類日以公允價值出售，然後立刻買回。其會計處理如下：

- 應先依重分類日之公允價值重新衡量。
- 因為重分類之後為 FVOCI-R 的債務工具投資，所以另須於重分類日認列預期信用損失。
- 以重分類日之公允價值，重新計算新的原始有效利率，以進行後續攤銷。
- 亦即，在重分類日視為新的原始認列日。

釋例 10D-5　由 FVPL 重分類為 FVOCI-R

　　雲林公司於 ×0 年 12 月 31 日，決定改變其債務工具投資的經營模式，因此債務工具投資將由透過損益按公允價值衡量 (FVPL) 重分類為透過其他綜合損益按公允價值衡量 (FVOCI-R)。×0 年 12 月 31 日透過損益按公允價值的債務工具投資為 $1,000，其評價調整為損失 $50，故帳面金額為 $950。×1 年 1 月 1 日債券的公允價值為 $950，當日該債券的預期信用損失為 $10。

試作：×1 年 1 月 1 日債券重分類之分錄。

解析

　　轉出的 FVPL 債券 ($1,000) 及其評價調整 ($50) 應予以除列，而轉入的 FVOCI-R 應先按重分類日的公允價值 ($950) 認列，再認列當日所需的備抵損失 $10 (預期信用損失)，並同時認列等額的其他綜合損益。雲林公司另應依重分類日的公允價值去重新計算有效利率 (例如得到有效利率為 9%)，作為未來認列利息收入相關的原始有效利率。

×1/1/1	透過其他綜合損益按公允價值衡量之債務工具投資	950	
	信用減損損失	10	
	透過損益按公允價值衡量之債務工具投資評價調整	50	
	透過損益按公允價值衡量之債務工具投資		1,000
	其他綜合損益—透過其他綜合損益按公允價值衡量		
	之債務工具投資備抵損失		10

⑥ 由透過其他綜合損益按公允價值衡量 (FVOCI-R) 重分類為透過損益按公允價值衡量 (FVPL)

　　此類重分類的方法，原則上視同於重分類日以公允價值出售，然後立刻買回。其會計處理如下：

- 應先依重分類日之公允價值重新衡量。
- 先前認列於其他綜合損益 (OCI) 之金額，應重分類至損益，作為重分類調整 (recycle)。
- 因為重分類為 FVPL 之債務工具投資，故無須再提列預期信用損失。
- 如果須要進行折溢價攤銷時，以重分類時的公允價值重新計算新的原始有效利率。

釋例 10D-6　由 FVOCI-R 重分類為 FVPL

　　彰化公司於 ×0 年 12 月 31 日，決定改變其債務工具投資的經營模式，因此債務工具投資將由透過其他綜合損益按公允價值衡量 (FVOCI-R) 重分類為透過損益按公允價值衡量 (FVPL)。×0 年 12 月 31 日透過其他綜合損益按公允價值之債務工具投資為 $1,000，其評價調整為損失 $50，故帳面金額為 $950，另相關其他權益項下借方餘額 $20（在與備抵損失的累計減損 $30 互抵之後）。×1 年 1 月 1 日債券的公允價值為 $950。

試作：×1 年 1 月 1 日債券重分類之分錄。

解析

　　轉入的 FVPL 應按公允價值 $950 認列，並除列 FVOCI-R 及相關的評價調整。而先前認列於其他綜合損益的金額 ($20)，應重分類調整至損益。

×1/1/1	透過損益按公允價值衡量之債務工具投資	950	
	透過其他綜合損益按公允價值衡量之債務工具投資評價		
	調整	50	
	透過其他綜合損益按公允價值衡量之債務工具投資		1,000

×1/1/1	其他綜合損益—透過其他綜合損益按公允價值衡量之債		
	務工具投資備抵損失	30	
	重分類損失	20	
	其他綜合損益—透過其他綜合損益按公允價值衡量		
	之債務工具投資評價損益		50

本章習題

問答題

1. 何謂金融資產？
2. 何謂債務工具投資？債務工具投資會計處理有哪些選擇？
3. 何謂權益工具投資？權益工具投資會計處理有哪些選擇？
4. 債券金融資產減損分為哪些階段？各階段分別有哪些跡象可供判斷？
5. 何謂有重大影響力之股權投資？
6. 何謂衍生工具？非避險之衍生工具會計處理方法為何？
7. 何謂混和工具？混合工具的會計處理為何？

選擇題

1. 甲公司於 ×9 年 4 月 1 日支付 $937,300 (含交易成本及應計利息) 購入乙公司面額 $900,000 公司債，票面利率 3%，每年 12 月 31 日付息，有效利率為 2%。甲公司採用攤銷後成本衡量對乙公司債務工具投資。請問甲公司 ×9 年 4 月 1 日該筆公司債投資帳面金額為何 (不考慮預期信用減損損失)？

    (A) $937,300　　　　　　　　　　(B) $932,800
    (C) $930,550　　　　　　　　　　(D) $900,000　　　　　　[109 年普考財稅]

2. 甲公司於 ×1 年 1 月 1 日以市場利率 5%，買入面額 $100,000，×5 年 12 月 31 日到期的公司債，票面利率 4%，每年 12 月 31 日付息，甲公司將此債務工具投資分類為按攤銷後成本衡量之債務工具投資。若甲公司當初將此債務工具投資分類為透過其他綜合損益按公允價值衡量之債務工具投資，且 ×1 年 12 月 31 日的市場利率為 4%，則二種會計處理影響 ×1 年權益總額的差異額為何？

    (A) $0　　　　　　　　　　　　　(B) $1,000
    (C) $3,545　　　　　　　　　　　(D) $4,784　　　　　　[108 年地特財稅三等]

3. 甲公司於 ×1 年 1 月 1 日以 $500,000（含交易成本）買入乙公司 5 年期的公司債，面額 $500,000、票面利率 5%，每年 12 月 31 日付息一次。甲公司將該公司債投資分類為按攤銷後成本衡量之金融資產，當時該公司債之信用評等為投資等級，甲公司對該債券之 12

個月預期信用損失估計金額為 $15,000，存續期間預期信用損失估計金額為 $50,000。×1 年底，該債券的信用風險已顯著增加，其信用評等降為投機等級，甲公司對該公司債之 12 個月預期信用損失估計金額為 $55,000，存續期間預期信用損失估計金額為 $100,000。×2 年底，該債券的信用有顯著改善，信用評等提高為投資等級，甲公司對該公司債之 12 個月預期信用損失估計金額為 $30,000，存續期間預期信用損失估計金額為 $80,000。則甲公司於 ×2 年 12 月 31 日之會計處理何項正確？

(A) 借記預期信用減損損失 $30,000
(B) 借記備抵損失 $20,000
(C) 貸記預期信用減損利益 $70,000
(D) 貸記備抵損失 $25,000 [108 年地特會計四等]

4. 甲公司於 ×1 年 1 月 1 日買入面額 $100,000，×5 年 12 月 31 日到期的公司債，票面利率 4%，每年 12 月 31 日付息，有效利率 5%，甲公司將此債務工具分類為透過其他綜合損益按公允價值衡量之金融資產。×1 年 12 月 31 日收到利息 $4,000，經判斷自原始認列後該債務工具之信用風險已顯著增加，當日存續期間預期信用損失金額為 $9,000，12 個月預期信用損失金額為 $3,000。若甲公司原始認列時將此債務工具分類為透過損益按公允價值衡量之金融資產，且 ×1 年 12 月 31 日的市場利率為 4%，則二種會計處理對 ×1 年底權益影響之差異為何？（不考慮所得稅之影響，四捨五入取至元）

(A) $0
(B) $3,545
(C) $9,000
(D) $12,545 [109 年地特財稅三等]

5. 乙公司債務工具投資相關資料如下：

	成本	市價 ×6 年底	市價 ×7 年底
透過損益按公允價值衡量	$360,000	$330,000	$420,000
按攤銷後成本衡量	280,000	230,000	260,000

(A) 損失 $20,000
(B) 利益 $60,000
(C) 利益 $90,000
(D) 利益 $120,000 [109 年高考財稅]

6. 甲公司 ×1 年 10 月底以 $1,000,000 取得一筆「透過其他綜合損益按公允價值衡量之債務工具投資」，×1 年 12 月底之公允價值為 $1,015,000，×2 年 3 月以 $1,012,000 處分該金融資產。下列損益表中之數字何者正確？

(A) ×1 年度金融資產評價利益為 $15,000
(B) ×1 年度金融資產評價損失為 $15,000
(C) ×2 年度處分投資損失為 $3,000
(D) ×2 年度處分投資利益為 $12,000 [改編自 99 年普考]

7. 「其他權益—金融資產未實現損益」貸方餘額的增加表示：
(A) 透過損益按公允價值衡量之金融資產公允價值上漲

(B) 透過其他綜合損益按公允價值衡量之金融資產公允價值上漲

(C) 按攤銷後成本衡量之金融商品公允價值上漲

(D) 按攤銷後成本衡量之金融商品公允價值下跌 [改編自99普考]

8. 以下為民權公司證券投資之明細資料：

	成本	市價 95年底	96年底
透過損益按公允價值衡量之金融資產	$300,000	$200,000	$310,000
透過其他綜合損益按公允價值衡量之金融資產─股票	$300,000	$315,000	$360,000
按攤銷後成本衡量之債務工具之金融資產	$300,000	$240,000	$260,000

民權公司96年綜合損益表中未實現持有證券利益為何？

(A) $45,000　　(B) $60,000

(C) $110,000　　(D) $175,000　[改編自96年會計師]

9. 臺北公司於104年底以$100,000(含交易成本)買入臺中公司3年期無追索權的公司債(作為按攤銷後成本衡量之金融資產)，面額$100,000、票面利率5%，每年12月31日付息一次，有關該公司債的預期信用損失估計金額如下：

	12個月預期信用損失	存續期間預期信用損失
104年底	$1,500	$5,000
105年底	$5,500	$10,000
106年底	$25,000	$25,000

若105年底，該債券的信用風險已顯著增加，且106年底該債券已自活絡市場中消失，達到減損的地步，則臺北公司於104年底、105年底、106年底應認列之預期信用損失金額為何？

(A) $1,500、$5,500、$25,000　　(B) $5,000、$5,000、$15,000

(C) $1,500、$8,500、$15,000　　(D) $1,500、$10,000、$25,000

10. 承上題，若臺北公司於107年底收到107年的利息及本金共$80,000，其餘款項無法收回，則應認列之減損損失迴轉金額為何？

(A) $0　　(B) $1,250

(C) $3,750　　(D) $5,000

11. 甲公司於×8年9月30日以$300,000購入乙公司普通股作為透過其他綜合損益按公允價值衡量之權益工具投資，×8年底該投資之公允價值為$360,000。×9年10月1日甲公司以$200,000出售半數的乙公司普通股，×9年底未出售之乙公司普通股之公允價值為$230,000，則該股票投資對甲公司×9年度稅前其他綜合利益之影響為：

(A) 增加$20,000　　(B) 增加$50,000

(C) 增加$70,000　　(D) 減少$130,000　[108年高考會計]

12. 宜蘭公司於 ×0 年底以 $600,000（含交易成本）買入花蓮公司三年期的公司債作為按攤銷後成本衡量之金融資產，面額 $600,000、票面利率 4%，每年 12 月 31 日付息一次，有關該公司債的預期信用損失估計金額如下：

	12 個月 預期信用損失	存續期間 預期信用損失
×0 年底	$ 3,000	$ 8,000
×1 年底	$ 12,000	$ 24,000
×2 年底	$ 90,000	$ 90,000

若 ×1 年底，該債券的信用風險已顯著增加，且 ×2 年底該債券已自活絡市場中消失，達到減損的地步。若宜蘭公司於 ×3 年底收到 ×3 年的利息及本金共 $550,000，其餘款項無法收回，則應認列之減損損失迴轉金額為何？

(A) $0 (B) $24,000
(C) $19,600 (D) $16,000 ［109 年地特會計三等］

13. 甲公司於 ×1 年 1 月 1 日以 $100,000 (含交易成本) 買入乙公司 5 年期的公司債，面額 $100,000、票面利率 5%，每年付息一次。甲公司將該公司債投資分類為透過其他綜合損益按公允價值衡量之金融資產，當時該公司債之信用評等為投資等級，甲公司對該債券之 12 個月預期信用損失估計金額為 $1,500，存續期間預期信用損失估計金額為 $5,000。×1 年底，該公司債的公允價值為 $97,000，同時該債券的信用風險已顯著增加，其信用評等降為投機等級，甲公司對該公司債之 12 個月預期信用損失估計金額為 $5,500，存續期間預期信用損失估計金額為 $10,000。則甲公司 ×1 年底資產負債表之「其他權益」項目列報金額應為何？

(A) $3,000 借餘 (B) $4,500 借餘
(C) $7,000 貸餘 (D) $10,000 貸餘 ［108 年地特會計四等］

14. 下列關於金融資產投資重分類的方式，何者不得為之？
(A) 按攤銷後成本衡量之債務工具投資重分類為透過損益按公允價值衡量之債務工具投資
(B) 按攤銷後成本衡量之債務工具投資重分類為透過其他綜合損益按公允價值衡量之債務工具投資
(C) 透過其他綜合損益按公允價值衡量之債務工具投資重分類為透過損益按公允價值衡量之債務工具投資
(D) 透過其他綜合損益按公允價值衡量之權益工具投資重分類為透過損益按公允價值衡量之權益工具投資

15. 東學公司 ×6 年 1 月 1 日買入際商公司面額 $500,000，票面利率 5%，每年 12 月 31 日付息一次之四年期公司債，作為持有按攤銷後成本衡量之債務工具投資 (以有效利息法作折溢價攤銷)，當時市場利率 4%，該債券備抵損失應有 $1,000。東學公司於 ×7 年 1 月 1 日將上述債務工具投資重分類為透過其他綜合損益按公允價值衡量之債務工具投

資，重分類時公允價值為 $520,000，備抵損失應有金額亦為 $1,000。有關該公司此債務工具投資 ×7 年 1 月 1 日的重分類分錄，下列何者有誤？

(A) 借記「透過其他綜合損益按公允價值衡量之債務工具投資」總帳面金額 $513,876
(B) 借記「透過其他綜合損益按公允價值衡量之債務工具投資評價調整 $6,124
(C) 貸記「其他綜合損益—透過其他綜合損益按公允價值衡量之債務工具投資」$6,124
(D) 借記「備抵損失」$1,000

16. 東坪公司於 ×7 年初平價購入 5 年期，面額 $1,200,000，每年底付息，票面利率 5% 公司債，分類為透過其他綜合損益按公允價值衡量之金融資產；×7 年初購入及年底所估計之預期信用損失金額分別為 $7,000 及 $9,000，×7 年該投資認列公允價值變動之未實現評價損失為 $60,000。×7 年東坪公司列報本期淨利 $600,000，本期綜合淨利 $500,000。若該債務工具投資於購入時分類為透過損益按公允價值衡量之金融資產，則 ×7 年度本期淨利為何？

    (A) $549,000   (B) $584,000
    (C) $540,000   (D) $524,000   〔108 年地特會計三等〕

17. 2019 年甲公司以每股 $260 購買乙公司股票 2,000 股，甲公司將股票分類為透過其他綜合損益按公允價值衡量之金融資產 (FVTOCI)。2019 年 12 月 31 日和 2020 年 12 月 31 日乙公司股票的市場價格分別為 $220 及 $280，請問甲公司 2020 年 12 月 31 日的綜合損益表應報導的未實現損益有多少？

    (A) $120,000 損失   (B) $80,000 損失
    (C) $40,000 利得   (D) $120,000 利得   〔108 年特財稅三等〕

18. 北方公司 ×2 年以每股 $31 購入東一公司普通股股票 200,000 股，並分類為透過其他綜合損益按公允價值衡量之權益工具投資。該股票於 ×2 年底公允價值為每股 $34。北方公司於 ×3 年 2 月初以每股 $31 將該股票全數賣出。上述交易對北方公司 ×2 年之本期淨利之影響為：

    (A) $600,000（利益）   (B) $600,000（損失）
    (C) $200,000（利益）   (D) $0   〔108 年地特會計三等〕

19. A 公司持有 B 公司 35% 股權，且 A 公司可掌控 B 公司過半之董事席次，試問 A 對 B 具有？
    (A) 控制能力   (B) 重大影響力
    (C) 以上皆非

20. A 公司持有 B 公司 5% 股權，但 A 公司同時亦持有 B 公司之可轉換公司債，該可轉換公司債已可隨時轉換，轉換價格為 $40，目前 B 公司股價只有 $30。若加以轉換，A 公司持有 B 公司股權將超過 30%，試問目前 A 公司對 B 公司是否應採用權益法？
    (A) 應該   (B) 不應該
    (C) 等到 B 公司股價漲到 $40 才開始採用

21. A 公司持有 B 公司 12% 股權，但 A 公司同時亦持有 B 公司之可轉換公司債，該可轉換

公司債 3 年後才可進行轉換，轉換價格為 $40，目前 B 公司股價只有 $30。若加以轉換，A 公司持有 B 公司股權將超過 25%，試問目前 A 公司對 B 公司是否應採用權益法？

(A) 應該 　　　　　　　　　　　　(B) 不應該
(C) 等到 B 公司股價漲到 $40 才開始採用

22. 高雄公司持有臺北公司 30% 股權，採權益法處理，當臺北公司發放股票股利時，高雄公司應：

(A) 貸記股利收入 　　　　　　　　(B) 貸記長期股權投資
(C) 僅做備忘分錄，註明取得股數 　(D) 以上皆可　　　　　　　　　[96 年普考]

23. 甲公司持有乙公司 40% 普通股並分類為採用權益法之投資（投資之原始成本等於股權淨值），甲公司 ×1 年初關於此權益投資之帳面金額為 $100,000。乙公司 ×1 年之本期淨損 $1,000,000（無本期綜合損益），若 ×1 年底甲公司對乙公司另有長期應收款 $100,000，則關於此權益投資，甲公司 ×1 年應認列之投資損失金額為何（不考慮所得稅）？

(A) $100,000 　　　　　　　　　　(B) $160,000
(C) $200,000 　　　　　　　　　　(D) $400,000　　　　　　　[108 年地特會計四等]

24. ×3 年 1 月 1 日嘉義公司以 $30,000,000 購買明德公司流通在外 30% 股權 1,000,000 股。購入時所享有的股權淨值份額為 $20,000,000，買價高於公司價值部分係為公司折舊性資產低估，耐用年限 10 年。明德公司在 ×3 年淨利為 $20,000,000，支付股利 $2,000,000。嘉義公司 ×3 年 12 月 31 日資產負債表中應報導對明德公司投資為：

(A) $30,000,000 　　　　　　　　　(B) $34,400,000
(C) $35,400,000 　　　　　　　　　(D) $36,000,000

25. 甲公司 ×1 年 10 月 1 日以 $300,000 購入乙公司股份之 30%，乙公司 ×1 年 1 月 1 日股東權益總額為 $900,000，投資成本超過取得股權淨值部分係乙公司設備價值低估，該設備可用 5 年，無殘值，採直線法折舊，×1 年度乙公司之淨利為 $80,000，假設於年度平均發生，×1 年 7 月 1 日宣告並發放 $40,000 之現金股利，則 ×1 年度甲公司認列之投資收益為何？

(A) $4,800 　　　　　　　　　　　(B) $4,950
(C) $5,100 　　　　　　　　　　　(D) $18,000　　　　　　　　[100 年地方政府特考]

26. 大新公司在 ×1 年 1 月 1 日以 $400,000 取得明日公司流通在外普通股的 15%，大新公司因而有能力影響明日公司的財務業務決策，同年 7 月 1 日大新公司再以 $599,500 購買明日公司 25% 普通股，明日公司 ×1 年與 ×2 年的淨利分別為 $100,000 與 $120,000，並於 ×1 年與 ×2 年的 5 月 1 日分別發放現金股利 $20,000 及 $30,000。假設明日公司的淨利係在年度內平均發生，且大新公司在 ×2 年 9 月 1 日將全部持股的一半以 $550,000 出售，試問大新公司應認列多少出售投資（損）益？

(A) $(494,000) 　　　　　　　　　(B) $28,000
(C) $13,000 　　　　　　　　　　(D) $500　　　　　　　　　　　[103 年高考]

27. 2019 年甲公司進行以下採權益法之長期股權投資活動：

9 月 16 日，以每股 $70 購買 2,000 股乙公司股票，外加 $1,400 的手續費。

10 月 14 日，收到乙公司每股 $4 的現金股利。

12 月 31 日，乙公司的本期淨利是 $100,000，乙公司流通在外普通股股票為 8,000 股。

甲公司採用權益法乙公司長期股權投資於 2019 年 12 月 31 日的餘額應為多少？

(A) $157,000　　　　　　　　　　(B) $158,400
(C) $174,400　　　　　　　　　　(D) $233,400　　　[108 年地特財稅三等]

28. 甲公司於 20×1 年初取得乙公司 15% 的股權，並列為透過其他綜合損益按公允價值衡量之權益工具投資；另於 20×4 年初再取得乙公司 15% 的股權，致對乙公司營運具重大影響力。20×3 年底甲公司帳列金融資產未實現利益為 $50,000（導因於持有乙公司的權益工具投資），該公司並無其他股權投資。若乙公司淨資產帳面值皆等於公允價值，其 20×4 年淨利為 $500,000，則投資乙公司 30% 股權對甲公司 20×4 年本期損益之影響為何？

(A) 增加 $75,000　　　　　　　　(B) 增加 $100,000
(C) 增加 $150,000　　　　　　　 (D) 增加 $200,000　　　[103 年會計師改編]

29. 雅倫公司於 ×5 年間持有杰倫公司 30% 股權 (全年無變動)，並具有重大影響力。雅倫公司於 ×5 年 12 月 31 日出售一部機器予杰倫公司，售價為 $63,000，帳面金額為 $45,000，該機器合計剩餘耐用年限尚有 10 年，無殘值。杰倫公司 ×5 年銷售一批商品予雅倫公司，售價為 $90,000，成本為 $60,000，該批商品直至 ×6 年才由雅倫公司出售給第三人。杰倫公司 ×5 年之淨利為 $200,000，則 ×5 年度雅倫公司採用權益法投資帳戶之變動金額為？

(A) $45,600　　　　　　　　　　 (B) $46,140
(C) $56,400　　　　　　　　　　 (D) $63,600

30. 賈斯汀公司對奧蘭多與李奧納多公司皆具有重大影響力，×3 年賈斯汀公司對奧蘭多、李奧納多之持股比率分別為 24% 及 30% 且整年度無變動，奧蘭多公司 ×3 年銷售一批商品予李奧納多公司，售價為 $60,000，成本為 $50,000，該批商品直至 ×4 年才由李奧納多公司出售給外人。此外，×3 年奧蘭多公司與李奧納多公司之淨利分別為 $180,000 與 $200,000，奧蘭多公司 ×3 年度應發放之累積特別股股利為：$30,000，×3 年度賈斯汀公司採用權益法產生之損益份額為？

(A) $95,280　　　　　　　　　　 (B) $96,720
(C) $102,480　　　　　　　　　　(D) $103,920

31. ×1 年初，哈林公司持有德偉公司 25% 股權，並具有重大影響，帳面金額為 $80,000，所享有之權益為 $80,000。德偉公司於 ×1 年產生鉅額損失 $600,000。且哈林公司另有對德偉公司之長期墊款 $50,000。×1 年哈林公司對德偉公司須認列損失份額為：

(A) $80,000　　　　　　　　　　 (B) $100,000
(C) $130,000　　　　　　　　　　(D) $150,000

32. 甲公司持有乙公司 25% 股權並具有重大影響力,乙公司 ×3 年度發生淨損 $600,000,×4 年度淨損 $800,000,有證據顯示乙公司之虧損非屬短期性質,且甲公司未擔保乙公司之債務,亦未有其他財務上之承諾。已知 ×3 年初甲公司對乙公司之採用權益法投資帳面金額為 $256,000,則甲公司對上述投資於 ×3 年度及 ×4 年度應認列之投資損失分別為:

(A) $150,000、$106,000　　　　　　(B) $150,000、$200,000
(C) $256,000、$0　　　　　　　　　(D) $256,000、$200,000　　[102 年升等考]

33. 甲公司 ×5 年 8 月 1 日支付 $15,000 購買乙公司普通股認股權證,此權證持有人可於 ×6 年 4 月 1 日以每股 $60 買入乙公司普通股 3,000 股。若甲公司並未指定此衍生性商品為避險工具,且 ×5 年 12 月 31 日乙公司普通股認股權證之公允價值為 $13,000,則有關甲公司 ×5 年財務報表表達,下列何者正確?

(A) 透過其他綜合損益按公允價值衡量之投資 $15,000
(B) 透過損益按公允價值衡量之金融資產 $15,000
(C) 金額資產評價損失 $2,000
(D) 金融資產未實現損失 $2,000　　　　　　　　[改編自 100 年地方特考]

34. 甲公司於 98 年 11 月 1 日以 $15,000 購入乙公司上市股票之賣權,此賣權持有人可於 99 年 11 月 1 日以每股 $60 賣出乙公司股票 20,000 股,甲公司並未指定此衍生性商品作為避險工具,98 年 11 月 1 日乙公司股票之市價為 $60,98 年底乙公司股票之市價為 $58。假設此賣權於 98 年 12 月 31 日之價值為 $50,000。甲公司 98 年底應認列之透過損益按公允價值之金融資產之損益為何?

(A) 利益 $35,000　　　　　　　　　(B) $0
(C) 損失 $5,000　　　　　　　　　(D) 損失 $45,000 [改編自 98 年公務人員升等考試]

35. 下列金融資產符合全部本金及利息定義之債務工具投資有幾項: (a) 可轉換公司債 (b) 有上限之變動利率債券 (c) 有完全追索權且有擔保品之放款 (d) 反浮動利率之債券 (e) 利息及本金與通貨膨脹指數連結之債券。

(A) 2 項　　　　　　　　　　　　　(B) 3 項
(C) 4 項　　　　　　　　　　　　　(D) 5 項

36. 甲公司於 103 年初以 $198,000 購買乙公司發行的可轉換公司債,公司債的面額為 $200,000,票面利率 8%,105 年 12 月 31 日到期。甲公司得於到期日前以每股 $40 之價格將其轉換為乙公司股票。甲公司對於採用透過損益按公允價值衡量的投資不攤銷折溢價。103 年底、104 年底整個可轉換公司債的市價分別為 $208,000、$205,000。若甲公司於 105 年 12 月 31 日將全數公司債轉換為乙公司普通股 (作為透過其他綜合損益按公允價值衡量之金融資產),乙公司當日普通股每股市價為 $42,則該公司債轉換的分錄中應包含:

(A) 借:透過損益按公允價值衡量之金融資產 $198,000

(B) 借：透過其他綜合損益按公允價值衡量之金融資產 $198,000
(C) 貸：透過損益按公允價值衡量之金融資產利益 $5,000
(D) 貸：透過損益按公允價值衡量之金融資產利益 $12,000

練習題

1. 【按攤銷後成本衡量之債務工具投資】×8 年 1 月 1 日暴龍公司支付 $645,489 (債券公允價值為 $643,105，交易成本為 $2,384) 的價格，購買利率 12%，到期值 $600,000 的債券作為按攤銷後成本衡量之債務工具投資，與此債券原始有效利率為 10.1%。債券於 ×8 年 1 月 1 日發行，×13 年 1 月 1 日到期，付息日為每年的 12 月 31 日，暴龍公司使用有效利率法攤銷折溢價。

   試作：(在不考慮減損損失的情況下)
   (1) 債券購買日的分錄。
   (2) 編製債券折溢價攤銷表。
   (3) 記錄 ×8 年收到利息及折溢價攤銷的分錄。
   (4) 記錄 ×9 年收到利息及折溢價攤銷的分錄。

2. 【透過其他綜合損益按公允價值衡量之債務工具投資】資料同上題，但假設該債務工具投資被歸類為透過其他綜合損益按公允價值衡量之債務工具投資，且每年年底債券的公允價值如下：

年度	公允價值	年度	公允價值
×8	$641,000	×11	$620,000
×9	$618,000	×12	$600,000
×10	$616,000		

   試作：(1) 債券購買日的分錄。
   　　　(2) 記錄 ×8 年底的分錄及與權益相關之結帳分錄。
   　　　(3) 記錄 ×9 年底的分錄及與權益相關之結帳分錄。

3. 【兩付息日間購買債券】×4 年 3 月 31 日來來公司以 $851,600 買進面額 $800,000，票面利率 12% 的債券，該債券將於 ×9 年 12 月 31 日到期，每年 6 月 30 日和 12 月 31 日付息，來來公司將該債券分類為按攤銷後成本衡量之債務工具投資。假設來來公司對於債務工具投資折溢價採用直線法攤銷。

   試作：(在不考慮減損損失的情況下)
   (1) 來來公司取得債券時的分錄，以及前兩個付息日的分錄。
   (2) 如果來來公司在取得債券時，未將利息分開，在財務報表上會發生什麼樣的錯誤？
       (無須列示計算過程)

4. 【按攤銷後成本衡量之債務工具投資及其減損】阿咪公司於 103 年 12 月 31 日以 $95,026 (含

交易成本)買進小偉公司三年期公司債,面額 $100,000,票面利率 8%,每年 12 月 31 日付息一次,原始有效利率為 10%,該債券當日的 12 個月預期信用損失估計金額為 $1,126。阿咪公司對該債券將採只收取本金及利息的管理經營模式,故應將其作為按攤銷後成本衡量之金融資產。

104 年 12 月 31 日,收到利息 $8,000,該債券的信用風險已顯著增加,當日存續期間預期信用損失的金額應為 $6,612。

105 年 12 月 31 日,雖有收到利息 $8,000,但小偉公司發生重大財務困難,使該債券已達減損的地步,當日存續期間預期信用損失的金額應為 $31,818。

106 年 12 月 31 日,只收到 106 年的利息及本金共 $75,000,其餘款項無法收回。

試作:阿咪公司所有相關分錄。

5. 【透過其他綜合損益按公允價值衡量之債務工具投資及其減損及到期前出售】凱蒂公司於 ×0 年 12 月 31 日以 $2,103,084 (含交易成本) 買入一公司債,面額 $2,000,000,票面利率 10%,每年 12 月 31 日付息一次,×3 年 12 月 31 日到期,原始有效利率為 8%,該債券當日的 12 個月預期信用損失估計金額為 $18,000。凱蒂公司對該債券將採收取利息本金及出售的管理經營模式,故應將其作為透過其他綜合損益按公允價值衡量之債務工具投資。

×1 年 12 月 31 日,收到利息 $200,000,該債券的信用風險並未顯著增加,當日 12 個月預期信用損失的金額應為 $23,500,公允價值為 $2,050,000。

×2 年 12 月 31 日,收到利息 $200,000,該債券的信用風險已顯著增加,當日存續期間預期信用損失的金額應為 $75,000,公允價值為 $1,968,000。同日,凱蒂公司將該債券出售。

試作:凱蒂公司所有相關分錄。

6. 【透過其他綜合損益按公允價值衡量之債務工具投資及其減損】包子公司於 ×2 年 12 月 31 日以 $308,325(含交易成本)買入饅頭公司三年期公司債,面額 $300,000,票面利率 5%,每年 12 月 31 日付息一次,原始有效利率為 4%,該債券當日的 12 個月預期信用損失估計金額為 $3,500。包子公司對該債券將採收取利息本金及出售的管理經營模式,故應將其作為透過其他綜合損益按公允價值衡量之債務工具投資。

×3 年 12 月 31 日,收到利息 $15,000,該債券的信用風險已顯著增加,當日存續期間預期信用損失的金額應為 $12,500,公允價值為 $295,000。

×4 年 12 月 31 日,雖有收到利息 $15,000,但因饅頭公司聲請財務重整,該債券已達減損的地步,當日存續期間預期信用損失的金額應為 $68,000,公允價值為 $235,000。

×5 年 12 月 31 日,只收到 ×5 年的利息及本金共 $244,279,其餘款項無法收回。

試作:包子公司所有相關分錄。

7. 【債務工具投資重分類】×2 年 12 月 31 日哆哆公司持有按攤銷後成本衡量之債務工具投資,該債券面額為 $250,000,票面利率 5%,原始有效利率 7%,每年 12 月 31 日付息一

次。當日的總帳面金額為 $236,878，備抵損失 $2,500，攤銷後成本為 $234,378。同日，咚咚公司決定改變其債務工具投資的經營模式。×3 年 1 月 1 日該債券的公允價值為 $240,068。×3 年 12 月 31 日，該債券的公允價值為 $243,050，當日該債券未達減損之地步，預期信用損失估計金額為 $2,500。

情況一：咚咚公司將其經營模式改為同時收取利息本金及出售為目的。

情況二：咚咚公司將其經營模式改為其他目的。(咚咚公司對透過損益按公允價值衡量之投資不攤銷折溢價)

試依上述不同情況作 ×3 年有關該債券之分錄：

8. 【債務工具投資重分類】兩津公司於 99 年 12 月 31 日持有透過其他綜合損益按公允價值衡量債務工具投資 $630,925，其評價調整為利益 $2,075，故帳面金額(等於公允價值)為 $633,000，另有相關其他權益項下貸方餘額 $5,075(包含備抵損失的累計減損 $3,000)。該債券面額 $600,000，票面利率 10%，原始有效利率為 8%，每年 12 月 31 日付息一次。同日，兩津公司決定改變其債務工具投資的經營模式。100 年 1 月 1 日該債券的公允價值為 $633,000。100 年 12 月 31 日，該債券的公允價值為 $621,000，當日該債券並未達減損的地步，預期信用損失估計金額為 $4,500。

情況一：兩津公司將其經營模式改為只收取利息本金為目的。

情況二：兩津公司將其經營模式改為其他目的。(兩津公司對透過損益按公允價值衡量之投資不攤銷折溢價)

試依上述不同情況作 100 年有關該債券之分錄。

9. 【債務工具投資重分類】熊貓公司於 ×0 年 12 月 31 日持有透過損益按公允價值衡量之債務工具投資 $800,000，其評價調整為利益 $15,048，故帳面金額為 $815,048。該債券面額 $800,000，票面利率 6%，每年 6 月 31 日及 12 月 31 日各付息一次，同日，熊貓公司決定改變其債務工具投資的經營模式。×1 年 1 月 1 日該債券的公允價值為 $815,048(當日的市場有效利率為 5%)，預期信用損失為 $9,400。×1 年 12 月 31 日，該債券的公允價值為 $810,000，當日該債券並未達減損的地步，預期信用損失估計金額為 $6,500。

情況一：熊貓公司將其經營模式改為只收取利息本金為目的。

情況二：熊貓公司將其經營模式改為同時收取利息本金及出售為目的。

試依上述不同情況作 ×1 年有關該債券之分錄。

10. 【透過其他綜合損益按公允價值衡量之權益工具投資】×4 年初，新光公司有以下的透過其他綜合損益按公允價值衡量之權益工具投資：

股票	成本	×3 年 12 月 31 日收盤價
A	$40,000	$50,000
B	$60,000	$58,000
總計	$100,000	$108,000

在 ×4 年間，公司發生下列交易：

5 月 3 日　買入 C 公司股票 $27,000 作為透過其他綜合損益按公允價值衡量之權益工具投資，並另支付手續費 $1,000

7 月 16 日　賣掉 A 公司全部的股票，並收到現金 $55,000

12 月 31 日　拿到 B 公司和 C 公司的股利共計 $2,400

×4 年 12 月 31 日資料如下：

股票	×4 年 12 月 31 日收盤價
B	$64,000
C	$25,000

試作：依據前述資訊，做出 ×4 年所需要的分錄及與權益相關之結帳分錄。

11. **【透過損益按公允價值衡量之金融資產】** 雲林公司於 95 年開始營運，該公司 97 年 12 月 31 日持有下列「透過損益按公允價值衡量之金融資產」之有價證券：

項目	原始取得成本	97 年 12 月 31 日收盤價
甲公司普通股 (15,000 股)	$525,000	$480,000
乙公司特別股 (2,000 股)	230,000	240,000
丙公司可轉換公司債 (100 張)	125,000	105,000

98 年有下述事項發生：

1. 以 $190,000 出售甲公司股票 5,000 股。
2. 以每股 $44 價格取得丁公司股票 1,000 股作為透過損益按公允價值衡量之金融資產，並支付手續費 $1,000。
3. 收到乙公司現金股利 $40,000 與丙公司之利息 $20,000。

98 年 12 月 31 日，雲林公司持有之「透過損益按公允價值衡量之金融資產」之證券市價如下：

甲公司普通股，每股 $40

乙公司特別股，每股 $110

丙公司可轉換公司債，每張 $1,120

丁公司普通股股票，每股 $43

試作：

(1) 雲林公司上述交易之分錄。

(2) 試作雲林公司於 98 年 12 月 31 日與上述交易相關之調整分錄。（假設當年度尚未調整金融資產評價損失或利得）

〔改編自 97 年高考〕

12. **【權益工具投資】** 臺南公司 96 年 7 月 1 日購買安平公司股票 300,000 股，購買時每股市價

$30，另加手續費 $21,375，臺南公司 96 年 12 月 31 日仍持有股票，該股票當時市場價格為每股 $35。臺南公司於 97 年 3 月 1 日以每股 $34 賣出安平公司 300,000 股之股票，手續費及交易稅共計 $42,075。

試作：請依下列假設為臺南公司作 96 年 7 月 1 日購入股票、96 年 12 月 31 日股票評價及 97 年 3 月 1 日出售股票之分錄。

(1) 假設臺南公司將持有安平公司股票分類為透過其他損益按公允價值衡量之權益工具投資。

(2) 假設臺南公司將持有安平公司股票分類為透過損益按公允價值衡量之權益工具投資。

13. 【權益法】×3 年 1 月 1 日宏亞公司以每股 $60 購買亞通公司流通在外 24,000 股的 20%，並具有重大影響力。購買日當天，亞通公司的淨資產如下：

項目	帳面金額	公允價值	差異
非折舊性資產	$120,000	$148,000	$28,000
折舊性資產	320,000	392,000	72,000
總資產	$440,000	$540,000	$100,000
總負債	$160,000	$160,000	

其餘之投資成本與股權淨值差額則為未入帳之商譽。×3 年間，亞通公司淨利為 $140,000 (包括停業單位損失 $20,000) 並支付 $36,000 的現金股利，折舊性資產剩餘年限為 10 年，無殘值。此外，亞通公司 ×3 年之透過其他綜合損益按公允價值衡量之權益工具投資有未實現評價利益增加了 $25,000。

試作：宏亞公司 ×3 年有關投資的相關分錄。

14. 【採用權益法投資】頌依公司於 ×3 年 5 月 1 日以 $30,000 買進敏竣公司 25% 的股權，當日敏竣公司的淨資產為 $160,000。敏竣公司 ×3 年之淨利為 $60,000，該年度應發放之累積特別股股利為 $10,000。

試作：頌依公司採用權益法之相關分錄。

15. 【處分採用權益法投資—全部處分與部分處分】長泰公司於 ×6 年 1 月 1 日以 $72,000 買進銅仁公司 40% (4,000 股) 的股權，銅仁公司的淨資產為 $180,000。

×6 年 12 月 31 日，銅仁公司本期淨利為 $40,000。該年透過其他綜合損益按公允價值衡量之債務工具投資評價利益增加了 $6,000。

情況一：長泰公司於 ×7 年 1 月 1 日，以每股 $24 全數處分對銅仁公司之持股。

情況二：長泰公司於 ×7 年 1 月 1 日，以每股 $24 部分處分對銅仁公司之 30% 持股，因持股比率大幅下降，因此喪失了對銅仁公司之重大影響。×7 年 12 月 31 日銅仁公司之股價為 $20，長泰公司將保留對銅仁公司之投資作為透過其他綜合損益按公允價值衡量之權益工具投資。

情況三：長泰公司於 ×7 年 1 月 1 日，以每股 $24 部分處分對銅仁公司之 15% 持股，但

仍保有對銅仁公司之重大影響。

試作：分別依上述情況完成長泰公司 ×6 年及 ×7 年之相關分錄。(假設各情況為獨立情況)

16. 【逐步取得權益法之投資】皇德公司於 ×5 年 1 月 1 日以每股 $18 取得冠偉公司 2,000 股 (佔 5% 之股權)，並將其分類為透過其他綜合損益按公允價值衡量之權益工具投資。×5 年 7 月 1 日收到冠偉公司之現金股利 $2,000，×5 年冠偉公司淨利 $ 200,000，冠偉公司 ×5 年底股價為 $20。

　　皇德公司於 ×6 年 1 月 3 日另以每股 $22 取得冠偉公司 10,000 股 (佔 25% 之股權)，同時也對冠偉公司具有重大影響力。此時冠偉公司的股權淨值為 $1,000,000，投資成本與股權淨值間的差額主要係折舊性資產高估，該折舊性資產尚有 10 年之經濟年限。冠偉公司 ×6 年的本期淨利為 $240,000。

試作：皇德公司相關分錄。

17. 【順流交易】於 ×7 年 1 月 1 日，世佳公司持有應櫻公司 40% 股權 (全年無變動)，具有重大影響力。

    (1) 世佳公司於 ×7 年 10 月 31 日銷售一批商品予應櫻公司，售價為 $35,000，成本為 $30,000。該批商品直至 ×8 年才出售給第三人。
    (2) 世佳公司另於 ×7 年 12 月 31 日出售一部設備予應櫻公司，售價為 $65,000，帳面金額為 $54,000。該機器合計剩餘耐用年限尚有 5 年，無殘值。

試作：世佳公司 ×7 年與 ×8 年有關之消除及轉回未實現損益之分錄。

18. 【逆流交易】書翰公司 ×3 年對採用權益法之彥廷公司持股比率為 24%。彥廷公司 ×3 年銷售一批商品予書翰公司，售價為 $45,000，成本為 $30,000。該批商品直至 ×4 年才由書翰公司出售給第三人。

試作：書翰公司之消除及轉回未實現損益之分錄。

19. 【順流與逆流交易】以波公司 ×8 年對採用權益法之文程公司持股比率為 30%。以波公司於 ×8 年 7 月 1 日出售一部機器予文程公司，售價為 $42,000，帳面金額為 $30,000，該機器合計剩餘耐用年限尚有 9 年，無殘值。另文程公司 ×8 年銷售一批商品予以波公司，售價為 $50,000，成本為 $45,000，該批商品直至 ×9 年才以波公司出售給第三人。文程公司 ×8 年之淨利為 $300,000。

試作：以波公司 ×8 年與權益投資相關之分錄以及 ×8、×9 年轉回未實現損益之分錄。

20. 【側流交易】雷神公司對宙王與敏浩公司皆具有重大影響力，×3 年雷神公司對宙王與敏浩公司之持股比率分別為 24% 及 35%，敏浩公司 ×3 年銷售一批商品予宙王公司，售價為 $120,000，成本為 $100,000。該批商品於 ×4 年售出 80%，剩餘 20% 於 ×5 年初才由宙王公司出售給外人。

試作：雷神公司對此側流交易之銷除及轉回未實現損益之分錄。

21. 【停止認列對關聯企業或合資之損失】×8 年初，五月公司持有木村公司 30% 股權，並具有重大影響，帳面金額為 $100,000，所享有之權益為 $90,000，差額係因木村公司帳上之機器設備低估所致，該設備剩餘耐用年限尚有 5 年。×8 年木村公司淨利為 $0。

情況一：×9 年木村公司發生淨損 $1,000,000。

情況二：×9 年木村公司發生淨損 $1,000,000，且五月公司對木村公司另有長期應收款，帳面金額為 $120,000。

情況三：×9 年木村公司發生淨損 $1,000,000，且五月公司對木村公司有代償義務，五月公司評估該代償義務為 $150,000（符合負債準備之定義）。

試作：假設上述情況分別獨立，試作 ×9 年五月公司上述情況之相關分錄。

22. 【採用權益法投資之減損損失與迴轉】伊秀公司於 ×1 年初，以 $200,000 購入道振公司 30% 的股權，伊秀公司享有道振公司的股權淨值為 $160,000，投資成本與股權淨值間之差額係來自於道振公司帳上之設備低估，且剩餘耐用年限尚餘 8 年。道振公司於 ×1 年之淨損為 $200,000，且 ×1 年底，有客觀證據顯示該投資可能發生減損，伊秀公司評估對道振公司 30% 股權的可回收金額只有 $50,000。×2 年道振公司之經營好轉，因此有淨利 $300,000，伊秀公司評估對道振公司 30% 股權的可回收金額為 $300,000。

試作：伊秀公司相關分錄。

23. 【非避險衍生工具】×6 年 7 月 7 日，傑立公司向濱江公司買入鴻海 2,000 個單位的買權，履約價格為 $160，當日鴻海的股價為 $140，×7 年 1 月 31 日到期。鴻海買權的市價為 $15,000。此項交易不符合避險交易的認定，其他相關資料如下：

日期	鴻海每股市價	買權市價
×6/09/30	$145	$10,000
×6/12/31	$160	$18,000
×7/01/31	$165	$10,000

試作：

(1) ×6 年 7 月 7 日買入選擇權之分錄。

(2) ×6 年 9 月 30 日編製季報表之調整分錄。

(3) ×6 年 12 月 31 日編製年度財務報表之調整分錄。

(4) ×7 年 1 月 31 結算選擇權之分錄。

24. 【非避險衍生工具】甲公司於 98 年 3 月 1 日購買以乙公司股票為標的之賣權共 6,000 股，每股行使價格為 $30，98 年 9 月 1 日到期，當日乙公司股票市價為 $30，賣權的市價為 $15,000。此項交易不符合避險交易的認定，其他相關資料如下：

日期	乙公司每股市價	賣權市價
98/3/31	$31	$10,000
6/30	$29	$11,000
7/10	$28	$8,000

甲公司於 98 年 7 月 10 日將該賣權出售，假設甲公司按季編製財務報表。

試作：

(1) 98 年 3 月 1 日之購買分錄。
(2) 98 年 3 月 31 日應有之評價分錄。
(3) 98 年 6 月 30 日應有之評價分錄。
(4) 98 年 7 月 10 日出售賣權應有之分錄。　　　　　　　　　　　[改編自 98 年會計師]

25. 【混合工具】甲公司於民國 95 年 1 月 1 日投資乙公司之 5 年期轉換公司債，投資金額 $2,000,000 (公司債每張金額 $100,000，票面利率 0%，於民國 95 年 1 月 1 日平價發行)。該債券之持有人得於債券發行之日起屆滿 45 日後，至到期日前 10 日止，隨時請求依當時之轉換價格，將債券轉為發行公司普通股。發行時之轉換價格為每股新台幣 $40 (可轉換 50,000 股)。該債券另附有賣回權：持有人得於 98 年 1 月 1 日以債券面額 110% 之價格賣回公司債。甲公司對於透過損益按公允價值衡量之金融資產不攤銷其折溢價。

購入當時甲公司估計之公允價值資訊如下：債券不附轉換權時，賣回權公允價值 $70,000。賣回權與轉換權兩種選擇權若視為單一之複合嵌入式衍生工具，其公允價值為 $200,000。該公司債之市價交易非常活絡。

95 年至 97 年該複合金融商品估計公允價值如下表：

	95/12/31	96/12/31	97/12/31
含賣回權及轉換權之公司債公允價值	$2,095,000	$2,100,000	$2,200,000
賣回權及轉換權資產公允價值	$250,000	$300,000	$260,000

試作：

(1) 甲公司 95 年之分錄。
(2) 假設甲公司於 96 年 12 月 31 日將整個可轉換公司債轉換成乙公司股票 50,000 股 (視為透過其他綜合損益按公允價值衡量之權益工具投資)，乙公司當日股價為 $42，試作轉換日之相關分錄。
(3) 假設甲公司於 98 年 1 月 1 日將整個可轉換公司債賣回給乙公司，得款 $2,200,000，試作 98 年賣回之分錄。　　　　　　　　　　　[改編自 95 年地方政府特考]

26. 【混合工具】美台公司於 96 年 1 月 1 日以公允價值 $1,045,800 購買中日公司發行之 5 年期面額 $1,000,000 的可轉換公司債。該債券之票面利率為 4%，每年 12 月 31 日付息；自債券發行日起滿 6 個月後至到期日前 3 個月止，每張面額 $1,000 之公司債可轉換成每

股面額 $10 之普通股 20 股。美台公司經過評估之後，該可轉換公司債之主契約為金融資產，但是整個可轉換公司債不符合全部本金及利息的定義。美台公司對於採用透過損益按公允衡量的投資並不攤銷折溢價。有關市場上相同條件之不可轉換公司債的公允價值、及以選擇權計價模式計得之公允價值如下：

	96/1/1	96/12/31	97/12/31
公司債 (不附轉換權) 之公允價值	$1,045,800	$1,061,700	$1,080,000
轉換選擇權之公允價值	$89,100	$101,300	$96,500

另若以債券發行價 $1,045,800 列計利息時之有效利率約為 3%，而以 $956,700 列計利息之有效利率則約為 5%。

試作：請依下列各情況分別作美台公司之相關分錄：

(1) 96 年 1 月 1 日債務工具投資之分錄。

(2) 96 年 12 月 31 日及 97 年 12 月 31 日應作之調整分錄。

(3) 假設 98 年 1 月 1 日美台公司行使轉換權，將全數債券轉換成普通股並作為透過其他綜合損益按公允價值衡量之權益工具投資。當日中日公司普通股市價每股 $54。試完成 98 年 1 月 1 日之分錄。(轉換選擇權之公允價值仍為 $96,500)

(4) 若 98 年 1 月 1 日美台公司未行使轉換權，而由中日公司以債券面額 107% 之價格向美台公司買回該債券。試完成 98 年 1 月 1 日之分錄　　【改編自 96 年中原大學會研所】

應用問題

1.【透過其他綜合損益按公允價值衡量之金融資產】 彰化公司 ×6 年投資帳戶之相關資料如下：

2 月 1 日　　以 $187,000 投資 A 公司普通股面額 $100，200 股。

4 月 1 日　　以 $500,000 投資政府債券每張面額 $1,000，500 張，票面利率 11%，每年 4 月 1 日及 10 月 1 日付息，於 ×16 年 4 月 1 日到期。

7 月 1 日　　以 $271,800 投資 B 公司面額 $250,000、票面利率 12% 之債券，B 公司於 ×6 年 3 月 1 日發行該債券。每年 3 月 1 日付息，於 ×26 年 3 月 1 日到期。

試作：(在不考慮減損損失的情況下)

(1) 請完成上述投資購買時之分錄，假設所有的證券投資均分類為透過其他綜合損益按公允價值衡量之債務工具投資。

(2) 完成 ×6 年 12 月 31 日應計利息的認列以及折溢價攤銷的分錄，折溢價攤銷利用直線法。

(3) 上述投資 ×6 年底市價如下：
　　A 公司普通股　　　　　　　　$169,000
　　政府公債　　　　　　　　　　$623,500
　　B 公司債券　　　　　　　　　$293,000

請完成必要的分錄及與權益相關之結帳分錄。

(4) 政府公債於×7年7月1日出售，金額為 $596,000 另加計應計利息，請作適當的分錄。

2. 【債務工具投資】樂活公司在95年1月1日以 $490,400 購買2%，面額 $500,000 之債券，收息日為每年年底，98年底到期。債券之95年底市價為 $460,000；樂活公司在96年4月1日將債券以 $510,000 加計利息出售。樂活公司僅持有該筆債務工具投資，該債券出售後即無其他投資。假設市價漲跌均為正常波動。

試作：

(1) 假設樂活公司將債券分類為透過損益按公允價值衡量之投資，則該項投資對95年度及96年度淨利之影響金額各為何？

(2) 假設樂活公司將債券分類為透過其他綜合損益按公允價值衡量之債務工具投資，折溢價採直線法攤銷；則該項投資對95年度及96年度淨利之影響金額各為何？(在不考慮減損損失的情況下)

(3) 假設樂活公司將債券分類為按攤銷後成本衡量之金融資產，且樂活公司持有該筆公司債至到期日並未提前出售，折溢價採直線法攤銷，債券之96年底市價為 $470,000；則該項投資對95年度及96年度淨利之影響金額各為何？(在不考慮減損損失的情況下)

[96年普考]

3. 【按攤銷後成本衡量之債務工具投資及減損】七仙公司×0年12月31日以 $533,092 (含交易成本) 買入四年期無息公司債作為按攤銷後成本衡量之金融資產，面額 $600,000，原始有效利率為3%，當日的12個月預期信用損失估計金額為 $2,665。

1. ×1年12月31日，該債券的信用風險已顯著增加，當日存續期間預期信用損失估計金額為 $41,181。
2. ×2年12月31日，該債券已自活絡市場中消失，公司預計未來到期時，該債券只能回收 $400,000，故存續期間預期信用損失估計金額現值為 $188,519。
3. ×3年12月31日，該債券當日存續期間預期信用損失估計金額現值為 $194,174。
4. ×4年12月31日，只收回本金 $400,000，其餘無法收回。

試作：

(1) ×0年12月31日取得債券之分錄。
(2) ×1年12月31日應作之相關分錄。
(3) ×2年12月31日應作之相關分錄。
(4) ×3年12月31日應作之相關分錄。
(5) ×4年12月31日公司債到期之分錄。

4. 【混合工具】莒光公司於×4年1月1日以 $600,000 (不含交易成本 $1,800) 買入自強公司所發行的5年期附賣回權之可轉換公司債，該可轉換公司債之相關條件如下：

1. 面額 $600,000、無票面利率、×8年12月31日到期。

2. 莒光公司得於×6年12月31日前將該公司債以$650,000賣回給自強公司，逾期該賣回權會消失。
3. 莒光公司亦得於發行日起滿6個月後至到期日前6個月止，以每股$100轉換成自強公司股票(可轉換6,000股)。

經評價之結果，嵌入式之賣回權及轉換權衍生工具資產的公允價值為$120,000。莒光公司經過評估之後，該附賣回權之可轉換公司債之主契約為金融資產，但是整個可轉換公司債不符合全部本金及利息的定義。莒光公司對於採用透過損益按公允衡量(FVPL)的投資並不攤銷折溢價。假設含賣回權及轉換權之公司債及賣回權,轉換權之公允價值相關資料如下：

	×4/12/31	×5/12/31
含賣回權及轉換權之公司債公允價值	$636,000	$650,000
賣回權及轉換權資產公允價值	$128,000	$135,000

試分別依下列情況為莒光公司作相關分錄：

(1) ×4年1月1日取得債務工具投資之分錄。
(2) ×4年底及×5年底應作之調整分錄，債務工具投資若有包含手續費等附加成本時，其公平利率為4.5%。
(3) 假設×6年1月1日莒光公司賣回所有公司債，試完成賣回之分錄。
(4) 假設莒光公司於×6年12月31日，將整個可轉換公司債(市價為$678,000，嵌入式之賣回權及轉換權資產公允價值評估為$125,000)轉換成自強公司股票6,000股(視為透過其他綜合損益按公允價值衡量投資，自強公司當日股價為$113)，試完成轉換之分錄。

5. 【附可分離認股權之公司債】阿密特公司於×2年1月1日以$541,575(不含交易成本$5,100)買入立宏公司當日剛發行的附可分離認股權的公司債，公司債的面額$500,000，票面利率5%，每年12月31日付息一次，×4年12月31日到期。認股權的期限為3年，得以每股$80，認購立宏公司股票5,000股。該可分離的認股權未來可與立宏公司債分開，個別自由進行買賣。阿密特公司在買入當時，經評價結果：認股權的公允價值為$32,495，公司債的公允價值為$515,000。阿密特公司的經營模式為只收取本金及利息，故將立宏公司的公司債分類為按攤銷後成本衡量之金融資產，公司債有效利率為4%。

×2年12月31日認股權公允價值為$50,000。×3年1月1日出售一半之認股權，得款$25,000。×3年12月31日阿密特公司行使剩餘之認股權(當時認股權公允價值為$37,500)，以每股$80認購立宏公司股票2,500股(當日立宏公司股票市價為每股$95)，阿密特公司將該立宏股票分類為透過損益按公允價值衡量之金融資產。

試作：阿密特公司×2年及×3年有關債務工具投資之相關分錄。

6. 【採用權益法投資綜合題】
(1) 長鴻公司於×3年1月1日以每股$30取得熊騰公司50,000股(佔5%之股權)，並

將其分類為透過其他綜合損益按公允價值衡量之權益工具投資。
(2) 熊騰公司 ×3 年底股價為 $28。
(3) 長鴻公司於 ×4 年 1 月 1 日另以每股 $26 取得熊騰公司 300,000 股 (佔 30% 之股權)，此時長鴻公司合計持有熊騰公司 35% 股權，同時具有重大影響力。當日長鴻公司對熊騰公司新投資成本與所享有股權淨值間無差異。
(4) 長鴻公司於 ×4 年 12 月 31 日銷售一批商品予熊騰公司，售價為 $120,000，成本為 $100,000。該批商品直至 ×5 年才出售給第三人。
(5) 熊騰公司 ×4 年的本期淨利為 $400,000，但外匯換算差異數增加了 $80,000 損失，該年度應發放之累積特別股股利為 $100,000。
(6) 熊騰公司 ×5 年 4 月 1 日宣告並發放現金股利 $100,000。
(7) 熊騰公司 ×5 年的本期淨損為 $100,000。該年度應發放之累積特別股股利為 $100,000。但熊騰公司之外匯換算差異數增加了 $100,000 利益。
(8) 長鴻公司於 ×6 年 4 月 1 日，以每股 $25 部分處分對熊騰公司之 25% 持股，保留 10% 之持股，因持股比率大幅下降，因此喪失了對熊騰公司之重大影響。×6 年 12 月 31 日熊騰公司之股價為 $26，長鴻公司將保留對熊騰公司之投資作為透過其他綜合損益按公允價值衡量之權益工具投資。
(9) 延續 (7)，假設長鴻公司於 ×6 年 4 月 1 日，以每股 $25 部分處分對熊騰公司之 10% 持股，保留 25% 之持股，但仍保有對熊騰公司之重大影響。

試作：長鴻公司 ×3 年至 ×6 年相關分錄。

Chapter 11 流動負債、負債準備及或有事項

學習目標

研讀本章後，讀者可以了解：
1. 流動負債定義及包括項目為何？
2. 金額確定的流動負債為何？
3. 金額依營業結果決定的流動負債為何？
4. 如何判斷是負債準備？
5. 負債準備如何估計？
6. 負債準備包括項目為何？
7. 如何判斷是或有負債？
8. 如何判斷是或有資產？

可寧衛股份有限公司提供

本章架構

流動負債、負債準備及或有事項

流動負債
- 負債定義
- 流動負債與非流動負債之區分
- 金融負債與非金融負債之區分

金額確定的流動負債
- 應付帳款
- 應付票據
- 一年內到期之長期負債
- 短期負債預期再融資
- 預收款項／遞延收入
- 應付股利

金額依營業結果決定的流動負債
- 應付營業稅
- 應付所得稅
- 代扣款項
- 應付獎金及紅利

負債準備
- 訴訟損失
- 保固
- 退款
- 環境及除役
- 虧損合約
- 重組

或有事項
- 或有負債
- 或有資產

「愛地球、愛台灣」是每個人都同意的主張。隨著環保意識的普及，廢棄物的最終妥善處理，是國人一個必須面對的重要的課題。理想上，不製造任何廢棄物是最佳的解決方案，但是在現實上這是不可能。因此，次佳的方案是設立符合環保法令，並予以適當監督的廢棄物掩埋場，以解決這個現實的問題，否則連合法的掩埋場都沒有，廢棄物就一定會被任意丟棄，滋生更多的問題。

可寧衛 (Cleanway) 股份有限公司 (股市編號 8422) 創立於 1999 年，致力於提供包含一般廢棄物、一般事業廢棄物以及有害事業廢棄物一站式清除處理服務業務。該公司迄今已陸續完成 8 座掩埋場的開發營運。其中有 5 座掩埋場因為屆滿掩埋容量，目前正在辦理封場復育中。

因為可寧衛公司有法定義務，將來必須對這些掩埋場進行復育工作。根據 IAS37，公司有義務現在就提列未來復育工作的負債準備。該公司對於掩埋場的復育成本的估計，係根據掩埋場滿場處理廢棄物後，廢棄物之物理特性對環境影響隨時間經過而自然衰竭，污染性會於一定時間內不再發生，估計每一掩埋場之維護時間、面積及特性，再依經驗予以估列總復育成本。可寧衛公司近年來相關復育成本準備資料，如下：

單位：千元

	2020 年度	2019 年度
年初餘額	$152,140	$68,142
年度提列復育成本	3,719	94,898
實際發生之復育成本	(31,735)	(10,900)
年底餘額	$124,106	$152,140

章首故事引發之問題

- 企業出售商品，是否須馬上認列保固負債準備？還是等到實際保固支出時再認列費用？
- 如須馬上認列負債準備，應如何衡量該負債準備？按現值還是未來值？折現率如何決定？
- 使用負債準備時，會計應如何處理？

11.1 流動負債

學習目標 1
流動負債之定義

IASB 將負債定義為：因過去**已發生事件** (past event)，使得企業**現有義務** (present obligation)，會造成未來經濟資源的流出。例如，企業向供應商賒帳買入存貨後，未來即有付款的義務。此外，企業銷售商品並提供產品保固時，由於商品已經銷售出去，目前雖尚無任何保固支出，但企業現在已有義務在未來商品需保固維修時，提供經濟資源去滿足該義務，故現在必須提列負債準備。又例如，以運輸業而言，若公司的車輛由於已發生交通事故，造成業者現在已有義務未來要賠償，因此該賠償負債已經成立。但運輸業不可針對經營的**一般隱含風險** (general inherent risk)，例如尚未發生之交通事故去提列負債準備。

與營運有關的負債如果必須或預計在 12 個月 (或當企業營運週期超過 12 個月時，則以營運週期之期間) 內清償，則該負債應分類為流動負債，否則應分類為非流動負債 (或長期負債)。

負債可依其性質，再區分為**金融負債** (financial liability) 及**非金融負債** (non-financial liability)。IASB 有給予金融負債清楚的定義，就本章目的而言，金融負債係指「企業有合約義務交付現金或其他金融資產者」。根據此一定義，應付帳款、應付票據、應付股利等因都有合約義務交付現金給債權人或股東，所以屬金融負債。金融負債之原始衡量，均以公允價值入帳，至於後續會計處理有下列兩個選擇，一經選擇不得改變會計方法：

1. **攤銷後成本**。

2. 透過損益按公允價值衡量。

凡非屬金融負債的其他負債，即為非金融負債，例如合約負債 (遞延收入)、保固負債等，這些負債雖然不必支付現金給債權人，但未來必須提供商品、勞務或維修服務，所以是非金融負債。合約負債 (遞延收入) 之後續會計須依第 15 章「收入」相關規定處理，而勞保證型保固負債則須依本章之負債準備相關規定處理。

本章將流動負債依照未來發生機率的高低，分類為四大類，如圖 11-1：

(1) 金額確定的流動負債；
(2) 金額依營運結果決定的流動負債；
(3) 負債準備；及
(4) 或有負債。

負債發生機率高低：
- 確定 (100%) → (1) 金額確定的流動負債；(2) 金額依營運結果決定的流動負債
- 很有可能 (>50%) → (3) 負債準備
- 有可能 (≤50%) → (4) 或有負債

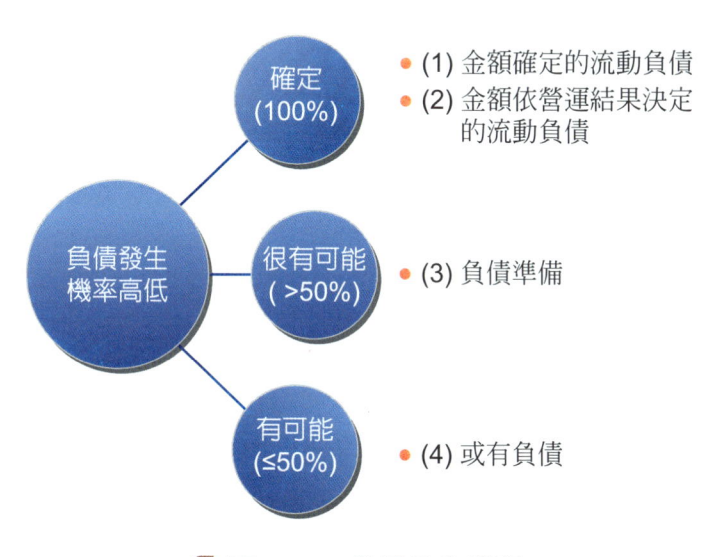

圖 11-1　負債發生機率

11.2　金額確定的流動負債

11.2.1　應付帳款及應付票據

應付帳款係企業於賒帳採購時所產生之金融負債，通常在營運週期內即須付款，所以屬流動負債。應付帳款的會計處理在第 6 章「存貨」已有詳細的說明。至於應付票據係企業開立票據，承諾未

學習目標 2
金額確定的流動負債

來特定日期將支付因進貨或借款應付之金額。因進貨而開立之應付票據，通常以面額為入帳基礎。至於因借款而開立之應付票據，不論有無附息，通常以現值為入帳基礎。

釋例 11-1　應付票據

民權公司於 ×1 年 9 月 1 日開立票據給銀行，面額為 $100,000，無票面利率，×2 年 1 月 1 日到期，取得現金 $98,000。試作相關分錄。

解析

×1 年 9 月 1 日分錄如下：

現金	98,000	
應付票據折價	2,000	
應付票據		100,000

×1 年 12 月 31 日應作利息費用調整分錄如下：

利息費用	2,000	
應付票據折價		2,000

×2 年 1 月 1 日到期時，民權公司應作還款分錄如下：

應付票據	100,000	
現金		100,000

11.2.2　一年內到期之長期負債

有些負債(如應付公司債)如果發行期間超過一年，會先列為長期負債。但隨著時間經過，償付本金的到期日逐漸逼近，只要到期期間在 12 個月內，就必須改列為流動負債。例如，民生公司於 ×1 年 6 月 30 日發行 3 年期到期的公司債，公司債本金到期日為 ×4 年 6 月 30 日。民生公司在 ×1 年 12 月 31 日及 ×2 年 12 月 31 日的資產負債表年報中，均應將該公司債視為長期負債。但是自 ×3 年 6 月 30 日半年報起及 ×3 年 12 月 31 日年報，因為到期期間在 12 個月內，所以應改列為流動負債。

11.2.3　短期負債預期再融資

企業於報導期間結束日時，若在現有貸款機制下預期 (expect)

且擁有能夠**無條件的** (unconditional) 裁量能力（例如已經與金融機構完成再融資協議），將某原始分類為長期但目前分類為流動之負債再融資或展期至報導期間後 12 個月以上時，應將其重分類為長期負債。即使企業在期後期間（報導期間結束日之後，通過發布財報之前）有完成再融資協議，仍應將該負債分類為流動負債，因為於報導期間結束日，企業未具無條件可將該負債展延至少 12 個月以上才償還的權利。

釋例 11-2　短期負債預期再融資

民生公司有一筆負債將於 ×2 年 3 月 1 日到期，如下圖，公司打算與銀行完成再融資協議，將該負債續借到 ×3 年才須清償。若 (a) 民生公司在 ×1 年 12 月 28 日即已完成再融資協議，則該筆負債可於 ×1 年財報重分類為長期負債；相反地，若 (b) 民生公司在期後期間如 ×2 年 2 月 16 日才完成再融資，雖然有在董事會通過 ×1 年財報之前，但已經在財務報表結束日之後，仍應將該筆負債於 ×1 年財報分類為流動負債。因為資產負債表係表達報表結束日之財務狀況，而非期後期間。

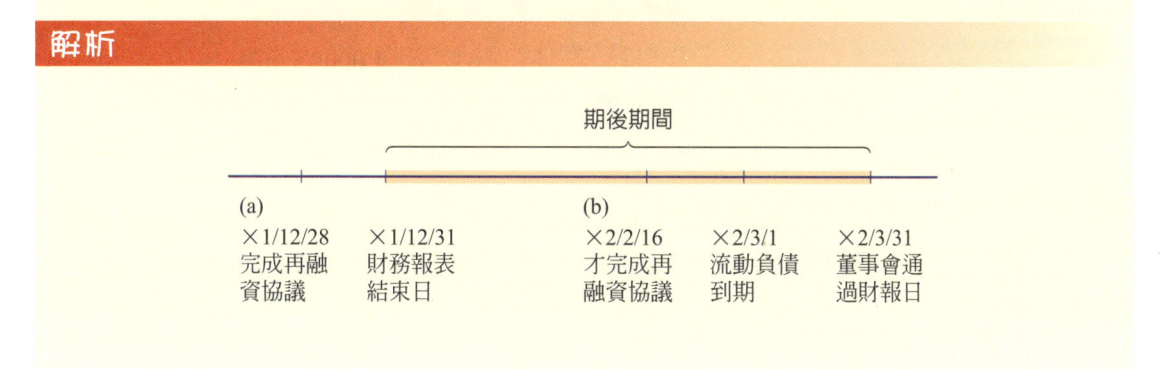

解析

```
                    期後期間
    ├────┬──────┬──────┬──────┬──────┤
   (a)         (b)
  ×1/12/28  ×1/12/31  ×2/2/16   ×2/3/1   ×2/3/31
  完成再融   財務報表   才完成再   流動負債   董事會通
  資協議     結束日     融資協議   到期      過財報日
```

此外，企業若於報導期間結束日或之前，已經違反長期借款合約的條款 (default)，例如未按期清償本金或利息、自有資本維持比率不足等，致使該負債變成要求**立即償還** (due on demand) 的負債，應將該違約的長期負債改分類為流動負債。即使於期後期間，債權人已經同意不因違反條款而隨時要求即須清償，企業仍應將該長期負債重分類為流動負債。除非在報導期間結束日之前，債權人已經同意提供寬限期至報導期間後至少 12 個月，且於寬限期內企業預期

可改正違約情況 (如辦理現金增資，提高自有資本比率)，而且債權人在寬限期內亦不得要求立即償還，企業始能將該負債繼續分類為長期負債。

11.2.4　預收款項／合約負債／遞延收入

> 已經預收但尚未提勞務的款項，亦稱為「合約負債」，請參閱第 15 章。

有時企業會要求客戶必須先付款，然後在未來才提供商品或勞務。此時，該預先收取之款項，不得貸記：「收入」，因為商品或勞務目前尚未提供，不得提早認列收入，必須貸記負債項目「預收款項／合約負債／遞延收入」。

釋例 11-3　預收款項／合約負債／遞延收入

統一超商發行 icash 儲值卡，客戶必須先儲值現金後，才能憑 icash 卡至相關商店刷卡消費，不用再支付現金。因此，當客戶儲值現金 $1,000 於 icash 卡時，統一超商應先認列預收款項 (合約負債) 之流動負債，分錄如下：

解析

現金	1,000	
預收款項 (或合約負債)		1,000

俟後，客戶消費 $700 時，才認列相關收入。

預收款項 (或合約負債)	700	
銷貨收入		700

11.2.5　應付股利

企業營運如果有盈餘時，通常會發放現金股利給特別股及普通股股東。但由於企業有選擇發放與否的權利，因此必須等到企業**宣告** (declare) 發放股利後，企業才需要認列應付股利之流動負債。即使特別股是具有**累積** (cumulative) 性質，亦即企業積欠特別股股利時，未來若想發放股利給普通股股東，必須優先發放以前積欠和當期的特別股股利之後，才可發放給普通股股東。但是即使企業對累積特別股已有積欠股利的情況下，只要不宣告發放任何股利，企業就不必認列任何應付股利之負債。

11.3 金額依營運結果決定的流動負債

企業有些流動負債係依營運結果，例如營業額高低、稅前損益、薪資費用高低及員工紅利與獎金等，才能依相關法律規定及公司管理章程來決定。

> **學習目標 3**
> 應付營業稅

11.3.1 應付營業稅

企業在臺灣如果有提供商品或勞務之營業行為，通常必須繳交加值型營業稅，亦即不是依營業收入來繳交營業稅 (例如美國)，而是依提供商品或勞務時所創造的**加值部分** (value added) 來繳交加值型營業稅。計算方式如下：

$$\text{加值型營業稅} = \text{收取之銷項稅額} - \text{支付之進項稅額}$$

- 銷項稅額：指企業銷售商品或勞務時，依規定稅率 (目前為 5%) 應收取之營業稅額。
- 進項稅額：指企業購買商品或勞務時，依規定稅率 (目前為 5%) 應支付之營業稅額。

期末若銷項稅額大於進項稅額，差額應貸記：「應付營業稅」；相反地，若銷項稅額小於進項稅額，差額應借記：「留抵稅額」，或於符合營業稅法可退稅之規定時，才借記：「應退營業稅」。

釋例 11-4　應付營業稅

萬萬稅公司適用加值型營業稅，稅率為 5%，於 ×1 年 12 月有下列交易：
(1) 進貨 $52,500，內含進項稅額 $2,500。
(2) 發生各項費用 $31,500，內含進項稅額 $1,500。
(3) 銷貨 $105,000，內含銷項稅額 $5,000。
(4) 12 月底扣抵營業稅款。

解析

(1) 進貨時：

進貨	50,000	
進項稅額	2,500	
應付帳款		52,500

(2) 發生各項費用時：

各項費用	30,000	
進項稅額	1,500	
應付費用		31,500

(3) 銷貨時：

應收帳款	105,000	
銷貨收入		100,000
銷項稅額		5,000

(4) 12月底扣抵營業稅款時：

銷項稅額	5,000	
進項稅額 ($2,500 + $1,500)		4,000
應付營業稅		1,000

11.3.2 應付所得稅

  企業營運如果今年有獲利，根據營利事業所得稅法必須於隔年5月繳交營利事業所得稅，但是根據會計應計基礎，企業仍應在今年認列所得稅費用及應付所得稅之負債。詳細的所得稅費用及所得稅負債之會計處理，請參閱第16章「所得稅會計處理」。

11.3.3 代扣款項

  企業聘用員工時，企業須支付薪資費用(包含勞保及健保)。但是政府亦規定：企業必須就源先扣繳員工部分之薪資，以作為員工個人薪資所得扣繳、代扣勞保費員工自付額、代扣健保費員工自付額。此外，企業亦應認列雇主應負擔之勞保費及健保費。前述項目均為企業之流動負債。

釋例 11-5　代扣款項

萬萬稅公司 ×1 年 12 月有關員工薪資及相關項目資料如下：

應付薪資 (在扣除勞保費、健保費及員工薪資扣繳之後)：$399,000
員工薪資扣繳：$25,000 (只有個人綜合所得稅部分)
勞保費：員工負擔 $22,000，雇主負擔 $44,000
員工健保費：員工負擔 $20,000，雇主負擔 $40,000

解析

萬萬稅公司應作下列分錄：

×1/12/31	薪資費用	550,000	
	員工薪資扣繳		25,000
	代扣勞保費		22,000
	代扣健保費		20,000
	應付勞保費		44,000
	應付健保費		40,000
	應付薪資		399,000

11.3.4　應付獎金及紅利

企業為了獎勵員工優異的表現，通常在年度盈餘結算後，會根據獎勵或紅利條款上的獎金和紅利計算基礎以及分紅比率，去計算員工該年度應發放的獎金及紅利 (含董監酬勞)。雖然隔年春節前才會發放年終獎金，但企業仍應在員工提供服務期間，借記：「獎金及紅利費用」，與貸記：「應付獎金及紅利」。

應付獎金及紅利 ＝ 獎金及紅利計算基礎 × 分紅比率

獎金及紅利計算基礎，通常有四種可能的情況：

1. 考量所得稅及紅利費用之前的盈餘，
2. 考量紅利費用後，所得稅之前的盈餘，
3. 考量所得稅後，紅利費用之前的盈餘，
4. 考量所得稅及紅利費用之後的盈餘。

例如大方公司 ×1 年，在考量所得稅及紅利費用之前的盈餘為 $11,000。

(1) 章程規定：員工分紅的比率為考量所得稅及紅利費用之前盈餘的 10%。

紅利費用 = $11,000 × 10% = $1,100

(2) 章程規定：員工分紅的比率為考量紅利費用後，所得稅之前盈餘的 10%。

假定紅利費用金額為 B，根據上述條件可得到下列計算式：

B = ($11,000 − B) × 10%

求解上式後，可得紅利費用 B = $1,000

(3) 章程規定：員工分紅的比率為考量所得稅後，紅利費用之前盈餘的 10%。公司所得稅率為 20%。

假定紅利費用金額為 B，所得稅費用金額為 T。根據上述條件可得到下列計算式：

B = ($11,000 − T) × 10%

另外，因為發放紅利可作為費用，導致公司的稅前盈餘為 $11,000 − B，所以公司所得稅：

T = ($11,000 − B) × 20%

求解上面兩個聯立方程式後，可得紅利費用 B = $898

(4) 臺灣最普遍的章程規定：員工分紅的比率為考量紅利費用及所得稅後盈餘的 10%。公司所得稅率為 20%。

假定紅利費用金額為 B，所得稅費用金額為 T。根據上述條件可得到下列計算式：

B = ($11,000 − B − T) × 10%

另外，因為發放紅利可作為費用，導致公司的稅前盈餘為 $11,000 − B，所以公司所得稅：

T = ($11,000 − B) × 20%

求解上面兩個聯立方程式後，可得紅利費用 B = $815

至於紅利費用之認列期間，應考量員工可領取紅利之**既得服務期間**

(vesting period),詳細討論請參見第 17 章。

11.4 負債準備

學習目標 4
負債準備之判斷

負債準備 (provisions) 與應付帳款及應計費用等確定負債性質並不相同,因為負債準備在清償時,未來支付之**時點** (timing) 或**金額** (amount),目前並不確定,例如保固支出、訴訟賠償損失、除役成本等,必須用估計的方式去推估負債準備的金額。負債準備之認列,必須同時滿足下列三個條件,方須認列:

① ● 因過去事件所產生之現時義務。
　　［包括法定義務或**推定義務** (constructive obligation)］

② ● 於清償義務時,很有可能需要流出具經濟效益之資源。
　　［**很有可能** (probable) 係指機率大於 50%］

③ ● 義務之金額能可靠估計。
　　［應使用**最佳估計** (best estimate)］

1. 因過去事件所產生之現時義務

由於資產負債表係反映企業於報導期間結束日之財務狀況,而非企業未來可能之狀況,因此未來營運所發生之成本(或損失)不得認列為負債準備。唯有於報導期間結束日已經存在之現時義務,方須於企業之資產負債表上予以認列負債準備。負債準備可能是流動負債,亦可能是長期負債,端視企業預期清償的時間是否超過 12 個月或營運週期而定。

法定義務 (legal obligation) 係指因有明確或隱含條款之合約、法律規定事項所產生的義務。例如,環保法規要求企業若有污染環境,必須負責清理並繳納罰款。

推定義務 (constructive obligation) 係指企業透過以往慣例已建立之模式、已發布之政策,或目前相當確定之聲明,向他方表示其

將承擔特定之責任，因此已使他方對其將履行該責任產生**有效預期** (valid expectation)。例如，塑膠工廠如因為過去多次爆炸起火後，都有給予附近居民賠償或補助。雖然並無法定義務，但只要公司不做賠償，會有很不利的後果產生，所以通常都會承擔起這個推定義務。

但是企業不可針對經營**一般隱含風險** (general inherent risk) 去提列負債準備。例如台電雖然有核能發電廠，如果有任何一個核能發電廠發生像 2011 年日本福島核電廠一樣的事故，絕對是臺灣的一大浩劫。但是由於此一事件並未發生 (祈禱永遠不要發生)，台電不得對此一事故，提撥任何負債準備。

2. 於清償義務時，很有可能需要流出具經濟效益之資源

所謂很有可能需要流出具經濟效益之資源，係指企業有大於 50% 的機率必須去清償義務。例如宏達電如果被蘋果公司控告侵犯專利，若宏達電公司敗訴的機率超過一半時，即須認列訴訟負債準備。但如果有多個相似之義務 (例如產品保固)，於判斷義務之類別時應以清償整體義務時之經濟資源流出之可能性高低來判斷。即使其中個別義務經濟資源流出之可能性很小，但清償整體義務很有可能需要流出一些資源，在此情況下仍應認列負債準備。例如，大同公司出售液晶電視 10,000 台，雖然每一台電視出現瑕疵的機率只有 1% 必須提供保固維修，但根據期望值將有 100 台需要維修，所以大同公司仍須提列 100 台的保固負債準備。

3. 義務之金額能可靠估計

負債準備雖比資產負債表的其他項目更具不確定性，但除極少數之情況外，企業通常能決定可能結果之範圍，進而對義務作出可靠估計以認列負債準備。

若因無法可靠估計導致該負債無法認列時，應視之為或有負債揭露相關資訊。

負債準備之衡量、變動、使用及歸墊

學習目標 5
負債準備之估計

負債準備之認列金額，應為報導期間結束日清償現時義務所需支出金額之**最佳估計** (best estimate)。所謂最佳估計係指：

1. 企業於報導期間結束日清償該義務，或

2. 於該日將該義務移轉給第三方而需合理支付之金額。

最佳估計取決於企業管理階層之判斷，同時佐以類似交易之經驗，甚至獨立專家之報告。企業亦應考慮任何於報導期間後事件所提供之額外證據。

在考量單一項目負債準備之最佳估計時，應以個別之最有可能之結果作為該負債之最佳估計。例如，民族公司在面對侵犯專利權訴訟時，可能有下列四種情境：

> 單一項目最佳估計係最有可能之結果。

情境	發生機率	損失金額
I	20%	0
II	35%	20,000
III	30%	40,000
IV	15%	80,000

因為情境 II 是最有可能的結果，所以民族公司應認列 $20,000 負債準備。惟即使在這種情況下，企業仍應考量其他可能之結果。若其他可能之結果大部分均比最可能之結果較高或較低時，則最佳估計應為較高或較低之金額。例如，若企業須改正其為客戶建造主要廠房中存在之嚴重失誤，則個別最可能之結果係第一次即成功修復，其成本為 $10,000，但如果存在一個發生機率雖然較低，但修復

IFRS 一點通

風險、折現率與現值 (最佳估計)

若貨幣時間價值之影響係屬重大時，應以清償義務預期所需支出之現值認列負債準備。折現率應使用稅前折現率，其反映目前市場對貨幣時間價值之評估及負債特定之風險。該折現率不得再反映未來現金流量估計已經調整之風險，以免重複。

前述風險係指可能結果之變異性，此乃因為許多事項及情況存在不可避免之風險及不確定性，企業應予以考量。於衡量負債時，風險之調整可能會增加其金額。在不確定之情況下係需要謹慎判斷，以使收益或資產不會高估，費用或負債不會低估。

成本金額很重大,則應提列一個較大金額之負債準備。

在考量多個相似義務(較大樣本)之負債準備的最佳估計時,應以其相關之發生機率對各種可能之結果加權計算,而得到**期望值** (expected value)。例如上表之損失金額若以期望值作為最佳估計,會得到 $31,000 (= 20% × 0 + 35% × $20,000 + 30% × $40,000 +15% × $80,000)。因此,負債準備金額將隨著損失之機率高低不同(例如 35% 或 30%)而有所不同。若結果可能性係屬連續範圍,且該範圍內之每一點與其他各點之可能性相同,則採用該範圍之中間值作為最佳估計。

期望值
多個類似項目時之最佳估計。

另外有兩點值得強調:第一,負債準備係以稅前基礎 (before tax) 衡量。因負債準備及其改變之租稅效果係依 IAS12 所得稅會計處理。第二,於衡量負債準備時,不應考量預期處分資產之利益。即使預期處分與產生負債準備之事項係屬緊密關聯,仍不得考量預期處分資產之利益,企業仍應依相關準則認列預期處分資產之利益。例如,企業在認列關廠後的裁員重組損失時,即使預期關廠後出售工廠土地會有利益,仍不得預先估列利益以降低負債準備。

1. 負債準備之變動及使用

於每個報導期間結束日,企業應對負債準備進行複核並予以調整,以反映目前的最佳估計。若最佳估計金額提高(降低),企業應提高(降低)負債準備。甚至未來發生資源流出的機率變成小於 50% 時,則整個負債準備應予以迴轉。另外,採用折現之現值時,應於每期增加負債準備之帳面金額,以反映時間的經過。增加的金額應認列為利息(融資)成本。

至於負債準備之使用,僅有與原先認列負債準備有關之支出才能抵銷該負債準備。因為若將支出抵銷原先為其他目的而認列之負債準備,將會隱藏對兩個不同事件之影響。

2. 歸墊

歸墊資產之表達。

清償負債準備所需支付之一部分或全部金額,若預期將會從另一方得到歸墊(例如透過保險合約、賠償條款或賣方之保固),且企業於清償義務時,**幾乎確定** (virtually certain) 可收到該歸墊,則該歸墊應予以認列為資產。企業認列之歸墊金額不應超過負債準備之金

額。該歸墊應視為一個單獨資產，不得於資產負債表中與相關的負債準備互抵。但於損益表中，企業得將負債準備所認列之費用及取得歸墊所認列之金額以互抵後之淨額表達。

11.4.1 訴訟損失準備

企業若已經發生足已被提告要求賠償之事件時，不論控方是否已經提告，企業應評估該事件對企業的不利影響。若評估結果顯示敗訴是很有可能的，企業應認列訴訟損失準備。

例如，×0 年 12 月 31 日天天客運公司的駕駛肇事，天天客運評估很有可能必須賠償受害人，而且賠償金額的最佳估計是 $3,000,000。幸好天天客運有投保第三人責任險，幾乎確定可獲理賠歸墊 $2,500,000。天天客運應作下列分錄：

×0/12/31	訴訟損失	3,000,000	
	訴訟損失準備		3,000,000
	應收理賠款	2,500,000	
	保險理賠收入（或訴訟損失）		2,500,000

由於天天客運幾乎確定可獲得理賠，所以可單獨認列歸墊資產「應收理賠款」$2,500,000，但不可與「訴訟損失準備」$3,000,000 於資產負債表中互抵，必須分別列示。但是保險理賠 $2,500,000 得與訴訟損失 $3,000,000 在損益表中互抵，而出現訴訟損失淨額 $500,000。

×1 年 12 月 31 日，由於訴訟進行不利，天天客運預期賠償金額將會由 $3,000,000 提高到 $4,000,000，但歸墊金額還是只有 $2,500,000。所以天天客運應作分錄如下：

×1/12/31	訴訟損失	1,000,000	
	訴訟損失準備		1,000,000

×2 年 1 月 31 日判決確定，天天客運支付判賠金額 $3,600,000，並收到保險公司之理賠 $2,500,000，天天客運應作下列分錄：

×2/1/31	訴訟損失準備	4,000,000	
	現金		3,600,000
	訴訟損失迴轉利益		400,000
	現金	2,500,000	
	應收理賠款		2,500,000

11.4.2 保　固

> 保固會因不同的交易內容，而有不同的會計處理及入帳金額

　　企業出售產品如電腦、汽車時，為了遵守法令規定或增加消費者的購買意願，會向消費者保證產品的運作如果與企業所承諾的產品規格不符(如有瑕疵或故障)時，願意免費負責維修，此即為**保證型保固** (assurance type warranty)。保證型保固通常隨著產品的出售而提供給消費者，消費者是無法單獨購買的。企業在提供保證型保固時，即使未來產品需要免費維修的頻率及金額有不確定性，企業仍應依 IAS 37「負債準備」去估計未來所需的保固成本(只有成本，不含合理利潤)，將其認列為保固費用，並提列保固負債準備。

> 保證型保固：保證所提供的產品與規格相符

　　相對地，有時企業在產品銷售時，除了保證型保固之外，會另外再提供其他有關產品的保固服務，例如維修範圍擴大的加強保固或保固期間更長的延長保固，此即為**服務型保固** (service type warranty)。消費者通常必須另外出錢購買，才能享有這些服務型的保固，因此是一個單獨的履約義務，企業應依 IFRS 15「客戶合約之收入」，在收到服務型保固的對價時，先將其認列為「合約負債(遞延保固收入(或合約負債))」，然後再依其保固義務的履約狀況，認列為保固收入。

> 服務型保固：另外提供服務的保固

　　企業對於所提供的某一保固，若無法明顯區分其為保證型保固或服務型保固時，應將整個保固視為單一的履約義務，亦即按服務型保固的會計處理。

保固負債準備及合約負債(遞延保固收入)

　　例如，水果公司於 ×0 年 12 月 31 日，出售 100 支手機，每支售價 $20,000，並提供保證型保固一年，公司預估每支手機未來保證型保固的成本(人工及零件)將需 $300 (共計 $30,000)。在銷售手機時，水果公司另外有出售服務型保固，一年內只要手機鏡面有裂痕，

不論原因都予以「免費」維修，計有 30 位消費者 (每人支付 $1,200)
購買服務型保固。水果公司 ×0 年 12 月 31 日應作分錄如下：

現金 ($20,000×100+$1,200×30)	2,036,000	
保固費用 ($300×100)	30,000	
銷貨收入		2,000,000
保固負債準備 ($300×100)		30,000
合約負債 (遞延保固收入) ($1,200×30)		36,000

至 ×1 年底，水果公司保證型保固的實際支出為 $37,000 (多出來的 $7,000 作為估計變動，增加 ×1 年的保固費用)。服務型保固的實際支出為 $33,000。水果公司 ×1 年 12 月 31 日，應分別認列保固收入及除列保固負債準備，分錄如下：

合約負債 (遞延保固收入)	36,000	
保固收入		36,000
保固負債準備	30,000	
保固費用 ($37,000 – $30,000)	7,000	
保固成本	33,000	
應付薪資 / 零組件 ($37,000+$33,000)		70,000

11.4.3 退　款

有時公司在商品銷售或勞務提供後，雖然已向客戶收款，但是如果公司答應客戶不滿意可退錢，或者基於行銷理由採取先收款再**退款** (rebate) 方式銷貨，雖然客戶要求退款的比率有不確定性，企業仍須在期末估計退款負債準備。

例如，勁兔電池於 ×0 年 12 月 31 日出售電池 1,000 組，每組售價 $200。消費者只要將電池組包裝上那隻精力旺盛的兔子剪下寄回給公司，每隻兔子公司會退款 $15，公司預計 30% 的消費者會寄回。勁兔電池於 ×0 年 12 月 31 日應作分錄如下：

×0/12/31　現金 ($200 × 1,000)	200,000	
銷貨收入		200,000

　　　　　　　銷貨收入 ($15 × 1,000 × 30%)　　　4,500
　　　　　　　　退款負債準備　　　　　　　　　　　　4,500

上述認列退款負債準備的分錄，其借方項目以借記「銷貨收入」較為允當，而非退款費用。否則會有高估 ×0 年的銷貨收入之嫌。

11.4.4　環境負債及除役負債

　　環境負債係指企業之營運污染到生態及環境，因此負有法定或推定義務，必須負責清理環境及賠償。例如，在 2010 年英國石油公司 (BP) 在墨西哥灣的漏油事件，為支應墨西哥灣漏油所造成現在及未來可能的各項支出及賠償，BP 提列了高達 200 億美元（現值估計）的環境負債準備，亦即 BP 在 2010 年有作下列分錄：

2010 年　　環境清理及賠償費用　20,000,000,000
　　　　　　　環境負債準備　　　　　　　　　20,000,000,000

除役成本
係指拆卸、移除該項目及復原其所在地點之原始估計成本。

　　另外，所謂不動產、廠房及設備的**除役成本** (decommissioning cost)，係指拆卸、移除該項目及復原其所在地點之原始估計成本。該義務係於企業取得該項目時，或於特定期間非供生產存貨之用途（如拆卸、移除及復原）而使用該項目所發生者。例如台電的核電廠在將來除役後，需要拆卸、移除及復原等各項支出，但這些未來支出的金額及時點有不確定性，所以台電應估計這些成本之現值，認列除役負債準備並將除役成本納入不動產廠房及設備之原始取得成本之一部分，逐期提列折舊費用。由於除役負債係為估計現值，所以隨時間經過，須認列財務成本，該財務成本不得借款成本資本化。

　　除役成本若因估計清償所須之未來現金流量或折現率有所變動，造成除役負債準備變動時，當與除役成本相關的資產係採成本模式衡量時，應依下列規定處理：

1. 除役負債準備之變動原則上應於當期增加或減少相關資產之成本。
2. 但若因調低除役負債準備而造成相關資產成本減少時，須自資產減除之金額不得超過相關資產的帳面金額，因為資產帳面金額通常不會是負數。至於因除役負債準備金額減少，其減少數超過資產相關資產帳面金額之部分，應立即認列於當期利益。此乃因為

Chapter 11 流動負債、負債準備及或有事項

原先除役負債認列過多,造成之前折舊費用認列過多,而須於當期予以適度迴轉,故超過數於當期認列為利益。

3. 若因調高除役負債準備而造成相關資產成本增加時,企業應考量該資產之新帳面金額是否可完全回收。若有跡象顯示該新帳面金額可能無法回收時,應進行減損測試並認列任何可能之資產減損(參閱圖 11-2)。

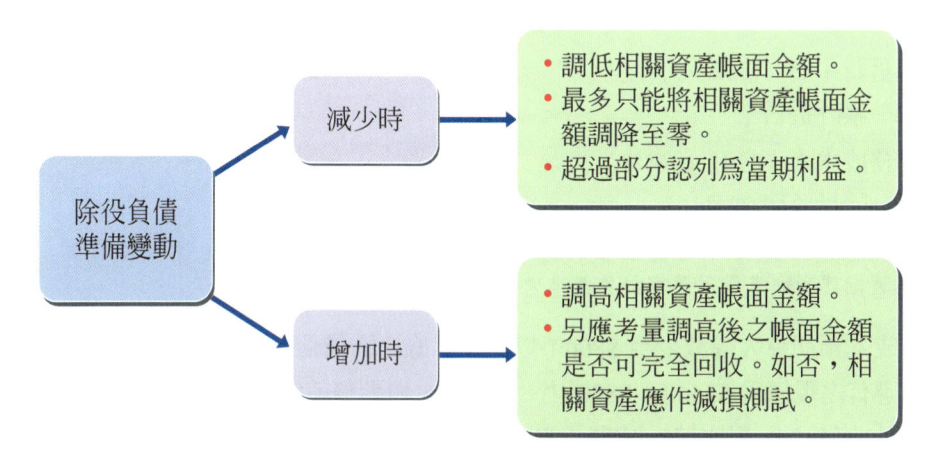

```
除役負債準備變動
├─ 減少時 → ・調低相關資產帳面金額。
│           ・最多只能將相關資產帳面金額調降至零。
│           ・超過部分認列為當期利益。
└─ 增加時 → ・調高相關資產帳面金額。
            ・另應考量調高後之帳面金額是否可完全回收。如否,相關資產應作減損測試。
```

圖 11-2 除役負債準備變動

釋例 11-6 除役負債準備

中央環保公司於 ×1 年 1 月 1 日在中壢交流道附近花費 $10,000 設立一個垃圾掩埋場,預計可使用 5 年。在垃圾掩埋場使用年限期滿後,中央環保公司必須進行復原美化工作,預計將支出 $2,000(以 ×5 年底之物價估計),公司使用直線法提列折舊,假定無殘值,折現率為 10%。

試作:
(1) ×1 年 1 月 1 日分錄。
(2) ×1 年 12 月 31 日分錄。
(3) 另外,於 ×1 年 12 月 31 日時,復原工作成本預期會大幅下降至 $800(以 ×5 年底之物價估計),試作相關之分錄。
(4) ×2 年 12 月 31 日分錄。
(5) 於 ×6 年 1 月 1 日,中央環保公司實際支付 $800 進行復原美化工作。試作支付復原美化工作之分錄。

解析

(1) ×1 年 1 月 1 日時，公司支出了 $10,000 設立垃圾掩埋場，並承擔現值為 $1,242 [= $2,000/(1+10%)^5] 的除役成本。所以應作分錄如下：

×1/1/1	不動產、廠房及設備 ($10,000 + 1,242)	11,242	
	現金		10,000
	除役負債準備		1,242

(2) ×1 年 12 月 31 日，公司須提列折舊，並依有效利率調整除役負債的現值及認列財務成本。

×1/12/31	折舊費用 ($11,242 ÷ 5)	2,248	
	累計折舊		2,248
	財務成本 * ($1,242 × 10%)	124	
	除役負債準備		124

* 長期的負債準備係採折現後之現值估計，故隨著時間經過必須逐漸進行**現值展開** (unwinding)，逐期認列利息費用及增加負債準備之帳面金額。

(3) 因為復原工作成本預期會大幅減少至 $800（以 ×5 年底之物價估計），故除役負債準備於 ×1 年底應有之現值為 $546 [= $800/(1 + 10%)^4]，與調整前之除役負債準備金額 $1,366 (= $1,242 + $124) 相比較，減少了 $820，該金額並未超過相關資產之帳面金額，故應作相關分錄如下：

×1/12/31	除役負債準備	820	
	不動產、廠房及設備		820

(4) ×2 年 12 月 31 日，公司須提列折舊，並依有效利率調整除役負債的現值及認列財務成本。

×2/12/31	折舊費用 [($11,242 − $2,248 − $820) ÷ 4]	2,044	
	累計折舊		2,044
	財務成本 ($546 × 10%)	55	
	除役負債準備		55

(5) ×6 年 1 月 1 日支付 $800 進行復原美化工作。

×6/1/1	除役負債準備	800	
	現金		800

11.4.5 虧損合約

Onerous contract 原意是費力繁重的合約，IASB 用來表示為履行合約義務所發生**不可避免之成本** (unavoidable cost)，超過預期從

該合約所獲得經濟效益之合約，故中文意譯為「虧損合約」。已經簽約的虧損合約雖然目前未必產生損失，但未來會對企業的營運產生不利的影響，所以 IASB 要求企業現在就要認列合約不可避免成本作為負債準備。所謂合約之不可避免成本，係指退出合約的最小淨成本，其決定方法如下：

$$\text{不可避免成本} = \text{孰低者} \begin{cases} \text{繼續履行該合約發生之淨成本} \\ \text{終止合約所發生補償金或違約金} \end{cases}$$

虧損合約的一個可能的例子為**購買承諾** (purchase commitment) 合約。購買承諾係指買賣雙方對於採購的數量、價格及運送時點已達成協議的不可撤銷承諾或合約[1]。由於採購的數量及價格均已確定，若現貨價格下跌低於存貨之淨變現價值，使得不可避免之成本超過預期從該合約所獲得經濟效益，致使該採購承諾變成虧損合約。

例如，大成長城公司 ×0 年 11 月 30 日向供應商簽訂購買承諾合約，在 1 年後購買玉米 10,000 噸，每噸 $2,000。大成長城公司在出售玉米時，每噸售價均得以現貨價格加計毛利 $50 售出。在簽約時，僅須備忘分錄，無須正式分錄。×0 年 12 月 31 日，玉米價格每噸下跌到 $1,650。由於無法避免的成本 $2,000 大於其預期經濟效益 $1,700 (= $1,650 + $50)，故為虧損合約，須認列下跌損失，應作分錄如下：

×0/12/31　購買承諾損失　　　　　　　　　3,000,000*
　　　　　　購買承諾負債準備　　　　　　　　　　3,000,000
　　*[($2,000 − $1,700) × 10,000]

「購買承諾損失」係 ×0 年之損失。俟後於 ×1 年 11 月 30 日，玉米現貨價格反彈至每噸 $1,850，大成長城公司仍依約定採購價格 $2,000 買入，由於價格有反彈，「購買承諾負債準備」可因此減少，同時可沖回部分購買承諾之損失。由於現貨價格為每噸 $1,850，再加計預估毛利 $50，因此存貨的入帳金額為預期經濟效益 (亦即淨變

---

[1] 假定此一購買承諾符合 IFRS 9 衍生工具的例外規定，不適用 IFRS 9 衍生工具之會計處理規定。

現價值) 每噸 $1,900，而非現金支付價格 (每噸 $2,000)。公司應作下列分錄：

×1/11/30	購買承諾負債準備	2,000,000*	
	購買承諾損失之迴轉利益		2,000,000

*[($1,900 − $1,700) × 10,000]

	進貨 ($1,900 × 10,000)	19,000,000	
	購買承諾負債準備	1,000,000*	
	現金 ($2,000 × 10,000)		20,000,000

*($3,000,000 − $2,000,000)

但假定於 ×1 年 11 月 30 日，玉米現貨價格大幅漲到每噸 $2,300，大成長城公司仍可依約定採購價格 $2,000 買入，由於價格有反彈，不但「購買承諾負債準備」可因此全數沖轉，甚至有未實現利益產生。雖然現貨價格為每噸高達 $2,300，但買入之存貨仍只能以現金支付價格 (每噸 $2,000，此時無須另行考量估計毛利 $50) 入帳。公司應作下列分錄：

×1/11/30	購買承諾負債準備	3,000,000	
	購買承諾損失之迴轉利益		3,000,000
	進貨 ($2,000 × 10,000)	20,000,000	
	現金 ($2,000 × 10,000)		20,000,000

除了進貨合約有可能變成虧損合約之外，銷貨合約也有可能變成虧損合約。例如，企業與客戶已簽署不可撤銷之銷貨合約，將銷貨 100 個客製化的產品給該客戶，每個售價為 $70。假定這 100 個客製化產品的單位成本為 $80，所以企業應認列 $1,000 之虧損合約損失及負債準備。

11.4.6 重　組

重組 (restructuring) 係指由管理階層所規劃及控制之計畫，且 (1) 企業從事之業務範圍；或 (2) 業務經營之方式已有實質改變。例如，企業將某一業務項目出售或停止 (例如美國運通銀行曾將其在臺灣

信用卡業務全部停止，只保留簽帳卡業務)；結束位於某國家或地區之業務，或將位於某國家或地區之業務活動移轉至另一個國家或地區；或對企業之營運性質及重點有重大影響之主要改組。

重組成本 (restructuring cost) 僅於符合對負債準備之認列條件時，始予以認列為負債準備。企業重組應於同時符合下列兩個條件時，始能認定已產生推定義務：

1. 有詳細正式之重組計畫，以及
2. 已開始進行重組計畫或已通知受影響人員該計畫之主要內容，而使受影響之人員對企業將進行重組產生**有效預期** (valid expectation)。

重組負債準備應僅包括由重組所產生之直接支出，包括下列兩項：

1. 重組所必須負擔者；及
2. 與企業繼續經營活動無關者。

屬於重組負債準備之成本，列舉如下：

- 遣散員工之相關費用；
- 因重組所產生之虧損合約 (如因關店中止租約，所須繳付之違約金)。

不屬於重組負債準備之成本，列舉如下：

- 再培訓或重新安置留用員工之成本；
- 行銷成本；

研究發現

洗大澡 (Big Bath)

有人可能會感覺奇怪：會計不是一向要求保守，為何 IFRS 在規定認列負債重組準備時採取較嚴格的定義，不讓企業認列過多的負債準備呢？此乃企業界在面臨重大虧損或管理階層更換時，有會過度認列重組準備，以高估現在損失低估未來費用的方式，來進行盈餘管理或操縱，此一現象會計學術界稱之為洗大澡 (Big Bath)。

- 投資新系統及銷售通路之成本。

由於這些支出與未來繼續經營活動有關，於報導期間結束日非屬重組義務。這些支出應與重組無關之支出採相同基礎予以認列。

11.5　或有事項

學習目標 7
或有負債

或有事項 (contingency) 有兩種：**或有負債** (contingent liability) 及**或有資產** (contingent asset)。或有負債在 IFRS 中，是狹義的或有負債，專指發生可能性介於很有可能及可能性極小之間的負債，或者 (在極少的情況下) 雖然發生可能性是很有可能 (大於 50%)，但是金額卻無法可靠估計的負債。例如，其他企業控訴企業有侵權行為要求賠償損失時，企業若評估敗訴可能性雖然有但並非很有可能時，即為或有負債。

或有負債不得於資產負債表中認列為負債，但須在附註中揭露。或有負債之發展可能與原先預期不同，因此企業應持續評估，以判斷具經濟效益資源流出之可能性是否變為很有可能。若或有負債事項之未來經濟效益資源流出之可能性變成很有可能，企業應在可能性發生改變當期之財務報表認列負債準備。反之，原先企業已提列負債準備，但隨後發展對企業有利而經濟資源流出變成不是很有可能時，企業亦應迴轉已提列之負債準備，而將其視為或有負債揭露即可。

非金融負債依其發生可能性高低加以分類，及其相關會計處理彙總如表 11-1：

表 11-1　非金融負債依發生可能性分類

發生可能性	分類	會計處理
幾乎確定	確定負債	認列為負債，並揭露
很有可能 (> 50%)	負債準備	認列為負債，並揭露
有可能	或有負債	僅須揭露，不必認列負債
可能性極小	都不是	無須認列與揭露

流動負債、負債準備及或有事項

或有資產係指企業有可能取得之資產(獲得經濟資源流入)。例如，企業控告其他企業有侵權行為，要求賠償損失。如果發生的可能性是**幾乎確定** (virtually certain) 的，則其不再是或有資產，而應直接認列為資產，並加以揭露。如果其發生可能性為很有可能(大於50%)，企業僅須揭露不得認列資產。至於其他情況(有可能或可能性極小)時，企業連揭露都不用。或有資產會計處理，彙總如表11-2：

學習目標 8
或有資產

▶ 表 11-2　或有資產依發生可能性分類

發生可能性	分類	會計處理
幾乎確定	資產(不再是或有資產)	認列為資產，並揭露
很有可能 (> 50%)	或有資產	僅須揭露，不得認列資產
有可能	都不是	不得認列與揭露
可能性極小	都不是	不得認列與揭露

IFRS 實務案例

宏達電與 Apple 公司之訴訟揭露

雖然 IAS 37 要求企業須依照發生可能性高低，來決定是否應認列負債，但是在法律訴訟上很少會有企業主動認列負債準備，因為這是示弱的表現，對方律師一定會拿企業的報表向法官說：「報告法官，判我們勝訴吧，被告都已經提好負債準備給我們了。」但是企業也不會連揭露都沒有，因為若是敗訴，會計師及企業將會被投資人提告隱匿重大訊息，所以企業最安全的策略是將其視為「或有負債」，揭露即可。宏達電 2013 年與 Nokia 公司之間有關訴訟之揭露如下：

芬蘭商 Nokia Corporation 與合併公司自 100 年 5 月起，分別於美國國際貿易委員會 (ITC)、美國德拉瓦州聯邦地方法院、德國地方法院以及英國法院相互提出專利侵權訴訟，雙方已於 103 年 2 月 8 日達成和解，和解內容包括撤回雙方現有訴訟以及簽訂專利與技術合作契約。依契約規定，合併公司將支付價金予 Nokia；雙方合作範圍並將涵蓋合併公司之 4G LTE 專利組合以強化 Nokia 公司未來的專利權授權業務。同時，雙方將探尋將來技術之開發合作。

本章習題

問答題

1. 負債準備認列之金額如何估計？
2. 有關短期負債預期再融資，應符合什麼情況才可將短期負債重分類為長期負債？
3. 負債準備之認列，必須同時具備哪些條件方須認列？
4. 清償負債準備所需支付之一部分或全部金額，若預期將會從另一方得到歸墊，應如何處理？
5. 試簡述不動產、廠房及設備的除役成本之會計處理。
6. 重組成本於符合哪些條件時，始予以認列為負債準備？重組負債準備應包括哪些支出？
7. 試完成下表：

非金融負債依發生可能性分類

發生可能性	分類	會計處理
幾乎確定		
很有可能 (> 50%)		
有可能		

或有資產依發生可能性分類

發生可能性	分類	會計處理
幾乎確定		
很有可能 (> 50%)		
有可能		

選擇題

1. 吉諾公司於 ×6 年 11 月 1 日購買價值 $300,000 之存貨，並簽發一張 3 個月到期，不附息，金額 $304,410 之票據支付貨款，×6 年 12 月 31 日之調整分錄應包括：
   (A) 借記應付票據 $1,470
   (B) 借記利息費用 $2,940
   (C) 貸記應付票據 $1,470
   (D) 貸記利息費用 $2,940

2. ×3 年 3 月 1 日甲公司向乙銀行借款 $4,000,000，到期日為 ×8 年 3 月 1 日。甲公司於 ×5 年 12 月 10 日違反該借款合約條款，按合約需立即清償借款之 50%。甲公司於 ×5 年 12 月 25 日取得乙銀行同意，提供清償寬限期至 ×7 年 6 月 1 日。在寬限期內，乙銀行不得要求甲公司立即清償該借款，且甲公司預期可於寬限期內改正違約情況。則甲公司於 ×5 年 12 月 31 日對此借款之分類應為何？
   (A) 分類為非流動負債 $4,000,000
   (B) 分類為流動負債 $2,000,000、非流動負債 $2,000,000

(C) 分類為流動負債 $4,000,000

3. 下列有關財務報表表達之敘述，何者正確？

   (A) 公司於 20×1 年 8 月 1 日購買將於 20×2 年 3 月 31 日到期之國庫券，該國庫券在 20×1 年 12 月 31 日之資產負債表中應以約當現金表達

   (B) 甲公司有一長期銀行借款將於 20×1 年 6 月 1 日到期，甲公司在 20×1 年 1 月 15 日即與原債權銀行達成協議，將該借款展期至 20×3 年 2 月 1 日。甲公司於 20×1 年 5 月 10 日公布之 20×1 年第一季 (3 月底) 財務報表中，該負債應被歸類為長期負債

   (C) 甲公司在 20×1 年底向乙銀行借款，乙銀行要求甲公司在乙銀行設立存款帳戶並維持 $300,000 之最低餘額直至該借款到期，該借款將於 3 年後到期。甲公司在 20×1 年資產負債表中，應將存放於乙銀行之 $300,000 存款歸類為流動資產

   (D) 甲公司有一長期銀行借款將於 20×1 年 2 月 1 日到期。甲公司在 20×1 年 1 月 15 日即與原債權銀行達成協議，將該借款展期至 20×3 年 2 月 1 日。甲公司於 20×1 年 3 月 31 日公布之 20×0 年財務報表中，該負債應被歸類為長期負債　　　【109 年會計師】

4. 精誠公司於 ×2 年 10 月 1 日向銀行借款 $350,000，並開立票據給銀行，面額為 $360,000，無票面利率，×3 年 3 月 1 日到期，精誠公司 ×2 年 10 月 1 日記錄之應付票據淨額與 ×2 年 12 月 31 日報表中報導之利息費用分別為：

   (A) $350,000 與 $0
   (B) $356,000 與 $6,000
   (C) $360,000 與 $0
   (D) $350,000 與 $10,000

5. 惠妮公司於 ×5 年 9 月 30 日開立票據給銀行進行借款，票據面額為 $300,000，無票面利率，×6 年 10 月 1 日到期，惠妮公司的借款利率為 12%，則 ×5 年 9 月 30 日惠妮公司的分錄中會包含：

   (A) 借記現金 $300,000
   (B) 借記應收票據 $300,000
   (C) 借記應付票據折價 $32,142
   (D) 借記利息費用 $32,142

6. 正泰公司 ×1 年 12 月 31 日有一短期應付票據 $2,000,000 於 ×2 年 2 月 28 日到期，×1 年 12 月 23 日正泰公司與新加坡銀行完成洽商，新加坡銀行同意借款給正泰公司 $1,500,000，利率為高於原始利率 1%，3 年期。×2 年 2 月 2 日正泰公司以向新加坡銀行之借款 $1,500,000 外加 $500,000 現金去償付短期應付票據，×1 年 12 月 31 日的資產負債表於 ×2 年 3 月 15 日發布，有關此一短期應付票據其中流動負債金額應為：

   (A) $0
   (B) $500,000
   (C) $1,500,000
   (D) $2,000,000

7. 大嘴鳥電腦有一筆 $2,000,000 於 ×5 年 2 月 28 日到期的債務，公司於 ×5 年 2 月 1 日與銀行達成協議，銀行同意借款給大嘴鳥電腦，×5 年 2 月 25 日公司以一筆 5 年期 $1,600,000 的票據以及 $400,000 的現金去償付 2 月 28 日到期的債務。這筆 $2,000,000 的債務當中，有多少金額於 ×4 年 12 月 31 日應報導為長期負債：

   (A) $2,000,000
   (B) $0
   (C) $1,600,000
   (D) $400,000

8. 聯華電腦公司透過主要零售商銷售的電子設備提供服務型延長保固的合約。標準合約是 3 年。聯華電腦 ×4 年出售平均售價 $1,800 的 210 份保固合約。公司 ×4 年與此合約相關花費為 $75,000，並預期未來將再花費 $170,000。今年公司可認列多少與此合約有關之淨利？

   (A) $51,000 (B) $208,000
   (C) $303,000 (D) $133,000

9. ×4 年間 BOBO 公司銷售一新型洗衣機，該機器附有 3 年的售後保證型保固。根據過去經驗，售後保證型保固的成本估計第一年為銷貨收入的 2%，第二年為銷貨收入的 3%，第三年為銷貨收入的 5%。×4 年到 ×6 年之銷貨與實際售後保固費用如下：

年度	銷貨	實際售後保固費用
×4	$ 800,000	$ 12,000
×5	2,000,000	60,000
×6	2,800,000	180,000
	$5,600,000	$252,000

   ×6 年 12 月 31 日 BOBO 公司應報導的產品保固負債準備金額為多少？
   (A) $0 (B) $100,000
   (C) $280,000 (D) $308,000

10. 甲公司於 100 年開始銷售一種附有 2 年保固維修期限之玩具狗，依據公司過去經驗得知有 50% 之玩具狗不會發生損壞，30% 之玩具狗會發生小瑕疵，20% 之玩具狗則會發生重大瑕疵。每隻玩具狗發生小瑕疵與重大瑕疵時的平均修理費用分別為 $200 及 $500。甲公司 100 年度共銷售 100 隻玩具狗，每隻售價為 $3,000，100 年實際發生的免費維修支出為 $10,000。甲公司 100 年 12 月 31 日估計產品保固負債準備餘額為多少？

    (A) $0 (B) $6,000
    (C) $10,000 (D) $16,000 [102 年高考]

11. 臺北公司有一個很有可能發生的損失，但是無法以一個單一的金額來合理估計此損失，因此只能以一個可能的區間來表示，且該範圍內之每一點與其他各點之可能性相同。試問該以下列何者來作為該項損失入帳的金額？

    (A) 0 (B) 最大值
    (C) 最小值 (D) 中間值

12. 紅海公司於 ×1 年因產品設計不良，面臨客戶要求索賠金額 $7,000,000 之訴訟。該公司律師評估，公司在此訴訟案件中很可能敗訴，且賠償金額介於 $3,000,000 至 $6,000,000 之間。該公司事前已經投保產品責任險，公司律師預估此一案件幾乎可以獲得理賠，最高可以獲得 $4,800,000 的賠償。試問：×1 年認列之訴訟損失與保險理賠收益各為多少 (公司在認列保險理賠時，以保險理賠收益科目入帳)？

    (A) $7,000,000、$4,800,000 (B) $6,000,000、$4,800,000

(C) $4,500,000、$4,800,000　　　　(D)$4,500,000、$4,500,000　　　[106 稅務特考]

13. 佳泰公司於 ×5 年 10 月 1 日簽發面額 $6,000,000 應付票據向高雄銀行借款，雙方約定利率 10%，並於 ×6 年 10 月 1 日起分 3 年，每年同一日償還 $2,000,000 並支付利息，若高雄銀行一般借款利率為 9%，則佳泰公司 ×6 年 12 月 31 日帳列應付利息為何？
    (A) $90,000　　　　　　　　　　(B) $100,000
    (C) $135,000　　　　　　　　　　(D) $150,000　　　　　　　　　[98 年會計師]

14. 大成公司於 ×6 年 10 月 15 日簽發一張一年期，附息 10%，面額 $2,000,000 的應付票據，向華南銀行借款，本息均於 ×7 年 10 月 15 日支付，該應付票據及相關的應付利息在 ×6 年 12 月 31 日的資產負債表上應如何表示，下列何者正確？

	應付票據	應付利息
(A)	流動負債	流動負債
(B)	流動負債	非流動負債
(C)	非流動負債	流動負債
(D)	非流動負債	無須入帳

[98 年會計師]

15. 飛龍公司年底部分帳戶餘額如下：應付帳款 $26,000，短期借款 $30,000，應付票據 $25,000，長期抵押借款 $50,000，應付公司債 $35,000，備抵損失貸餘 $1,000，應收帳款明細帳貸餘 $3,000，則本年底財務狀況表應認列之流動負債金額為：
    (A) $166,000　　　　　　　　　　(B) $84,000
    (C) $81,000　　　　　　　　　　(D) $77,000　　　　　　　　　　[93 年乙檢]

16. 臺北公司於 95 年 11 月 1 日將一批成本為 $1,200 之貨品以 $1,400 售予臺中公司，並簽約於 3 個月後按 $1,700 將該批貨品再買回。試問基於審慎性原則，臺北公司於 95 年 12 月 31 日該交易所產生之所有相關負債總數為多少？
    (A) $0　　　　　　　　　　　　　(B) $1,400
    (C) $1,600　　　　　　　　　　　(D) $1,700　　　　　　　　　　[96 年高考]

17. 我國營業稅採加值型，稅率為 5%，某公司 92 年 1 月開始營業。1 月至 2 月總計銷貨收入（不含稅）為 $525,000；1 至 2 月總計進貨（不含稅）為 $415,000，則該公司 2 月底應付營業稅為若干？
    (A) $5,500　　　　　　　　　　　(B) $5,250
    (C) $25,000　　　　　　　　　　(D) $26,250　　　　　　　　　　[94 年會計師]

18. 利銘公司取得客戶開立之不附息票據 (Non-interest bearing note) 一張，面額 $10,000，3 年到期，隱含利率為 9%。試問利銘公司於取得該票據後第二年底需要認列之利息收入為何？
    (A) $758　　　　　　　　　　　　(B) $826
    (C) $957　　　　　　　　　　　　(D) $695　　　　　　　　　　[100 年升等考試]

19. 甲公司於 ×6 年初推出一項新產品，並為這項產品提供三年保證型保固。該項產品的保

固成本和銷售金額相關，甲公司預估三年保固支出占銷售金額比例，分別為第一年的保固支出為銷售金額的 3%，第二年為 4%，第三年為 5%。×6 年、×7 年及 ×8 年三年之總銷售金額和實際的保固總支出各為 $10,500,000 與 $240,000，而各年度的銷售金額與保固支出則分別為：×6 年銷售金額 $3,000,000，實際保固支出 $60,000；×7 年銷售金額 $3,500,000，實際保固支出 $80,000；及 ×8 年銷售金額 $4,000,000，實際保固支出 $100,000。試問 ×8 年 12 月 31 日甲公司應該報導的保固負債準備金額為何？

(A) $240,000　　　　　　　　　　　(B) $1,020,000
(C) $1,240,000　　　　　　　　　　(D) $0　　　　　　　　　　[108 年高考會計]

20. 大成公司 ×5 年 12 月 31 日相關負債餘額如下：

應付帳款　　$300,000　　應付票據，×6 年 5 月 1 日到期　　$500,000
應付費用　　$100,000　　遞延所得稅負債　　　　　　　　　$150,000
或有負債　　$800,000　　應付公司債，×6 年 9 月 1 日到期　$1,000,000

或有負債係估列之訴訟損失，預估損失金額在 $800,000 至 $2,000,000 之間，且於 ×7 年 3 月可以確認；因折舊產生的遞延所得稅負債預估於 ×8 年間迴轉。則大成公司 ×5 年度財務報表中流動負債合計數應為下列何者？

(A) $1,050,000　　　　　　　　　　(B) $1,700,000
(C) $1,900,000　　　　　　　　　　(D) $2,700,000　　　　　　[97 年會計師]

21. 甲公司銷售 2 年期的設備維修服務，每一紙契約的銷售價格為 $6,000。依據過去的經驗，每 $1 銷售金額中，有 40% 的維修服務會在第一年內平均發生，60% 的服務在第二年內平均發生。甲公司於 2008 年內平均銷售 1,000 份合約。試問於 2008 年 12 月 31 日，甲公司應於資產負債表上列示多少合約負債 (遞延服務收入) ？

(A) $5,400,000　　　　　　　　　　(B) $4,800,000
(C) $3,600,000　　　　　　　　　　(D) $2,400,000　　　　　　[100 年會計師]

22. 華塑石油公司在 ×1 年 1 月 1 日花費 $40,000,000 購買石油鑽機，估計耐用年限為 10 年，預計 10 年後應花費 $1,000,000 的拆除費用 (現值為 $385,550，10%)，10% 為該公司認為適當的利率。有關此一事件，公司 ×1 年應認列什麼費用？

(A) 折舊費用 $3,900,000
(B) 折舊費用 $4,038,555 和利息費用 $38,555
(C) 折舊費用 $4,000,000 和利息費用 $100,000
(D) 折舊費用 $4,100,000 和利息費用 $38,555

23. 甲零售公司於 ×1 年及 ×2 年銷貨收入分別為 $4,000,000 及 $6,000,000，並接受客戶無條件退貨。依據同業經驗，約有銷貨收入的 1% 將因客戶要求退貨而返還現金。若 ×1 年及 ×2 年實際發生之客戶退貨金額為 $39,000 及 $46,000，則甲公司 ×2 年底資產負債表中與銷貨相關之負債金額為何？

(A) $0　　　　　　　　　　　　　　(B) $14,000
(C) $15,000　　　　　　　　　　　 (D) $100,000　　　　　　　[108 年地特財稅三等]

24. 20×7 年甲公司被控而成為訴訟案的被告。依據甲公司律師的估計，甲公司於 20×7 年 12 月 31 日認列 $50,000 的負債準備。於 20×8 年 11 月，法院判甲公司勝訴，原告應賠償甲公司 $30,000 的訴訟費用，但原告決定提起上訴，而甲公司律師無法預測上訴後的結果。請問就此一訴訟案件，甲公司於 20×8 年 12 月 31 日資產負債表中應如何列示？

    (A) 應認列資產 $30,000 及負債 $50,000
    (B) 應認列資產 $30,000 及負債 $0
    (C) 應認列資產 $0 及負債 $20,000
    (D) 應認列資產 $0 及負債 $0　　[103 年會計師]

25. ×7 年 5 月 15 日旺旺貨運公司的駕駛肇事，旺旺貨運評估很有可能必須賠償受害人，而且賠償金額的最佳估計是 $2,000,000。幸好旺旺貨運有投保第三人責任險，幾乎確定可獲理賠歸墊 $1,500,000。試問 ×7 年旺旺貨運公司的資產負債表上應報導的負債金額為：

    (A) $0
    (B) $500,000
    (C) $1,500,000
    (D) $2,000,000

26. 賈霸公司涉入一起關於去年銷售不良產品的法律訴訟案件，該公司法律顧問認為有可能敗訴，可能性為 40%。若敗訴依合理估計將需支付 $3,000,000。針對該法律訴訟案件應記錄之分錄？

    (A) 借：訴訟賠償損失 $3,000,000；貸：訴訟損失準備 $3,000,000
    (B) 無須作分錄
    (C) 借：訴訟賠償損失 $1,200,000；貸：訴訟損失準備 $1,200,000
    (D) 借：訴訟賠償損失 $1,500,000；貸：訴訟損失準備 $1,500,000

27. 長青公司 ×2 年 1 月 1 日在嘉義開設了一家分店，並與地主簽約承租 20 年，每年租金 $200,000，租約不可撤銷，否則須支付違約金 $3,500,000。由於營運不佳，長青公司在 ×7 年 12 月 31 日決定關店。由於該分店因地點不佳而無法轉租，假設 ×7 年 12 月 31 日長青公司負債準備的折現率為 4%（期初付款 4%，14 年期年金因子，10.9856），長青公司 ×7 年應認列之虧損合約負債準備金額為：

    (A) $0
    (B) $3,500,000
    (C) $2,197,120
    (D) $2,800,000

28. 甲公司 ×2 年銷貨 18,000 台設備並提供 1 年售後保證型保固服務，依據過去經驗約有 9% 會需要提供售後服務，維修成本每一台平均為 $60。另外出售一特殊規格設備，也提供客戶 1 年內免費維修的保證型保固服務，估計維修成本 $1,000 的機率為 10%，維修成本 $2,500 的機率為 60%，維修成本 $3,500 的機率為 30%。試問甲公司 ×2 年須認列之負債準備為多少？

    (A) $97,200
    (B) $98,700
    (C) $99,700
    (D) $99,850　　[109 年地特會計]

29. 根據新頒法令規定，自 ×2 年初起若甲公司未安裝成本 $1,000,000 之污水處理系統而繼續營運，將處以每月 $20,000 之罰款。甲公司因預期將於 ×3 年底結束營運，故於 ×1

年底並未安裝該系統而擬以繳交罰款之方式因應。關於此新頒法令，甲公司於 ×1 年應認列之負債金額為：

(A) $0   (B) $240,000
(C) $480,000   (D) $1,000,000   [106 年稅務特考]

30. ×1 年初甲公司買入高污染性設備，估計耐用 5 年，無殘值，採直線法折舊，認列後之衡量採成本模式。依法令規定該設備 5 年後須委請專業機構予以拆卸處理，該公司估計 5 年後需花 $500,000 拆卸處理費，並以年利率 5% 折現，認列 $391,763 之除役負債準備。×3 年初甲公司估計至 ×5 年底拆卸處理成本將增加為 $550,000，若折現率未變動，且可回收金額超過帳面金額，則 ×3 年初估計拆卸處理成本增加 $50,000，將使該設備之帳面金額：

(A) 增加 $25,915   (B) 增加 $43,192
(C) 增加 $50,000   (D) 不變   [101 年高考]

練習題

1. 【流動與非流動負債】×2 年 5 月 1 日 NBA 公司發行面額 $2,000,000、5 年期、可買回公司債，到期日為 ×7 年 4 月 30 日，發行人 (NBA 公司) 可於 ×5 年 3 月 1 日以面額買回。NBA 公司在各報導期間結束日 (12 月 31 日) 對此可買回公司債尚流通在外部分之分類應為何？

2. 【流動與非流動負債】×1 年 7 月 1 日甲公司向乙銀行借款 $1,500,000，到期日為 ×6 年 6 月 30 日。若甲公司於 ×5 年 11 月 1 日與乙銀行達成協議，該筆借款到期後，得由甲公司選擇是否延後還款期限至 ×8 年 6 月 30 日。若 ×5 年 12 月 31 日時甲公司預期將會選擇延後該借款還款期限至 ×8 年 6 月 30 日，甲公司於 ×5 年 12 月 31 日對此借款之分類應為何？若 ×5 年 12 月 31 日時甲公司預期將不會選擇延後該借款還款期限至 ×8 年 6 月 30 日，甲公司於 ×5 年 12 月 31 日對此借款之分類應為何？

3. 【應付帳款與應付票據】柯騰公司 ×7 年部分交易如下：

 9 月 1 日 向精誠公司賒購存貨，金額 $75,000，柯騰公司使用總額法記錄進貨，並採用定期盤存制。
 10 月 1 日 開立面額 $75,000，12 個月，8% 的票據給精誠公司以償付帳款。
 10 月 1 日 向遠通銀行借款 $150,000，並開立面額 $162,000，12 個月，無附息之票據給銀行。

試作：

(1) 完成上述交易之分錄。
(2) 完成 ×7 年 12 月 31 日之調整分錄。
(3) 計算下列兩張票據於 ×7 年 12 月 31 日資產負債表中應報導之總負債淨額：
 (a) 附息票據；(b) 無附息票據。

4. 【短期負債預期再融資】×4 年 12 月 31 日尼克公司有 ×5 年 2 月 2 日到期的短期應付票據 $2,400,000。×5 年 1 月 21 日公司以每股 $76 發行 25,000 股普通股，扣除手續費和其他發行成本之後收到 $1,900,000 之價款。×5 年 2 月 2 日，將發行股票的價款，再加上 $500,000 現金用以償還 $2,400,000 的負債。×4 年 12 月 31 日的資產負債表在 ×5 年 2 月 23 日發布。

    試作：×4 年 12 月 31 日的資產負債表上 $2,400,000 的短期債務應如何表達，包括附註揭露。

5. 【應付營業稅】景騰公司適用加值型營業稅，稅率為 5%，×5 年有下列交易：

    (1) 3 月發生銷貨 $262,500 (現銷 $105,000，賒銷 $157,500)，內含銷項稅額。
    (2) 3 月時進貨 $204,750，內含進項稅額。
    (3) 4 月發生銷貨 $210,000 (現銷 $84,000，賒銷 $126,000)，內含銷項稅額。
    (4) 4 月時進貨 $136,500，內含進項稅額。
    (5) 4 月發生各項費用 $23,100，內含 5% 進項稅額。
    (6) 4 月底結算 3、4 月之營業稅。

    試完成上述交易之分錄。

6. 【保證型保固負債準備】Lin 公司在 ×3 年以每台 $8,000 出售 300 台相同的相機，並有 1 年期保證型保固。公司預估保固期間平均每台相機的維護費是 $350。

    試作：

    (1) 完成出售相機及與保固成本相關的分錄，假設 ×3 年實際發生的保固支出是 $52,000。
    (2) 假設 ×4 年實際發生的保固支出是 $60,000，完成相關的分錄。

7. 【保固負債與遞延保固】錢得樂公司在 ×6 年 1 月 1 日以現金銷售方式賣出 800 組伴唱機，每台 $5,000，錢得樂公司為此組伴唱機提供 2 年的保固，×6 年公司發生了共 $45,000 的保固費用。錢得樂公司另有出售額外 2 年延長保固，可以以每個售價 $200 單獨出售的，每組伴唱機的預計保固成本為 $150，其延長保固共出售 300 份。公司 ×6 年 1 月 1 日共收到 $4,060,000。

    試作：

    (1) 錢得樂公司 ×6 年至 ×9 年之相關分錄。
    (2) 假設錢得樂公司 ×6 年 1 月 1 日共收到 $4,000,000，其他條件與上述相同。

8. 【重組負債準備】安東尼公司正進行有關停止能源部門之重組，相關成本如下：

    1. 部門設備之長期租賃合約尚未到期，公司估計若終止合約需支付違約金 $600,000，若繼續承租，則後續租金折現後現值為 $750,000。
    2. 公司評估停止能源部門後，分攤到其他部門之製造費用會增加 $2,000,000。
    3. 重組後，有部分員工將會分派到其他部門，重新培訓員工之成本估計約 $400,000。
    4. 公司委託 555 人力公司，介紹工作給因重整而解雇之員工，預估支付之仲介費約 $500,000。

5. 因重整遣散員工相關費用約 $2,500,000。
6. 公司預估將繼續使用之設備由能源部門移至其他部門之搬運與安裝費用約 $300,000。

試作：公司應認列之重組負債準備之金額為何？

9. 【負債準備與或有事項】下列為三個獨立狀況：
   (1) ×3 年，歐尼爾公司正在進行一項稅務訴訟。歐尼爾公司的律師已指出他們相信歐尼爾公司很有可能輸掉這場訴訟。他們也相信歐尼爾公司將付給國稅局 $800,000 至 $1,200,000（該範圍內每一個金額的可能性皆相同）。在 ×3 年財務報表發布之後，訴訟判決確定，公司判賠金額為 $1,100,000。試問 ×3 年 12 月 31 日歐尼爾公司，若有的話，應報導多少負債於報表中？
   (2) ×5 年 10 月 1 日，巴克理化學公司被環保署認定為有潛在責任的一方。巴克理公司之管理當局與其法律顧問評估公司很有可能要為損害負責，並合理估計賠償金額為 $4,000,000。同時巴克理公司幾乎確定可從保險公司獲得理賠歸墊約 $2,500,000。巴克理化學公司應在 ×5 年 12 月 31 日之財務報表如何報導上述資訊？
   (3) 爾文公司在伊朗有一間工廠，於伊朗內戰中損毀。目前並不確定誰可補償爾文公司之損失，但是伊朗政府確保爾文公司將會收到一筆確定金額的補償。補償的金額將低於工廠之公允市價，但高於工廠之帳面金額，爾文公司在年底財務報表上應如何報導上述資訊？

10. 【除役負債準備】僑登公司於 ×1 年 1 月 1 日以 $1,200,000 購買油槽，預估可使用 10 年，同時公司必須依法於 10 年後進行復原工作，公司預估將支出 $140,000（以 10 年後之物價估計）進行復原。

試作：

(1) 完成僑登公司 ×1 年 1 月 1 日購買油槽與認列相關除役負債之分錄，假設折現率為 6%。
(2) 完成僑登公司 ×1 年 12 月 31 日必要之調整分錄，假設公司使用直線法提列折舊，油槽估計之殘值為零。
(3) ×11 年 1 月 1 日，公司實際支付 $160,000 完成復原工作，作僑登公司支付復原工作之分錄。

11. 【獎金與紅利】高雄公司執行總裁的年終獎金取決於會計盈餘，獎金提撥比率為 15%，年終獎金申報所得稅時可當費用減除，稅率 20%，假設民國 100 年扣除獎金及所得稅前的盈餘為 $3,000,000，試依下列各種不同情況，計算該年年終獎金與所得稅費用的金額：
(1) 獎金依未扣除所得稅及獎金的純益為基礎。
(2) 獎金依扣除獎金但未扣除所得稅的純益為基礎。
(3) 獎金依扣除所得稅但未扣除獎金的純益為基礎。
(4) 獎金依扣除所得稅及獎金的純益為基礎。

[100 年鐵路特考]

Chapter 11 流動負債、負債準備及或有事項

12. 【負債準備】下列為三個獨立狀況，試回答各問題：

   (1) 籃網海運公司於×6年1月1日購買一艘 $60,000,000 的貨輪，使用年限預估為40年，依據政府規定必須每4年進行一次重大檢修，公司預估將花費 $12,000,000 完成未來的檢修，折現後現值為 $6,630,067（折現率為3%），試完成籃網海運公司×6年有關上述資料之分錄，假設籃網海運公司使用直線法提列折舊，並假設40年後貨輪的殘值為零。

   (2) 莫納公司×1年1月1日於臺南簽約承租一辦公室負責臺南地區之營運，租約5年，每年期初支付租金 $600,000，租約不可撤銷，否則須支付違約金 $1,240,000。第2年年底因績效不佳，公司決定結束臺南地區的營業，未來3年租金折現後之現值為 $1,715,640（折現率為5%）。此外，公司評估該辦公室因地點不佳，無法再轉租。試完成上述資料×2年12月31日之分錄。

   (3) 魯道電力公司擁有一座核能發電廠，×2年1月2日核電廠之成本為 $800,000,000，公司預估將來核電廠除役後，拆卸、移除及復原等各項支出之現值為 $20,000,000，試完成×2年1月2日之分錄。

13. 【金額確定負債】安東尼公司×7年部分交易資料如下：

   3月20日　公司宣告發放現金股利 $500,000。
   3月31日　支付員工3月份薪資，相關項目資料如下：
   　　　　　薪資費用（包含雇主負擔之勞健保費）：$300,000
   　　　　　員工薪資扣繳：$20,000
   　　　　　勞保費：員工負擔 $10,000，雇主負擔 $20,000
   　　　　　員工健保費：員工負擔 $9,000，雇主負擔 $18,000
   4月30日　發放3月20日宣告之現金股利。
   5月1日　收到顧客預購「我可能會愛上你」DVD款項 $800,000，公司預估8月底可出貨。此外，公司為了提升預購之業績，對於預購之顧客，提供2年之產品服務保證，保證期間內，若DVD發生損壞，可享售後免費服務更新，公司預估未來之服務保證成本約 $50,000。
   9月1日　出貨給預購DVD之顧客。

   試作：完成上述交易必要之分錄。

14. 【負債準備】利維公司發生下列情況：

   (1) 利維公司針對公司銷售的商品提供售後保證型保固。公司預計於×1年底前共銷售 500,000 件商品，銷貨收入為 $50,000,000。此外，公司並預估 60% 的銷售商品不會發生產品損壞，30% 會發生嚴重損壞，而 10% 則會發生輕微損壞。每個輕微損壞商品的保固成本約為 $5，嚴重損壞商品的保固成本約為 $15。公司預估產品服務保證費用至少有 $1,000,000，至多為 $5,000,000。

   (2) 利維公司與稅務主管機關發生稅務相關訴訟問題。根據公司法律顧問的評估，該爭議的最終結果，利維公司很有可能會面臨損失並賠償 $800,000。最低的損失金額為

621

$40,000，最高者為 $5,000,000。

(3) 利維公司針對不滿公司商品之顧客提供退貨的服務。退貨的金額很有可能發生且可合理預期為銷貨金額的 5% 至 9%，每件商品的平均退款金額為 $12。×1 年間利維公司的銷貨收入為 $40,000,000。

試作：根據上述相關資料，作 ×1 年 12 月底適當之調整分錄。

15. 【**訴訟負債準備與歸墊**】×4 年 12 月 4 日清新農產運銷公司的貨車司機因闖紅燈與其他車輛發生碰撞，12 日 15 日對方駕駛控告清新農產運銷公司並要求賠償 $2,500,000，清新農產運銷公司律師評估公司很有可能必須賠償受害人，賠償的金額與機率如下：

情況	發生機率	損失金額
一	10%	$ 500,000
二	55%	2,000,000
三	20%	1,500,000
四	15%	1,000,000

此外，因清新農產運銷公司有投保第三責任險，幾乎確定可獲保險公司理賠歸墊 $1,500,000。×5 年 10 月 1 日，由於訴訟進行順利，清新農產運銷公司律師評估公司很有可能必須賠償 $1,500,000 給受害人，但理賠歸墊金額仍然維持 $1,500,000。×6 年 6 月 8 日判決確定，清新農產運銷公司支付判賠金額 $1,800,000，×6 年 6 月 30 日收到保險公司的理賠 $1,500,000。

試作：有關上述資料 ×4 年至 ×6 年必要之分錄。

16. 【**虧損合約**】溫妮公司 ×2 年 10 月 1 日向供應商簽訂購買承諾合約在 ×3 年 10 月 1 日購買小麥 15,000 噸，每噸 $1,000。(假定此一購買承諾符合 IFRS9 衍生工具的例外規定，不適用 IFRS9 衍生工具之會計處理規定。) ×2 年 12 月 31 日，小麥價格每噸下跌到 $870，×3 年 10 月 1 日，小麥現貨價格持續下跌至每噸 $820，溫妮公司仍依約定採購價格 $1,000 買入。假定溫妮公司均得以現貨價格加計每噸 $30 毛利出售。

試作：
(1) 溫妮公司有關上述交易之必要分錄。
(2) 假設 ×3 年 10 月 1 日，小麥現貨價格反彈至每噸 $920，作 ×3 年 10 月 1 日之分錄。
(3) 假設 ×3 年 10 月 1 日，小麥現貨價格反彈至每噸 $1,100，作 ×3 年 10 月 1 日之分錄。

17. 【**虧損合約**】勁傑公司 ×3 年 1 月 1 日承租一座廠房，租期 10 年，每年租金 $300,000 (期初支付)，租約不可撤銷，否則須支付違約金 $2,500,000。×6 年 12 月 31 日因市場轉型，公司改於其他地方租用廠房生產並被迫閒置原租用之廠房。由於該地點不佳亦無法轉租。×7 年 12 月 31 日勁傑公司將該閒置廠房分租出去，預計未來每年分租收入 $100,000。此外，×7 年勁傑公司負債準備的折現率由 5% 下降為 3%。

試作：勁傑公司 ×6 年 12 月 31 日與 ×7 年之相關分錄。假設 ×6 年 12 月 31 日勁傑公司負債準備的折現率為 5%。

應用問題

1. 【流動負債】下列為傑輪公司×2年的部分交易：

   (1) 2月2日公司向力弘公司購買$100,000的商品，付款條件2/10、n/30。公司以現金折扣後之淨額記錄進貨及應付帳款。2月26日支付帳款。

   (2) 4月1日公司向客群公司買了一部$800,000的卡車，支付現金$80,000，餘額簽發1年期12%的票據償付。

   (3) 5月1日公司向蓬萊銀行借款$800,000，並簽發自5月1日後1年到期的不附息票據$920,000。(假設以直線法攤提利息)

   (4) 8月1日董事會宣告$600,000的現金股利，於9月10日支付給在8月31日登記的股東。

   試作：完成上述交易×2年所有必要的分錄。傑輪公司的年度結束日是12月31日。

2. 【保固負債準備】金帥帥公司主要銷售洗衣機，對於出售之洗衣機皆提供3年之保固服務，根據公司過去的經驗，銷售後第一年平均修理費用約為銷貨收入的2%，第二年平均修理費用約為銷貨收入的3%，第三年平均修理費用約為銷貨收入的5%，公司×4年至×6年相關之資料如下：

年度	銷售收入	保固服務支出
×4	$ 750,000	$ 93,000
×5	975,000	123,000
×6	1,050,000	127,500

   試作：

   (1) 金帥帥公司×4年至×6年有關分錄，假設公司採用應計基礎認列保固費用。

   (2) 假設公司×3年12月31日之保固費用負債餘額為$132,300，則×6年12月31日資產負債表上保固費用負債餘額為多少。

3. 【遞延保固】書豪公司×4年以$45,000銷售電視機，同時，公司亦提供額外的產品保固，顧客可以以$4,500購買一份3年期的保固契約，公司預計每台成本只有$3,600，保固期間內公司將履行定期服務並更換損壞零件。×4年公司現銷300台電視和270個保固合約。假設銷貨於×4年12月31日發生，並以直線法認列保固收入。

   試作：

   (1) 記錄×4年任何必要的分錄。

   (2) 這些交易相關的負債應以多少金額表達於×4年12月31日的資產負債表上並應如何分類？

   (3) ×5年書豪公司發生與×4年電視保固契約有關的成本零件$300,000。記錄×5年有關×4年電視保固契約的分錄。

   (4) 關於×4年電視保固契約應以多少金額表達於×5年12月31日的資產負債表上，

並應如何分類？

4. 【負債錯誤與更正】你為負責 NBA 公司 ×1 年 12 月 31 日財務報表之審計人員。NBA 公司為家電產品製造商。在審查的期間，發現了下列情形：

   1. NBA 公司自 ×1 年 6 月開始生產新的洗碗機，截至 ×1 年 12 月 31 日止，共計銷售了 500 台洗碗機給不同的零售商，每台售價 $8,000。每台洗碗機提供保固 1 年。NBA 公司估計每台洗碗機的保固費用為 $400。年底時，NBA 公司已經支出了 $80,000 的保固費用，這些費用在發生時會計人員直接借記費用。在 NBA 公司 ×1 年的損益表中，記錄保固費用為 $80,000。NBA 公司對於保固成本採應計基礎。

   2. 倪安東先生在律師回函中指出，有人舉證 NBA 公司在濁水溪中排放有毒廢棄物。清潔費用和罰單總金額為 $1,500,000。雖然說案子還在纏訟中，但是倪安東先生確信 NBA 公司很有可能必須要繳納罰金並支付清潔費用。NBA 公司的財務報表中，並未對此事件做相關的揭露。

   3. 梅根公司控告 NBA 公司侵犯專利權，因為 NBA 公司在多項產品中使用水力壓縮機。律師指出，若此項訴訟持續進行，NBA 公司可能會遭受 $3,000,000 的損失，不過，此項訴訟損失僅為「可能」而已。在 NBA 公司的財務報表中，並未提及此項訴訟。

   試作：請簡明的敘述前述問題是否有錯誤，並依 IFRS 的規定完成必要之更正分錄。

5. 【流動負債】欣田公司必須在 ×8 年 12 月 31 日計算與完成下列獨立事件有關的調整分錄：

   (1) 擴音器生產線有 3 年期的損壞維修保證。根據過去經驗估計銷售的保證成本為：銷貨後第一年為銷貨的 2%；銷貨後的第二年為銷貨的 3%；及銷貨後的第三年為銷貨的 4%。企業前 3 年的銷貨及實際保證支出如下：

年度	銷貨	保證支出
×6 年	$ 600,000	$ 9,500
×7 年	1,200,000	25,200
×8 年	1,500,000	72,000

   試作：計算欣田公司在 ×8 年 12 月 31 日資產負債表應報導的負債金額。假設每年銷貨平均發生而保證費用也根據以上比例平均發生。

   (2) 欣田公司提供利潤分配計畫，公司將以每年淨利 25% 的金額設立此基金。×8 年利潤分配前及稅前淨利為 $2,070,000。適用所得稅率是 40%，而利潤分配可抵稅。

   試作：計算 ×8 年分配至利潤分配基金的數額？

   (3) 欣田公司於 7 月 1 日時認列了一筆除役負債準備，並作了下列之分錄：

×8/7/1	不動產、廠房及設備	12,000,000	
	現金		10,000,000
	除役負債準備		2,000,000

該資產預估可使用 40 年，無殘值，公司之折現率為 3%。

試作：×8 年 12 月 31 日有關之調整分錄。

(4) 欣田公司於 ×9 年 1 月 5 日支付員工 ×8 年 12 月份薪資，×8 年 12 月員工薪資資料如下：

薪資費用（包含雇主負擔之勞健保費）：$500,000。
員工薪資扣繳：薪資費用之 5%。
勞保費：薪資費用之 6%，員工負擔 2%，雇主負擔 4%。
員工健保費：薪資費用之 8%，員工負擔 4%，雇主負擔 4%。

試作：×8 年 12 月 31 日之調整分錄。

6. 【負債準備】×7 年 11 月 24 日有 26 名乘客搭乘長華航空公司 901 號班機，該班機於降落時不慎打滑，其中有 18 名乘客受傷。受傷的乘客於 ×8 年 1 月 11 日向航空公司提出訴訟，提出之損害賠償總額為 $9,000,000。航空公司沒有保險。法律顧問研究此訴訟案，並且預期合理的賠償金額為受傷乘客所要求金額的 60%。長華航空公司 ×7 年 12 月 31 日的財務報表在 ×8 年 2 月 27 日批准並公布。

試作：

(1) 長華航空公司 ×7 年 12 月 31 日財務報表中，應如何報導該事件？

(2) 請忽略 ×7 年 11 月 24 日所發生的事故。長華航空公司應否記錄或揭露，因未保險而造成的可能風險及損失？過去 10 年間，長華航空公司每年都至少發生一次意外，且每次意外平均的損失金額為 $3,200,000。詳述之。

7. 【除役負債準備】偉鷹公司於 ×2 年 1 月 1 日花費 $5,000,000 設立一個垃圾掩埋場，預計可使用 10 年。在垃圾掩埋場使用年限期滿後，偉鷹公司必須進行復原美化工作，預計將支出 $1,500,000（以 ×11 年之物價估計），公司使用直線法提列折舊，假定無殘值，折現率為 8%。

試作：

(1) ×2 年 1 月 1 日分錄。
(2) ×2 年 12 月 31 日分錄。
(3) 假定於 ×2 年 12 月 31 日，公司預期復原成本應會下降至 $1,000,000（以 ×11 年之物價估計），試作相關分錄。
(4) ×3 年 12 月 31 日分錄。
(5) 假定於 ×3 年 12 月 31 日，公司將折現率由 8% 調整至 10%，試作相關分錄。
(6) ×4 年 12 月 31 日分錄。

附表一 $1 複利終值表

(折現率 1% 至 15%)

期數	1%	2%	3%	4%	5%	6%	7%	8%	9%	10%	12%	15%
1	1.010000	1.020000	1.030000	1.040000	1.050000	1.060000	1.070000	1.080000	1.090000	1.100000	1.120000	1.150000
2	1.020100	1.040400	1.060900	1.081600	1.102500	1.123600	1.144900	1.166400	1.188100	1.210000	1.254400	1.322500
3	1.030301	1.061208	1.092727	1.124864	1.157625	1.191016	1.225043	1.259712	1.295029	1.331000	1.404928	1.520875
4	1.040604	1.082432	1.125509	1.169859	1.215506	1.262477	1.310796	1.360489	1.411582	1.464100	1.573519	1.749006
5	1.051010	1.104081	1.159274	1.216653	1.276282	1.338226	1.402552	1.469328	1.538624	1.610510	1.762342	2.011357
6	1.061520	1.126162	1.194052	1.265319	1.340096	1.418519	1.500730	1.586874	1.677100	1.771561	1.973823	2.313061
7	1.072135	1.148686	1.229874	1.315932	1.407100	1.503630	1.605781	1.713824	1.828039	1.948717	2.210681	2.660020
8	1.082857	1.171659	1.266770	1.368569	1.477455	1.593848	1.718186	1.850930	1.992563	2.143589	2.475963	3.059023
9	1.093685	1.195093	1.304773	1.423312	1.551328	1.689479	1.838459	1.999005	2.171893	2.357948	2.773079	3.517876
10	1.104622	1.218994	1.343916	1.480244	1.628895	1.790848	1.967151	2.158925	2.367364	2.593742	3.105848	4.045558
11	1.115668	1.243374	1.384234	1.539454	1.710339	1.898299	2.104852	2.331639	2.580426	2.853117	3.478550	4.652391
12	1.126825	1.268242	1.425761	1.601032	1.795856	2.012196	2.252192	2.518170	2.812665	3.138428	3.895976	5.350250
13	1.138093	1.293607	1.468534	1.665074	1.885649	2.132928	2.409845	2.719624	3.065805	3.452271	4.363493	6.152788
14	1.149474	1.319479	1.512590	1.731676	1.979932	2.260904	2.578534	2.937194	3.341727	3.797498	4.887112	7.075706
15	1.160969	1.345868	1.557967	1.800944	2.078928	2.396558	2.759032	3.172169	3.642482	4.177248	5.473566	8.137062
16	1.172579	1.372786	1.604706	1.872981	2.182875	2.540352	2.952164	3.425943	3.970306	4.594973	6.130394	9.357621
17	1.184304	1.400241	1.652848	1.947900	2.292018	2.692773	3.158815	3.700018	4.327633	5.054470	6.866041	10.761264
18	1.196147	1.428246	1.702433	2.025817	2.406619	2.854339	3.379932	3.996019	4.717120	5.559917	7.689966	12.375454
19	1.208109	1.456811	1.753506	2.106849	2.526950	3.025600	3.616528	4.315701	5.141661	6.115909	8.612762	14.231772
20	1.220190	1.485947	1.806111	2.191123	2.653298	3.207135	3.869684	4.660957	5.604411	6.727500	9.646293	16.366537
21	1.232392	1.515666	1.860295	2.278768	2.785963	3.399564	4.140562	5.033834	6.108808	7.400250	10.803848	18.821518
22	1.244716	1.545980	1.916103	2.369919	2.925261	3.603537	4.430402	5.436540	6.658600	8.140275	12.100310	21.644746
23	1.257163	1.576899	1.973587	2.464716	3.071524	3.819750	4.740530	5.871464	7.257874	8.954302	13.552347	24.891458
24	1.269735	1.608437	2.032794	2.563304	3.225100	4.048935	5.072367	6.341181	7.911083	9.849733	15.178629	28.625176
25	1.282432	1.640606	2.093778	2.665836	3.386355	4.291871	5.427433	6.848475	8.623081	10.834706	17.000064	32.918953
26	1.295256	1.673418	2.156591	2.772470	3.555673	4.549383	5.807353	7.396353	9.399158	11.918177	19.040072	37.856796
27	1.308209	1.706886	2.221289	2.883369	3.733456	4.822346	6.213868	7.988061	10.245082	13.109994	21.324881	43.535315
28	1.321291	1.741024	2.287928	2.998703	3.920129	5.111687	6.648838	8.627106	11.167140	14.420994	23.883866	50.065612
29	1.334504	1.775845	2.356566	3.118651	4.116136	5.418388	7.114257	9.317275	12.172182	15.863093	26.749930	57.575454
30	1.347849	1.811362	2.427262	3.243398	4.321942	5.743491	7.612255	10.062657	13.267678	17.449402	29.959922	66.211772
35	1.416603	1.999890	2.813862	3.946089	5.516015	7.686087	10.676581	14.785344	20.413968	28.102437	52.799620	133.175523
40	1.488864	2.208040	3.262038	4.801021	7.039989	10.285718	14.974458	21.724521	31.409420	45.259256	93.050970	267.863546
45	1.564811	2.437854	3.781596	5.841176	8.985008	13.764611	21.002452	31.920449	48.327286	72.890484	163.987604	538.769269
50	1.644632	2.691588	4.383906	7.106683	11.467400	18.420154	29.457025	46.901613	74.357520	117.390853	289.002190	1083.657442

附表二 $1 複利現值表

(折現率 1% 至 15%)

期數	1%	2%	3%	4%	5%	6%	7%	8%	9%	10%	12%	15%
1	0.990099	0.980392	0.970874	0.961538	0.952381	0.943396	0.934579	0.925926	0.917431	0.909091	0.892857	0.869565
2	0.980296	0.961169	0.942596	0.924556	0.907029	0.889996	0.873439	0.857339	0.841680	0.826446	0.797194	0.756144
3	0.970590	0.942322	0.915142	0.888996	0.863838	0.839619	0.816298	0.793832	0.772183	0.751315	0.711780	0.657516
4	0.960980	0.923845	0.888487	0.854804	0.822702	0.792094	0.762895	0.735030	0.708425	0.683013	0.635518	0.571753
5	0.951466	0.905731	0.862609	0.821927	0.783526	0.747258	0.712986	0.680583	0.649931	0.620921	0.567427	0.497177
6	0.942045	0.887971	0.837484	0.790315	0.746215	0.704961	0.666342	0.630170	0.596267	0.564474	0.506631	0.432328
7	0.932718	0.870560	0.813092	0.759918	0.710681	0.665057	0.622750	0.583490	0.547034	0.513158	0.452349	0.375937
8	0.923483	0.853490	0.789409	0.730690	0.676839	0.627412	0.582009	0.540269	0.501866	0.466507	0.403883	0.326902
9	0.914340	0.836755	0.766417	0.702587	0.644609	0.591898	0.543934	0.500249	0.460428	0.424098	0.360610	0.284262
10	0.905287	0.820348	0.744094	0.675564	0.613913	0.558395	0.508349	0.463193	0.422411	0.385543	0.321973	0.247185
11	0.896324	0.804263	0.722421	0.649581	0.584679	0.526788	0.475093	0.428883	0.387533	0.350494	0.287476	0.214943
12	0.887449	0.788493	0.701380	0.624597	0.556837	0.496969	0.444012	0.397114	0.355535	0.318631	0.256675	0.186907
13	0.878663	0.773033	0.680951	0.600574	0.530321	0.468839	0.414964	0.367698	0.326179	0.289664	0.229174	0.162528
14	0.869963	0.757875	0.661118	0.577475	0.505068	0.442301	0.387817	0.340461	0.299246	0.263331	0.204620	0.141329
15	0.861349	0.743015	0.641862	0.555265	0.481017	0.417265	0.362446	0.315242	0.274538	0.239392	0.182696	0.122894
16	0.852821	0.728446	0.623167	0.533908	0.458112	0.393646	0.338735	0.291890	0.251870	0.217629	0.163122	0.106865
17	0.844377	0.714163	0.605016	0.513373	0.436297	0.371364	0.316574	0.270269	0.231073	0.197845	0.145644	0.092926
18	0.836017	0.700159	0.587395	0.493628	0.415521	0.350344	0.295864	0.250249	0.211994	0.179859	0.130040	0.080805
19	0.827740	0.686431	0.570286	0.474642	0.395734	0.330513	0.276508	0.231712	0.194490	0.163508	0.116107	0.070265
20	0.819544	0.672971	0.553676	0.456387	0.376889	0.311805	0.258419	0.214548	0.178431	0.148644	0.103667	0.061100
21	0.811430	0.659776	0.537549	0.438834	0.358942	0.294155	0.241513	0.198656	0.163698	0.135131	0.092560	0.053131
22	0.803396	0.646839	0.521893	0.421955	0.341850	0.277505	0.225713	0.183941	0.150182	0.122846	0.082643	0.046201
23	0.795442	0.634156	0.506692	0.405726	0.325571	0.261797	0.210947	0.170315	0.137781	0.111678	0.073788	0.040174
24	0.787566	0.621721	0.491934	0.390121	0.310068	0.246979	0.197147	0.157699	0.126405	0.101526	0.065882	0.034934
25	0.779768	0.609531	0.477606	0.375117	0.295303	0.232999	0.184249	0.146018	0.115968	0.092296	0.058823	0.030378
26	0.772048	0.597579	0.463695	0.360689	0.281241	0.219810	0.172195	0.135202	0.106393	0.083905	0.052521	0.026415
27	0.764404	0.585862	0.450189	0.346817	0.267848	0.207368	0.160930	0.125187	0.097608	0.076278	0.046894	0.022970
28	0.756836	0.574375	0.437077	0.333477	0.255094	0.195630	0.150402	0.115914	0.089548	0.069343	0.041869	0.019974
29	0.749342	0.563112	0.424346	0.320651	0.242946	0.184557	0.140563	0.107328	0.082155	0.063039	0.037383	0.017369
30	0.741923	0.552071	0.411987	0.308319	0.231377	0.174110	0.131367	0.099377	0.075371	0.057309	0.033378	0.015103
35	0.705914	0.500028	0.355383	0.253415	0.181290	0.130105	0.093663	0.067635	0.048986	0.035584	0.018940	0.007509
40	0.671653	0.452890	0.306557	0.208289	0.142046	0.097222	0.066780	0.046031	0.031838	0.022095	0.010747	0.003733
45	0.639055	0.410197	0.264439	0.171198	0.111297	0.072650	0.047613	0.031328	0.020692	0.013719	0.006098	0.001856
50	0.608039	0.371528	0.228107	0.140713	0.087204	0.054288	0.033948	0.021321	0.013449	0.008519	0.003460	0.000923

附表三　$1 普通年金終值值表

(折現率 1% 至 15%)

期數	1%	2%	3%	4%	5%	6%	7%	8%	9%	10%	12%	15%
1	1.000000	1.000000	1.000000	1.000000	1.000000	1.000000	1.000000	1.000000	1.000000	1.000000	1.000000	1.000000
2	2.010000	2.020000	2.030000	2.040000	2.050000	2.060000	2.070000	2.080000	2.090000	2.100000	2.120000	2.150000
3	3.030100	3.060400	3.090900	3.121600	3.152500	3.183600	3.214900	3.246400	3.278100	3.310000	3.374400	3.472500
4	4.060401	4.121608	4.183627	4.246464	4.310125	4.374616	4.439943	4.506112	4.573129	4.641000	4.779328	4.993375
5	5.101005	5.204040	5.309136	5.416323	5.525631	5.637093	5.750739	5.866601	5.984711	6.105100	6.352847	6.742381
6	6.152015	6.308121	6.468410	6.632975	6.801913	6.975319	7.153291	7.335929	7.523335	7.715610	8.115189	8.753738
7	7.213535	7.434283	7.662462	7.898294	8.142008	8.393838	8.654021	8.922803	9.200435	9.487171	10.089012	11.066799
8	8.285671	8.582969	8.892336	9.214226	9.549109	9.897468	10.259803	10.636628	11.028474	11.435888	12.299693	13.726819
9	9.368527	9.754628	10.159106	10.582795	11.026564	11.491316	11.977989	12.487558	13.021036	13.579477	14.775656	16.785842
10	10.462213	10.949721	11.463879	12.006107	12.577893	13.180795	13.816448	14.486562	15.192930	15.937425	17.548735	20.303718
11	11.566835	12.168715	12.807796	13.486351	14.206787	14.971643	15.783599	16.645487	17.560293	18.531167	20.654583	24.349276
12	12.682503	13.412090	14.192030	15.025805	15.917127	16.869941	17.888451	18.977126	20.140720	21.384284	24.133133	29.001667
13	13.809328	14.680332	15.617790	16.626838	17.712983	18.882138	20.140643	21.495297	22.953385	24.522712	28.029109	34.351917
14	14.947421	15.973938	17.086324	18.291911	19.598632	21.015066	22.550488	24.214920	26.019189	27.974983	32.392602	40.504705
15	16.096896	17.293417	18.598914	20.023588	21.578564	23.275970	25.129022	27.152114	29.360916	31.772482	37.279715	47.580411
16	17.257864	18.639285	20.156881	21.824531	23.657492	25.672528	27.888054	30.324283	33.003399	35.949730	42.753280	55.717472
17	18.430443	20.012071	21.761588	23.697512	25.840366	28.212880	30.840217	33.750226	36.973705	40.544703	48.883674	65.075093
18	19.614748	21.412312	23.414435	25.645413	28.132385	30.905653	33.999033	37.450244	41.301338	45.599173	55.749715	75.836357
19	20.810895	22.840559	25.116868	27.671229	30.539004	33.759992	37.378965	41.446263	46.018458	51.159090	63.439681	88.211811
20	22.019004	24.297370	26.870374	29.778079	33.065954	36.785591	40.995492	45.761964	51.160120	57.274999	72.052442	102.443583
21	23.239194	25.783317	28.676486	31.969202	35.719252	39.992727	44.865177	50.422921	56.764530	64.002499	81.698736	118.810120
22	24.471586	27.298984	30.536780	34.247970	38.505214	43.392290	49.005739	55.456755	62.873338	71.402749	92.502584	137.631638
23	25.716302	28.844963	32.452884	36.617889	41.430475	46.995828	53.436141	60.893296	69.531939	79.543024	104.602894	159.276384
24	26.973465	30.421862	34.426470	39.082604	44.501999	50.815577	58.176671	66.764759	76.789813	88.497327	118.155241	184.167841
25	28.243200	32.030300	36.459264	41.645908	47.727099	54.864512	63.249038	73.105940	84.700896	98.347059	133.333870	212.793017
26	29.525631	33.670906	38.553042	44.311745	51.113454	59.156383	68.676470	79.954415	93.323977	109.181765	150.333934	245.711970
27	30.820888	35.344324	40.709634	47.084214	54.669126	63.705766	74.483823	87.350768	102.723135	121.099942	169.374007	283.568766
28	32.129097	37.051210	42.930923	49.967583	58.402583	68.528112	80.697691	95.338830	112.968217	134.209936	190.698887	327.104080
29	33.450388	38.792235	45.218850	52.966286	62.322712	73.639798	87.346529	103.965936	124.135356	148.630930	214.582754	377.169693
30	34.784892	40.568079	47.575416	56.084938	66.438848	79.058186	94.460786	113.283211	136.307539	164.494023	241.332684	434.745146
35	41.660276	49.994478	60.462082	73.652225	90.320307	111.434780	138.236878	172.316804	215.710755	271.024368	431.663496	881.170156
40	48.886373	60.401983	75.401260	95.025516	120.799774	154.761966	199.635112	259.056519	337.882445	442.592556	767.091420	1779.090308
45	56.481075	71.892710	92.719861	121.029392	159.700156	212.743514	285.749311	386.505617	525.858734	718.904837	1358.230032	3585.128460
50	64.463182	84.579401	112.796867	152.667084	209.347996	290.335905	406.528929	573.770156	815.083556	1163.908529	2400.018249	7217.716277

附表四 $1 普通年金現值表

(折現率 1% 至 15%)

期數	1%	2%	3%	4%	5%	6%	7%	8%	9%	10%	12%	15%
1	0.990099	0.980392	0.970874	0.961538	0.952381	0.943396	0.934579	0.925926	0.917431	0.909091	0.892857	0.869565
2	1.970395	1.941561	1.913470	1.886095	1.859410	1.833393	1.808018	1.783265	1.759111	1.735537	1.690051	1.625709
3	2.940985	2.883883	2.828611	2.775091	2.723248	2.673012	2.624316	2.577097	2.531295	2.486852	2.401831	2.283225
4	3.901966	3.807729	3.717098	3.629895	3.545951	3.465106	3.387211	3.312127	3.239720	3.169865	3.037349	2.854978
5	4.853431	4.713460	4.579707	4.451822	4.329477	4.212364	4.100197	3.992710	3.889651	3.790787	3.604776	3.352155
6	5.795476	5.601431	5.417191	5.242137	5.075692	4.917324	4.766540	4.622880	4.485919	4.355261	4.111407	3.784483
7	6.728195	6.471991	6.230283	6.002055	5.786373	5.582381	5.389289	5.206370	5.032953	4.868419	4.563757	4.160420
8	7.651678	7.325481	7.019692	6.732745	6.463213	6.209794	5.971299	5.746639	5.534819	5.334926	4.967640	4.487322
9	8.566018	8.162237	7.786109	7.435332	7.107822	6.801692	6.515232	6.246888	5.995247	5.759024	5.328250	4.771584
10	9.471305	8.982585	8.530203	8.110896	7.721735	7.360087	7.023582	6.710081	6.417658	6.144567	5.650223	5.018769
11	10.367628	9.786848	9.252624	8.760477	8.306414	7.886875	7.498674	7.138964	6.805191	6.495061	5.937699	5.233712
12	11.255077	10.575341	9.954004	9.385074	8.863252	8.383844	7.942686	7.536078	7.160725	6.813692	6.194374	5.420619
13	12.133740	11.348374	10.634955	9.985648	9.393573	8.852683	8.357651	7.903776	7.486904	7.103356	6.423548	5.583147
14	13.003703	12.106249	11.296073	10.563123	9.898641	9.294984	8.745468	8.244237	7.786150	7.366687	6.628168	5.724476
15	13.865053	12.849264	11.937935	11.118387	10.379658	9.712249	9.107914	8.559479	8.060688	7.606080	6.810864	5.847370
16	14.717874	13.577709	12.561102	11.652296	10.837770	10.105895	9.446649	8.851369	8.312558	7.823709	6.973986	5.954235
17	15.562251	14.291872	13.166118	12.165669	11.274066	10.477260	9.763223	9.121638	8.543631	8.021553	7.119630	6.047161
18	16.398269	14.992031	13.753513	12.659297	11.689587	10.827603	10.059087	9.371887	8.755625	8.201412	7.249670	6.127966
19	17.226008	15.678462	14.323799	13.133939	12.085321	11.158116	10.335595	9.603599	8.950115	8.364920	7.365777	6.198231
20	18.045553	16.351433	14.877475	13.590326	12.462210	11.469921	10.594014	9.818147	9.128546	8.513564	7.469444	6.259331
21	18.856983	17.011209	15.415024	14.029160	12.821153	11.764077	10.835527	10.016803	9.292244	8.648694	7.562003	6.312462
22	19.660379	17.658048	15.936917	14.451115	13.163003	12.041582	11.061240	10.200744	9.442425	8.771540	7.644646	6.358663
23	20.455821	18.292204	16.443608	14.856842	13.488574	12.303379	11.272187	10.371059	9.580207	8.883218	7.718434	6.398837
24	21.243387	18.913926	16.935542	15.246963	13.798642	12.550358	11.469334	10.528758	9.706612	8.984744	7.784316	6.433771
25	22.023156	19.523456	17.413148	15.622080	14.093945	12.783356	11.653583	10.674776	9.822580	9.077040	7.843139	6.464149
26	22.795204	20.121036	17.876842	15.982769	14.375185	13.003166	11.825779	10.809978	9.928972	9.160945	7.895660	6.490564
27	23.559608	20.706898	18.327031	16.329586	14.643034	13.210534	11.986709	10.935165	10.026580	9.237223	7.942554	6.513534
28	24.316443	21.281272	18.764108	16.663063	14.898127	13.406164	12.137111	11.051078	10.116128	9.306567	7.984423	6.533508
29	25.065785	21.844385	19.188455	16.983715	15.141074	13.590721	12.277674	11.158406	10.198283	9.369606	8.021806	6.550877
30	25.807708	22.396456	19.600441	17.292033	15.372451	13.764831	12.409041	11.257783	10.273654	9.426914	8.055184	6.565980
35	29.408580	24.998619	21.487220	18.664613	16.374194	14.498246	12.947672	11.654568	10.566821	9.644159	8.175504	6.616607
40	32.834686	27.355479	23.114772	19.792774	17.159086	15.046297	13.331709	11.924613	10.757360	9.779051	8.243777	6.641778
45	36.094508	29.490160	24.518713	20.720040	17.774070	15.455832	13.605522	12.108402	10.881197	9.862808	8.282516	6.654293
50	39.196118	31.423606	25.729764	21.482185	18.255925	15.761861	13.800746	12.233485	10.961683	9.914814	8.304498	6.660515

索 引

12 個月預期信用損失 12-month expected credit losses ... 513

一劃

一致性 consistency ... 18
一般公認會計原則 Generally Accepted Accounting Principles, GAAPs ... 8
一般用途財務報導 general purpose financial reporting ... 4
一般特性 general feature ... 5
一般費用成本 general overhead costs ... 263
一般擔保借款 general assignment ... 167
一般隱含風險 general inherent risk ... 588, 598

二劃

人力資源 human resources ... 446

三劃

子公司 subsidiary ... 524
已發生事件 past event ... 588
不可退還之進項稅額 nonrefundable taxes ... 263
不可撤銷之選擇 irrevocable election ... 526
不可避免之成本 unavoidable cost ... 606
不可觀察輸入值 unobservable inputs ... 147
不動產、廠房及設備 Property, Plant and Equipment ... 261,356
不動產、廠房及設備類別 class of property, plant and equipment ... 371
不履約風險 non-performance ... 149

四劃

中立 neutral ... 15
互抵 offsetting; offset ... 5, 177, 181
互補性資產 complementary assets ... 456
內含價值 intrinsic value ... 174
內部產生 internally generated ... 459
公允價值 fair value ... 146, 31

公允價值減處分成本 fair value less costs of disposal ... 365, 477
分類 classification ... 499
日常之維修成本 day-to-day servicing costs ... 316
毛利率法 gross profit method ... 224

五劃

主契約 host contract ... 545
主要管理人員 key management personnel ... 501
以服務量為基礎 activity method、use method ... 296
出版品名稱 publishing titles ... 451
出租人 lessor ... 393
刊頭 mastheads ... 451
加工成本 Processing Cost ... 215
加值部分 value added ... 593
加速折舊法 Accelerated Depreciation ... 298
加價 markup ... 227
加價取消 markup cancellation ... 227
加權平均法 weighted average method ... 216
可了解性 understandability ... 14
可分離 separable ... 448
可分離認股權 detachable warrant ... 549
可比性 comparability ... 14
可立即出售 available for immediate sale ... 408
可回收金額 recoverable amount ... 278, 358, 476
可供銷售商品成本 cost of goods available for sale ... 212
可辨認性 identifiability ... 448
可避免成本 avoidable costs ... 276
可轉換 convertible ... 547
可驗證性 verifiability ... 14
可觀察輸入值 oberservable inputs ... 147
市值與淨值比 Market to Book Ratio ... 465
市場占有率 market share ... 446
市場法 Market method ... 147
市場知識 market knowledge ... 446
市場參與者 market participants ... 146, 147
未兌現支票 outstanding check ... 183

未來經濟效益 future economic benefits	451
本金 principal	500
由上往下 top-down	365, 477
由下往上 bottom-up	365, 477
目的地交貨 FOB destination	210
目標可贖回遠期契約 Target Redemption Forward, TRF	544
立即償還 due on demand	591

六劃

交換 swaps	543
交換選擇權 swaption	543
仲介費 placement fees	275
企業特定價值 entity specific value	219
企業特定層面 entity-specific	15
企業資源規劃系統 Enterprise Resource Planning, ERP	473
先進先出法 first-in, first-out method, FIFO	216
全部成本法 Full-Costing Method	314
共用資產 corporate assets	361
再循環 recycling	57
合約或其他法定權利 contractual or other legal rights	448
合約資產 contract asset	165
合資 joint venture	525
合資企業 joint venture	356
合資者 joint venturer	525
因營業交易所產生之應收款 trade receivables	162
在途存款 deposit in transit	182
在製品存貨 work-in-process inventory	209
存貨 Inventory	208
存貨成本 Inventory Cost	215
存款不足 not sufficient fund	183
存續期間 life time	165
存續期間預期信用損失 life-time expected credit losses	513
年金 annuity	134
年數合計法 Sum-of-the Years'-Digits, SYD	298
成本之分攤 cost allocation	294
成本折耗法 Cost Depletion	311
成本法 Cost method	147

成本流程假設 cost flow assumption	216
成本要素 elements of cost	262
成本與淨變現價值孰低 Lower of Cost or Net Realizable Value, LCNRV	219
成本模式 cost model	371, 466
收益 income	22
收益法 Income method	147
有用 useful	14
有限之耐用年限 finite useful life	456
有限追索權方式出售 factor with limited recourse	178
有效預期 valid expectation	598, 609
百分比折耗法 percentage depletion	333
自用不動產 owner-occupied property	391
自建資產 self-constructed assets	272
自然資源 natural resource	308
自願指定 designated	510
行使價格 exercise price	174
行銷權 marketing rights	446

七劃

低信用風險 low credit risk	514
免於錯誤 free from error	15
利息 interest	500
即收轉付 pass through	173
即時生產 Just In Time, JIT	207
完整 complete	15
投入項目 input	296
投機 speculation	545
折耗 depletion	309
折現 discount	180
折現率 discount rate	360
折價 discount	503
折舊 Depreciation	294
攸關性 relevance	14
使用價值 value in use	32, 149, 358, 477
其他綜合損益 other comprehensive income	372
初期營運損失 initial operating losses	264

八劃

到期年金 annuity due	134
取得成本 Acquisition Cost	311

中文	英文	頁碼
固定資產	Fixed Assets	261
定率遞減法	Fixed-Percentage-on-Declining-Base Method	298
忠實表述	faithful representation	14
或有事項	contingency	610
或有負債	contingent liability	610
或有資產	contingent asset	610
承諾費	commitment fees	275
拒付證書費用	protest fee	182
放款及應收款	loans and receivables	161
服務型保固	service type warranty	602
服務負債	servicing liability	176, 185
服務資產	servicing asset	176, 185
法定義務	legal obligation	597
直接人工	direct labor	209
直接可歸屬成本	directly attributable costs	262
直接原料	direct material	209
直接歸屬	directly attributable	276
直線法	Straight-Line Method	298
表達之一致性	consistency of presentation	5
金融工具	financial instrument	498
金融負債	financial liability	588
金融資產	financial asset	161
金額	amount	173, 597
長期之經濟效益	long-term economic benefit	446
附息	interest bearing	180
附註之財務報告語言	eXtensible Business Reporting Language, XBRL	50
附屬成本	ancillary costs	275
附屬服務	ancillary services	392
非以逐項工具認定	not instrument by instrument	501
非因營業交易所產生之應收款	non-trade receivables	162
非金融負債	non-financial liability	588
非貨幣性資產	non-monetary assets	446
非貨幣性資產交換	non-monetary assets exchange	269
非確定耐用年限	indefinite useful life	457
非避險	non-hedging	545
非競業合約	Non-Competition Agreement	446

九劃

中文	英文	頁碼
保證	guarantee	178
保證型保固	assurance type warranty	602
信用損失	credit loss	516
品牌	brands	451
客戶名單	customer lists	446
宣告	declare	592
待分配予業主	held for Distribution to Owners	412
待出售	held for sale	395
待出售非流動資產	non-current assets held for sale	407
待出售非流動資產及停業單位	Non-current Assets Held for Sale and Discontinued Operations	395
很有可能	probable	597
後進先出法	last-in, first-out method, LIFO	216
持有供交易	held for trading	502, 510, 545
持續參與	continuing involvement	175
政府補助	government grant(s)	324, 457
既得服務期間	vesting period	597
洗大澡	Big Bath	609
活絡市場	active market	361, 456
流通在外本金之利息	solely payments of principal and interest，亦簡稱 SPPI 測試	500
盈餘品質	earnings quality	46
盈餘管理	earnings management	47
盈餘操控	earnings manipulation	47
研究發展	research and development	456
研究階段	research phase	459
研發專案承包商	R&D contractors	454
科目單位	Unit Account	24
約當現金	cash equivalent	158
美國會計學會	American Accounting Association	4
背書	endorse	181
衍生工具	derivatives	543
負債	liability	22
負債準備	provisions	597
重大財務組成部分	significant financing component	162
重大影響	significant influence	525
重大檢查	major inspection	316
重分類	recycle; reclassification	506, 561, 534, 558
重分類調整	reclassification adjustment	56
重估價模式	revaluation model	371, 466

重估增值 revaluation surplus	362
重述 restate	558
重組 restructuring	358, 608
重組成本 restructuring cost	609
重新配置 redeploying	262
重置 replacement	316, 451
重置成本 replacement cost	371
重置法 Replacement Method	305

十劃

個別工具認定 instrument by instrument	526
個別評估 individual assessment	517
個別認定法 specific identification method	216
倍數餘額遞減法 Double Declining Balance Method, DDB	298
借款成本 borrowing costs	274, 281
原始有效利率 original effective interest rate	503
原則基礎 principle-based	47, 87
原料存貨 raw material inventory	209
捕魚證 fishing licenses	446
時效性 timeliness	14
時點 timing	173, 597
浮額 float	185
消耗性資產 wasting assets, decaying assets	308
特定擔保借款 specific assignment	167
特許權 Franchise(s)	446, 447
真實出售 true sale	169
秘方 Secret Formula	447
租金 rentals	391
純利息分割型應收款 interest-only strip	187
討論稿 discussion paper	10
託管責任 stewardship	13
財務狀況表 Financial Position Statement	5
財務組成部分 financial component	172
財務報告 financial reports	5
財務報表 financial statements	5
財務報表編製及表達之架構 Framework for the Preparation and Presentation of Financial Statements	95
財務報導 Financial Reporting	5
財務報導之觀念架構 The Conceptual Framework for Financial Reporting	95
財務資本 financial capital	44
財務資本維持 financial capital maintenance	46
起運點交貨 FOB shipping point	210
迴轉 reversal	356
迴轉利益 gain on reversal	475
退出價格 exit price	146
退貨權 right to return	164
退款 rebate	603
逆流交易 upstream transaction	554
配額 quotas	457
除列 derecognition	167, 170, 482
除役成本 decommissioning cost	604
高度很有可能 highly probable	408

十一劃

停損 stop loss	544
側流交易 sidestream transaction	554
偶發性 incidental operations	263
售價 sale price	149
商品存貨 merchandise inventory	209
商業折扣 trade discounts	263
商業實質 commercial substance	269, 408, 458
商業語言 business language	4
商標 trademarks	446
商標與品牌 Trademark and Brand	460
商標權 Trademarks and Tradenames	446
商譽 goodwill	356, 447
國際財務報導準則 International Financial Reporting Standards, IFRS	8
國際會計準則 International Accounting Standards, IAS	8
國際會計準則委員會 International Accounting Standards Board, IASB	8
國際會計準則理事會 International Accounting Standards Committee, IASC	8
基本品質特性 fundamental qualitative characteristics	14
專利權 patents	446, 447
專業技能之團隊 a team of skilled staff	449
專業服務費 professional fees	263

中文	英文	頁碼
帳面金額	carrying amount	358, 466
強化性品質特性	enhancing qualitative characteristics	14
採成本法衡量之投資性不動產	investment property with cost-based measurement	356
探勘及評估資產	exploration and evaluation assets	370
探勘成功法	Successful-Efforts Method	314
探勘成本	Exploration Cost	311
探礦權	right to explore	370
控制	control	175, 449, 524
推定義務	constructive obligation	597
淨加價	net markup	227
淨減價	net markdown	227
淨變現價值	net realizable value	219, 278
深價內	deep in the money	174
深價外	deep out of money	174
混合工具	hybrid instrument	545
現有義務	present obligation	588
現金流量表	Statement of Cash Flows	5
現金產生單位	Cash Generating Unit, CGU	360, 476
現值	present value, PV	130, 180
現時價值	current value	31
產出項目	output	297
產能不足	inadequacy	295
票面利率	coupon rate	502
移動平均法	moving average method	217
移轉	transfer	170
移轉人	transferor	170
符合要件之資產	qualifying asset	274
累計折舊	accumulated depreciation	371
累計減損損失	accumulated impairment loss(es)	371, 466
累計攤銷	accumulated amortization	466
累積	cumulative	592
終值	future value, FV	130
統一性	uniformity	18
處分	disposals	482
處分群組	disposal group	407
規則基礎	rule-based	47, 87
貨幣(的)時間價值	Time Value of Money	128, 360

十二劃

中文	英文	頁碼
透過其他綜合損益按公允價值衡量	fair value through other comprehensive income-recycle, FVOCI-R	506
透過損益按公允價值衡量	Fair value through profit or loss, FVPL	500, 510
逐步取得	step acquisition	551
陳舊過時	obsolescence	295
備抵法	allowance method	164
備抵損失	loss allowance	503
單獨取得	separate acquisition	453
報廢	retirements	482
報廢法	Retirement Method	304
報導期間結束日	end of the reporting period	372
嵌入式衍生工具	embedded derivatives	545
幾乎確定	virtually certain	600, 611
復原成本	Restoration Cost	311
普通年金	ordinary annuity	134
智慧財產權	intellectual property	451
替換	supersession	295
最佳估計	best estimate	597, 598
期望值	expected value	600
期貨	futures	543
殘值	residual value	294, 471
減損	impairment	164
減損測試	impairment test	356
減損損失	impairment loss	356, 475
減損跡象	indicator of impairment	356
減價	markdown	227
減價取消	markdown cancellation	227
無形資產	intangible assets	356, 446
無法觸摸實體	without physical substance	446
無追索權	factoring without recourse	157
無追索權方式出售	factor without recourse	176
無條件的	unconditional	591
發展階段	development phase	459
著作權	copyrights	446, 447
訴訟費用	litigation expense	451
買回權	call option	174
買權	call option	545
費損	expense	22

中文	英文	頁碼
貼現	discount	181
進入價格	entry price	146
進口配額	import quotas	446
進口關稅	import duties	263
進貨	Purchase	212
進貨折讓	Purchase Allowance	212
進貨退回	Purchase Return	212
開發成本	Development Cost	311
集團	group	393
集體折舊法	Group Depreciation	300
集體評估	collective assessment	517
順流交易	downstream transaction	553
廉價購買利益	bargain purchase gain	537
彙總	aggregation	5

十三劃

中文	英文	頁碼
意見草案	exposure draft	10
損失模式	incurred loss model	512
損益及其他綜合損益表	Statement of profit or loss and other comprehensive income	56
極不頻繁	very infrequent	558
準備矩陣	provision matrix	165
溢價	premium	503
經營模式	business model	500
補償性回存	compensated balance	159
解釋公告	SIC	8
資本化	capitalization	274
資本維持	capital maintenance	44
資本增值	capital appreciation	391
資產	asset	22
資產減損	impairment of assets	356
資產群組	group of assets	360
農業	agriculture	232
運費	Freight-In	212
違約	default	513
零用金	petty cash fund	160
電腦軟體	computer software	446
預期信用損失	expected credit loss	162, 516
預測價值	predictive value	14
會計估計值	accounting estimate	87

十四劃

中文	英文	頁碼
實體資本	physical capital	44
滾動基礎	rolling basis	371
管理成本	administration costs	263
綜合損益表	Comprehensive Income Statement	5
與負債連結之投資性不動產	investment property backing liabilities	394
製成品存貨	finished goods inventory	209
製造費用	manufacturing overhead	209
認股權	detachable warrant	546
遞延支付	Deferred Payment	266
遞延年金	deferred annuities	142
遞耗資產	depletable assets	308
遞減折舊法	Decreasing Charge Method	298
遠匯	forwards	543
銀行存款調節表	bank reconciliation	182
銀行定期存款	certificate of deposit	158

十五劃

中文	英文	頁碼
增添	additions	451
審慎性	prudence	15
履約價值	fulfillment value	32
影片	motion picture films	446
摩爾定律	Moore's Law	259
標的	underlying	543
標的買權	call option	498
盤存法	Inventory Method	306
確認價值	confirmatory value	14
複合折舊法	Composite Depreciation	302
課責性	accountability	12
賣回權	put option (put)	174, 547

十六劃

中文	英文	頁碼
擔保借款	secured borrowing	170
擔保貸款服務權	mortgage servicing rights	446
整批購買	Lump Sum Purchase	267
歷史成本	historical cost	31
歷史成本原則	Historical Cost Principle	262
融資業務	factoring	157
衡量	measurement	499
輸入許可證	impoort licenses	457

選擇權 option 543

十七劃

償債基金 sinking fund 159
應收帳款 account receivable(s) 157, 162
應收票據 note receivables 162
應收款項 receivables 161
營業週期 operating cycle 88
營業資產 Operational Assets 261
營運部門 operating segments 360
總帳面金額 gross carrying amount 503
聯合控制 joint control 525
購買成本 Purchase Cost 215
購買承諾 purchase commitment 607
避險 hedging 545

十八劃

轉列 transfers 397
關聯企業 associate 525
關聯負債 associated liability 178, 179

十九劃

礦產資源探勘及評估活動 Exploration for and Evaluation of Mineral Resources 309

二十一劃

顧客名單 Customer List 446
顧客忠誠度 customer loyalty 446
顧客或供應商關係 customer or supplier relationships 446

二十二劃

顧客名單 Customer List 446
顧客忠誠度 customer loyalty 446
顧客或供應商關係 customer or supplier relationships 446

二十三劃

權力 power 524
權利金 premiums 544
權益 equity 22
權益法 equity method 356, 525, 534
權益變動表 Statement of Changes in Equity 5
變動折舊法 Variable Charge Approach 296
變動報酬 variable returns 524

二十四劃

讓價 rebates 263

索引